Führer / Heidemann / Nerreter

Grundgebiete der Elektrotechnik

Band 2: Zeitabhängige Vorgänge

W0468145

Bleiben Sie auf dem Laufenden!

Hanser Newsletter informieren Sie regelmäßig über neue Bücher und Termine aus den verschiedenen Bereichen der Technik. Profitieren Sie auch von Gewinnspielen und exklusiven Leseproben. Gleich anmelden unter

www.hanser-fachbuch.de/newsletter

Grundgebiete der Elektrotechnik

Band 1: Stationäre Vorgänge
Band 2: Zeitabhängige Vorgänge
Band 3: Aufgaben

Arnold Führer † (1940-2010)

Klaus Heidemann

Wolfgang Nerreter

Grundgebiete der Elektrotechnik

Band 2: Zeitabhängige Vorgänge

10., neu bearbeitete Auflage

mit 465 Bildern, 122 durchgerechneten Beispielen, 49 Praxisbezügen und 152 Aufgaben mit Lösungen

HANSER

Bearbeitung der 10. Auflage:

Prof. Dr.-Ing. Holger Borcherding, Hessisch-Oldendorf
Prof. Dipl.-Ing. Klaus Heidemann, Lemgo
Prof. Dr.-Ing. Uwe Meier, Lemgo
Prof. Dr.-Ing. Wolfgang Nerreter, Lemgo

FSC
www.fsc.org
MIX
Papier aus verantwortungsvollen Quellen
FSC® C016439

Alle in diesem Buch enthaltenen Informationen wurden nach bestem Wissen zusammengestellt und mit Sorgfalt geprüft und getestet. Dennoch sind Fehler nicht ganz auszuschließen. Aus diesem Grund sind die im vorliegenden Buch enthaltenen Informationen mit keiner Verpflichtung oder Garantie irgendeiner Art verbunden. Autor(en, Herausgeber) und Verlag übernehmen infolgedessen keine Verantwortung und werden keine daraus folgende oder sonstige Haftung übernehmen, die auf irgendeine Weise aus der Benutzung dieser Informationen – oder Teilen davon – entsteht.
Ebenso wenig übernehmen Autor(en, Herausgeber) und Verlag die Gewähr dafür, dass die beschriebenen Verfahren usw. frei von Schutzrechten Dritter sind. Die Wiedergabe von Gebrauchsnamen, Handelsnamen, Warenbezeichnungen usw. in diesem Werk berechtigt auch ohne besondere Kennzeichnung nicht zu der Annahme, dass solche Namen im Sinne der Warenzeichen- und Markenschutz-Gesetzgebung als frei zu betrachten wären und daher von jedermann benutzt werden dürften.

Bibliografische Information der Deutschen Nationalbibliothek:
Die Deutsche Nationalbibliothek verzeichnet diese Publikation in der Deutschen Nationalbibliografie; detaillierte bibliografische Daten sind im Internet über http://dnb.d-nb.de abrufbar.

Dieses Werk ist urheberrechtlich geschützt.
Alle Rechte, auch die der Übersetzung, des Nachdruckes und der Vervielfältigung des Buches, oder Teilen daraus, vorbehalten. Kein Teil des Werkes darf ohne schriftliche Genehmigung des Verlages in irgendeiner Form (Fotokopie, Mikrofilm oder ein anderes Verfahren) – auch nicht für Zwecke der Unterrichtsgestaltung – reproduziert oder unter Verwendung elektronischer Systeme verarbeitet, vervielfältigt oder verbreitet werden.

© 2019 Carl Hanser Verlag München
Internet: www.hanser-fachbuch.de

Lektorat: Dipl.-Ing. Natalia Silakova-Herzberg
Herstellung: Anne Kurth
Einbandrealisierung: Max Kostopoulos
Coverkonzept: Marc Müller-Bremer, www.rebranding.de, München
Druck und Bindung: Hubert & Co. GmbH & Co. KG BuchPartner, Göttingen
Printed in Germany

Print-ISBN 978-3-446-45954-0
E-Book-ISBN 978-3-446-46093-5

Das Wenige verschwindet leicht dem Blick,
der vorwärts sieht, wie viel noch übrig bleibt.

J. W. v. GOETHE: „Iphigenie auf Tauris“

Vorwort zur 10. Auflage

Die Mahnung der klugen Iphigenie zu beherzigen, hatten wir Grund: Auch im Band 2 *sehen* wir immer wieder *vorwärts* und bearbeiteten den Stoff vorbereitend auch für Gebiete, die nach dem Grundstudium des *Wenigen* noch *übrig bleiben.* Deswegen heißt unser Buch auch *Grundgebiete* und nicht *Grundlagen* der Elektrotechnik. Hierzu einige Beispiele:

Bei der Behandlung der *Filternetze* (Abschnitt 5.3) könnte man die grundlegenden Begriffe am Hochpass und am Tiefpass 1. Ordnung erläutern und es damit genug sein lassen. Wir blicken aber *vorwärts* und zeigen, wie man die heute wichtigen Filter 2. Ordnung als passive und als aktive Filter realisiert.

Im 6. Kapitel über *Drehstrom* beschreiben wir die *symmetrischen Komponenten* nichtsymmetrischer Systeme. Ingenieure, die mit Versorgungsnetzen oder mit Einphasenmaschinen zu tun haben, brauchen diese Methode.

Auch im 7. Kapitel, in dem wir uns mit *nichtsinusförmigen Größen* befassen, sehen wir weiter und zeigen, wie mithilfe der FOURIER-Transformation das *kontinuierliche Spektrum* nicht periodischer Größen berechnet wird. Darüber hinaus wenden wir die *diskrete* FOURIER-Transformation auf zeitbeschränkte und -unbeschränkte Funktionen an; dies führt uns ins Gebiet der *digitalen Signalverarbeitung* (s. Praxisbezug 7.6).

Völlig neu ist das Kap. 9, in dem wir uns mit der Stabilität linearer Übertragungssysteme befassen und Tief- und Hochpässe 2. Ordnung beschreiben.

Bei all diesen Ausflügen in die technische Wirklichkeit lässt der begrenzte Umfang des Buches die Erklärung aller Einzelheiten nicht zu. Fragen des Lesers könnte man nur mit den berühmten drei Worten beantworten: „Das ist so!“ Würde ein Ingenieur, den man fragt, warum sich Elektronen um den Atomkern bewegen, nicht genauso antworten? Wenn die Neugier damit nicht zu stillen ist, dann hilft sicher ein Hinweis auf das Verzeichnis der *Literatur* im Anhang.

Bei unseren Vorwärtsblicken ins weite Feld der Elektrotechnik, auch bei den aktualisierten *Praxisbezügen*, haben wir stets an Iphigenies Warnung gedacht, das *Wenige* dabei nicht aus dem Blick zu verlieren: Die grundlegenden Abschnitte besitzen deshalb nicht etwa „wenig“ an Umfang, sondern sie wurden ausführlich und sorgfältig behandelt und mit vielen Beispielen und Aufgaben abgesichert.

In den Text sind *Beispiele* und *Praxisbezüge* eingefügt. Zu den Problemstellungen in den Beispielen wird ein ausführlicher Lösungsweg gezeigt.

Die Lösungen der *Aufgaben*, deren Schwierigkeitsgrad mit 1 … 3 gekennzeichnet ist, findet man im *Anhang.* Dieser enthält außerdem:
- Additionstheoreme,
- Beziehungen zwischen Winkelfunktionen,
- wichtige Konstanten,
- Einführung in die komplexe Rechnung,
- Magnetisierungskurven,
- Tabellen für die LAPLACE-Transformation,
- FOURIER-Koeffizienten wichtiger Funktionen,
- Sachwortverzeichnis,
- Namenverzeichnis.

Das Lehrbuch wendet sich in erster Linie an Studierende der Elektrotechnik an Technischen Hochschulen aller Art als Begleitlektüre zur Vorlesung oder zum Selbststudium. Außerdem hoffen wir, Berufstätigen in der Elektrotechnik beim Auffrischen oder Erweitern ihrer Kenntnisse zu helfen. Wir würden uns auch freuen, wenn wir Lehrenden Anregungen für die Gestaltung ihrer Lehrveranstaltungen geben könnten.

Wir hoffen weiterhin, dass unser Buch gut aufgenommen wird, und wären dankbar für Nachrichten an den Verlag mit Verbesserungsvorschlägen, Kritik oder Fehlermeldungen.

Dem Carl Hanser Verlag danken wir für die vertrauensvolle Zusammenarbeit.

Lemgo, März 2019 Die Verfasser

Inhaltsverzeichnis

1 Zeitabhängige elektrische und magnetische Felder

1.1 Quasistationäre Vorgänge

Ziele: Sie können

- erklären, was man unter einem quasistationären Vorgang versteht.
- die Einschränkungen nennen, welche für solche Vorgänge gelten.
- den Begriff konzentriertes Bauelement erklären.
- die drei Grundeintore nennen.
- die Definition für das ideale OHMsche Eintor angeben.

1.1.1 Konzentrierte Bauelemente

Im Band 1 haben wir im Wesentlichen *stationäre Vorgänge* behandelt. Bei ihnen bleiben die den Vorgang beschreibenden Parameter zeitlich konstant. Nun wollen wir die Gesetzmäßigkeiten untersuchen, die für *zeitabhängige* Größen gelten.

Zur Unterscheidung von den stationären Größen werden zeitabhängige Ströme und Spannungen mit *Kleinbuchstaben i* bzw. *u* bezeichnet. Bei anderen Größen wird die Zeitabhängigkeit durch den Zusatz „(t)“ zum Ausdruck gebracht; man schreibt also z. B. $P(t)$, $\Phi(t)$ oder $Q(t)$.

Zur Veranschaulichung stellt man zeitabhängige Größen in einem **Liniendiagramm** grafisch dar (Bild 1.1). Dabei wird die Zeit auf der Abszisse und die zeitabhängige Größe auf der Ordinate abgetragen.

Jedem Zeitwert ist ein **Augenblickswert** *(instantaneous value)* der zeitabhängigen Größe zugeordnet. Hat diese zu einem bestimmten Zeitwert ein *positives Vorzeichen* (z. B. t_1; i_1), so stimmt der Richtungssinn mit dem gewählten Bezugssinn überein. Hat sie zu einem anderen Zeitwert ein *negatives Vorzeichen* (z. B. t_2; i_2), so sind Richtungssinn und Bezugssinn einander entgegengesetzt.

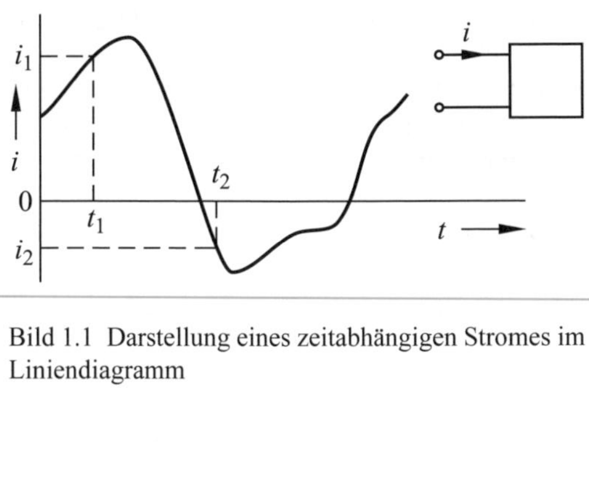

Bild 1.1 Darstellung eines zeitabhängigen Stromes im Liniendiagramm

Um die Wirkung von zeitabhängigen Größen zu verdeutlichen, betrachten wir in der Schaltung 1.2 die Leitung zwischen den Klemmen 1 und 2, durch die ein Verbraucher mit einer Quelle verbunden ist.

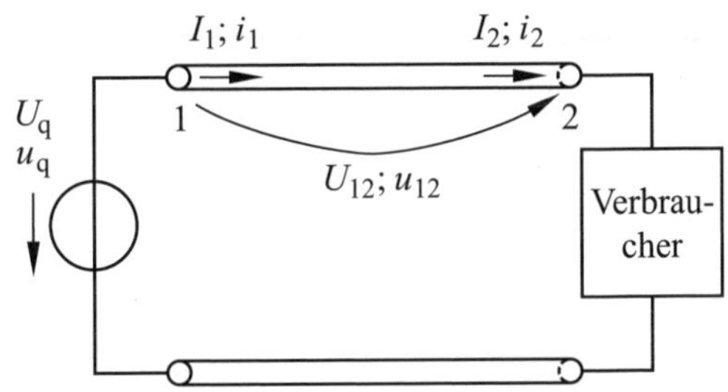

Bild 1.2 Zum Begriff Eintor bei zeitabhängigen Größen

Bei einer idealen Gleichspannungsquelle mit U_q = const. ist auch U_{12} = const. Wir können die Leitung mit dem OHMschen Widerstand R_{12} als *Eintor* betrachten, denn der Gleichstrom I_1, der in die Klemme 1 hineinfließt, fließt zum gleichen Zeitpunkt aus der Klemme 2 heraus; es gilt also $I_1 = I_2 = I$.

Nun nehmen wir an, dass die Spannung der idealen Quelle *zeitabhängig* ist. An ihren Klemmen liegt dabei eine Spannung mit der Zeitfunktion $u_q(t)$.
In diesem Fall können wir das Leitungsstück zwischen den Klemmen 1 und 2 nicht mehr ohne Einschränkung als Eintor ansehen. Dies liegt daran, dass sich alle Änderungen in elektrischen und magnetischen Feldern nur mit der endlichen Geschwindigkeit $\upsilon \leq c_0$ im Raum ausbreiten, wobei c_0 die Lichtgeschwindigkeit im Vakuum ist.

Das Gleiche gilt für alle Änderungen von elektrischen Strömen und Spannungen in Schaltungen. So folgt der Strom i_2 in der Schaltung 1.2 einer Änderung des Stromes i_1 um die Zeitspanne Δt verzögert, deren Dauer von den geometrischen

Abmessungen und den Werkstoffen der Leitung abhängt.
Die Leitung zwischen den Klemmen 1 und 2 ist deswegen für zeitabhängige Größen *kein* Eintor, weil i. Allg. für jeden Augenblick $i_1 \neq i_2$ gilt.

In der Praxis kann dieser Effekt bei einer Eintorschaltung vernachlässigt werden, wenn ihre Abmessungen und der Abstand zwischen den Klemmen hinreichend klein sind. In diesem Fall kann die Schaltung auch für zeitabhängige Größen als Eintor und ihr Klemmenpaar als *Tor* angesehen werden.
Bauelemente, bei denen die Verzögerungszeit Δt vernachlässigbar klein ist, bezeichnet man als **konzentrierte Bauelemente** (*lumped element*).

Ändern sich die physikalischen Größen eines Systems so *langsam*, dass demgegenüber alle Ausbreitungserscheinungen im Beobachtungsraum vernachlässigt werden können, so sagt man, dass sich das System in einem **quasistationären Zustand** *(virtual steady state)* befindet.

Im Folgenden setzen wir voraus, dass ein quasistationärer Zustand besteht und dass die Schaltungen nur konzentrierte Bauelemente enthalten.

Praxisbezug 1.1
Bei sehr großen Abmessungen des Feldmediums, etwa bei der Ausbreitung elektromagnetischer Wellen (z.B. Rundfunk, Fernsehen), und bei der Signalübertragung über Leitungen werden die Voraussetzungen für konzentrierte Bauelemente und quasistationäre Zustände von Schaltungen in der Regel *nicht* erfüllt.

Dies gilt auch für kleine bedrahtete Bauelemente bei den sehr schnellen Änderungen im Bereich der Höchstfrequenztechnik mit Frequenzen im GHz-Bereich.

Bei Computern wird die Rechengeschwindigkeit u. a. durch die Länge der Signalleitungen zwischen den Schaltkreisen begrenzt. Um die Laufzeit der Signale möglichst kurz zu halten, integriert man immer mehr Schaltkreise auf einem Chip und konzentriert möglichst viele Chips auf engem Raum. ❐

1.1.2 Grundeintore

Verwenden wir in der Schaltung 1.2 eine Gleichspannungsquelle, so ist das Leitungsstück zwischen den Klemmen 1 und 2 ein Eintor mit dem OHMschen Widerstand R_{12} und der Spannung $U_{12} = R_{12} I$ zwischen den Klemmen.

Nun nehmen wir eine *zeitabhängige* Quellenspannung u_q an, deren zeitliche Änderung so langsam ist, dass wir das Drahtstück als konzentriertes Bauelement ansehen und in der Schaltung quasistationäre Verhältnisse voraussetzen können.

Obwohl das Leitungsstück zwischen den Klemmen 1 und 2 nun als Eintor angesehen werden kann und $i_1 = i_2 = i$ gilt, ist die Beziehung $U_{12} = R_{12} I$ *nicht* ohne weitere Einschränkungen auf zeitabhängige Größen zu übertragen. Dies liegt daran, dass im umgebenden Raum jeder Strom ein Magnetfeld und jede Klemmenspannung ein elektrisches Feld erzeugt.
Beide Felder sind Energiespeicher, die ihren Inhalt grundsätzlich nicht sprunghaft ändern können; hierzu wäre eine unendlich große Leistung erforderlich.

Aus diesem Grund kann der Strom i einer schnellen Änderung der Spannung u_{12} nicht gleich schnell folgen, denn hierbei muss sich auch das umgebende Magnetfeld ändern.
Umgekehrt kann die Spannung u_{12} einer schnellen Änderung des Stromes i nicht gleich schnell folgen, denn hierbei muss sich auch das umgebende elektrische Feld ändern.

Der Strom i und die Spannung u an den Klemmen eines Eintors können also nur dann gleiche Zeitabhängigkeit haben, wenn das Eintor keine elektrischen und magnetischen Energiespeicher besitzt. Da dies eine *Idealisierung* ist, nennt man ein solches Eintor ein **ideales OHMsches Eintor** R; an ihm gilt:

$$u = R\,i \tag{1.1}$$

Das ideale OHMsche Eintor wird durch seinen Widerstand $R = \text{const.}$ oder durch seinen Leitwert

$G = 1/R$ beschrieben. Die Gl. (1.1) gilt für $R > 0$ bei Anwendung des Verbraucher-Pfeilsystems.

Die Leistung $P(t) = u\ i$ am idealen OHMschen Eintor ist stets *positiv*. Dies bedeutet, dass es elektrische Energie lediglich *aufnehmen* und in eine andere Energieform, z.B. in Wärme, umwandeln kann; die Speicherung von Energie ist nicht möglich.

Das ideale OHMsche Eintor erhält in Schaltungen das gleiche Schaltzeichen wie der OHMsche Widerstand.
Mit technischen Bauelementen ist das ideale OHMsche Eintor nur näherungsweise zu realisieren (s. Abschn. 10.2).

Außer dem OHMschen Eintor gibt es noch zwei weitere ideale Eintore: Das **ideale kapazitive Eintor** C ist ein Speicher *elektrischer* Feldenergie und das **ideale induktive Eintor** L ist ein Speicher *magnetischer* Feldenergie.
Eine Umwandlung der Energie, die diesen Eintoren zufließt, in eine andere Energieform, z.B. in Wärme, ist nicht möglich. Auch die idealen Eintore C und L lassen sich mit realen Bauelementen nur näherungsweise realisieren, stellen also *Idealisierungen* dar.

Wir werden die Eigenschaften der beiden Speichereintore C und L später beschreiben; das Bild 1.3 zeigt zunächst nur ihre Schaltzeichen.

Als Oberbegriff für die drei idealen Eintore R, C und L verwenden wir die Bezeichnung **Grundeintor**.

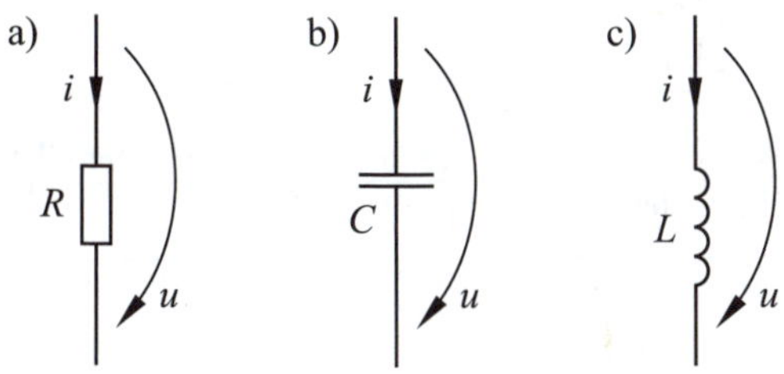

Bild 1.3 Schaltzeichen der Grundeintore: a) ideales OHMsches Eintor, b) ideales kapazitives Eintor, c) ideales induktives Eintor

Für *reale* passive Eintore lassen sich aus den Grundeintoren *Ersatzschaltungen* aufbauen. Mit ihrer Hilfe kann man den Zusammenhang zwischen einem zeitabhängigen Strom i und einer zeitabhängigen Spannung u an den Klemmen des realen Eintors auf übersichtliche Weise beschreiben.

In der Ersatzschaltung 1.4b berücksichtigt jedes Grundeintor nur *einen* physikalischen Effekt:

- Das Grundeintor R stellt die bleibende Umwandlung elektrischer Energie in eine andere Energieform dar.
- Das Grundeintor C stellt den Einfluss des veränderlichen elektrischen Feldes auf den Strom i des realen Eintors dar.
- Das Grundeintor L stellt den Einfluss des veränderlichen magnetischen Feldes auf die Spannung u des realen Eintors dar.

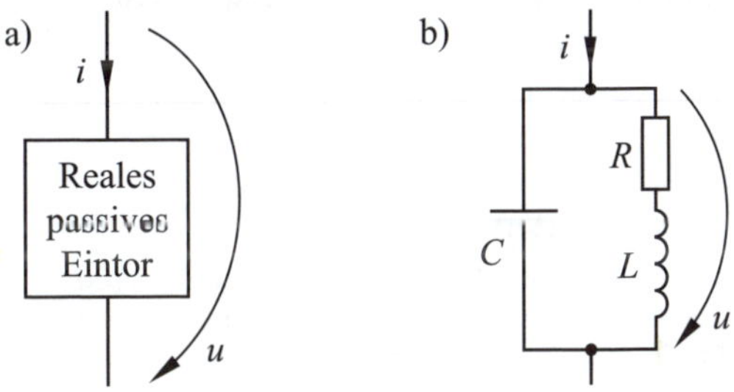

Bild 1.4 Reales passives Eintor (a) und seine Ersatzschaltung mit Grundeintoren (b)

Fragen

- Welches Formelzeichen erhält ein zeitabhängiger Strom?
- Was ist ein quasistationärer Vorgang?
- Unter welchen Bedingungen kann man ein Bauelement zwischen zwei Klemmen als Eintor ansehen?
- Was ist ein konzentriertes Bauelement?
- Wie ist das Grundeintor R definiert?
- Welcher Zusammenhang besteht zwischen den Größen i und u an einem Grundeintor R?
- Welche Grundeintore sind Ihnen bekannt? Welche physikalischen Effekte stellen sie dar?

Aufgabe 1.1(1)
Durch ein Grundeintor $R = 10\ \Omega$ fließt der Strom $i = 2{,}5\ \text{A} \cdot e^{-t/0{,}2\,\text{s}}$. Berechnen Sie die Spannung am Eintor für den Zeitpunkt $t_1 = 0{,}5$ s.

1.2 Erweiterung des Strombegriffs

Ziele: Sie können
- für einen zeitabhängigen Strom die Beziehung zwischen Stromstärke und bewegter Ladung angeben.
- die Definition für das ideale kapazitive Eintor nennen.
- die Begriffe Verschiebungsstrom und Verschiebungsstromdichte definieren.
- den Zusammenhang zwischen den Feldvektoren der Stromdichte und der Verschiebungsstromdichte an der Grenzfläche Leiter – Dielektrikum beschreiben.
- den Knotensatz in allgemeiner Form für zeitabhängige Ströme formulieren.
- den Zusammenhang zwischen der Verschiebungsstromdichte und der durch sie verursachten magnetischen Feldstärke nennen.

1.2.1 Ideales kapazitives Eintor

Liegt ein idealer Plattenkondensator mit der Kapazität C an der konstanten Spannung U, so bestehen im Raum zwischen seinen Platten homogene Felder der elektrischen Feldstärke $E = U/l$ und der elektrischen Flussdichte $D = \varepsilon E$.

Ist das Dielektrikum ideal, so bewegen sich zwischen den Kondensatorplatten keine Ladungen und in den Leitungen zum Kondensator fließt kein Strom. Auf der einen Platte befinden sich positive Ladungen $Q = C\,U$ und auf der anderen negative Ladungen vom gleichen Betrag.

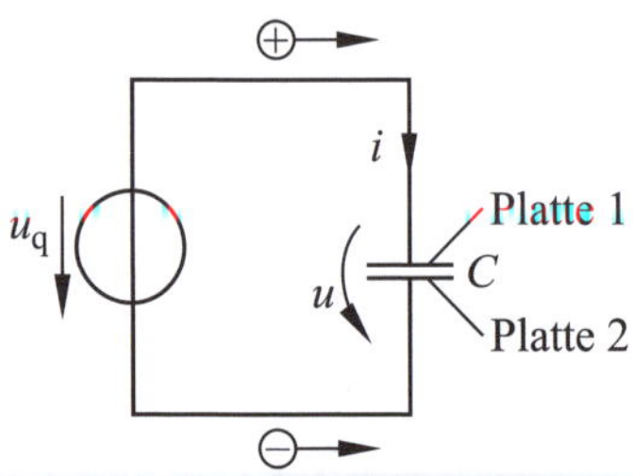

Ladungsbewegung für $i > 0$

Bild 1.5 Kondensator an zeitabhängiger Spannung

Nun nehmen wir an, dass an den Kondensator eine Quelle mit *zeitabhängiger Spannung* u_q angeschlossen ist. Die Bezugspfeile für den Strom i und die Spannung u zwischen den Platten wählen wir wie üblich nach dem Verbraucher-Pfeilsystem.

Auch die Ladungen auf den Kondensatorplatten sind nun zeitabhängige Größen $Q(t)$ bzw. $-Q(t)$. Die Platte 1, von welcher der Bezugspfeil für u ausgeht, trägt dabei in jedem Augenblick eine Ladung mit gleichem Vorzeichen wie die Spannung u und es gilt:

$$Q(t) = C\,u \qquad (1.2)$$

Wächst die Spannung u an ($\mathrm{d}u/\mathrm{d}t > 0$), so zieht die Quelle Elektronen von der Platte 1 ab und verschiebt sie auf die Platte 2; dabei fließt ein Strom im Bezugssinn ($i > 0$). Die negative Ladung auf der Platte 2 nimmt dadurch zu; die Platte 1 wird entsprechend positiv geladen.

Bei sinkender Spannung ($\mathrm{d}u/\mathrm{d}t < 0$) werden die Ladungen in umgekehrter Richtung verschoben; dabei ist $i < 0$.

Zu einer kleinen Spannungsänderung $\mathrm{d}u$ gehört die Ladungsänderung $\mathrm{d}Q$:

$$\mathrm{d}Q = C\,\mathrm{d}u \qquad (1.3)$$

Während dieser Ladungsänderung im Zeitintervall $\mathrm{d}t$ fließt in der Leitung der Strom i. Wir haben im Band 1 mit der Gl. (1.7) den Zusammenhang zwischen der Stromstärke I und der Ladungsmenge ΔQ angegeben, die im Zeitintervall Δt *gleichmäßig* durch einen Querschnitt strömt; die dort genannte Beziehung $I = \Delta Q / \Delta t$ gilt jedoch nur für Gleichstrom.

Ändert sich die Ladung zeitlich beliebig, so verwendet man den Differenzialquotienten:

$$i = \frac{\mathrm{d}Q}{\mathrm{d}t} \qquad (1.4)$$

Wir setzen die Gl. (1.3) ein und erhalten die Gleichung des idealen kapazitiven Eintors:

$$\boxed{i = C\,\frac{\mathrm{d}u}{\mathrm{d}t}} \qquad (1.5)$$

Dieses Grundeintor C besitzt eine konstante Kapazität und wird mit dem Schaltzeichen des

Kondensators dargestellt, wie dies bereits im Bild 1.3 gezeigt ist.

Der Strom durch das Grundeintor C ist ausschließlich von der zeitlichen Änderung der Spannung und damit von der Änderung des *elektrischen* Feldes abhängig; das magnetische Feld hat keinen Einfluss.

Das Grundeintor C ist ein *Energiespeicher*; eine bleibende Umwandlung von elektrischer Energie in eine andere Energieform, z. B. in Wärme, ist nicht möglich.

Ist in der Schaltung 1.5 die Leistung $P(t) = u\,i$ zu einem Zeitpunkt *positiv*, so nimmt das Grundeintor C Energie auf; bei $P(t) < 0$ gibt es dagegen Energie an die Quelle zurück.
Das Grundeintor C wirkt also zeitweise aktiv und zeitweise passiv.

Technische Kondensatoren können die Eigenschaften des Grundeintors C nur annähernd erreichen (s. Kap. 10); es stellt wie die beiden anderen Grundeintore eine *Idealisierung* dar.

Ist die Kapazität spannungsabhängig (s. Band 1, Abschn. 6.6.2), so lässt sich der Strom mithilfe der *differenziellen Kapazität* C_d berechnen:

$$i = C_\text{d}\,\frac{\mathrm{d}u}{\mathrm{d}t} \qquad (1.6)$$

Dabei ist zu beachten, dass auch die differenzielle Kapazität spannungsabhängig ist.

Aus der Gl. (1.5) folgt, dass die Spannung u an einem Grundeintor C sich nicht *sprunghaft ändern* kann, weil dabei der Differenzialquotient $\mathrm{d}u/\mathrm{d}t$ und damit der Strom i unendlich groß werden müssten. Dies gilt auch für die Spannungen an realen Kondensatoren und für *beliebige* Leiteranordnungen, in denen stets Kapazitäten wirksam sind.

Beispiel 1.1
An einem Grundeintor C = 0,2 µF liegt die zeitabhängige Spannung u. Wir wollen die Zeitfunktion des Stromes i für das Intervall $0 \le t \le 30$ ms berechnen und feststellen, in welchen Intervallen das Eintor aktiv und in welchen es passiv wirkt.

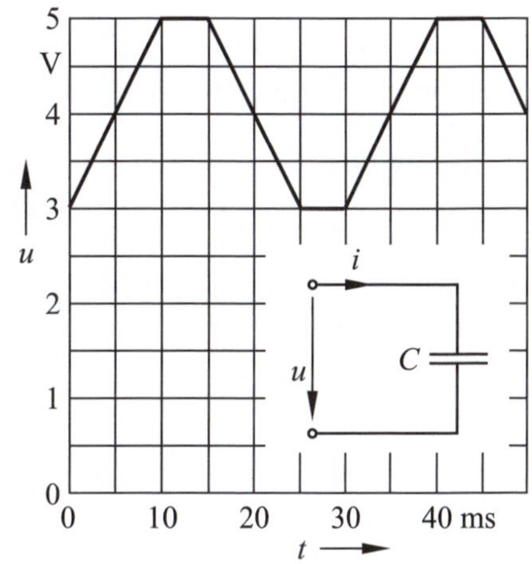

Da die Funktion $u(t)$ nicht stetig differenzierbar ist, berechnen wir den zeitabhängigen Strom $i(t)$ mit der Gl. (1.5) intervallweise:

$$0 \le t < 10\ \text{ms}:\ i = 0{,}2\ \mu\text{F}\cdot\frac{2\ \text{V}}{10\ \text{ms}} = 40\ \mu\text{A}$$

$$10\ \text{ms} \le t < 15\ \text{ms}:\ i = 0\ \text{ wegen }\ \frac{\mathrm{d}u}{\mathrm{d}t} = 0$$

$$15\ \text{ms} \le t < 25\ \text{ms}:\ i = -40\ \mu\text{A}$$

$$25\ \text{ms} \le t < 30\ \text{ms}:\ i = 0$$

Im ersten Intervall nimmt das Eintor wegen $P(t) = u\ i > 0$ elektrische Energie auf; im dritten Intervall gibt es wegen $P(t) = u\ i < 0$ die gleiche Energie wieder ab. In den übrigen Intervallen bleibt die im Eintor gespeicherte Energie jeweils konstant.

1.2.2 Verschiebungsstrom

Ändert sich zwischen den Platten des Kondensators im Bild 1.5 die Spannung u, so fließt ein Strom i, obwohl der Stromkreis zwischen den Platten *unterbrochen* ist; die Ladungsträgerbewegung endet an den Platten.

Darin liegt ein *Widerspruch* zu der Aussage im Band 1, dass ein elektrischer Strom nur in einem über Leiter geschlossenen Stromkreis fließen kann. Dies gilt jedoch nur für *stationäre* Verhältnisse; für *zeitabhängige* Ströme müssen wir den Strombegriff *erweitern.*

Jeder Strom in den Zuleitungen des Kondensators ist von einer Ladungsänderung $\mathrm{d}Q/\mathrm{d}t$ auf den Platten begleitet (s. Gl. 1.4). Mit ihr ändern sich auch der elektrische Fluss Ψ_e und die elektrische Flussdichte $\vec{D}$ des Kondensatorfeldes (s. Band 1, Abschn. 6.4.3).
Wegen $Q = D\,A$ gilt für ein homogenes Feld:

$$\frac{\mathrm{d}Q}{\mathrm{d}t} = \frac{\mathrm{d}D}{\mathrm{d}t} \cdot A \qquad (1.7)$$

Der Ausdruck $\mathrm{d}D/\mathrm{d}t$ hat die Einheit der Stromdichte:

$$\left[\frac{\mathrm{d}D}{\mathrm{d}t}\right] = \frac{\mathrm{A\,s}}{\mathrm{m}^2} \cdot \frac{1}{\mathrm{s}} = 1\,\frac{\mathrm{A}}{\mathrm{m}^2} \qquad (1.8)$$

Man bezeichnet deshalb die Größe $\mathrm{d}\vec{D}/\mathrm{d}t$ als **Verschiebungsstromdichte** *(displacement current density)* $\vec{J}_v$:

$$\boxed{\vec{J}_v = \frac{\mathrm{d}\vec{D}}{\mathrm{d}t}} \qquad (1.9)$$

Die Verschiebungsstromdichte ist ein Vektor, dessen Betrag gleich der augenblicklichen Änderung der elektrischen Flussdichte D ist.

Die Richtung des Vektors $\vec{J}_v$ der Verschiebungsstromdichte stimmt für $\mathrm{d}D/\mathrm{d}t > 0$ mit der Richtung des Vektors $\vec{D}$ überein; für $\mathrm{d}D/\mathrm{d}t < 0$ sind die Richtungen der beiden Vektoren einander entgegengesetzt.

Das Feld der Stromdichte $\vec{J}$ in den Zuleitungen und in den Kondensatorplatten setzt sich als Feld der Verschiebungsstromdichte $\vec{J}_v$ im Dielektrikum des Kondensators fort; die Feldlinien gehen an der Oberfläche der Kondensatorplatten ineinander über (Bild 1.6).

Bei der Verschiebungsstromdichte muss man sich von der Vorstellung befreien, dass sich längs der Feldlinien Ladungen bewegen.

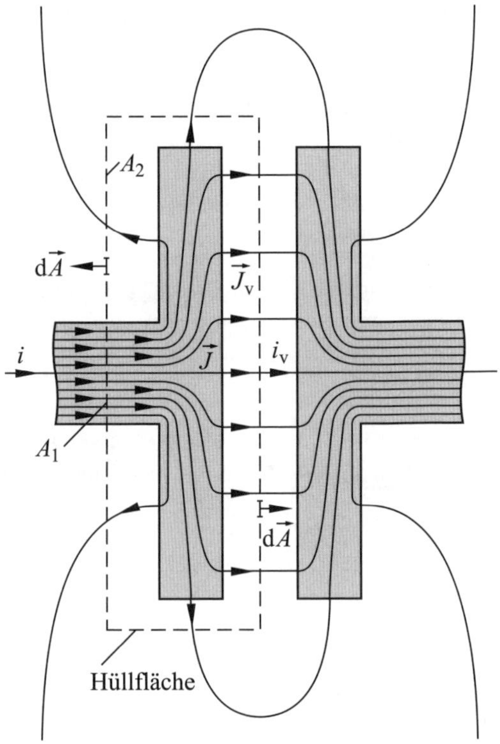

Bild 1.6 Stromdichte und Verschiebungsstromdichte

Der Fluss (d. h. das Flächenintegral) der Verschiebungsstromdichte $\vec{J}_v$ ist der **Verschiebungsstrom** *(displacement current)* i_v:

$$\boxed{i_v = \int_A \vec{J}_v \cdot \mathrm{d}\vec{A}} \qquad (1.10)$$

Bei der Berechnung des Verschiebungsstromes für das Feldbild 1.6 ist das Integral über die Teilfläche A_2 der Hüllfläche um eine der Kondensatorplatten zu bilden; diese Teilfläche wird ausschließlich vom Feld der Verschiebungsstromdichte $\vec{J}_v$ durchsetzt.

Durch die Teilfläche A_1 der Hüllfläche fließt der Strom i in der Zuleitung des Kondensators. Er setzt sich im Dielektrikum als ein Verschiebungsstrom i_v mit gleicher Stromstärke fort.

Wird ein Teil der Hüllfläche von einem *homogenen* Feld der Verschiebungsstromdichte durchsetzt, so lässt sich hierfür die Gl. (1.10) vereinfachen:

$$i_v = \vec{J}_v \cdot \vec{A} \qquad (1.11)$$

Die Vorstellung von einem Verschiebungsstrom, der ohne Ladungsträgerbewegung z. B. auch im Vakuum auftreten kann, wurde von MAXWELL[1] begründet. Nach dieser Erweiterung des Strombegriffes gilt auch für zeitabhängige Ströme in Netzwerken mit kapazitiven Eintoren der Satz, dass *jeder* elektrische Strom in sich *geschlossen* ist.

1.2.3 Knotensatz bei zeitabhängigen Strömen

Der Knotensatz sagt aus, dass die Summe aller Ströme, die eine Hüllfläche durchsetzen, stets den Wert null hat (Band 1, Abschn. 3.2). Entsprechend ist auch der Fluss des Stromdichtevektors $\vec{J}$ durch eine Hüllfläche gleich null.
Beide Aussagen gelten nur für den *stationären* Zustand. Bei *zeitabhängigen* Vorgängen müssen auch die *Verschiebungsströme* berücksichtigt werden; wir wollen dies in der Anordnung betrachten, die im Bild 1.6 gezeigt ist.

Um die linke Kondensatorplatte ist im Bild 1.6 eine Hüllfläche gelegt, deren Flächenvektoren $\mathrm{d}\vec{A}$ wie üblich nach außen weisen. Sie besteht aus zwei Teilflächen.

Die Fläche A_1 ist die Querschnittsfläche der Zuleitung, hier ist die Verschiebungsstromdichte $\vec{J}_v = 0$. Wir integrieren über die Stromdichte $\vec{J}$ und erhalten:

$$\int_{A_1} \vec{J} \cdot \mathrm{d}\vec{A} = -i \qquad (1.12)$$

Die Fläche A_2 liegt im Dielektrikum, dort ist $J = 0$. Wir integrieren über die Verschiebungsstromdichte $\vec{J}_v$ und erhalten:

$$\int_{A_2} \vec{J}_v \cdot \mathrm{d}\vec{A} = i_v \qquad (1.13)$$

Die Feldlinien der beiden Felder gehen ineinander über: Jede in die Hüllfläche eintretende $\vec{J}$-Feldlinie tritt an anderer Stelle als $\vec{J}_v$-Feldlinie aus der Hüllfläche wieder aus. Hieraus folgt, dass der Wert des Integrals über die Hüllfläche gleich Null sein muss:

$$\oint \left(\vec{J} + \vec{J}_v\right) \cdot \mathrm{d}\vec{A} = 0 \qquad (1.14)$$

Dies ist die allgemeine Formulierung des Knotensatzes für zeitabhängige Ströme.

Die Verschiebungsströme müssen bei der Aufstellung einer Gleichung nach dem Knotensatz berücksichtigt werden; er lautet für jeden Knoten:

$$\sum (i + i_v) = 0 \qquad (1.15)$$

Verschiebungsströme treten nicht nur im Inneren von Kondensatoren auf. Liegen in einem Netz mehrere Knoten auf unterschiedlichen, zeitabhängigen Potenzialen, so verursacht die Änderung des elektrischen Feldes zwischen ihnen Verschiebungsströme. Diese werden in der Ersatzschaltung eines solchen Netzes durch ideale kapazitive Eintore beschrieben; man nennt sie **Streukapazitäten**.

Liegt zwischen zwei Knoten (1; 2) eines Netzes die Streukapazität C_s, so gilt für den Verschiebungsstrom von 1 nach 2:

$$i_v = C_s \frac{\mathrm{d}u_{12}}{\mathrm{d}t} \qquad (1.16)$$

Die Streukapazitäten sind von der Geometrie der Schaltung und von den verwendeten Materialien abhängig; sie sind i. Allg. sehr klein. Ihre Berechnung, die sich auch mit Computer-Programmen durchführen lässt, ist recht aufwendig; daher begnügt man sich oft mit Schätzungen.

Durch die Streukapazitäten können z. B. schnell veränderliche Spannungen in andere Netzteile übertragen werden und dort Störungen hervorrufen; man spricht dabei von einer störenden **kapazitiven Kopplung**.

Bei langsam veränderlichen Spannungen können die Streukapazitäten i. Allg. vernachlässigt werden.

[1] James Clerk Maxwell, 1831 – 1879

1.2.4 Durchflutungsgesetz bei zeitabhängigen Strömen

Das Durchflutungsgesetz, wie wir es bisher kennen, beschreibt den Zusammenhang zwischen dem elektrischen Strömungsfeld $\vec{J}$ und dem von ihm erzeugten magnetischen Wirbelfeld $\vec{H}$:

$$I = \oint \vec{H} \cdot d\vec{s} \qquad \text{(s. Gl. 7.29, Band 1)}$$

Dieses Gesetz wurde von MAXWELL im Jahr 1873 erweitert: In einem Gedankenexperiment betrachtete er einen geladenen Kondensator, der durch einen Leitungsdraht entladen wird. Während das Feld $\vec{D}$ der elektrischen Flussdichte dabei bis zum Wert $D = 0$ abnimmt, fließt ein Leitungsstrom i, der von den ringförmigen Feldlinien der magnetischen Feldstärke $\vec{H}$ umgeben ist.

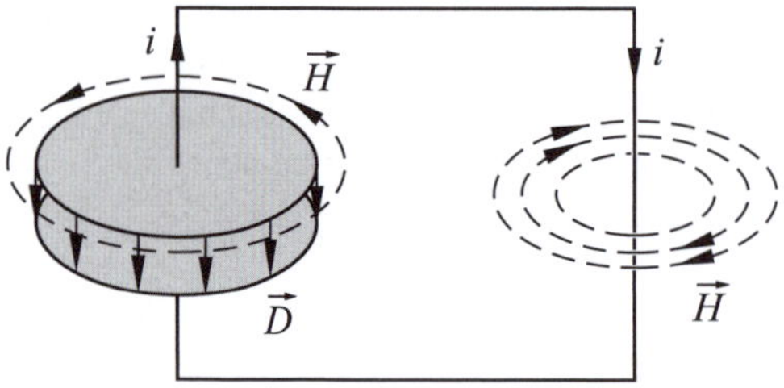

Bild 1.7 Magnetfeld des Entladestromes eines Kondensators

Die $\vec{H}$-Feldlinien umschlingen sämtliche Abschnitte des Leitungsdrahtes und es stellt sich die Frage, ob das magnetische Wirbelfeld im Bereich des Kondensators „unterbrochen" wird.

MAXWELL behauptete: Das magnetische Feld hat keine „Enden", es bildet einen geschlossenen Hohlring. Deswegen muss der Verschiebungsstrom im Dielektrikum des Kondensators in gleicher Weise ein Magnetfeld erzeugen wie der Leitungsstrom.

Einen Beweis für diese Vorstellung konnte MAXWELL nicht angeben. Dennoch erweiterte er das Durchflutungsgesetz um das Feld $\vec{J}_v = d\vec{D}/dt$ der Verschiebungsstromdichte; die **1. MAXWELLsche Gleichung** (1873) lautet damit:

$$\oint \vec{H} \cdot d\vec{s} = \int_A \left(\vec{J} + \vec{J}_v\right) \cdot d\vec{A} \tag{1.17}$$

Falls der Integrationsweg, auf dem das Randintegral im Feld der magnetischen Feldstärke gebildet wird, sowohl Ströme in Leitern als auch Verschiebungsströme umfasst (Bild 1.8), so sind *sämtliche* Ströme in die 1. MAXWELLsche Gleichung einzusetzen.

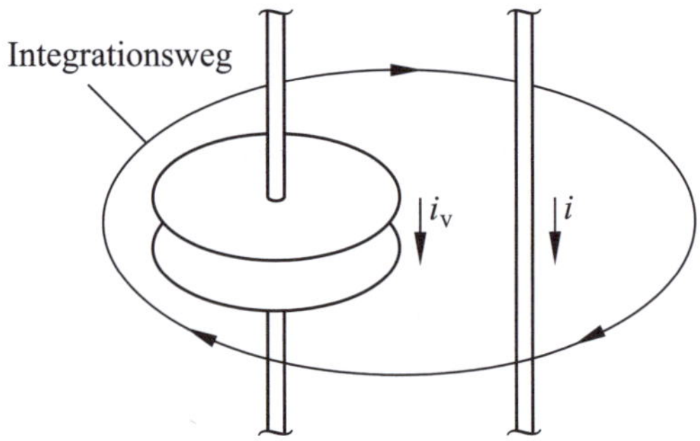

Bild 1.8 Leitungsstrom i und Verschiebungsstrom i_v innerhalb eines geschlossenen Integrationsweges

Praxisbezug 1.2
Die Berliner Akademie der Wissenschaften stellte im Jahr 1879 die Preisaufgabe, das Magnetfeld des Verschiebungsstromes experimentell nachzuweisen, was zunächst niemandem gelang.

Diese Aufgabe wurde erst im Jahr 1886 von HERTZ[1)] an der Technischen Hochschule Karlsruhe gelöst: Er erzeugte als Erster *elektromagnetische Wellen*, die bereits von MAXWELL als Folgerung aus seinem Modell der Verschiebungsstromdichte vorausgesagt worden waren. Die dabei auftretenden schnell veränderlichen, einander wechselseitig bedingenden magnetischen und elektrischen Felder bewiesen eindrucksvoll die physikalische Realität des Verschiebungsstromes und seines Magnetfeldes.

Als Sender verwendete HERTZ einen Induktionsapparat mit Kugelfunkenstrecke. Mit den Kugeln waren in entgegengesetzte Richtungen verlaufende gerade Metallstäbe verbunden. Sie trugen

1) Heinrich Hertz, 1857 – 1894

verschiebbare Metallkörper und bildeten so als abstimmbarer, offener Schwingkreis die Sendeantenne. Eine solche Anordnung wird heute als **HERTZscher Oszillator** bezeichnet.

Eine Wand des großen Hörsaals verkleidete HERTZ mit Zinkblech. Sie wirkte so als *Reflektor* und erzeugte ein Stehwellenfeld. Darin konnte aus der Entfernung der Knoten und Bäuche mithilfe einfacher Resonatoren aus offenen Drahtvierecken mit Messfunkenstrecken die Wellenlänge $\lambda \approx 10$ m ermittelt werden. Dies entspricht einer Frequenz im Kurzwellenbereich von etwa 30 MHz. ❐

Fragen

- Wie ist das ideale kapazitive Eintor definiert?
- Durch welche Zeitfunktion der Spannung an den Klemmen eines Grundeintors *C* wird ein konstanter Ladestrom erzeugt?
- Warum kann sich die Spannung an einem Kondensator nicht sprunghaft ändern?
- Was geschieht mit der elektrischen Energie, die einem Grundeintor *C* zufließt?
- Erläutern Sie die Begriffe Verschiebungsstromdichte und Verschiebungsstrom.
- Warum existiert in einem elektrostatischen Feld kein Verschiebungsstrom?
- Wie lautet der Knotensatz für zeitabhängige Ströme? Verdeutlichen Sie seine Aussage mithilfe einer Skizze.
- Erläutern Sie den Begriff Streukapazität.
- Wie lautet die 1. MAXWELLsche Gleichung?

Aufgaben

1.2(1) Das Bild zeigt das Liniendiagramm der Klemmenspannung *u* an einem idealen kapazitiven Eintor. Berechnen Sie die Zeitfunktion des Stromes *i* für das Intervall $0 \le t \le 8$ ms.

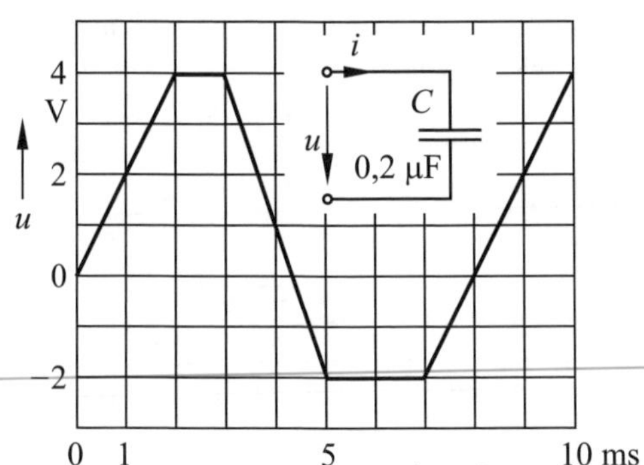

1.3(1) An den Klemmen eines Grundeintors $C = 47$ nF soll der Ladestrom nach der Funktion $i = 2\,(\mathrm{mA/s}) \cdot t$ linear ansteigen.

Wie lautet die Zeitfunktion der Klemmenspannung, die zum Zeitpunkt $t_1 = 30$ ms den Wert $u_1 = 3$ V haben soll?

1.4(2) An einem idealen Plattenkondensator ($\varepsilon_r = 2{,}7$; $A = 0{,}6\ \mathrm{m}^2$; $l = 0{,}5$ mm) steigt in der Zeit 1 ms die Spannung zeitlinear um 100 V an.

Berechnen Sie den Verschiebungsstrom und die Verschiebungsstromdichte im Dielektrikum sowie den Strom in der Zuleitung zum Kondensator.

1.5(3) Ein idealer Plattenkondensator mit kreisrunden Metallplatten (Durchmesser $d = 0{,}8$ m; Plattenabstand $l = 0{,}6$ mm; $\varepsilon_r = 8$) wird aufgeladen. Dabei steigt die Klemmenspannung nach einer e-Funktion an:

$$u(t) = 3\ \mathrm{kV} \cdot \left(1 - \mathrm{e}^{-\frac{t}{0{,}3\ \mathrm{s}}}\right)$$

Berechnen Sie die magnetische Flussdichte $B(t)$ im Dielektrikum ($\mu_r = 1$) beim Radius 0,3 m.

1.6(3) Beim Umschalten eines Grundeintors $C = 10$ nF von einer idealen Spannungsquelle $U_{q1} = 15$ V auf eine lineare Spannungsquelle mit der unbekannten Quellenspannung U_{q2} ändert sich der Strom nach der e-Funktion:

$$i = -40\ \mu\mathrm{A} \cdot \mathrm{e}^{-\frac{t}{2{,}5\ \mathrm{ms}}}$$

Berechnen Sie den Zeitverlauf der Spannung *u* und die Quellenspannung U_{q2}. Zeichnen Sie die Liniendiagramme für *u* und *i*.

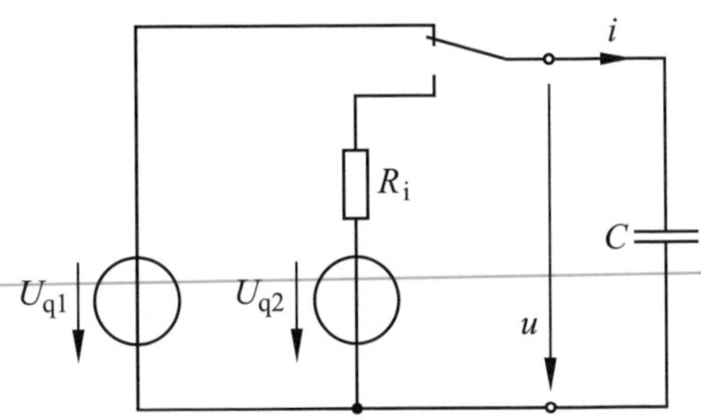

1.3 Bewegungsinduktion

Ziele: Sie können

- den Begriff Bewegungsinduktion erläutern.
- die zwischen den Enden eines im homogenen Magnetfeld bewegten geraden Leiters erzeugte Spannung aus der LORENTZ-Kraft herleiten.
- einen Ausdruck für die induktive Spannung zwischen den Enden eines beliebig geformten, bewegten Leiters im inhomogenen Magnetfeld formulieren.
- eine zur Messung der induktiven Spannung geeignete Anordnung skizzieren.
- die Flussänderung beschreiben, welche bei der Bewegungsinduktion auftritt.
- die induktive Spannung an einer im homogenen Magnetfeld rotierenden Leiterschleife berechnen.

Die *Induktion* einer elektrischen Spannung in einer Leiteranordnung wurde im Band 1 (s. Abschn. 7.1.5) als wichtige Wirkung des Magnetfeldes beschrieben. Wir zeigten zwei Experimente:

- Leiteranordnung und Magnetfeld bewegen sich gegeneinander; den dabei beobachteten Induktionsvorgang bezeichnet man als **Bewegungsinduktion**.
- Leiteranordnung und Magnetfeld befinden sich zueinander in Ruhe und das Magnetfeld ändert sich zeitlich; den dabei beobachteten Induktionsvorgang bezeichnet man als **Ruheinduktion**.

Laufen beide Vorgänge *gleichzeitig* ab, so überlagern sich die Induktionswirkungen. Wir behandeln sie zunächst getrennt und werden dann zeigen, dass sich die gefundenen Gesetzmäßigkeiten ineinander überführen lassen.

1.3.1 Bewegter Leiter im Magnetfeld

Bewegt sich eine Ladung Q mit der Geschwindigkeit $\vec{v}$ im Feld der magnetischen Flussdichte $\vec{B}$, so wirkt auf sie die LORENTZ-Kraft:

$$\vec{F} = Q\,(\vec{v} \times \vec{B}) \qquad \text{(s. Gl. 7.13, Band 1)}$$

Die LORENTZ-Kraft bewirkt Ladungsverschiebungen, die im magnetischen Feld elektrische Spannungen erzeugen; damit wollen wir uns im Folgenden befassen.

Wir betrachten einen geraden, leitenden Stab, der sich mit der Geschwindigkeit $\vec{v}$ in einem homogenen Magnetfeld $\vec{B}$ bewegt. Die Lage des Stabes im Raum wird durch den Längenvektor $\vec{l}_{12}$ zwischen seinen Grenzflächen 1 und 2 beschrieben.

Wir nehmen zunächst an, dass die Vektoren $\vec{B}$, $\vec{v}$ und $\vec{l}_{12}$ *senkrecht* aufeinander stehen.

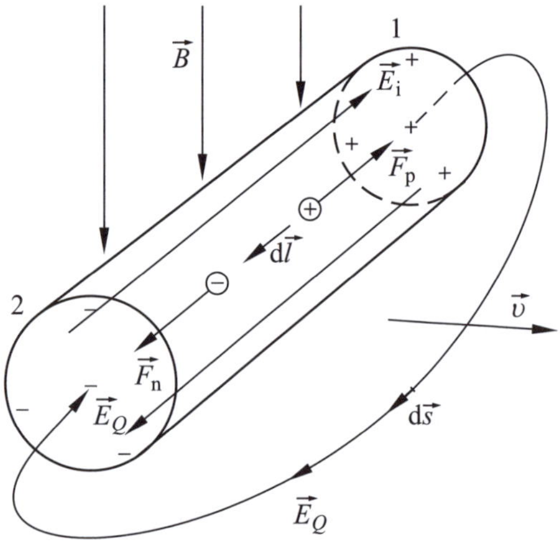

Bild 1.9 Im homogenen Magnetfeld bewegter gerader Leiter

Auf die negativen bzw. positiven beweglichen Ladungsträger im Stab wirkt die LORENTZ-Kraft $\vec{F}_n$ bzw. $\vec{F}_p$. Unter ihrem Einfluss werden die Ladungsträger zu den Enden des Stabes hin verschoben.

Der Quotient aus Kraftvektor und Ladung ist eine *elektrische Feldstärke* (s. Gl. 1.22, Band 1). Wird sie durch die Bewegung von Ladungen im Magnetfeld hervorgerufen, so bezeichnet man sie als **induzierte elektrische Feldstärke** $\vec{E}_i$:

$$\vec{E}_i = \frac{\vec{F}}{Q} = \vec{v} \times \vec{B} \qquad (1.18)$$

Die auf die Grenzflächen des Stabes verschobenen Ladungen erzeugen im Stab und im Außenraum ein elektrisches Quellenfeld $\vec{E}_Q$, das sich im Inneren des Stabes dem induzierten elektrischen Feld $\vec{E}_i$ überlagert.

Die Verschiebung der Ladungen ist beendet, sobald die LORENTZ-Kräfte und die COULOMB-Kräfte auf die Ladungen gleichen Betrag haben. Dabei heben sich die Felder $\vec{E}_Q$ und $\vec{E}_i$ im Leiterinneren auf. Dort ist in diesem Fall $\vec{E}_Q = -\vec{E}_i$ und die resultierende elektrische Feldstärke ist $E = 0$.

Ein experimenteller Nachweis der Ladungen an den Stabenden gelingt z. B. dadurch, dass man den zunächst leitenden Stab während der Bewegung durch das Magnetfeld zum *Nichtleiter* werden lässt, etwa durch Abkühlung eines heißleitenden Materials. Nach der Abkühlung ist der Stab ein *Elektret* (s. Band 1) geworden; er bleibt dies auch außerhalb des Magnetfeldes.

Keineswegs kann man die Potenzialdifferenz zwischen den Stabenden mit einem *mitbewegten* Spannungsmesser nachweisen. In seinen Zuleitungen werden ebenfalls Ladungen verschoben, so dass im Messkreis zwei gleich große Spannungen in Gegenreihenschaltung liegen; die Anzeige bleibt 0 V.

Die Spannung u_{12} zwischen den Grenzflächen des Stabes lässt sich durch Integration im Quellenfeld bestimmen:

$$U = \int_{r_i}^{r_a} \vec{E} \cdot d\vec{s} \qquad \text{(s. Gl. 6.18, Band 1)}$$

Dabei kann der Integrationsweg von der Fläche 1 zur Fläche 2 wegen der Wegunabhängigkeit des Linienintegrals im Quellenfeld entweder über das *äußere* oder über das *innere* Feld erstreckt werden.

Wir wählen den Integrationsweg im *homogenen* Feld innerhalb des Stabes (s. Bild 1.9) und erhalten:

$$u_{12} = \vec{E}_Q \cdot \vec{l}_{12} \tag{1.19}$$

Da im Leiterinnern $\vec{E}_Q = -\vec{E}_i$ ist, gilt:

$$u_{12} = -\vec{E}_i \cdot \vec{l}_{12} \tag{1.20}$$

Wir setzen die Gl. (1.18) ein und erhalten:

$$u_{12} = -(\vec{v} \times \vec{B}) \cdot \vec{l}_{12} = (\vec{B} \times \vec{v}) \cdot \vec{l}_{12} \tag{1.21}$$

Die Geschwindigkeit des Stabes kann sich zeitlich ändern; entsprechend ist auch die Spannung u_{12} eine zeitabhängige Größe.

Wir haben zunächst den einfachsten, aber technisch wichtigen Fall betrachtet, dass die Vektoren aufeinander *senkrecht* stehen (Bild 1.9). Aus der Gl. (1.21) erhält man hierfür:

$$|u_{12}| = B\, v\, l_{12} \tag{1.22}$$

Der Richtungssinn der Spannung lässt sich mithilfe der Gl. (1.21) ermitteln, die auch für *beliebige Winkel* zwischen den Vektoren gilt.

Die Erzeugung von Spannungen durch die Bewegung von Leitern im Magnetfeld nennt man **Bewegungsinduktion**.
Die aus dem *Quellenfeld* wie oben berechnete Spannung u_{12} bezeichnet man als **induktive Spannung** (*inductive voltage*).

Bildet man das Linienintegral von 2 nach 1 über das induzierte elektrische Feld $\vec{E}_i$, so erhält man die **induzierte Spannung** (*induced voltage*) u_i:

$$u_i = -u_{12} \tag{1.23}$$

Beide Spannungen werden in der Technik für Berechnungen verwendet. Wir wollen im Folgenden ausschließlich die *induktive* Spannung verwenden.

Beispiel 1.2
Ein gerader Metallstab der Länge $l_{12} = 0{,}12$ m wird von einem homogenen Magnetfeld mit der Flussdichte $B = 1{,}5$ T senkrecht durchsetzt. Er bewegt sich relativ zum Magnetfeld mit der Geschwindigkeit $v = 2$ m/s, wobei die Vektoren $\vec{B}$ und $\vec{v}$ den Winkel $\alpha = 30°$ einschließen.

Wir wollen die Spannung u_{12} berechnen, die zwischen den Stabenden durch die Bewegungsinduktion entsteht.

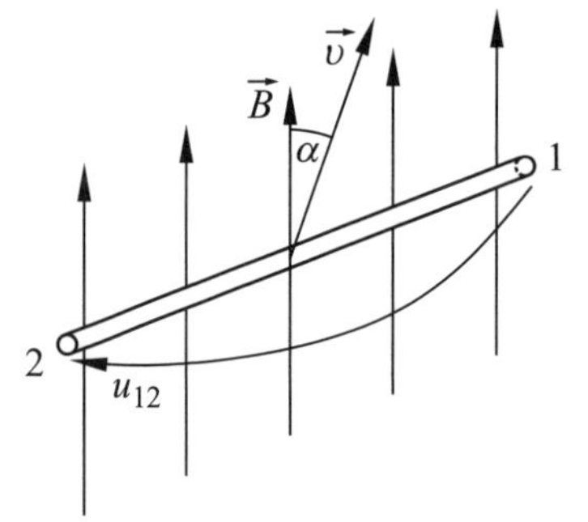

Der Längenvektor $\vec{l}_{12}$ weist von der Fläche 1 zur Fläche 2, liegt also in Richtung des Bezugspfeiles für u_{12}.

Das Vektorprodukt $\vec{B} \times \vec{v}$ liegt in *Gegenrichtung* zu $\vec{l}_{12}$; wir setzen entsprechend in die Gl. (1.21) ein:

$$u_{12} = 1{,}5 \,\frac{\text{V s}}{\text{m}^2} \cdot 2 \,\frac{\text{m}}{\text{s}} \cdot \sin 30° \cdot 0{,}12 \text{ m} \cdot \cos 180°$$

$$u_{12} = -0{,}18 \text{ V}$$

Praxisbezug 1.3

Mit einem **Induktions-Durchflussmesser** kann der Volumendurchfluss einer Flüssigkeitsströmung gemessen werden.

Die Flüssigkeit strömt dabei mit der Geschwindigkeit υ durch ein Rohr aus nicht leitendem Material mit dem Durchmesser D. Es wird von einem homogenen Magnetfeld B senkrecht zur Bewegungsrichtung durchsetzt.

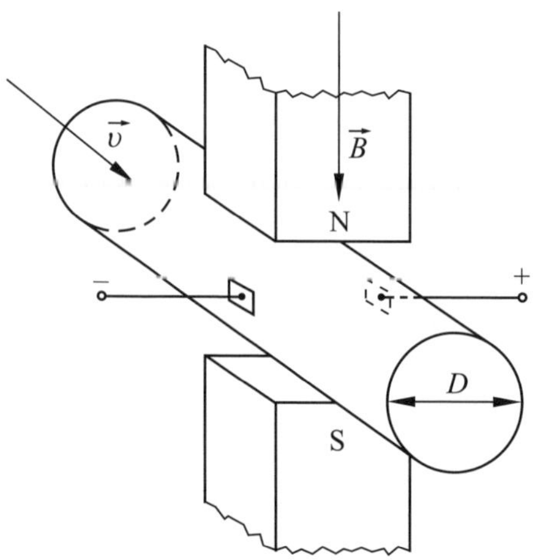

Zwischen zwei an der Innenwand des Rohres liegenden Elektroden entsteht eine induktive Spannung $u = B \,\upsilon\, l$. Voraussetzung hierfür ist, dass die Flüssigkeit elektrisch leitet, also Ionen enthält. Eine Leitfähigkeit $\gamma > 0{,}1$ µS/cm reicht bereits aus; der Wert beeinflusst die Höhe der induktiven Spannung nicht.

Der Abstand l der Elektroden ist gleich dem Durchmesser D. Da der Volumendurchfluss nach der Beziehung $\mathrm{d}V/\mathrm{d}t = \upsilon\, \pi D^2/4$ mit der Strömungsgeschwindigkeit υ zusammenhängt, gilt:

$$\frac{\mathrm{d}V}{\mathrm{d}t} = \frac{\pi}{4} \cdot \frac{u\,D}{B}$$

Der Innenwiderstand des Sensors hängt von der Elektrodenfläche und der Leitfähigkeit der Flüssigkeit ab; im Allgemeinen ist er sehr groß. Man benötigt in diesem Fall einen Messverstärker mit hohem Eingangswiderstand.

Bleibt die Polarität des Magnetfeldes über längere Zeit gleich, so kann sich eine *Polarisationsspannung* (s. Kap. 11, Band 1) bilden, die das Messergebnis verfälscht. Man vermeidet dies durch *Umpolen* des Feldes in einem festen Zeittakt. Die Taktdauer wird so groß gewählt, dass gerade noch keine Polarisationsspannung auftritt. Gemessen wird jeweils nur in einem Zeitabschnitt, der *kleiner* ist als die Zeit mit konstanter Polarität des Magnetfeldes.

Der Induktions-Durchflussmesser hat den Vorteil, dass der Strömungsquerschnitt zur Messung nicht eingeengt werden muss. Die Messung ist auch bei stark verschmutzten und chemisch aggressiven Medien möglich. Für 10 ... 100 % des Messbereichs kann eine maximale relative Messabweichung von etwa 1 % eingehalten werden. ❐

Wir wollen nun noch den *allgemeinen Fall* betrachten, bei dem sich ein *beliebig* gestalteter Leiter mit längs des Leiters nicht konstanter Geschwindigkeit in einem *inhomogenen* Magnetfeld bewegt (Bild 1.10).

Der Leiter wird zwischen den Grenzflächen 1 und 2 in infinitesimal kleine Elemente $\mathrm{d}\vec{l}$ unterteilt und die Spannung als Linienintegral gebildet:

$$u_{12} = \int_1^2 \vec{E}_Q \cdot \mathrm{d}\vec{l} = -\int_1^2 \vec{E}_\mathrm{i} \cdot \mathrm{d}\vec{l} \quad (1.24)$$

Wir setzen die Gl. (1.18) ein und erhalten:

$$u_{12} = -\int_1^2 (\vec{v} \times \vec{B}) \cdot \mathrm{d}\vec{l} = \int_1^2 (\vec{B} \times \vec{v}) \cdot \mathrm{d}\vec{l} \quad (1.25)$$

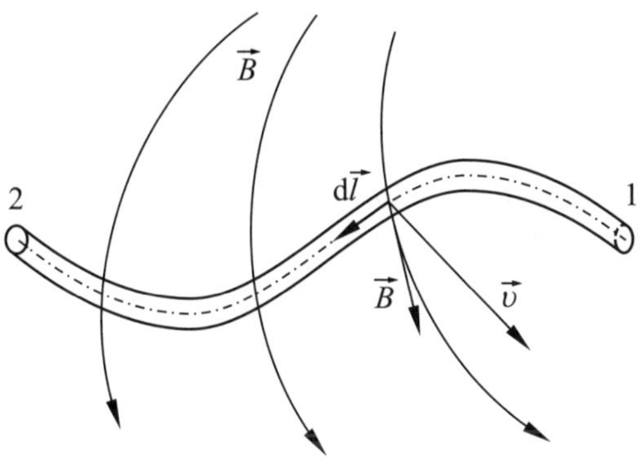

Bild 1.10 Bewegung eines beliebig gestalteten Leiters im inhomogenen Magnetfeld

Beispiel 1.3
Eine Aluminiumscheibe rotiert mit der Drehzahl $n = 3600\ \mathrm{min}^{-1}$ in einem homogenen Magnetfeld mit der Flussdichte $B = 0{,}6$ T, das die Scheibenfläche senkrecht durchsetzt.
Wir wollen die Spannung zwischen einem Punkt 1 am Umfang der Scheibenwelle (Radius $r_1 = 0{,}5$ cm) und einem Punkt 2 am Rand der Scheibe ($r_2 = 20$ cm) berechnen.

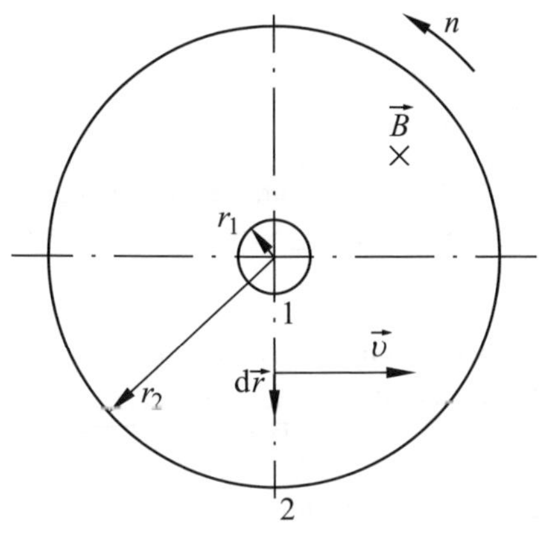

Wir denken uns die Scheibe zerlegt in viele radial von der Welle zum Scheibenrand verlaufende Leiter. An sämtlichen Leitern wird die gleiche Spannung u_{12} erzeugt; in der Scheibe fließt daher kein Strom.

An dem Längenvektor $\vec{l}_{12}$ von der Welle zum Scheibenrand liegt nach Gl. (1.25) die Spannung:

$$u_{12} = \int_{r_1}^{r_2} (\vec{B} \times \vec{v}) \cdot \mathrm{d}\vec{r}$$

Auf den Elementen $\mathrm{d}\vec{r}$ des Vektors $\vec{l}_{12}$ stehen die Vektoren $\vec{B}$ und $\vec{v}$ zueinander senkrecht. Das Vektorprodukt weist in die Richtung des Vektors $\mathrm{d}\vec{r}$; daher gilt:

$$u_{12} = \int_{r_1}^{r_2} B\, v\, \mathrm{d}r$$

Der Betrag der Geschwindigkeit wächst nach außen an und erreicht beim Radius r den Betrag $v = \omega\, r$. Wir setzen dies und die konstante Winkelgeschwindigkeit $\omega = 2\,\pi\, n$ in die Gleichung ein und erhalten:

$$u_{12} = B\,\omega \int_{r_1}^{r_2} r\, \mathrm{d}r = 2\,\pi\, n\, B \cdot \frac{r_2^2 - r_1^2}{2} = 4{,}52\ \mathrm{V}$$

Diese Spannung kann *nicht* mit einer auf der Scheibe *mitbewegten* Messeinrichtung nachgewiesen werden. Zu ihrer Messung sind z. B. Verbindungen über Schleifkontakte zu einem *ruhenden* Spannungsmesser herzustellen.

Eine Maschine nach dem gezeigten Prinzip bezeichnet man als **Unipolarinduktor**.

1.3.2 Zeitliche Änderung des magnetischen Flusses in der Schleifenfläche

Die induktive Spannung zwischen den Enden eines im Magnetfeld bewegten Stabes (s. Bild 1.9) kann nur mit einer Messanordnung bestimmt werden, die an der Bewegung nicht teilnimmt.

Eine für die Messung der induktiven Spannung geeignete Messanordnung kann z. B. nach Bild 1.11 aufgebaut sein. Dabei ist das Messgerät mit zwei parallelen leitenden Schienen Sch verbunden, auf denen sich der Stab unter ständigem Kontakt bewegt.
Zwischen den Kontaktstellen 1 und 2 hat der Stab die Länge $\vec{l}_{12}$. Wir nehmen ein homogenes Magnetfeld $\vec{B}$ an, das den ganzen Beobachtungsraum erfüllt. Die Vektoren $\vec{B}$, $\vec{v}$ und $\vec{l}_{12}$ schließen beliebige Winkel ein.

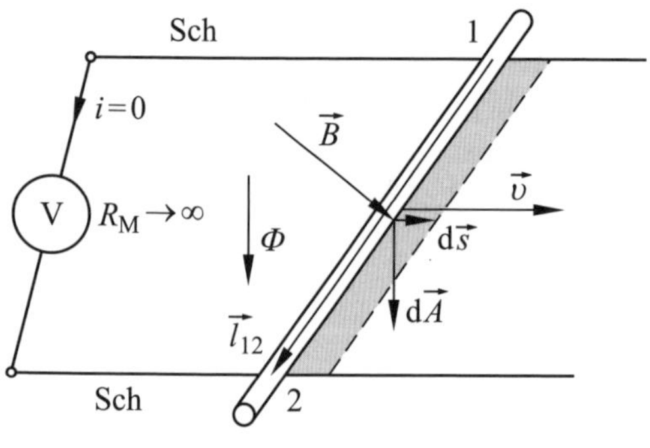

Bild 1.11 Messung der induktiven Spannung u_{12} an einem bewegten Stab

Das an die Schienen Sch angeschlossene Voltmeter zeigt eine Spannung u_{12} nach der Gl. (1.21) an, solange sich der Stab gegenüber der im Magnetfeld ruhenden Messanordnung bewegt.
Dabei verändert sich die *Fläche*, welche von der aus Stab, Schienen und Messgerät gebildeten *Schleife* berandet wird.
Verschiebt sich der Stab im Zeitintervall dt um das Wegelement d$\vec{s}$, so wächst die Fläche um den Wert:

$$\mathrm{d}\vec{A} = \mathrm{d}\vec{s} \times \vec{l}_{12} \tag{1.26}$$

Aus dem Kreuzprodukt ergibt sich der Flächenvektor d$\vec{A}$ senkrecht zu der Ebene, die von den Vektoren d$\vec{s}$ und $\vec{l}_{12}$ aufgespannt wird. Kehrt sich die Bewegungsrichtung um, so gilt dies auch für die Richtung von d$\vec{A}$.
Die zeitliche Änderung der Fläche können wir mit der Geschwindigkeit $\vec{v} = \mathrm{d}\vec{s}/\mathrm{d}t$ angeben:

$$\frac{\mathrm{d}\vec{A}}{\mathrm{d}t} = \vec{v} \times \vec{l}_{12} \tag{1.27}$$

Mit der Fläche der Schleife verändert sich auch der *magnetische Fluss* Φ, der sie durchsetzt.

Der Richtungssinn des Flusses Φ (s. Band 1, Abschn. 7.2.1) weist in Richtung der Komponente von $\vec{B}$, welche die Schleifenfläche senkrecht durchsetzt (s. Bild 1.11).

Die Flussänderung bei der Bewegung des Leiters ist:

$$\frac{\mathrm{d}\Phi}{\mathrm{d}t} = \vec{B} \cdot \frac{\mathrm{d}\vec{A}}{\mathrm{d}t} = \vec{B} \cdot \left(\vec{v} \times \vec{l}_{12}\right) \tag{1.28}$$

Nach dem *Vertauschungsgesetz* für Vektoren im gemischten Skalar-Vektorprodukt gilt folgende Umformung:

$$\vec{B} \cdot \left(\vec{v} \times \vec{l}_{12}\right) = \left(\vec{B} \times \vec{v}\right) \cdot \vec{l}_{12} \tag{1.29}$$

Die rechte Seite dieser Gleichung ist der Zusammenhang, den wir bereits im Abschn. 1.3.1 für die induktive Spannung gefunden haben (s. Gl. 1.21); damit gilt:

$$u_{12} = \vec{B} \cdot \frac{\mathrm{d}\vec{A}}{\mathrm{d}t} = \frac{\mathrm{d}\Phi}{\mathrm{d}t} \tag{1.30}$$

Bei der Bewegungsinduktion lässt sich die induktive Spannung also sowohl mit der LORENTZ-Kraft als auch mit der Änderung des Schleifenflusses berechnen; dabei ist die Flussdichte B *zeitunabhängig*. Die Flussänderung wird nur durch die zeitliche Änderung der Schleifenfläche aufgrund der Bewegung von Leitern bewirkt.

Schließt man in der Schaltung 1.12 statt des Voltmeters mit dem Widerstand $R_M \to \infty$ einen *Verbraucher* mit endlichem Widerstand an, so fließt in der Schleife ein Strom $i > 0$; der bewegte Stab wirkt dabei im Stromkreis als Spannungsquelle.

Auf den stromdurchflossenen Stab wirkt im Magnetfeld eine Kraft (s. Band 1, Abschn. 7.2.2), welche seine Bewegung *hemmt*: Bei der Bewegungsinduktion wird also mechanische in elektrische Energie umgewandelt.

Nun wollen wir noch den allgemeinen Fall betrachten, bei dem sich ein Leiter beliebiger Form in einem zeitunabhängigen, *inhomogenen* Magnetfeld befindet. Seine Wegelemente $\mathrm{d}\vec{l}$ bewegen sich mit unterschiedlichen Geschwindigkeiten $\vec{v}$.

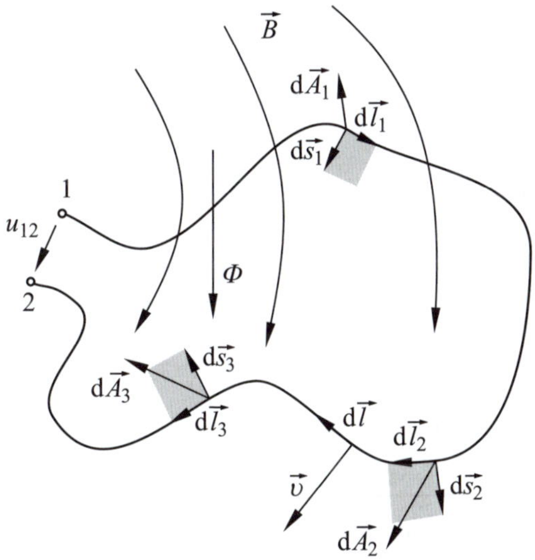

Bild 1.12 Induktive Spannung an einer bewegten Leiterschleife

Die Vektoren $\mathrm{d}\vec{s}$ sind die Verschiebungen $\vec{v}\,\mathrm{d}t$ der Leiterelemente. Die Produkte $\mathrm{d}\vec{s} \times \vec{l}_{12}$ ergeben die Flächenelemente $\mathrm{d}\vec{A}$, um welche sich die Schleifenfläche im Zeitintervall $\mathrm{d}t$ jeweils verändert.

Bei der Bewegung der drei Leiterelemente im Bild 1.12 *verkleinern* $\mathrm{d}\vec{A}_1$ und $\mathrm{d}\vec{A}_3$ die Schleifenfläche, $\mathrm{d}\vec{A}_2$ dagegen *vergrößert* sie.

Die induktive Spannung u_{12} berechnen wir aus der Flussänderung in der Schleife mithilfe der Gln. (1.30 und 1.28). Wir integrieren über den bewegten Schleifenteil, der die Flussänderung in der Schleife hervorruft, und erhalten:

$$u_{12} = \frac{\mathrm{d}\Phi}{\mathrm{d}t} = \int_1^2 \vec{B} \cdot (\vec{v} \times \mathrm{d}\vec{l}) \qquad (1.31)$$

Diese Gleichung liefert dann das richtige Vorzeichen für u_{12}, wenn der Integrationsweg von 1 nach 2, welcher den bewegten Leiterteil enthält, den Richtungssinn des Flusses Φ im *Rechtsschraubensinn* umfasst (s. Bild 1.12).

Vergrößert sich in Bild 1.12 die vom Magnetfeld durchsetzte Schleifenfläche, so ist $\mathrm{d}\Phi/\mathrm{d}t > 0$ und $u_{12} > 0$. *Verkleinert* sich diese Fläche hingegen, so haben beide Größen ein *negatives* Vorzeichen.

Die Messanordnung zwischen den Klemmen *ruht* und trägt zur Flussänderung nichts bei.

Beispiel 1.4

Ein homogenes Magnetfeld mit der Flussdichte $B = 0{,}4$ T ist unter dem Winkel $\beta = 20°$ gegen die Ebene zweier Schienen, die voneinander den Abstand a = 300 mm haben, geneigt. Darauf bewegen sich in ständigem Kontakt mit diesen zwei gerade Stäbe mit den Geschwindigkeiten $v_1 = 0{,}2$ m/s und $v_2 = 0{,}5$ m/s.

Wir wollen die Spannung u am Messgerät sowohl mithilfe der LORENTZ-Kraft als auch mit der Flussänderung berechnen.

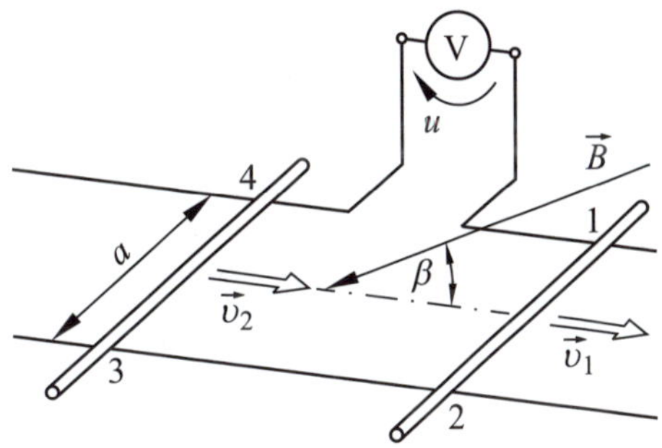

Mithilfe der LORENTZ-Kraft erhält man die Gl. (1.21), die für die Spannung zwischen den Kontaktstellen 1 und 2 lautet:

$$u_{12} = (\vec{B} \times \vec{v}_1) \cdot \vec{l}_{12}$$

Der Vektor $\vec{B} \times \vec{v}_1$ weist in Richtung des Vektors $\vec{l}_{12}$, also ist $u_{12} > 0$. Wir berechnen:

$$u_{12} = 0{,}4\,\frac{\mathrm{V\,s}}{\mathrm{m}^2} \cdot 0{,}2\,\frac{\mathrm{m}}{\mathrm{s}} \cdot \sin 160° \cdot 0{,}3\ \mathrm{m}$$

$$u_{12} = 8{,}2\ \mathrm{mV}$$

Der Vektor $\vec{B} \times \vec{v}_2$ weist in Gegenrichtung zum Vektor $\vec{l}_{34}$, also ist $u_{34} < 0$. Wir berechnen: $u_{34} = -20{,}5$ mV

Aus dem Maschensatz folgt:

$$u = u_{12} + u_{34} = -12{,}3\ \text{mV}$$

Aus der *Flussänderung* berechnen wir die Spannung u mit der Gl. (1.30):

$$u_{12} = \frac{\mathrm{d}\Phi}{\mathrm{d}t} = \vec{B} \cdot \frac{\mathrm{d}\vec{A}}{\mathrm{d}t}$$

Den Richtungssinn des Flusses Φ legen wir senkrecht zur Schleifenfläche *nach unten* fest, damit ihn der Integrationsweg 1 - 2 - 3 - 4 im Rechtsschraubensinn umfasst.
Die Richtung des Flächenvektors $\vec{A}$ legen wir wie üblich in Richtung der Komponente von $\vec{B}$ fest, welche die Schleifenfläche senkrecht nach unten durchsetzt.
Der mit der Geschwindigkeit v_1 bewegte Stab 1 - 2 *vergrößert* den Schleifenfluss und der mit der Geschwindigkeit v_2 bewegte Stab 3 - 4 *verkleinert* ihn. Wegen $v_2 > v_1$ *verringert* sich insgesamt der Schleifenfluss.
Mit der Gl. (1.30) berechnen wir:

$$u_{12} = \vec{B} \cdot \frac{\mathrm{d}\vec{A}}{\mathrm{d}t} = B \cdot \cos(90° - \beta) \cdot \frac{\mathrm{d}A}{\mathrm{d}t}$$

Mit $\mathrm{d}A/\mathrm{d}t = a\,(v_1 - v_2)$ erhalten wir den gleichen Wert $u = -12{,}3$ mV wie oben.

1.3.3 Rotation einer Leiterschleife im homogenen Magnetfeld

In einem zeitlich konstanten homogenen Magnetfeld $\vec{B}$ rotiert mit der konstanten Winkelgeschwindigkeit ω eine beliebig gestaltete, ebene Leiterschleife mit der Windungsfläche $\vec{A}$. Die Enden der Leiterschleife sind an *Schleifringe* SR gelegt, welche die Verbindung zur ruhenden Messanordnung herstellen.
Über die *Schleifkontakte* S kann die induktive Spannung u_{12} abgegriffen und als Funktion der Zeit aufgezeichnet werden (Bild 1.13).

Wir berechnen die induktive Spannung u_{12} mit der Gl. (1.30) aus der Flussänderung $\mathrm{d}\Phi/\mathrm{d}t$. Diese wird ausschließlich durch den rotierenden Teil der Anordnung bewirkt.

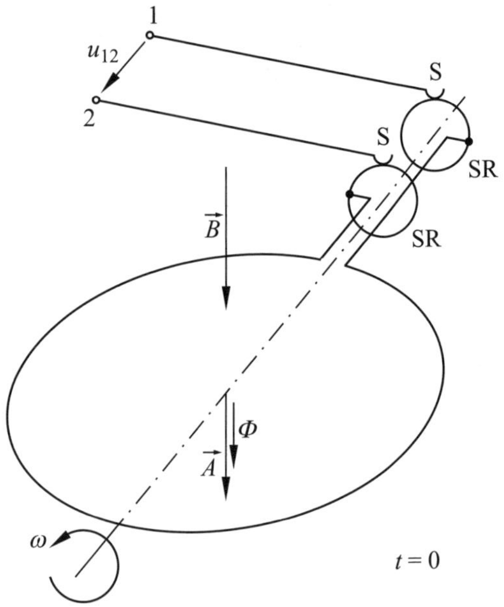

Bild 1.13 Rotation einer Leiterschleife im Magnetfeld

Den Umlaufsinn um die Schleife von der Klemme 1 zur Klemme 2 legen wir so, dass er den Richtungssinn des Flusses Φ im Rechtsschraubensinn umfasst.
Im Augenblick $t = 0$ soll der Flächenvektor $\vec{A}$ der Schleife in Richtung des Flussdichtevektors $\vec{B}$ liegen; damit gehört zu $t = 0$ der Maximalwert des Flusses $\Phi_{max} = B\,A$. Die Zeitfunktion des Flusses, der die Leiterschleife durchsetzt, lautet damit:

$$\Phi(t) = \vec{B} \cdot \vec{A} = B\,A \cos\alpha(t) = \Phi_{max} \cos\alpha(t) \quad (1.32)$$

Dabei ist α der Winkel zwischen $\vec{B}$ und $\vec{A}$, der sich zeitlich nach der Funktion $\alpha = \omega\,t$ ändert.

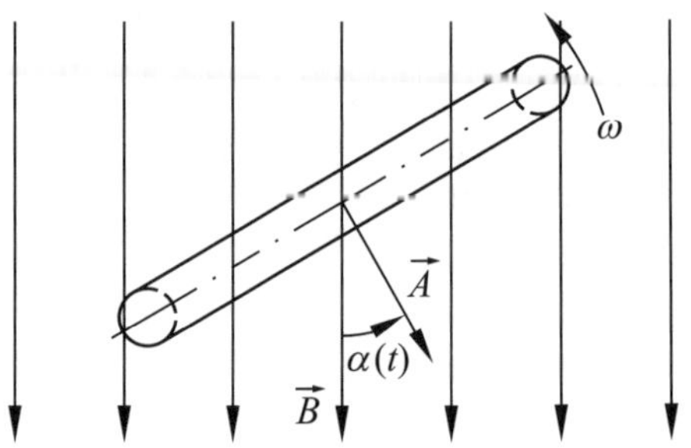

Bild 1.14 Zur Zeitabhängigkeit des Winkels α

Mit dem zeitabhängigen Fluss

$$\Phi(t) = \Phi_{max} \cos \omega t \qquad (1.33)$$

ergibt sich die induktive Spannung:

$$u_{12} = \frac{d\Phi}{dt} = \Phi_{max} \frac{d(\cos\omega t)}{dt} = \Phi_{max}\, \omega\, (-\sin\omega t)$$

$$u_{12} = \Phi_{max}\, \omega \cdot \cos\left(\omega t + \frac{\pi}{2}\right) \qquad (1.34)$$

Der magnetische Fluss, der sich in der Leiterschleife zeitlich nach einer cos-Funktion ändert, erzeugt also eine sich ebenfalls nach einer cos-Funktion ändernde Spannung, welche gegen die Zeitfunktion des Flusses um $\pi/2$ verschoben ist.

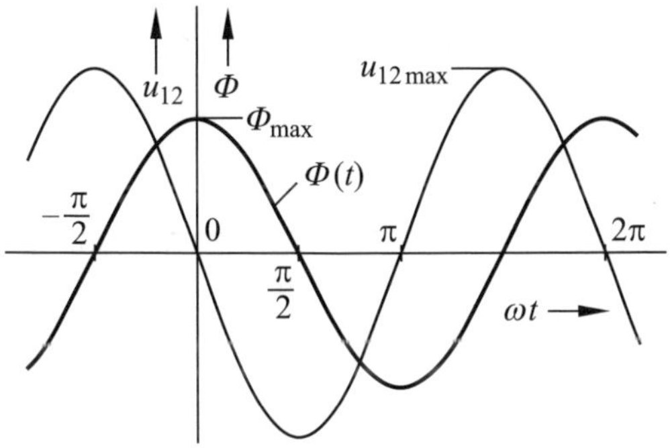

Bild 1.15 Liniendiagramme des Flusses $\Phi(t)$ und der induktiven Spannung u_{12}

Der Maximalwert der induktiven Spannung hängt von der Winkelgeschwindigkeit ω ab.

$$u_{12max} = \omega\, \Phi_{max} \qquad (1.35)$$

Schließt der Flächenvektor $\vec{A}$ der Leiterschleife zur Zeit $t = 0$ einen Winkel α_0 mit dem Flussdichtevektor $\vec{B}$ ein, so ist die induktive Spannung um den gleichen Winkel verschoben:

$$u_{12} = \Phi_{max}\, \omega \cdot \cos\left(\omega t + \frac{\pi}{2} + \alpha_0\right) \qquad (1.36)$$

Lässt man statt einer einzigen Leiterschleife eine *Spule* mit *N gleichen* Windungen im homogenen Magnetfeld rotieren, so liegen die induktiven Spannungen sämtlicher Windungen in Reihe und die Spannung u_{12} wird N-mal so groß:

$$u_{12} = N \cdot \Phi_{max}\, \omega \cdot \cos\left(\omega t + \frac{\pi}{2} + \alpha_0\right) \qquad (1.37)$$

Schließt man an die Klemmen 1 und 2 im Bild 1.14 einen *Verbraucher* an, so fließt in ihm und in der Leiterschleife ein zeitlich sinusförmiger Strom. Auf die Leiterelemente der rotierenden Schleife werden LORENTZ-Kräfte ausgeübt, die ein *Drehmoment* gegen den Drehsinn erzeugen.

Die Anordnung ist damit ein einfacher Sinusstrom-Generator, der mechanische in elektrische Energie umwandelt.

Fragen

- Erläutern Sie den Begriff Bewegungsinduktion.
- Was versteht man unter der induzierten elektrischen Feldstärke?
- Leiten Sie den Wert der Spannung zwischen den Enden eines geraden Leiters, der sich durch ein homogenes Magnetfeld bewegt, aus der LORENTZ-Kraft ab.
- Skizzieren Sie eine Messanordnung zur Messung dieser Spannung.
- Begründen Sie, warum bei der Bewegungsinduktion stets eine Änderung des magnetischen Flusses in der Messschleife entsteht (Skizze).
- Leiten Sie das Zeitgesetz der Spannung ab, die in einer im homogenen Magnetfeld rotierenden, ebenen Leiterschleife induziert wird.

Aufgaben

1.7(2) Die Polschuhe eines Eisenkerns haben als Querschnittsfläche ein gleichseitiges Dreieck mit der Seitenlänge $a = 5$ cm.

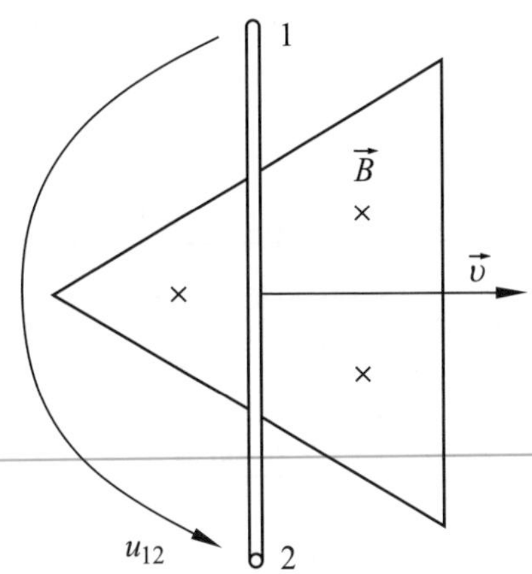

Durch den Luftspalt zwischen den Polschuhen bewegt sich – wie abgebildet – ein Leiterstab mit der konstanten Geschwindigkeit $\upsilon = 0{,}3$ m/s.

Berechnen Sie die Zeitfunktion der am Leiterstab erzeugten induktiven Spannung u_{12} sowie ihren Maximalwert für die Luftspaltflussdichte 0,8 T.

1.8(2) Eine flache Rahmenspule mit der Windungszahl $N = 300$ wird mit der konstanten Geschwindigkeit $\upsilon = 1{,}6$ m/s durch das homogene Luftspaltfeld $B = 1{,}2$ T eines Magneten bewegt. Berechnen Sie die Zeitfunktion der induktiven Spannung u.

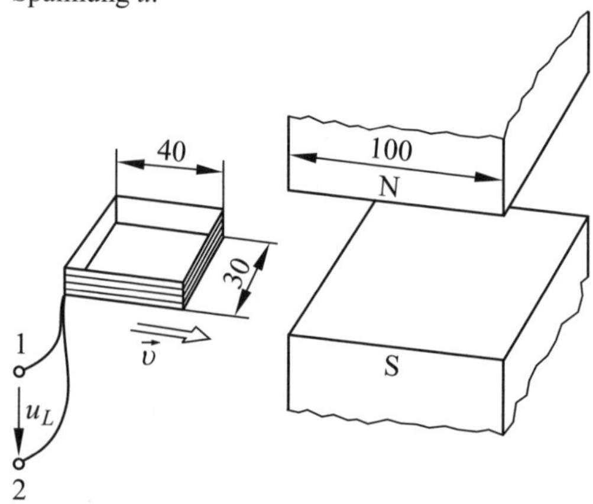

1.9(2) Zwei zueinander im Winkel $\beta = 30°$ fixierte flache Rahmenspulen ($N_1 = 100$; $N_2 = 250$) mit Windungsflächen von je 10 cm² rotieren in einem homogenen Magnetfeld $B = 0{,}15$ T; die Drehzahl ist $n = 600$ min^{-1}. Berechnen Sie die Zeitfunktionen der Spulenflüsse und der Spulenspannungen. Welche Werte haben die Spulenspannungen zum Zeitpunkt $t_1 = 10$ ms?

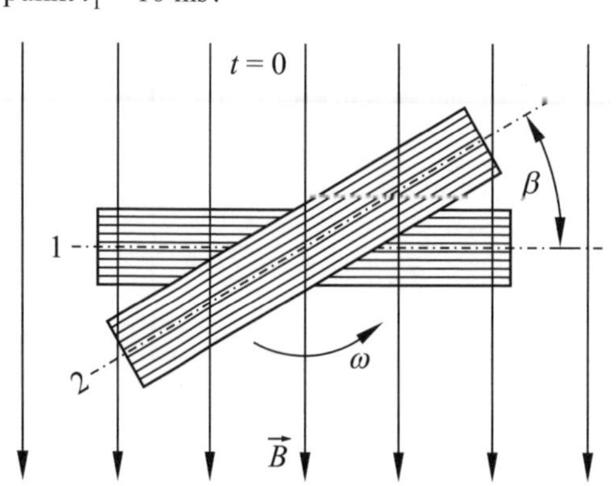

1.4 Ruheinduktion

Ziele: Sie können

- den Begriff Ruheinduktion erläutern.
- eine Anordnung zur Messung der induktiven Spannung bei Ruheinduktion skizzieren.
- die Flussänderung beschreiben, durch welche die Ruheinduktion erzeugt wird.
- den Zusammenhang zwischen dem Richtungssinn der induktiven Spannung und dem des Flusses angeben.
- den Begriff Spannungsstoß erklären und beschreiben, wie man ihn bestimmen kann.

1.4.1 Induktive Spannung bei zeitabhängigem Magnetfeld

Für die induktive Spannung an einer im Magnetfeld *bewegten* Leiterschleife haben wir für eine *zeitlich konstante* Flussdichte die Gleichung $u_{12} = \mathrm{d}\Phi/\mathrm{d}t$ formuliert (s. Gl. 1.30).

Wie das im Folgenden beschriebene Experiment zeigt, gilt diese Gleichung auch für den Fall, dass die Flussänderung *nicht* durch die Bewegung eines Teiles der Messschleife, sondern durch eine *zeitliche Änderung* der Flussdichte $\vec{B}$ erzeugt wird.

Nun das *Experiment*:
Wir erzeugen in einer Kreisringspule ein Feld der magnetischen Flussdichte $\vec{B}$ mit dem Fluss Φ (s. Abschn. 7.4.4 und 7.7.1, Band 1). Um die Kreisringspule legen wir eine Messschleife S, die von diesem Fluss Φ durchsetzt wird.

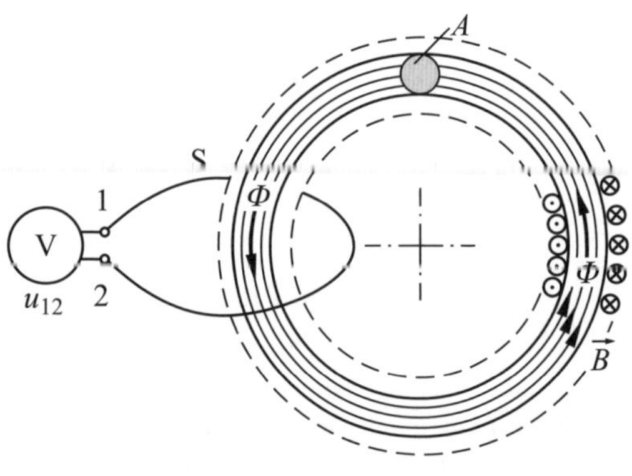

Bild 1.16 Induktion durch zeitliche Änderung der Flussdichte

Erzeugen wir nun eine *zeitliche Änderung* der Flussdichte durch Verstellen des Stromes in der Kreisringspule, so messen wir dabei an den Klemmen der Messschleife eine Spannung u_{12}, die in jedem Augenblick gleich der zeitlichen Änderung des Flusses ist. Die Gl. (1.30) gilt also auch hier.

Man spricht in diesem Fall, bei dem die gesamte Anordnung *ruht*, von **Ruheinduktion**. Bei ihr bleibt die vom Fluss durchsetzte Fläche A innerhalb der Messschleife zeitlich konstant.

Wie bei der Bewegungsinduktion erhält man das richtige Vorzeichen für die induktive Spannung u_{12}, wenn der Umlaufsinn der Messschleife von 1 nach 2 den Richtungssinn des Flusses Φ im *Rechtsschraubensinn* umfasst; im Bild 1.16 ist dies der Fall.

Bei dem Experiment nach Bild 1.16 ist es gleichgültig, in welcher räumlichen Stellung die Messschleife die Kreisringspule umschlingt; auch ihre Größe und Form hat keinerlei Einfluss. Für die induktive Spannung ist lediglich der von der Messschleife umfasste Fluss von Bedeutung.

Bemerkenswert ist auch, dass eine induktive Spannung entsteht, obwohl der gesamte Leiterkreis der Messschleife außerhalb des Magnetfeldes liegt, das ausschließlich im Innern der Kreisringspule verläuft. Dies werden wir im Abschn. 1.5.3 an einem Modell erläutern.

Wenn im Experiment nach Bild 1.16 statt einer Schleife eine *Messspule* mit N Windungen verwendet wird, die alle vom gleichen Fluss durchsetzt werden, so wird die Klemmenspannung N-mal so groß. Der Grund ist, dass in jeder Windung eine induktive Spannung erzeugt wird und sämtliche Windungen eine Reihenschaltung bilden. Für eine solche Messspule mit N Windungen gilt:

$$u_{12} = N \frac{\mathrm{d}\Phi}{\mathrm{d}t} \tag{1.38}$$

Auch diese Gleichung liefert nur dann das richtige Vorzeichen für die Spannung, wenn die Spulenwindungen den Fluss im *Rechtsschraubensinn* umschlingen.

Beispiel 1.5

Eine Kreisringspule wird von einem zeitabhängigen Strom $i = i_{max} \sin \omega t$ durchflossen ($i_{max} = 3$ A; $\omega = 3000$ s^{-1}).

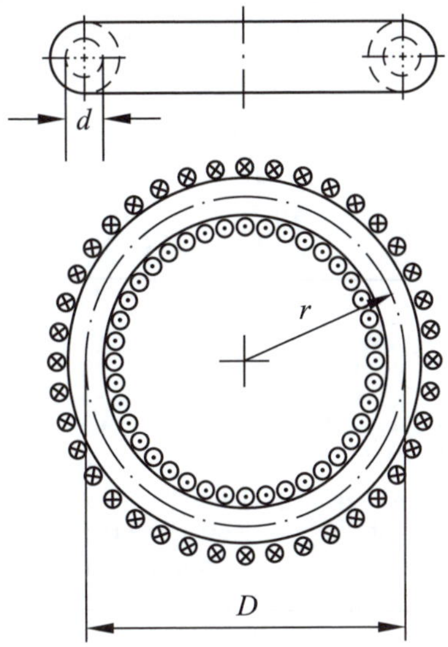

Spule: $N_1 = 500$; $D = 0{,}2$ m; $d = 15$ mm; $\mu_r = 1$

Statt von der Messschleife im Bild 1.17 wird die Kreisringspule von einer Messspule mit der Windungszahl $N_2 = 800$ umfasst. Wir wollen die induktive Spannung berechnen.

Mit den Gln. (7.42 und 7.60, Band 1) berechnen wir den Zeitverlauf des Flusses:

$$\Phi(t) = B(t) \cdot A$$

$$\Phi(t) = \frac{\mu_r \, \mu_0 \, N_1 \, i}{\pi D} \cdot \frac{\pi d^2}{4} = \Phi_{max} \cdot \sin \omega t$$

Mit der Gl. (1.38) erhalten wir:

$$u_{12} = N_2 \frac{\mathrm{d}\Phi}{\mathrm{d}t} = N_2 \frac{\mathrm{d}(\Phi_{max} \cdot \sin \omega t)}{\mathrm{d}t}$$

$$u_{12} = N_2 \, \omega \, \Phi_{max} \cdot \cos \omega t = 1{,}272 \text{ V} \cdot \cos \omega t$$

Praxisbezug 1.4

Auf der Ruheinduktion beruht die Wirkungsweise des **Transformators** *(transformer)*: Zwei Spulen mit den Windungszahlen N_1 und N_2 umfassen einen gemeinsamen magnetischen Fluss, der in einem Eisenkern ohne Luftspalt geführt wird.

Die Wicklung an der Spannung U_1, die elektrische Energie aus dem Netz aufnimmt, wird **Primärwicklung** (*primary winding*) genannt. Die Wicklung mit der Windungszahl N_2 speist Energie in ein Netz ein, sie wird **Sekundärwicklung** (*secondary winding*) genannt (s. auch Abschn. 4.9).

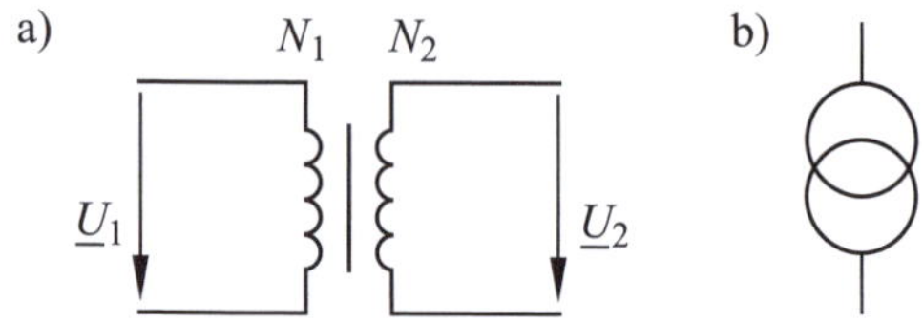

Bild 1.17 Transformator: Schaltzeichen (a) und Schaltkurzzeichen (b)

Transformatorkerne werden stets aus Blechen geschichtet, die durch eine dünne, nicht metallische Schicht gegeneinander isoliert sind. Nach der Ausführung des Kerns unterscheidet man die Bauarten **Kerntyp** und **Manteltyp**.

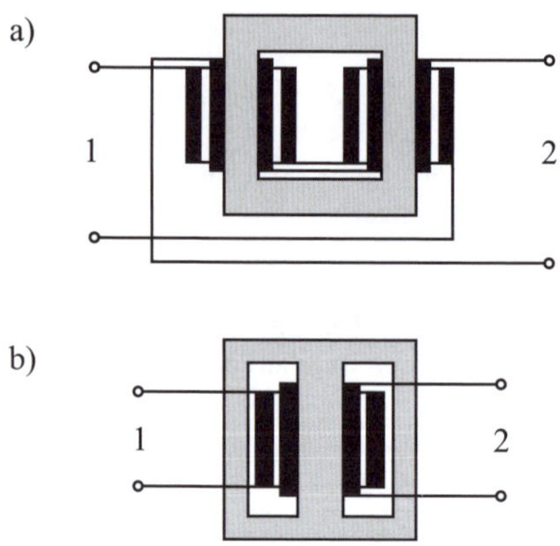

Bild 1.18 Ausführung des Transformators als Kerntyp (a) und als Manteltyp (b)

Während für Transformatoren kleiner Leistung Luftkühlung ausreicht, wird bei den meisten Geräten größerer Leistung Ölkühlung vorgesehen. Die Papierisolation der Wicklungen muss vor dem Einfüllen des Öls im Vakuum getrocknet werden, denn Wasser würde die guten isolierenden Eigenschaften des Öls verschlechtern und Polarisationsverluste hervorrufen. Deshalb werden Öltransformatoren komplett mit Spezialfahrzeugen zum Aufstellungsort transportiert. ❐

1.4.2 Spannungsstoß

Mithilfe der Gl. (1.30) lässt sich aus der induktiven Spannung nach der Umformung $\mathrm{d}\Phi = u\,\mathrm{d}t$ die Zeitfunktion des Flusses berechnen:

$$\Phi(t) = \int u\,\mathrm{d}t \qquad (1.39)$$

Bei der Lösung dieses *unbestimmten* Integrals ergibt sich eine additive Konstante. Sie kann meist aus den Anfangs- oder aus den Randbedingungen der Problemstellung bestimmt werden.

Geht man von der Gl. (1.39) auf das *bestimmte* Integral über, so erhält man:

$$\boxed{\Phi_1 - \Phi_2 = \int_{t_1}^{t_2} u\,\mathrm{d}t} \qquad (1.40)$$

Hierin sind Φ_1 und Φ_2 die Flüsse, welche die Leiterschleife zu den Zeitpunkten t_1 und t_2 durchsetzen. Die rechte Seite der Gl. (1.40) ist eine Spannungszeitfläche, die als **Spannungsstoß** (*surge voltage)* bezeichnet wird. Offenbar hängt der Spannungsstoß nicht von der Funktion $\Phi(t)$ ab, die zwischen den Zeitpunkten t_1 und t_2 bestanden hat.

Die Gl. (1.40) enthält die Aussage:

> Eine Änderung $\Delta\Phi$ des Flusses, der eine Leiterschleife durchsetzt, erzeugt in ihr einen dieser Änderung gleichen Spannungsstoß.

Wird statt einer Leiterschleife eine *Spule* vom Fluss Φ durchsetzt, so ist die linke Seite der Gl. (1.40) mit der *Windungszahl* zu multiplizieren:

$$N(\Phi_1 - \Phi_2) = \int_{t_1}^{t_2} u\,\mathrm{d}t \qquad (1.41)$$

Einen Spannungsstoß kann man bestimmen, indem man die Spannung oszillografiert und die Kurve $u(t)$ mit einem geeigneten Mathematikprogramm planimetriert.
Der Spannungsstoß kann mit integrierenden Messgeräten auch unmittelbar gemessen und angezeigt werden.

Beispiel 1.6

In einer Zylinderspule 1 (Länge $l_1 = 0{,}5$ m; Windungsdurchmesser $d_1 = 5$ cm; $N_1 = 1000$) fließt der Gleichstrom I_1. In ihrer Mitte befindet sich koaxial eine kleine Zylinderspule 2 mit 500 Windungen; ihre Windungsfläche ist $A_2 = 2\ \text{cm}^2$. Beim Ausschalten des Stromes I_1 wird an den Klemmen der Spule 2 der Spannungsstoß 0,32 mVs gemessen. Wir wollen hiermit den Strom I_1 berechnen.

Mit der Gl. (7.43, Band 1) berechnen wir die Flussdichte in der Mitte der Spule 1:

$$B = \frac{\mu_0\, N_1\, I_1}{l_1}$$

Beim Ausschalten ändert sich der Fluss in der Spule 2 um den Wert $\Phi_2 = A_2\, B$. Damit ergibt die Gl. (1.41):

$$N_2\, \Phi_2 = \int u\ \mathrm{d}t = 0{,}32\ \text{mVs}$$

Wir setzen ein und berechnen:

$$I_1 = \frac{l_1 \int u\ \mathrm{d}t}{\mu_0\, N_1\, N_2\, A_2} = 1{,}27\ \text{A}$$

Praxisbezug 1.5

Die magnetischen Eigenschaften eines weichmagnetischen Werkstoffes werden durch seine *Magnetisierungskurve* $B = f\,(H)$ beschrieben, die auch *Kommutierungskurve* genannt wird (Abschn. 7.6.3, Band 1).

Am häufigsten werden **EPSTEIN-Rahmen**[1] *(Epstein square)* nach DIN IEC 60404-2 verwendet. Zu ihrer Herstellung schneidet man aus den zu untersuchenden Blechen *Streifen* aus und stapelt sie zu vier gleichen *Bündeln*. Über diese schiebt man dann die Spulenkörper, die jeweils eine *Erregerspule* (Windungszahl N_1) und eine *Induktionsspule* (Windungszahl N_2) tragen.
Die Blechbündel werden überlappend zusammengefügt, damit der Luftspalt vernachlässigbar ist.

[1] Josef Epstein, 1862 – 1930

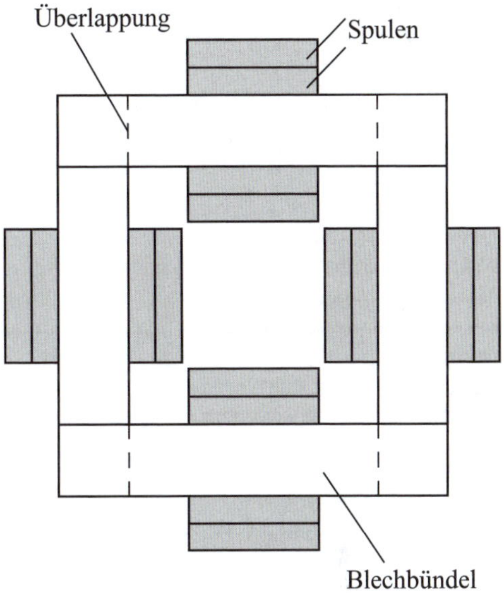

Bild 1.19 EPSTEIN-Rahmen

Der genormte 25-cm-EPSTEIN-Rahmen hat die mittlere Eisenweglänge $l_{\text{Fe}} = 1$ m.

In den in Reihe geschalteten Erregerspulen wird ein Strom I_1 eingestellt und dazu die magnetische Feldstärke $H_1 = 4\ N_1\ I_1\ /\ l_{\text{Fe}}$ berechnet. Hierbei herrscht im Eisen die Flussdichte B_1 mit dem Fluss Φ_1.

Der Strom wird nun *kommutiert*, d. h. sein Richtungssinn wird umgekehrt. Danach herrscht im Eisen die Flussdichte $-B_1$ mit dem Fluss $-\Phi_1$.

Während der Kommutierung wird an den vier ebenfalls in Reihe liegenden Induktionsspulen ein *Spannungsstoß* mit dem Betrag

$$\int u\ \mathrm{d}t = 4\, N_2 \cdot 2\Phi_1$$

gemessen, aus dem sich die Flussdichte ergibt:

$$B_1 = \frac{\int u\ \mathrm{d}t}{8\, N_2 \cdot A_{\text{Fe}}}$$

Nun wird der Erregerstrom auf einen neuen Wert $|I_2| > |I_1|$ eingestellt, wieder kommutiert usw. Man erhält so einzelne Punkte der Kommutierungskurve (s. Bild 7.48, Band 1).

Das zur Messung der Spannungsstöße verwendete integrierende Messgerät wird auch als *Flussmesser* bezeichnet. ❐

Fragen

- Was versteht man unter Ruheinduktion?
- Skizzieren Sie eine Anordnung, mit der eine durch Ruheinduktion erzeugte induktive Spannung gemessen wird.
- Wie lautet der Zusammenhang zwischen dem magnetischen Fluss und der induktiven Spannung bei Ruheinduktion?
- Welche Zeitfunktion hat die Spannung, die in einer Leiterschleife induziert wird, wenn diese von einem sinusförmig zeitabhängigen Fluss durchsetzt ist?
- Was versteht man unter einem Spannungsstoß? Erläutern Sie, wie man ihn messtechnisch bestimmen kann.

Aufgaben

1.10(1) Eine einlagige Zylinderspule (N = 450; Durchmesser d = 0,06 m) wird in axialer Richtung von einem homogenen Magnetfeld durchsetzt. Die Flussdichte steigt innerhalb von 3 s von 0,2 T zeitlinear auf 0,7 T an. Welche induktive Spannung entsteht dabei an den Spulenklemmen?

1.11(2) Auf einen Ringkern mit der Permeabilitätszahl μ_r = 1 sind jeweils über den ganzen Kern zwei Spulen übereinander gewickelt.

In der unteren Spule 1 mit der Windungszahl N_1 = 500 hat der Strom beim Einschalten die Zeitfunktion:

$$i_1 = 3\ \text{A}\ (1 - e^{-t/0{,}1\ \text{s}})$$

Berechnen Sie die Zeitfunktion der induktiven Spannung an den Klemmen der Spule 2 mit der Windungszahl N_2 = 800.

Spulenflächen: $A_1 = A_2 = 6\ \text{cm}^2$

Mittlere Kernlänge: l = 25 cm

1.12(2) In einer Leiterschleife ändert sich der magnetische Fluss Φ nach der angegebenen Zeitfunktion. Berechnen Sie die induktive Spannung für die Zeitspanne $0 \le t \le 9$ ms.

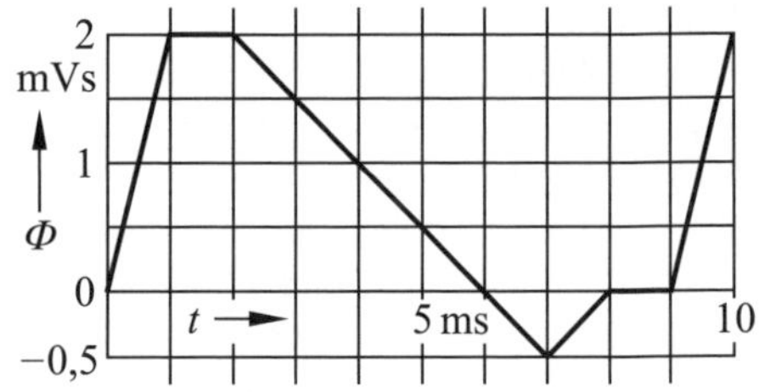

1.13(3) Ein Ringkern aus Stahlguss (Anhang A7) trägt zwei Spulen (N_1 = 1000; N_2 = 400). Welcher Spannungsstoß wird beim Einschalten des Stromes I_1 = 0,2 A in der Spule 2 induziert? Die Streuung soll unberücksichtigt bleiben.

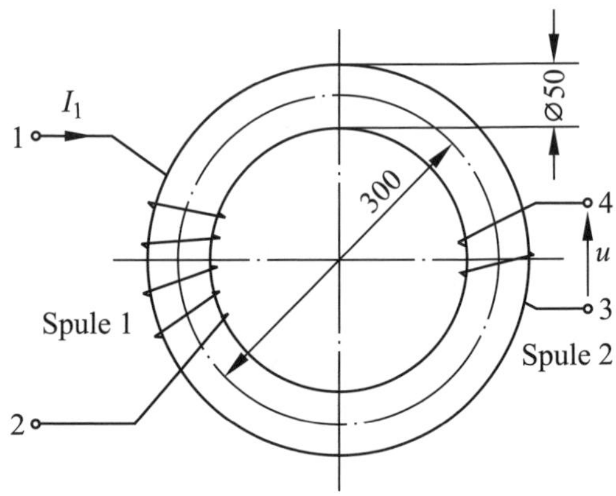

1.5 Elektromagnetisches Feld

Ziele: Sie können

- das Induktionsgesetz für eine Leiterschleife bzw. für eine Spule formulieren.
- den Begriff Verkettungsfluss erklären und auf das Induktionsgesetz anwenden.
- das LENZsche Gesetz formulieren und begründen.
- die 2. MAXWELLsche Gleichung angeben und erläutern.
- den Begriff Wirbelfeld erklären.

1.5.1 Induktionsgesetz

Sowohl für die Ruhe- als auch für die Bewegungsinduktion gilt – wie wir gezeigt haben – ein gemeinsames Gesetz. Es wird als **Induktionsgesetz** (*induction law*) bezeichnet. Bei seiner allgemeinen Formulierung lässt man die von uns als Klemmenbezeichnung eingeführten Indizes 1 und 2 weg:

$$u = \frac{d\Phi}{dt} \qquad (1.42)$$

Die induktive Spannung, die zwischen den Enden einer Leiterschleife erzeugt wird, ist gleich dem Differenzialquotienten des magnetischen Flusses, der sie durchsetzt.

Es ist möglich, dass die Leiteranordnung den magnetischen Fluss *mehrfach* umschließt. Im einfachsten Fall geschieht dies bei einer *Spule*, deren N Windungen vom *gleichen* Fluss durchsetzt werden. Das Induktionsgesetz lautet für diesen Fall:

$$u = N \frac{d\Phi}{dt} \qquad (1.43)$$

Es ist aber auch möglich, dass die N Windungen einer Spule *nicht* vom gleichen Fluss durchsetzt werden, z. B. durch die Inhomogenität des Magnetfeldes oder bei mehrlagigen Wicklungen. In diesem Fall rechnet man mit der Summe der Flüsse, welche die Windungen jeweils durchsetzen.

Das Bild 1.20 zeigt als Beispiel eine Spule mit der Windungszahl $N = 4$. Die Windungen werden wegen des inhomogenen Feldes $\vec{B}$ von unterschiedlichen Flüssen $\Phi_1 \ldots \Phi_4$ durchsetzt.
Für die induktive Spannung ist hierbei die Summe der Flüsse anzusetzen:

$$u = \frac{d(\Phi_1 + \Phi_2 + \Phi_3 + \Phi_4)}{dt}$$

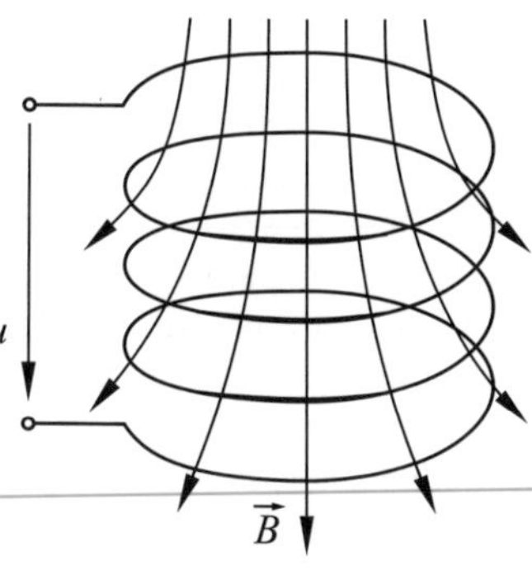

Bild 1.20 Zur Definition des Verkettungsflusses

Man bezeichnet die Flusssumme, die eine Leiteranordnung mit N Windungen durchsetzt, als **Verkettungsfluss** Ψ_m (griech. Buchstabe Psi):

$$\Psi_m = \sum_{k=1}^{N} \Phi_k \qquad (1.44)$$

Sind sämtliche N Windungen mit dem gleichen Fluss Φ verkettet, so ergibt sich:

$$\Psi_m = N\,\Phi \qquad (1.45)$$

Dies ist z. B. der Fall, wenn der Spulenfluss in einem Eisenkern geführt wird.

Mit dem Verkettungsfluss lautet das Induktionsgesetz:

$$u = \frac{d\Psi_m}{dt} \qquad (1.46)$$

Es gibt Leiteranordnungen, die mit einem Fluss mehrfach verkettet sind, ohne dass sich an ihnen „Windungen" erkennen ließen, z. B. mit komplizierter Geometrie ausgeführte mehrlagige gedruckte Schaltungen. Dabei kann die Verkettung sogar mehrfach mit unterschiedlichem Umlaufsinn bestehen.
In solchen Fällen kann man die Gl. (1.44) nicht anwenden; der Verkettungsfluss kann nur durch eine Messung z. B. der induktiven Spannung bestimmt werden. Allgemein gilt:

Der Verkettungsfluss einer Leiteranordnung ist derjenige Fluss, der in nur *einer* Leiterschleife vorhanden sein müsste, wenn an ihr die gleiche induktive Spannung entstehen sollte.

1.5.2 Das Lenzsche Gesetz

Der Richtungssinn eines durch Induktion erzeugten Stromes lässt sich durch eine einfache Überlegung bestimmen. Hierzu betrachten wir eine Leiterschleife, die mit dem an die Klemmen 1 und 2 angeschlossenen Verbraucher R einen Stromkreis bildet (Bild 1.21).
Die Anordnung wird von einem magnetischen Fluss Φ durchsetzt. Wir wählen den Bezugspfeil

für die induktive Spannung u_{12} wie bisher so, dass er den Richtungssinn des Flusses im Rechtsschraubensinn umfasst; die Bezugspfeile für den Schleifenstrom i_S und den Verbraucherstrom i_R wählen wir nach dem Verbraucher-Pfeilsystem.

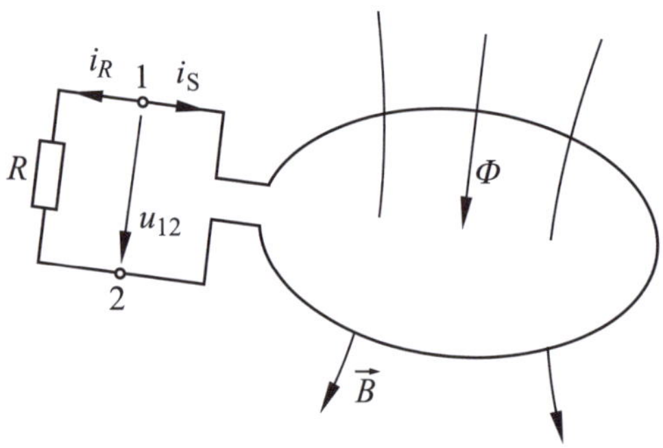

Bild 1.21 Zum LENZschen Gesetz

Bei einer Flussänderung fließen aufgrund der induktiven Spannung u_{12} sowohl im Verbraucher als auch in der Schleife Ströme. Dabei ist es gleichgültig, ob dies durch eine Zeitabhängigkeit der Flussdichte B (Ruheinduktion) oder durch eine Veränderung der Schleifenfläche (Bewegungsinduktion) hervorgerufen wird.

Nehmen wir zunächst an, dass bei $\mathrm{d}\Phi/\mathrm{d}t > 0$ der Richtungssinn des Stromes i_S mit seinem Bezugssinn *übereinstimmt*. In diesem Fall würde das Magnetfeld des Stromes i_S die Flussänderung weiter *verstärken* (Rechtsschraubenregel, s. Band 1). Hierdurch würden die induktive Spannung und damit der Strom i_S weiter *anwachsen*.

Die Einrichtung würde nach einer einmal vorgenommenen Erhöhung des magnetischen Flusses ohne weitere Energiezufuhr fortlaufend eine bis ins Grenzenlose anwachsende Energie erzeugen.

Da dies nicht möglich ist, muss der Strom i_S *gegen* seinen Bezugssinn fließen ($i_S < 0$). Das durch die Schleife gebildete Eintor wirkt dabei als *Erzeuger* elektrischer Energie.

Aus dem Gedankenexperiment folgt das **LENZsche Gesetz**[1]:

[1] Heinrich F. E. Lenz, 1804 – 1865

Der Richtungssinn eines durch Induktion erzeugten Stromes ist stets so, dass sein Magnetfeld der induzierenden Flussänderung entgegenwirkt.

Der Strom i_R fließt im Bezugssinn ($i_R > 0$) und das an die Schleife angeschlossene Eintor wirkt als *Verbraucher* elektrischer Energie. Diese Energie muss dem System bei der Erhöhung des Flusses von außen zugeführt werden.

Beispiel 1.7

In der Erregerwicklung eines Eisenkerns wird der Strom I abgeschaltet. Wir wollen den Richtungssinn für die Größen i_S, i_R und u mithilfe des LENZschen Gesetzes bestimmen.

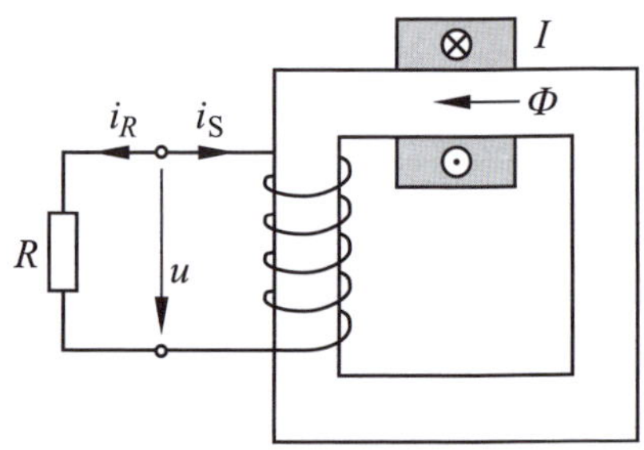

Beim Ausschalten ist $\mathrm{d}\Phi/\mathrm{d}t < 0$; der Strom i_S muss dieser induzierenden Flussänderung *entgegenwirken*, den Fluss also „zu erhalten versuchen".

Dies geschieht bei einem Strom $i_S > 0$; damit ist $i_R < 0$ und auch $u < 0$.

1.5.3 Elektrisches Wirbelfeld

Die Bewegungsinduktion konnten wir mithilfe der LORENTZ-Kraft beschreiben. Diese Erklärung versagt bei der Ruheinduktion, denn die *ruhenden* Elemente der Messschleife nach Bild 1.16 liegen *nicht* in einem Magnetfeld. Wir wollen deshalb im Folgenden ein Modell vorstellen, mit dem man die Ruheinduktion veranschaulichen kann.

In einem Gedankenexperiment stellen wir uns einen kreisförmigen Ring mit der Leitfähigkeit γ vor. Er wird von einem magnetischen Fluss Φ wie die Messschleife im Bild 1.16 durchsetzt.

Nun nehmen wir an, dass sich der vom Ring umschlossene Fluss Φ *zeitlinear* ändert, wobei $\mathrm{d}\Phi/\mathrm{d}t = \text{const.}$ ist.

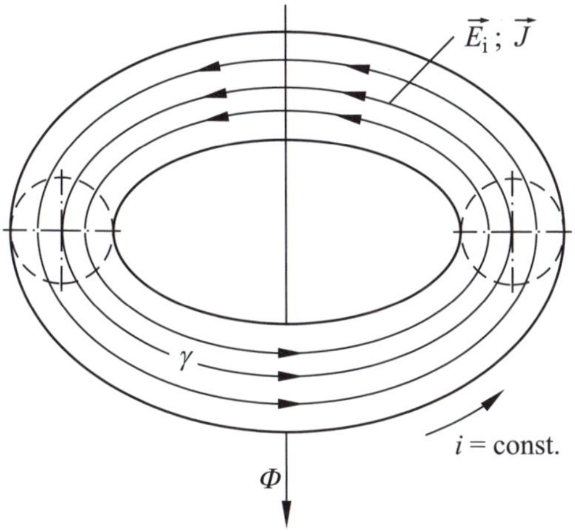

Bild 1.22 Leitender Ring mit zeitlinearer Flussänderung $\mathrm{d}\Phi/\mathrm{d}t > 0$

Nach unseren bisherigen Erfahrungen entsteht im Ring eine Quellenspannung $u = \mathrm{d}\Phi/\mathrm{d}t = \text{const.}$, die den Richtungssinn des Flusses im Sinn einer Rechtsschraube umfasst. Die Quellenspannung treibt einen Strom i = const. durch den Ring, dessen Richtungssinn entgegengesetzt zu dem der Spannung ist (Bild 1.22).

Der konstante Strom i bedingt eine zeitlich konstante *Stromdichte* $\vec{J}$ im Ring, deren Richtung mit dem Richtungssinn des Stromes übereinstimmt.

Da der Ring eine endliche Leitfähigkeit γ besitzt, setzt die Stromdichte $\vec{J}$ wegen der Beziehung $\vec{J} = \gamma\,\vec{E}$ eine elektrische Feldstärke im Ring voraus. Sie ist die Ursache für die Ladungsträgerbewegung und wird als **induzierte elektrische Feldstärke** E_i bezeichnet; wir haben sie bereits bei der Bewegungsinduktion kennen gelernt. Bei unserem Gedankenexperiment bildet sie wie der Stromdichtevektor $\vec{J}$ in sich *geschlossene* Feldlinien.

Lassen wir nun in Gedanken die Leitfähigkeit des Ringes immer geringer werden, so nimmt die Stromdichte dabei immer mehr ab und für $\gamma \to 0$ wird schließlich $J = 0$ sowie $i = 0$.

Das induzierte elektrische Feld bleibt davon unbeeinflusst. Bei $\gamma = 0$ unterscheidet der Ring sich nicht mehr vom übrigen nicht leitenden Raum und wir müssen annehmen, dass das $\vec{E}_i$-Feld auch diesen erfüllt (Bild 1.23).

Damit kommen wir zu folgender Vorstellung:

> Jeder sich zeitlich ändernde magnetische Fluss umgibt sich mit einem elektrischen Feld, dessen Feldlinien in sich geschlossen sind.

Im elektrostatischen Feld haben die $\vec{E}$-Feldlinien stets einen *Anfang* und ein *Ende* auf Ladungen; ein solches Feld wird als **Quellenfeld** bezeichnet. Im Gegensatz dazu sind die Feldlinien des induzierten elektrischen Feldes in sich *geschlossen*; ein solches Feld bezeichnet man als **Wirbelfeld**. Es ist die Ursache für die bei der Induktion beobachteten Spannungen und Ladungsbewegungen.

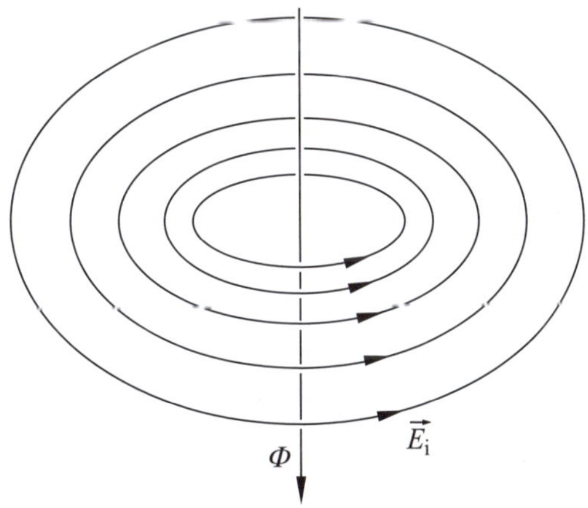

Bild 1.23 Zeitlich sich ändernder magnetischer Fluss und induziertes elektrisches Wirbelfeld ($\mathrm{d}\Phi/\mathrm{d}t > 0$)

Praxisbezug 1.6

Ein mit Sinusstrom betriebener *Zugmagnet* zeigt im Betrieb ein störendes *Brummen*; die Ursache ist folgende:

Im Luftspalt zwischen Anker und Joch ändert sich die magnetische Flussdichte zeitlich nach einer sin-Funktion. Dies führt zu einem zeitlichen

Verlauf der *Zugkraft* nach einer $\sin^2$-Funktion. An ihren Nullstellen wird der Anker kurzzeitig losgelassen und sofort wieder angezogen.

Das so erzeugte Brummen lässt sich dadurch vermeiden, dass man in die Polflächen **Kurzschlussringe** K einlegt.

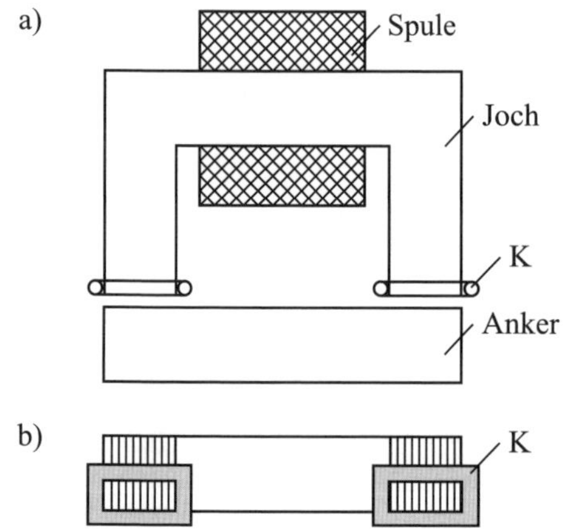

Bild 1.24 Wechselstrommagnet mit Kurzschlussring (a) und Blick auf die Polfläche (b)

Die vom Ring begrenzte Fläche wird von einem sich zeitlich sinusförmig ändernden Fluss durchsetzt. Er erzeugt im Ring einen Sinusstrom, der einen *Gegenfluss* hervorruft. Der resultierende *Gesamtfluss* durch die Ringfläche ist gegenüber dem Fluss in der freien Fläche *zeitlich verschoben.* Hierdurch ist die Zugkraft zu keinem Zeitpunkt mehr null und das lästige Brummen tritt nicht auf.

Das Prinzip, durch einen Kurzschlussring einen zeitversetzten Fluss zu erzeugen, wird z. B. auch bei Wechselstromrelais und -schützen sowie bei Spaltpolmotoren angewendet. ❐

1.5.4 Die 2. MAXWELLsche Gleichung

In Abschnitt 1.5.3 haben wir das induzierte elektrische Wirbelfeld mit einem Gedankenexperiment begründet: Ein sich zeitlich ändernder magnetischer Fluss wurde dabei von einem leitenden Ring umfasst und verursachte in diesem Ring einen in sich geschlossenen elektrischen Strom.
Wir fügen nun in diesen leitenden Ring, der im Bild 1.22 dargestellt ist, einen *Luftspalt* ein.

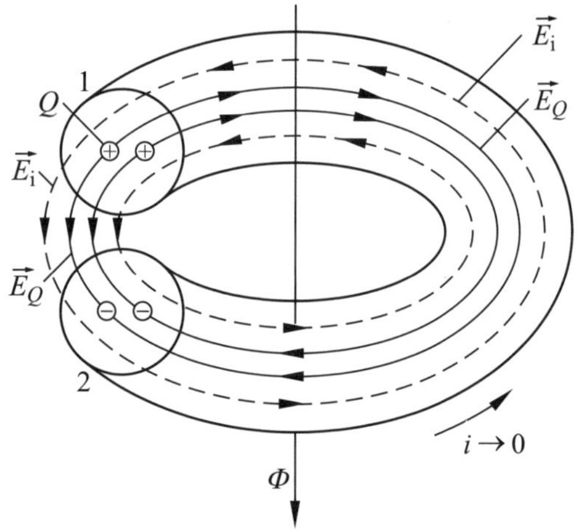

Bild 1.25 Induziertes Wirbelfeld $\vec{E}_i$ und überlagertes Quellenfeld $\vec{E}_Q$ für $d\Phi/dt > 0$

Das induzierte elektrische Wirbelfeld $\vec{E}_i$ verschiebt nun Ladungen bis auf die Schnittflächen 1 und 2, die den Klemmen der Leiterschleife im Bild 1.16 entsprechen. Diese Ladungen erzeugen ein *elektrisches Quellenfeld* $\vec{E}_Q$, das außerhalb des Ringes die *gleiche* Richtung wie $\vec{E}_i$, in seinem Innern aber die entgegengesetzte Richtung zum induzierten Feld $\vec{E}_i$ hat.

Vom induzierten Feld $\vec{E}_i$ werden so lange Ladungen auf die Schnittflächen verschoben, bis das Innere des Ringes wegen $\vec{E}_Q + \vec{E}_i = 0$ feldfrei ist. Sobald dieser Gleichgewichtszustand erreicht wird, ist der Ring stromlos.

Das Linienintegral über die elektrische Feldstärke $\vec{E} = \vec{E}_Q + \vec{E}_i$ von der Fläche 1 zur Fläche 2 außerhalb des Ringes ergibt die induktive Spannung:

$$\int\limits_{\substack{1\\\text{außen}}}^{2} \vec{E} \cdot d\vec{s} = u_{12} = \frac{d\Psi}{dt} \tag{1.47}$$

Bei einer Integration *innerhalb* des Ringes von der Fläche 1 zur Fläche 2 ist wegen $E = 0$:

$$\int\limits_{\substack{1\\\text{innen}}}^{2} \vec{E} \cdot d\vec{s} = 0 \tag{1.48}$$

Im Gegensatz zum elektrischen Quellenfeld ist das Linienintegral im elektrischen Wirbelfeld also *nicht* wegunabhängig.

Wir bestimmen nun das Integral über den *geschlossenen* Integrationsweg von der Fläche 1 über den Ring zur Fläche 2 und über den Luftspalt zurück zur Fläche 1. Der stromlose Ring trägt wegen $E = 0$ zum Integral nichts bei und wir erhalten:

$$\oint \vec{E} \cdot d\vec{s} = \int_{\substack{1\\\text{außen}}}^{2} \vec{E} \cdot d\vec{s} = -u_{12} \tag{1.49}$$

Ersetzt man die Feldstärke $\vec{E}$ durch die Summe $\vec{E}_Q + \vec{E}_\mathrm{i}$, so erhält man:

$$\oint \vec{E} \cdot d\vec{s} = \oint \vec{E}_Q \cdot d\vec{s} + \oint \vec{E}_\mathrm{i} \cdot d\vec{s} = -u_{12} \tag{1.50}$$

Da das Randintegral im elektrischen Quellenfeld stets den Wert null ergibt, gilt:

$$\oint \vec{E} \cdot d\vec{s} = \oint \vec{E}_\mathrm{i} \cdot d\vec{s} \tag{1.51}$$

Damit erhalten wir:

$$\oint \vec{E} \cdot d\vec{s} = \oint \vec{E}_\mathrm{i} \cdot d\vec{s} = -u_{12} = -\frac{d\Phi}{dt} \tag{1.52}$$

Diese Gleichung hängt nicht von der Länge des Luftspalts im Ring ab; sie gilt also auch, wenn der Ring, der lediglich den Nachweis der induktiven Spannung ermöglicht, gar nicht vorhanden ist.

Wir haben angenommen, dass die Änderung des Flusses Φ durch eine zeitliche Änderung der Flussdichte $\vec{B}$ im Bereich einer konstanten Fläche, also durch *Ruheinduktion* entsteht. Die Gl. (1.52) schließt aber auch den Fall der *Bewegungsinduktion* ein; dabei entsteht die Flussänderung bei $\vec{B}$ = const. durch eine zeitliche Änderung der vom Integrationsweg umschlossenen und vom Magnetfeld durchsetzten Fläche $\vec{A}$.

Wir verlassen deswegen die Vorstellung von dem einen magnetischen Fluss umfassenden geschlitzten Ring und legen den geschlossenen Integrationsweg unmittelbar in das Magnetfeld (Bild 1.26). Er berandet die u. U. zeitabhängige Fläche A, deren Flächenvektor mit dem Integrationsweg im Rechtsschraubensinn verknüpft ist. Der Fluss Φ durch diese Fläche ist:

$$\Phi = \int_A \vec{B} \cdot d\vec{A} \qquad \text{(s. Gl. 7.2, Band 1)}$$

Wir setzen dies in die Gl. (1.52) ein und erhalten:

$$\boxed{\oint \vec{E} \cdot d\vec{s} = -\frac{d}{dt}\int_A \vec{B} \cdot d\vec{A}} \tag{1.53}$$

Diese Beziehung ist als **2. MAXWELLsche Gleichung** (1873) bekannt. Sie verknüpft die Vektorgrößen des elektrischen und des magnetischen Feldes miteinander. Weil ein zeitlich sich änderndes magnetisches Feld stets ein elektrisches Feld hervorruft und umgekehrt (s. Abschn. 1.3.3), spricht man dabei von einem **elektromagnetischen Feld** *(electromagnetic field).*

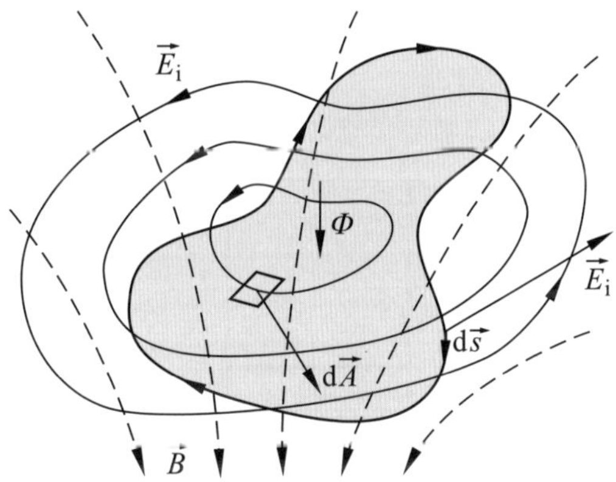

Bild 1.26 Randintegral der elektrischen Feldstärke um einen magnetischen Fluss Φ ($d\Phi/dt > 0$)

Fragen

- Formulieren Sie das Induktionsgesetz für eine Leiterschleife bzw. für eine Spule.
- Erläutern Sie den Begriff Verkettungsfluss.
- Unter welchen Umständen ist im Induktionsgesetz der Verkettungsfluss anzusetzen?
- Erklären Sie das LENZsche Gesetz und begründen Sie, was es aussagt.
- Welcher Zusammenhang besteht zwischen dem Verkettungsfluss einer Leiteranordnung und dem Spannungsstoß?
- Wie lautet die 2. MAXWELLsche Gleichung? Erläutern Sie ihre Bedeutung mithilfe einer Skizze.

Aufgaben

1.14(2) Unmittelbar vor dem Pol eines Stabmagneten befindet sich eine kleine Prüfspule ($N = 200$; $A = 0{,}5\ \text{cm}^2$), die zur Messung des Magnetfelds um 90° gedreht wird. Welche Flussdichte herrscht an der Messstelle, wenn der Spannungsstoß -12 mV s beträgt? Vor welchem Pol wurde gemessen?

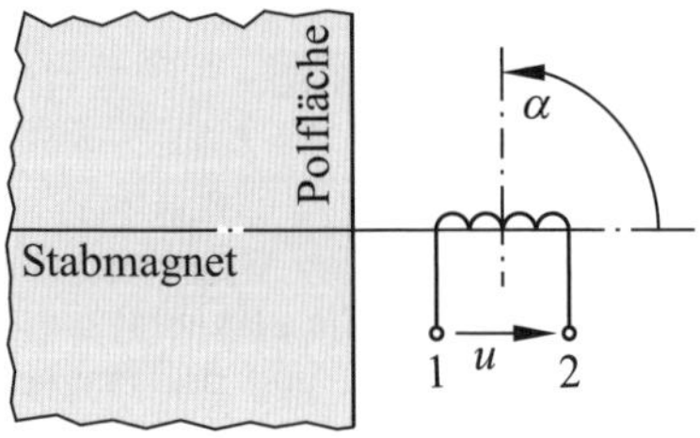

1.15(2) In einem sehr langen Leiter L steigt der Strom i zeitlinear in 1,5 µs von 0 auf 20 kA an. Berechnen Sie die Spannung u an den Klemmen einer quadratischen Leiterschleife, die mit dem Leiter L in einer Ebene liegt.

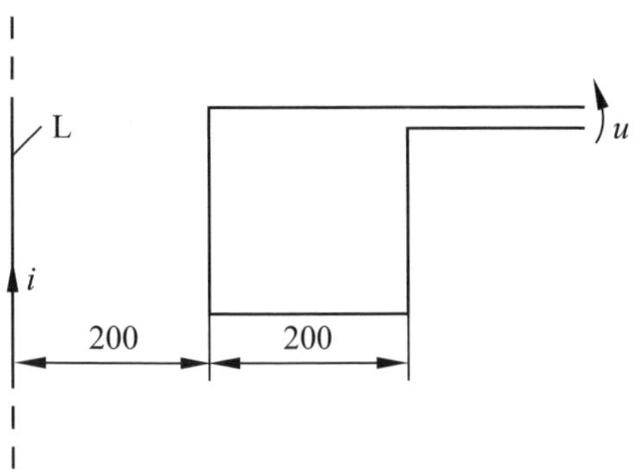

1.16(3) In einem Leiter von kreisförmigem Querschnitt steigt die Stromstärke nach der Funktion $i = K\,t^2$ mit $K = 2\ \text{A/s}^2$. Welchen Wert hat das geschlossene Linienintegral der elektrischen Feldstärke längs des eingezeichneten Weges zum Zeitpunkt $t_1 = 3$ s? (Die Stromdichte soll über dem Querschnitt als konstant angenommen werden.)

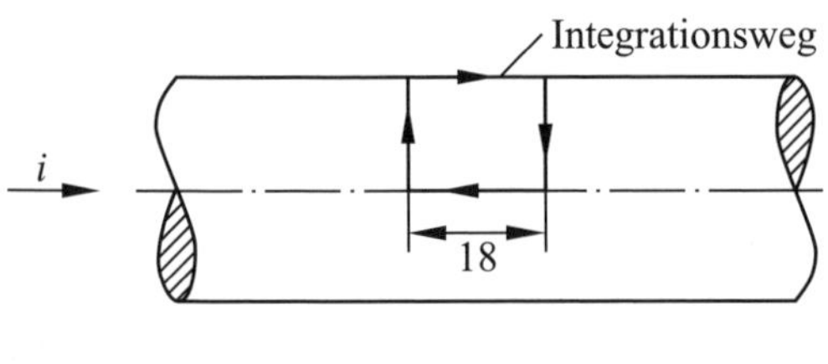

1.6 Selbstinduktion

Ziele: Sie können

- die Entstehung der selbstinduktiven Spannung erläutern.
- den Richtungssinn der selbstinduktiven Spannung aus dem LENZschen Gesetz herleiten.
- den Begriff Selbstinduktivität erläutern und eine Definition in Worten sowie als Formel angeben.
- eine Größengleichung für die selbstinduktive Spannung nennen.
- die Selbstinduktivität einfacher Leiteranordnungen berechnen.
- die Maschengleichung für eine Schaltung mit Selbstinduktivität ansetzen.
- den Begriff ideales induktives Eintor erläutern.

1.6.1 Selbstinduktive Spannung

Wir wollen zunächst ein *Experiment* betrachten: Zwei gleiche Glühlampen L1 und L2 mit der Bemessungsspannung U_N werden an einer Spannungsquelle mit $U_q > U_N$ betrieben. Deswegen ist der Glühlampe L1 ein OHMscher Widerstand R in Reihe geschaltet, der Glühlampe L2 dagegen eine *Spule* mit dem gleichen Widerstand R als Wicklungswiderstand.

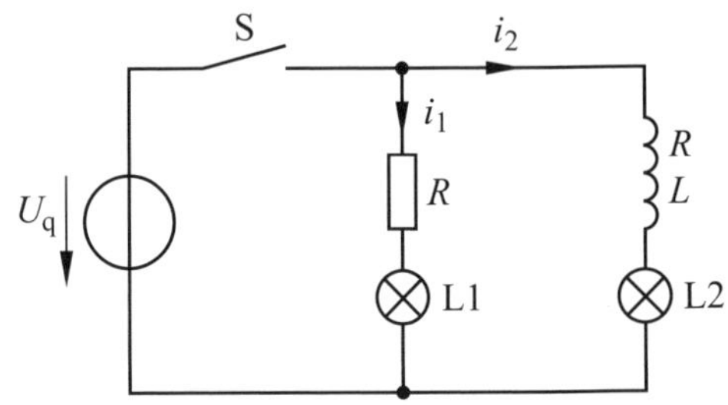

Bild 1.27 Experiment zur Selbstinduktion

Schließen wir den Schalter S, so beobachten wir, dass die Glühlampe L1 praktisch *sofort* aufleuchtet, die Glühlampe 2 dagegen deutlich *verzögert*. Offensichtlich wird der Anstieg des Stromes i_2 durch die Spule „behindert". Wie können wir diese Beobachtung erklären?

Zur Beantwortung dieser Frage wollen wir für einen Stromkreis mit Spule eine *Ersatzschaltung* entwickeln.

Wir schließen die Spule mit dem Wicklungswiderstand R an eine ideale Stromquelle an (Bild 1.28). Der Strom in der Spule erzeugt einen magnetischen Fluss Φ, der im Allgemeinen *nicht* in sämtlichen Windungen gleich ist; für die Spule ist deswegen der Verkettungsfluss Ψ_m wirksam.

Bei *Gleichstrom* ist der Verkettungsfluss konstant und die Spannung $U_{12} = R\,I$ an den Klemmen der Spule wird nur durch den Wicklungswiderstand R bestimmt.

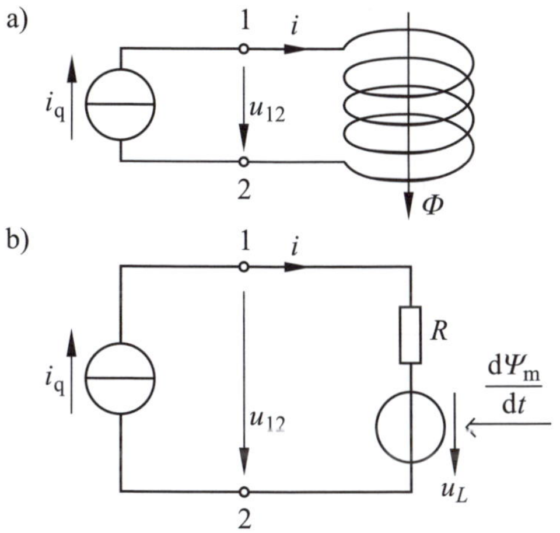

Bild 1.28 Stromkreis mit Spule (a) und seine Ersatzschaltung (b)

Ist der Quellenstrom dagegen *zeitabhängig*, so gilt dies auch für den Verkettungsfluss. Wächst z. B. die Stromstärke an ($di / dt > 0$), so wächst auch der Verkettungsfluss und in der Spule wird eine induktive Spannung $u_L = d\Psi_m / dt > 0$ erzeugt.

In der Ersatzschaltung der Spule (Bild 1.28 b) wird die induktive Spannung u_L durch eine ideale gesteuerte Spannungsquelle dargestellt. Ihr Richtungssinn folgt aus dem LENZschen Gesetz: Sie wirkt jeder zeitlichen Änderung des Verkettungsflusses und damit des Stromes *entgegen*.
Die Summe aus dieser Spannung und der Spannung am Wicklungswiderstand R ergibt in jedem Augenblick die Klemmenspannung:

$$u_{12} = R\,i + \frac{d\Psi_m}{dt} \qquad (1.54)$$

Weil die Spannung u_L im Stromkreis desjenigen Stromes entsteht, der die Flussänderung *selbst* hervorruft, nennt man sie **selbstinduktive Spannung** *(self-inductive voltage)*; den Vorgang bezeichnet man als **Selbstinduktion** *(self induction)*.

Wegen der Selbstinduktion ist es *unmöglich*, dass der Quellenstrom i_q sich *sprunghaft* ändert. Dies würde eine sprunghafte Änderung des Verkettungsflusses und damit $u_L \to \infty$ bewirken. Da unabhängig von der Schaltung *jeder* Strom einen mit dem Stromkreis verketteten Fluss hervorruft, gilt allgemein:

> Ein elektrischer Strom kann sich wegen der im Netzwerk stets auftretenden selbstinduktiven Spannung nicht sprunghaft ändern.

Wächst die Stromstärke bei $i > 0$ an ($di / dt > 0$), so ist die Leistung $u_L i$ *positiv* und die gesteuerte Quelle wirkt als *Verbraucher*. Dabei wird elektrische Energie in magnetische Feldenergie umgewandelt.
Fällt die Stromstärke bei $i > 0$ ab ($di / dt < 0$), so ist die Leistung $u_L i$ *negativ* und die gesteuerte Quelle wirkt als *Erzeuger*. Dabei wird magnetische Feldenergie in elektrische Energie umgewandelt und dem Stromkreis zugeführt.

Nun wollen wir auf unser Experiment mit den Glühlampen zurückkommen. Die Ströme i_1 und i_2 in den beiden Zweigen der Schaltung steigen nach dem Schließen des Schalters auf den gleichen stationären Wert an; er ist durch den in beiden Zweigen gleichen OHMschen Widerstand R bestimmt.
Für den Anstieg der Ströme sind die mit den beiden Stromkreisen verketteten Flüsse maßgeblich. Es gilt nach Gl. (1.54):

$$i_1 = \frac{1}{R}\left(U_q - \frac{d\Psi_{m1}}{dt}\right); \quad i_2 = \frac{1}{R}\left(U_q - \frac{d\Psi_{m2}}{dt}\right)$$

Im Zweig 2 führt wegen der Spule bereits eine geringe Stromzunahme zu einer starken Änderung des Verkettungsflusses. Deswegen kann der Strom i_2 nur deutlich *langsamer* ansteigen als der Strom i_1 im Zweig 1, der mit einem viel *kleineren* Fluss verkettet ist.

1.6.2 Selbstinduktivität

Fließt in einem Stromkreis ein *zeitabhängiger Strom*, so muss grundsätzlich eine selbstinduktive Spannung u_L berücksichtigt werden:

$$u_L = \frac{\mathrm{d}\Psi_\mathrm{m}(t)}{\mathrm{d}t} \qquad (1.55)$$

In der Praxis sind Berechnungen mit dem Verkettungsfluss meist zu umständlich. Man definiert deswegen eine zusätzliche Stromkreisgröße L, die ein Maß für die Stärke des mit einem Gleichstrom I in der Leiteranordnung verketteten Flusses ist:

$$\boxed{L = \frac{\Psi_\mathrm{m}}{I}} \qquad (1.56)$$

Die Größe L nennt man **Selbstinduktivität** (*self-inductance*) oder kurz **Induktivität** (*inductance*). Ihre Einheit ist:

$$[L] = 1\,\frac{\mathrm{Vs}}{\mathrm{A}} = 1\ \textbf{Henry} = 1\ \mathrm{H}$$

> Eine Leiteranordnung hat die Induktivität 1 H, wenn ein in ihr fließender Gleichstrom der Stärke 1 A den Verkettungsfluss 1 V s erzeugt.

Die Induktivität einer Leiteranordnung hängt von ihrer geometrischen Form und von den magnetischen Eigenschaften des Feldraumes ab.

Werden bei einer *Spule* sämtliche N Windungen vom gleichen Fluss Φ durchsetzt, so erhält man mit $\Psi_\mathrm{m} = N\Phi$:

$$L = N\,\frac{\Phi}{I} \qquad (1.57)$$

Wir erweitern diese Gleichung mit der Windungszahl N und setzen außerdem den magnetischen Leitwert $\Lambda = \Phi/\Theta$ ein:

$$\boxed{L = N^2 \Lambda} \qquad (1.58)$$

Besteht das Feld im Vakuum oder besteht der Feldraum aus dia- oder paramagnetischem Material, so sind Λ und L konstant.

Ist die Induktivität einer Leiteranordnung bekannt, so kann die selbstinduktive Spannung aus der *Stromänderung* ermittelt werden, was Berechnungen stark vereinfacht. Mit den Gln. (1.55 und 1.56) gilt für $L = \text{const.}$:

$$\boxed{u_L = L\,\frac{\mathrm{d}i}{\mathrm{d}t}} \qquad (1.59)$$

Je größer die Induktivität einer Leiteranordnung ist, desto höher ist die selbstinduktive Spannung, die durch eine Stromänderung entsteht.

Praxisbezug 1.7

In der Straßendecke vor Verkehrsampeln erkennt man oft eine eingefräste geometrische Figur. Sie zeigt, dass die Ampel von einer in die Fahrbahn eingebetteten **Induktionsschleife** gesteuert wird.

Mit solchen Schleifen lassen sich auch andere Aufgaben lösen, wie z. B. das automatische Betätigen von Toren, die Überwachung von Parkhäusern oder die Steuerung des Betriebes von Schienenfahrzeugen.

Die Schleifengeometrie wird dem jeweiligen Anwendungsfall angepasst. Hauptsächlich werden *rechteckige* Schleifen quer zur Fahrbahn verlegt; sie eignen sich gut zur Erfassung von Kraftfahrzeugen. Für Fahrräder sind dagegen Schleifen im Winkel von 45° zur Fahrbahn geeignet.

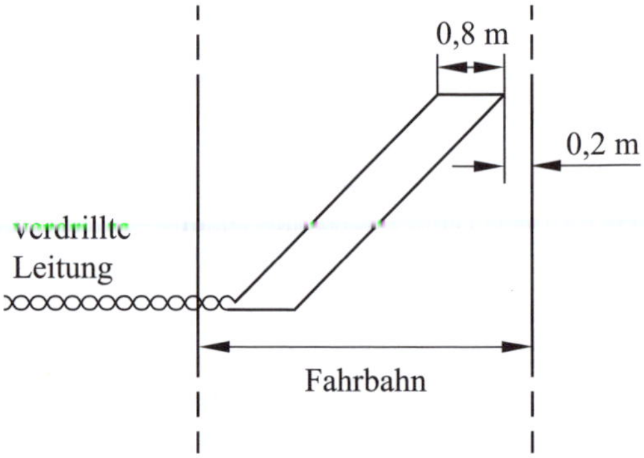

Die Windungszahl der Induktionsschleife hängt von ihrer Größe ab. Eine Schleife mit dem Umfang 8 m hat z. B. nur 4 Windungen; je kleiner sie ist, desto mehr Windungen benötigt sie.

Die Induktionsschleife bildet zusammen mit einem im *Auswertegerät* eingebauten Kondensator einen *Schwingkreis*, dessen Resonanzfrequenz von der Induktivität der Schleife abhängt; sie liegt im Bereich 80 … 300 µH. Je größer sie ist, desto kleiner ist die Resonanzfrequenz.

Der Wechselstrom in der Schleife erzeugt ein magnetisches Feld. Fährt ein Fahrzeug auf die Schleife, so ändern sich der magnetische Leitwert des Feldraumes und damit die Induktivität und die Resonanzfrequenz.
Die Auswerteschaltung erkennt diese Frequenzänderung, und beim Überschreiten einer einstellbaren Schaltschwelle wird das Ausgangsrelais betätigt.

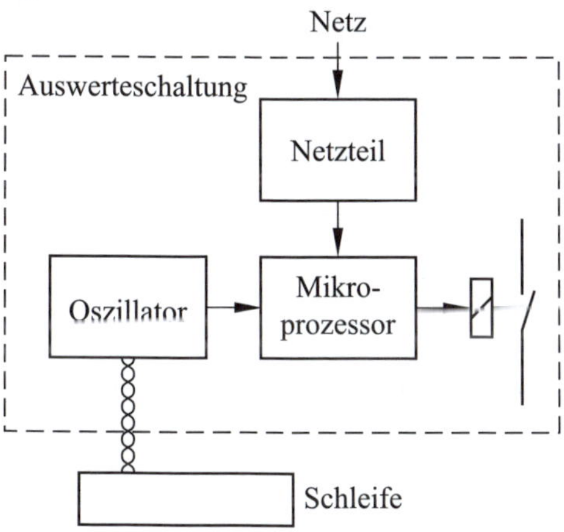

Bei zwei hintereinander verlegten Schleifen kann eine Auswerteschaltung die *Fahrtrichtung* darüber fahrender Fahrzeuge erkennen. ❐

Beispiel 1.8
Eine einlagig gewickelte Kreisringspule (N = 800; Ringdurchmesser D = 30 cm; Windungsquerschnitt A = 9 cm²; Feldmedium Luft) wird von einem Strom i durchflossen.

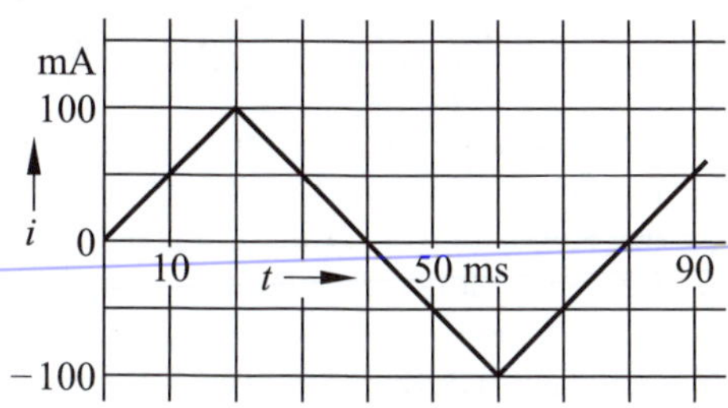

Wir wollen die selbstinduktive Spannung berechnen und ihr Liniendiagramm zeichnen.

Mit Luft als Feldmedium sind Λ und L konstante Größen und wir erhalten mit der Gl. (7.63, Band 1):

$$\Lambda = \frac{\mu_0 A}{\pi D} = 1{,}2 \text{ nH}$$

Wegen $\Psi_\text{m} = N\,\Phi$ ist nach Gl. (1.59) die Induktivität:

$$L = N^2 \Lambda = 768 \text{ µH}$$

Für die Intervalle mit $\mathrm{d}i/\mathrm{d}t > 0$ ist:

$$u_L = L\,\frac{\mathrm{d}i}{\mathrm{d}t} = L\,\frac{100 \text{ mA}}{20 \text{ ms}} = 3{,}84 \text{ mV}$$

Für $\mathrm{d}i/\mathrm{d}t < 0$ ist $u_L = -3{,}84$ mV; die Spannung verläuft rechteckförmig.

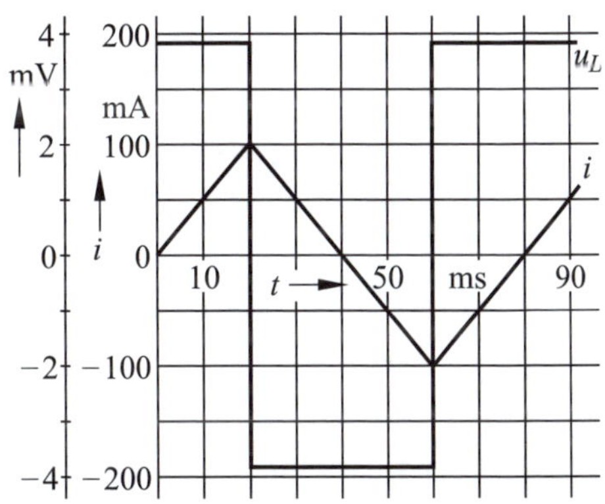

Im Abschn. 1.2.1 wurde gezeigt, dass eine Spannung sich *nicht* sprunghaft ändern kann. Die hier erörterten Strom- und Spannungsverläufe stellen also lediglich *Näherungen* dar.

In vielen Fällen ist die Induktivität L keine Konstante, sondern eine Funktion der Stromstärke. Dies ist dann der Fall, wenn der Fluss, der mit dem Strom in der Leiteranordnung verkettet ist, in einem geschlossenen Eisenkern geführt wird.

Bei einer stromabhängigen Induktivität gilt für die selbstinduktive Spannung:

$$u_L = \frac{\mathrm{d}\Psi_\mathrm{m}}{\mathrm{d}t} = \frac{\mathrm{d}(L\,i)}{\mathrm{d}t} = \left(L + i\,\frac{\mathrm{d}L}{\mathrm{d}i}\right)\frac{\mathrm{d}i}{\mathrm{d}t} \qquad (1.60)$$

Der vor dem Differenzialquotienten $\mathrm{d}i/\mathrm{d}t$ stehende Ausdruck

$$L + i\,\frac{\mathrm{d}L}{\mathrm{d}i}$$

kann durch die Steigung der Kurve $\Psi_\mathrm{m}(I)$ veranschaulicht werden:

$$L_\mathrm{d} = L + I\,\frac{\mathrm{d}L}{\mathrm{d}I} = \frac{\mathrm{d}(L\,I)}{\mathrm{d}I} = \frac{\mathrm{d}\Psi_\mathrm{m}}{\mathrm{d}I} \qquad (1.61)$$

Die Größe L_d wird als **differenzielle Induktivität** *(incremental inductance)* bezeichnet:

$$\boxed{L_\mathrm{d} = \frac{\mathrm{d}\Psi_\mathrm{m}}{\mathrm{d}I}} \qquad (1.62)$$

Wenn sich bei einer Stromänderung der Arbeitspunkt A auf der Kennlinie verschiebt, ändern sich sowohl L als auch L_d.

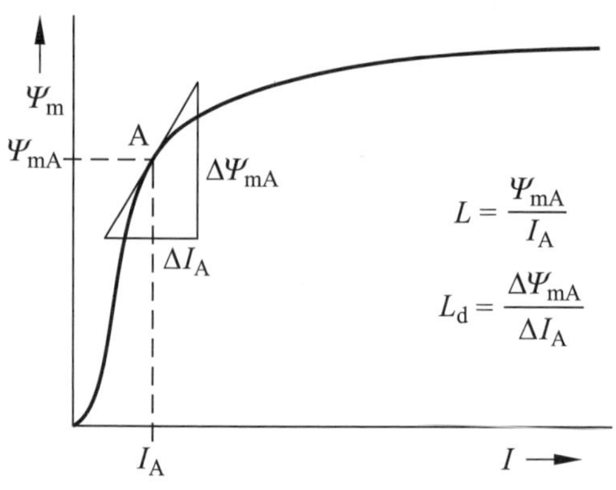

Bild 1.29 Veranschaulichung der Induktivität L und der differenziellen Induktivität L_d

Wegen der nur empirisch gegebenen Funktion $L = f(I)$ ist eine Berechnung der selbstinduktiven Spannung mit der Gl. (1.60) aufwendig.
Ist $i = f(t)$ gegeben und $L \neq$ const., so muss zunächst punktweise die Kurve $\Psi_\mathrm{m} = f(I)$ ermittelt und aus ihrer Steigung der Verlauf $L_\mathrm{d} = \mathrm{d}\Psi_\mathrm{m}/\mathrm{d}I$ berechnet werden. Erst danach lässt sich der Zeitverlauf der induktiven Spannung berechnen:

$$u_L = L_\mathrm{d}(i)\,\frac{\mathrm{d}i}{\mathrm{d}t} \qquad (1.63)$$

Man vereinfacht dieses Vorgehen häufig dadurch, dass man die Kurve $\Psi_\mathrm{m} = f(I)$ linearisiert, was nur bei einem *Luftspalt* im magnetischen Kreis und bei *ungesättigtem Eisen* zu brauchbaren Näherungslösungen führt.

Beispiel 1.9

Die Ringspule aus dem Beispiel 1.8 erhält einen Eisenkern (Magnetisierungskurve A4). Wir wollen die Induktivität sowie die differenzielle Induktivität berechnen und als Funktion der Stromstärke grafisch darstellen (Flussdichte $0 \le B \le 1{,}4$ T).
Eine entsprechende Berechnung wollen wir für den Fall durchführen, dass der Eisenkern einen Luftspalt $l_\mathrm{L} = 1$ mm enthält.

a) Geschlossener Eisenkern
Aus der Magnetisierungskurve bestimmen wir die Funktion $\Psi_\mathrm{m} = f(I)$. Dabei gilt:

$$\Psi_\mathrm{m} = N\,B\,A \quad \text{und} \quad I = H \cdot l/N$$

Die Induktivität $L = \Psi_\mathrm{m}/I$ berechnen wir mit Wertepaaren für Ψ_m und I aus der Tabelle. Näherungswerte für die differenzielle Induktivität erhalten wir durch Bestimmung der Steigung des Linienzuges $\Psi_\mathrm{m} = f(I)$, hier z. B. mithilfe eines geeigneten Rechenprogramms.

B T	Ψ_m Vs	H_Fe kA/m	I mA	L H	L_d H
0,2	0,144	0,05	59	2,44	5,69
0,4	0,288	0,07	83	3,49	9,9
0,6	0,432	0,08	94	4,59	9,7
0,8	0,576	0,10	118	4,89	5,22
1,0	0,720	0,15	177	4,07	2,13
1,2	0,864	0,24	283	3,06	0,82
1,4	1,008	0,62	730	1,38	0,13

Bei gegebener Stromänderung $\mathrm{d}i/\mathrm{d}t$ kann die jeweilige selbstinduktive Spannung mithilfe der Kurve $L_\mathrm{d} = f(I)$ berechnet werden. Die Kurvenverläufe $L(I)$ und $L_\mathrm{d}(I)$ zeigen, dass die Bildung eines Mittelwertes für L zu großen Fehlern in Berechnungen führen würde.

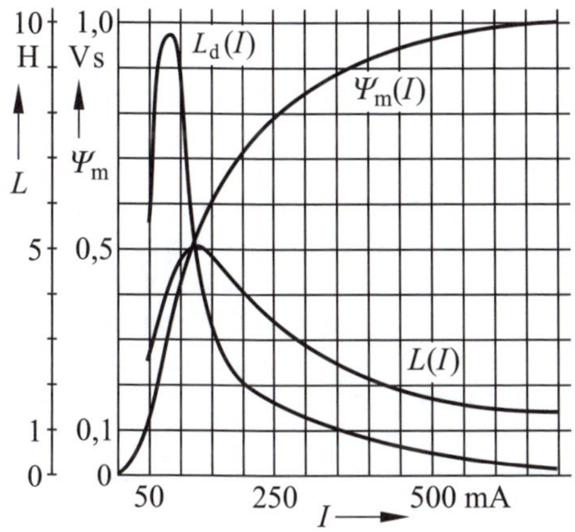

b) Eisenkern mit Luftspalt $l_L = 1$ mm
Für die Berechnung der Tabelle gilt $H_L = B/\mu_0$ und $I = (H_{Fe}\, l + H_L\, l_L)/\, N$. Die Werte für Ψ_m und H_{Fe} stimmen mit der Tabelle unter a) überein, ebenso der Rechenweg zur Bestimmung von L und L_d.

B T	Ψ_m Vs	H_{Fe} kA/m	H_L kA/m	I A	L mH	L_d mH
0,2	0,144	0,05	159	0,26	554	660
0,4	0,288	0,07	318	0,48	600	670
0,6	0,432	0,08	478	0,69	626	666
0,8	0,576	0,10	637	0,91	633	610
1,0	0,720	0,15	796	1,17	615	540
1,2	0,864	0,24	955	1,48	584	430
1,4	1,008	0,62	1114	2,12	475	110

Wegen der linearisierenden Wirkung des Luftspaltes auf die Kurve $\Psi_m(I)$ kann hierbei

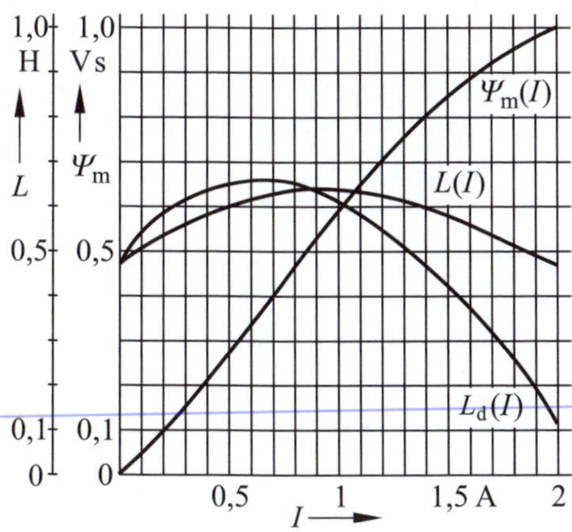

mit einem Mittelwert $L \approx 0{,}6$ H $\approx$ const. gerechnet werden. Dabei darf der Kern jedoch nur bis zu einer maximalen Flussdichte ≈ 1 T betrieben werden. Bei stärkerer Sättigung treten in Berechnungen zunehmend Fehler auf.

1.6.3 Induktivität von Leiteranordnungen

Die exakte Berechnung der Induktivität ist nur für sehr *einfache* Leiteranordnungen möglich: Man berechnet ihren Verkettungsfluss und dividiert ihn durch die Stromstärke, die ihn erzeugt. Einfacher ist die Berechnung, wenn der magnetische Leitwert des Feldraumes bekannt ist.
Bei *beliebigen* Leiteranordnungen kann die Induktivität gemessen werden.

Die Induktivität lässt sich in *zwei Anteile* aufteilen:
Die **äußere Induktivität** L_a ist die Induktivität aufgrund des Flusses im Feldraum *außerhalb* des Leiters. Dieser Flussanteil überwiegt insbesondere bei Spulen so stark, dass die Verwendung der äußeren Induktivität allein oft ausreicht.

Die **innere Induktivität** L_i ist die Induktivität aufgrund des Flusses *innerhalb* des Leiters. Er ist schwerer zu berechnen, weil er nicht mit dem gesamten Strom verkettet ist.
Bei schnellen Stromänderungen ist der Strom nicht mehr gleichmäßig über den Querschnitt verteilt (s. Stromverdrängung), wodurch die innere Induktivität beeinflusst wird. Wir beschränken uns im Folgenden auf langsame Stromänderungen.
Die Induktivität einer Leiteranordnung ist die Summe aus der inneren und der äußeren Induktivität:

$$L = L_i + L_a \tag{1.64}$$

Wenn der Flussanteil im Leiterinnern gegenüber dem Fluss im Außenraum gering ist, kann die innere Induktivität vernachlässigt werden.
Im Folgenden wollen wir die Induktivität für einige Leiteranordnungen bestimmen.

Kreisringspule (μ = const.)
Bei einer einlagig gewickelten Spule sind sämtliche N Windungen mit dem gleichen Fluss

verkettet. Außerdem setzen wir voraus, dass der Spulendurchmesser D viel größer als der Windungsdurchmesser d ist (s. Bild 7.35, Band 1).
Im Beispiel 1.8 haben wir gezeigt, wie man für diesen Fall die Induktivität aus dem magnetischen Leitwert Λ berechnet:

$$L_a = N^2 \Lambda = N^2 \frac{\mu A}{\pi D} \tag{1.65}$$

Die innere Induktivität ist vernachlässigbar.

Zylinderspule (μ = const.)
Wir betrachten eine einlagig gewickelte Spule, deren Länge l viel größer ist als ihr Windungsdurchmesser d (s. Bild 7.36, Band 1). Außerdem nehmen wir ein annähernd homogenes Magnetfeld im Innern der Spule an, wobei sämtliche N Windungen mit dem gleichen Fluss in der Windungsfläche A verkettet sind.

Eine *Näherungslösung* für die äußere Induktivität erhält man, indem man für diesen Fluss den magnetischen Leitwert $\Lambda = \mu A/l$ des Raumes innerhalb der Spule ansetzt:

$$L_a \approx N^2 \Lambda = N^2 \frac{\mu A}{l} \tag{1.66}$$

Die innere Induktivität ist vernachlässigbar.

Ist der Fall $l \gg d$ nicht gegeben, so wird der Fluss in der Spule im gleichen Maße geringer wie die magnetische Feldstärke H. Den Einfluss des Verhältnisses d/l haben wir in der Gl. (7.44, Band 1) angegeben. Für die Induktivität gilt entsprechend:

$$L_a \approx N^2 \Lambda = N^2 \frac{\mu A}{l} \cdot \frac{1}{\sqrt{1 + \left(\frac{d}{l}\right)^2}} \tag{1.67}$$

Diese Näherungslösung ist anwendbar für Spulen mit einem Verhältnis $d/l > 0{,}2$. Für noch kürzere bzw. nicht dünnlagig gewickelte Spulen bestimmt man die Induktivität mithilfe eines Korrekturfaktors (s. Lit. Philippow).

Bei gegebener Spulenform und Wickelhöhe ist stets $L \sim N^2$.

Doppelleitung
Wir betrachten eine symmetrische Doppelleitung der Länge l mit dem Achsenabstand a der Leiter ($l \gg a$) und dem Leiterradius r_L (s. Bild 6.42, Band 1).
Die *äußere Induktivität* ergibt sich aus dem Fluss im Feldraum zwischen den Leitern. Jeder einzelne Leiter erzeugt in seinem Außenraum eine magnetische Feldstärke nach Gl. (7.32, Band 1).
Die in entgegengesetzten Richtungen fließenden Ströme in den Leitern erzeugen Felder, die in der Ebene zwischen den Leitern *gleiche* Richtung haben. Wir addieren die Beträge der Feldstärkevektoren:

$$H = \frac{I}{2\pi}\left(\frac{1}{r} + \frac{1}{a-r}\right) \tag{1.68}$$

Bei einem Leiterstrom I durchsetzt der Fluss Φ die Ebene zwischen den Leitern:

$$\Phi = \int_A B \, dA = l \cdot \int_{r_L}^{a-r_L} B \, dr \tag{1.69}$$

Wir setzen die Gl. (1.68) sowie $B = \mu H$ ein, integrieren und erhalten:

$$\Phi = \frac{\mu I l}{\pi} \ln \frac{a - r_L}{r_L} \tag{1.70}$$

Für $l \gg a$ ist die äußere Induktivität:

$$L_a = \frac{\Phi}{I} = \frac{\mu l}{\pi} \ln \frac{a - r_L}{r_L} \tag{1.71}$$

Für $r_L \ll a$ ist die *innere Induktivität* vernachlässigbar. Ist dies nicht der Fall, lässt sie sich aus der magnetischen Energie des Feldes im Leiterinnern berechnen (s. Abschn. 2.3.3). Wir erhalten für jeden der beiden Leiter:

$$L_{i1} = L_{i2} = \frac{\mu l}{8\pi} \tag{1.72}$$

Die Gesamtinduktivität ist:

$$L = L_a + L_{i1} + L_{i2} \tag{1.73}$$

Wir setzen die Gln. (1.71 und 1.72) ein und erhalten die Induktivität der Doppelleitung:

$$L = \frac{\mu\, l}{\pi}\left(\ln \frac{a - r_L}{r_L} + 0{,}25\right) \qquad (1.74)$$

Koaxialleitung (μ = const.)
Die Koaxialleitung hat einen Innenleiter mit dem Radius r_1 sowie einen Außenleiter mit dem inneren bzw. äußeren Radius r_2 und r_3 (s. Bild 7.32, Band 1). Für die Länge l der Leitung gilt:

$$l \gg r_1;\, r_2;\, r_3$$

Wir berechnen zunächst den Fluss im Raum zwischen den Leitern. Mit der magnetischen Feldstärke nach Gl. (7.32, Band 1) erhalten wir:

$$\Phi = \frac{\mu\, I\, l}{2\,\pi}\int_{r_1}^{r_2} \frac{1}{r}\,\mathrm{d}r \qquad (1.75)$$

Damit ist die äußere Induktivität:

$$L_a = \frac{\Phi}{I} = \frac{\mu\, l}{2\,\pi}\ln\frac{r_2}{r_1} \qquad (1.76)$$

Für die *innere Induktivität* L_{i1} des *Innenleiters* gilt auch hier die Gl. (1.72). Die innere Induktivität L_{i2} des *Außenleiters* ist als Lösung der Aufgabe 2.10 angegeben. Für die gesamte Induktivität gilt wieder die Gl. (1.73).

Spule mit Eisenkern und Luftspalt
Wir haben gezeigt, dass der Luftspalt im Eisenkern eines magnetischen Kreises eine *linearisierende Wirkung* auf die Kennlinie $\Psi_m = f(I)$ hat. Bei kleinen Werten der Flussdichte – also weit unterhalb der Sättigung – kann man daher die Kennlinie als *Gerade* betrachten. Aus ihr wird ein Wertepaar für I und Ψ_m abgelesen und damit die Induktivität $L = \Psi_m / I$ berechnet.

Ist der Luftspalt ausreichend lang, so kann man in einer noch weiter gehenden Näherung die magnetische Spannung am Eisenweg gegenüber derjenigen am Luftspalt vernachlässigen. Für die Induktivität ist in diesem Fall nur der magnetische Leitwert $\Lambda_L = \mu_0 A_L / l_L$ des *Luftspalts* bestimmend:

$$L \approx N^2 \Lambda_L = N^2 \frac{\mu_0 A_L}{l_L} \qquad (1.77)$$

Diese Gleichung ist nur für $l_L > 0{,}01\, l_{Fe}$ annähernd gültig.
In der Praxis wird häufig mit empirischen Näherungsformeln gerechnet. Hersteller von Eisenkernen geben die Induktivitätswerte bezogen auf das Quadrat der Windungszahl an. Dieser Wert wird als **Induktivitätsfaktor** („A_L-Wert“) des Kerns bezeichnet; er ist nur für kleine Flussdichtewerte gültig.

Beispiel 1.10
Für die Ringspule aus dem Beispiel 1.9 wollen wir die Induktivität näherungsweise mit der Gl. (1.77) berechnen.

$$L \approx 800^2 \cdot \frac{\mu_0 \cdot 9 \cdot 10^{-4}\ \mathrm{m}^2}{0{,}001\ \mathrm{m}} = 0{,}724\ \mathrm{H}$$

Dieser Wert liegt deutlich über dem in Beispiel 1.9 geschätzten Mittelwert, weil mit $l_{Fe} = 0{,}942$ m und $l_L = 0{,}001$ m die Bedingung $l_L > 0{,}01\, l_{Fe}$ noch nicht erfüllt ist.

Praxisbezug 1.8
In der Automatisierungstechnik wird häufig gefordert, dass die *Annäherung* eines Werkstückes, Maschinenteils o. Ä. von einem Sensor erkannt und durch ein elektrisches Signal gemeldet wird. Diese Aufgabe kann mit einem berührungslosen **induktiven Grenztaster** gelöst werden.

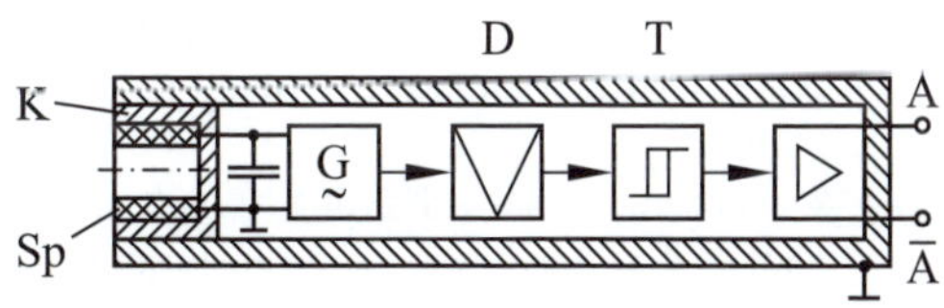

Der röhrenförmige Sensor trägt stirnseitig einen offenen Schalenkern K mit einer Spule Sp, aus der ein magnetisches Wechselfeld austritt.

Die Spule ist der induktive Teil eines Schwingkreises, der von einem Oszillator G mit einer Frequenz von mehreren kHz angeregt wird.
Bei Annäherung eines *ferromagnetischen* Gegenstandes wachsen der magnetische Leitwert des Feldraumes und damit die Induktivität der Spule an. Hierdurch verringert sich die Amplitude der Oszillatorschwingung, die einem Demodulator D

zugeführt und mit einem SCHMITT-Trigger T als *Grenzwertglied* auf Signalunterschreitung überwacht wird. Am Ausgang einer Logikschaltung stehen zwei Signale mit H- bzw. L-Pegel zur Verfügung. Die gesamte Auswerteschaltung ist auf einem IC integriert.
Auch auf *nicht* ferromagnetische Materialien spricht der Sensor an; Voraussetzung ist allerdings, dass sie *elektrisch leiten*. Der Oszillator wird in diesem Fall durch *Wirbelströme* bedämpft.

Bei Annäherung *ferromagnetischer* Medien ist der erreichbare Schaltabstand am größten und kann bis etwa 150 mm eingestellt werden.

Der Schaltabstand wird z. B. bei *Metallen* um folgende Faktoren kürzer: Chromnickelstahl (18/8) 0,7; Aluminium 0,54; Messing 0,5; Kupfer 0,46.

Außer induktiven Grenztastern gibt es auch *induktive Wegsensoren*, die statt des Binärsignals ein vom *Abstand* des leitenden Gegenstandes abhängiges Signal abgeben.
Für *nicht leitende Medien* sind induktive Sensoren „blind“; hierfür sind *kapazitive Sensoren* einsetzbar, bei denen die Annäherung des Dielektrikums den Oszillator verstimmt. ❐

1.6.4 Ideales induktives Eintor

In der Ersatzschaltung eines Stromkreises haben wir die selbstinduktive Spannung im Bild 1.28 durch eine ideale, gesteuerte Spannungsquelle berücksichtigt.
Eine einfachere Ersatzschaltung erhält man, wenn man sich vorstellt, dass die selbstinduktive Spannung an den Klemmen eines *Eintors* liegt, das ausschließlich die Wirkung des magnetischen Verkettungsflusses darstellt. Hierbei handelt es sich um das *ideale induktive Eintor L*, das wir als eines der drei *Grundeintore* im Abschn. 1.1.2 bereits genannt haben.

> Ein **ideales induktives Eintor** hat eine konstante Induktivität *L*; an ihm treten keine Wärmeverluste und keine Verschiebungsströme auf.

Im Folgenden wollen wir dieses Eintor kurz als **Grundeintor** *L* bezeichnen.

Mithilfe des Grundeintors *L* erhalten wir die Ersatzschaltung 1.30c für eine Leiteranordnung mit Selbstinduktivität, z. B. für eine Spule.

Die Normung macht zwischen den Schaltzeichen für das Grundeintor *L* und für die reale Spule keinen Unterschied (Bild 1.30).

Um Verwechslungen auszuschließen, schreiben wir an das Schaltzeichen des Grundeintors nur „*L*“, an das der Spule dagegen „*R*“ und „*L*“. Dies macht deutlich, dass die reale Spule stets einen Wicklungswiderstand *R* hat, das Grundeintor *L* dagegen eine Idealisierung darstellt.

Das Schaltzeichen der Spule 1.30b gilt für den Fall, dass die Verschiebungsströme vernachlässigbar sind, also für langsame Spannungsänderungen (s. Abschn. 10.4).

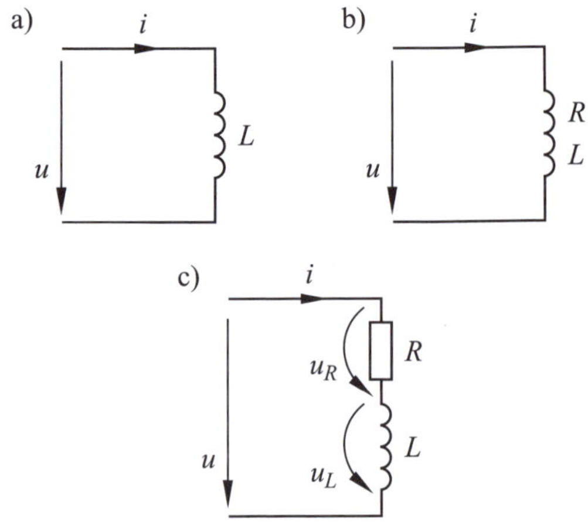

Bild 1.30 Schaltzeichen des Grundeintors *L* (a), der Spule (b) und der Spulen-Ersatzschaltung (c)

Die Eintorgleichung des Grundeintors *L* stimmt mit der Gl. (1.59) überein, welche die selbstinduktive Spannung beschreibt:

$$u = L\,\frac{\mathrm{d}i}{\mathrm{d}t} \tag{1.78}$$

Das Grundeintor *L* speichert die elektrische Energie, die ihm an den Klemmen zufließt, in seinem Magnetfeld; eine Umwandlung in eine andere Energieform ist nicht möglich.

Ist seine Klemmenleistung $P(t) = u\,i$ zu einem Zeitpunkt *positiv*, so nimmt es Energie auf; bei $P(t) < 0$ gibt es dagegen Energie an den Stromkreis zurück. Das Grundeintor L wirkt also zeitweise aktiv und zeitweise passiv.

Die Maschengleichung für die Spulen-Ersatzschaltung im Bild 1.30c bzw. für eine beliebige Leiteranordnung mit Induktivität lautet:

$$u = u_R + u_L = R\,i + L\,\frac{\mathrm{d}i}{\mathrm{d}t} \tag{1.79}$$

Auch hierbei wird angenommen, dass die *Verschiebungsströme* vernachlässigbar sind.

Beispiel 1.11

Eine Spule wird zum Zeitpunkt $t = 0$ an die Gleichspannung $U = 50$ V geschaltet. Am Vorwiderstand $R_{vor} = 10\ \Omega$ entsteht die Spannung:

$$u_{vor} = 20\ \mathrm{V} \cdot (1 - \mathrm{e}^{-t/0{,}16\ \mathrm{s}})$$

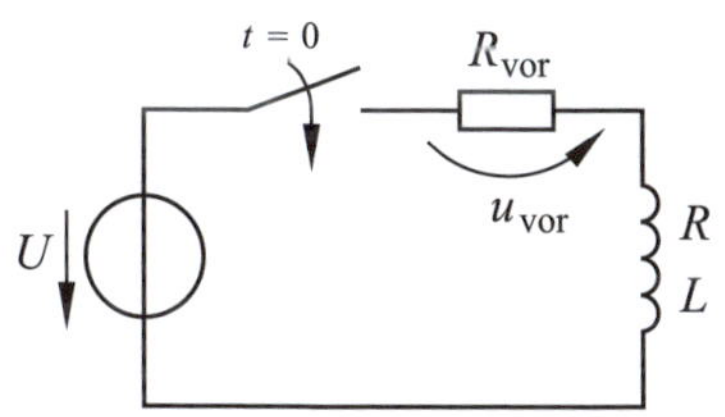

Wir wollen die Zeitfunktionen für sämtliche Größen der Ersatzschaltung sowie den Widerstand R und die Induktivität L der Spule berechnen.

Zunächst zeichnen wir die Ersatzschaltung und tragen die Bezugspfeile für die Größen i, u_R und u_L ein.

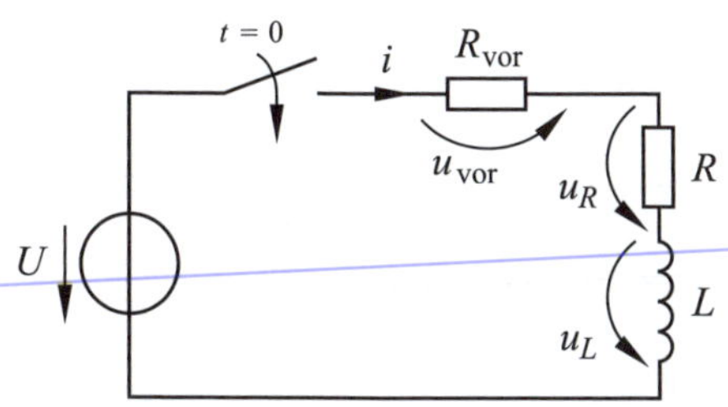

Die Spannung u_{vor} ist eine e-Funktion, die von 0 V für $t = 0$ auf den maximalen Wert 20 V für $t \to \infty$ ansteigt. Entsprechend verläuft der Strom $i = u_{vor}/R_{vor}$:

$$i = 2\ \mathrm{A} \cdot (1 - \mathrm{e}^{-t/0{,}16\ \mathrm{s}})$$

Der maximale Wert des Stromes beträgt $i_{max} = 2$ A für $t \to \infty$; er wird bereits nach etwa 0,8 s annähernd erreicht. Danach ändert er sich praktisch nicht mehr und es ist $u_L \approx 0$. Aus dem Maschensatz folgt hierfür:

$$U = i_{max}\ R_{vor} + i_{max}\ R$$

Hiermit berechnen wir $R = 15\ \Omega$. Während der zeitlichen Änderung des Stromes gilt nach dem Maschensatz:

$$U = u_{vor} + u_R + u_L$$

Hiermit berechnen wir:

$$u_L = 50\ \mathrm{V} \cdot \mathrm{e}^{-t/0{,}16\ \mathrm{s}}$$

Dies ist eine e-Funktion, die von 50 V für $t = 0$ auf 0 V für $t \to \infty$ abfällt. Für $t = 0$ ist also $u_L = U$ und deswegen $i = 0$.

Um L zu berechnen, setzen wir die Gl. (1.78) an und differenzieren die Stromfunktion:

$$u_L = L\,\frac{\mathrm{d}i}{\mathrm{d}t} = \frac{L \cdot 2\ \mathrm{A}}{0{,}16\ \mathrm{s}} \cdot \mathrm{e}^{\frac{-t}{0{,}16\ \mathrm{s}}}$$

Wir setzen die beiden Ausdrücke für u_L gleich und berechnen daraus:

$$L = \frac{50\ \mathrm{V} \cdot 0{,}16\ \mathrm{s}}{2\ \mathrm{A}} = 4\ \mathrm{H}$$

Liegen mehrere Schaltungsteile mit Selbstinduktion *in Reihe*, so lassen sich ihre Grundeintore R und L jeweils zusammenfassen. Das Ersatzeintor R_e ist dabei die *Summe* sämtlicher Teilwiderstände.

Entsprechendes gilt für das Ersatzeintor L_e der Reihenschaltung unter der Voraussetzung, dass sich die Schaltungsteile *nicht* wechselseitig mit ihren magnetischen Flüssen durchsetzen.

Die selbstinduktive Gesamtspannung u_L ist die Summe der Teilspannungen:

$$u_L = L_1 \frac{\mathrm{d}i}{\mathrm{d}t} + L_2 \frac{\mathrm{d}i}{\mathrm{d}t} + \ldots + L_n \frac{\mathrm{d}i}{\mathrm{d}t} \tag{1.80}$$

Die Teilinduktivitäten $L_1 \ldots L_n$ lassen sich zum Ersatzeintor mit der Induktivität L_e zusammenfassen:

$$L_\mathrm{e} = \sum_{k=1}^{n} L_k \tag{1.81}$$

Das Bild 1.31 zeigt die Zusammenfassung am Beispiel dreier Spulen, die sich mit ihren Flüssen *nicht* wechselseitig durchsetzen und bei denen die Verschiebungsströme wegen hinreichend langsamer Spannungsänderung vernachlässigt werden können.

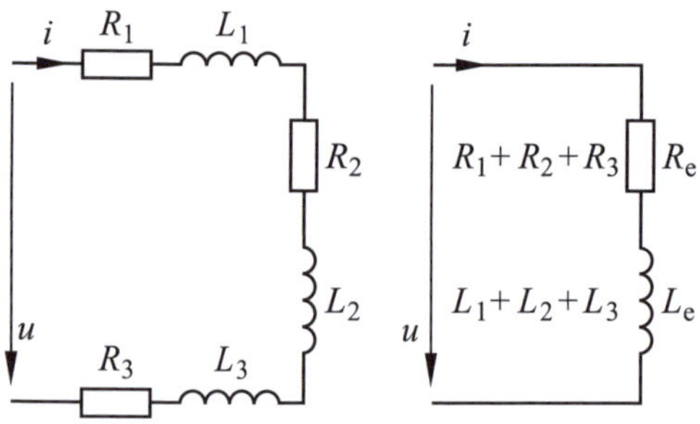

Bild 1.31 Ersatzeintor von drei in Reihe geschalteten Spulen

Bei der *Parallelschaltung* mehrerer realer Spulen ist eine Zusammenfassung der Grundeintore *R* bzw. *L nicht* möglich. Nur wenn die Widerstände *vernachlässigbar klein* sind, können die idealen induktiven Eintore zu einem Ersatzeintor L_e zusammengefasst werden. Für diesen Fall lässt sich herleiten:

$$L_\mathrm{e} = \frac{1}{\sum_{k=1}^{n} \frac{1}{L_k}} \tag{1.82}$$

Dies gilt unter der Voraussetzung, dass die Teilspulen sich *nicht* wechselseitig mit ihren Flüssen durchsetzen.

Fragen

- Was versteht man unter dem Begriff Selbstinduktion?
- Nennen Sie die Definitionsgleichung und die Einheit für die Selbstinduktivität.
- Leiten Sie die Gleichung für die selbstinduktive Spannung aus dem Induktionsgesetz her.
- Warum kann sich die elektrische Stromstärke nicht sprunghaft ändern?
- Was versteht man unter der differenziellen Induktivität? In welchen Fällen ist sie wichtig?
- Unter welchen Umständen lässt sich die Induktivität einer Leiteranordnung exakt berechnen?
- Leiten Sie die Gleichung für die Induktivität einer Kreisringspule her.
- Was versteht man unter der inneren und der äußeren Induktivität einer Leiteranordnung?
- Skizzieren Sie die Ersatzschaltung einer Spule mit Wicklungswiderstand und Induktivität und zeichnen Sie Bezugspfeile für sämtliche elektrischen Größen ein.
- Erläutern Sie den Begriff ideales induktives Eintor. Wie lautet seine Gleichung?

Aufgaben

1.17(1) Berechnen Sie näherungsweise die Selbstinduktivität einer Luft-Zylinderspule mit der Windungszahl 800.
Länge 40 cm; Wicklungsdurchmesser 6 cm.

1.18(2) Eine Spule mit vernachlässigbar kleinem Wicklungswiderstand wird an eine Konstantspannungsquelle mit U_q = 12 V geschaltet, deren Strombegrenzung bei I_Grenz = 5 A anspricht. Nach welcher Zeitfunktion steigt die Stromstärke an, wenn die Spuleninduktivität L = 0,3 H = const. ist?

1.19(2) Die Stromstärke in einer Spule mit der Induktivität L = 0,5 H = const. und dem Wicklungswiderstand R = 100 Ω ändert sich nach der Zeitfunktion:

$$i = 3\,\mathrm{A} \cdot \mathrm{e}^{\frac{-t}{5\,\mathrm{ms}}}$$

Berechnen Sie die Spannungen an den Klemmen der Spule sowie an den Grundeintoren der Ersatzschaltung. Durch welche Schaltungsmaßnahme kann der Strom- und Spannungsverlauf realisiert werden?

1.20(3) Eine Spule soll beim Strom 0,5 A die Induktivität 10 H aufweisen. Der magnetische Kreis mit vernachlässigbar kleiner Streuung besteht aus einem Eisenkern (Magnetisierungskurve a im Anhang A7) mit Luftspalt und hat überall den magnetisch wirksamen Querschnitt 9,38 cm^2. Die mittlere Länge des Eisenweges ist 32 cm. Die Flussdichte im Eisen soll 1,3 T betragen. Wie müssen die Windungszahl und die Luftspaltlänge gewählt werden? Welche Induktivität L_1 besitzt die Spule bei der Stromstärke I_1 = 0,25 A?

1.7 Gegenseitige Induktion

Ziele: Sie können
- den Begriff induktive Kopplung erläutern.
- den Vorgang der gegenseitigen Induktion erklären.
- die Definitionsgleichungen für die gegenseitigen Induktivitäten angeben.
- die Begriffe gleich- bzw. gegensinnige induktive Kopplung erklären.
- die Maschengleichungen für Netzwerke mit gegenseitigen Induktivitäten aufstellen.
- die Voraussetzungen für das Auftreten von Wirbelströmen erläutern.

1.7.1 Induktive Kopplung

Befinden sich zwei Leiteranordnungen nahe beieinander, so können sie sich über ihre Magnetfelder beeinflussen: Fließt ein zeitabhängiger Strom in der *einen* Anordnung, so erzeugt sein Magnetfeld in der *anderen* eine induktive Spannung und umgekehrt. Voraussetzung hierfür ist, dass beide Anordnungen sich wechselseitig mit ihren magnetischen Flüssen durchsetzen. Man sagt in diesem Fall, dass sie *induktiv gekoppelt* sind.

Die gegenseitige Erzeugung von Spannungen durch **induktive Kopplung** nennt man **gegenseitige Induktion** (*mutual induction*).

Die induktive Kopplung von Leiteranordnungen kann *unerwünscht* sein und zu Störungen führen. So können z. B. unterschiedliche Signale in zwei getrennten Stromkreisen induktiv in den jeweils anderen „eingestreut" werden. Zur Abhilfe kann man z. B. die Geometrie der Anordnung günstiger gestalten, die Stromkreise weiter voneinander entfernen oder die Magnetfelder abschirmen.

Ist die induktive Kopplung *erwünscht*, so lässt sich die gegenseitige Induktion verstärken, indem man *Spulen* möglichst eng auf einen gemeinsamen Eisenkern wickelt. Diese Anordnung finden wir z. B. beim Transformator und beim Übertrager.

Um den Vorgang der gegenseitigen Induktion mathematisch beschreiben zu können, betrachten wir zwei gekoppelte Spulen in Luft. Wir tragen wie üblich die Bezugspfeile für u_1, i_1 und Φ_1 sowie für u_2, i_2 und Φ_2 in die Schaltung ein.

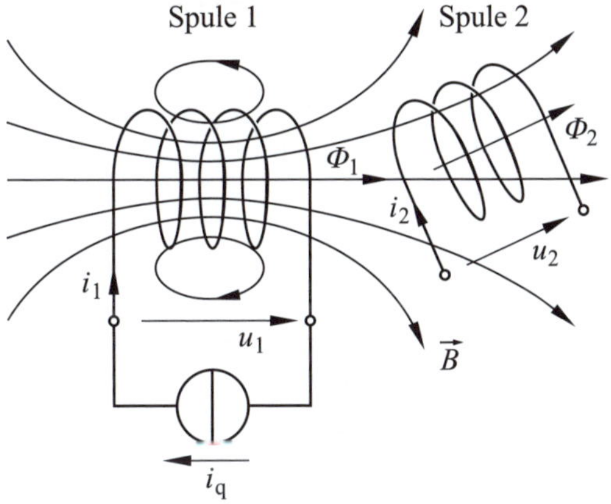

Bild 1.32 Gekoppelte Spulen: Spule 2 stromlos

Zunächst lassen wir die Klemmen der Spule 2 offen (i_2 = 0) und nehmen einen sich zeitlich ändernden Strom i_1 in der Spule 1 an. Dieser erzeugt ein Magnetfeld, das mit unterschiedlichen Flüssen die Spule 1 sowie die Spule 2 durchsetzt.

Wegen der Inhomogenität des Feldes werden die Windungen der Spulen von *unterschiedlichen* Flüssen durchsetzt; wir müssen deswegen für die Spannungsinduktion mit den *Verkettungsflüssen* rechnen. Dabei verwenden wir zweckmäßig eine *Doppelindizierung*: Der 1. Index bezeichnet den *Wirkungsort*, der 2. Index den *Erzeugungsort* des Flusses.
So ist z. B. Ψ_{21} ein Verkettungsfluss in der Spule 2, der vom Strom in der Spule 1 erzeugt wird.

In der Schaltung 1.32 entsteht am Wicklungswiderstand R_1 eine Spannung u_{R1} sowie eine selbstinduktive Spannung u_{L1}:

$$u_1 = u_{R1} + u_{L1} = R_1 i_1 + \frac{\mathrm{d}\Psi_{\mathrm{m11}}}{\mathrm{d}t} \tag{1.83}$$

In der Spule 2 entsteht infolge der Kopplung die induktive Spannung:

$$u_2 = \frac{\mathrm{d}\Psi_{\mathrm{m21}}}{\mathrm{d}t} \tag{1.84}$$

Nun betrachten wir den umgekehrten Fall, dass ein Strom i_2 in der Spule 2 fließt, dessen Magnetfeld auch die Spule 1 durchsetzt (Bild 1.33). Dabei sind die Klemmen der Spule 1 offen und es ergibt sich analog zu den Gln. (1.83 und 1.84):

$$u_2 = u_{R2} + u_{L2} = R_2 i_2 + \frac{\mathrm{d}\Psi_{\mathrm{m22}}}{\mathrm{d}t} \tag{1.85}$$

$$u_1 = \frac{\mathrm{d}\Psi_{\mathrm{m12}}}{\mathrm{d}t} \tag{1.86}$$

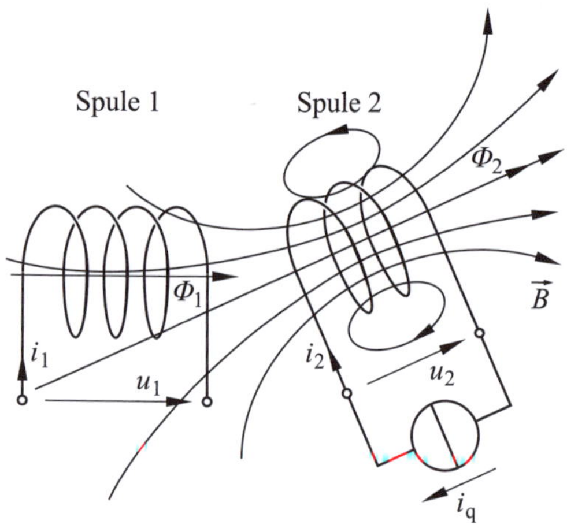

Bild 1.33 Gekoppelte Spulen: Spule 1 stromlos

Besteht der Feldraum aus einem Medium, in dem ein *linearer* Zusammenhang $B = f(H)$ vorliegt und daher μ = const. ist, so können wir den Überlagerungssatz anwenden und die beiden Fälle nach den Bildern 1.32 und 1.33 linear überlagern. Der Verkettungsfluss jeder Spule ist in diesem Fall die Summe der Verkettungsflüsse aufgrund des eigenen und des „fremden" Stromes. So entsteht das Gleichungssystem für die gegenseitige Induktion zweier Leiteranordnungen:

$$\begin{aligned} u_1 &= R_1 i_1 + \frac{\mathrm{d}\Psi_{\mathrm{m11}}}{\mathrm{d}t} + \frac{\mathrm{d}\Psi_{\mathrm{m12}}}{\mathrm{d}t} \\ u_2 &= R_2 i_2 + \frac{\mathrm{d}\Psi_{\mathrm{m22}}}{\mathrm{d}t} + \frac{\mathrm{d}\Psi_{\mathrm{m21}}}{\mathrm{d}t} \end{aligned} \tag{1.87}$$

1.7.2 Gegenseitige Induktivität

Für praktische Rechnungen ist die Verwendung der Verkettungsflüsse zu umständlich. Man definiert deswegen analog zu den Selbstinduktivitäten $L_1 = \Psi_{\mathrm{m11}} / I_1$ bzw. $L_2 = \Psi_{\mathrm{m22}} / I_2$ die **gegenseitige Induktivität** (*co-efficient of mutual inductance*):

$$\boxed{L_{12} = \frac{\Psi_{\mathrm{m12}}}{I_2} \; ; \; L_{21} = \frac{\Psi_{\mathrm{m21}}}{I_1}} \tag{1.88}$$

Die gegenseitige Induktivität zweier Leiteranordnungen ist ein Maß für die Stärke des verketteten Flusses aufgrund eines Gleichstromes in der jeweils anderen Anordnung.

Die gegenseitigen Induktivitäten L_{12} und L_{21} sind nur für *linear wirkende* Feldmedien (μ_r = const.) definiert und haben *stets gleiche Werte*:

$$\boxed{L_{12} = L_{21}} \tag{1.89}$$

Dieses Gesetz von der *Umkehrbarkeit* der gegenseitigen Induktivitäten ist nicht leicht herzuleiten; es soll hier unbewiesen bleiben. Wir wollen seine Gültigkeit jedoch durch ein Experiment veranschaulichen, welches wir im Beispiel 1.12 beschreiben werden.

Mithilfe der Induktivitäten und der gegenseitigen Induktivitäten können die Verkettungsflüsse in der Gl. (1.87) durch die Ströme ausgedrückt werden.

$$\begin{aligned} u_1 &= R_1 i_1 + L_1 \frac{\mathrm{d}i_1}{\mathrm{d}t} + L_{12} \frac{\mathrm{d}i_2}{\mathrm{d}t} \\ u_2 &= R_2 i_2 + L_2 \frac{\mathrm{d}i_2}{\mathrm{d}t} + L_{21} \frac{\mathrm{d}i_1}{\mathrm{d}t} \end{aligned} \tag{1.90}$$

Die Spannungen aufgrund der gegenseitigen Induktivität bezeichnet man als **gegeninduktive Spannungen**.

Für zwei gekoppelte Leiteranordnungen können wir mithilfe des Gleichungssystems (1.90) eine *Ersatzschaltung* angeben. Hierin sind die gegeninduktiven Spannungen als jeweils vom Strom in der *anderen* Spule *gesteuerte Spannungsquellen* dargestellt.

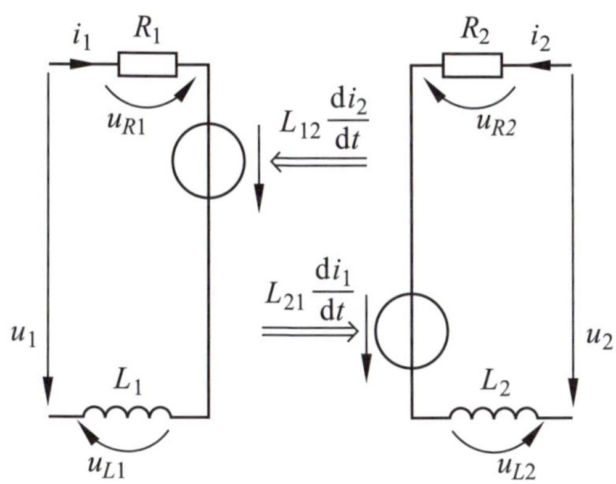

Bild 1.34 Ersatzschaltung zweier induktiv gekoppelter Leiteranordnungen

Die Berechnung der gegenseitigen Induktivität ist nur für einfache Leiteranordnungen auf elementare Weise möglich.

Für die in der Technik wichtigsten Anordnungen findet man empirische Formeln in Handbüchern. Auch eine Messung der gegenseitigen Induktivität ist möglich (s. Praxisbezug 1.10).

Beispiel 1.12
In der Mitte einer langen Zylinderspule 1 ($l_1 = 1$ m; $d_1 = 8$ cm; $N_1 = 800$) befindet sich koaxial eine kleine Zylinderspule 2 ($l_2 = 15$ cm; $d_2 = 3$ cm; $N_2 = 100$) mit gleichem Wickelsinn. Wir wollen die gegenseitige Induktivität dieser Anordnung berechnen und ein Experiment angeben, mit dem sich die Gleichung $L_{12} = L_{21}$ überprüfen lässt.

Wir nehmen zunächst an, dass in der Zylinderspule 1 der Strom I_1 fließt, während die kleine Spule 2 stromlos ist. Im Bereich dieser Spule 2 ist das Magnetfeld annähernd homogen und es herrscht in deren Zentrum die Flussdichte:

$$B_{21} = \frac{\mu_0 N_1 I_1}{l_1}$$

Sämtliche N_2 Windungen sind mit dem gleichen Fluss Φ_{21} verkettet und es gilt:

$$\Psi_{m21} = N_2\,\Phi_{21} = N_2\,\frac{\mu_0 N_1 I_1}{l_1}\,A_2$$

Mit der Windungsfläche $A_2 = \pi\,(d_2)^2 / 4 = 0{,}71 \cdot 10^{-3}\,\mathrm{m}^2$ berechnen wir:

$$L_{21} = \frac{\Psi_{m21}}{I_1} = \frac{\mu_0 N_1 N_2}{l_1} A_2 = 71{,}1\ \mu\mathrm{H}$$

Um die Aussage $L_{12} = L_{21}$ der Gl. (1.89) zu überprüfen, speisen wir in die Spule 1 einen zeitabhängigen Strom i_1 ein, z. B. einen Sinusstrom. Hierfür messen wir die gegeninduktive Spannung u_{21} in der Spule 2 mit einem Oszilloskop.
Nun speisen wir in die Spule 2 den *gleichen* zeitabhängigen Strom $i_2 = i_1$ ein wie vorher in die Spule 1.
Wir messen dabei an der Spule 1 die *gleiche* gegeninduktive Spannung wie im vorigen Versuch und folgern aus $u_{12} = u_{21}$, dass die gegenseitigen Induktivitäten L_{12} und L_{21} tatsächlich gleich sind.

1.7.3 Gleichsinnige und gegensinnige Kopplung

Im Gegensatz zur *stets positiven* Selbstinduktivität kann die gegenseitige Induktivität auch einen *negativen* Wert haben. Ihr Vorzeichen wird durch die Wahl des Bezugssinnes für die Spulengrößen bestimmt.

Wählt man den Bezugssinn wie in den Bildern 1.32, 1.33 und 1.35a, so ergibt ein positiver Wert des Stromes in der *einen* Spule (z. B. $I_1 > 0$) einen positiven Verkettungsfluss in dieser ($\Psi_{m11} > 0$) und in der jeweils anderen Spule ($\Psi_{m21} > 0$). Wir nennen diesen Fall **gleichsinnige Kopplung**; die gegenseitigen Induktivitäten sind dabei positiv:

$$L_{12} = \frac{\Psi_{m12}}{I_2} > 0\,;\quad L_{21} = \frac{\Psi_{m21}}{I_1} > 0 \tag{1.91}$$

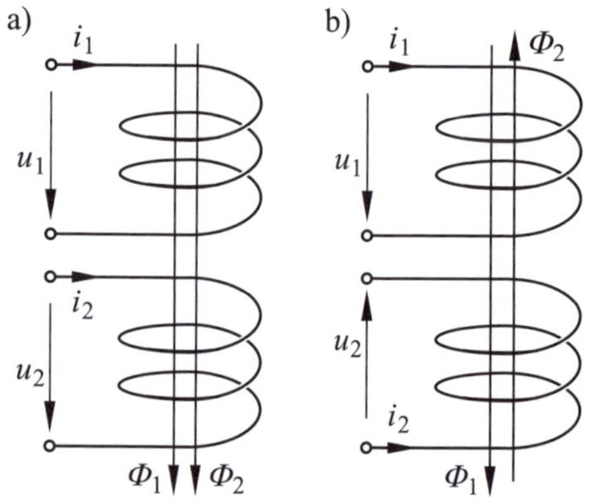

Bild 1.35 Gleichsinnige (a) und gegensinnige (b) Kopplung zweier Spulen

Wählt man dagegen den Bezugssinn wie in Bild 1.35b, so ergibt ein positiver Wert des Stromes in der *einen* Spule in dieser einen *positiven*, in der anderen Spule jedoch einen *negativen* Verkettungsfluss.

Wir nennen diesen Fall **gegensinnige Kopplung**; die gegenseitigen Induktivitäten sind dabei *negativ*:

$$L_{12} = \frac{\Psi_{m12}}{I_2} < 0\,;\; L_{21} = \frac{\Psi_{m21}}{I_1} < 0 \qquad (1.92)$$

Es ist zweckmäßig, den Bezugssinn so festzulegen, dass sich *gleichsinnige* Kopplung ergibt; dies gilt auch für Spulen mit unterschiedlichem Wickelsinn.

Im Schaltzeichen für zwei gekoppelte Spulen wird auf die zweckmäßige Wahl des Bezugssinns durch **Wicklungspunkte** hingewiesen: Eine Seite jeder Spule wird mit einem Punkt markiert (Bild 1.36).

Wählt man die Zuordnung der Strombezugspfeile zu den Wicklungspunkten *gleich*, so ergibt sich hierfür die *gleichsinnige* Kopplung ($L_{12} = L_{21} > 0$) und im anderen Fall die *gegensinnige* Kopplung ($L_{12} = L_{21} < 0$).

Im Schaltzeichen kann die Kopplung zusätzlich durch einen *Doppelpfeil* verdeutlicht werden (Bild 1.36).

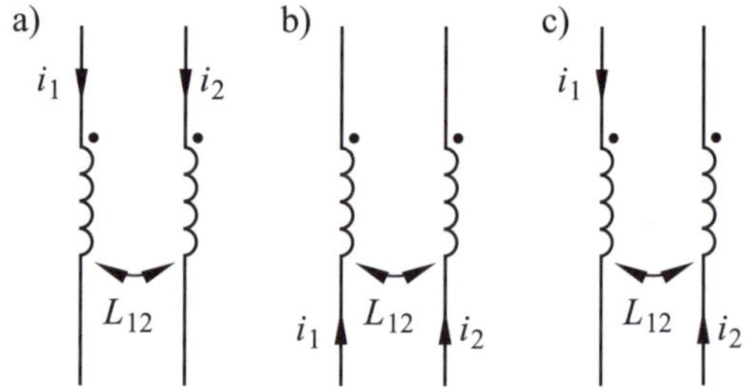

Bild 1.36 Bezugssinn der Ströme für gleichsinnige (a; b) und für gegensinnige (c) Kopplung

Praxisbezug 1.9

Der **LVDT-Sensor** (***L****inear* ***V****ariable* ***D****ifferential* ***T****ransformer*) ist ein Differenzialtransformator. Er besitzt eine *Primärwicklung* 1, die durch einen beweglichen ferromagnetischen *Kern* K mit zwei *Sekundärwicklungen* 2 und 3 gekoppelt ist.

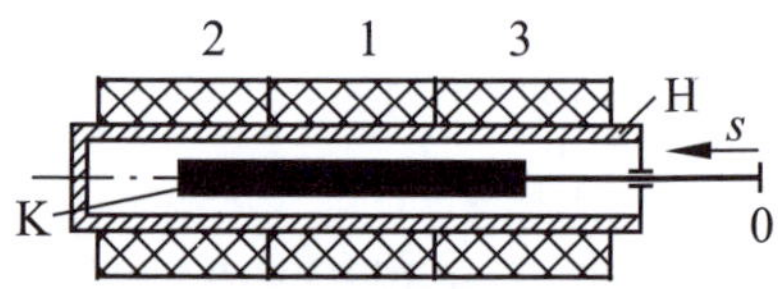

Die drei Spulen befinden sich auf einer *Hülse* H, in der sich der Kern bewegt; so kann seine Stellung s aus einem z. B. unter Druck stehenden Raum berührungslos nach außen übertragen werden.

Bei $s = 0$ befindet sich der Kern in der Mittelstellung. Die mit Wechselstrom gespeiste Spule 1 erzeugt hierbei in den Spulen 2 und 3 wegen $L_{12} = L_{13}$ gleich große gegeninduktive Spannungen u_2 und u_3. Diese werden in einer Doppel-Gleichrichterbrücke gleichgerichtet, die so abgeglichen wird, dass für $s = 0$ die Ausgangsspannung den Wert $U_A = 0$ hat.

Für $s > 0$ wächst die gegenseitige Induktivität L_{12} an, während L_{13} abnimmt. Hierdurch wird $u_2 > u_3$ und $U_A > 0$; entsprechend ist bei $s < 0$ die Ausgangsspannung $U_A < 0$.

Es lässt sich in einem großen Bereich eine Proportionalität $U_A \sim s$ erreichen. An die Ausgangsklemmen kann ein Anzeigegerät angeschlossen werden.

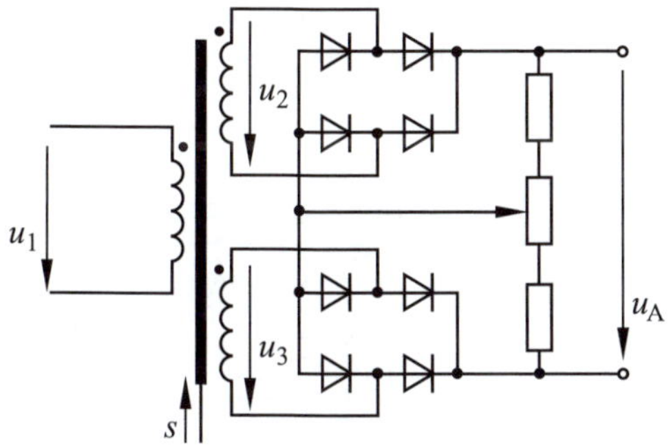

Das Bild zeigt zum besseren Verständnis eine sehr einfache Schaltung. LVDT-Sensoren werden heute meist mit *integrierter* Elektronik gefertigt, welche eine Wechselspannung von etwa 20 kHz erzeugt und das Signal auf der Ausgangsseite des Transformators phasenrichtig demoduliert, filtert und verstärkt.
Solche LVDT-Sensoren werden an eine Gleichspannung angeschlossen. Ihre Messbereiche liegen zwischen 10^{-6} m und 10^{-2} m; das Ausgangssignal hängt streng linear von der Verschiebung s des Kerns ab. ❐

1.7.4 Kopplungsfaktor

Der Betrag der gegenseitigen Induktivität ist bei gegebenen Spulen ein Maß dafür, in welchem Grad die Spulen miteinander gekoppelt sind. Entfernt man die Spulen voneinander oder verdreht man ihre Wicklungsachsen gegeneinander, so nimmt $|L_{12}|$ ab.

Sind beide Spulen mit genau demselben Fluss Φ verkettet, so hat $|L_{12}|$ ein Maximum; dabei spricht man von **ideal fester Kopplung**. Diese lässt sich annähernd erreichen, indem man z. B. die Windungen beider Spulen in dünnen Lagen gleicher Länge unmittelbar übereinander wickelt.

Für zwei gekoppelte Spulen gilt allgemein:

$$L_1 = \frac{\Psi_{m11}}{I_1}; \quad L_{21} = \frac{\Psi_{m21}}{I_1}; \quad \frac{L_1}{L_{21}} = \frac{\Psi_{m11}}{\Psi_{m21}} \tag{1.93}$$

Sind beide Spulen ideal fest gekoppelt, so werden beide vom gleichen Fluss Φ durchsetzt und es gilt bei gleichsinniger Kopplung:

$$\Psi_{m11} = N_1\, \Phi; \quad \Psi_{m21} = N_2\, \Phi \tag{1.94}$$

Wir setzen diese Gleichungen in die Gl. (1.93) ein und erhalten für ideal feste Kopplung:

$$\frac{L_1}{L_{21}} = \frac{N_1}{N_2} \tag{1.95}$$

Entsprechend erhalten wir für L_2 und L_{12} bei zwei gleichsinnig ideal fest gekoppelten Spulen:

$$\frac{L_2}{L_{12}} = \frac{N_2}{N_1} \tag{1.96}$$

Multiplizieren wir die rechten und die linken Seiten der Gln. (1.95 und 1.96) miteinander, so ergibt sich mit $L_{12} = L_{21}$ für ideal feste Kopplung:

$$|L_{12}| = \sqrt{L_1\, L_2} \tag{1.97}$$

Dieser Idealfall ist nur näherungsweise erreichbar; praktisch ist stets:

$$|L_{12}| < \sqrt{L_1\, L_2} \tag{1.98}$$

Man definiert daher zweckmäßig als Maß für die Festigkeit der Kopplung den **Kopplungsfaktor** *(coupling co-efficient)* $k_{12} = k_{21}$:

$$\boxed{k_{12} = \frac{L_{12}}{\sqrt{L_1\, L_2}}} \tag{1.99}$$

Der Kopplungsfaktor kann ebenso wie L_{12} ein *positives* (gleichsinnige Kopplung) oder ein *negatives* (gegensinnige Kopplung) Vorzeichen besitzen.

Für ideal feste Kopplung ist $|k_{12}| = 1$; praktisch erreichbar sind nur Werte $|k_{12}| < 1$. Bei $|k| \approx 1$ spricht man von **fester Kopplung**, bei $|k| < 0{,}8$ von **loser Kopplung**.

Beispiel 1.13
Wir wollen den Kopplungsfaktor der beiden Spulen aus dem Beispiel 1.12 für gleichsinnige Kopplung bestimmen.

Zunächst berechnen wir mit der Gl. (1.66) die Induktivität der Zylinderspule 1 und erhalten

mit den gegebenen Werten $L_1 = 4{,}04$ mH. Für die kleine Zylinderspule 2 hat das Verhältnis Länge zu Durchmesser etwa den Wert 5. Wir bestimmen ihre Induktivität deswegen näherungsweise mit der Gl. (1.67) und erhalten das Ergebnis $L_2 \approx 58\ \mu\text{H}$.
Mit der im Beispiel 1.12 bestimmten gegenseitigen Induktivität $L_{12} \approx 71{,}1\ \mu\text{H}$ berechnen wir mit der Gl. (1.99) den Kopplungsfaktor $k \approx 0{,}147$.

1.7.5 Reihenschaltung gekoppelter Spulen

Wir betrachten zwei induktiv gekoppelte Spulen, die *in Reihe* geschaltet sind. Sie haben die Selbstinduktivitäten L_1 und L_2 sowie die gegenseitige Induktivität L_{12}. Das Bild 1.37 zeigt die Schaltung und ihre Ersatzschaltung für *gleichsinnige* Kopplung.

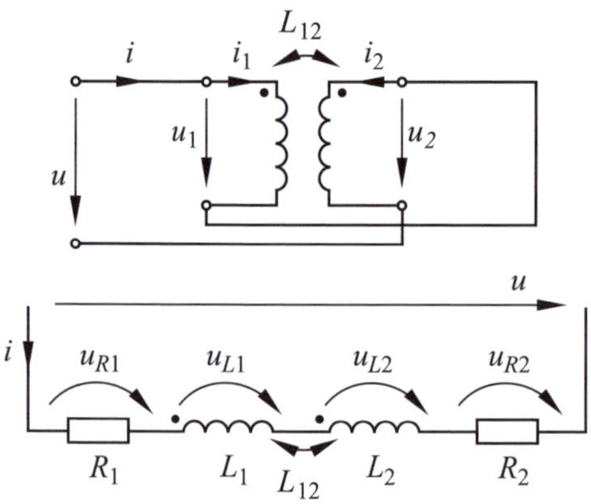

Bild 1.37 Ersatzschaltung für zwei in Reihe geschaltete Spulen bei gleichsinniger Kopplung

Wir wenden den Maschensatz auf die Ersatzschaltung an und erhalten mit $i_1 = i_2 = i$:

$$u = (R_1 + R_2)\, i + (L_1 + L_2)\frac{\mathrm{d}i}{\mathrm{d}t} + L_{12}\frac{\mathrm{d}i}{\mathrm{d}t} + L_{21}\frac{\mathrm{d}i}{\mathrm{d}t}$$

Wegen $L_{12} = L_{21}$ folgt daraus:

$$u = (R_1 + R_2)\, i + (L_1 + L_2 + 2L_{12})\frac{\mathrm{d}i}{\mathrm{d}t} \qquad (1.100)$$

Für diese Gleichung gilt wegen der gleichsinnigen Kopplung $L_{12} > 0$.

Das Bild 1.38 zeigt die Reihenschaltung zweier Spulen und ihre Ersatzschaltung für *gegensinnige* Kopplung.

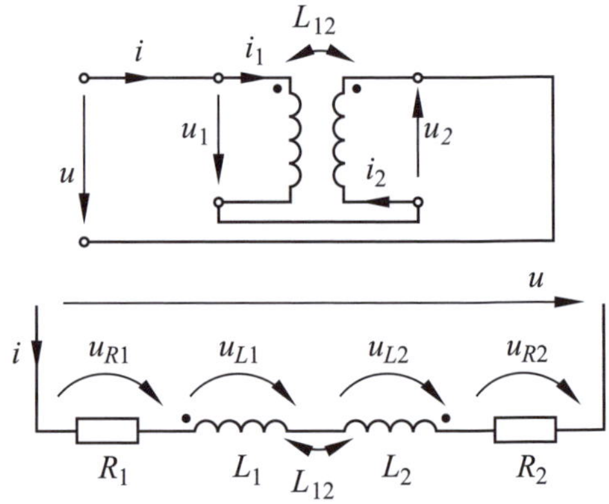

Bild 1.38 Ersatzschaltung für zwei in Reihe geschaltete Spulen bei gegensinniger Kopplung

Nach dem Maschensatz erhalten wir für diese Schaltung mit $i_1 = i_2 = i$ den gleichen Ausdruck wie oben und es gilt auch hier die Gl. (1.100). Der Unterschied besteht nur darin, dass bei gegensinniger Kopplung ein Wert $L_{12} < 0$ eingesetzt werden muss.

Die Ersatzinduktivität zweier in Reihe geschalteter gekoppelter Spulen ist nach Gl. (1.100):

$$L_e = L_1 + L_2 + 2\,L_{12} \qquad (1.101)$$

Dabei gilt:

$L_e > L_1 + L_2$ für gleichsinnige Kopplung

$L_e < L_1 + L_2$ für gegensinnige Kopplung

Für beide Kopplungsarten lässt sich die vereinfachte Ersatzschaltung 1.39 angeben.

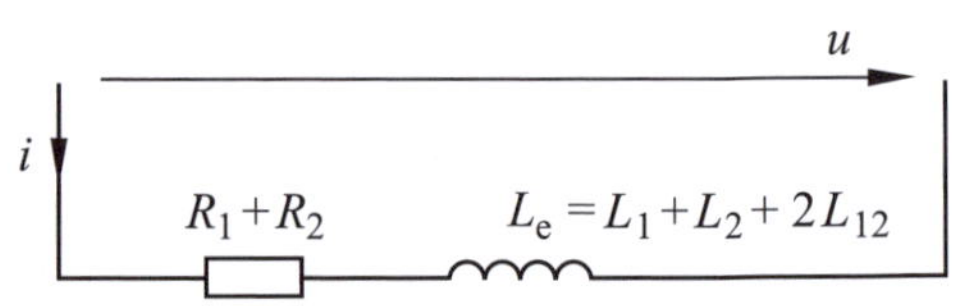

Bild 1.39 Vereinfachte Ersatzschaltung für zwei in Reihe geschaltete gekoppelte Spulen

Da die gekoppelten Spulen bei Reihenschaltung vom gleichen Strom i durchflossen werden, wählt man den Bezugssinn von i_1 und i_2 zweckmäßig gleich dem von i.

Praxisbezug 1.10

Die gegenseitige Induktivität L_{12} zweier Spulen kann *gemessen* werden, indem man die Spulen in Reihe schaltet und ihre Ersatzinduktivität sowohl für gleichsinnige Kopplung (L_{eA}) als auch für gegensinnige Kopplung (L_{eB}) misst. Die beiden Kopplungsarten erreicht man durch Vertauschen der Anschlüsse an einer der Spulen.

Nach der Gl. (1.101) erhält man:

$$L_{eA} = L_1 + L_2 + 2\left|L_{12}\right|$$

$$L_{eB} = L_1 + L_2 - 2\left|L_{12}\right|$$

Damit berechnen wir die gesuchte Größe:

$$\left|L_{12}\right| = 0{,}25\,(L_{eA} - L_{eB})$$ ❐

1.7.6 Wirbelströme

Durchsetzt ein zeitlich sich ändernder magnetischer Fluss $\Phi(t)$ einen Leiter, so erzeugt er innerhalb des Leitermaterials elektrische Wirbelfelder. Hierdurch fließen im Leiter **Wirbelströme** *(eddy current)*, die der Flussänderung entgegenwirken. Die Wirbelströme erwärmen das Leitermaterial; man spricht dabei von **Wirbelstromverlusten**. Wirbelströme treten z. B. im *massiven Eisenkern* einer Wechselstromspule auf. Durch Schichtung des Kerns aus Blechen werden die Wirbelstromverluste weitgehend vermieden.

Die Bleche müssen gegeneinander *isoliert* sein und *rechtwinklig* zu der Ebene der Wirbelstrombahnen liegen. Jede Wirbelstrombahn in einem Blech umfasst dadurch nur noch einen geringen Teilfluss (Bild 1.40), was zu einer *Verminderung* der Wirbelstromverluste führt, zu der auch beiträgt, dass das Eisen der Bleche Silizium enthält und dadurch seine elektrische Leitfähigkeit verringert ist.

Durch die Wirbelstromverluste wird die gleichmäßige Verteilung des Flusses Φ über dem Kernquerschnitt gestört; der wirksame Kernquerschnitt wird dadurch vermindert.

Die magnetischen Kreise der *Wechselstrommaschinen* (Motoren, Transformatoren) werden aus Blechen geschichtet. In der *Hochfrequenztechnik* werden Spulenkerne aus Ferriten verwendet, die eine sehr geringe Leitfähigkeit aufweisen, sodass Wirbelströme praktisch nicht auftreten.

Auch in Leitern, die zeitabhängige Ströme führen, entstehen Wirbelströme durch das Magnetfeld im Leiterinneren (Band 1, Abschn. 7.4.2). Sie fließen in der Ebene von Längsschnitten durch den Leiter (Bild 1.41) und führen zu einer *Verdrängung* des Leiterstromes nach außen, was eine Widerstandszunahme verursacht. Diese **Stromverdrängung** *(skin effect)* tritt umso mehr in Erscheinung, je schneller sich der Leiterstrom zeitlich ändert. Bei hohen Frequenzen führen praktisch nur noch die äußeren Schichten des Leiters den Strom. Man verwendet dann keine massiven Leiter, sondern Litze oder einen dünnen Silberüberzug auf einem isolierenden Träger.

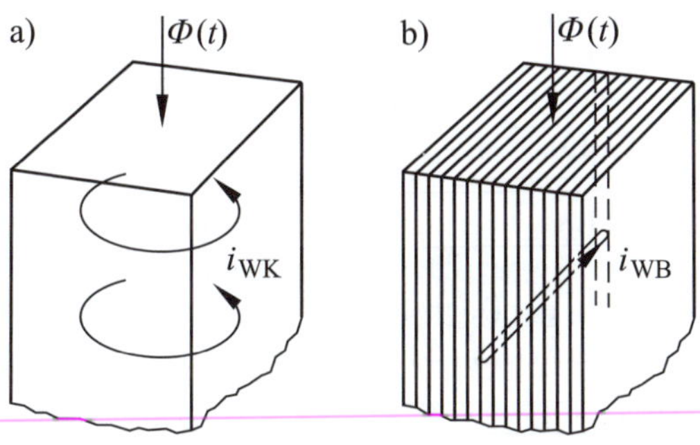

Bild 1.40 Wirbelströme i_w in einem massiven (a) und einem aus Blechen geschichteten (b) Kern ($d\Phi/dt > 0$)

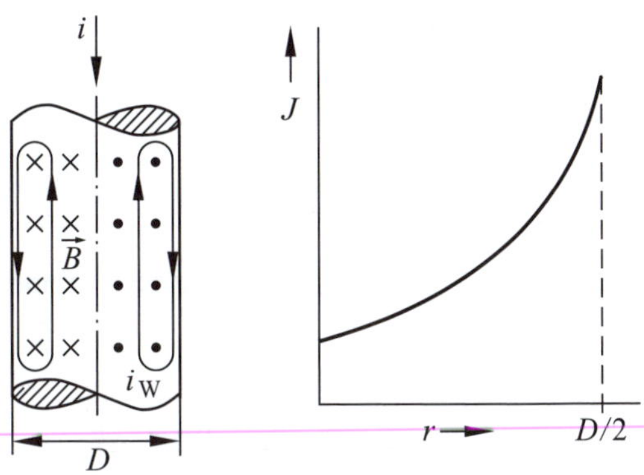

Bild 1.41 Stromverdrängung im Leiterinneren und Verteilung der Stromdichte in der Leiterfläche

Erwünscht sind Wirbelströme z. B. bei dem technischen Verfahren der induktiven Erwärmung, bei Zählern für elektrische Energie und bei Wirbelstrombremsen. Bei der Asynchronmaschine mit Käfigläufer tritt der Stromverdrängungseffekt wegen der in Eisen eingebetteten Läuferstäbe schon bei Netzfrequenz auf; er bewirkt eine Herabsetzung des Stromes beim Anlauf. Die Läuferstäbe werden zu diesem Zweck als Hoch- oder als Doppelstäbe ausgeführt.

Praxisbezug 1.11

In vielen technischen Geräten besteht das Problem, auf einer sich drehenden Welle ein Bremsmoment aufzubringen, das der Drehzahl n proportional ist. Es kann mit einer Wirbelstrombremse gelöst werden: Auf der Welle W läuft eine Aluminiumscheibe Sch mit, über die ein Magnet geschoben wird. In der Scheibe werden unter den Polflächen des Magneten Spannungen induziert. Sie verursachen Wirbelströme, die sich in dem Teil der Scheibe schließen, der sich nicht zwischen den Magnetpolflächen befindet.

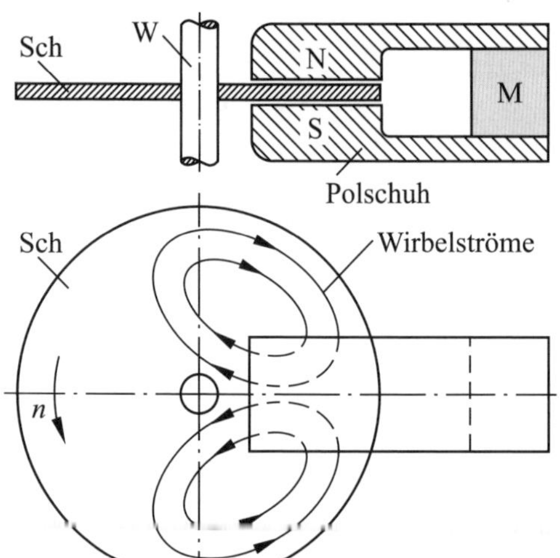

Im Magnetfeld wirken auf die Scheibenströme Kräfte, die ein Drehmoment erzeugen, das stets gegen die Drehrichtung wirkt. Das Bremsmoment ist umso stärker, je höher die Leitfähigkeit der Scheibe und je größer die Flussdichte zwischen den Magnetpolen ist. Wird ein magnetischer Kreis mit Erregerwicklung verwendet, so ist das Bremsmoment einstellbar. ❐

Fragen

- Erläutern Sie anhand einer Skizze den Vorgang der gegenseitigen Induktion.
- Wie sind die gegenseitigen Induktivitäten L_{12} und L_{21} zweier Spulen definiert?
- Welche Eigenschaft des Feldmediums ist Voraussetzung für die Definition der gegenseitigen Induktivitäten $L_{12} = L_{21}$?
- Geben Sie die Maschengleichung für ein System aus zwei gekoppelten Spulen an.
- Wie lässt sich die ideal feste Kopplung zweier Spulen technisch angenähert realisieren?
- Leiten Sie die Ersatzinduktivität für zwei in Reihe geschaltete Spulen bei gleichsinniger und bei gegensinniger Kopplung her.
- Was bedeuten die Wicklungspunkte?
- Warum wird der Eisenkern eines Wechselstrommagneten aus Blechen geschichtet?
- Erklären Sie die Stromverdrängung in einem Leiter.

Aufgaben

1.21(2) Stellen Sie die Maschengleichungen für den rechten und für den äußeren Umlauf in dem gegebenen Netz auf. Welche der Kopplungen sind gleichsinnig und welche gegensinnig?

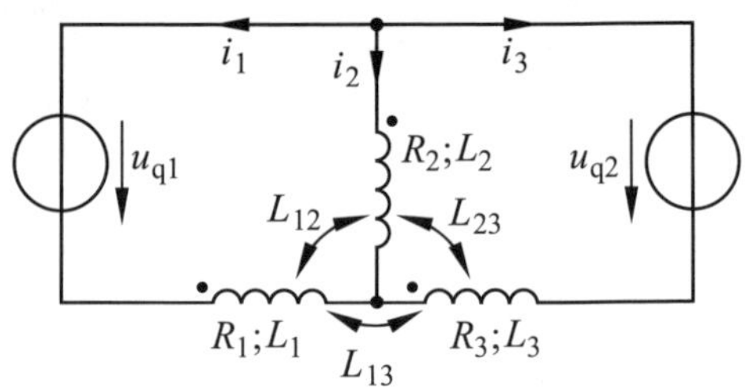

1.22(2) Welche Spannung u_2 wird in der unbelasteten Spule 2 des Beispiels 1.12 induziert, wenn die Stromstärke i_1 in der Spule 1 in $\Delta t = 20$ ms zeitlinear von 0 A auf 1 A ansteigt? Welche Spannung muss hierfür an die Klemmen der Spule 1 gelegt werden (Wicklungswiderstand $R_1 = 200\ \Omega$)?

1.23(3) Berechnen Sie die gegenseitige Induktivität zweier in einer Ebene ausgespannter, paralleler, 100 m langer Doppelleitungen mit vernachlässigbar kleinem Drahtdurchmesser.

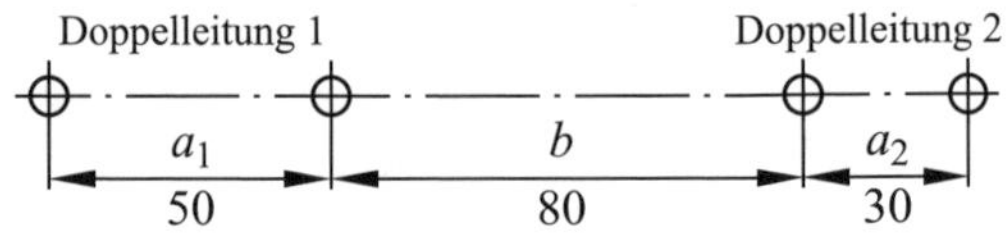

2 Kraft und Energie in elektromagnetischen Feldern

2.1 Energie im elektrostatischen Feld

Ziele: Sie können

- den Zusammenhang zwischen Energie und Spannung an einem Kondensator mit C = const. nennen.
- die Gleichung für die Energie eines geladenen Kondensators herleiten, dessen Kapazität von der Spannung abhängig ist.
- den Begriff Energiedichte erläutern.
- den Zusammenhang zwischen der Energiedichte eines Feldgebietes und der elektrischen Feldstärke angeben.

2.1.1 Energie eines Kondensators

Im elektrostatischen Feld eines Kondensators ist elektrische Energie gespeichert. Diese Energie kann bei der Entladung des Kondensators wiedergewonnen werden.

Zur Ermittlung der Energie schließen wir einen zum Zeitpunkt $t = 0$ ungeladenen Kondensator an eine Konstantstromquelle mit I_q = const. an.

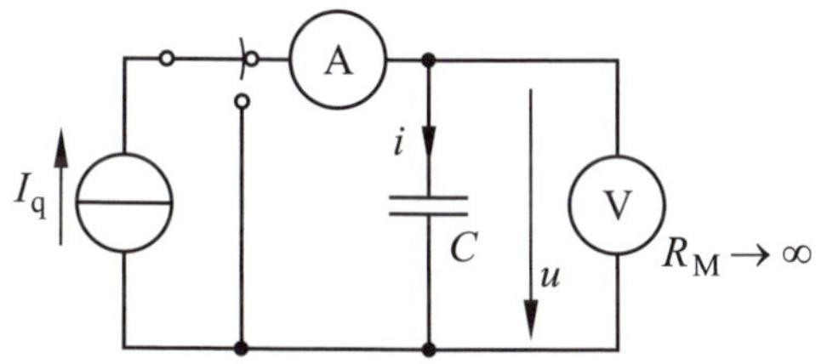

Bild 2.1 Aufladung eines Kondensators

In dem Zeitintervall dt wird dem Kondensator die Energie dW zugeführt:

$$\mathrm{d}W = u\, i\, \mathrm{d}t \tag{2.1}$$

Die Energie W_1, die der Kondensator zum Zeitpunkt t_1 enthält, berechnen wir durch Integration:

$$W_1 = \int_0^{W_1} \mathrm{d}W = \int_0^{t_1} u\, i\, \mathrm{d}t \tag{2.2}$$

Kann man den Kondensator näherungsweise als Grundeintor C ansehen, so ergibt sich dabei mit der Gl. (1.5):

$$W_1 = \int_0^{u_1} u\, C\, \mathrm{d}u \tag{2.3}$$

Dabei ist u_1 die Spannung zum Zeitpunkt t_1. Für das Grundeintor C lautet die Lösung der Gl. (2.3) wegen C = const.:

$$W_1 = \frac{1}{2}\, C\, u_1^2 \tag{2.4}$$

Die Energie W_1 ist offensichtlich vom Strom unabhängig. Man erhält daher für jeden Wert der Spannung u unabhängig vom Zeitverlauf des Stromes i bei der Aufladung des Kondensators mit konstanter Kapazität:

$$\boxed{W = \frac{1}{2}\, C\, u^2} \tag{2.5}$$

Für einen Kondensator mit spannungsabhängiger Kapazität verwenden wir zweckmäßig die differenzielle Kapazität $C_d = \mathrm{d}Q/\mathrm{d}U$ (s. Gl. (6.44), Band 1). Wir setzen sie mit der Gl. (1.4) in die Gl. (2.2) ein:

$$W_1 = \int_0^{u_1} C_d\, u\, \mathrm{d}u \tag{2.6}$$

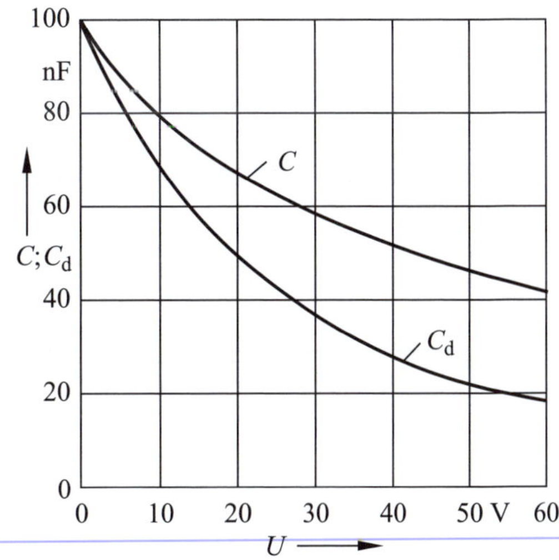

Bild 2.2 Kapazität C und differenzielle Kapazität C_d eines Keramikkondensators

Da bei einer spannungsabhängigen Kapazität $C(U)$ auch die differenzielle Kapazität C_d von der Spannung abhängt (Bild 2.2), ist eine analytische Lösung der Gl. (2.6) nicht möglich, aber es können numerische Verfahren angewendet werden.

Beispiel 2.1
Wir wollen die Energie berechnen, die in einem Kondensator mit der Kennlinie nach Bild 2.2 bei 60 V enthalten ist.

Wir zerlegen den Bereich 0 … 60 V in sechs Intervalle. Mit einem Mathematikprogramm berechnen wir für jedes Intervall die differenzielle Kapazität C_d als kubische Spline-Funktion.

Bei den kubischen Spline-Funktionen wird für jedes Intervall eine kubische Parabel angesetzt. An jeder Intervallgrenze haben die beiden Parabeln gleiche Funktionswerte und gleiche Steigung. Dadurch ergibt sich insgesamt eine Kurve minimaler Krümmung.

Die Folge der Spannungswerte in der Einheit Volt (V) ist:

[0; 10; 20; 30; 40; 50; 60]

Die Folge der Kapazitätswerte in der Einheit Nanofarad (nF) ist:

[100; 80; 67,8; 59; 51,9; 46,2; 41,7]

Die Folge der differenziellen Kapazitäten in der Einheit nF ist:

[100; 68,4; 49,3; 37; 27,5; 21,7; 18,8]

Die Integration ergibt, dass der Kondensator bei der Spannung 60 V die Energie enthält:

$W = 55{,}9\ \mu\text{J}$

2.1.2 Elektrische Energiedichte

Wir wollen nun den Zusammenhang zwischen der in einem Feldgebiet gespeicherten Energie und den Feldgrößen formulieren. Hierzu betrachten wir das homogene Feld eines Plattenkondensators mit der Fläche A und dem Plattenabstand l. Zunächst setzen wir die Gl. (1.4) in die Gl. (2.1) ein:

$$\mathrm{d}W = u\,\mathrm{d}Q \tag{2.7}$$

Die Ladungsänderung $\mathrm{d}Q$ ist mit einer Änderung der elektrischen Flussdichte D verbunden:

$$\mathrm{d}Q = A\,\mathrm{d}D \tag{2.8}$$

Setzen wir dies und die Beziehung $u = E\,l$ in die Gl. (2.7) ein, so erhalten wir:

$$\mathrm{d}W = A\,l \cdot E\,\mathrm{d}D \tag{2.9}$$

Dabei ist $A\,l = V$ das Volumen des Feldgebietes. Der Quotient aus Energie und Volumen wird als **elektrische Energiedichte** w_{el} bezeichnet:

$$w_{el} = \frac{W}{V} = \int_0^{D_1} E\,\mathrm{d}D \tag{2.10}$$

$$[w_{el}] = 1\,\frac{\text{J}}{\text{m}^3}$$

Ist bei einem Kondensator mit spannungsabhängiger Kapazität die Funktion $D = f(E)$ grafisch gegeben, so kann die Energiedichte z. B. mit einem numerischen Rechenverfahren bestimmt werden. Für ein Dielektrikum mit konstanter Permittivität ε kann das Integral in der Gl. (2.10) analytisch berechnet werden und man erhält mit $D = \varepsilon\,E$:

$$w_{el} = \frac{1}{2}\,\varepsilon E^2 = \frac{D^2}{2\varepsilon} \tag{2.11}$$

Mit der Energiedichte w_{el} können wir die Teilenergie $\mathrm{d}W$ berechnen, die in einem kleinen Teilvolumen $\mathrm{d}V$ eines Feldgebietes gespeichert ist:

$$\mathrm{d}W = w_{el}\,\mathrm{d}V \tag{2.12}$$

Die gesamte Energie W eines Feldgebietes mit dem Volumen V ist

- im homogenen Feld: $W = w_{el}\,V$
- im inhomogenen Feld: $W = \int_V w_{el}\,\mathrm{d}V$

Beispiel 2.2

Ein Plattenkondensator hat die Fläche 0,8 m^2 und den Plattenabstand l = 1 cm. Wir wollen abschätzen, wie viel elektrische Energie sich im Dielektrikum Luft bei Normalbedingungen speichern lässt.

Die Feldstärke muss kleiner sein als die Anfangsfeldstärke E_A. Wir entnehmen dem Bild 8.21, Band 1 für den gegebenen Plattenabstand den Wert $E = 30$ kV/cm.

Mit $\varepsilon = \varepsilon_0$ und dem Feldvolumen $V = A\, l = 8 \cdot 10^{-3}$ m^3 erhalten wir mit der Gl. (2.11) für das homogene Feld die Energie:

$$W_{el} = \frac{1}{2}\,\varepsilon E^2 V = 0{,}319 \text{ J}$$

In 1 cm^3 Luft ist dabei die Energie 39,8 µJ enthalten.

Fragen

- Leiten Sie den Zusammenhang zwischen der Spannung an einem Kondensator (C = const.) und der gespeicherten Energie her.
- Was versteht man unter dem Begriff Energiedichte? Welche Einheit hat sie?
- Zeigen Sie, wie man die Energie eines Feldraumes mithilfe der Energiedichte berechnen kann, wenn ein homogenes bzw. inhomogenes Feld vorliegt.

Aufgaben

2.1(1) Ein Kondensator mit konstanter Kapazität soll an 20 V Gleichspannung die Energie 4 mJ speichern. Welche Kapazität muss er haben?

2.2(1) Ein Wickelkondensator (Fläche A = 225 cm^2; Dielektrikum Polystyrol) trägt die Ladung 120 nC. Das inhomogene Randfeld soll unberücksichtigt bleiben. Welche Energiedichte liegt im Feld vor?

2.3(2) Welchen Wert hat die Energie des Kondensators mit der Kennlinie nach Bild 2.2 bei der Spannung 40 V?

2.4(2) Für einen Kondensator mit $C = f(U)$ gilt folgende Gleichung für die differenzielle Kapazität:
$C_d = 100\text{ nF} - 60\text{ nF} \cdot (U/6\text{ V}) + 30\text{ nF} \cdot (U/6\text{ V})^2$
Welche Energie hat dieser Kondensator bei der Spannung 6 V?

2.2 Kräfte im elektrostatischen Feld

Ziele: Sie können
- die Gleichung für die Kräfte herleiten, die zwei Punktladungen aufeinander ausüben.
- die Ursache für das Drehmoment auf einen Dipol beschreiben und die Gleichung für das Drehmoment im homogenen Feld herleiten.
- die Gleichung für die Kraft auf die Platten eines Plattenkondensators herleiten.
- den Begriff Dipolmoment erläutern.

2.2.1 Kräfte auf Punktladungen

Befindet sich eine Ladung Q in einem elektrischen Feld, so wirkt auf sie die Kraft:

$$\vec{F} = Q\,\vec{E} \tag{2.13}$$

Dabei ist $\vec{E}$ die Feldstärke des äußeren Feldes; das von der Ladung Q erzeugte Feld ist für die Berechnung der Kraft ohne Bedeutung.
Die Gl. (2.13) darf nur dann angewendet werden, wenn die Feldstärke $\vec{E}$ am Ort der Ladung überall gleich ist; dies ist z. B. bei einer Punktladung oder im homogenen Feld der Fall.

Wir wollen nun die Kraft berechnen, die zwei Punktladungen Q_1 und Q_2 im Abstand a innerhalb eines Nichtleiters mit der Permittivität ε aufeinander ausüben.

Die Punktladung Q_1 erzeugt im Abstand a die Feldstärke:

$$E_1 = \frac{|Q_1|}{\varepsilon_0 \cdot 4\,\pi\, a^2} \tag{2.14}$$

Damit berechnen wir den Betrag der Kraft auf die Punktladung Q_2, die sich im Feld der Punktladung Q_1 befindet:

$$F = |Q_2| \cdot E_1 = \frac{|Q_1| \cdot |Q_2|}{\varepsilon_0 \cdot 4\,\pi\, a^2} \tag{2.15}$$

Eine Kraft von gleichem Betrag wirkt aufgrund des Feldes von Q_2 auf die Ladung Q_1. Für die Richtungen der Kräfte gilt, dass Ladungen gleichen Vorzeichens einander abstoßen und Ladungen ungleichen Vorzeichens einander anziehen.

2.2.2 Kräfte auf einen Dipol

Ein **Dipol** besteht aus zwei Ladungen $+Q$ und $-Q$, deren Schwerpunkte den Abstand s aufweisen (s. Abschn. 6.5.2, Band 1). Das Produkt aus Ladung Q und Wegvektor $\vec{s}$ wird als Dipolmoment $\vec{p}$ bezeichnet:

$$\vec{p} = Q \cdot \vec{s}; \quad [p] = 1\,\mathrm{C\,m} \tag{2.16}$$

Die Richtungen von $\vec{p}$ und $\vec{s}$ sind vom Schwerpunkt der negativen Ladung zum Schwerpunkt der positiven Ladung definiert. Wird der Dipol von einem äußeren elektrischen Feld $\vec{E}$ erzeugt, so stimmen die Richtungen von $\vec{p}$, $\vec{s}$ und $\vec{E}$ überein.

Viele Moleküle wie z. B. H_2O sind auch im feldfreien Raum Dipole. Befindet sich ein solcher Dipol in einem *homogenen* elektrischen Feld, so werden auf die Ladungen gleich große, aber entgegengesetzt gerichtete Kräfte vom Betrag $F = Q\,E$ ausgeübt.

Stimmt die Richtung des Dipolmoments nicht mit der Feldrichtung überein (Bild 2.3), so können die Kräfte $\vec{F}$ und $-\vec{F}$ jeweils in eine Komponente $F_d = F \cdot \cos\varphi$ in Richtung der Dipolachse und eine Komponente $F_q = F \cdot \sin\varphi$ senkrecht zur Dipolachse zerlegt werden.
Die Kraftvektoren $\vec{F}_d$ und $-\vec{F}_d$ verändern das Dipolmoment p; die Kraftvektoren $\vec{F}_q$ und $-\vec{F}_q$ erzeugen ein Drehmoment:

$$M = s\,F \cdot |\sin\varphi| = p\,E \cdot |\sin\varphi| \tag{2.17}$$

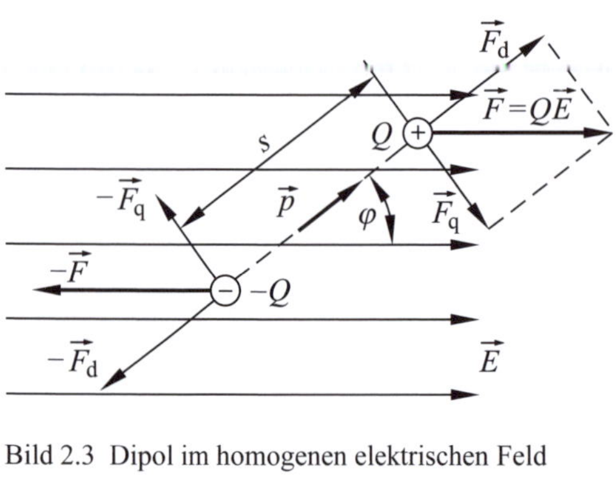

Bild 2.3 Dipol im homogenen elektrischen Feld

Die Richtung des Vektors $\vec{M}$ ergibt sich aus den Richtungen von $\vec{p}$ und $\vec{E}$ nach der Rechtsschraubenregel:

$$\vec{M} = \vec{p} \times \vec{E} \tag{2.18}$$

Bei einem in Feldrichtung ausgerichteten Dipol bewirken die Kräfte wegen $\varphi = 0$ und $M = 0$ nur eine *Verschiebung* der Ladungen.

Im *inhomogenen* Feld wirkt auf jeden Dipol ebenfalls ein Drehmoment, das den Dipol auszurichten sucht. Zusätzlich wird auf jeden Dipol eine Kraft ausgeübt.
Diese Kraft ist umso stärker, je größer die örtliche Änderung der elektrischen Feldstärke und je höher der Betrag p des Dipolmoments ist. Der Dipol wird von dieser Kraft in das Gebiet höherer Feldstärke gezogen.

Jeder Leiter wird im elektrostatischen Feld infolge der Influenz zu einem Dipol und kann – je nach Lage und Geometrie – in die Feldrichtung gedreht werden. In einem inhomogenen Feld wird er außerdem in das Gebiet höherer Feldstärke gezogen.

2.2.3 Kräfte auf die Platten eines Plattenkondensators

Bei der Berechnung der Kräfte gehen wir vom homogenen Feld eines Plattenkondensators aus, der geladen und von der Quelle getrennt ist, und lassen das inhomogene Randfeld unberücksichtigt.
Die entgegengesetzten Ladungen auf den Platten der Fläche A ziehen einander an. Da die Ladungen die Elektroden nicht verlassen können, wirken diese Kräfte auf die Platten.

Wir stellen uns nun vor, dass sich eine der Platten unter dem Einfluss der Anziehungskraft $\vec{F}$ um die infinitesimal kleine Strecke $d\vec{s}$ verschiebt.
Hierbei wird die mechanische Arbeit verrichtet:

$$dW_{mech} = F \cdot ds \tag{2.19}$$

Da keine Ladung Q zu- oder abfließen kann, bleiben die Feldgrößen $D = Q/A$ und $E = \varepsilon\,D$ konstant. Die mechanische Energie entsteht durch die

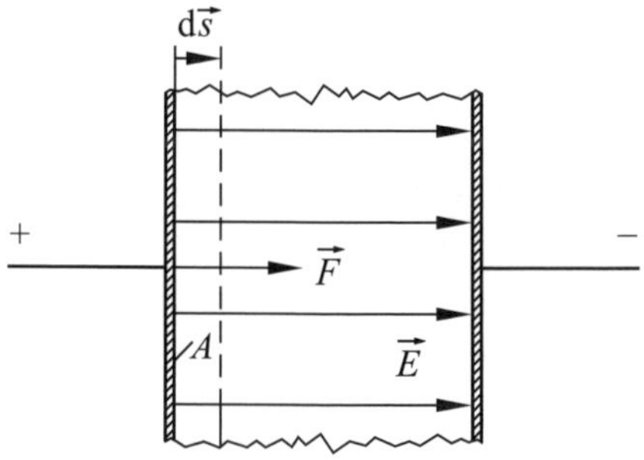

Bild 2.4 Kraft auf eine Kondensatorplatte

Verkleinerung des Feldraumes um das Volumen $\mathrm{d}V = A \cdot \mathrm{d}s$. Mit den Gln. (2.11 und 2.12) berechnen wir die hierdurch bewirkte Verringerung der elektrischen Feldenergie:

$$\mathrm{d}W_{\mathrm{el}} = -\frac{1}{2}\,\varepsilon E^2 A\,\mathrm{d}s \tag{2.20}$$

Nach dem Energiesatz bleibt die Gesamtenergie unverändert und es gilt:

$$\mathrm{d}W_{\mathrm{mech}} + \mathrm{d}W_{\mathrm{el}} = 0 \tag{2.21}$$

Wir setzen die Gln. (2.19 und 2.20) in die Gl. (2.21) ein und erhalten die Kraft auf eine Kondensatorplatte:

$$\boxed{F = \frac{A}{2}\,\varepsilon E^2} \tag{2.22}$$

Auf die andere Platte wirkt eine gleich große Kraft in entgegengesetzter Richtung.

Da sich die Verschiebung ds bei der Berechnung heraushebt, kann sie beliebig klein sein. Die Kraft wirkt auch *ohne* jede Verschiebung; man bezeichnet die angewandte Methode deshalb als Prinzip der **virtuellen Verschiebung**.

Praxisbezug 2.1

In Kohlekraftwerken werden die Rauchgase vor der Entschwefelung von Staub- und Ascheteilchen im **Elektrofilter** gereinigt. In diesem Filter besteht ein elektrisches Gleichfeld zwischen den sog. *Sprühdrähten* und den Niederschlagselektroden, in dem die Staubteilchen zunächst ionisiert werden. Anschließend wandern sie infolge der durch die Gl. (2.13) beschriebenen Kraft zu den geerdeten Niederschlagselektroden, von denen sie fortlaufend mithilfe eines Hammerwerks abgeklopft werden.

Die Spannung $U_{\mathrm{SN}} < 0$ zwischen den Sprühdrähten und den Niederschlagselektroden wird so eingestellt, dass sie knapp unterhalb der Durchschlagspannung bleibt. Die Sprühdrähte haben voneinander einen Abstand 0,1 … 0,2 m und der Abstand der Niederschlagselektroden, der *Gassenweite* genannt wird, liegt im Bereich 0,1 … 0,2 m. Bei einem großen Kohlekraftwerk 700 MW hat der Elektrofilter etwa das Volumen eines Einfamilienhauses.

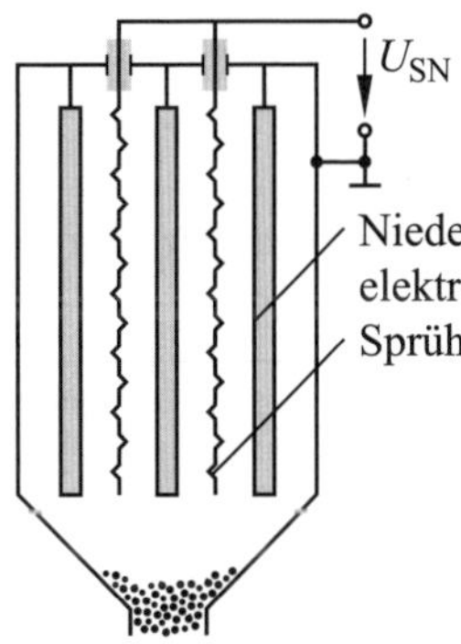

Als **Trenngrad** des Elektrofilters bezeichnet man die ausgefilterte Staubmenge, die auf die gesamte, dem Filter zugeführte Staubmenge bezogen wird. Unter optimalen Bedingungen wird bei Kohlekraftwerken ein Trenngrad über 99 % erreicht. Allerdings wird Feinstaub mit Partikelgrößen unter 1 µm relativ schlecht ausgefiltert, weshalb weitere Verbesserungen angestrebt werden. ❐

Fragen

- Leiten Sie die Gleichung für die Kraft her, die zwei Punktladungen aufeinander ausüben.
- Warum wirkt auf einen Dipol im inhomogenen Feld eine Kraft? Welche Richtung hat sie?
- Warum wird ein langgestreckter Leiter im elektrischen Feld in die Feldrichtung gedreht?
- Wovon hängt die Kraft auf die Platten eines Plattenkondensators ab?
- Erläutern Sie das Prinzip der virtuellen Verschiebung bei der Berechnung der Kraft auf die Platten eines Plattenkondensators.

Aufgaben

2.5(1) Berechnen Sie die Kraft auf die 1 m^2 großen Platten eines Plattenkondensators mit dem Dielektrikum Luft, in dem die elektrische Feldstärke 20 kV/cm herrscht.

2.6(2) Welchen Betrag hat das Drehmoment auf ein H_2O-Molekül ($p = 6{,}17 \cdot 10^{-30}$ C m), dessen Dipolmoment im Winkel 45° zur Richtung eines homogenen Feldes ($E = 4$ kV/cm) steht?

2.7(2) Im elektrostatischen Feld einer geladenen Kugel ($Q_K = 2{,}5 \cdot 10^{-8}$ C) befindet sich ein ausgerichteter Dipol ($Q = 4 \cdot 10^{-9}$ C; $s = 0{,}01$ mm), dessen Abstand vom Kugelmittelpunkt 8 mm beträgt. Das Feldmedium ist Luft. Welche Kraft wird auf den Dipol ausgeübt?

2.3 Energie im magnetischen Feld

Ziele: Sie können

- die magnetische Energie einer Leiteranordnung aus der zugeführten elektrischen Energie herleiten.
- die Gleichung für die Energiedichte eines Magnetfeldes angeben und für μ = const. lösen.
- die Energiedichte eines ferromagnetischen Körpers aus der Magnetisierungskurve ermitteln.
- die innere Induktivität eines Leiters mithilfe der magnetischen Energie berechnen.
- den Begriff Hysteresearbeit erläutern.
- beschreiben, wie ein Dauermagnet als Energiewandler wirkt.

In jedem Magnetfeld ist **magnetische Energie** enthalten; dies gilt sowohl für stromdurchflossene Leiteranordnungen als auch für Dauermagnete. Wird z. B. ein Eisenstück von einem Magneten angehoben, so gewinnt es potenzielle Energie, die nur aus dem Magnetfeld stammen kann.

2.3.1 Energie einer Leiteranordnung

Die magnetische Energie W_m einer Leiteranordnung (z. B. einer Spule) stammt aus der Quelle, welche die Leiteranordnung speist. Wir berechnen deshalb die magnetische Energie mit der elektrischen Energie W_{el}, die der Leiteranordnung zugeführt wird. Dabei wird ein Teil der elektrischen Energie irreversibel in Wärme W_W umgewandelt:

$$W_{el} = W_W + W_m \tag{2.23}$$

Die Ersatzschaltung hierfür ist eine Reihenschaltung aus einem Grundeintor R und einem Grundeintor L; dabei setzen wir voraus, dass sich u und i langsam ändern.

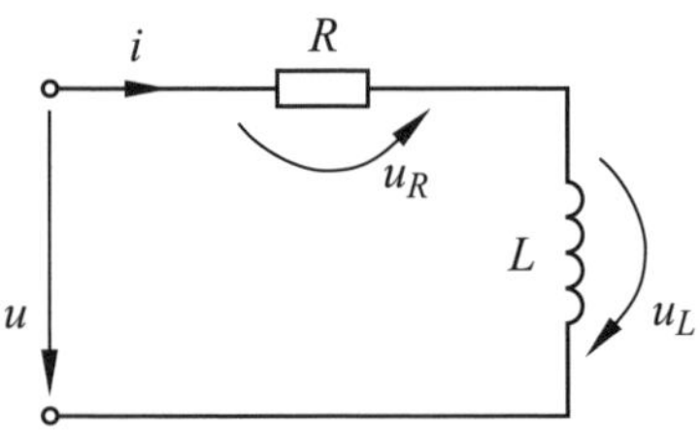

Bild 2.5 Ersatzschaltung der Leiteranordnung

In die Gleichung für die elektrische Energie, die der Leiteranordnung von der Quelle in der Zeitspanne $0 \leq t \leq t_1$ zugeführt wird, setzen wir die Maschengleichung $u = u_R + u_L$ ein:

$$W_{el} = \int_0^{t_1} u\, i\, dt = \int_0^{t_1} u_R\, i\, dt + \int_0^{t_1} u_L\, i\, dt \tag{2.24}$$

Die am Grundeintor R in Wärme umgewandelte Energie hängt vom Widerstand R und von der Zeitspanne t_1 ab:

$$W_W = \int_0^{t_1} u_R\, i\, dt = R \int_0^{t_1} i^2\, dt \tag{2.25}$$

Unter der Voraussetzung, dass die Leiteranordnung zum Zeitpunkt $t = 0$ stromlos war, ist die magnetische Energie zum Zeitpunkt $t = t_1$:

$$W_m = \int_0^{t_1} u_L\, i\, dt \tag{2.26}$$

Ist die Umgebung der stromführenden Leiter frei von ferromagnetischen Materialien, so erhalten wir mit der Gl. (1.59) für L = const.:

$$W_m = \int_0^{t_1} L \frac{di}{dt} \cdot i\, dt = L \int_0^{i_1} i\, di = \frac{1}{2} L i_1^2 \tag{2.27}$$

Die Voraussetzung L = const. ist näherungsweise erfüllt, wenn sich die Kennlinie $\Psi_m = f(I)$ durch eine Gerade durch den Nullpunkt annähern lässt.

Die Gl. (2.27) zeigt, dass die magnetische Energie W_m weder von der Zeit noch vom Zeitverlauf des Stromes abhängt, sondern nur vom Augenblickswert i_1 des Stromes i zum Zeitpunkt t_1. Allgemein gilt:

$$W_m = \frac{1}{2} L i^2 \tag{2.28}$$

Wächst die Stromstärke an ($di/dt > 0$), so wird der Quelle elektrische Energie entnommen und im Magnetfeld als magnetische Energie gespeichert. Sinkt die Stromstärke ab, so wird magnetische Energie als elektrische Energie an den Stromkreis zurückgegeben.
Bei einem Gleichstrom wird die magnetische Energie $W_m = 0{,}5\, L I^2$ der Leiteranordnung beim Einschalten des Stromes zugeführt.

Ist die Induktivität der Leiteranordnung stromabhängig, so berechnen wir die magnetische Energie mit der differenziellen Induktivität und setzen die Gl. (1.63) in die Gl. (2.26) ein:

$$W_m = \int_0^{i_1} L_d(I)\, i\, di \tag{2.29}$$

2.3.2 Energiedichte im Magnetfeld

Wir wollen nun einen allgemeinen Ausdruck suchen, mit dem wir die magnetische Energie eines Feldgebietes berechnen können. Dazu gehen wir von einer verlustlosen Spule aus, in der ein Strom i den Verkettungsfluss $\Psi_m = N\,\Phi$ hervorruft. Unter der Voraussetzung, dass die Spule zum Zeitpunkt $t = 0$ stromlos war, lässt sich die magnetische Energie für den Zeitpunkt t_1 mit der induktiven Spannung entsprechend Gl. (1.38) berechnen:

$$W_m = \int_0^{t_1} u_L\, i\, dt = \int_0^{\Phi_1} N\, i\, d\Phi \tag{2.30}$$

Dabei ist Φ_1 der Fluss zum Zeitpunkt t_1. Wir nehmen zunächst an, dass das Feld der Spule homogen ist, und setzen $\Phi = B\,A$ an. Außerdem nehmen wir an, dass im magnetischen Kreis nur ein einziger magnetischer Widerstand vorhanden ist und für die Durchflutung $N\,i = \Theta = H\,l$ gilt. Wir dividieren die magnetische Energie

$$W_m = \int_0^{B_1} H \cdot l \cdot A \cdot dB \tag{2.31}$$

durch das Volumen $V = A\,l$ des vom homogenen Magnetfeld erfüllten Raumes und erhalten die **magnetische Energiedichte** w_m in einem Punkt eines beliebigen magnetischen Feldes:

$$w_m = \int_0^{B_1} H\, dB \tag{2.32}$$

Die gesamte Energie eines von einem *inhomogenen* Magnetfeld erfüllten Feldraumes kann durch Integration berechnet werden:

$$W_m = \int_V w_m\, dV \tag{2.33}$$

In einem *homogenen* Magnetfeld gilt:

$$W_m = w_m\, V \tag{2.34}$$

Wenn die Permeabilität μ von der Feldstärke H bzw. von der Flussdichte B unabhängig ist, lässt sich die Gl. (2.32) für $\mu = \text{const.}$ direkt lösen:

$$w_m = \frac{1}{\mu} \int_0^{B_1} B\, dB = \frac{B_1^2}{2\mu} \tag{2.35}$$

Bei nicht konstanter Permeabilität kann die Energiedichte aus der Fläche zwischen der Magnetisierungskurve und der B-Achse ermittelt werden.

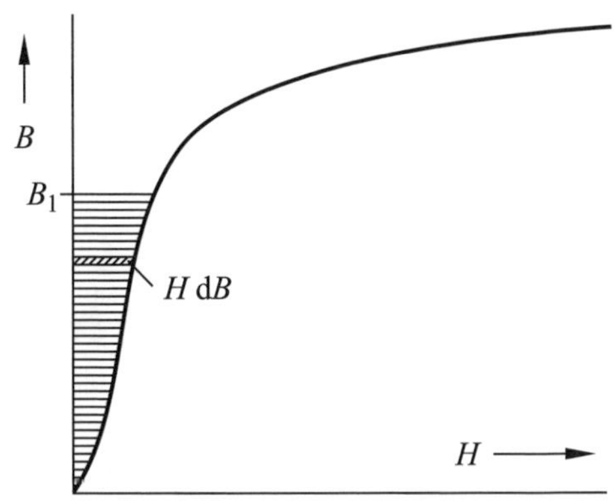

Bild 2.6 Zur Ermittlung der magnetischen Energiedichte bei nicht konstanter Permeabilität

Beispiel 2.3
Wir wollen die magnetische Energie im Eisen und im Luftspalt eines magnetischen Kreises für $B_L = B_{Fe} = 1{,}2$ T ermitteln (s. Beispiel 7.7, Band 1).
$A = 7{,}07 \cdot 10^{-4}\,\mathrm{m}^2$; $l_{Fe} = 942$ mm; $l_L = 1$ mm

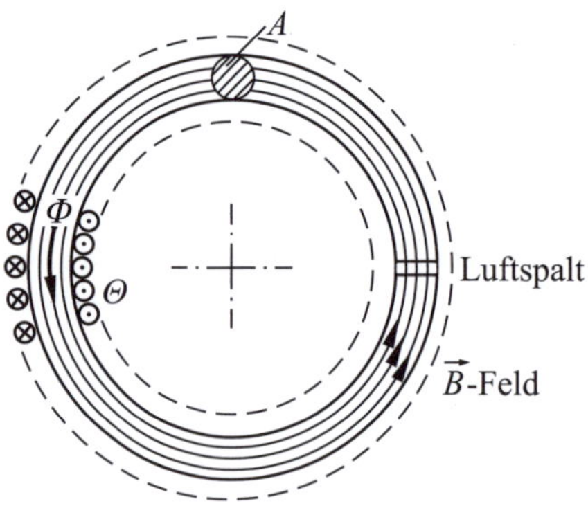

Bild 2.7 Magnetischer Kreis einer Kreisringspule mit Eisenkern und Luftspalt

Mit der Gl. (2.35) berechnen wir für $\mu = \mu_0$ die Energiedichte im Luftspalt:

$$w_{mL} = \frac{B_L^2}{2\,\mu_0} = 573\ \frac{\mathrm{kJ}}{\mathrm{m}^3}$$

In 1 cm³ Luft ist demnach bei 1,2 T die magnetische Energie 0,57 J enthalten. Die magnetische Energie ist wesentlich höher als die elektrische Energie im Beispiel 2.2.

Die magnetische Energiedichte im Eisen ist die Fläche zwischen der Magnetisierungskurve (Schmiedestahl, Kurve a im Anhang A7) und der B-Achse. Für 1,2 T erhalten wir:

$$w_{mFe} = 115\ \mathrm{J/m^3}$$

Damit ergibt sich für 1 cm³ Eisen bei 1,2 T die Energie 0,115 mJ.
Die magnetische Energie der Feldgebiete berechnen wir, indem wir die Energiedichte mit dem jeweiligen Volumen multiplizieren:

$$W_{mL} = w_{mL} \cdot l_L \cdot A = 405\ \mathrm{mJ}$$

$$W_{mFe} = w_{mFe} \cdot l_{Fe} \cdot A = 76{,}4\ \mathrm{mJ}$$

2.3.3 Innere Induktivität

Mit der Gl. (2.28) können wir die innere Induktivität L_i eines Leiters aus der magnetischen Energie W_m berechnen, die im Inneren des Leiters bei der Stromstärke i enthalten ist:

$$L_i = \frac{2\,W_m}{i^2} \qquad (2.36)$$

Als Beispiel wählen wir einen langen, geraden Leiter von kreisförmigem Querschnitt aus einem Material *konstanter Permeabilität*, der von einem Strom i durchflossen wird. Da das Magnetfeld inhomogen ist (s. Band 1, Abschn. 7.4.2), integrieren wir gemäß Gl. (2.33) die Energiedichte über dem Leitervolumen V:

$$W_m = \frac{\mu}{2} \int_V H^2\,\mathrm{d}V \qquad (2.37)$$

In diese Gleichung setzen wir den Zusammenhang

$$H = \frac{i}{2\,\pi\,r_a^2} \cdot r \qquad \text{(s. Gl. 7.34, Band 1)}$$

zwischen der Feldstärke H und dem Gesamtstrom i ein. Dabei setzen wir voraus, dass der Strom gleichmäßig über dem Querschnitt des Leiters verteilt ist; diese Voraussetzung ist z. B. bei Wechselströmen hoher Frequenz wegen des Skineffektes nicht erfüllt.

Zur Durchführung der Integration denken wir uns den Leiter mit der Länge l in Röhren mit dem Radius r und der Dicke dr zerlegt.

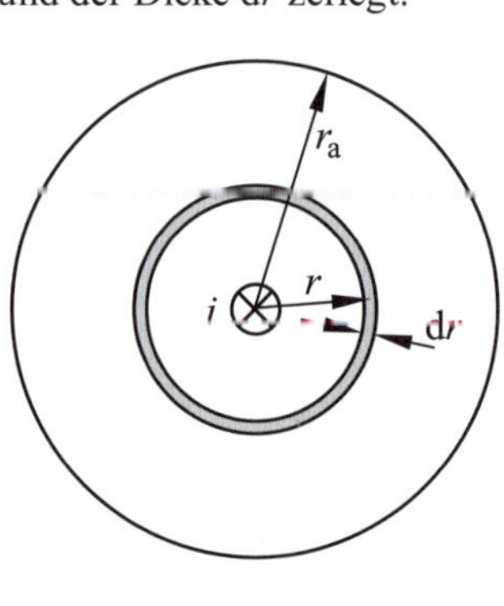

Bild 2.8 Zur Berechnung der inneren Induktivität eines langen, geraden Leiters

Wir setzen nun die Gleichungen für die Feldstärke H und das Volumen $\mathrm{d}V = l \cdot 2\,\pi\, r \cdot \mathrm{d}r$ einer Röhre in die Gl. (2.37) ein und berechnen die im Leiter enthaltene magnetische Energie:

$$W_\mathrm{m} = \frac{\mu\, l\, i^2}{4\,\pi\, r_\mathrm{a}^4} \int_0^{r_\mathrm{a}} r^3\,\mathrm{d}r = \frac{\mu\, l\, i^2}{16\,\pi} \qquad (2.38)$$

Durch Einsetzen in die Gl. (2.36) erhalten wir die innere Induktivität L_i eines langen, geraden Leiters für $\mu = \mathrm{const.}$:

$$L_\mathrm{i} = \frac{\mu\, l}{8\,\pi} \qquad (2.39)$$

Bei einer Doppelleitung muss die magnetische Energie in *beiden* Leitern berücksichtigt werden. Die innere Induktivität L_i der Doppelleitung ist doppelt so groß wie die des langen Leiters.

2.3.4 Hysteresearbeit

Mithilfe der magnetischen Energiedichte können wir die Energie berechnen, die ein ferromagnetischer Körper beim Durchlaufen einer Hystereseschleife aufnimmt. Dieser technisch wichtige Vorgang läuft z. B. ab, wenn eine Spule mit Eisenkern von einem Wechselstrom durchflossen wird. Wir setzen im Folgenden voraus, dass der Eisenkern mit dem Volumen V von einem homogenen Magnetfeld durchsetzt wird.

Beim Durchlaufen des Kurvenstückes 1 - 2 der Hystereseschleife (Bild 2.9) nimmt der Eisenkern die Energie auf:

$$W_{12} = V\, w_{12} = V \int_1^2 H\,\mathrm{d}B \qquad (2.40)$$

Die Energie W_{12} entspricht der Fläche zwischen dem Kurvenstück 1 - 2 und der B-Achse. Da H und $\mathrm{d}B$ dort positiv sind, ist auch $W_{12} > 0$ und der Eisenkern nimmt magnetische Energie auf; er wirkt dabei als Verbraucher elektrischer Energie.

Beim Durchlaufen des Kurvenstückes 2 - 3 der Hystereseschleife ist H positiv, aber $\mathrm{d}B$ negativ, denn die Flussdichte B wird kleiner. Wegen $W_{23} < 0$ gibt der Eisenkern die magnetische Energie ab, die der Fläche zwischen dem Kurvenstück 2 - 3 und der B-Achse entspricht:

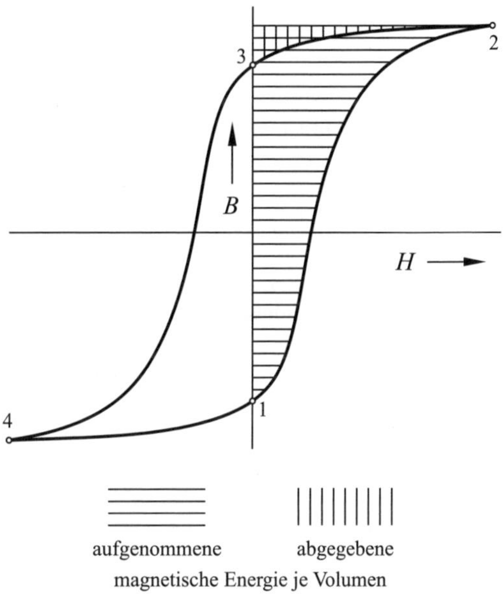

Bild 2.9 Hystereseschleife eines ferromagnetischen Körpers, Erläuterung der Hysteresefläche

$$W_{23} = V\, w_{23} = V \int_2^3 H\,\mathrm{d}B \qquad (2.41)$$

Beim Durchlaufen der halben Hystereseschleife auf dem Weg 1 - 2 - 3 wird dem Eisenkern letztlich die Energie zugeführt, die der nur waagrecht schraffierten Fläche im Bild 2.9 entspricht.

Im Punkt 3 hat die magnetische Energie des Eisenkerns ein Minimum, da der Eisenkern bei der Fortsetzung des Umlaufs wieder Energie aufnimmt; dies gilt aus Symmetriegründen auch für den Punkt 1.

Beim Durchlaufen des Kurvenstückes 3 - 4 - 1 wiederholen sich die Vorgänge, die für den Weg 1 - 2 - 3 beschrieben wurden.

Beim einmaligen Durchlaufen der gesamten Hystereseschleife wird die Fläche zwischen ihren Ästen umfahren; sie wird als **Hysteresefläche** bezeichnet und entspricht der **spezifischen Hysteresearbeit** w_H:

$$w_H = \oint H \, dB \qquad (2.42)$$

Die spezifische Hysteresearbeit hat die Einheit J/m^3 und ist damit eine Energiedichte. Mit der Gl. (2.34) berechnen wir die **Hysteresearbeit** W_H:

$$W_H = V w_H = V \oint H \, dB \qquad (2.43)$$

Die Hysteresearbeit ist die Energie, die bei einem Ummagnetisierungszyklus im Eisenkern in Wärme umgewandelt wird; sie hängt von der Form der Hystereseschleife und von der Flussdichte ab, die im Punkt 2 bzw. 4 erreicht wird.
Bei elektrischen Maschinen wird die Hystereseschleife häufig (z. B. 50-mal je Sekunde bei 50 Hz) durchlaufen. Damit die Erwärmung infolge der Hysteresearbeit gering bleibt, werden Werkstoffe mit kleiner Hysteresefläche verwendet.

2.3.5 Magnetischer Kreis mit Dauermagnet

Der Vorteil eines **Dauermagneten** gegenüber einem Elektromagneten liegt darin, dass bei der Aufrechterhaltung des Magnetfelds keine Wärmeenergie entsteht.

Ein Dauermagnet wird bei seiner Herstellung im Magnetfeld eines Elektromagneten magnetisiert. Befindet er sich dabei in einem geschlossenen magnetischen Kreis ohne Streufeld und ohne Luftspalt bei ideal magnetisch leitenden Weicheisenteilen, so stellt sich nach der Magnetisierung der Arbeitspunkt 3 bei der Remanenzflussdichte B_r ein. In

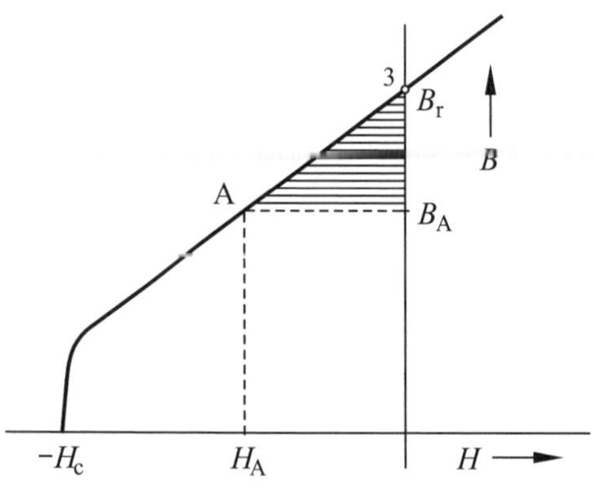

Bild 2.10 Entmagnetisierungskurve

diesem Punkt der **Entmagnetisierungskurve** (Bild 2.10) hat die magnetische Energie des Dauermagneten ein Minimum.
Wird der magnetische Kreis geöffnet, so stellt sich der Arbeitspunkt A ein. Dies kann z. B. dadurch erfolgen, dass der bewegliche Anker gegen die Zugkraft verschoben wird.

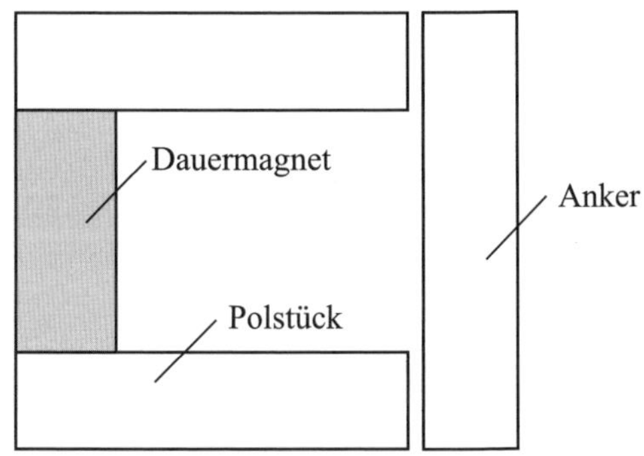

Bild 2.11 Geöffneter Kreis mit Dauermagnet

Bei der Untersuchung der Energie des magnetischen Kreises vernachlässigen wir die magnetischen Spannungen an den Weicheisenteilen, lassen die Streuung außer Betracht und nehmen an, dass sowohl im Dauermagnet als auch im Luftspalt ein homogenes Feld vorliegt.
Beim Durchlaufen des Kurvenstückes 3-A sind sowohl H als auch dB negativ. Die Energiedichte nach Gl. (2.32), die im Bild 2.10 als schraffierte Fläche dargestellt ist, ist daher positiv; der Dauermagnet nimmt magnetische Energie auf.

Der Luftspalt mit dem Volumen V_L nimmt bei der Öffnung des magnetischen Kreises die Energie $W_{mL} = V_L (B_L)^2/(2 \mu_0)$ auf.

Die Summe der magnetischen Energien von Luftspalt und Dauermagnet wird dem magnetischen Kreis beim Öffnen als mechanische Energie durch die Verschiebung des Ankers zugeführt. Der Dauermagnet wirkt dabei als *Energiewandler*, der die zugeführte *mechanische* Energie in *magnetische* Energie umwandelt.
Die Anteile von Luftspalt und Dauermagnet an der gesamten magnetischen Energie hängen vom Verlauf der Entmagnetisierungskurve und von der Lage des Arbeitspunktes A ab.

Fragen

- Welche magnetische Energie ist im Feld einer Leiteranordnung mit konstanter Induktivität enthalten?
- Zeigen Sie, welche Energieanteile bei einer Spule mit dem Widerstand R und der Induktivität L an Gleichspannung auftreten.
- Wie lautet die Gleichung für die Energiedichte eines Raumes, der von einem Magnetfeld erfüllt ist? Lösen Sie diese Gleichung für konstante Permeabilität.
- Wie kann bei einem Eisenkern, dessen Magnetisierungskurve gegeben ist, die Energiedichte aus der Flussdichte ermittelt werden?
- Erläutern Sie die Begriffe Hysteresefläche und Hysteresearbeit.
- Warum muss bei elektrischen Maschinen die Hysteresefläche möglichst klein sein?
- Was geschieht mit der Hysteresearbeit, die einem ferromagnetischen Körper zugeführt wird?
- Erläutern Sie den Begriff innere Induktivität und zeigen Sie, wie diese mit der magnetischen Energie berechnet werden kann.
- Beschreiben Sie, woher die magnetische Energie im Luftspalt eines magnetischen Kreises mit Dauermagnet stammt.
- Erläutern Sie, in welchen Punkten der Hystereseschleife die magnetische Energie des ferromagnetischen Körpers ein Minimum hat.

Aufgaben

2.8(1) Die mittlere Flussdichte im Innenraum einer Kreisringspule beträgt 0,68 T; das Feldmedium ist Luft. Der vom Magnetfeld erfüllte Raum hat das Volumen 120 cm³. Welche magnetische Energie ist im Innenraum dieser Kreisringspule vorhanden?

2.9(2) Welchen Wert hat jeweils die magnetische Energie im Eisen und im Luftspalt des magnetischen Kreises aus Beispiel 2.3 bei der Luftspaltflussdichte 0,8 T bzw. 1,5 T?

2.10(3) Die Feldstärke im Außenleiter einer Koaxialleitung hängt vom Radius r ab:

$$H = \frac{i}{2\pi r} \cdot \frac{r_3^2 - r^2}{r_3^2 - r_2^2} \qquad \text{(s. Gl. 7.39, Band 1)}$$

Dabei ist r_2 der innere und r_3 der äußere Radius. Berechnen Sie allgemein (d. h. mit Formelzeichen) die innere Induktivität des Außenleiters einer Koaxialleitung.

2.4 Kräfte auf Magnetpole

Ziele: Sie können

- den Zusammenhang zwischen der Zugkraft eines Magneten und der magnetischen Energie erläutern.
- die Gleichung für die Zugkraft angeben und die Voraussetzungen nennen, unter denen sie gültig ist.

Die Oberfläche eines ferromagnetischen Körpers, durch die ein Magnetfeld in eine nicht ferromagnetische Umgebung (z. B. Luft) austritt, wird als **Polfläche** bezeichnet. Auf sie wirkt eine Kraft, die vom ferromagnetischen Material zur nicht ferromagnetischen Umgebung gerichtet ist.

Bei der Berechnung der Kraft setzen wir voraus, dass das Magnetfeld senkrecht durch die Polfläche hindurchtritt; dies ist für $\mu_{Fe} \gg \mu_0$ stets der Fall. Außerdem setzen wir voraus, dass das Magnetfeld im Luftraum *homogen* ist; diese Voraussetzung ist in einem magnetischen Kreis mit parallelen Polflächen bei kleiner Luftspaltlänge erfüllt.

Wir wollen nun die Kraft aus der Energieänderung berechnen, die bei einem Elektromagneten auftritt, wenn wir den Anker verschieben (Bild 2.12). Dabei denken wir uns den durch die Spule fließenden Strom i so *geregelt*, dass der Fluss Φ und damit auch die Flussdichte B_L im Luftspalt zeitlich konstant bleiben. Zwischen dem Magnetfeld und dem elektrischen Stromkreis, in dem die Spule liegt, findet dabei kein Energieaustausch statt, denn die selbstinduktive Spannung bleibt null:

$$u_L = N \frac{d\Phi}{dt} = 0 \qquad (2.44)$$

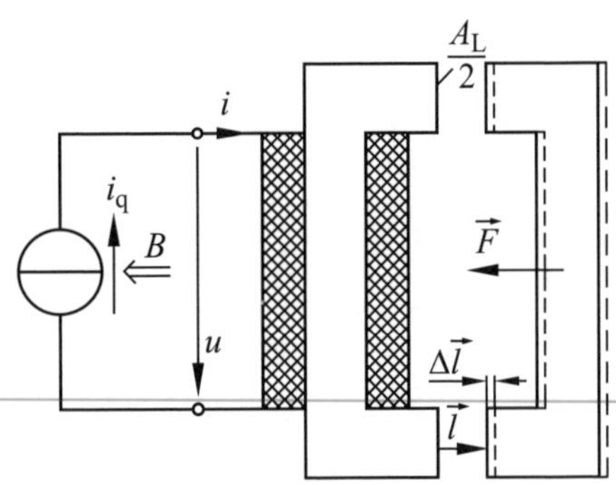

Bild 2.12 Stromkreis mit Elektromagnet

Wegen $u_L = 0$ liegt an der Spule die zeitabhängige Spannung $u = R\,i$. Die Energie, die im Widerstand R der Spule in Wärme umgewandelt wird, ist jedoch für unsere Überlegungen ohne Bedeutung.

Die im Luftspalt enthaltene magnetische Energie W_m ist von der Luftspaltlänge l abhängig:

$$W_\mathrm{m} = \frac{B_\mathrm{L}^2}{2\,\mu_0} \cdot A_\mathrm{L} \cdot l \tag{2.45}$$

Wenn wir den Anker des Magneten in Richtung des Vektors $\vec{l}$ um die Strecke $\Delta\vec{l}$ gegen die Kraft $\vec{F}$ (Bild 2.12) verschieben, müssen wir die mechanische Energie ΔW_mech aufwenden:

$$\Delta W_\mathrm{mech} = \vec{F} \cdot \Delta\vec{l} = F \cdot \Delta l \cdot \cos\alpha = -F \cdot \Delta l \tag{2.46}$$

Dabei ändert sich die magnetische Energie im Luftspalt um ΔW_m:

$$\Delta W_\mathrm{m} = \frac{B_\mathrm{L}^2}{2\,\mu_0} \cdot A_\mathrm{L} \cdot \Delta l \tag{2.47}$$

Da der magnetische Fluss Φ im magnetischen Kreis konstant ist, bleibt die magnetische Energie des Eisens unverändert.

Nach dem Energiesatz ist die Summe der Energien konstant. Die Gesamtenergie hat also nach dem Auseinanderziehen bei der Luftspaltlänge $l + \Delta l$ denselben Wert wie vor dem Auseinanderziehen bei der Luftspaltlänge l:

$$W_\mathrm{m} + \Delta W_\mathrm{mech} + \Delta W_\mathrm{m} = W_\mathrm{m} \tag{2.48}$$

Wir fassen zusammen und setzen die Gln. (2.46 und 2.47) ein:

$$-F \cdot \Delta l + \frac{B_\mathrm{L}^2}{2\,\mu_0} \cdot A_\mathrm{L} \cdot \Delta l = 0 \tag{2.49}$$

Damit erhalten wir:

$$\boxed{F = \frac{A_\mathrm{L}\,B_\mathrm{L}^2}{2\,\mu_0}} \tag{2.50}$$

Da diese Gleichung stets ein positives Ergebnis liefert, wirkt die Kraft $\vec{F}$ stets in Richtung des im Bild 2.12 eingezeichneten Vektors.

Beispiel 2.4

Wir wollen die Polfläche eines Magneten berechnen, der bei der Luftspaltflussdichte 0,4 T ein Gewicht 1 t heben kann.

$$F = m\,g = 1000\ \mathrm{kg} \cdot 9{,}81\ \mathrm{m/s^2} = 9810\ \mathrm{N}$$

Wir setzen dies in die Gl. (2.50) ein und lösen nach der Luftspaltfläche A_L auf:

$$A_\mathrm{L} = \frac{2\,\mu_0\,F}{B_\mathrm{L}^2} = 0{,}154\ \mathrm{m^2} = 1540\ \mathrm{cm^2}$$

Die Gl. (2.50) kann auch bei einem magnetischen Kreis mit Dauermagnet angewendet werden, wenn im Polbereich ein homogenes Feld vorliegt.

Praxisbezug 2.2

Ein **Relais** *(relay)* ist ein elektromagnetisch betätigter Schalter, der aus einem magnetischen Kreis mit Spule Sp und einem Kontaktsatz K besteht.

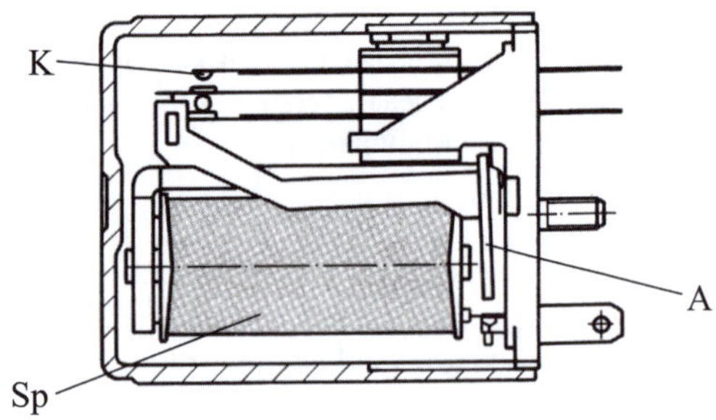

Beim Einschalten der Spule wird der bewegliche Anker A angezogen; durch ihn werden die Kontakte betätigt. Die wichtigsten Kontaktarten sind *Schließer* (Kontakt wird beim Einschalten der Spule geschlossen) und *Öffner*. In Schaltplänen werden die Kontakte stets für die Ruhestellung des Relais (Spule ausgeschaltet) gezeichnet.

Die Spule und die Schaltkontakte sind elektrisch voneinander getrennt.

Ein Relais, das große Ströme bei hohen Spannungen schalten kann, wird **Schütz** genannt. In Schaltungen der Energietechnik wird ein Relais, das Steuerungsaufgaben übernimmt, auch als **Hilfsschütz** bezeichnet; vor dem Kennbuchstaben E werden im Schaltplan die Anzahl der Öffner und die Anzahl der Schließer genannt.

Ein Beispiel für die Anwendung ist die Temperaturüberwachung eines Drehstrommotors, die als **Motorvollschutz** bezeichnet wird. In die Wicklungen des Motors sind die drei Kaltleiter $R_1 \dots R_3$ eingebettet, deren Widerstand bei niedriger Temperatur klein ist. Wenn der Hauptschalter S0 geschlossen wird, dann zieht das gleichstromgespeiste Hilfsschütz 11E (1 Öffner, 1 Schließer) an und der Schließer (Kontakte 13; 14) wird geschlossen.

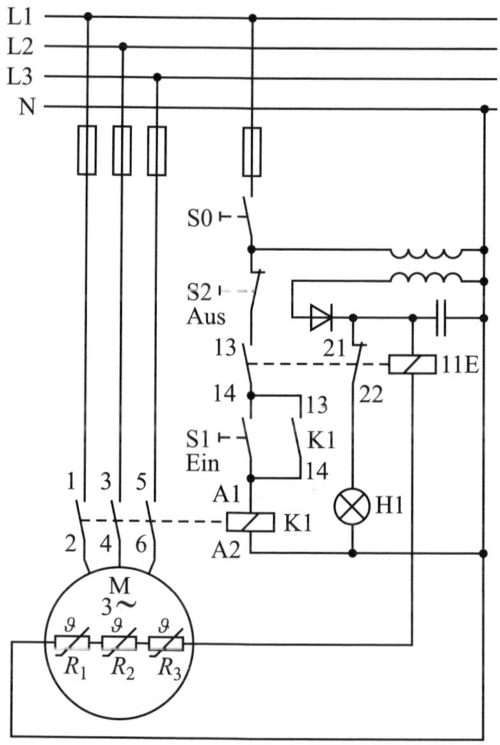

Durch kurzzeitiges Drücken des Tasters S1 kann das Schütz K1 und damit der Motor M eingeschaltet werden. Dabei schließt auch der Schützkontakt 13; 14, der den Taster S1 überbrückt und das Schütz in Einschaltstellung hält, bis z. B. der Taster S2 gedrückt wird.

Bei zu starker Erwärmung eines Wicklungsstranges wird der betreffende Kaltleiter hochohmig; dies hat zur Folge, dass das Hilfsschütz abfällt und seinen Kontakt 13; 14 öffnet. Die Abschaltung des Schützes und damit des Motors wird vom Leuchtmelder H1 angezeigt. ❐

Fragen

- Wie lautet die Gleichung für die Zugkraft eines Magneten? Unter welchen Voraussetzungen ist sie gültig?
- Leiten Sie die Gleichung für die Zugkraft eines Magneten aus der Veränderung der magnetischen Energie des Luftspalts bei einer Verschiebung des Ankers her.
- Der Anker eines magnetischen Kreises mit Dauermagnet wird abgezogen; dazu wird mechanische Energie aufgewendet. Erläutern Sie, wo diese Energie bleibt.

Aufgaben

2.11(1) Welche Flussdichte muss das homogene Magnetfeld im Luftspalt eines Relais haben, damit sich die Polflächen mit der Kraft 2,5 N anziehen? Querschnittsfläche des Luftspalts: 0,8 cm²

2.12(1) In einem magnetischen Kreis mit Dauermagnet kann im Luftspalt ein homogenes Feld angenommen werden. Die Querschnittsfläche des Luftspalts unter einem der beiden Polschuhe beträgt 2 cm². Durch Belastungsversuche wird festgestellt, dass der Anker angezogen bleibt, wenn sein Gewicht 20 kg beträgt; bei 21 kg fällt der Anker ab. Welche Aussage ergibt sich hieraus für die Flussdichte im Luftspalt?

2.13(2) Der Topfmagnet soll die Zugkraft 1,2 kN entwickeln. Die Flussdichte des als homogen angenommenen Magnetfeldes im Luftspalt beträgt sowohl am äußeren Rand als auch im Kern 0,3 T. Berechnen Sie aus d_3 = 30 cm die beiden Durchmesser d_1 und d_2.

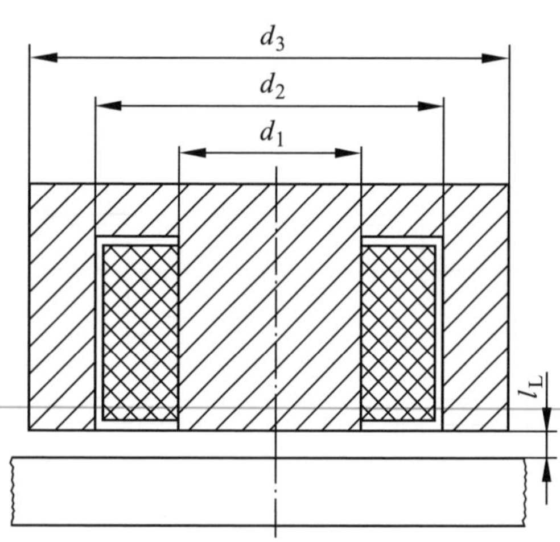

2.5 Energietransport im elektromagnetischen Feld

Ziele: Sie können
- den Zusammenhang zwischen dem POYNTING-Vektor und der Leistung angeben und erläutern.
- den POYNTING-Vektor mithilfe der Größen des elektromagnetischen Feldes beschreiben.
- die Richtung des POYNTING-Vektors bei einer idealen und bei einer verlustbehafteten Leitung angeben.

Wir haben im Band 1 den Ladungen, die sich im Stromkreis bewegen, eine Energie zugeschrieben: Eine Ladung befindet sich vor dem Durchlaufen des Verbrauchers auf hohem, danach auf niedrigem Energieniveau. Die Frage nach der Art der Energie blieb jedoch offen.
Keinesfalls handelt es sich dabei um kinetische Energie: Bei gleichartigen metallischen Zuleitungen haben die Elektronen eines Gleichstromkreises in Hin- und Rückleitung gleiche Geschwindigkeit und damit gleiche kinetische Energie; im Verbraucher kann hierdurch keine Energiedifferenz auftreten.

Das im Band 1 beschriebene Modell veranschaulicht den Energietransport nur im stationären Fall bei einem schon lange fließenden Gleichstrom; nur dabei können die am Verbraucher eintreffenden Elektronen Energie beim Durchlaufen der Quelle aufgenommen haben.
Dass jedoch die Elektronen *nicht* die Energie vom Erzeuger zum Verbraucher transportieren, lässt sich aus folgender Überlegung erkennen: Schaltet man beim Eintreffen eines Elektrons am Verbraucher die Quelle ab, so ist seine Energie verschwunden; schaltet man die Quelle wieder ein, so steht die Energie wieder zur Verfügung.

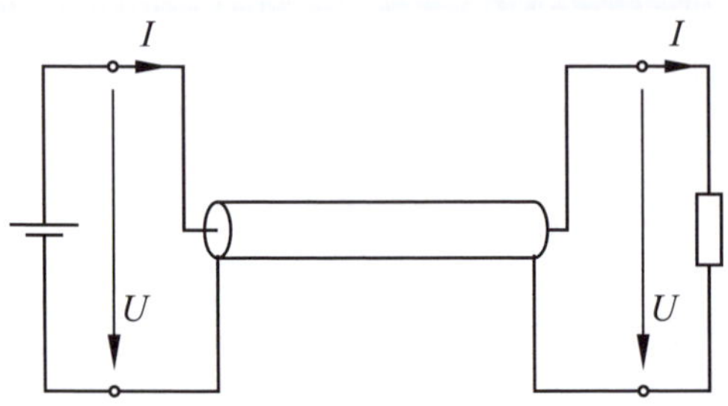

Bild 2.13 Stromkreis mit idealer Koaxialleitung

Noch deutlicher wird dies bei Wechselstrom, bei dem die Elektronen nicht vom Erzeuger zum Verbraucher fließen, sondern um eine Ruhelage pendeln.
Wir wollen im Folgenden für zeitabhängige Vorgänge ein Modell des Energietransports entwickeln, das auch den stationären Fall einschließt. Hierzu untersuchen wir als Beispiel eine ideale Koaxialleitung, deren Innen- und Außenleiter ideale Leiter sind; dazwischen befindet sich ein idealer Isolator.
Durch die Koaxialleitung wird Energie von einer Quelle zu einem Verbraucher transportiert (Bild 2.13); die Leistung ist bei Gleichstrom:

$$P = U \cdot I$$

Die Spannung U und der Strom I lassen sich durch die Vektorgrößen des elektromagnetischen Feldes darstellen:

$$U = \int_{r_i}^{r_a} \vec{E} \cdot d\vec{s} \qquad \text{(s. Gl. 6.18, Band 1)}$$

$$I = \oint \vec{H} \cdot d\vec{s} \qquad \text{(s. Gl. 7.29, Band 1)}$$

Wir wollen nun die Leistung durch die Vektoren $\vec{E}$ und $\vec{H}$ beschreiben. Bei der idealen Koaxialleitung existiert die elektrische Feldstärke $\vec{E}$ nur im Isolator. Ein Produkt der Vektoren $\vec{E}$ und $\vec{H}$ (entsprechend $U \cdot I$) kann nur dort einen Wert ungleich null haben. Da $\vec{E}$ und $\vec{H}$ im Isolator aufeinander senkrecht stehen (Bild 2.14), bilden wir zweckmäßig das Vektorprodukt, denn das skalare Produkt würde den Wert null ergeben:

$$\vec{S} = \vec{E} \times \vec{H} \qquad (2.51)$$

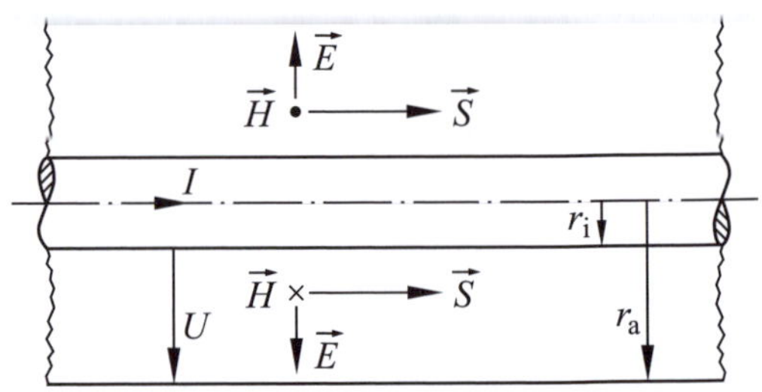

Bild 2.14 POYNTING-Vektor $\vec{S}$ bei der idealen Koaxialleitung

$$[S] = [E] \cdot [H] = 1\,\frac{\mathrm{V}}{\mathrm{m}} \cdot \frac{\mathrm{A}}{\mathrm{m}} = 1\,\frac{\mathrm{W}}{\mathrm{m}^2}$$

Der Vektor $\vec{S}$ wird als **Poynting-Vektor**[1] bezeichnet. Er beschreibt die Leistung P, die je Fläche übertragen wird:

$$P = \int_A \vec{S} \cdot \mathrm{d}\vec{A} = \int_A (\vec{E} \times \vec{H}) \cdot \mathrm{d}\vec{A} \tag{2.52}$$

> Die Leistung P ist der Fluss des Poynting-Vektors $\vec{S} = \vec{E} \times \vec{H}$.

Bei der idealen Koaxialleitung ist die Fläche A die Querschnittsfläche des Isolators.

Wir wollen nun die Gl. (2.52) auf die ideale Koaxialleitung anwenden und fassen dazu die Gleichungen für die Feldstärke und die Spannung zwischen zwei zylindrischen Elektroden zusammen (s. Band 1, Kap. 6):

$$E = \frac{Q}{\varepsilon_r \varepsilon_0 \cdot 2\,\pi\, r\, l} \;;\; U = \frac{Q}{\varepsilon_r \varepsilon_0 \cdot 2\,\pi\, l} \ln \frac{r_a}{r_i}$$

Dadurch ergibt sich:

$$E = \frac{U}{r \ln \dfrac{r_a}{r_i}} \tag{2.53}$$

Die magnetische Feldstärke im Isolator ist:

$$H = \frac{I}{2\,\pi\, r} \tag{2.54}$$

Da $\vec{H}$ senkrecht zu $\vec{E}$ gerichtet ist (Bild 2.14), erhalten wir den Betrag des Poynting-Vektors als Produkt der Beträge:

$$S = E \cdot H = \frac{U \cdot I}{2\,\pi\, r^2 \cdot \ln \dfrac{r_a}{r_i}} \tag{2.55}$$

Die Querschnittsfläche A steht senkrecht auf der Achse der Koaxialleitung. Der Vektor $\vec{S}$ durchsetzt die Querschnittsfläche senkrecht; daher ist:

$$P = \int_A \vec{S} \cdot \mathrm{d}\vec{A} = \int_A S \cdot \mathrm{d}A \tag{2.56}$$

Wir denken uns die Querschnittsfläche A in Kreisringe $\mathrm{d}A$ mit der Breite $\mathrm{d}r$ und dem Umfang $2\,\pi\, r$ zerlegt:

$$\mathrm{d}A = 2\,\pi\, r \cdot \mathrm{d}r \tag{2.57}$$

Dies setzen wir mit der Gl. (2.55) in die Gl. (2.56) ein:

$$P = \int_{r_i}^{r_a} \frac{U \cdot I}{2\,\pi\, r^2 \cdot \ln \dfrac{r_a}{r_i}} \cdot 2\,\pi\, r \cdot \mathrm{d}r$$

$$P = \frac{U \cdot I}{\ln \dfrac{r_a}{r_i}} \int_{r_i}^{r_a} \frac{1}{r} \cdot \mathrm{d}r = U \cdot I \tag{2.58}$$

Wir erhalten die Gleichung $P = U\,I$, von der wir ausgingen, als Ergebnis. Bei einer stromführenden Leitung wird also die Energie durch das *elektromagnetische Feld* transportiert. Die elektrische Feldstärke E wird durch die unterschiedliche *Aufladung* von Hin- und Rückleitung hervorgerufen. Die magnetische Feldstärke H entsteht durch die *Bewegung* der Ladungen.

Die Bewegungs*richtung* der Ladungen ist für den Energietransport ohne Bedeutung. Die Richtung des Poynting-Vektors und damit die Energieflussrichtung bleiben erhalten, wenn die Quelle umgepolt wird (Bild 2.15). Damit wird verständlich, warum auch durch einen Wechselstrom Energie von der Quelle zum Verbraucher transportiert wird.

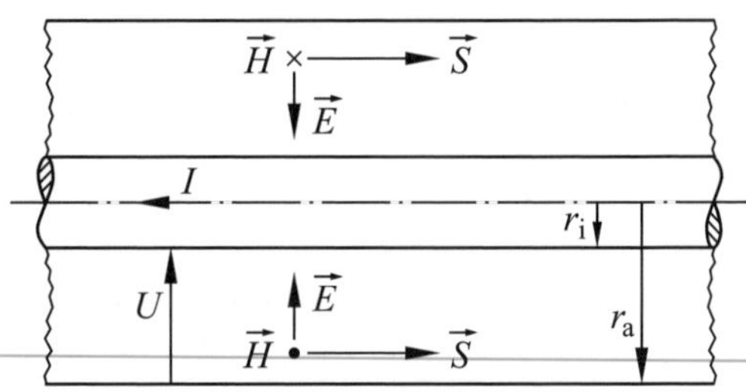

Bild 2.15 Poynting-Vektor $\vec{S}$ bei der idealen Koaxialleitung (Quelle umgepolt – s. Bild 2.14)

[1] John Henry Poynting, 1852 – 1914

Die Gl. (2.52) beschreibt den Energietransport nicht nur bei der idealen Koaxialleitung, sie gilt vielmehr auch für andere Leitungen. Die Einschränkungen waren nur für eine einfache Überprüfung der Gl. (2.52) erforderlich.

Bei einer *verlustbehafteten* Leitung lässt sich mithilfe des POYNTING-Vektors zeigen, dass die Energie, welche die Erwärmung des Leitermaterials bewirkt, aus dem elektromagnetischen Feld der Umgebung in den Leiter strömt. Wir wollen im Folgenden die Leistung P berechnen, die einem Leiter der Länge l dabei zugeführt wird (Bild 2.16).

Bei gleichmäßiger Verteilung des Stromes über den Querschnitt A_L des Leiters ist die elektrische Feldstärke:

$$E = \rho \, \frac{I}{A_L} \tag{2.59}$$

Die magnetische Feldstärke am Rand des Leiters ergibt sich aus der Gl. (2.54) für $r = r_i$:

$$H = \frac{I}{2\,\pi\, r_i} \tag{2.60}$$

Da $\vec{H}$ senkrecht zu $\vec{E}$ gerichtet ist (Bild 2.16), erhalten wir den Betrag S des POYNTING-Vektors als Produkt der Beträge der Feldstärkevektoren:

$$S = E \cdot H = \rho \cdot \frac{I^2}{A_L \cdot 2\,\pi\, r_i} \tag{2.61}$$

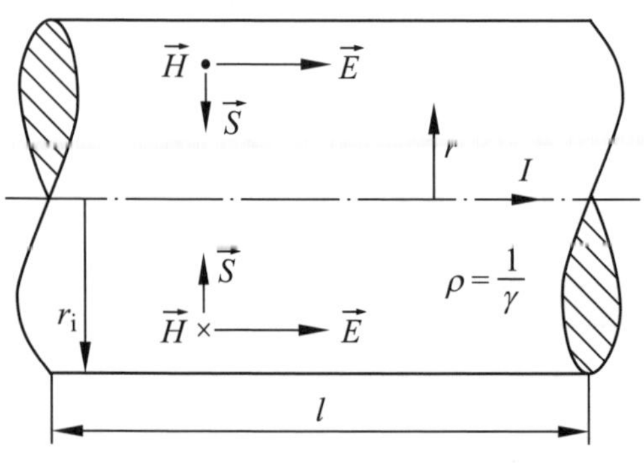

Bild 2.16 POYNTING-Vektor $\vec{S}$ bei einer verlustbehafteten Leitung

Der POYNTING-Vektor $\vec{S}$ steht überall senkrecht auf der Leiteroberfläche; außerdem hat er an jeder Stelle dieser Oberfläche denselben Betrag. Zur Ermittlung der Leistung brauchen wir ihn nur mit der Oberfläche $A = 2\,\pi\, r_i\, l$ des Leiters zu multiplizieren:

$$P = S \cdot A = \rho \cdot \frac{I^2}{A_L \cdot 2\,\pi\, r_i} \cdot 2\,\pi\, r_i \cdot l \tag{2.62}$$

Mit dem Leiterwiderstand

$$R = \rho \cdot \frac{l}{A_L} \tag{2.63}$$

erhalten wir:

$$P = R\, I^2 \tag{2.64}$$

Die Herleitung dieser bekannten Gleichung zeigt, dass der Energietransport im elektromagnetischen Feld durch das Zusammenwirken der Feldstärken $\vec{E}$ und $\vec{H}$ erfolgt und mit dem POYNTING-Vektor beschrieben werden kann.

Im Leiterinneren ist:

$$H = \frac{i}{2\,\pi\, r_a^2} \cdot r \qquad \text{(s. Gl. 7.34, Band 1)}$$

Damit ergibt sich:

$$P = S \cdot A = R\, I^2 \left(\frac{r}{r_i}\right)^2 \tag{2.65}$$

Fragen

- Woraus kann man schließen, dass der Energietransport beim stromführenden Leiter durch das elektromagnetische Feld erfolgt?
- Welches Formelzeichen und welche Einheit hat der POYNTING-Vektor?
- Wie lautet der Zusammenhang zwischen dem POYNTING-Vektor und den Größen des elektromagnetischen Feldes?
- Geben Sie den Zusammenhang zwischen dem POYNTING-Vektor $\vec{S}$ und der Leistung P an.
- Zeigen Sie die Richtungen der Vektoren $\vec{E}$, $\vec{H}$ und $\vec{S}$ bei einer idealen Koaxialleitung, durch die Energie von einer Quelle zu einem Verbraucher transportiert wird. Wie ändert sich die Richtung des Vektors $\vec{S}$, wenn die Quelle umgepolt wird?

3 Periodisch zeitabhängige Größen

3.1 Periodische Schwingungen

Ziele: Sie können
- erläutern, unter welchen Bedingungen eine zeitabhängige Größe periodisch ist.
- die Kenngrößen periodischer Schwingungen nennen und ihre Definitionen angeben.

In den vorhergehenden Kapiteln haben wir uns mit Größen befasst, deren zeitlicher Verlauf beliebig war; allerdings haben wir stets quasistationäre Verhältnisse vorausgesetzt.

Im Folgenden wollen wir **periodisch zeitabhängige Größen** betrachten. Bei ihnen wiederholt sich im gesamten Zeitbereich ($-\infty < t < +\infty$) jeder Funktionswert stets nach der gleichen Zeitspanne. Man sagt, dass die Größe *schwingt*, und nennt den Vorgang eine **periodische Schwingung** *(oscillation).*

Die **Periodendauer** oder **Periode** *(period)* T ist die kürzeste Zeitspanne, nach der sich der Zeitverlauf wiederholt. Ist die periodisch zeitabhängige Größe z. B. ein Strom, so gilt:

$$i(t) = i(t \pm n\,T)\,; \quad n = 0, 1, 2\,\ldots \tag{3.1}$$

Der Kehrwert der Periodendauer ist die **Frequenz** *(frequency)* f:

$$\boxed{f = \frac{1}{T}} \tag{3.2}$$

$$[f] = \frac{1}{[T]} = \frac{1}{\mathrm{s}} = \mathbf{1\ Hertz} = 1\ \mathrm{Hz}$$

> Der Zahlenwert einer Frequenz in Hz gibt an, wie oft ein Schwingungsvorgang in einer Sekunde stattfindet.

Die Einheit Hz ist nur für Frequenzen zulässig und darf nicht generell für 1/s gesetzt werden. Im angelsächsischen Sprachraum wird auch die Abkürzung **cps** *(cycles per second)* verwendet.

Zur Beschreibung einer schwingenden Größe muss ihr Augenblickswert mindestens für eine Periode angegeben werden. Dies erfordert eine Festlegung des Bezugssinnes dieser Größe, wie z. B. bei dem im Bild 3.1 dargestellten Strom.

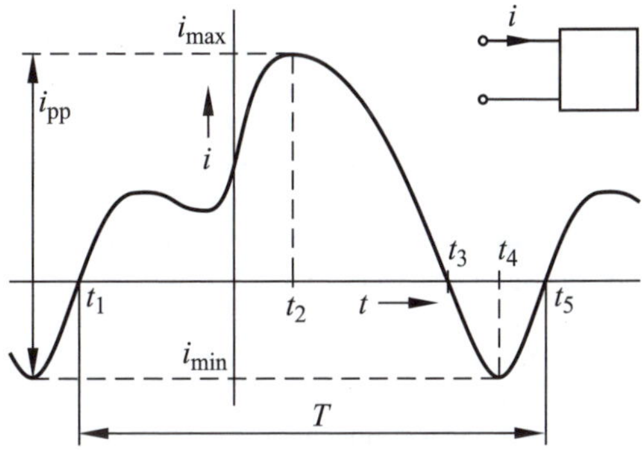

Bild 3.1 Liniendiagramm eines periodisch zeitabhängigen Stromes

Wir erkennen, dass sich der Richtungssinn des Stromes während der Periode T verändert. Im Intervall $t_1 < t < t_3$ nimmt i positive Werte an, wobei der Richtungssinn mit dem gewählten Bezugssinn übereinstimmt. Im Intervall $t_3 < t < t_5$ nimmt i negative Werte an und der Richtungssinn ist entgegengesetzt zum Bezugssinn.

> Zur Beschreibung einer Größe, deren Richtungssinn sich zeitlich ändert, muss stets ein Bezugssinn festgelegt werden.

In jeder Periode nimmt eine schwingende Größe einen Maximalwert und einen Minimalwert an (z. B. $i_{max} = i(t_2)$ und $i_{min} = i(t_4)$ im Bild 3.1). Die Differenz dieser beiden Größen wird **Schwingungsbreite** oder auch „Spitze-Spitze-Wert" *(peak-to-peak value)* genannt und durch den Index pp gekennzeichnet:

$$i_{pp} = i_{max} - i_{min} \tag{3.3}$$

Der maximale *Betrag*, den eine schwingende Größe annimmt, wird als **Scheitelwert** *(peak value; crest value)* bezeichnet. Als Kennzeichen dafür erhält das Formelzeichen der betreffenden Größe ein darüber gestelltes Dach; so ist z. B. $\hat{i} = i_{max}$ im Bild 3.1 bzw. $\hat{u} = |u_{min}| = -u_{min}$ im Bild 3.2. Allgemein gilt für den Scheitelwert eines Stromes:

$$\hat{i} = |i_{max}| \quad \text{für} \quad |i_{max}| \geq |i_{min}|$$

$$\hat{i} = |i_{min}| \quad \text{für} \quad |i_{max}| < |i_{min}|$$

Praxisbezug 3.1

Zur Messung einer schwingenden Größe soll häufig das Liniendiagramm während einer Periodendauer ermittelt werden.

Bei einer *langsamen* Änderung der Größe eignen sich hierzu schreibende Messgeräte, bei denen ein Schreibstift proportional zum Augenblickswert der Messgröße ausgelenkt wird. Unter dem Stift wird ein Papierstreifen mit konstanter Geschwindigkeit bewegt, auf dem das Liniendiagramm der Messgröße geschrieben wird.

Bei *schnellen* Änderungen der Messgröße ist eine solche Anordnung zu träge. Man verwendet dann ein Oszilloskop.

Beim **Analog-Oszilloskop** (s. Band 1, Abschn. 8.3) wird durch einen Elektronenstrahl ein Leuchtpunkt auf dem Bildschirm erzeugt. Eine gleichmäßig ansteigende Spannung an den x-Ablenkplatten bewirkt, dass der Leuchtpunkt mit konstanter Geschwindigkeit horizontal über den Schirm geführt wird. Mithilfe der y-Ablenkplatten wird der Strahl proportional zum Augenblickswert der Messgröße vertikal ausgelenkt. Der Strahl schreibt dabei das Liniendiagramm der Messgröße auf den Bildschirm.

Der Schreibvorgang wird periodisch wiederholt; dadurch erscheint das Bild stillstehend. Die **Triggereinrichtung** des Oszilloskops bewirkt dabei, dass die Schreibperiode T_x ein ganzzahliges Vielfaches der Periode T der Messgröße ist; dadurch überdecken sich die einzelnen Liniendiagramme.

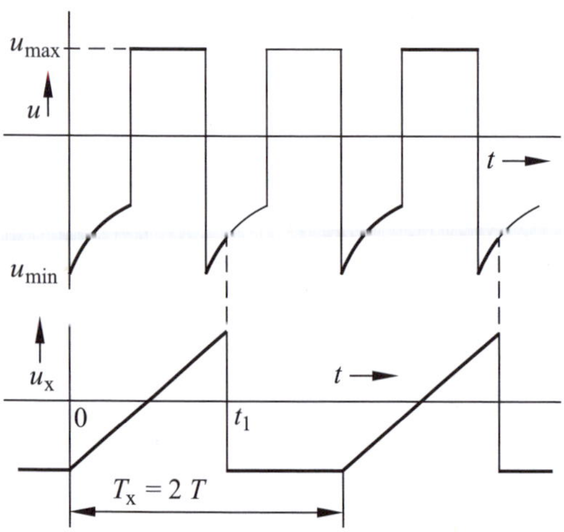

Bild 3.2 Zum Schreibvorgang beim Oszilloskop

Das Bild 3.2 zeigt als Beispiel eine darzustellende Spannung u und eine hierfür geeignete Ablenkspannung u_x. Der auf dem Bildschirm sichtbare Teil des Liniendiagrammes ist hervorgehoben.

Die Anstiegszeit t_1 der Ablenkspannung u_x kann verändert werden. Damit lässt sich eine geeignete Abhängigkeit der Schreibperiode T_x von der Periode T der Messgröße erreichen.

Beim **Digital-Oszilloskop** wird die Messgröße periodisch bis zu $2 \cdot 10^{10}$-mal pro Sekunde abgetastet. Die Abtastwerte werden mit einem Analog-Digital-Umsetzer in binäre Datenworte umgewandelt und gespeichert und können mit dem Rechner des Oszilloskops weiterbearbeitet werden.

Dieser Rechner bringt die Abtastwerte mit dem gewählten Zeitmaßstab für die x-Koordinate auf dem Bildschirm des Oszilloskops zur Anzeige. Außer dieser Grundfunktion stehen Signalverarbeitungsprogramme zur Verfügung, die z. B. die Mittelwerte der Messgröße, Anstiegs- und Abfallzeiten sowie das Spektrum berechnen und auf dem Bildschirm ausgeben. ❐

Fragen

- Woran erkennt man, dass eine physikalische Größe periodisch zeitabhängig ist?
- Wie ist die Periodendauer definiert?
- Was versteht man unter dem Scheitelwert einer periodisch zeitabhängigen Größe?
- Kann der Scheitelwert einer periodischen Größe aus der Schwingungsbreite berechnet werden?
- Wie lässt sich die Periodendauer einer Schwingung aus der Frequenz berechnen?

Aufgabe 3.1(1) Ermitteln Sie aus dem Liniendiagramm die Periodendauer, die Frequenz, den Scheitelwert und die Schwingungsbreite der periodischen Spannung.

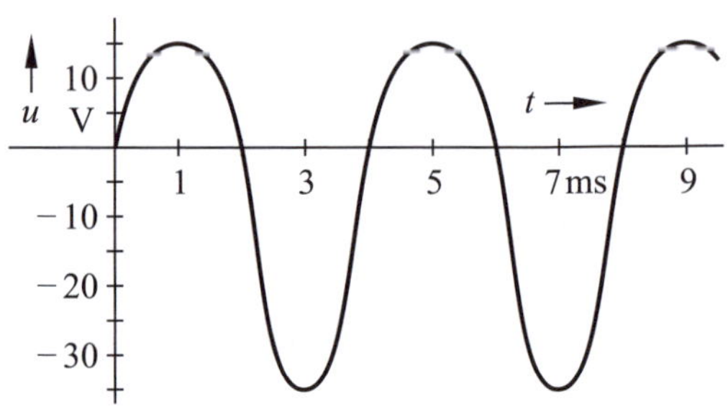

3.2 Mittelwerte periodischer Größen

Ziele: Sie können

- begründen, warum zur Beurteilung periodischer Schwingungen Mittelwerte zweckmäßig sind.
- die Definitionen von Gleichwert, Effektivwert und Gleichrichtwert angeben.
- die Begriffe Gleichanteil und Wechselanteil anhand einer Skizze erläutern.
- die Ersatzschaltungen für eine Mischstromquelle und für eine Mischspannungsquelle angeben.
- den Effektivwert eines Stromes physikalisch interpretieren.
- eine Brücken-Gleichrichterschaltung skizzieren und ihre Wirkung an einem Beispiel erläutern.

In vielen Fällen ist nicht der Zeitverlauf eines Stromes oder einer Spannung von Bedeutung, sondern die *Wirkung* dieser Größen. Zu ihrer Beschreibung bildet man Mittelwerte. Dabei führt man die Wirkung, die eine *zeitabhängige* Größe während einer Periode hervorruft, auf die entsprechende Wirkung einer *zeitunabhängigen* Größe zurück.

3.2.1 Gleichwert

Eine Wirkung des elektrischen Stromes ist die chemische Veränderung durchströmter Stoffe. Sie ist von der transportierten *Ladungsmenge* abhängig.
Um die chemische Wirkung eines periodisch zeitabhängigen Stoffes beurteilen zu können, berechnen wir die Ladungsmenge, die während einer Periode im Bezugssinn des Stromes durch einen Kontrollquerschnitt transportiert wird.

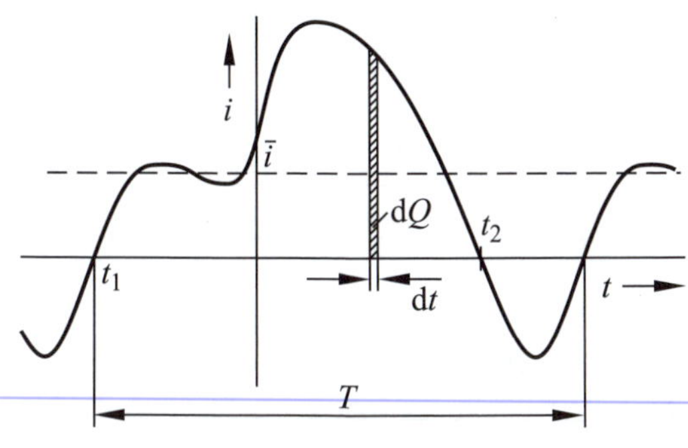

Bild 3.3 Periodisch zeitabhängiger Strom und sein Gleichwert $\overline{i}$

In dem Zeitintervall dt wird die Ladungsmenge d$Q = i$ dt transportiert (Bild 3.3). Das Vorzeichen von dQ ist von t_1 bis t_2 positiv, weil der Strom i im Bezugssinn fließt; dabei wird entweder positive Ladung im Bezugssinn oder negative Ladung entgegen dem Bezugssinn transportiert. Von t_2 bis $(t_1 + T)$ fließt der Strom i entgegen dem Bezugssinn; dabei ist dQ negativ.
Die während einer Periode transportierte Ladung Q_T berechnen wir durch Integration:

$$Q_T = \int_{t_1}^{t_1+T} i \, \mathrm{d}t \tag{3.4}$$

Die gleiche Ladung wird in der Zeit T durch einen Gleichstrom mit der Stromstärke Q_T/T transportiert. Er wird mit $\overline{i}$ (lies: *i* quer) bezeichnet:

$$\overline{i} = \frac{Q_T}{T} \tag{3.5}$$

Mit der Gl. (3.4) erhalten wir den **Gleichwert** *(direct component*, DC*)* der Stromschwingung:

$$\boxed{\overline{i} = \frac{1}{T} \int_{t_1}^{t_1+T} i \, \mathrm{d}t} \tag{3.6}$$

Einen Mittelwert, der analog zur Gl. (3.6) gebildet wird, bezeichnet man auch als **arithmetischen Mittelwert** *(mean value)*. So ist z. B. $\overline{u}$ der arithmetische Mittelwert bzw. Gleichwert einer Spannung.

Eine periodisch schwingende Größe mit dem Gleichwert *null* wird als **Wechselgröße** *(alternating component*, AC*)* bezeichnet; zur eindeutigen Kennzeichnung kann sie den Index ~ erhalten. So ist z. B. $i_\sim$ ein **Wechselstrom** *(alternating current)* bzw. $u_\sim$ eine **Wechselspannung** *(alternating voltage)*.

Bei einer *Wechselgröße* ist im Liniendiagramm der Inhalt der Flächen zwischen den positiven Funktionswerten der Größe und der Zeitachse gleich dem Inhalt der Flächen zwischen den negativen Funktionswerten der Größe und der Zeitachse. Das Bild 3.4 zeigt hierfür ein Beispiel.

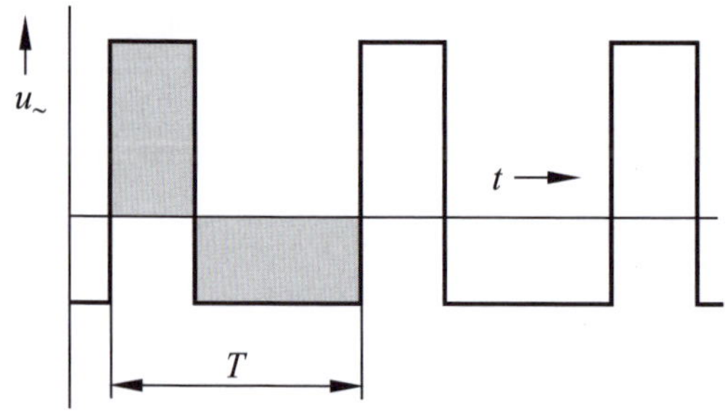

Bild 3.4 Liniendiagramm einer Wechselspannung

Eine periodisch schwingende Größe mit einem Gleichwert ungleich null wird als **Mischgröße** bezeichnet. So ist z. B. der Strom im Bild 3.3 ein **Mischstrom** *(pulsating current)*. Er ist die Summe von Gleichstromanteil $\overline{i}$ und Wechselstromanteil $i_\sim$:

$$i = \overline{i} + i_\sim \tag{3.7}$$

Eine Stromquelle, die lastunabhängig stets den gleichen Mischstrom abgibt, bezeichnet man als **ideale Mischstromquelle**. Sie kann entsprechend Gl. (3.7) durch die Parallelschaltung einer idealen Gleichstromquelle mit einer **idealen Wechselstromquelle** ersetzt werden (Bild 3.5); Letztere gibt lastunabhängig stets den gleichen Wechselstrom ab.

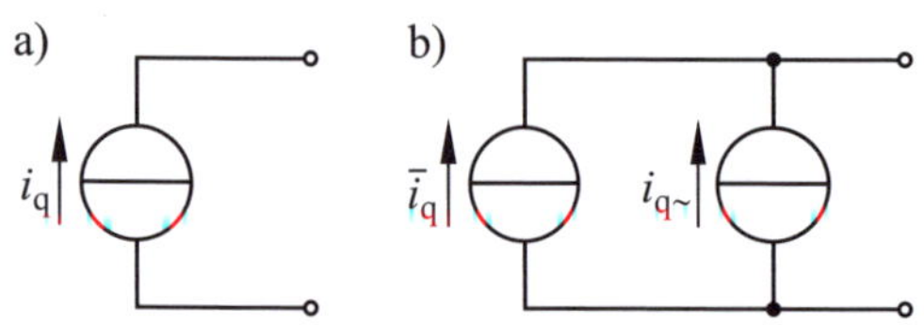

Bild 3.5 Ideale Mischstromquelle (a) und ihre Ersatzschaltung (b)

Analog zur Gl. (3.7) ist eine **Mischspannung** *(pulsating voltage)* die Summe aus Gleichspannungsanteil $\overline{u}$ und Wechselspannungsanteil $u_\sim$:

$$u = \overline{u} + u_\sim \tag{3.8}$$

Eine Spannungsquelle, die lastunabhängig stets die gleiche Mischspannung abgibt, bezeichnet man als **ideale Mischspannungsquelle**. Sie kann entsprechend Gl. (3.8) durch die Reihenschaltung einer idealen Gleichspannungsquelle mit einer **idealen Wechselspannungsquelle** ersetzt werden (Bild 3.6); Letztere gibt lastunabhängig stets die gleiche Wechselspannung ab.

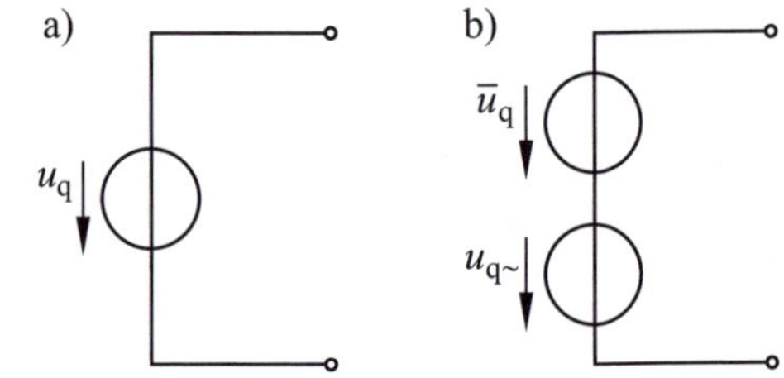

Bild 3.6 Ideale Mischspannungsquelle (a) und ihre Ersatzschaltung (b)

In einigen Fällen ist die Auswertung des Integrals in der Gl. (3.6) exakt möglich. Meist muss der Gleichwert jedoch näherungsweise mit einem numerischen Integrationsverfahren aus dem Liniendiagramm bestimmt werden.

Eine *Messung* des Gleichwerts kann mit integrierenden Messgeräten erfolgen, z. B. mit einem Drehspulgerät (Bild 3.8) oder mit einem digitalen Messgerät (Schalterstellung DC).

Beispiel 3.1

Wir wollen den Gleichwert des Stromes ermitteln und das Liniendiagramm des Wechselanteils zeichnen.

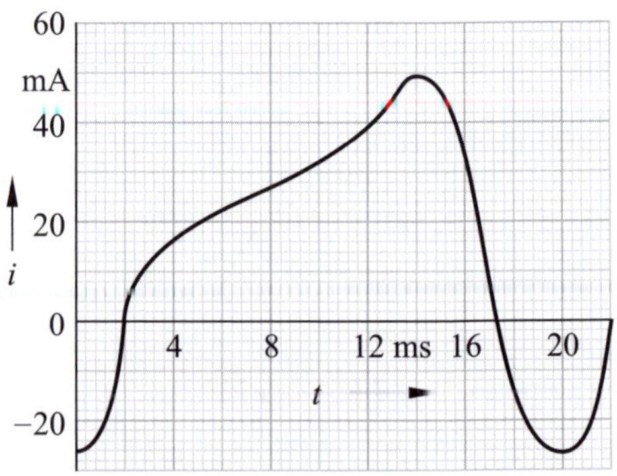

Wie im Beispiel 2.1 arbeiten wir mit kubischen Spline-Funktionen und geben für die Zeitwerte 0, 2, 4 … 24 ms die Stromwerte in mA ein:

[−26, 0, 16, 22, 27, 32, 39, 49, 34, −14, −26, 0, 16]

Mit einem geeigneten Programm berechnen wir das Integral über den Strom für die Zeitspanne 2 ... 22 ms und erhalten die in diesem Intervall transportierte Ladung Q_T:

$$Q_T = \int_{2\,\text{ms}}^{22\,\text{ms}} i \cdot \mathrm{d}t = 354\ \text{mA} \cdot \text{ms}$$

Mit der Periodendauer $T = 20$ ms berechnen wir den Gleichwert:

$$\overline{i} = Q_T / T = 17{,}7\ \text{mA}$$

Den Wechselstromanteil $i_\sim$ erhalten wir, indem wir von jedem Augenblickswert i des Mischstromes den Gleichwert $\overline{i}$ subtrahieren.

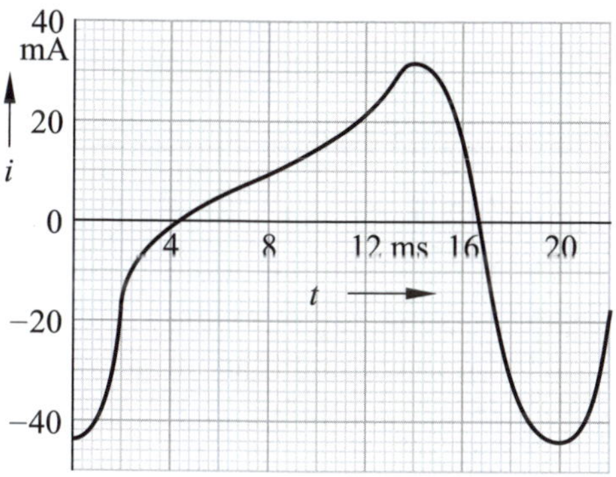

3.2.2 Wirkleistung

Ist entweder der Strom i oder die Spannung u an einem Tor eine zeitabhängige Größe, so ist auch die Leistung zeitabhängig. Für ihren Augenblickswert gilt:

$$P(t) = u\, i \tag{3.9}$$

Bei der Anwendung des Verbraucher-Pfeilsystems bedeutet ein *positiver* Wert der Funktion $P(t)$, dass im jeweiligen Zeitpunkt t elektrische Energie *aufgenommen* wird. Ein *negativer* Wert bedeutet, dass elektrische Energie *abgegeben* wird.

Für den Zeitverlauf der Leistung $P(t)$ gilt allgemein: Sind u und i periodisch, so ist auch die Leistung $P(t)$ periodisch; das Bild 3.7 zeigt hierfür ein Beispiel.

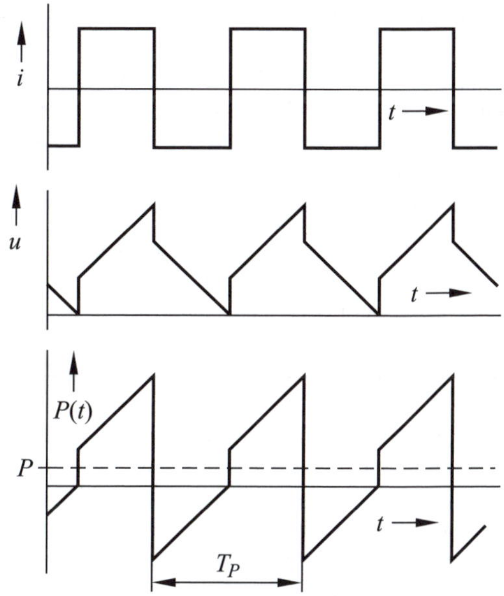

Bild 3.7 Leistung $P(t)$ als Produkt von u und i

Die Periodendauer T_P der Funktion $P(t)$ braucht nicht mit der Periodendauer von u bzw. i übereinzustimmen.
Die Fläche zwischen dem Graph der Funktion $P(t)$ und der Zeitachse stellt die Energie W dar. In einer Periode T_P der Leistung wird die Energie W_T umgewandelt:

$$W_T = \int_{t_1}^{t_1+T_P} P(t)\, \mathrm{d}t \tag{3.10}$$

Auch wenn u und i Wechselgrößen sind, ist im Allgemeinen $W_T \neq 0$. So ist z. B. im Bild 3.7 die aufgenommene Energie größer als der Betrag der abgegebenen Energie; dies bedeutet, dass dem Eintor im Mittel elektrische Energie *zufließt.*
Der arithmetische Mittelwert W_T / T_P der Leistung wird **Wirkleistung** *(active power)* P genannt:

$$P = \frac{1}{T_P} \int_{t_1}^{t_1+T_P} P(t)\, \mathrm{d}t \tag{3.11}$$

Anders als bei $\overline{u}$ und $\overline{i}$ wird für den arithmetischen Mittelwert P der *Leistung* ein Großbuchstabe (ohne Querstrich) verwendet.

3.2.3 Effektivwert

Zur Beschreibung der Energieumwandlung, die ein periodisch zeitabhängiger Strom bewirkt, vergleicht man ihn mit einem Gleichstrom, der in einem Grundeintor $R = u / i = \text{const.}$ die gleiche Energie umwandelt.

Der Augenblickswert des zeitabhängigen Stromes i erzeugt die Wärmeleistung $P(t) = R\,i^2$. Im Zeitintervall $\mathrm{d}t$ ist die Energie:

$$\mathrm{d}W = P(t) \cdot \mathrm{d}t = R\,i^2\,\mathrm{d}t \tag{3.12}$$

Die Leistung $P(t)$ und die Energie $\mathrm{d}W$ sind an dem Grundeintor R stets größer oder gleich null, weil unabhängig vom Richtungssinn des Stromes nur elektrische Energie in Wärme umgewandelt werden kann; die Umkehrung dieses Vorgangs ist unmöglich.

Die in einer Periode T umgewandelte Energie berechnen wir durch Integration:

$$W_T = \int_0^T \mathrm{d}W = R \int_0^T i^2\,\mathrm{d}t \tag{3.13}$$

Die Energie W_T wird in der Zeit T auch durch einen Gleichstrom mit der Stromstärke I umgewandelt:

$$W_T = R\,I^2\,T \tag{3.14}$$

Wir setzen nun die Energie nach Gl. (3.13) und die nach Gl. (3.14) einander gleich:

$$I^2\,T = \int_0^T i^2\,\mathrm{d}t \tag{3.15}$$

Mit dieser Gleichung kann der Stromstärkewert I berechnet werden. Man nennt ihn den **Effektivwert** (*root-mean-square value,* RMS) der Stromschwingung:

$$\boxed{I = \sqrt{\frac{1}{T}\int_0^T i^2\,\mathrm{d}t}} \tag{3.16}$$

> Der Effektivwert eines periodisch schwingenden Stromes ist derjenige Gleichstromwert I, der in einer Periode T an einem Grundeintor R dieselbe Energie umwandelt.

Ein Mittelwert analog zur Gl. (3.16) wird auch **quadratischer Mittelwert** genannt. Zu seiner Kennzeichnung kann das Formelzeichen der Größe den Index eff erhalten.
Die Effektivwerte von Strom und Spannung werden mit I und U bezeichnet. Nur bei diesen Größen hat der Effektivwert in der Elektrotechnik eine physikalische Bedeutung.

Eine *Messung* des Effektivwerts kann z.B. mit einem Dreheisengerät (s. Bild 3.8b) erfolgen. Viele digitale Messgeräte berechnen den Effektivwert mit einer Rechenschaltung (Schalterstellung AC).

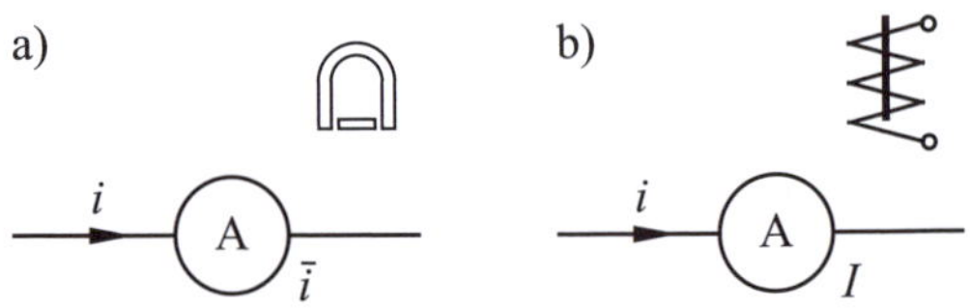

Bild 3.8 Schaltzeichen für ein Drehspulgerät (a) und ein Dreheisengerät (b) jeweils mit Angabe des Mittelwertes, der bei einem periodisch zeitabhängigen Strom i angezeigt wird

In einigen Fällen ist die Auswertung des Integrals in der Gl. (3.16) exakt möglich. Meist muss der Effektivwert jedoch näherungsweise mit einem numerischen Integrationsverfahren aus dem Liniendiagramm bestimmt werden.

Beispiel 3.2
Wir wollen den Effektivwert des Stromes aus dem Beispiel 3.1 ermitteln.

Wie im Beispiel 3.1 arbeiten wir mit kubischen Spline-Funktionen und geben für die Zeitwerte 0, 2, 4 … 24 ms die Stromwerte in mA ein:

[–26, 0, 16, 22, 27, 32, 39, 49, 34, –14, –26, 0, 16]

Mit einem geeigneten Programm berechnen wir das Integral über das Quadrat des Stromes für die Zeitspanne 2 … 22 ms und erhalten:

$$\int_{2\,\text{ms}}^{22\,\text{ms}} i^2 \cdot \mathrm{d}t = 16{,}87\ (\text{mA})^2 \cdot \text{s}$$

Mit $T = 20$ ms berechnen wir den Effektivwert:

$$I = \sqrt{\frac{16{,}87}{0{,}02}}\ \text{mA} = 29\ \text{mA}$$

3.2.4 Gleichrichtwert

Liegt an einem Eintor eine schwingende Spannung u_w mit wechselndem Richtungssinn, so fließt auch ein Strom i_w mit *wechselndem* Richtungssinn. Mit einer **Gleichrichterschaltung** *(rectifier circuit)* kann erreicht werden, dass ein Strom i_g mit stets *gleichem* Richtungssinn fließt.

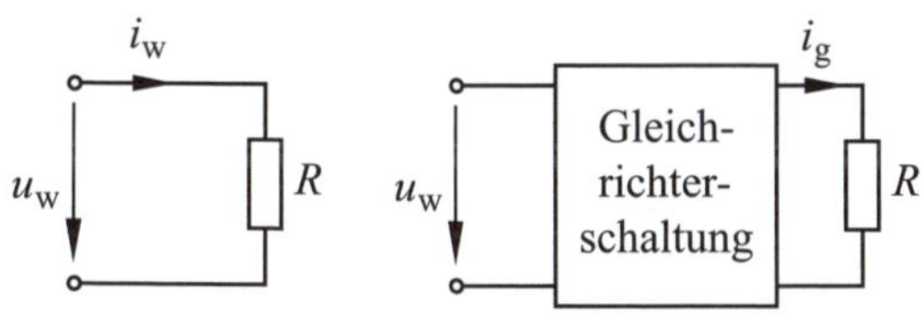

Bild 3.9 Wirkung einer Gleichrichterschaltung

Bei der folgenden Beschreibung der Gleichrichterschaltungen setzen wir **ideale Dioden** voraus, deren Spannung in Durchlassrichtung und deren Strom in Sperrrichtung gleich null sind.

Bei den realen Dioden der Leistungselektronik mit einem pn-Übergang liegt die Spannung in Durchlassrichtung im Bereich 1 … 1,5 V; es gibt aber auch SCHOTTKY-Dioden, deren Durchlassspannung im Bereich 0,4 … 0,6 V liegt (s. Band 1, Kap. 9).

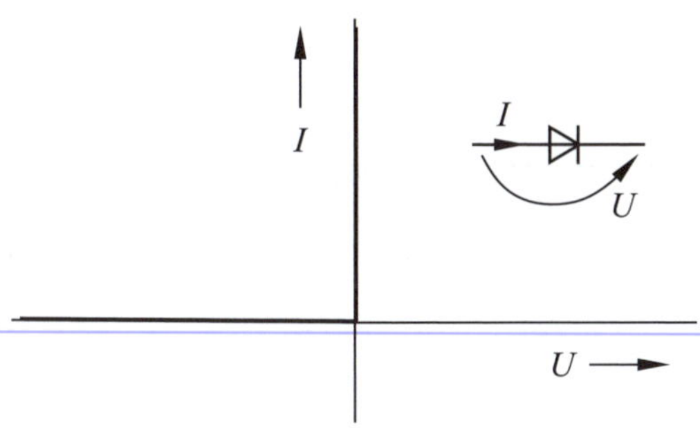

Bild 3.10 *I*-*U*-Kennlinie der idealen Diode

Bei der **Einpuls-Gleichrichterschaltung** *(half-wave rectifier circuit)* kann nur ein Strom fließen, dessen Richtungssinn mit der Durchlassrichtung der Diode übereinstimmt.

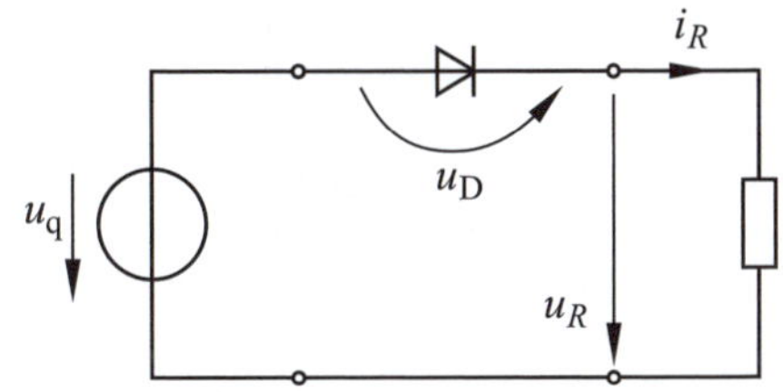

Bild 3.11 Einpuls-Gleichrichterschaltung

Wir beschreiben die Wirkungsweise der Einpuls-Gleichrichterschaltung für die im Bild 3.12a dargestellte periodisch zeitabhängige Spannung.

Im Zeitintervall $t_1 < t < t_2$ wird die Diode in Durchlassrichtung betrieben; dabei fällt an ihr keine Spannung ab. Die gesamte Quellenspannung liegt am Widerstand R und es ist $u_R = u_q$; dabei fließt der Strom $i_R = u_q/R$ (Bild 3.12b).

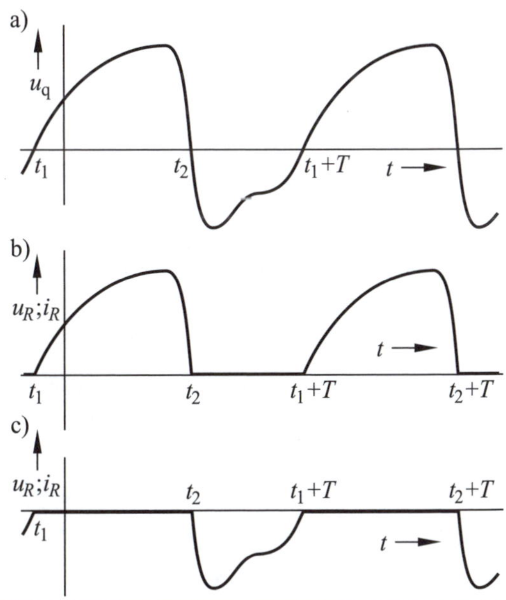

Bild 3.12 Liniendiagramm der Quellenspannung (a) und Ausgangsstrom der Einpuls-Gleichrichterschaltung 3.11 (b) sowie Strom bei umgepolter Diode (c)

Im Zeitintervall $t_2 < t < (t_1 + T)$ ist die Diode gesperrt und es gilt:

$$i_R = 0\,; \quad u_R = 0\,; \quad u_D = u_q$$

Polt man die Diode in der Schaltung 3.11 um, so kehren sich die Verhältnisse in den beiden Zeitintervallen um.
Wegen ihrer ungünstigen Eigenschaften wird die Einpulsschaltung nur sehr selten und auch nur bei sehr kleinen Strömen angewendet.

Die Ausgangsspannung einer **Brücken-Gleichrichterschaltung** *(bridge rectifier)* ist gleich dem *Betrag* der Eingangsspannung; da die negativen Spannungsanteile „nach oben geklappt" werden, spricht man von einer **Zweipuls-Schaltung**.

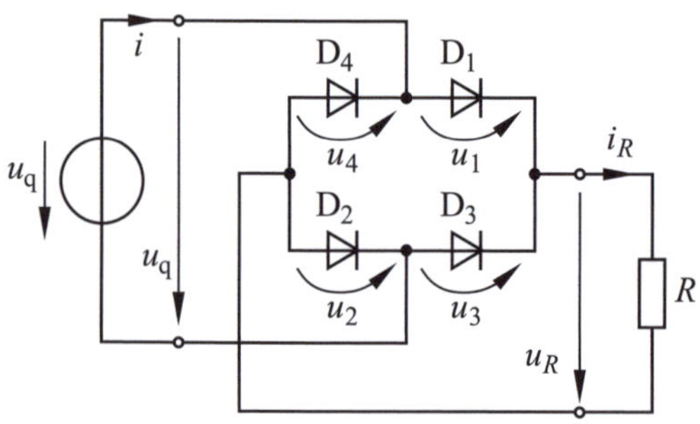

Bild 3.13 Brücken-Gleichrichterschaltung

Für die Eingangsspannung u_q nach Bild 3.12a und ideale Dioden finden wir die Ausgangsspannung u_R mithilfe der folgenden Überlegungen.
Im Zeitintervall $t_1 < t < t_2$ sind die Dioden D_1 und D_2 leitend, während D_3 und D_4 gesperrt sind:
$u_1 = u_2 = 0\,; \quad u_3 = u_4 = -u_q\,; \quad u_R = u_q$

Im Zeitintervall $t_2 < t < (t_1 + T)$ sind die Dioden D_1 und D_2 gesperrt, D_3 und D_4 sind leitend:

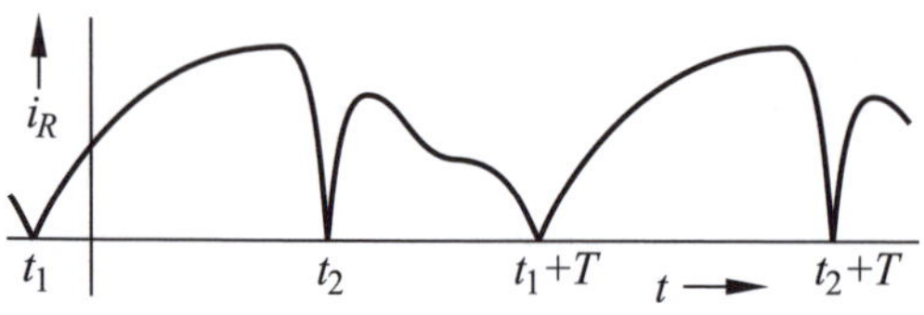

Bild 3.14 Ausgangsstrom der Brücken-Gleichrichterschaltung für ideale Dioden und u_q nach Bild 3.12a

$u_1 = u_2 = u_q\,; \quad u_3 = u_4 = 0\,; \quad u_R = -u_q$

Für beide Intervalle gilt:

$$u_R = |u_q|\,; \quad i_R = u_R / R = |i| \tag{3.17}$$

Der arithmetische Mittelwert des Betrages einer schwingenden Größe wird als **Gleichrichtwert** *(rectified value)* bezeichnet. Zu seiner Kennzeichnung schließt man das Formelzeichen der Größe in Betragsstriche ein und setzt einen Querstrich darüber:

$$\overline{|i|} = \frac{1}{T}\int_{t_1}^{t_1+T} |i| \cdot \mathrm{d}t \tag{3.18}$$

Beispiel 3.3
Wir wollen den Gleichrichtwert des Stromes aus dem Beispiel 3.1 ermitteln.

Wie im Beispiel 3.1 arbeiten wir mit kubischen Spline-Funktionen und geben für die Zeitwerte 0, 2, 4 … 24 ms die Stromwerte in mA ein:

[–26, 0, 16, 22, 27, 32, 39, 49, 34, –14, –26, 0, 16]

Mit einem geeigneten Programm berechnen wir das Integral über den Betrag des Stromes für die Zeitspanne 2 … 22 ms und erhalten:

$$\int_{2\,\mathrm{ms}}^{22\,\mathrm{ms}} |i| \cdot \mathrm{d}t = 518{,}9\ \mathrm{mA \cdot ms}$$

Damit berechnen wir den Gleichrichtwert:

$$\overline{|i|} = \frac{518{,}9}{20}\ \mathrm{mA} = 25{,}95\ \mathrm{mA}$$

Aufgaben

3.2(1) Berechnen Sie den Effektivwert und den Gleichrichtwert des Stromes $-i$, der durch das Umpolen des Stromes i aus dem Beispiel 3.1 entsteht.

3.3(2) Vom Strom i aus dem Beispiel 3.1 wird der negative Kurventeil abgeschnitten. Berechnen Sie den arithmetischen Mittelwert.

Praxisbezug 3.2
Mit einem **Vielfachmessgerät** *(multimeter)* wird eine Gleichspannung direkt gemessen. Von einer Wechselspannung wird bei der Stellung AC des Wahlschalters der Gleichrichtwert gebildet, der dem Messwerk zugeführt wird.
Wird zur Betragsbildung die Schaltung 3.13 verwendet, so bewirkt der Spannungsfall an jeder Diode einen Fehler des Messgeräts. Dieser lässt sich mit der Schaltung 3.15 vermeiden.

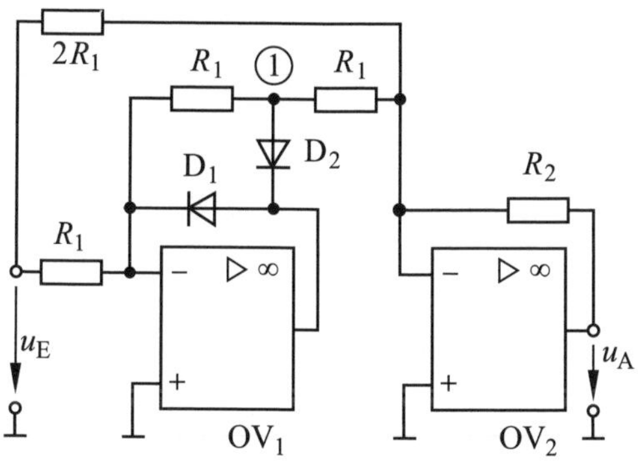

Bild 3.15 Operationsverstärkerschaltung zur Betragsbildung

Der Operationsverstärker OV_1 wirkt als idealer Einweggleichrichter: Für $u_E < 0$ nimmt der Knoten 1 das Potenzial $\varphi_1 = 0$ an, während für $u_E > 0$ das Potenzial $\varphi_1 = -u_E$ ist.

Der Operationsverstärker OV_2 arbeitet als invertierender Addierer; er bildet jeweils die Ausgangsspannung $u_A = -R_2\, u_E/(2R_1) - R_2\, \varphi_1/R_1$.
Für $u_E < 0$ ist damit $u_A = -R_2\, u_E/(2R_1)$, wobei die Spannung u_A positiv ist.
Für positive Eingangsspannungen hat die Ausgangsspannung den Wert $u_A = R_2\, u_E\, /\, (2\, R_1)$. Es wird also der mit $R_2/(2\, R_1)$ gewichtete Betrag der Eingangsspannung gebildet. ❒

3.2.5 Verhältniszahlen

Aus den Mittelwerten von Spannung bzw. Strom können Verhältniszahlen gebildet werden, die eine schnelle Beurteilung der schwingenden Größen erlauben. Die Tabelle 3.1 gibt die Verhältniszahlen von Wechselgrößen an, die Tabelle 3.2 solche von Mischgrößen.

Tabelle 3.1 Verhältniszahlen von Wechselgrößen

Bezeichnung	Quotient	Beispiele
Scheitelfaktor *(crest factor)*	$\frac{\text{Scheitelwert}}{\text{Effektivwert}}$	$\frac{\hat{i}}{I}$; $\frac{\hat{u}}{U}$
Formfaktor F *(form factor)*	$\frac{\text{Effektivwert}}{\text{Gleichrichtwert}}$	$\frac{I}{\overline{\lvert i \rvert}}$; $\frac{U}{\overline{\lvert u \rvert}}$

Tabelle 3.2 Verhältniszahlen von Mischgrößen

Bezeichnung	Quotient
Schwingungsgehalt s	$\frac{\text{Effektivwert des Wechselanteils}}{\text{Effektivwert der Mischgröße}}$
effektive Welligkeit	$\frac{\text{Effektivwert des Wechselanteils}}{\text{Gleichwert der Mischgröße}}$
Riffelfaktor	$\frac{\text{Scheitelwert des Wechselanteils}}{\text{Gleichwert der Mischgröße}}$

Praxisbezug 3.3
Dreheisenmessgeräte, mit denen sich der Effektivwert direkt messen lässt, können nur bis etwa 150 Hz (in Ausnahmefällen bis 400 Hz) verwendet werden. Bei höheren Frequenzen setzen die Wirbelströme im Eisen die Messgenauigkeit herab.

Man hat deshalb integrierte Schaltungen entwickelt, bei denen entsprechend Gl. (3.16) der Effektivwert einer periodischen Spannung gebildet wird. Am Ausgang der Schaltung steht der Effektivwert als analoges Signal an. Dieser wird bei den sog. **Echt-Effektivwert-Geräten** in digitaler Form angezeigt; man spricht dabei von „true RMS“ oder kurz TRMS.

Das TRMS-IC darf nicht übersteuert werden, was z. B. bei pulsförmigen Signalen mit kleinem Effektivwert der Fall sein kann. Bei der Messung des Effektivwerts mit einem TRMS-Messgerät darf deshalb der Crest-Faktor der Spannung einen vom Messgerätehersteller angegebenen Wert nicht überschreiten. ❒

Fragen

- Geben Sie die Definition des Gleichwerts einer physikalischen Größe an.
- Welche Wirkung eines Stromes kann anhand seines Gleichwerts beurteilt werden?
- Was versteht man unter dem Begriff Wirkleistung?
- Welche wesentliche Eigenschaft weist eine Wechselspannung auf?
- Was versteht man unter einer Mischgröße?
- Zeichnen Sie die Ersatzschaltung einer idealen Spannungsquelle, die eine Mischspannung abgibt.
- Welcher Zusammenhang besteht zwischen dem Effektivwert eines Stromes und der mittleren Leistung dieses Stromes an einem Widerstand *R*?
- Mit welchen Messgeräten können Effektivwert bzw. Gleichwert eines Stromes direkt gemessen werden?
- Wie lautet die Gleichung zur Berechnung des Effektivwertes einer Spannung?
- Skizzieren Sie die Brücken-Gleichrichterschaltung.
- Erläutern Sie, in welche Form der Eingangsstrom einer Brücken-Gleichrichterschaltung umgewandelt wird und am Ausgang zur Verfügung steht.

Aufgaben

3.4(2) Berechnen Sie den Scheitelfaktor und den Formfaktor der Wechselspannung.

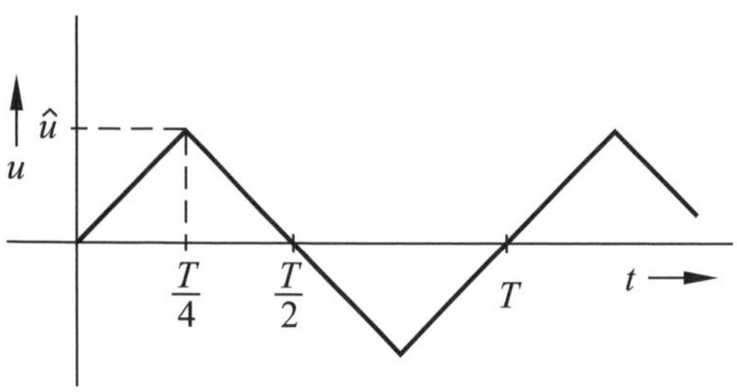

3.5(2) Berechnen Sie den Gleichwert und den Effektivwert des periodischen Stromes.
Welche Wirkleistung wird umgesetzt, wenn dieser Strom durch einen OHMschen Widerstand $R = 8\ \Omega$ fließt?

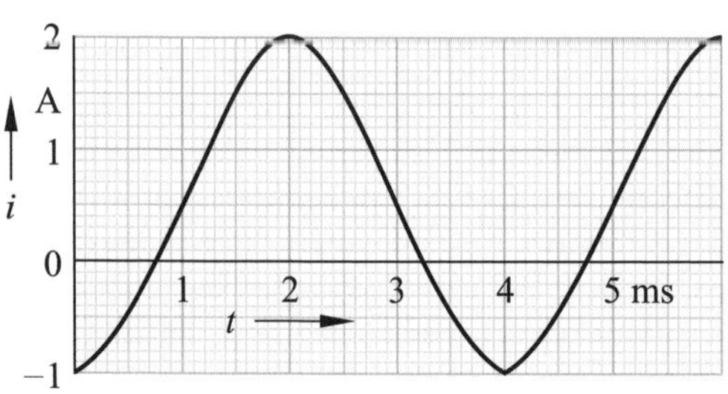

3.3 Sinusförmige Schwingungen

Ziele: Sie können

- die Definitionen der Kenngrößen sinusförmiger Schwingungen angeben.
- die Mittelwerte von Sinusgrößen nennen.
- die Überlagerung von Sinusgrößen beschreiben.
- den Zusammenhang zwischen einem rotierenden Zeiger und einer Sinusschwingung anhand einer Skizze erläutern.
- die Überlagerung von Sinusgrößen mithilfe der komplexen Symbole durchführen.

In der Praxis werden *sinusförmig* schwingende Größen sehr häufig verwendet, z. B. bei der Erzeugung und Verteilung elektrischer Energie, in der Radartechnik und als Träger der Information in der Nachrichtentechnik. Dabei ergeben sich folgende Vorteile:

- Durch Differenziation oder Integration einer Sinusfunktion entsteht wieder eine Sinusfunktion. In Wechselspannungsschaltungen mit linearen Bauelementen treten also nur Spannungen und Ströme derselben Kurvenform auf.
- Die Summe von zwei Sinusgrößen derselben Frequenz ergibt stets wieder eine Sinusgröße.
- Nichtsinusförmige periodische Schwingungen lassen sich durch eine Summe von Sinusschwingungen darstellen (s. Kap. 7).

Wir wollen uns daher im Folgenden ausführlich mit der Beschreibung von Sinusschwingungen befassen.

3.3.1 Kenngrößen

Im Abschn. 1.3.3 haben wir die induktive Spannung in einer Leiterschleife beschrieben, die sich mit der konstanten Winkelgeschwindigkeit ω in einem homogenen Magnetfeld dreht:

$$u(t) = u_{\max} \cdot \cos\left(\omega t + \frac{\pi}{2} + \alpha_0\right)$$

Das Liniendiagramm dieser Spannung ist eine Sinuskurve. Eine schwingende Größe mit einem solchen Zeitverlauf wird **Sinusgröße** *(sinusoidal quantity)* genannt.

Ist die Sinusgröße eine Spannung, so bezeichnen wir sie als **Sinusspannung**:

$$u = \hat{u} \cdot \cos(\omega t + \varphi_u) \tag{3.19}$$

Ist die Sinusgröße ein Strom, so spricht man von einem **Sinusstrom**:

$$i = \hat{i} \cdot \cos(\omega t + \varphi_i) \tag{3.20}$$

Obwohl wir von *Sinusgrößen* sprechen, benutzen wir für ihre mathematische Beschreibung die *cos*-Funktion, weil dies einige formale Vorteile bietet. Darin liegt kein Widerspruch, denn eine Sinuskurve lässt sich sowohl durch eine cos-Funktion als auch durch eine sin-Funktion beschreiben; beide Funktionen unterscheiden sich dabei um $\pi/2$ im Argument. So gilt z. B. für eine Sinusspannung:

$$u = \hat{u}\cos(\omega t + \varphi_u) = \hat{u}\sin(\omega t + \varphi_u + \pi/2) \tag{3.21}$$

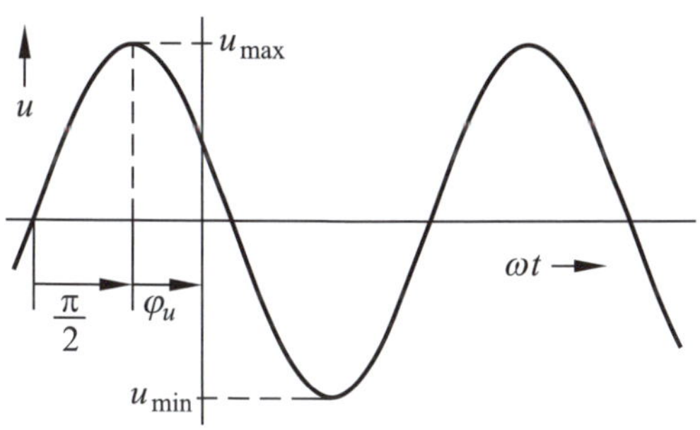

Bild 3.16 Sinusspannung

Der Scheitelwert einer Sinusgröße wird **Amplitude** *(amplitude)* genannt. Wegen der Symmetrie der cos-Funktion gilt:

$$\hat{u} = u_{max} = -u_{min} \tag{3.22}$$

Die Schwingungsbreite ist:

$$u_{pp} = 2\hat{u} \tag{3.23}$$

Das Argument $\omega t + \varphi_u$ der cos-Funktion in der Gl. (3.19) wird **Phasenwinkel** *(phase angle)* genannt; für $t = 0$ ist es gleich dem Winkel φ_u. Der Winkel φ_u wird daher als **Nullphasenwinkel** *(initial phase)* bezeichnet. Der Index eines Nullphasenwinkels gibt die zugehörige physikalische Größe an.

Es ist üblich, für den Nullphasenwinkel nur Werte aus dem Bereich $-\pi \leq \varphi_u \leq \pi$ zu wählen. Man gibt also den Nullphasenwinkel für das Maximum an, welches dem Zeitpunkt $t = 0$ am nächsten liegt; im Bild 3.17 ist dies das Maximum 1.

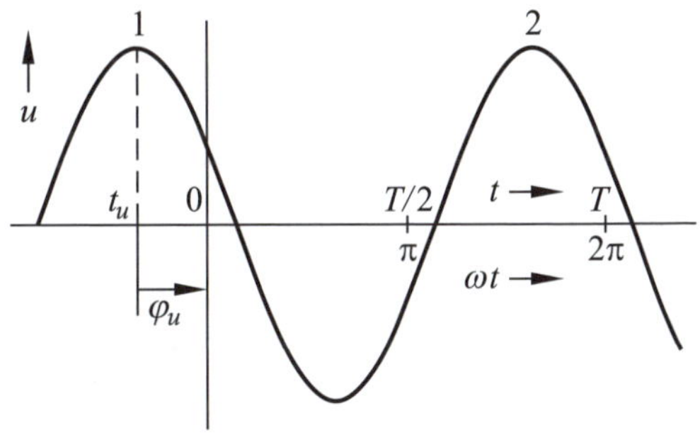

Bild 3.17 Nullphasenwinkel und Nullphasenzeit einer Sinusspannung

Im Bild 3.17 ist eine Sinusspannung sowohl über der Zeit t als auch über dem Winkel ωt aufgetragen. Zum Zeitpunkt $t = T$ ist:

$$\omega T = 2\pi \tag{3.24}$$

Die Größe ω wird **Kreisfrequenz** *(angular frequency)* genannt. Mit $T = 1/f$ erhalten wir:

$$\boxed{\omega = 2\pi f} \tag{3.25}$$

Die Kreisfrequenz wird in der Einheit 1/s angegeben, denn die Einheit Hz wird lediglich für die Frequenz verwendet.

Der dem Nullphasenwinkel entsprechende Zeitpunkt wird **Nullphasenzeit** genannt. Bei einer Spannung (Bild 3.17) ist dies:

$$t_u = -\frac{\varphi_u}{\omega} \tag{3.26}$$

Wenn man den Zeitnullpunkt einer Schwingung frei wählen kann, wird zweckmäßig $\varphi_u = 0$ gesetzt. Eine Schwingung mit $\varphi_u = 0$ bezeichnet man als **nullphasige Schwingung**.

Bei mehreren Schwingungen mit unterschiedlichen Nullphasenwinkeln kann nur eine dieser Schwingungen nullphasig sein.

Wenn der Nullphasenwinkel φ_u positiv ist, sagt man, dass die Schwingung der nullphasigen Schwingung **voreilt** (Bild 3.18a). In der grafischen Darstellung wird ein positiver Winkel zweckmäßig durch einen Pfeil dargestellt, der in die positive Achsenrichtung weist.
Eine Schwingung mit negativem Nullphasenwinkel φ_u **eilt** der nullphasigen Schwingung **nach** (Bild 3.18b).

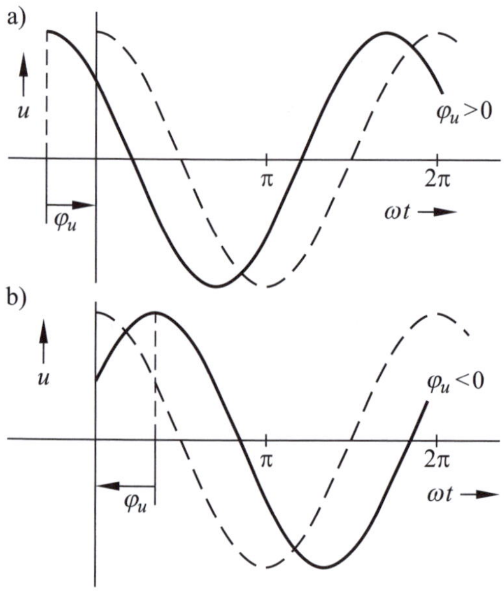

Bild 3.18 Nullphasige Schwingung (gestrichelt) und hierzu voreilende Schwingung (a) sowie hierzu nacheilende Schwingung (b)

Sind zwei gleichfrequente Sinusgrößen gegeneinander phasenverschoben, so bezeichnet man die Differenz $\varphi_1 - \varphi_2$ der Nullphasenwinkel als **Phasenverschiebungswinkel** *(phase difference)* φ_{12} der Größe 1 gegen die Größe 2:

$$\varphi_{12} = \varphi_1 - \varphi_2 \tag{3.27}$$

Eine derartige Differenz der Nullphasenwinkel kann auch von zwei Größen gebildet werden, die unterschiedliche Einheiten besitzen.

Eine Sinusschwingung wird durch drei Größen vollständig beschrieben:

- Amplitude
- Frequenz
- Nullphasenwinkel

Wenn z. B. für eine Sinusspannung diese drei Größen bekannt sind, dann kann mit der Gl. (3.19) der zu einem Zeitpunkt t gehörende Augenblickswert der Spannung berechnet werden.

Beispiel 3.4
Von einer Sinusspannung sind folgende Werte gegeben:

$\hat{u} = 141\ \text{V}$; $f = 50\ \text{Hz}$; $\varphi_u = 16°$

Wir wollen den Zeitpunkt berechnen, zu dem zum ersten Mal nach $t = 0$ der Augenblickswert der Spannung 32 V beträgt.

Zunächst lösen wir die Gl. (3.19) nach dem Argument auf und berechnen dieses im Bogenmaß:

$$\omega t + \varphi_u = \arccos\left(\frac{u}{\hat{u}}\right) = 1{,}34$$

Nun berechnen wir den Nullphasenwinkel im Bogenmaß und die Kreisfrequenz:

$$\varphi_u = 16° \cdot \frac{\pi}{180°} = 0{,}28;\ \omega = 2\pi f = 314\ \frac{1}{\text{s}}$$

Wir setzen dies in die Gleichung für das Argument ein und erhalten damit den gesuchten Zeitpunkt:

$$t = \frac{1{,}34 - 0{,}28}{314}\ \text{s} = 3{,}38\ \text{ms}$$

3.3.2 Mittelwerte

Zur Berechnung des *Gleichwerts* setzen wir die Sinusgröße in die Gl. (3.6) ein:

$$\overline{u} = \frac{1}{T}\int_0^T \hat{u}\cos(\omega t + \varphi_u)\,\mathrm{d}t = 0 \tag{3.28}$$

Das Ergebnis ist unabhängig von der Amplitude, von der Frequenz und vom Nullphasenwinkel; es gilt für jede Sinusgröße:

Der Gleichwert einer Sinusschwingung ist stets gleich null.

Das Bild 3.17 zeigt uns anschaulich den Grund für dieses Ergebnis: Die Flächen zwischen dem Graph und der Zeitachse sind über und unter der Zeitachse wegen der Symmetrie der Sinusschwingung gleich groß; ihre Differenz ergibt daher null. Ein Sinusstrom verschiebt Ladungen hin und her und im Mittel findet kein Ladungstransport statt.

Der *Effektivwert* einer Sinusgröße hängt weder von der Frequenz noch vom Nullphasenwinkel ab. Zu seiner Berechnung setzen wir zweckmäßig $\varphi_u = 0$ und berechnen mit der Gl. (3.16):

$$U=\sqrt{\frac{1}{T}\int_0^T(\hat{u}\cos\omega t)^2\,\mathrm{d}t}=\frac{\hat{u}}{\sqrt{2}} \qquad (3.29)$$

Für Sinusspannungen und -ströme gilt:

$$U=\frac{\hat{u}}{\sqrt{2}};\quad I=\frac{\hat{i}}{\sqrt{2}} \qquad (3.30)$$

Der Effektivwert einer Sinusgröße ist um den Faktor $1/\sqrt{2}$ kleiner als ihr Scheitelwert.

Der *Gleichrichtwert* einer Sinusgröße hängt nicht vom Nullphasenwinkel ab. Zu seiner Berechnung entsprechend Gl. (3.18) setzen wir zweckmäßig $\varphi_u = 0$.

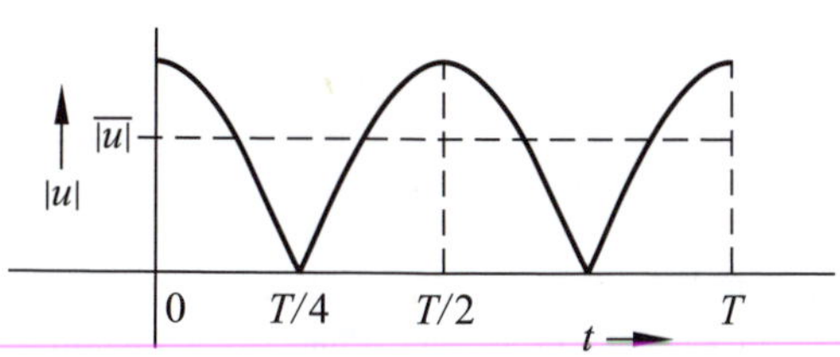

Bild 3.19 Zur Berechnung des Gleichrichtwertes einer Sinusspannung

Wegen der Symmetrie der Sinusgröße lässt sich die gesamte Fläche zwischen dem Graph und der Zeitachse in vier gleiche Teilflächen aufteilen. Wir setzen an:

$$\overline{|u|}=\frac{1}{T}\int_0^T|\hat{u}\cos\omega t|\,\mathrm{d}t=\frac{4}{T}\int_0^{T/4}\hat{u}\cos\omega t\cdot\mathrm{d}t$$

Die Integration ergibt den Gleichrichtwert:

$$\overline{|u|}=\frac{2}{\pi}\cdot\hat{u} \qquad (3.31)$$

Hiermit berechnen wir den *Formfaktor* der Sinusspannung:

$$F=\frac{U}{\overline{|u|}}=\frac{\hat{u}\cdot\pi}{\sqrt{2}\cdot 2\hat{u}}=\frac{\pi}{2\sqrt{2}}=1{,}111 \qquad (3.32)$$

Entsprechendes gilt für einen Sinusstrom.

Beispiel 3.5
Im Niederspannungs-Versorgungsnetz ist der Effektivwert der Spannung 230 V. Wir wollen die Amplitude und den Gleichrichtwert dieser Spannung berechnen.

Mit der Gl. (3.30) erhalten wir:

$$\hat{u}=\sqrt{2}\cdot U=\sqrt{2}\cdot 230\text{V}=325\text{ V}$$

Den Gleichrichtwert berechnen wir mit der Gl. (3.32):

$$\overline{|u|}=\frac{U}{F}=\frac{230\text{ V}}{1{,}111}=207\text{ V}$$

Praxisbezug 3.4
Bei sehr einfachen Messgeräten mit analoger Anzeige wird der Gleichrichtwert auf einer Skale angezeigt, welche die Ablesung des Effektivwerts ermöglicht; derartige Geräte haben unterschiedliche Skalen für Gleich- und Sinusgrößen.
In einfachen Messgeräten wird an Stelle des Effektivwertes lediglich der Gleichrichtwert der Sinusgröße gemessen. Weicht die Kurvenform der Messgröße vom Sinusverlauf ab, so ergibt sich dabei eine Messabweichung.

In Messgeräten mit digitaler Anzeige wird der Gleichrichtwert mit dem Faktor 1,111 multipliziert; bei der Schaltung 3.15 kann dies z. B. dadurch geschehen, dass $R_2 = 2{,}222\,R_1$ gewählt wird. Die Anzeige stimmt dabei mit dem Effektivwert der Sinusgröße überein. ❐

Fragen

- Wie lautet die Gleichung für den Augenblickswert einer Sinusspannung?
- Wie wird der Scheitelwert einer Sinusgröße genannt?
- Geben Sie den Zusammenhang zwischen der Frequenz und der Kreisfrequenz an.
- Erläutern Sie die Begriffe Phasenwinkel und Nullphasenwinkel.
- Was versteht man unter einer nullphasigen Schwingung?
- Skizzieren Sie eine Schwingung, die einer nullphasigen Schwingung voreilt.
- In welchem Bereich kann der Nullphasenwinkel einer Schwingung liegen, die der nullphasigen Schwingung nacheilt?
- Durch welche Größen wird eine Sinusschwingung beschrieben?
- Wie groß ist der Gleichwert einer Sinusschwingung?
- Welcher Zusammenhang besteht zwischen dem Scheitelwert und dem Effektivwert einer Sinusspannung?
- Welchen Wert hat der Formfaktor einer Sinusgröße?
- Wie lautet der Zusammenhang zwischen dem Gleichrichtwert und der Amplitude einer Sinusspannung?

Aufgaben

3.6(1) Die Frequenz einer Sinusspannung ist 400 Hz. Berechnen Sie die Kreisfrequenz und die Periodendauer.

3.7(1) Der Scheitelwert einer Wechselspannung wird zu 1000 V, der Gleichrichtwert zu 580 V gemessen. Kann es sich dabei um eine Sinusspannung handeln?

3.8(2) Eine Sinusspannung mit der Frequenz 50 Hz und dem Effektivwert 15 V hat zum Zeitpunkt t_1 = 1,2 ms den Augenblickswert 6,8 V. Berechnen Sie den Nullphasenwinkel und die Nullphasenzeit (2 Lösungen). Wie lautet die Gleichung für den Zeitverlauf einer Sinusspannung, die der Spannung mit $\varphi_u > 0$ um 90° nacheilt?

3.9(2) Eine Einpuls-Gleichrichterschaltung mit einer idealen Diode wird von einer Sinusspannung mit der Amplitude 60 V gespeist; sie wird mit einem Ohmschen Widerstand R = 12 Ω belastet. Berechnen Sie den Gleichwert und den Effektivwert des Stromes.

3.3.3 Überlagerung von Sinusgrößen

Die Summen- oder Differenzbildung von mehreren zeitabhängigen Größen bezeichnet man als **Überlagerung**. Sie ist von großer praktischer Bedeutung; so müssen z. B. bei der Berechnung von Schaltungen mit dem Knoten- und dem Maschensatz Summen oder Differenzen von zeitabhängigen Größen gebildet werden.

Wir wollen im Folgenden die Addition

$$u = u_1 + u_2 \tag{3.33}$$

von zwei Sinusspannungen untersuchen:

$$u_1 = \hat{u}_1 \cdot \cos(\omega_1 t + \varphi_{u1}) \tag{3.34}$$

$$u_2 = \hat{u}_2 \cdot \cos(\omega_2 t + \varphi_{u2}) \tag{3.35}$$

Sinusgrößen gleicher Frequenz

Wir beginnen mit dem einfachsten Fall, bei dem die Frequenzen und damit auch die Kreisfrequenzen der beiden Spannungen gleich sind:

$$\omega_1 = \omega_2 = \omega \tag{3.36}$$

Bei *gleichen* Nullphasenwinkeln

$$\varphi_{u1} = \varphi_{u2} = \varphi_u \tag{3.37}$$

haben die Spannungen u_1 und u_2 gleiche Phasenwinkel. Die Summe der Spannungen ist:

$$u = (\hat{u}_1 + \hat{u}_2) \cdot \cos(\omega t + \varphi_u) \tag{3.38}$$

Nun untersuchen wir den Fall, bei dem die Spannungen gegeneinander phasenverschoben sind und deshalb $\varphi_{u1} \neq \varphi_{u2}$ ist. Die Differenz der Nullphasenwinkel ist der Phasenverschiebungswinkel der Spannung u_1 gegen die Spannung u_2:

$$\varphi_{12} = \varphi_{u1} - \varphi_{u2} \tag{3.39}$$

Zur Berechnung der Spannung

$$u = \hat{u}_1 \cdot \cos(\omega t + \varphi_{u1}) + \hat{u}_2 \cdot \cos(\omega t + \varphi_{u2})$$

formen wir die cos-Funktionen mit der Gl. (A1.8), die im Anhang A1 steht, um:

$$u = \hat{u}_1 [\cos\varphi_{u1} \cdot \cos\omega t - \sin\varphi_{u1} \cdot \sin\omega t] + \hat{u}_2 [\cos\varphi_{u2} \cdot \cos\omega t - \sin\varphi_{u2} \cdot \sin\omega t]$$

Nun klammern wir die Zeitfunktionen $\cos\omega t$ und $\sin\omega t$ aus. Dabei verwenden wir die Abkürzungen:

$$u_x = \hat{u}_1 \cdot \cos\varphi_{u1} + \hat{u}_2 \cdot \cos\varphi_{u2} \quad (3.40)$$

$$u_y = \hat{u}_1 \cdot \sin\varphi_{u1} + \hat{u}_2 \cdot \sin\varphi_{u2} \quad (3.41)$$

Wir erhalten:

$$u = u_x \cdot \cos\omega t - u_y \cdot \sin\omega t \quad (3.42)$$

Dieses Ergebnis ist uns noch zu unübersichtlich; wir wollen es in die übliche Form bringen:

$$u = \hat{u} \cos(\omega t + \varphi_u) \quad \text{(s. Gl. 3.19)}$$

Zur Berechnung von $\hat{u}$ und φ_u formen wir mit der Gl. (A1.8) um:

$$u = \hat{u} \cdot \cos\varphi_u \cdot \cos\omega t - \hat{u} \cdot \sin\varphi_u \cdot \sin\omega t \quad (3.43)$$

Durch einen Koeffizientenvergleich mit der Gl. (3.42) erhalten wir:

$$\hat{u} \cdot \cos\varphi_u = u_x \quad (3.44)$$

$$\hat{u} \cdot \sin\varphi_u = u_y \quad (3.45)$$

Mit dem Quotienten der beiden Gleichungen

$$\frac{\hat{u} \cdot \sin\varphi_u}{\hat{u} \cdot \cos\varphi_u} = \tan\varphi_u = \frac{u_y}{u_x}$$

berechnen wir den Nullphasenwinkel:

$$\varphi_u = \arctan\frac{u_y}{u_x} \quad (3.46)$$

Mit den Gln. (3.44 und 3.45) berechnen wir die Amplitude der gesuchten Spannung:

$$\hat{u} = \sqrt{u_x^2 + u_y^2} \quad (3.47)$$

Allgemein gilt:

Die Überlagerung von Sinusgrößen gleicher Frequenz ergibt stets eine Sinusgröße derselben Frequenz.

Beispiel 3.6

Zwei Quellen mit sinusförmigen Quellenspannungen gleicher Frequenz sind in Reihe geschaltet.

$\hat{u}_{q1} = 25$ V ; $\varphi_{u1} = 75°$; $f_1 = 50$ Hz

$\hat{u}_{q2} = 15$ V ; $\varphi_{u2} = 12°$; $f_2 = 50$ Hz

Wir wollen die Amplitude und den Nullphasenwinkel der Klemmenspannung u berechnen und die Liniendiagramme sämtlicher Spannungen zeichnen.

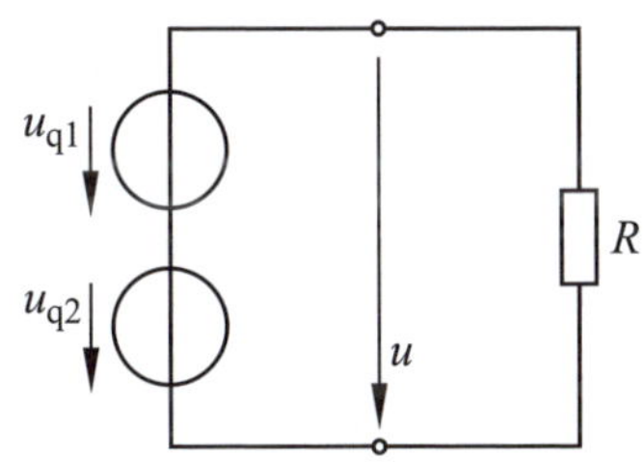

Bild 3.20 Reihenschaltung von zwei Quellen mit sinusförmiger Quellenspannung

Zunächst berechnen wir mit den Gln. (3.40 und 3.41) die Hilfsgrößen u_x und u_y:

$u_x = 21{,}14$ V ; $u_y = 27{,}27$ V

Die Amplitude der Klemmenspannung berechnen wir mit der Gl. (3.47):

$$\hat{u} = \sqrt{u_x^2 + u_y^2} = 34{,}5 \text{ V}$$

Mit der Gl. (3.46) erhalten wir den Nullphasenwinkel:

$$\varphi_u = \arctan\frac{u_y}{u_x} = 52{,}2°$$

Das Liniendiagramm der Klemmenspannung u ist im Bild 3.21 gestrichelt eingetragen.

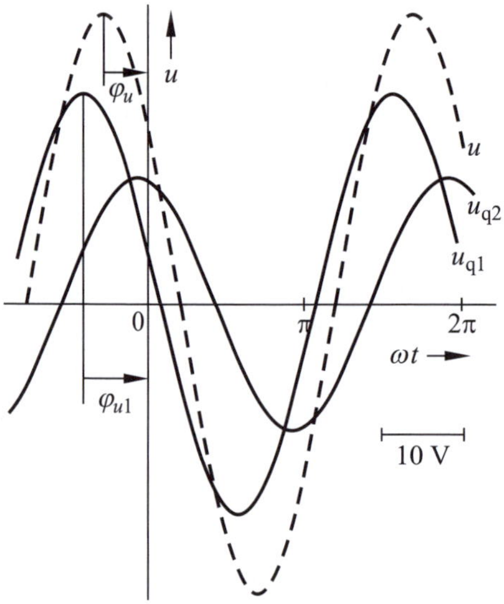

Bild 3.21 Liniendiagramme der Spannungen

Sinusgrößen unterschiedlicher Frequenz

Zur Berechnung der Spannung u setzen wir die Gln. (3.34 und 3.35) in die Gl. (3.33) ein:

$$u = \hat{u}_1 \cdot \cos(\omega_1 t + \varphi_{u1}) + \hat{u}_2 \cdot \cos(\omega_2 t + \varphi_{u2}) \quad (3.48)$$

Für $\omega_1 \neq \omega_2$ kann diese Gleichung nicht weiter vereinfacht werden. Die Spannung u ist zwar periodisch, aber im Allgemeinen keine Sinusschwingung.

Anhand der Liniendiagramme der beiden Spannungen können wir die Gl. (3.48) grafisch lösen, indem wir für jeden Zeitpunkt die Summe von u_1 und u_2 bilden.

Für $T_1 > T_2$ ist die Periode der Summenschwingung $T \geq T_1$. Der Sonderfall $T = T_1$ ergibt sich dann, wenn T_1 ein ganzzahliges Vielfaches von T_2 ist (s. Abschn. 9.1.1).

Beispiel 3.7

Die Quellenspannungen der Schaltung 3.20 sind durch ihr Liniendiagramm gegeben. Wir wollen das Liniendiagramm der Klemmenspannung ermitteln.

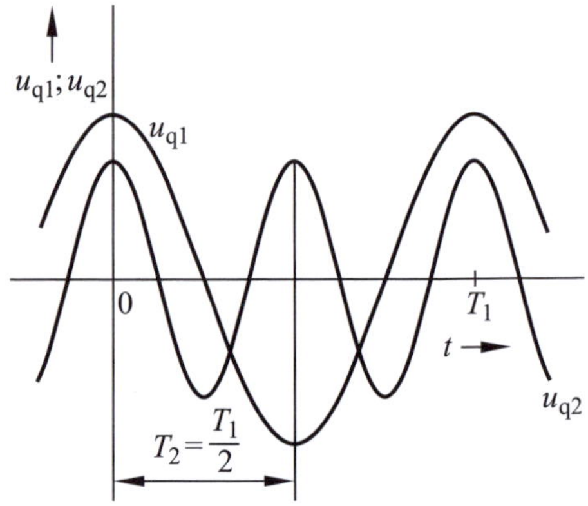

Wir bestimmen das Liniendiagramm der Klemmenspannung u, indem wir u_{q1} und u_{q2} punktweise addieren. Da sich die Perioden der beiden Quellenspannungen wie $2:1$ verhalten, hat die Klemmenspannung u die Periode $T = T_1$.

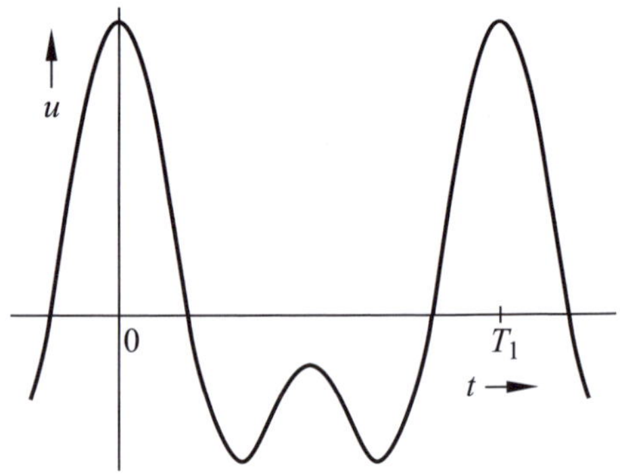

Ist die Differenz der Frequenzen f_1 und f_2 klein, so entsteht bei der Überlagerung eine Schwingung, deren Amplitude sich periodisch ändert; man spricht dabei von einer **Schwebung** *(beat)*.

Wir wollen die Schwebung für den Sonderfall gleicher Amplituden $\hat{u}_1$ und $\hat{u}_2$ der Teilschwingungen untersuchen. Dazu formen wir die Gl. (3.48) mit der Gl. (A1.12) um und verwenden dabei die Abkürzungen:

$$\omega = \frac{\omega_1 + \omega_2}{2} \quad (3.49)$$

$$\Delta\omega = \frac{\omega_1 - \omega_2}{2} \quad (3.50)$$

$$\varphi = \frac{\varphi_{u1} + \varphi_{u2}}{2} \tag{3.51}$$

$$\Delta\varphi = \frac{\varphi_{u1} - \varphi_{u2}}{2} \tag{3.52}$$

Das Ergebnis lautet:

$$u = 2\,\hat{u}_1 \cdot \cos\left(\Delta\omega \cdot t + \Delta\varphi\right) \cdot \cos(\omega t + \varphi) \tag{3.53}$$

Die Spannung u ist somit eine Schwingung mit der Kreisfrequenz ω, deren Amplitude sich mit $\Delta\omega$ ändert. Das Bild 3.22 zeigt als Beispiel eine Schwebung für $f_1 = 1{,}05\,f_2$.

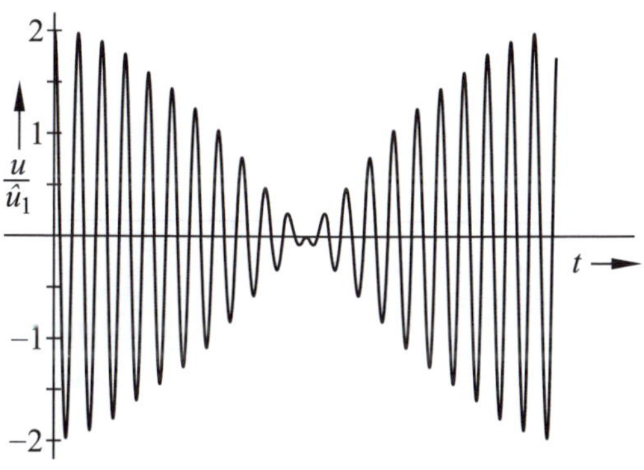

Bild 3.22 Schwebung als Überlagerung der Sinusspannungen $\hat{u}_1 = \hat{u}_2$; $f_1 = 1{,}05\,f_2$; $\varphi_{u1} = \varphi_{u2} = 0$

Praxisbezug 3.5

In modernen **Erdbebenwarten** zeichnen hochempfindliche Geräte geringste Bewegungen der Erdkruste auf. So wird z. B. von Erdbebenwarten in Bayern die Brandung des Atlantiks und der Nordsee registriert. Außer weiteren Störungen (z. B. durch den Straßenverkehr) wird von den deutschen Erdbebenwarten ein schwaches Dauerbeben mit einer Frequenz von etwa 50 Hz festgestellt, dessen Intensität mit einer Frequenz von etwa 0,1 Hz schwankt.

Als Verursacher werden Generatoren und Elektromotoren angenommen, die infolge von Unwuchten periodische Stöße auf die Erdkruste übertragen. Die Schwebung entsteht durch geringfügig voneinander abweichende Drehzahlen der Asynchronmotoren (s. Kap. 6). ❐

3.3.4 Zeigerdarstellung

Die im letzten Abschnitt beschriebene rechnerische Behandlung der Überlagerung ist für den praktischen Gebrauch zu umständlich und unübersichtlich. Eine Vereinfachung ergibt sich, wenn jede Sinusschwingung nicht durch ihr Liniendiagramm, sondern durch einen **Zeiger** *(phasor)* dargestellt wird, dessen Länge gleich der Amplitude ist und der zum Zeitpunkt $t = 0$ mit der **Bezugsachse** den Nullphasenwinkel einschließt.

Wir lassen den Zeiger mit der Winkelgeschwindigkeit ω rotieren, die gleich der Kreisfrequenz ω der Sinusschwingung ist. Den Augenblickswert der Sinusschwingung zu einem beliebigen Zeitpunkt erhalten wir durch Projektion des Zeigers auf die Bezugsachse.

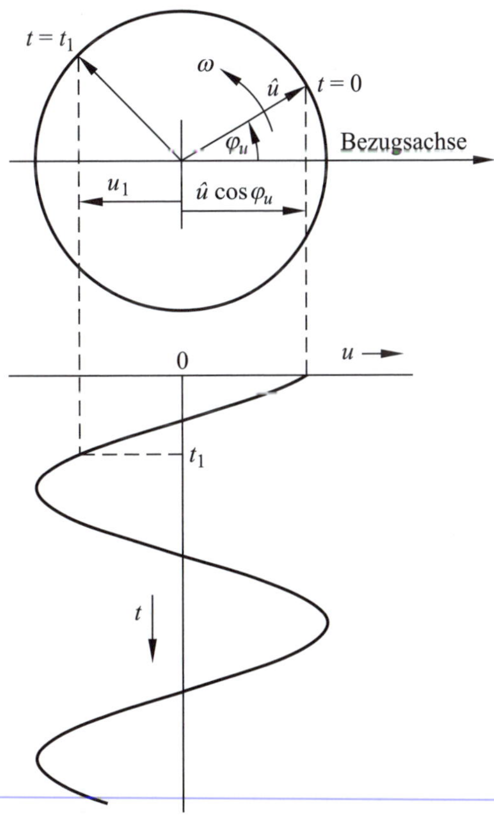

Bild 3.23 Konstruktion des Liniendiagrammes einer Sinusschwingung mithilfe eines rotierenden Zeigers

Das Bild 3.23 zeigt am Beispiel einer Sinusspannung, wie der Augenblickswert zu den Zeitpunkten $t = 0$ und $t = t_1$ mit dem Zeiger konstruiert werden kann; dabei ist $u_1 = \hat{u} \cdot \cos(\omega t_1 + \varphi_u)$.

Wir kennzeichnen im Folgenden einen Zeiger durch Unterstreichen; so ist z. B. $\underline{\hat{u}}$ der Amplitudenzeiger einer Spannung.
Da der Zeiger einer Sinusgröße im mathematisch positiven Sinn (also entgegen dem Uhrzeigersinn) mit der konstanten Winkelgeschwindigkeit ω rotiert, genügt es, ihn zum Zeitpunkt $t = 0$ zu zeichnen. Die übrigen Zeigerstellungen zu anderen Zeitpunkten lassen sich problemlos ermitteln.

Werden zwei gleichfrequente Sinusgrößen durch ihre Zeiger dargestellt, so schließen diese den Phasenverschiebungswinkel φ ein. Bei der Rotation bleibt die Stellung der Zeiger zueinander erhalten. Es genügt daher auch für die Darstellung mehrerer gleichfrequenter Sinusgrößen, die Zeiger für den Zeitpunkt $t = 0$ zu zeichnen.

Wenn bei der Zeigerdarstellung die Bezugsachse nicht eingezeichnet wird, dann kann der Nullphasenwinkel einer Sinusgröße aus der Darstellung nicht entnommen werden. Dies ist z. B. dann nicht erforderlich, wenn es nur auf die Phasenverschiebungswinkel der Sinusgrößen ankommt.

Wir wollen nun die Überlagerung $u = u_1 + u_2$ von zwei Sinusspannungen gleicher Frequenz mithilfe der Zeigerdarstellung durchführen.

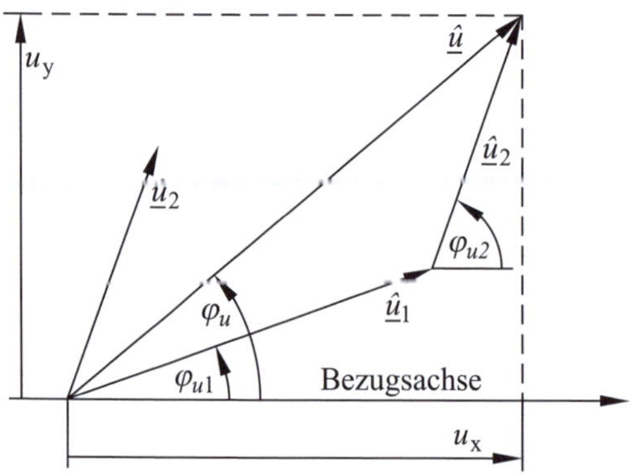

Bild 3.24 Ermittlung des Zeigers der Summenspannung $u = u_1 + u_2$

Die Spannung u_x nach Gl. (3.40) ist die Summe der Projektionen der Zeiger $\hat{u}_1$ und $\hat{u}_2$ auf die Bezugsachse. Die Spannung u_y steht senkrecht auf u_x.

Die Spannung $\hat{u} = \sqrt{u_x^2 + u_y^2}$ ist die geometrische Summe der Zeiger. Wir erhalten also den Zeiger einer Summe $u = u_1 + u_2$ von Spannungen, indem wir die Zeiger $\underline{\hat{u}}_1$ und $\underline{\hat{u}}_2$ der Einzelspannungen aneinander auftragen. Der Zeiger $\underline{\hat{u}}_2$ wird dabei aus seiner ursprünglichen Lage so parallelverschoben, dass sein Ende an der Spitze von $\underline{\hat{u}}_1$ liegt.

Bei einer *Differenz* von zwei Sinusgrößen wird der zu subtrahierende Zeiger in *Gegenrichtung* angetragen (Bild 3.25), denn die Vorzeichenumkehr bei einer Sinusgröße entspricht einer 180°-Drehung des Zeigers.

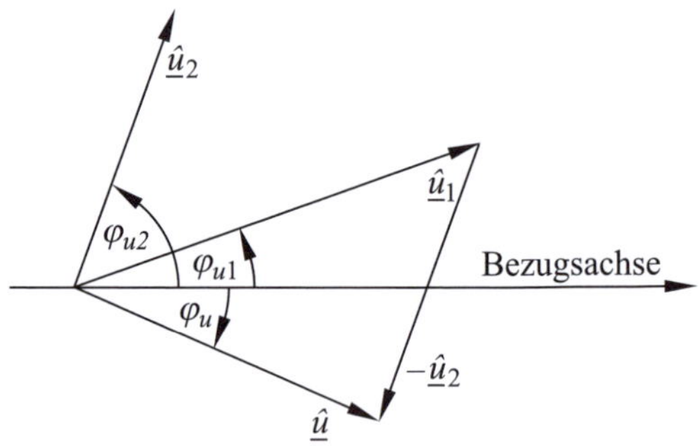

Bild 3.25 Ermittlung des Zeigers der Differenzspannung $u = u_1 - u_2$

Da man in der Elektrotechnik meist mit *Effektivwerten* von Sinusspannungen oder -strömen arbeitet, verwendet man vielfach Zeiger, deren Länge dem Effektivwert entspricht; sie werden als **Effektivwertzeiger** bezeichnet. Bei einer Überlagerung erhält man wieder Effektivwertzeiger.
Das beschriebene Verfahren der Überlagerung lässt sich auch für beliebig viele Zeiger durchführen. Das dabei entstehende Zeigervieleck wird als **Zeigerdiagramm** bezeichnet.

Beispiel 3.8
Wir wollen die Klemmenspannung der Schaltung 3.20 mithilfe der Effektivwertzeiger ermitteln.
Zunächst berechnen wir die Effektivwerte der Quellenspannungen:

$$U_{q1} = \frac{\hat{u}_{q1}}{\sqrt{2}} = 17{,}68\ \text{V}\ ;\ U_{q2} = \frac{\hat{u}_{q2}}{\sqrt{2}} = 10{,}6\ \text{V}$$

Wir wählen einen geeigneten Maßstab und tragen die Zeiger mit den Nullphasenwinkeln $\varphi_{u1} = 75°$; $\varphi_{u2} = 12°$ auf. Je nach Genauigkeit der Zeichnung ist das Ergebnis $U = 24{,}4$ V; $\varphi_u = 52{,}2°$ mehr oder weniger gut ablesbar.

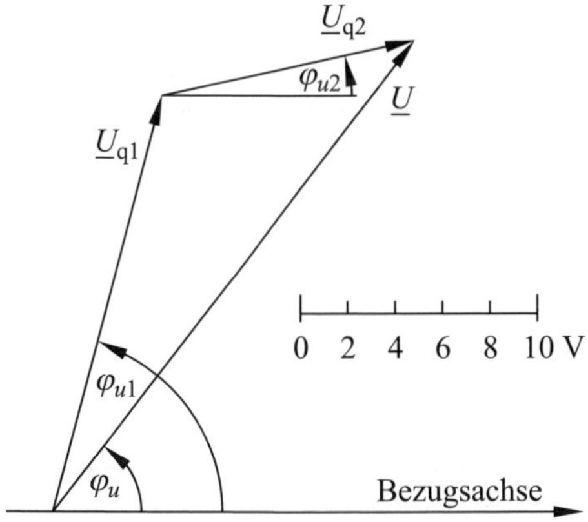

Praxisbezug 3.6

Die Wicklungen von Wechselstrom- und Drehstrom-Generatoren bestehen aus einzelnen *Spulen* Sp; sie sind in *Nuten* N untergebracht, die gleichmäßig am Umfang der Maschine verteilt sind. Da das vom rotierenden Polrad erzeugte magnetische Drehfeld (s. Kap. 6) die einzelnen Spulen zu unterschiedlichen Zeiten mit seinem Maximalwert durchsetzt, sind die in den Spulen induzierten Spannungen gegeneinander phasenverschoben. Die Spannungen der in Reihe geschalteten Spulen eines Generators müssen daher geometrisch addiert werden.

Das Bild 3.26 zeigt die geometrische Addition mithilfe der Zeiger am Beispiel eines *Drehstrom-Generators* mit 24 Nuten; dabei wird ein Drittel der Spulen zu einem *Strang* zusammengefasst. Die Strangspannung beträgt in diesem Fall das 3,8-fache einer Spulenspannung.

Die Phasenverschiebung der Spulenspannungen wirkt sich bei *Einphasen-Wechselstrom-Generatoren* besonders ungünstig aus. Bei ihnen bleibt ein Drittel des Umfangs unbewickelt. Im Bild 3.27 werden die Spannungen von 8 Spulen addiert, wobei U das 6,6-fache einer Spulenspannung beträgt.

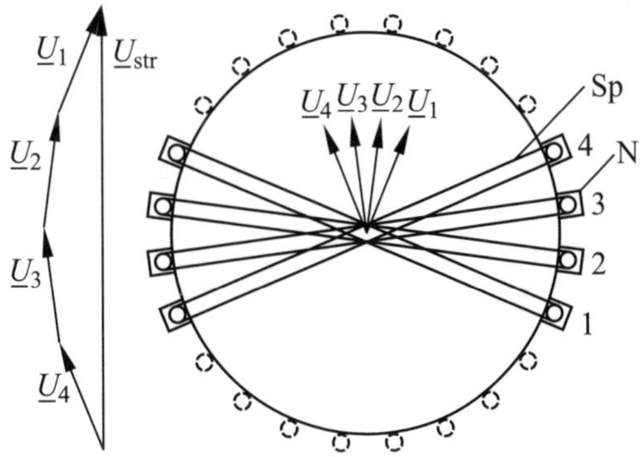

Bild 3.26 Addition der Spulenspannungen $U_1 \ldots U_4$ zur Strangspannung U_{str} bei einem zweipoligen Drehstrom-Generator mit 24 Ständernuten

Würde man bei einem Einphasen-Wechselstrom-Generator den gesamten Umfang mit Nuten versehen und bewickeln, so stiege das Kupfergewicht verhältnismäßig mehr als die dadurch bewirkte Erhöhung der erzeugten Spannung.

In unserem Beispiel ergäbe die Summe von 12 Spulenspannungen nur das 7,7fache einer Spulenspannung. Dies zeigt deutlich, dass sich der Mehraufwand nicht lohnt.

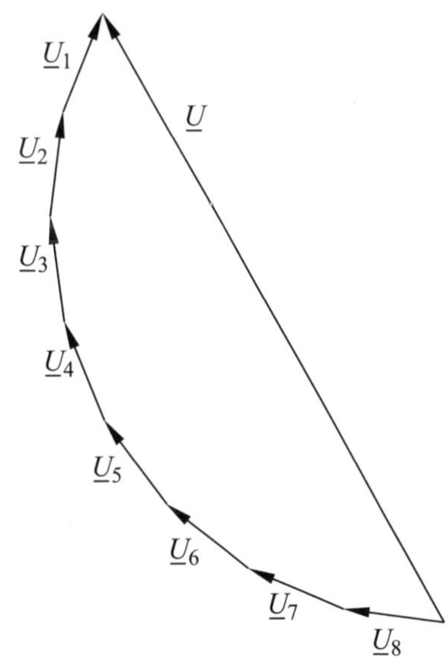

Bild 3.27 Addition der Spulenspannungen $U_1 \ldots U_8$ zur Gesamtspannung U bei einem zweipoligen Einphasen-Wechselstrom-Generator mit 24 Ständernuten ❐

3.3.5 Komplexe Symbole

Die Überlagerung von Sinusgrößen mithilfe eines Zeigerdiagramms ist zwar übersichtlich, bleibt aber im Rahmen der Zeichengenauigkeit. Dieser Nachteil lässt sich vermeiden, wenn man jeden Zeiger durch einen mathematischen Ausdruck beschreibt, um damit rechnen zu können.
Hierzu braucht nur der Endpunkt des Zeigers festgelegt zu werden, was mithilfe der komplexen Zahlen möglich ist. Die Darstellungsebene eines rotierenden Zeigers wird dabei so in die komplexe Zahlenebene übertragen, dass die Bezugsachse mit der reellen Achse übereinstimmt.
Da die komplexe Zahl den Zeiger symbolisiert, nennt man diese Darstellung das **komplexe Symbol**.
Wir wollen den Zusammenhang zwischen dem rotierenden Zeiger und seinem komplexen Symbol am Beispiel einer Spannung erläutern. Zum Zeitpunkt $t = 0$ ist $\hat{u} \cdot \cos\varphi_u$ der Realteil des komplexen Zeigers und $\hat{u} \cdot \sin\varphi_u$ der Imaginärteil.

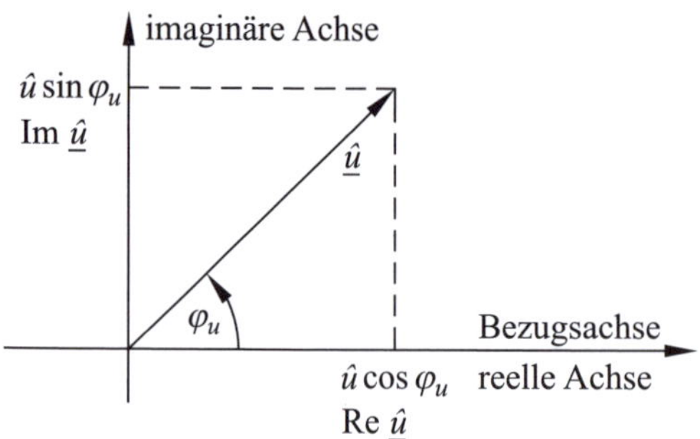

Bild 3.28 Zuordnung von Zeiger und komplexem Symbol

Wir berücksichtigen nun, dass sich der Zeiger mit der konstanten Winkelgeschwindigkeit ω dreht. Die Spannung in der komplexen Ebene ist:

$$\underline{u}(t) = \hat{u} \cdot \cos(\omega t + \varphi_u) + \mathrm{j}\,\hat{u} \cdot \sin(\omega t + \varphi_u)$$

Mit der EULERschen Gleichung $\mathrm{e}^{\mathrm{j}\varphi} = \cos\varphi + \mathrm{j}\sin\varphi$ kann man dies vereinfacht schreiben:

$$\underline{u}(t) = \hat{u} \cdot \mathrm{e}^{\mathrm{j}(\omega t + \varphi_u)} \tag{3.54}$$

Man bezeichnet diesen Ausdruck als **vollständiges komplexes Spannungssymbol**. Die zeitabhängige Spannung $u(t) = \hat{u} \cdot \cos(\omega t + \varphi_u)$ kann daraus durch Realteilbildung ermittelt werden:

$$u(t) = \mathrm{Re}\,\{\underline{u}(t)\} = \hat{u} \cdot \cos(\omega t + \varphi_u) \tag{3.55}$$

Wie bei den Zeigern verzichtet man auch bei den komplexen Symbolen im Allgemeinen auf die Beschreibung der Zeitabhängigkeit und gibt das Symbol für den Zeitpunkt $t = 0$ an; die Frequenz wird zusätzlich genannt.

In der Elektrotechnik wird sowohl das komplexe Amplitudensymbol als auch das komplexe Effektivwertsymbol mit dem **Versorzeichen** $\underline{/\quad}$ geschrieben. Für eine **komplexe Spannung** gilt:

$$\underline{\hat{u}} = \hat{u}\,\underline{/\varphi_u} = \hat{u} \cdot \mathrm{e}^{\mathrm{j}\varphi_u} \tag{3.56}$$

$$\underline{U} = U\,\underline{/\varphi_u} = U \cdot \mathrm{e}^{\mathrm{j}\varphi_u} \tag{3.57}$$

Die Schreibweise $U\underline{/\varphi_u}$ (sprich: U Versor φ_u) ist vorteilhaft, weil dabei der Winkel in normaler Schrifthöhe erscheint. Die Schreibweise mit der e-Funktion wird nur in Ausnahmefällen verwendet.

Die Darstellung einer komplexen Größe in Polarkoordinaten bezeichnen wir als **P-Form**. Die Multiplikation und die Division komplexer Größen werden z. B. zweckmäßig in der P-Form durchgeführt. Für Addition und Subtraktion ist dagegen die Darstellung in rechtwinkligen Koordinaten, die wir als **R-Form** bezeichnen, besser geeignet. So lautet z. B. die R-Form der in der Gl. (3.57) beschriebenen komplexen Spannung:

$$\underline{U} = U\cos\varphi_u + \mathrm{j}\,U\sin\varphi_u \tag{3.58}$$

In Taschenrechnern können sämtliche Rechenoperationen sowohl in der P-Form als auch in der R-Form durchgeführt werden.
Auch für die Koordinatenumwandlung einer komplexen Größe, deren Zahlenwerte gegeben sind, gibt es in Taschenrechnern Programme, die durch Tastendruck aufgerufen werden können (R → P; P → R). Wird die komplexe Größe durch Variablen beschrieben, so lässt sich eine Koordinatenumwandlung mit den im Anhang A2 genannten Gleichungen durchführen.

Beispiel 3.9

Wir wollen die Klemmenspannung der Schaltung 3.20 mithilfe der komplexen Symbole berechnen und in die P-Form bringen.

Die Effektivwerte der Quellenspannungen haben wir bereits im Beispiel 3.8 berechnet. Wir bringen zunächst die Quellenspannungen in die R-Form:

$$\underline{U}_{q1} = 17{,}68\ \text{V}\,\underline{/75^\circ} = 4{,}58\ \text{V} + \text{j}\ 17{,}08\ \text{V}$$

$$\underline{U}_{q2} = 10{,}60\ \text{V}\,\underline{/12^\circ} = 10{,}37\ \text{V} + \text{j}\ 2{,}2\ \text{V}$$

Nun addieren wir sowohl die Realteile als auch die Imaginärteile:

$$\underline{U} = \underline{U}_{q1} + \underline{U}_{q2} = 14{,}95\ \text{V} + \text{j}\ 19{,}28\ \text{V}$$

In der P-Form kann man den Effektivwert und den Nullphasenwinkel ablesen:

$$\underline{U} = 24{,}4\ \text{V}\,\underline{/52{,}2^\circ}\ ; \ f = 50\ \text{Hz}$$

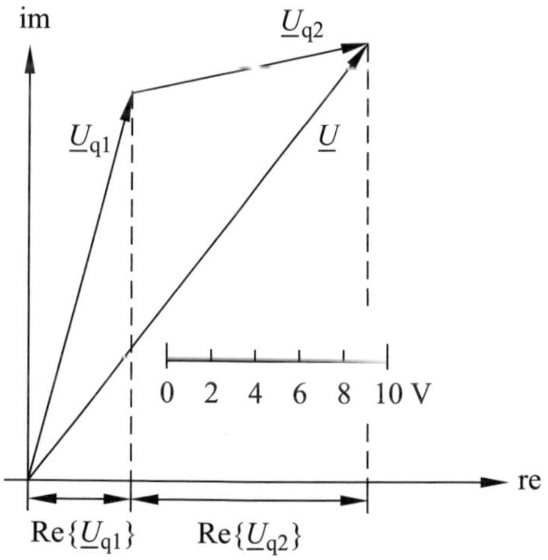

Es ist nicht erforderlich, das Ergebnis einer Rechnung mit komplexen Symbolen in den Zeitbereich, also z. B. in die Form der Gl. (3.19) zurückzutransformieren. Die wesentlichen Größen einer Sinusspannung, nämlich der Effektivwert und der Nullphasenwinkel, sind in der P-Form des komplexen Symbols enthalten.

Man rechnet also bei einer Überlagerung mit den komplexen Symbolen und bezeichnet dieses Vorgehen als **symbolische Methode**.

Fragen

- Welche Schwingung entsteht bei der Addition von zwei Sinusschwingungen gleicher Frequenz?
- Was versteht man unter dem Begriff Überlagerung?
- Erläutern Sie das Zustandekommen einer Schwebung.
- Beschreiben Sie die Konstruktion des Liniendiagramms einer Sinusschwingung mithilfe eines rotierenden Zeigers.
- Wie lautet das vollständige komplexe Stromsymbol?
- Worin besteht der Unterschied zwischen dem vollständigen komplexen Symbol einer Spannung und der komplexen Spannung?
- Welche Kenngrößen einer Sinusschwingung werden im komplexen Symbol verwendet?
- Unter welcher Voraussetzung kann die Addition von Sinusschwingungen auf die Addition der komplexen Symbole zurückgeführt werden?

Aufgaben

3.10(1) An einem Knoten sind die Ströme $\underline{I}_1$ und $\underline{I}_2$ bekannt:

$$I_1 = 5{,}0\ \text{A}\ ; \ \varphi_{i1} = 0$$

$$I_2 = 4{,}2\ \text{A}\ ; \ \varphi_{i2} = 120^\circ$$

Berechnen Sie jeweils den Strom $\underline{I}_3$.

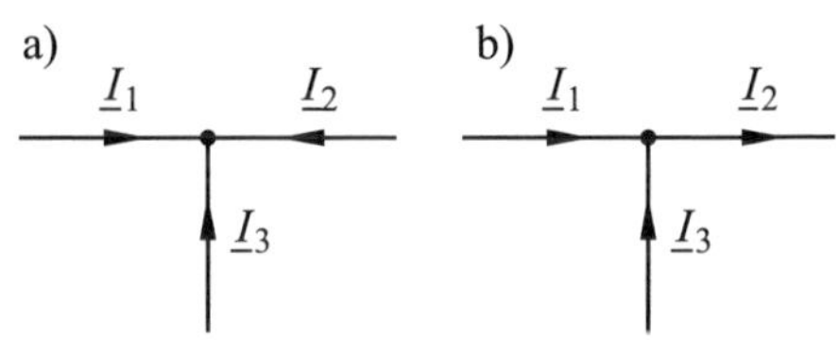

3.11(1) Drei Quellen mit sinusförmigen Quellenspannungen gleicher Frequenz sind in Reihe geschaltet. Die Klemmenspannung hat den Effektivwert 10 V und den Nullphasenwinkel 15°. Bestimmen Sie die Kenngrößen der dritten Quelle.

$$U_{q1} = 30\ \text{V}\ ; \ \varphi_{u1} = 30^\circ$$

$$U_{q2} = 45\ \text{V}\ ; \ \varphi_{u2} = 60^\circ$$

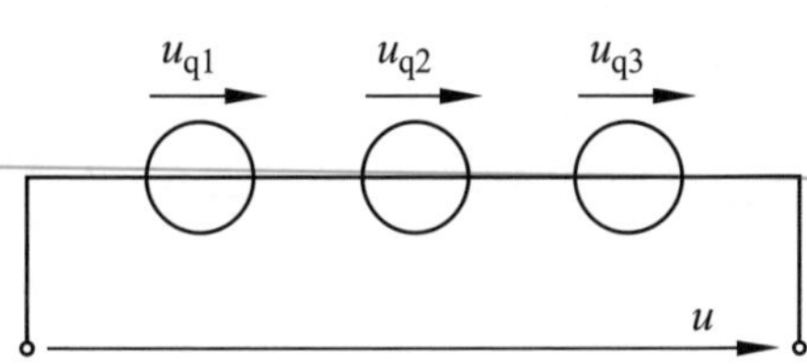

4 Netze mit Sinusquellen konstanter Frequenz

4.1 Komplexer Widerstand und Leitwert

Ziele: Sie können

- die Definitionsgleichungen für den komplexen Widerstand und für den komplexen Leitwert angeben.
- die Komponenten des komplexen Widerstandes bzw. des komplexen Leitwertes der Grundeintore in der P-Form und in der R-Form nennen und erläutern.

Bei jedem Grundeintor wird der Zusammenhang zwischen der Spannung und dem Strom entweder durch eine lineare algebraische Gleichung oder durch eine lineare Differenzialgleichung 1. Ordnung beschrieben. Deshalb fließt durch jedes Grundeintor ein Sinusstrom, wenn es an Sinusspannung liegt; diese beiden Größen haben bei einem Grundeintor gleiche Frequenz.

Der Nullphasenwinkel φ_u der Sinusspannung kann mit dem Nullphasenwinkel φ_i des Sinusstromes übereinstimmen oder von ihm abweichen. Sind die Nullphasenwinkel unterschiedlich, so liegt eine *Phasenverschiebung* der Spannung gegen den Strom vor.

Man beschreibt die Wirkung des Grundeintors mit dem Quotienten aus der Sinusspannung $\underline{U}$ an den Klemmen und dem Sinusstrom $\underline{I}$, der durch das Grundeintor fließt. Dieser Quotient wird als **komplexer Widerstand** $\underline{Z}$ oder nach DIN 40110 als **Impedanz** *(impedance)* bezeichnet:

$$\boxed{\underline{Z} = \frac{\underline{U}}{\underline{I}}} \qquad (4.1)$$

Ein komplexer Widerstand kann auch für eine beliebige Schaltung zwischen zwei Klemmen angegeben werden, wenn sie linear ist, also aus Grundeintoren und linearen Zweitoren besteht, und wenn sie keine unabhängigen Quellen enthält. Der komplexe Widerstand eines solchen Eintors hat stets einen konstanten, von der Zeit t unabhängigen Wert. Um dies zu zeigen, setzen wir die vollständigen komplexen Symbole in die Gl. (4.1) ein:

$$\underline{Z} = \frac{U\cdot e^{j(\omega t+\varphi_u)}}{I\cdot e^{j(\omega t+\varphi_i)}} = \frac{U\,e^{j\varphi_u}}{I\,e^{j\varphi_i}} = \frac{U}{I}\cdot e^{j(\varphi_u-\varphi_i)} \qquad (4.2)$$

Ein solcher in der komplexen Ebene *ruhender* Zeiger wird als **komplexer Koeffizient** oder als **Operator** bezeichnet. In der Versorschreibweise lautet die Gl. (4.2):

$$\underline{Z} = \frac{U\underline{/\varphi_u}}{I\underline{/\varphi_i}} = \frac{U}{I}\,\underline{/\varphi_u-\varphi_i} \qquad (4.3)$$

Der *Betrag Z* des komplexen Widerstandes wird **Scheinwiderstand** genannt:

$$Z = \frac{U}{I}\,; \quad [\,Z\,] = 1\,\Omega \qquad (4.4)$$

Der *Winkel* φ_Z des komplexen Widerstandes ist gleich der Differenz der Nullphasenwinkel von Spannung und Strom:

$$\boxed{\varphi_Z = \varphi_u - \varphi_i = \varphi} \qquad (4.5)$$

Dieser **Phasenverschiebungswinkel** φ der Spannung gegen den Strom hat in der Elektrotechnik große Bedeutung. In der Praxis wird meist nur kurz vom Phasenverschiebungswinkel φ gesprochen. Das Bild 4.1 zeigt das Schaltzeichen des komplexen Widerstandes.

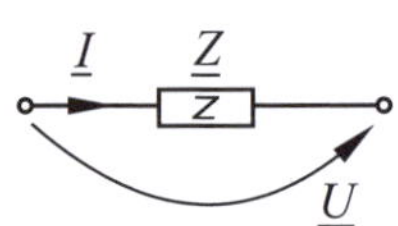

Bild 4.1 Schaltzeichen des komplexen Widerstandes mit Bezugspfeilen für die Spannung und den Strom

Die Gleichung für den komplexen Widerstand lautet in der P-Form und in der R-Form:

$$\boxed{\underline{Z} = Z\underline{/\varphi} = R + \mathrm{j}\,X} \qquad (4.6)$$

Der Realteil R des komplexen Widerstandes wird **Wirkwiderstand** oder **Resistanz** *(resistance)* und der Imaginärteil X wird **Blindwiderstand** oder **Reaktanz** *(reactance)* genannt. Für die Komponenten der P-Form und der R-Form gilt:

$$Z = \sqrt{R^2 + X^2}\,;\ \varphi_Z = \varphi = \arctan\frac{X}{R}$$
$$R = Z\cos\varphi\,;\ X = Z\sin\varphi \qquad (4.7)$$

Der Kehrwert des komplexen Widerstandes ist der **komplexe Leitwert** $\underline{Y}$, der nach DIN 40110 auch als **Admittanz** *(admittance)* bezeichnet wird:

$$\underline{Y} = \frac{1}{\underline{Z}} = \frac{\underline{I}}{\underline{U}} \qquad (4.8)$$

Der Betrag Y des komplexen Leitwertes wird **Scheinleitwert** genannt:

$$Y = \frac{1}{Z} = \frac{I}{U}\,;\quad [\,Y\,] = 1\ \mathrm{S} \qquad (4.9)$$

Der Winkel φ_Y des komplexen Leitwertes ist gleich dem *negativen* Phasenverschiebungswinkel der Spannung gegen den Strom.

Die Gleichung des komplexen Leitwertes lautet in der P-Form und in der R-Form:

$$\underline{Y} = Y\underline{/-\varphi} = G + \mathrm{j}\,B \qquad (4.10)$$

Der Realteil G des komplexen Leitwertes wird **Wirkleitwert** oder **Konduktanz** *(conductance)* und sein Imaginärteil B wird **Blindleitwert** oder **Suszeptanz** *(susceptance)* genannt.

Ebenso wie der komplexe Widerstand $\underline{Z}$ ist auch der komplexe Leitwert $\underline{Y}$ zeitlich konstant, also ein *komplexer Operator*; bei konstanter Frequenz hat er einen konstanten Wert.

Zwischen den Komponenten der P-Form und der R-Form bestehen für den komplexen Leitwert die Beziehungen:

$$Y = \sqrt{G^2 + B^2}\,;\ \varphi_Y = -\varphi = \arctan\frac{B}{G}$$
$$G = Y\cos\varphi\,;\ B = -Y\sin\varphi \qquad (4.11)$$

Während Wirkwiderstand und Wirkleitwert stets positiv sind, können Blindwiderstand und Blindleitwert positive oder negative Werte haben.

Beispiel 4.1

An einem linearen Eintor, das keine unabhängige Quelle enthält, liegt eine Sinusspannung mit dem Effektivwert $U = 230$ V. Dabei fließt der Strom $I = 4{,}2$ A, welcher der Spannung um 20° voreilt. Wir wollen den komplexen Widerstand und den komplexen Leitwert berechnen.

Für die Spannung wählen wir zweckmäßig den Nullphasenwinkel $\varphi_u = 0$:

$$\underline{U} = 230\ \mathrm{V}\underline{/0°}\ ;\ \underline{I} = 4{,}2\ \mathrm{A}\ \underline{/20°}$$

Den komplexen Widerstand

$$\underline{Z} = \frac{\underline{U}}{\underline{I}} = 54{,}8\ \Omega\ \underline{/-20°}$$

wandeln wir mit der Gl. (4.6) in die R-Form um:

$$\underline{Z} = R + \mathrm{j}\,X = 51{,}5\ \Omega - \mathrm{j}\ 18{,}7\ \Omega$$

Der Phasenverschiebungswinkel $\varphi = -20°$ der Spannung gegen den Strom ist auch der Winkel des komplexen Widerstandes. Der Wirkwiderstand ist $R = 51{,}5\ \Omega$, der Blindwiderstand $X = -18{,}7\ \Omega$ und der Scheinwiderstand $Z = 54{,}8\ \Omega$.
Nun bringen wir noch den komplexen Leitwert

$$\underline{Y} = \frac{1}{\underline{Z}} = 18{,}26\ \mathrm{mS}\ \underline{/20°}$$

in die R-Form:

$$\underline{Y} = G + \mathrm{j}\,B = 17{,}16\ \mathrm{mS} + \mathrm{j}\ 6{,}25\ \mathrm{mS}$$

Der Wirkleitwert ist $G = 17{,}16$ mS, der Blindleitwert $B = 6{,}25$ mS und der Scheinleitwert $Y = 18{,}26$ mS.

Fragen

- Wie sind der komplexe Widerstand und der komplexe Leitwert definiert?
- Was versteht man unter dem Scheinwiderstand?
- Geben Sie allgemein den komplexen Widerstand und den komplexen Leitwert in der R-Form an und benennen Sie die Komponenten.
- Welcher Zusammenhang besteht zwischen dem Phasenverschiebungswinkel und dem Winkel des komplexen Widerstandes bzw. Leitwerts?

4.2 Leistung

Ziele: Sie können

- skizzieren, wie die Leistungsschwingung aus der Strom- und der Spannungsschwingung entsteht.
- die Begriffe Schein-, Wirk- und Blindleistung erläutern.
- die Definitionen für die Begriffe Leistungsfaktor, Blindfaktor, Wirkarbeit und Blindarbeit angeben.
- zeigen, wie die komplexe Leistung berechnet wird.
- die Bedeutung des Real- und des Imaginärteils der komplexen Leistung erläutern.

4.2.1 Leistungsschwingung

Wir wollen die Leistung $P(t) = u\,i$ am Tor einer linearen Schaltung untersuchen, die an Sinusspannung betrieben wird. Die Elemente der linearen Schaltung können Grundeintore, lineare Zweitore und ideale Sinusquellen sein.

Da für die Leistung die Lage des Zeitpunktes $t = 0$ nicht von Bedeutung ist, wählen wir ihn zweckmäßig so, dass $\varphi_i = 0$ ist. Damit erreichen wir, dass der Phasenverschiebungswinkel gleich dem Nullphasenwinkel der Spannung ist und die Gleichung $\varphi = \varphi_u$ gilt. In den Gleichungen für Spannung, Strom und Leistung erscheinen hierdurch nicht die Nullphasenwinkel von Spannung und Strom, sondern nur der Phasenverschiebungswinkel φ:

$$u = \sqrt{2}\,U \cdot \cos(\omega t + \varphi) \qquad i = \sqrt{2}\,I \cdot \cos \omega t \tag{4.12}$$

Der Augenblickswert der Leistung ist:

$$P(t) = 2\,U\,I \cdot \cos(\omega t + \varphi) \cdot \cos \omega t \tag{4.13}$$

Dies formen wir mit der Gl. (A1.16) um:

$$P(t) = U\,I \cdot \cos(2\omega t + \varphi) + U\,I \cos\varphi \tag{4.14}$$

Scheinleistung

Der erste Term der Gl. (4.14) beschreibt eine Schwingung mit der doppelten Frequenz des Stromes bzw. der Spannung (Bild 4.2); sie ist der *Wechselanteil* der Leistung:

$$P_{\sim}(t) = U\,I \cdot \cos(2\omega t + \varphi) \tag{4.15}$$

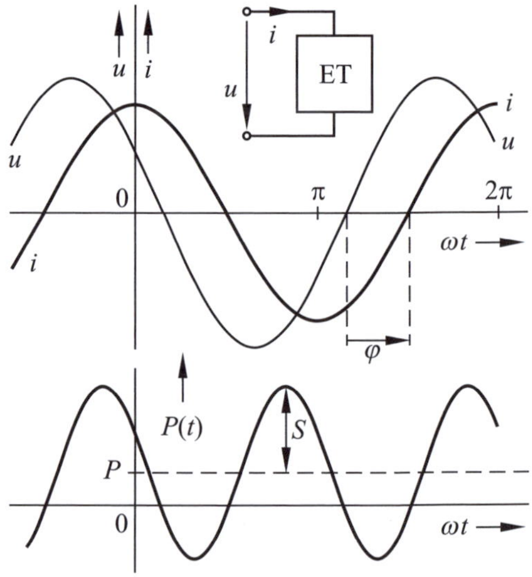

Bild 4.2 Leistung $P(t)$ eines linearen Eintors ET

Die *Amplitude* der Leistungsschwingung $P(t)$ wird als **Scheinleistung** *(apparent power)* S bezeichnet:

$$S = U\,I \tag{4.16}$$

Die Scheinleistung ist das Produkt der Effektivwerte von Strom und Spannung und deswegen stets positiv.

Um Verwechslungen mit der Wirkleistung, deren Einheit 1 W ist, zu vermeiden, wird die Einheit der Scheinleistung **Voltampere** genannt:

$$[S] = 1\ \text{VA} \tag{4.17}$$

Die Scheinleistung ist eine in der Technik wichtige Größe; so wird z. B. die Bemessungsleistung von Transformatoren stets in VA angegeben.

Bei einem Eintor, das keine unabhängige Quelle enthält, lässt sich die Scheinleistung gemäß den Gln. (4.4) bzw. (4.8) mit dem *Scheinwiderstand* Z bzw. mit dem *Scheinleitwert* Y darstellen:

$$S = Z \cdot I^2 \qquad S = Y \cdot U^2 \tag{4.18}$$

Praxisbezug 4.1
Die Leistungsschwingung eines an Sinusspannung betriebenen Einphasenmotors ist vor allem bei den hohen Leistungen von Lokomotiven störend. Bei den Lokomotiven der Deutschen Bahn werden deshalb bevorzugt *Drehstrommotoren* eingesetzt, da sie keine Leistungsschwingung aufweisen und damit ihr Drehmoment zeitlich konstant ist.

Da an den Generatoren für das deutsche Einphasen-Bahnnetz, dessen Frequenz aus historischen Gründen 16,7 Hz beträgt, eine Leistungsschwingung entsteht, müssen diese auf einer federnden Unterlage aufgestellt werden, z. B. auf einer Platte, die mit Schraubenfederpaketen auf dem Fundament befestigt ist. ❐

Wirkleistung
Der zweite Term der Gl. (4.14) beschreibt eine zeitlich *konstante* Leistung; sie ist der arithmetische Mittelwert der Leistungsschwingung $P(t)$, also die **Wirkleistung** P:

$$P = S\cos\varphi \tag{4.19}$$

Im Gegensatz zur stets positiven Scheinleistung kann die Wirkleistung ein positives oder negatives Vorzeichen haben:

- Liegt der Winkel φ im Bereich $-90° < \varphi < 90°$, so ist $\cos\varphi > 0$ und damit $P > 0$, wobei das Eintor im Mittel elektrische Energie *aufnimmt* und ein *Verbraucher* ist.
- Liegt der Winkel φ im Bereich $-180° < \varphi < -90°$ oder im Bereich $90° < \varphi \leq 180°$, so ist wegen $\cos\varphi < 0$ auch $P < 0$, wobei das Eintor im Mittel elektrische Energie *abgibt* und ein *Erzeuger* ist.

Bei einem Eintor, das keine unabhängige Quelle enthält, kann man die Wirkleistung mit dem Wirkwiderstand R bzw. mit dem Wirkleitwert G berechnen:

$$P = Z I^2 \cos\varphi = R I^2 \tag{4.20}$$

$$P = Y U^2 \cos\varphi = G U^2 \tag{4.21}$$

Der Quotient aus der Wirkleistung P und der Scheinleistung S wird **Leistungsfaktor** *(power factor)* λ (griech. Buchstabe lambda) genannt:

$$\lambda = \frac{P}{S} = \cos\varphi \tag{4.22}$$

Das Produkt aus Wirkleistung P und Zeit t wird als **Wirkarbeit** W bezeichnet:

$$W = P\,t \tag{4.23}$$

Wirk- und Blindleistungsschwingung
Die in der Gl. (4.14) beschriebene Leistung setzt sich aus dem Wechselanteil $P_{\sim}(t)$ und dem Gleichanteil P zusammen:

$$P(t) = P_{\sim}(t) + P \tag{4.24}$$

Im Wechselanteil formen wir das Argument der Kosinusfunktion mit der Gl. (A1.8) um und erhalten mit $P = U\,I\cos\varphi$ und $S = U\,I$:

$$P(t) = [P + P\cos 2\omega t] - S\sin\varphi \cdot \sin 2\omega t \tag{4.25}$$

Diese Gleichung beschreibt die Leistung als Summe zweier Schwingungen. Der Ausdruck in eckigen Klammern stellt eine Schwingung dar, die mit der Amplitude P um den Mittelwert P schwingt; sie wird **Wirkleistungsschwingung** genannt:

$$P(t) = P + P\cos 2\omega t \tag{4.26}$$

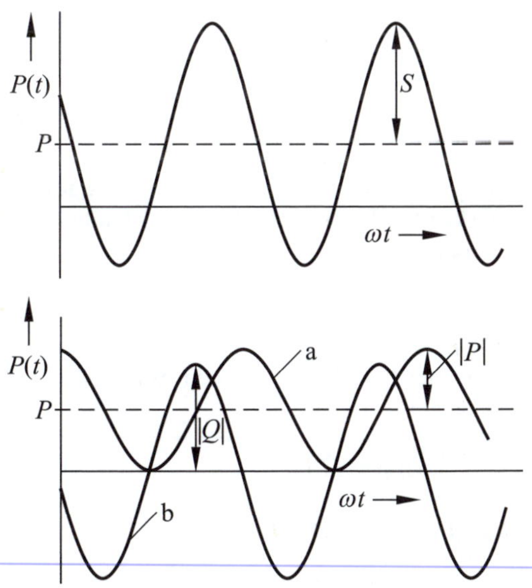

Bild 4.3 Zerlegung der Leistung $P(t)$ in Wirkleistungsschwingung (a) und Blindleistungsschwingung (b)

Die Wirkleistungsschwingung eines *Verbrauchers* hat zu jedem Zeitpunkt einen Wert $P(t) > 0$; an einem Erzeuger hat sie zu jedem Zeitpunkt einen Wert $P(t) < 0$.

Den zweiten Teil der Gl. (4.25) bezeichnet man als **Blindleistungsschwingung**. Der Ausdruck $S \cdot \sin\varphi$ wird **Blindleistung** *(reactive power)* Q genannt:

$$Q = S \cdot \sin\varphi \tag{4.27}$$

Ihr Betrag ist die Amplitude der Blindleistungsschwingung, deren arithmetischer Mittelwert null ist.
Zur Unterscheidung der Blindleistung von den übrigen Leistungsgrößen verwendet man für sie die Einheit **var**; dies ist die Abkürzung von ***v**olt-**a**mpere-**r**eactive*:

$$[Q] = 1 \text{ var} \tag{4.28}$$

Das *Vorzeichen der Blindleistung* hängt vom Phasenverschiebungswinkel der Spannung gegen den Strom ab:
- Wird bei einem Eintor, das keine Quelle enthält, die Energie im *magnetischen* Feld gespeichert, so ist $Q > 0$ und man spricht von einem **induktiv wirkenden Verbraucher** und von **induktiver Blindleistung**;
- wird bei einem Eintor, das keine Quelle enthält, die Energie im *elektrischen* Feld gespeichert, so ist $Q < 0$ und man spricht von einem **kapazitiv wirkenden Verbraucher** und von **kapazitiver Blindleistung**.

Bei einem Eintor, das keine unabhängige Quelle enthält, kann man die Blindleistung mit dem Blindwiderstand X bzw. mit dem Blindleitwert B berechnen:

$$Q = Z\,I^2 \sin\varphi = X\,I^2 \tag{4.29}$$

$$Q = Y\,U^2 \sin\varphi = -B\,U^2 \tag{4.30}$$

Auch bei der Blindleistung eines Eintors, das Sinusquellen enthält, verwendet man die Begriffe induktive bzw. kapazitive Blindleistung bei positivem bzw. negativem Vorzeichen. Über die physikalische Wirkungsweise des Eintors wird hierdurch allerdings nichts ausgesagt.

Das Produkt aus Blindleistung Q und Zeit t wird als **Blindarbeit** bezeichnet; der Quotient aus Q und der Scheinleistung S heißt **Blindfaktor**.

Die Leistungsschwingung $P(t)$ nach der Gl. (4.25) lässt sich nun mit der Wirkleistung und der Blindleistung formulieren:

$$P(t) = P\,[1 + \cos 2\omega t] - Q \cdot \sin 2\omega t \tag{4.31}$$

Bei einem *Verbraucher* beschreibt die *Wirkleistungsschwingung* die Energie, die der Verbraucher dem übrigen Netz entnimmt und in nichtelektrische Energie umwandelt.
Die *Blindleistungsschwingung* beschreibt die Energie, die der Verbraucher in einer Halbschwingung aus dem Netz aufnimmt und in der nächsten wieder an das Netz abgibt. Ein Verbraucher kann nur dann Blindleistung verursachen, wenn er *Energiespeicher* enthält.

Bei einem *Erzeuger* beschreibt die *Wirkleistungsschwingung* die elektrische Energie, die aus nichtelektrischer Energie umgewandelt und in den Stromkreis eingespeist wird.
Die Blindleistungsschwingung beschreibt die elektrische Energie, die der Erzeuger in einer Halbschwingung aufnimmt und in der nächsten wieder abgibt.

Der Betrieb eines Verbrauchers mit $\cos\varphi = 1$ ist besonders günstig, weil dabei stets nur Energie *aufgenommen* wird. Die Blindleistung ist i. Allg. unerwünscht, da sie einen Stromanteil bedingt, der in Leitungen und Erzeugern zusätzliche Verluste hervorruft. Bei Energieversorgungsnetzen veranlasst man deshalb die Abnehmer, möglichst nur Wirkleistung zu beziehen.

Beispiel 4.2
Wir wollen die Leistungen für das im Beispiel 4.1 beschriebene Eintor berechnen.

Mit der Gl. (4.16) erhalten wir die Scheinleistung:

$S = U\,I = 230\text{ V} \cdot 4{,}2\text{ A} = 966\text{ VA}$

Die Wirkleistung berechnen wir mit Gl. (4.19):

$P = S\cos\varphi = 966\text{ VA} \cdot \cos(-20°) = 908\text{ W}$

Die Blindleistung berechnen wir mit Gl. (4.27):

$Q = S\sin\varphi = 966\text{ VA} \cdot \sin(-20°) = -330\text{ var}$

Der Wert $Q < 0$ zeigt, dass das Eintor *kapazitive Blindleistung* verursacht, es wirkt also *kapazitiv.*

Praxisbezug 4.2
Bei Abnehmern, die von Energieversorgern aus dem *Niederspannungsnetz* beliefert werden, z. B. bei Haushalten, wird die *Wirkarbeit* mit einem „Zähler" gemessen und dem Abnehmer in Rechnung gestellt.
Die Messung der *Blindarbeit* wäre hier zu aufwendig. Sie wird nur bei aus dem *Mittelspannungsnetz* (s. Kap. 6) gespeisten Abnehmern vorgenommen, z. B. bei Industriebetrieben. Es müssen aber vom Abnehmer nur Kosten für die Blindarbeit übernommen werden, welche einen vereinbarten Prozentsatz der Wirkarbeit (z. B. 50 %) übersteigt. Ein schlechter Leistungsfaktor, der z. B. durch Motoren verursacht wird, kann durch parallel geschaltete Kondensatoren verbessert werden; dies wird **Blindleistungskompensation** genannt. ❐

4.2.2 Komplexe Leistung

Für die Praxis ist die Beschreibung der Leistung durch trigonometrische Gleichungen zu umständlich. Man kann die Leistung bei Sinusspannung und -strom wesentlich übersichtlicher durch ein *komplexes Symbol* darstellen und sie so in die *symbolische Methode* einbeziehen.
Hierfür gehen wir von dem in der Gl. (4.31) enthaltenen *Wechselanteil* der Leistung aus:

$$P_{\sim}(t) = P \cdot \cos 2\omega t - Q \cdot \sin 2\omega t \qquad (4.32)$$

Die Blindleistungsschwingung formen wir mit der Gl. (A1.3) um:

$$P_{\sim}(t) = P \cdot \cos 2\omega t + Q \cdot \cos\left(2\omega t + \frac{\pi}{2}\right) \qquad (4.33)$$

Die beiden Leistungsschwingungen können durch Zeiger dargestellt werden, die mit der Winkelgeschwindigkeit $2\,\omega$ rotieren; der Zeiger der Blindleistungsschwingung ist um den Winkel $\pi/2$ gegen die Wirkleistungsschwingung verschoben.

Wir lassen im Folgenden den Hinweis auf die Rotation der Zeiger weg und betrachten sie zu dem Zeitpunkt, bei dem der Wirkleistungszeiger mit der Bezugsachse zusammenfällt (Bild 4.4). Diese interpretieren wir als die reelle Achse einer komplexen Ebene.

Nun kann P als Realteil und Q als Imaginärteil einer komplexen Größe $\underline{S}$ aufgefasst werden, die **komplexe Leistung** *(complex power)* genannt wird.

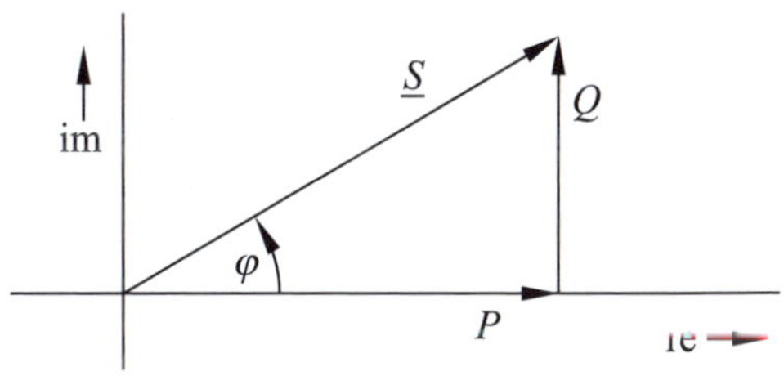

Bild 4.4 Komplexe Leistung

Die komplexe Leistung $\underline{S}$ darf nicht in einem gemeinsamen Zeigerdiagramm mit dem Strom $\underline{I}$ und der Spannung $\underline{U}$ dargestellt werden, denn diese Zeiger rotieren mit anderer Winkelgeschwindigkeit.

Der *Betrag* der komplexen Leistung ist die Scheinleistung S und ihr *Winkel* ist der Phasenverschiebungswinkel $\varphi = \varphi_u - \varphi_i$:

$$\boxed{\underline{S} = S\underline{/\varphi} = P + \mathrm{j}\,Q} \qquad (4.34)$$

Nach Bild 4.4 gilt:

$$S = \sqrt{P^2 + Q^2}\,; \quad \varphi = \arctan\frac{Q}{P} \qquad (4.35)$$

Nun wollen wir zeigen, wie sich die komplexe Leistung mit der Spannung $\underline{U} = U\underline{/\varphi_u}$ und dem Strom $\underline{I} = I\underline{/\varphi_i}$ berechnen lässt. Da das *Produkt* $\underline{U}\,\underline{I}$ für den Winkel die *Summe* $\varphi_u + \varphi_i$ ergeben würde, verwendet man zweckmäßig den *konjugiert komplexen* Strom $\underline{I}^* = I\underline{/-\varphi_i}$ und setzt an:

$$\boxed{\underline{S} = \underline{U}\,\underline{I}^*} \tag{4.36}$$

Wenn das Eintor keine unabhängige Quelle enthält, kann man die komplexe Leistung mit dem komplexen Widerstand $\underline{Z}$ berechnen:

$$\underline{S} = (\underline{Z}\,\underline{I})\cdot\underline{I}^* = \underline{Z}\,I^2 \tag{4.37}$$

Ist der komplexe Leitwert gegeben, so gilt:

$$\underline{S} = \underline{U}\cdot(\underline{Y}\,\underline{U})^* = \underline{Y}^*\,U^2 \tag{4.38}$$

Beispiel 4.3

Das Eintor aus dem Beispiel 4.1 wird an einer Sinusquelle betrieben. Wir wollen die komplexe Leistung der beiden Eintore berechnen.

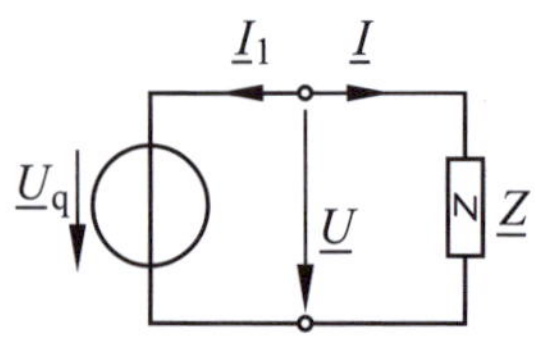

Mit der Gl. (4.37) berechnen wir die komplexe Leistung des Verbrauchers:

$$\underline{S} = \underline{Z}\,I^2 = 54{,}8\ \Omega\underline{/-20^\circ}\cdot(4{,}2\ \text{A})^2$$

$$\underline{S} = 966\ \text{VA}\underline{/-20^\circ} = 907{,}7\ \text{W} - \text{j}\ 330{,}4\ \text{var}$$

Durch die Sinusquelle fließt der Strom:

$$\underline{I}_1 = -\underline{I} = 4{,}2\ \text{A}\underline{/-160^\circ}$$

Damit berechnen wir die komplexe Leistung der Quelle:

$$\underline{S} = \underline{U}\,\underline{I}_1^* = 230\ \text{V}\underline{/0^\circ}\cdot 4{,}2\ \text{A}\underline{/160^\circ}$$

$$\underline{S} = 966\ \text{VA}\underline{/160^\circ} = -907{,}7\ \text{W} + \text{j}\ 330{,}4\ \text{var}$$

Die Wirkleistungen und die Blindleistungen unterscheiden sich bei Verbraucher und Quelle nur durch das Vorzeichen: Beim Verbraucher ist $P > 0$, bei der Quelle ist $P < 0$. Wegen $Q < 0$ wirkt der Verbraucher *kapazitiv*, während die Quelle wegen $Q > 0$ *induktiv* wirkt.

Fragen

- Wie wird die Leistung $P(t)$ eines linearen Eintors an Sinusspannung in die Wirk- und Blindleistungsschwingung zerlegt?
- Erläutern Sie den Begriff Scheinleistung.
- Welchen arithmetischen Mittelwert haben die Wirk- und die Blindleistungsschwingung?
- Wie lautet der Zusammenhang zwischen Schein-, Wirk- und Blindleistung? Nennen Sie die Einheiten dieser Größen.
- Wie wird die komplexe Leistung aus den komplexen Symbolen von Spannung und Strom berechnet?
- Stellen Sie die Leistungsgrößen an einem linearen Eintor, das keine Quelle enthält, mit Hilfe des komplexen Widerstandes dar.
- Welcher Zusammenhang besteht zwischen den Leistungsgrößen und der komplexen Leistung?
- Was sagen die Vorzeichen der Wirkleistung bzw. der Blindleistung aus?

Aufgabe 4.1(1)

An einem linearen Eintor liegt die Spannung $\underline{U} = 12{,}4\ \text{V}\underline{/28^\circ}$. Berechnen Sie die Wirk-, Blind- und Scheinleistung für den Strom $\underline{I} = 1{,}5\ \text{A}\underline{/-76^\circ}$. Ist das Eintor ein Erzeuger oder ein Verbraucher?

Aufgabe 4.2(1)

Ein Verbraucher nimmt die Wirkleistung 120 kW auf; die Blindleistung beträgt 60 kvar.

- Welchen Wert hat sein Leistungsfaktor?
- Formulieren Sie seine komplexe Leistung.

4.3 Grundeintore an Sinusspannung

Ziele: Sie können

- den Zusammenhang zwischen Sinusspannung und Sinusstrom an den Grundeintoren angeben.
- die Phasenverschiebung zwischen Spannung und Strom an den Grundeintoren erläutern.
- den komplexen Widerstand und den komplexen Leitwert der Grundeintore in der P-Form und in der R-Form angeben.
- die Leistungsgrößen der Grundeintore an Sinusspannung nennen.

4.3.1 Grundeintor *R*

Fließt ein Sinusstrom durch das Grundeintor *R*, so liegt nach Gl. (1.1) an seinen Klemmen die Sinusspannung:

$$\hat{u} \cdot \cos(\omega t + \varphi_u) = R\,\hat{i} \cdot \cos(\omega t + \varphi_i) \quad (4.39)$$

Diese Gleichung ist unter folgenden Bedingungen für jeden Wert der Zeit t erfüllt:

$$\hat{u} = R\,\hat{i}\,; \quad \varphi_u = \varphi_i \quad (4.40)$$

Die Nullphasenwinkel von Spannung und Strom sind also bei einem Grundeintor R einander gleich und der Phasenverschiebungswinkel hat den Wert:

$$\boxed{\varphi_R = \varphi_u - \varphi_i = 0°} \quad (4.41)$$

Man sagt, Spannung und Strom sind **in Phase**.

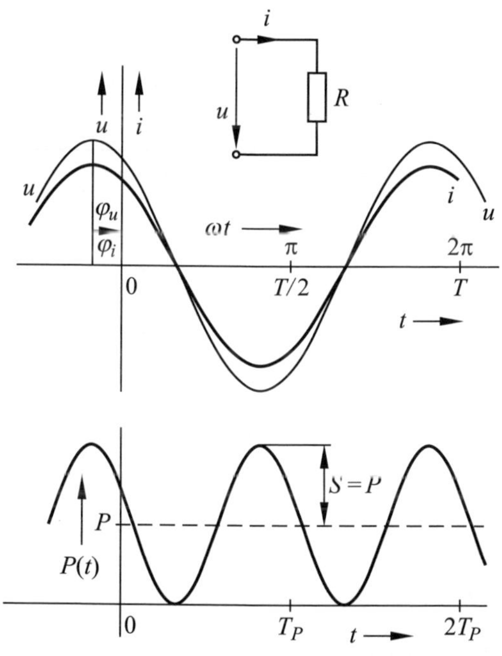

Bild 4.5 Liniendiagramme von Strom, Spannung und Leistung an einem Grundeintor R

Im Bild 4.5 ist außer dem Strom und der Spannung auch die Leistungsschwingung $P(t) = u\,i$ dargestellt. Wegen $Q = S \sin \varphi_R = 0$ ist sie eine reine Wirkleistungsschwingung mit dem Mittelwert und der Amplitude $P \geq 0$; das Grundeintor R kann elektrische Energie nur aufnehmen und gibt zu keinem Zeitpunkt elektrische Energie ab.

Wegen $\varphi_u = \varphi_i$ haben die komplexen Zeiger von Spannung und Strom gleiche Phasenlage und es gilt:

$$\boxed{\underline{U} = R\,\underline{I}} \quad (4.42)$$

Für die Effektivwerte von Strom und Spannung gilt am Grundeintor R:

$$U = R\,I \quad (4.43)$$

Der komplexe Widerstand des Grundeintors R ist reell, er besteht nur aus einem Wirkwiderstand; der Blindwiderstand ist gleich null:

$$\boxed{\underline{Z}_R = R} \quad (4.44)$$

Auch der komplexe Leitwert des Grundeintors R ist *reell*; der Blindleitwert ist gleich null:

$$\underline{Y}_R = \frac{1}{R} = G \quad (4.45)$$

Das Bild 4.6 zeigt die Phasenlage dieser Größen.

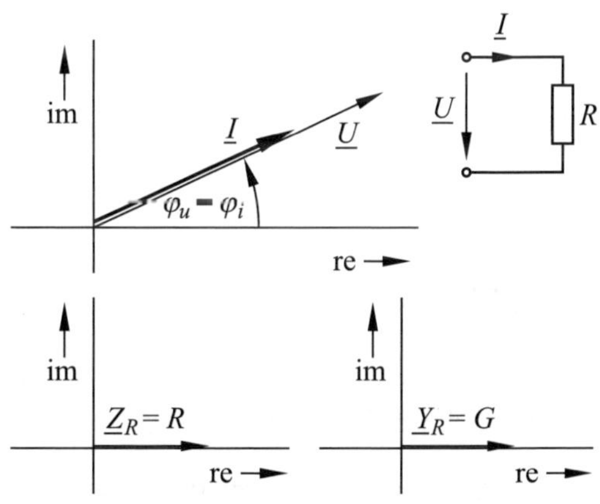

Bild 4.6 Zeigerdiagramme für Spannung und Strom sowie für den komplexen Widerstand und den komplexen Leitwert des Grundeintors R

Die komplexe Leistung berechnen wir mit den Gln. (4.37 und 4.38):

$$\underline{S} = R\,I^2 = G\,U^2 \quad (4.46)$$

Wegen $\varphi_R = 0$ ist die Scheinleistung gleich der Wirkleistung und es gilt:

$$S_R = P_R = U\,I \tag{4.47}$$

Praxisbezug 4.3

Eine Glühlampe kann bei Netzfrequenz und konstantem Effektivwert der Spannung näherungsweise als Grundeintor *R* angesehen werden, weil sich die Leitertemperatur und damit der Widerstand während einer Periode kaum ändern.

Infolge der Leistungsschwingung entsteht jedoch eine geringe Helligkeitsschwankung, die bei Glühlampen an 50 Hz wegen der Trägheit des menschlichen Auges nicht ohne weiteres wahrnehmbar ist. Sie kann aber einen Effekt erzeugen, der zur Drehzahleinstellung rotierender Maschinen benutzt wird: Auf einer mit der Drehachse verbundenen Scheibe befindet sich eine Kreisskala mit Strichen in gleichen Abständen. Bei richtiger Drehzahl der Scheibe scheinen diese Striche im Licht der Glühlampe infolge des *Stroboskopeffekts* stillzustehen.

In Sporthallen, wo dieser Effekt bei schnellen Bewegungen stören würde, werden die Lampen – vor allem Leuchtstofflampen – an die drei Leiter des Drehstromnetzes geschaltet; jede Lampengruppe hat dann zu einem anderen Zeitpunkt ihr Maximum an Helligkeit. ❐

4.3.2 Grundeintor *L*

Die Gleichung des Grundeintors *L* lautet:

$$u = L\,\frac{\mathrm{d}i}{\mathrm{d}t} \qquad \text{(s. Gl. 1.59)}$$

Fließt ein Sinusstrom $i = \hat{i} \cdot \cos(\omega t + \varphi_i)$, so liegt an den Klemmen die Sinusspannung:

$$\hat{u} \cdot \cos(\omega t + \varphi_u) = \omega L\,\hat{i} \cdot [-\sin(\omega t + \varphi_i)] \tag{4.48}$$

Wir formen dies mit der Gl. (A1.3) um:

$$\hat{u} \cdot \cos(\omega t + \varphi_u) = \omega L\,\hat{i} \cdot \cos\left(\omega t + \varphi_i + \frac{\pi}{2}\right) \tag{4.49}$$

Diese Gleichung ist unter folgenden Bedingungen für jeden Wert der Zeit *t* erfüllt:

$$\hat{u} = \omega L\,\hat{i}\,; \quad \varphi_u = \varphi_i + \frac{\pi}{2} \tag{4.50}$$

Der Phasenverschiebungswinkel φ hat bei einem Grundeintor *L* also den Wert:

$$\boxed{\varphi_L = \varphi_u - \varphi_i = \frac{\pi}{2}} \tag{4.51}$$

> An einem Grundeintor *L* eilt die Sinusspannung dem Sinusstrom um den Winkel 90° vor.

Im Bild 4.7 ist außer dem Strom und der Spannung auch die Leistungsschwingung $P(t) = u\,i$ dargestellt. Wegen $P = S \cos \varphi_L$ ist sie eine reine Blindleistungsschwingung mit dem Mittelwert null.

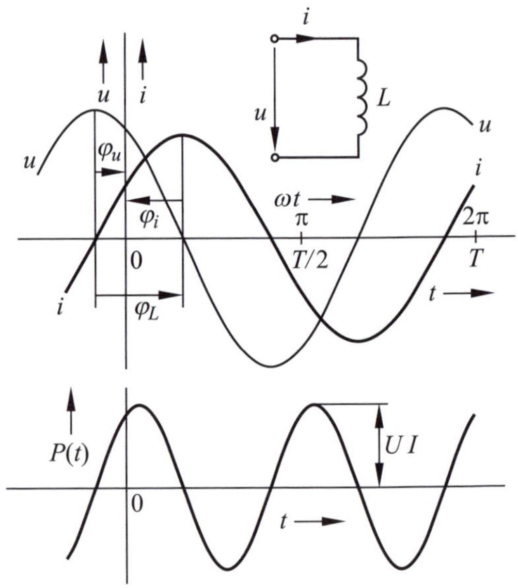

Bild 4.7 Liniendiagramme von Strom, Spannung und Leistung am Grundeintor *L*

Am Grundeintor *L* sind die komplexen Größen $\underline{U}$ und $\underline{I}$ durch folgende Eintorgleichung miteinander verbunden:

$$\boxed{\underline{U} = \mathrm{j}\,\omega L\,\underline{I}} \tag{4.52}$$

Für die Effektivwerte der Spannung und des Stromes ergibt sich am Grundeintor *L* der Zusammenhang:

$$U = \omega L\,I \tag{4.53}$$

Den komplexen Widerstand berechnen wir mit den Gln. (4.1 und 4.52):

$$\boxed{\underline{Z}_L = \mathrm{j}\,\omega L} \tag{4.54}$$

Der komplexe Widerstand des Grundeintors L ist *imaginär*, er besteht nur aus einem Blindwiderstand; der Wirkwiderstand R_L ist gleich null. Auch der komplexe Leitwert des Grundeintors L ist *imaginär*; der Wirkleitwert G_L ist gleich null:

$$\underline{Y}_L = \frac{1}{\underline{Z}_L} = \mathrm{j}\left(-\frac{1}{\omega L}\right) \tag{4.55}$$

Das Bild 4.8 zeigt die Phasenlage der komplexen Größen $\underline{Z}_L$ und $\underline{Y}_L$.
Das Grundeintor L hat einen positiven Blindwiderstand X_L und einen negativen Blindleitwert B_L:

$$X_L = \omega L \; ; \; B_L = -\frac{1}{\omega L} \tag{4.56}$$

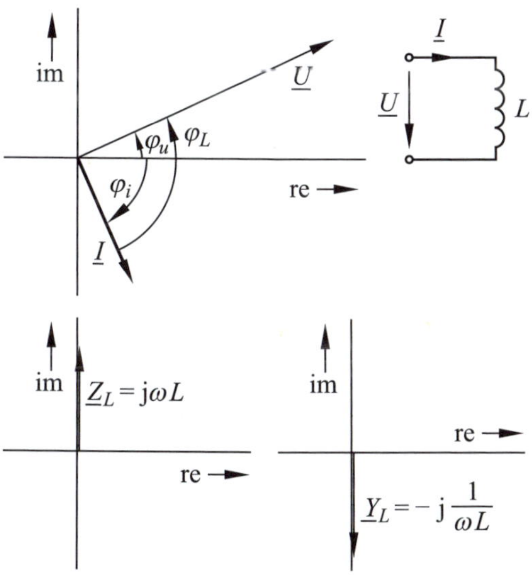

Bild 4.8 Zeigerdiagramme für Spannung und Strom sowie für den komplexen Widerstand und den komplexen Leitwert des Grundeintors L

Die komplexe Leistung $\underline{S} = P + \mathrm{j}\,Q$ berechnen wir mit den Gln. (4.37 und 4.54):

$$\underline{S}_L = \mathrm{j}\,\omega L\, I^2 \tag{4.57}$$

Die komplexe Leistung am Grundeintor L ist imaginär; es tritt nur Blindleistung auf:

$$Q_L = \omega L\, I^2 = \frac{U^2}{\omega L} \tag{4.58}$$

Die Blindleistung des Grundeintors L ist stets positiv; man bezeichnet deswegen eine Blindleistung $Q > 0$ allgemein als **induktive Blindleistung**.

Das Grundeintor L ist ein *Energiespeicher*, der in einer Halbperiode der Leistung $P(t)$ Energie aufnimmt und in der folgenden Halbperiode diese Energie wieder abgibt.

Wenn der Strom den positiven bzw. den negativen Scheitelwert erreicht hat, ist die im Eintor gespeicherte Energie jeweils *maximal*. Wir berechnen diese maximale Energie mit der Gl. (2.28):

$$W_{\max} = \frac{1}{2} L\,\hat{\imath}^2 = L\, I^2 \tag{4.59}$$

Beispiel 4.4
Ein Grundeintor L = 12 mH liegt an der Sinusspannung U = 100 V; f = 400 Hz. Wir wollen den komplexen Widerstand, den komplexen Leitwert sowie den Strom und die Blindleistung berechnen.

Mit der Kreisfrequenz $\omega = 2\,\pi\, f = 2513\ \mathrm{s}^{-1}$ berechnen wir den komplexen Widerstand:

$$\underline{Z}_L = \mathrm{j}\,\omega L = \mathrm{j}\ 30{,}2\ \Omega = 30{,}2\ \Omega \underline{/90°}$$

Der komplexe Leitwert ist:

$$\underline{Y}_L = \frac{1}{\underline{Z}_L} = 33{,}2\ \mathrm{mS} \underline{/-90°}$$

Wir geben der Spannung zweckmäßig den Nullphasenwinkel $\varphi_u = 0°$ und berechnen:

$$\underline{I} = \underline{Y}_L\, \underline{U} = 100\ \mathrm{V}\underline{/0°} \cdot 33{,}2\ \mathrm{mS}\underline{/-90°}$$

$$\underline{I} = 3{,}32\ \mathrm{A}\underline{/-90°}$$

Mit den Effektivwerten von Strom und Spannung berechnen wir die Blindleistung:

$$Q_L = U\, I = 332\ \mathrm{var}$$

Praxisbezug 4.4

Eine Spule kann in einem gewissen Frequenzbereich annähernd als Grundeintor L betrachtet werden (s. Kap. 10). In integrierten Schaltungen lassen sich Spulen aber wegen ihres hohen Platzbedarfs i. Allg. nicht einsetzen. Man kann jedoch die Eigenschaft *Induktivität* auch mithilfe eines **Gyrators** realisieren.

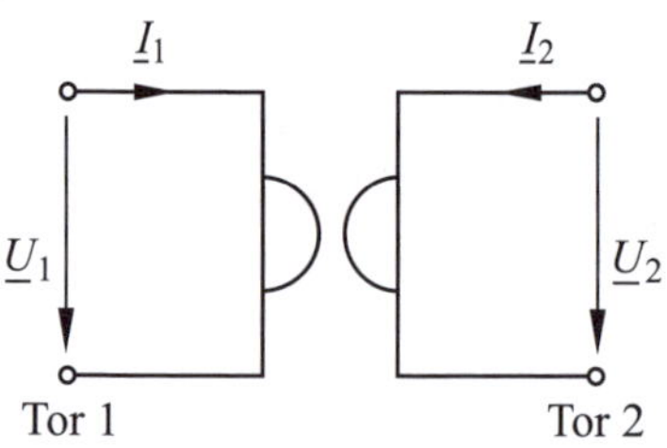

Bild 4.9 Schaltzeichen Gyrator mit Bezugspfeilen

Der Gyrator ist ein Zweitor, das durch folgende Gleichungen beschrieben wird:

$$\underline{I}_1 = G\,\underline{U}_2$$

$$\underline{I}_2 = -G\,\underline{U}_1$$

Wie die Gleichungen zeigen, lässt sich ein Gyrator mithilfe zweier spannungsgesteuerter Stromquellen aufbauen.

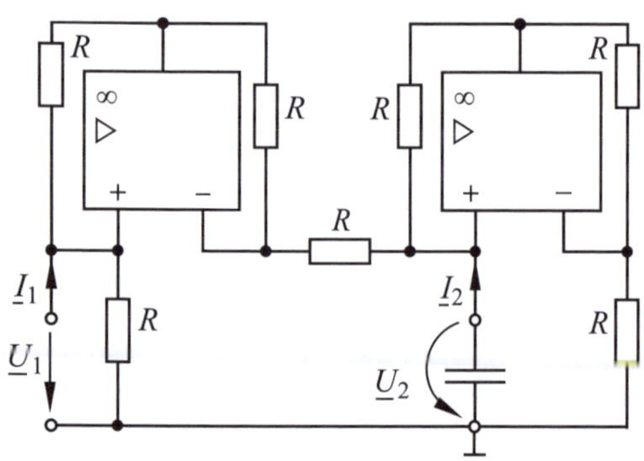

Bild 4.10 Realisierung des Grundeintors L mit einer Gyratorschaltung

Wird das Tor 2 mit einem Kondensator beschaltet, der annähernd als Grundeintor C betrachtet werden kann, so gilt für die Sinusspannungen und -ströme mit der Kreisfrequenz ω:

$$\underline{U}_1 = -R\,\underline{I}_2 = -R \cdot (-\mathrm{j}\omega C\,\underline{U}_2)$$

$$\underline{U}_1 = \mathrm{j}\omega C R^2\,\underline{I}_1$$

Am Tor 1 wirkt die Schaltung 4.10 wie ein Grundeintor mit der Induktivität $L = C R^2$. Werden z. B. die Werte $R = 3\ \mathrm{k\Omega}$ und $C = 100\ \mathrm{pF}$ gewählt, so ergibt sich die Induktivität $L = 900\ \mu\mathrm{H}$.

Wird auch an das Tor 1 ein Kondensator geschaltet, so erhält man einen Parallelschwingkreis hoher Güte. ❐

4.3.3 Grundeintor C

Die Gleichung des Grundeintors C lautet:

$$i = C\,\frac{\mathrm{d}u}{\mathrm{d}t} \qquad \text{(s. Gl. 1.5)}$$

Liegt eine Sinusspannung $u = \hat{u} \cdot \cos(\omega t + \varphi_u)$ an den Klemmen, so fließt durch das Grundeintor nach Gl. (1.5) der Sinusstrom:

$$\hat{\imath} \cdot \cos(\omega t + \varphi_i) = \omega\,C\,\hat{u} \cdot [-\sin(\omega t + \varphi_u)] \qquad (4.60)$$

Wir formen mit der Gl. (A1.3) um:

$$\hat{\imath} \cdot \cos(\omega t + \varphi_i) = \omega\,C\,\hat{u} \cdot \cos\left(\omega t + \varphi_u + \frac{\pi}{2}\right) \qquad (4.61)$$

Diese Gleichung ist unter folgenden Bedingungen für jeden Wert der Zeit t erfüllt:

$$\hat{\imath} = \omega\,C\,\hat{u}\,; \quad \varphi_i = \varphi_u + \frac{\pi}{2} \qquad (4.62)$$

Der Phasenverschiebungswinkel φ der Spannung gegen den Strom hat bei einem Grundeintor C also den Wert:

$$\boxed{\varphi_C = \varphi_u - \varphi_i = -\frac{\pi}{2}} \qquad (4.63)$$

|| An einem Grundeintor C eilt die Sinusspannung dem Sinusstrom um den Winkel 90° nach.

Im Bild 4.11 ist außer dem Strom und der Spannung auch die Leistungsschwingung $P(t) = u\,i$ dargestellt. Wegen $P = S\cos\varphi_C = 0$ ist sie eine reine Blindleistungsschwingung mit dem Mittelwert null und der Amplitude $Q = U\,I$.

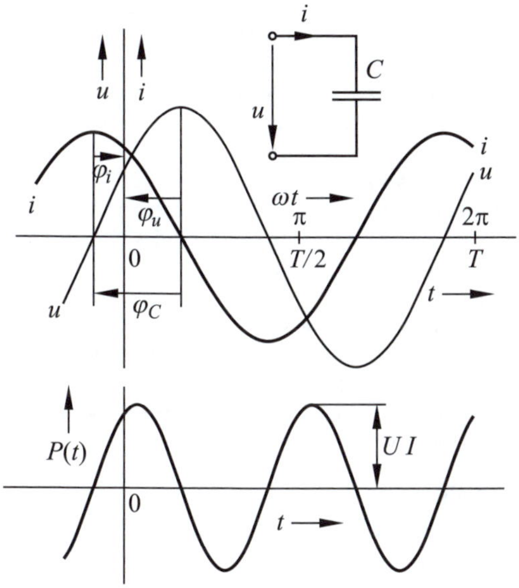

Bild 4.11 Liniendiagramme von Strom, Spannung und Leistung am Grundeintor C

Die Leistung schwingt mit der Amplitude $U I$ um den arithmetischen Mittelwert null. Die Frequenz der Leistungsschwingung ist doppelt so hoch wie die des Stromes bzw. der Spannung.

Da der arithmetische Mittelwert der Leistungsschwingung null ist, nimmt das Grundeintor C keine Wirkleistung auf und es ist $P = 0$. Die Leistungsschwingung ist deswegen eine Blindleistungsschwingung mit dem Mittelwert null.

Am Grundeintor C sind die komplexen Größen $\underline{U}$ und $\underline{I}$ durch folgende Eintorgleichung miteinander verknüpft:

$$\boxed{\underline{I} = \mathrm{j}\,\omega C\,\underline{U}} \tag{4.64}$$

Für die Effektivwerte der Spannung und des Stromes gilt am Grundeintor C:

$$I = \omega C U \tag{4.65}$$

Den komplexen Leitwert berechnen wir mit den Gln. (4.8 und 4.64):

$$\boxed{\underline{Y}_C = \mathrm{j}\,\omega C} \tag{4.66}$$

Der komplexe Leitwert des Grundeintors C ist *imaginär*, er besteht nur aus einem Blindleitwert; der Wirkleitwert G_C ist gleich null. Auch der komplexe Widerstand des Grundeintors C ist *imaginär* und der Wirkwiderstand R_C ist gleich null:

$$\underline{Z}_C = \frac{1}{\underline{Y}_C} = \mathrm{j}\left(-\frac{1}{\omega C}\right) \tag{4.67}$$

Das Grundeintor C hat einen positiven Blindleitwert B_C und einen negativen Blindwiderstand X_C:

$$B_C = \omega C\,; \quad X_C = -\frac{1}{\omega C} \tag{4.68}$$

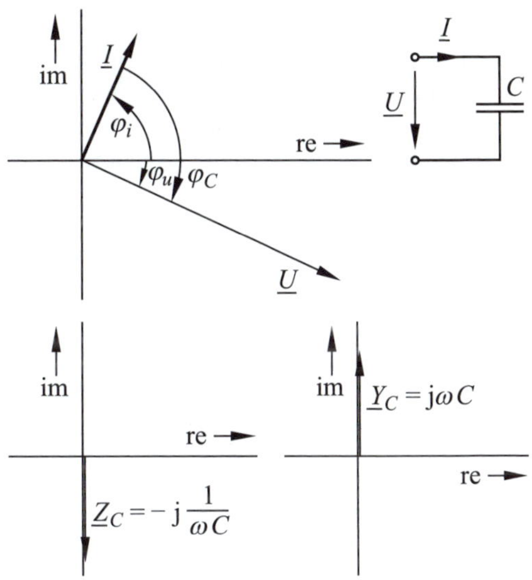

Bild 4.12 Zeigerdiagramme für Spannung und Strom sowie für den komplexen Widerstand und den komplexen Leitwert des Grundeintors C

Die komplexe Leistung $\underline{S}_C = P + \mathrm{j}\,Q$ berechnen wir mit den Gln. (4.38 und 4.66):

$$\underline{S}_C = -\mathrm{j}\,\omega\,C\,U^2 \tag{4.69}$$

Die komplexe Leistung am Grundeintor C ist imaginär; es tritt nur Blindleistung auf:

$$Q_C = -\omega C\,U^2 = -\frac{I^2}{\omega C} \tag{4.70}$$

Die Blindleistung des Grundeintors C ist stets negativ; man bezeichnet deswegen eine Blindleistung $Q < 0$ allgemein als **kapazitive Blindleistung**.

Das Grundeintor C ist ein *Energiespeicher*, der in einer Halbperiode der Leistung $P(t)$ Energie aufnimmt und in der folgenden Halbperiode diese Energie wieder abgibt.

Wenn die Spannung den positiven bzw. den negativen Scheitelwert erreicht hat, ist die im Eintor gespeicherte Energie jeweils *maximal.*
Wir berechnen diese maximale Energie mit der Gl. (2.5):

$$W_{\max} = \frac{1}{2} C \hat{u}^2 = C U^2 \tag{4.71}$$

Beispiel 4.5
An einem Kondensator an der Sinusspannung mit dem Effektivwert 10 V (Frequenz: 400 Hz) wird der Strom 8,3 mA gemessen. Wir wollen seine Kapazität und die Blindleistung berechnen; dabei betrachten wir den Kondensator als Grundeintor.

Mit $\omega = 2\,\pi f = 2513\ \mathrm{s}^{-1}$ ergibt die Gl. (4.65):

$$C = \frac{I}{\omega U} = 0{,}33\ \mu\mathrm{F}$$

Die Blindleistung berechnen wir mit den Gln. (4.65 und 4.70):

$$Q_C = -\omega C U^2 = -U I = -0{,}083\ \mathrm{var}$$

Praxisbezug 4.5
Einfache Geräte zur *Messung* der Kapazität enthalten eine Sinusspannungsquelle mit konstanter Frequenz (z. B. f = 10 kHz), an die der unbekannte Kondensator über einen Strommesser ($R_M \approx 0$) angeschlossen wird. Man betrachtet den Kondensator angenähert als Grundeintor und kalibriert die Skale für $C = I / (2\,\pi f U_q)$.

Abweichungen der Spannung von der Sinusform führen zu Messabweichungen. Diese wären z. B. erheblich, wenn man die Spannung des 50-Hz-Versorgungsnetzes verwenden würde.

Das Verfahren eignet sich nur für Betriebsmessungen; Präzisionsmessungen werden mit Messbrücken durchgeführt. ❐

Fragen

- Welcher Zusammenhang besteht zwischen den komplexen Symbolen von Strom und Spannung an einem induktiven bzw. kapazitiven Grundeintor?
- An welchem Grundeintor eilt eine Sinusspannung dem Strom um 90° nach?
- Welches Vorzeichen hat der Blindwiderstand eines Grundeintors C? Begründen Sie Ihre Aussage.
- Wie lautet der komplexe Leitwert des Grundeintors L in der P- und in der R-Form?
- Zeichnen Sie das Liniendiagramm der Leistung für ein Grundeintor R an Sinusspannung. Wie berechnen Sie den arithmetischen Mittelwert der Leistung aus den Effektivwerten von Strom und Spannung?
- Welche Leistungsschwingung entsteht bei einem Grundeintor C an Sinusspannung?

Aufgaben

4.3(1) Durch ein Grundeintor C = 0,22 µF, das an der Sinusspannung U = 30 V liegt, fließt der Strom I = 6,22 mA. Welchen Wert hat die Frequenz der Sinusgrößen?

4.4(1) Durch ein Grundeintor R, ein Grundeintor L und ein Grundeintor C fließt jeweils an 230 V der Strom 154 mA. Berechnen Sie für jedes Eintor den Wirk- und den Blindwiderstand.

4.5(1) Ein Grundeintor C = 1,5 µF wird von einer idealen Sinusspannungsquelle gespeist. Der Effektivwert der Spannung ist 20 V, die Frequenz beträgt 50 Hz. Berechnen Sie den Blindwiderstand und die Blindleistung des Eintors.

4.6(1) An einem Grundeintor L = 1,8 mH liegt die Sinusspannung U = 4,2 V mit 400 Hz und dem Nullphasenwinkel –30°. Berechnen Sie den Effektivwert und den Nullphasenwinkel des Stromes.

4.7(1) Durch ein Grundeintor C = 68 nF fließt ein Sinusstrom mit dem Effektivwert 5,7 mA und der Frequenz 10,5 kHz. Berechnen Sie den Effektivwert der Spannung, die an diesem Eintor liegt, sowie die Schein-, die Wirk- und die Blindleistung.

4.8(2) In einer Anlagenbeschreibung heißt es: „Der Kondensator nimmt an 230 V (50 Hz) die Blindleistung 7,25 kvar auf.“ Berechnen Sie aus diesen Angaben die Kapazität des Kondensators und den Strom unter der Annahme, der Kondensator könne als Grundeintor angesehen werden.

4.4 Verbindung von Grundeintoren

Ziele: Sie können
- den komplexen Widerstand des Ersatzeintors einer Reihenschaltung von Grundeintoren bestimmen.
- den komplexen Leitwert des Ersatzeintors einer Parallelschaltung von Grundeintoren bestimmen.

4.4.1 Reihenschaltung von Grundeintoren

In der Reihenschaltung der Grundeintore R und L werden beide Eintore vom gleichen Strom $\underline{I}$ durchflossen.

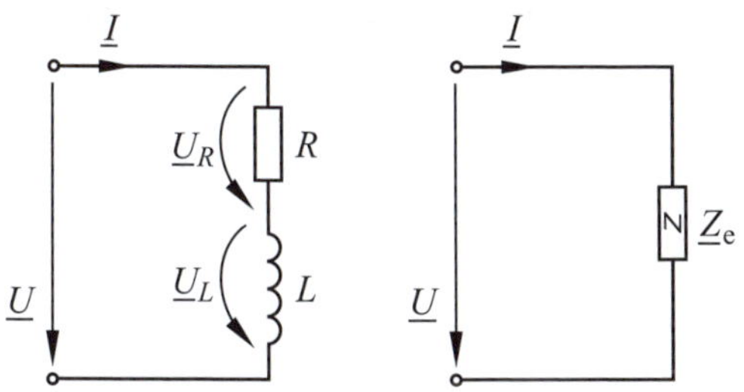

Bild 4.13 Reihenschaltung der Grundeintore R und L sowie ihr Ersatzeintor

Die Summe der beiden Spannungen $\underline{U}_R = R\,\underline{I}$ und $\underline{U}_L = \mathrm{j}\,\omega L\,\underline{I}$ ergibt die Gesamtspannung $\underline{U}$:

$$\underline{U} = \underline{U}_R + \underline{U}_L = (R + \mathrm{j}\,\omega L)\,\underline{I} \tag{4.72}$$

Wie in der Gleichstromtechnik erhalten wir den Widerstand $\underline{Z}_\mathrm{e}$ des Ersatzeintors als Summe der in Reihe geschalteten Widerstände:

$$\underline{Z}_\mathrm{e} = R_\mathrm{e} + \mathrm{j}\,X_\mathrm{e} = R + \mathrm{j}\,\omega L \tag{4.73}$$

Der Wirkwiderstand R_e der Reihenschaltung hat hier den Wert des Grundeintors R. Dies gilt *nicht* allgemein für beliebige andere Schaltungen von Grundeintoren.

Der Blindwiderstand X_e der Reihenschaltung ist stets positiv; es handelt sich also um *induktive* Blindleistung und das Ersatzeintor *wirkt induktiv.*

Im Kap. 1 haben wir gezeigt, dass eine *Spule* als Reihenschaltung der Grundeintore R und L aufgefasst werden kann; dies gilt jedoch nur für niedrige Frequenzen (s. Kap. 10).

Aus der Vorstellung, dass die Induktivität L bzw. der Blindwiderstand X_L einer Spule an Wechselspannung den Strom „drosselt", d. h. gegenüber dem Strom an Gleichspannung verringert, entstand die Bezeichnung **Drossel** für eine Spule an Wechselspannung.

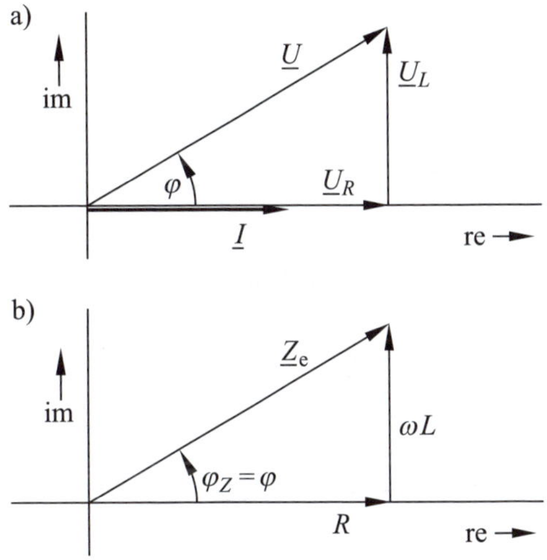

Bild 4.14 Reihenschaltung der Grundeintore R und L: komplexe Zeiger von Strom und Spannung (a) sowie komplexer Widerstand (b)

Wie die Darstellung des Ersatzwiderstandes in der komplexen Ebene zeigt (Bild 4.14 b), hat dieser den Scheinwiderstand:

$$Z_\mathrm{e} = \sqrt{R^2 + (\omega L)^2} \tag{4.74}$$

Der Winkel φ_Z des Widerstandes $\underline{Z}_\mathrm{e}$ ist gleich dem Phasenverschiebungswinkel φ der Spannung $\underline{U}$ gegen den Strom $\underline{I}$:

$$\varphi_Z = \varphi = \arctan\frac{\omega L}{R} \tag{4.75}$$

Der Phasenverschiebungswinkel liegt im Bereich $0 < \varphi < 90°$. Deshalb sind sowohl der Blindwiderstand $X = Z \sin\varphi$ der Reihenschaltung als auch die Blindleistung $Q = S \sin\varphi$ stets *positiv.* Es handelt sich also um *induktive* Blindleistung und das Ersatzeintor *wirkt induktiv.*

Beispiel 4.6

Eine Reihenschaltung aus den Grundeintoren R = 16 Ω und L = 38,2 mH wird von einem Sinusstrom 0,5 A (f = 50 Hz) durchflossen. Wir wollen die Klemmenspannung, die Teilspannungen und den Phasenverschiebungswinkel berechnen. Außerdem wollen wir den komplexen Widerstand und die Leistungen der Reihenschaltung ermitteln.

Mit $U_R = R\,I = 8$ V und $U_L = 2\,\pi f L\,I = 6$ V berechnen wir den Effektivwert der Klemmenspannung:

$$U = \sqrt{U_R^2 + U_L^2} = 10\ \text{V}$$

Den Phasenverschiebungswinkel $\varphi = 36{,}9°$ erhalten wir mit der Gl. (4.75). Damit ist:

$$\underline{U} = 10\ \text{V}\ \underline{/36{,}9°}\ ;\quad \underline{I} = 0{,}5\ \text{A}\ \underline{/0°}$$

Für $\omega L = 12\ \Omega$ berechnen wir mit Gl. (4.74) den Scheinwiderstand $Z_e = 20\ \Omega$. Der komplexe Widerstand der Reihenschaltung ist:

$$\underline{Z}_e = 20\ \Omega\ \underline{/36{,}9°}$$

Mit der Gl. (4.36) berechnen wir die komplexe Leistung:

$$\underline{S} = \underline{U}\ \underline{I}^* = 5\ \text{VA}\ \underline{/36{,}9°} = 4\ \text{W} + \text{j}\ 3\ \text{var}$$

Die Scheinleistung der Reihenschaltung beträgt 5 VA, die Wirkleistung 4 W und die Blindleistung 3 var.

In der Reihenschaltung der Grundeintore R und C fließt der gleiche Strom $\underline{I}$ durch beide Eintore.

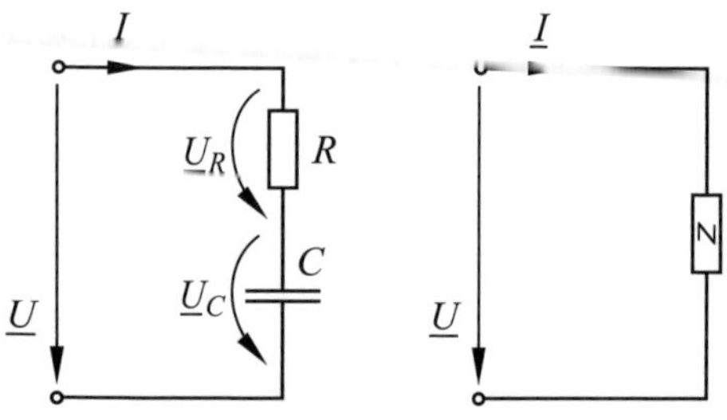

Bild 4.15 Reihenschaltung der Grundeintore R und C sowie ihr Ersatzeintor

Die Summe der Spannungen $\underline{U}_R$ und $\underline{U}_C$ ergibt die Gesamtspannung $\underline{U}$:

$$\underline{U} = \underline{U}_R + \underline{U}_C = \left(R - \text{j}\,\frac{1}{\omega C}\right) \cdot \underline{I} \tag{4.76}$$

Die Summe der in Reihe geschalteten Widerstände bildet den Widerstand $\underline{Z}_e$ des Ersatzeintors:

$$\underline{Z}_e = R_e + \text{j}\,X_e = R - \text{j}\,\frac{1}{\omega C} \tag{4.77}$$

Auch bei dieser Schaltung liegt der *Sonderfall* vor, dass der Wirkwiderstand R_e gleich dem Widerstand R des Grundeintors ist.

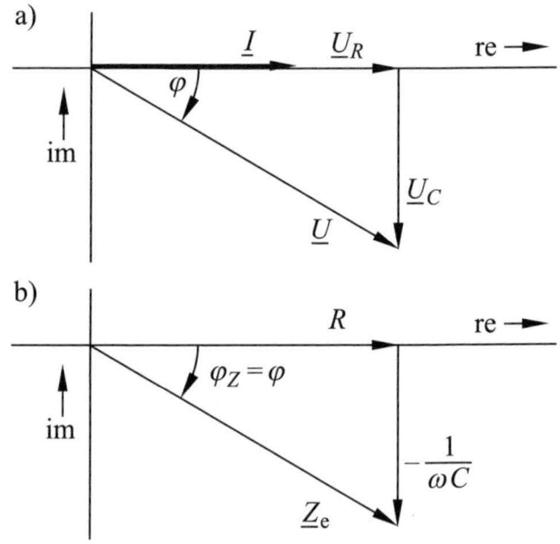

Bild 4.16 Reihenschaltung der Grundeintore R und C: komplexe Zeiger von Strom und Spannung (a); komplexer Widerstand (b)

Wie aus der Darstellung des Ersatzwiderstandes in der komplexen Ebene (Bild 4.16 b) deutlich wird, hat dieser den Scheinwiderstand:

$$Z_e = \sqrt{R^2 + \left(\frac{1}{\omega C}\right)^2} \tag{4.78}$$

Der Winkel φ_Z des Widerstandes $\underline{Z}_e$ ist gleich dem Phasenverschiebungswinkel φ der Spannung $\underline{U}$ gegen den Strom $\underline{I}$:

$$\varphi_Z = \varphi = \arctan\left(-\frac{1}{\omega C R}\right) \tag{4.79}$$

Bei einer Reihenschaltung der Grundeintore R und C sind der Blindwiderstand und die Blindleistung stets *negativ*. Es handelt sich um *kapazitive* Blindleistung und das Ersatzeintor *wirkt kapazitiv*.

4.4.2 Parallelschaltung von Grundeintoren

Bei einer Parallelschaltung arbeitet man zweckmäßig mit *Leitwerten*.

In der Parallelschaltung der Grundeintore R und C liegen ihre komplexen Leitwerte $\underline{Y}_R = G = 1/R$ und $\underline{Y}_C = \mathrm{j}\,\omega C$ an der gleichen Spannung $\underline{U}$.

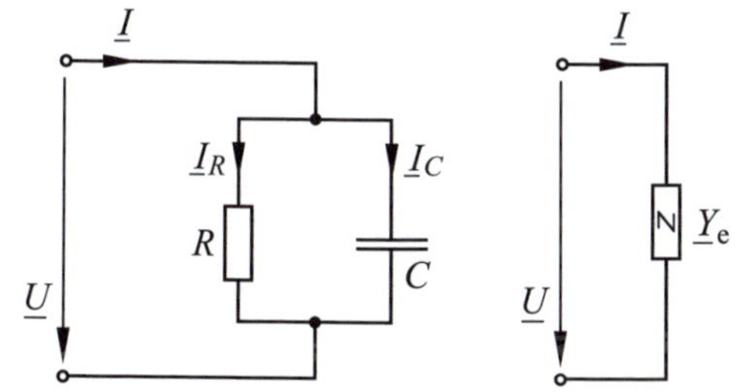

Bild 4.17 Parallelschaltung der Grundeintore R und C sowie ihr Ersatzeintor

Die Summe der parallel geschalteten Leitwerte ergibt den Leitwert $\underline{Y}_e$ des Ersatzeintors:

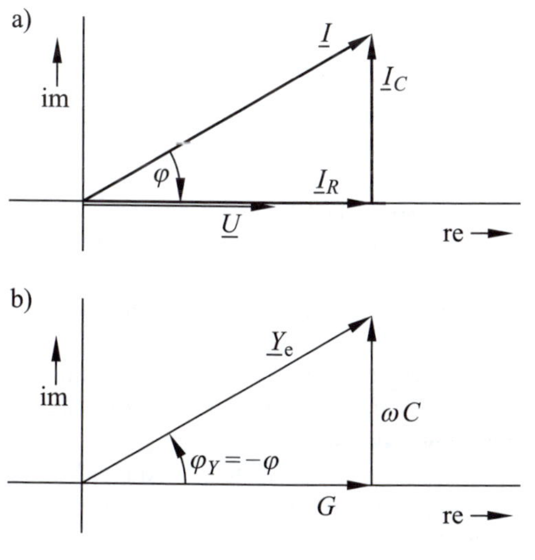

Bild 4.18 Parallelschaltung der Grundeintore R und C: komplexe Zeiger von Strom und Spannung (a) sowie komplexer Leitwert (b)

$$\underline{Y}_e = G_e + \mathrm{j}\,B_e = G + \mathrm{j}\,\omega C \tag{4.80}$$

Wie aus der Darstellung (Bild 4.18 b) des Ersatzleitwertes in der komplexen Ebene deutlich wird, hat dieser den Scheinleitwert:

$$Y_e = \sqrt{G^2 + (\omega C)^2} \tag{4.81}$$

Der Winkel φ_Y des komplexen Leitwerts $\underline{Y}_e$ ist gleich dem negativen Phasenverschiebungswinkel:

$$\varphi_Y = -\varphi = \arctan \frac{\omega C}{R} \tag{4.82}$$

Die komplexe Leistung berechnen wir mit der Gl. (4.38):

$$\underline{S} = \underline{Y}^* U^2 = (G - \mathrm{j}\,\omega C)U^2 \tag{4.83}$$

Da die Blindleistung *negativ* ist, handelt es sich um *kapazitive* Blindleistung und das Ersatzeintor *wirkt kapazitiv*.

Bei der Parallelschaltung der Grundeintore R und L verfährt man entsprechend wie bei der Parallelschaltung der Grundeintore R und C; wir wollen dies an einem Beispiel zeigen.

Beispiel 4.7
Eine Parallelschaltung aus den Grundeintoren R = 50 Ω und L = 10 mH liegt an der Sinusspannung U = 20 V (400 Hz). Wir wollen den komplexen Leitwert der Schaltung, den Gesamtstrom und die Schein-, die Wirk- und die Blindleistung berechnen.

Die Teilleitwerte sind:

$$\underline{Y}_R = \frac{1}{R} = 20\ \text{mS};\ \underline{Y}_L = -\mathrm{j}\,\frac{1}{\omega L} = -\mathrm{j}\ 39{,}8\ \text{mS}$$

Damit ergibt sich der Ersatzleitwert:

$$\underline{Y}_e = 20\ \text{mS} - \mathrm{j}\ 39{,}8\ \text{mS} = 44{,}5\ \text{mS}\,\underline{/-63{,}3°}$$

Mit der komplexen Spannung $\underline{U} = 20\ \text{V}\,\underline{/0°}$ berechnen wir den Gesamtstrom:

$$\underline{I} = \underline{Y}_e\,\underline{U} = 0{,}89\ \text{A}\,\underline{/-63{,}3°}$$

Der komplexen Leistung, die wir mit der Gl. (4.83) berechnen, entnehmen wir die Scheinleistung $S = 17{,}8$ VA, die Wirkleistung $P = 8$ W und die Blindleistung $Q = 15{,}9$ var. Abschließend stellen wir fest, dass die Schaltung induktiv wirkt.

Fragen

- Zeichnen Sie das Zeigerdiagramm für Spannung und Strom für eine Reihenschaltung aus den Grundeintoren R und L.
- Was versteht man unter dem Begriff Drossel?
- Welches Vorzeichen hat die Blindleistung bei einem kapazitiv wirkenden und welches bei einem induktiv wirkenden Eintor?
- Zeichnen Sie das Zeigerdiagramm für Spannung und Strom für eine Parallelschaltung aus den Grundeintoren R und C.

4.5 Ersatzeintore

Ziele: Sie können

- den komplexen Widerstand des Ersatzeintors einer Reihenschaltung von Grundeintoren bestimmen.
- die Spannungsteilerregel für komplexe Widerstände herleiten.
- den komplexen Leitwert des Ersatzeintors einer Parallelschaltung von Grundeintoren bestimmen.
- die Stromteilerregel für komplexe Leitwerte herleiten.
- das Ersatzeintor für eine beliebige Schaltung komplexer Widerstände berechnen.
- die Begriffe Reihen-Ersatzschaltung und Parallel-Ersatzschaltung erläutern.

4.5.1 Netze ohne unabhängige Quellen

Ein Netz, das ausschließlich Grundeintore enthält, ist ein **lineares Netz**. Liegt an einem Tor eines solchen Netzes eine Sinusspannung, so fließt dort ein Sinusstrom, dessen Effektivwert I dem Effektivwert U der Spannung proportional ist, und es handelt sich dabei um ein **lineares Eintor**.

Enthält das lineare Eintor keine Quelle, so kann es durch seinen Ersatzwiderstand ersetzt werden. Wie in der Gleichstromtechnik lässt sich der Ersatzwiderstand problemlos ermitteln, wenn sich die in Reihe geschalteten Eintore einerseits und die parallel geschalteten Eintore andererseits Schritt für Schritt zusammenfassen lassen.

Reihenschaltung komplexer Widerstände

Bei einer Reihenschaltung von Eintoren eines linearen Netzes fasst man zweckmäßig die Widerstände der einzelnen Eintore zum Ersatzwiderstand $\underline{Z}_e$ zusammen. Für *zwei* lineare Eintore mit den Widerständen $\underline{Z}_1 = R_1 + \mathrm{j}\,X_1$ und $\underline{Z}_2 = R_2 + \mathrm{j}\,X_2$ gilt:

$$\underline{Z}_e = \underline{Z}_1 + \underline{Z}_2 = R_1 + R_2 + \mathrm{j}\,(X_1 + X_2) \tag{4.84}$$

Das Ersatzeintor hat demnach den Wirkwiderstand $R_e = R_1 + R_2$ und den Blindwiderstand $X_e = X_1 + X_2$.

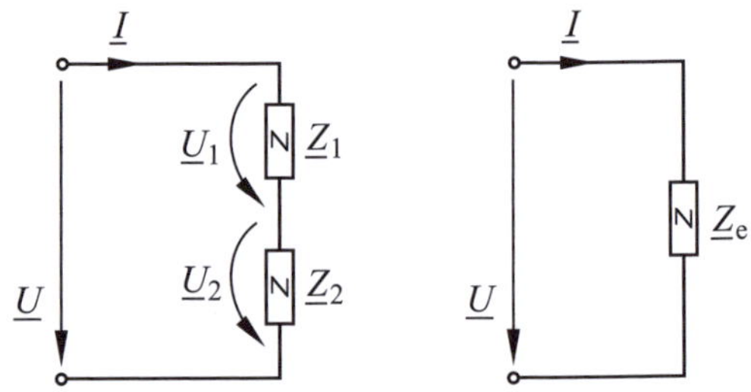

Bild 4.19 Reihenschaltung von zwei linearen Eintoren und ihr Ersatzeintor

Ist $X_e > 0$, so wirkt das Ersatzeintor induktiv; ist $X_e < 0$, so wirkt das Ersatzeintor kapazitiv.

Für n in Reihe geschaltete lineare Eintore gilt entsprechend:

$$\boxed{\underline{Z}_e = \sum_{k=1}^{n} \underline{Z}_k = \sum_{k=1}^{n} R_k + \mathrm{j} \sum_{k=1}^{n} X_k} \tag{4.85}$$

Spannungsteilerregel

Die aus der Gleichstromtechnik bekannte Spannungsteilerregel kann man auf lineare Wechselstromnetze übertragen. Wir setzen in einer Reihenschaltung linearer Eintore eine beliebige Teilspannung (z. B. $\underline{U}_1$ an $\underline{Z}_1$) ins Verhältnis zur Gesamtspannung und erhalten dadurch eine der Gleichungen der Spannungsteilerregel.

Weitere Gleichungen erhalten wir durch Bildung des Quotienten aus zwei beliebigen Teilspannungen, z. B. $\underline{U}_1$ und $\underline{U}_2$:

$$\frac{\underline{U}_1}{\underline{U}} = \frac{\underline{Z}_1}{\underline{Z}_e}\,; \quad \frac{\underline{U}_1}{\underline{U}_2} = \frac{\underline{Z}_1}{\underline{Z}_2} \tag{4.86}$$

Beispiel 4.8

Zur Bestimmung der Werte einer Spulenersatzschaltung kann das **Dreispannungsmesser-Verfahren** angewendet werden. Dabei wird die Spule in Reihenschaltung mit einem bekannten Widerstand R_M an Sinusspannung betrieben.

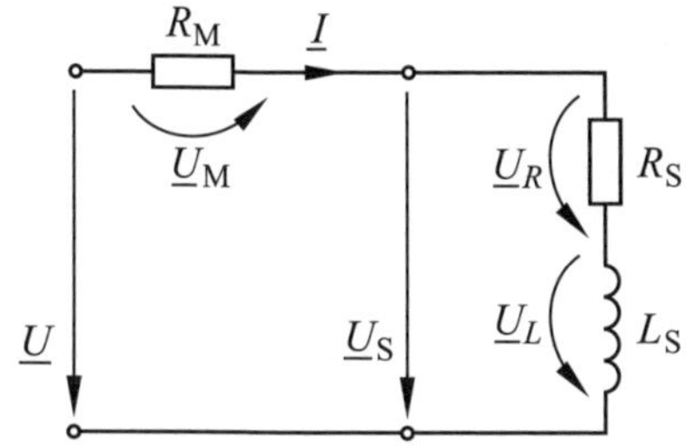

Die Effektivwerte der Spannungen U, U_M und U_S werden gemessen; damit kann man die gesuchten Größen R_S und L_S berechnen.

Die Bezeichnung des Verfahrens kommt daher, dass drei Spannungen gemessen werden; man muss also nicht etwa drei Spannungsmesser verwenden.

Am Widerstand $R_M = 27\ \Omega$ wurde bei 50 Hz die Spannung $U_M = 5{,}4$ V gemessen; die Spannungen $U_S = 6{,}0$ V und $U = 10{,}2$ V wurden mit demselben Messgerät gemessen, das für die Messung von U_M verwendet wurde.

Wir wollen den Ohmschen Widerstand R_S und die Induktivität L_S der Spule berechnen.

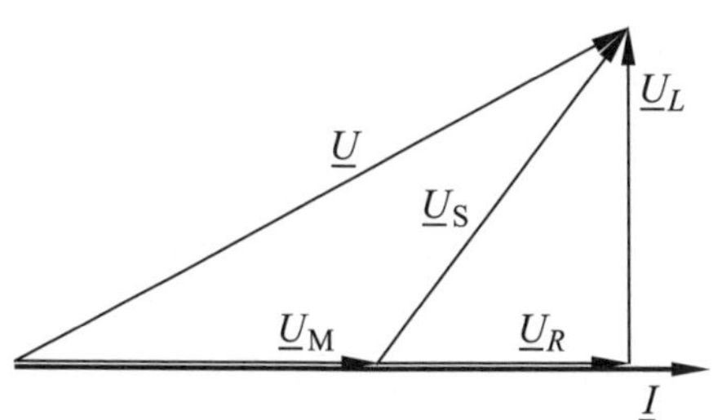

Zunächst setzen wir die Spannungsteilerregel für die Effektivwerte U_S und U_M an:

$$\frac{U_S}{U_M} = \frac{Z_S}{R_M} = \frac{\sqrt{R_S^2 + (\omega L_S)^2}}{R_M}$$

Die Spannungsteilerregel für U und U_M ergibt eine weitere Gleichung:

$$\frac{U}{U_M} = \frac{Z}{R_M} = \frac{\sqrt{(R_M + R_S)^2 + (\omega L_S)^2}}{R_M}$$

In diese Gleichungen setzen wir die gegebenen Werte ein und berechnen die gesuchten Größen:

$R_S = 18\ \Omega$; $L_S = 76{,}4$ mH

Das Dreispannungsmesser-Verfahren wird z. B. dann angewendet, wenn R_S frequenzabhängig ist (s. Abschn. 10.3) und bei Gleichspannung nicht mit ausreichender Genauigkeit gemessen werden kann. Das Verfahren liefert brauchbare Ergebnisse, wenn – wie im Beispiel – die Werte von R_M, R_S und ωL_S nicht zu stark voneinander abweichen.

Parallelschaltung komplexer Widerstände

Bei einer Parallelschaltung linearer Eintore fasst man zweckmäßig die Leitwerte der einzelnen Eintore zum Ersatzleitwert $\underline{Y}_e$ zusammen. Für zwei parallel geschaltete Eintore (Bild 4.20) mit den Leitwerten $\underline{Y}_1 = G_1 + \mathrm{j}\,B_1$ und $\underline{Y}_2 = G_2 + \mathrm{j}\,B_2$ gilt:

$$\underline{Y}_e = \underline{Y}_1 + \underline{Y}_2 = G_1 + G_2 + \mathrm{j}\,(B_1 + B_2) \qquad (4.87)$$

Das Ersatzeintor hat demnach den Wirkleitwert $G_e = G_1 + G_2$ und den Blindleitwert $B_e = B_1 + B_2$.

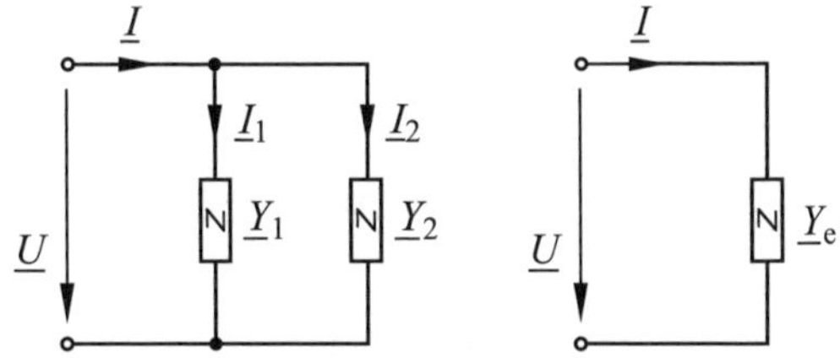

Bild 4.20 Parallelschaltung von zwei linearen Eintoren und ihr Ersatzeintor

Für n parallel geschaltete lineare Eintore gilt entsprechend:

$$\underline{Y}_e = \sum_{k=1}^{n} \underline{Y}_k = \sum_{k=1}^{n} G_k + \mathrm{j} \sum_{k=1}^{n} B_k \qquad (4.88)$$

Beispiel 4.9

Wir wollen den Ersatzleitwert, den Strom $\underline{I}$, die Wirkleistung und die Blindleistung sowie den Leistungsfaktor der Parallelschaltung berechnen.

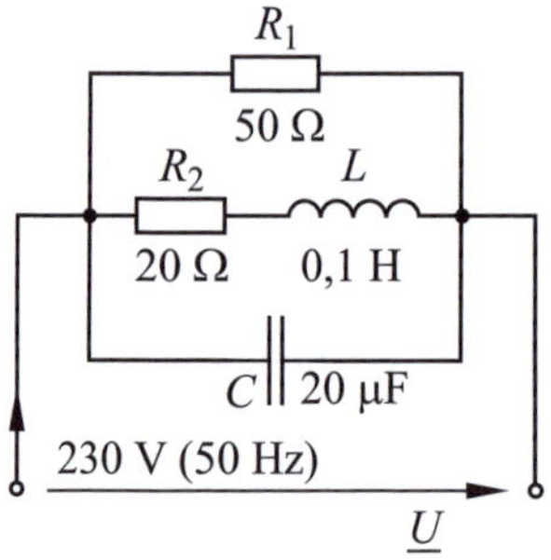

Zunächst berechnen wir die komplexen Leitwerte der drei Zweige:

$$\underline{Y}_1 = \frac{1}{R_1} = 20\text{ mS}$$

$$\underline{Y}_2 = \frac{1}{R_2 + \mathrm{j}\,\omega L} = 14{,}42\text{ mS} - \mathrm{j}\;22{,}65\text{ mS}$$

$$\underline{Y}_3 = \mathrm{j}\,\omega C = \mathrm{j}\;6{,}28\text{ mS}$$

Der Ersatzleitwert ist die Summe der Teilleitwerte:

$$\underline{Y}_\mathrm{e} = \underline{Y}_1 + \underline{Y}_2 + \underline{Y}_3 = 34{,}42\text{ mS} - \mathrm{j}\;16{,}37\text{ mS}$$

Mit der Spannung $\underline{U} = 230\text{ V}\underline{/0°}$ berechnen wir den Strom:

$$\underline{\underline{I} = \underline{Y}_\mathrm{e}\,\underline{U} = 8{,}77\text{ A}/{-25{,}4°}}$$

Die komplexe Leistung berechnen wir mit der Gl. (4.36):

$$\underline{\underline{S} = \underline{U}\,\underline{I}^* = 2016\text{ VA}/25{,}4°}$$

Die Wirkleistung ist $P = 1821$ W und die Blindleistung beträgt $Q = 866$ var.
Abschließend berechnen wir den Leistungsfaktor:

$$\cos\varphi = \frac{P}{S} = 0{,}903$$

Stromteilerregel

Auch die Stromteilerregel kann bei linearen Wechselstromnetzen angewendet werden. Wir setzen einen beliebigen Teilstrom (z. B. $\underline{I}_1$) einer Parallelschaltung linearer Eintore ins Verhältnis zum Gesamtstrom und erhalten dadurch eine der Gleichungen der Stromteilerregel.
Weitere Gleichungen erhalten wir durch Bildung des Quotienten aus zwei beliebigen Teilströmen, z. B. $\underline{I}_1$ und $\underline{I}_2$:

$$\frac{\underline{I}_1}{\underline{I}} = \frac{\underline{Y}_1}{\underline{Y}_\mathrm{e}}\;; \qquad \frac{\underline{I}_1}{\underline{I}_2} = \frac{\underline{Y}_1}{\underline{Y}_2} \tag{4.89}$$

Beliebige Schaltung komplexer Widerstände

Ein beliebiges lineares Eintor kann sowohl mit dem Ersatzwiderstand $\underline{Z}_\mathrm{e}$ als auch mit dem Ersatzleitwert $\underline{Y}_\mathrm{e}$ beschrieben werden. Die Ersatzgrößen sind bezüglich Spannung, Strom und Phasenverschiebungswinkel an den Klemmen äquivalent zu dem Eintor.
Beide Darstellungsarten lassen sich mit der Gl. (4.8) ineinander überführen; in der P-Form ist dies besonders einfach.

Ist dagegen eine der Größen in der R-Form gegeben, so ist der Rechenaufwand etwas größer. Wir wollen dies am Beispiel eines komplexen Widerstandes zeigen, der in die Leitwertform überführt werden soll:

$$\underline{Y} = \frac{1}{R + \mathrm{j}\,X} \tag{4.90}$$

Man macht den Nenner reell, indem man mit seinem *konjugiert komplexen* Wert erweitert:

$$\underline{Y} = \frac{R - \mathrm{j}\,X}{(R + \mathrm{j}\,X)(R - \mathrm{j}\,X)} = \frac{R - \mathrm{j}\,X}{R^2 + X^2} \tag{4.91}$$

Hieraus ergeben sich die Komponenten:

$$\underline{Y} = G + \mathrm{j}\,B = \frac{R}{R^2 + X^2} + \mathrm{j}\left(\frac{-X}{R^2 + X^2}\right) \tag{4.92}$$

Ist der Ersatzleitwert $\underline{Y} = G + \mathrm{j}\,B$ gegeben, so verfährt man entsprechend bei der Berechnung von $\underline{Z}$:

$$\underline{Z} = R + \mathrm{j}\,X = \frac{G}{G^2 + B^2} + \mathrm{j}\left(\frac{-B}{G^2 + B^2}\right) \tag{4.93}$$

Beispiel 4.10

Wir wollen den Wirkwiderstand R_e und den Blindwiderstand X_e der Schaltung berechnen.

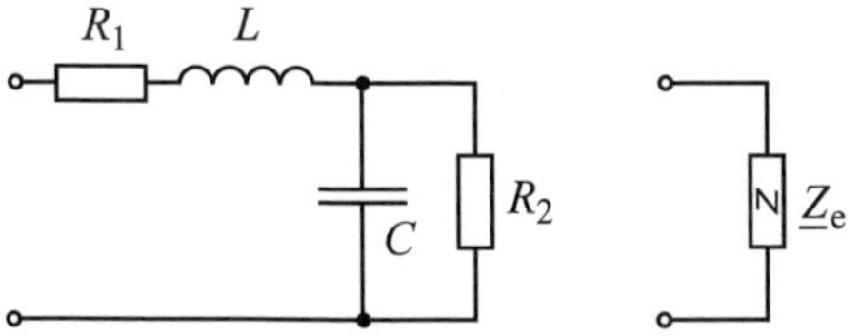

Zunächst berechnen wir den Leitwert $\underline{Y}_P$ der Parallelschaltung von C und R_2:

$$\underline{Y}_P = \frac{1}{R_2} + j\,\omega C$$

Dann bilden wir hiervon den Kehrwert:

$$\underline{Z}_P = \frac{1}{\underline{Y}_P} = \frac{R_2}{1 + j\omega C R_2}$$

Damit berechnen wir den komplexen Widerstand des Ersatzeintors:

$$\underline{Z}_e = R_1 + j\,\omega L + \underline{Z}_P = R_1 + j\,\omega L + \frac{R_2}{1 + j\omega C R_2}$$

Der Nenner wird reell, wenn wir den Bruch mit dem konjugiert komplexen Nenner erweitern:

$$\underline{Z}_e = R_1 + j\,\omega L + \frac{R_2 - j\,\omega C R_2^2}{1 + (\omega C R_2)^2}$$

Der Wirkwiderstand ist der Realteil des komplexen Widerstandes:

$$R_e = R_1 + \frac{R_2}{1 + (\omega C R_2)^2}$$

Der Blindwiderstand ist der Imaginärteil des komplexen Widerstandes:

$$X_e = \omega L - \frac{\omega C R_2^2}{1 + (\omega C R_2)^2}$$

Sowohl der Wirkwiderstand R_e als auch der Blindwiderstand X_e der Schaltung sind frequenzabhängig.

Komplexe Leistung

Die komplexe Leistung $\underline{S}$ eines Ersatzeintors ist die Summe der Teilleistungen.

Für zwei Eintore mit den Leistungen $\underline{S}_1 = P_1 + j\,Q_1$ und $\underline{S}_2 = P_2 + j\,Q_2$ gilt:

$$\underline{S} = \underline{U}\,\underline{I}^* = \underline{S}_1 + \underline{S}_2 = P_1 + P_2 + j\,(Q_1 + Q_2) \quad (4.94)$$

Für n in Reihe bzw. parallel geschaltete Eintore gilt entsprechend:

$$\boxed{\underline{S} = \sum_{k=1}^{n} \underline{S}_k = \sum_{k=1}^{n} P_k + j \sum_{k=1}^{n} Q_k} \quad (4.95)$$

Ersatzschaltung

Ist der Widerstand $\underline{Z}$ oder der Leitwert $\underline{Y}$ an einem Tor eines linearen Netzes bekannt, so kann man für dieses Netz Ersatzschaltungen angeben, die aus *zwei* Grundeintoren bestehen; es sind dies die **Reihen-Ersatzschaltung** (Index S, von *series connection*) und die **Parallel-Ersatzschaltung** (Index P, von *parallel connection*).

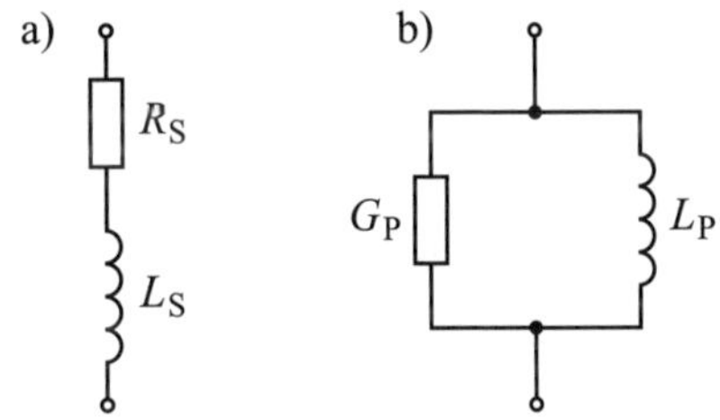

Bild 4.21 Reihen-Ersatzschaltung (a) und Parallel-Ersatzschaltung (b) einer induktiv wirkenden Schaltung

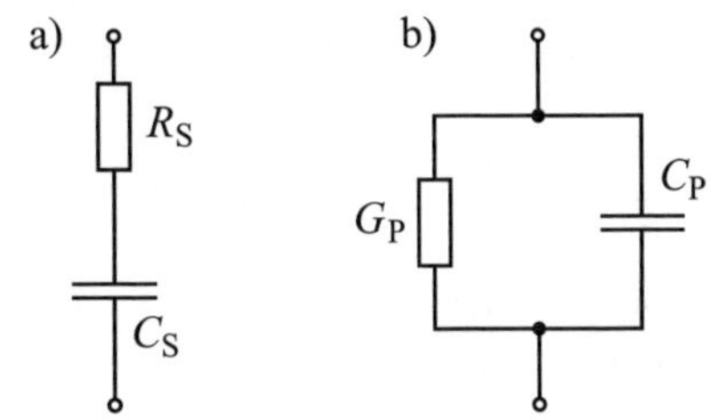

Bild 4.22 Reihen-Ersatzschaltung (a) und Parallel-Ersatzschaltung (b) einer kapazitiv wirkenden Schaltung

Das Bild 4.21 zeigt die Ersatzschaltungen eines induktiv wirkenden und das Bild 4.22 die Ersatzschaltungen eines kapazitiv wirkenden Eintors.

Die Elemente der Ersatzschaltungen des Eintor-Netzes können ineinander umgerechnet werden. Dabei ist zu beachten, dass die Umrechnung jeweils nur für *eine* Frequenz gilt.

Beispiel 4.11

Von einer Spule sind die Elemente der Reihen-Ersatzschaltung bekannt:

$R_S = 18\,\Omega$; $L_S = 76{,}4$ mH

Wir wollen die Elemente der Parallel-Ersatzschaltung für 50 Hz und für 150 Hz berechnen.

Für $f_1 = 50$ Hz hat die Reihen-Ersatzschaltung den komplexen Widerstand:

$$\underline{Z}_1 = R_S + \mathrm{j}\,\omega_1 L_S = 18\,\Omega + \mathrm{j}\,24\,\Omega$$

Der zugehörige Leitwert ist:

$$\underline{Y}_1 = G_P + \mathrm{j}\,B_P = 20\text{ mS} - \mathrm{j}\,26{,}67\text{ mS}$$

$$G_P = 20\text{ mS}\,;\quad B_P = -26{,}7\text{ mS}$$

Mit $B_P = -1/(\omega_1 L_P)$ erhalten wir:

$$L_P = 119{,}4\text{ mH}$$

Für $f_2 = 150$ Hz berechnen wir:

$$G_P = 3{,}27\text{ mS}\,;\quad L_P = 81{,}2\text{ mH}$$

Praxisbezug 4.6

Der Eingang eines Messgeräts weist i. Allg. ein kapazitiv wirkendes Eintor mit dem Leitwert $\underline{Y}_E = G_E + \mathrm{j}\,\omega\,C_E$ auf; bei einem Oszilloskop ist z. B. $R_E = 1/G_E \approx 1\text{ M}\Omega$ und $C_E \approx 25$ pF.

Wenn die Eingangsimpedanz des Messgeräts zu niedrig oder die zu messende Spannung U_M zu hoch ist, kann ein **Tastteiler** verwendet werden; vielfach ist auch noch die Bezeichnung **Tastkopf** *(probe)* in Gebrauch.

Der Tastteiler besteht aus einem hochohmigen Widerstand R_T, dem ein einstellbarer Zylinderkondensator C_T zwischen den Elektroden A und B parallel geschaltet ist.

Diese Parallelschaltung ist durch eine Koaxialleitung (Kapazität C_K) mit einem Stecker verbunden, der einen einstellbaren Widerstand R_K enthält.

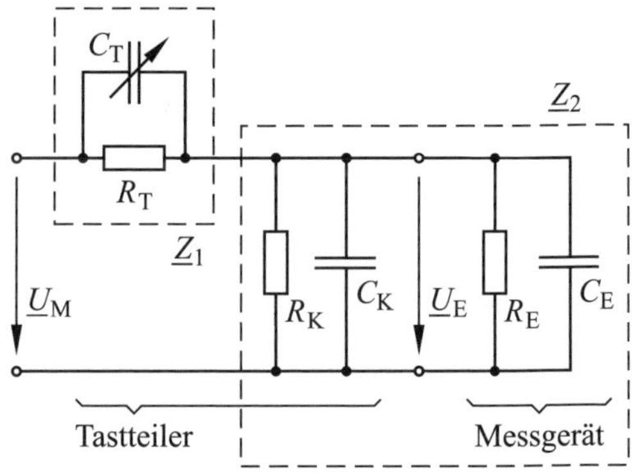

Durch Veränderung von C_T und R_K kann der Tastteiler so abgeglichen werden, dass sich ein bestimmtes *frequenzunabhängiges* Spannungsverhältnis (z. B. 10 : 1) ergibt:

$$\frac{\underline{U}_M}{\underline{U}_E} = \frac{\underline{Z}_1 + \underline{Z}_2}{\underline{Z}_2} = 1 + \frac{\underline{Z}_1}{\underline{Z}_2}$$

Wir fassen zusammen:

$$R_2 = \frac{1}{G_K + G_E}\,;\quad C_2 = C_K + C_E$$

Damit erhalten wir die Widerstände:

$$\underline{Z}_1 = \frac{1}{\frac{1}{R_T} + \mathrm{j}\,\omega\,C_T} = \frac{R_T}{1 + \mathrm{j}\,\omega\,C_T R_T}$$

$$\underline{Z}_2 = \frac{R_2}{1 + \mathrm{j}\,\omega\,C_2 R_2}$$

Wir setzen sie in die Spannungsteilergleichung ein und erhalten:

$$\frac{\underline{U}_M}{\underline{U}_E} = 1 + \frac{R_T}{R_2} \cdot \frac{1 + \mathrm{j}\,\omega\,C_2 R_2}{1 + \mathrm{j}\,\omega\,C_T R_T}$$

Ist die Abgleichbedingung $C_2\,R_2 = C_T\,R_T$ erfüllt, so ist der Tastteiler abgeglichen und das Spannungsverhältnis ist von der Frequenz unabhängig.

An einem Oszilloskop verwendet man zum Abgleich zweckmäßig eine Rechteckschwingung mit bekannter Schwingungsbreite u_M und stellt

zunächst durch Verändern des Widerstandes R_K das gewünschte Teilerverhältnis ein.
Anschließend verändert man C_T so lange, bis u_E möglichst genau die Form einer Rechteckschwingung annimmt. ❐

Fragen

- Wie ermittelt man die Werte der Ersatzeintore bei einer Reihen- bzw. bei einer Parallelschaltung linearer Eintore?
- In welchem Verhältnis stehen die Wirkleistungen bzw. die Blindleistungen bei zwei Widerständen Z_1 und Z_2 in Reihenschaltung?
- Wie lautet die Spannungsteilerregel und wie die Stromteilerregel für komplexe Größen? Für welche Schaltungen von Eintoren gelten die Regeln?
- In welchem Wertebereich liegt der Phasenverschiebungswinkel bei einem induktiv bzw. bei einem kapazitiv wirkenden Verbraucher?
- Zeichnen Sie die Reihen-Ersatzschaltung und die Parallel-Ersatzschaltung für ein kapazitiv wirkendes lineares Eintor und zeigen Sie, wie man die Größen der Parallel-Ersatzschaltung aus denen der Reihen-Ersatzschaltung berechnen kann.

Aufgaben

4.9(1) Eine Reihenschaltung aus den Grundeintoren $R = 16\ \Omega$ und $L = 38{,}2$ mH wird von einem Strom 0,5 A ($f = 50$ Hz) durchflossen. Berechnen Sie den komplexen Leitwert und den Leistungsfaktor dieser Reihenschaltung. Welche Spannung liegt an dieser Reihenschaltung?

4.10(1) Welcher Blindwiderstand muss zu dem Grundeintor $R = 68\ \Omega$ parallel geschaltet werden, damit der komplexe Widerstand des Ersatzeintors den Winkel 35° besitzt?

4.11(2) Eine Drossel mit konstanter Induktivität L hat den Wicklungswiderstand $R_L = 32\ \Omega$ und nimmt an 230 V den Strom 4,2 A auf. Welchen Widerstandswert und welche Bemessungsleistung muss der Vorwiderstand R_{vor} haben, der den Strom auf 1,2 A verringert?

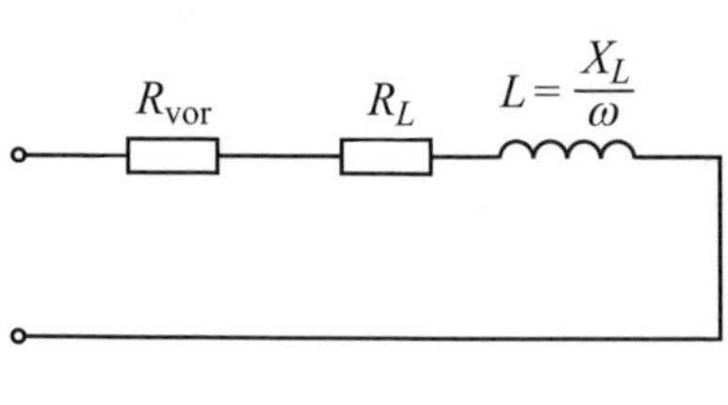

4.12(2) Eine Glühlampe 125 V; 15 W soll in Reihe mit einem Kondensator an der Spannung 230 V bei 50 Hz im Nennbetrieb arbeiten. Welche Kapazität und welche Bemessungsspannung muss der Kondensator haben?

4.13(2) Durch ein Eintor, das an der Sinusspannung $\underline{U} = 230\ \mathrm{V}\angle 0°$ liegt, fließt bei der Frequenz 50 Hz der Sinusstrom $\underline{I} = 1{,}42\ \mathrm{A}\angle -38°$. Berechnen Sie mit diesen Angaben die Größen der Parallel-Ersatzschaltung.

4.14(2) Zwischen den Eingangsklemmen eines Messgeräts sind das Grundeintor $R_E = 1\ \mathrm{M\Omega}$ und parallel dazu das Grundeintor $C_E = 25$ pF wirksam. Welchen Scheinleitwert Y_E und welchen Scheinwiderstand Z_E hat der Eingang des Messgeräts bei der Frequenz 50 kHz?

4.15(2) Die Brückenschaltung wird an der Sinusspannung u mit $U = 120$ V; $\varphi_u = 0°$; $f = 50$ Hz betrieben. Berechnen Sie die Kenngrößen der Spannung u_5.

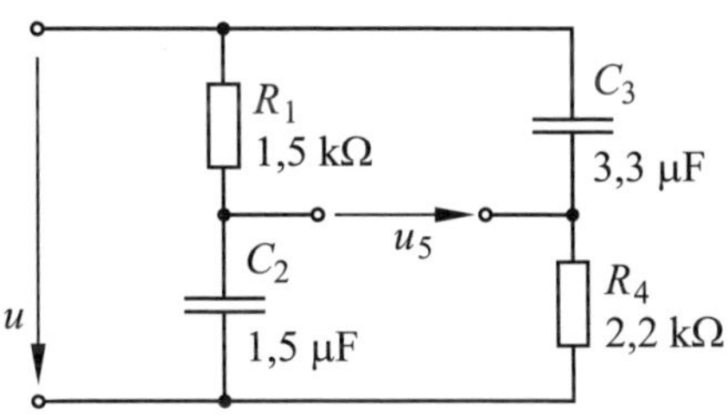

4.16(2) Bei der Untersuchung der Schaltung mit einem Oszilloskop wurden folgende Größen gemessen:

$\hat{u} = 30$ V; $\varphi_u = 0°$; $f = 1$ kHz

$\hat{u}_1 = 1{,}5$ V; $\varphi_{u1} = 60°$; $f_1 = 1$ kHz

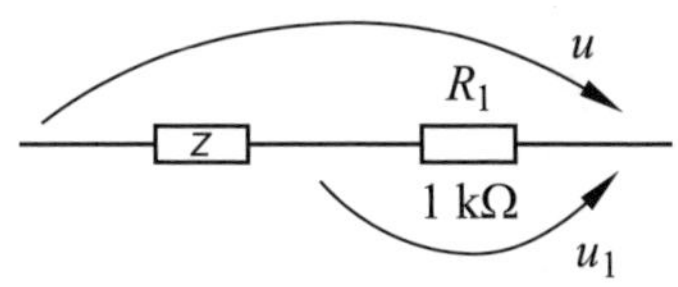

Das unbekannte Eintor $\underline{Z}$ soll durch eine Reihenschaltung von zwei Grundeintoren nachgebildet werden. Um welche handelt es sich und welche Werte haben sie?

4.5.2 Netze mit unabhängigen Quellen

Ein Netz, das Sinusquellen sowie lineare Eintore und Zweitore enthält, wird als **lineares aktives Netz** bezeichnet; es kann zwischen zwei Anschlussklemmen durch eine lineare Ersatzspannungsquelle oder durch eine lineare Ersatzstromquelle ersetzt werden.

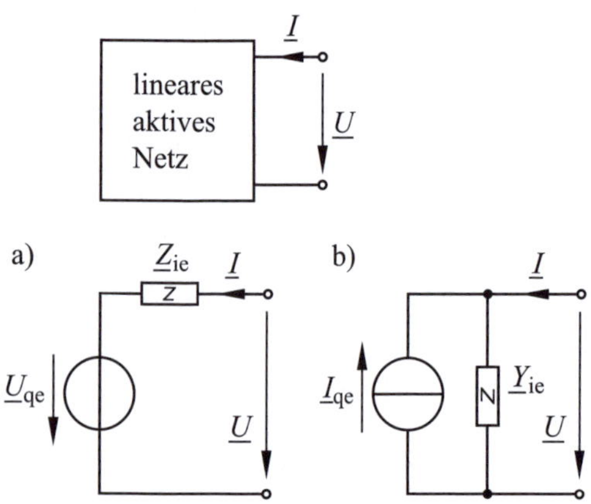

Bild 4.23 Ersatzquellen eines linearen aktiven Netzes: a) Ersatzspannungsquelle; b) Ersatzstromquelle

Die Ersatzquellenspannung $\underline{U}_{qe}$ ist gleich der Leerlaufspannung $\underline{U}_0$ des Netzes:

$$\underline{U}_{qe} = \underline{U}_0 \tag{4.96}$$

Der Ersatzquellenstrom $\underline{I}_{qe}$ ist der Kurzschlussstrom $\underline{I}_k$ des Netzes:

$$\underline{I}_{qe} = \underline{I}_k \tag{4.97}$$

Der Ersatzinnenwiderstand $\underline{Z}_{ie}$ bzw. der Ersatzinnenleitwert $\underline{Y}_{ie}$ können mit $\underline{U}_{qe}$ bzw. $\underline{I}_{qe}$ bestimmt werden:

$$\underline{Z}_{ie} = \frac{1}{\underline{Y}_{ie}} = \frac{\underline{U}_{qe}}{\underline{I}_{qe}} \tag{4.98}$$

Ist die Schaltung bekannt, so können $\underline{Z}_{ie}$ bzw. $\underline{Y}_{ie}$ dadurch ermittelt werden, dass man sich jede ideale Spannungsquelle durch einen Kurzschluss und jede ideale Stromquelle durch eine Unterbrechung ersetzt denkt; dabei entsteht ein passives Eintor mit dem Widerstand $\underline{Z}_{ie}$ bzw. dem Leitwert $\underline{Y}_{ie}$.

Beispiel 4.12

Zwei lineare Sinusquellen speisen in Parallelschaltung ein Grundeintor $R_V = 10\ \Omega$. Wir wollen den Strom $\underline{I}$ berechnen.

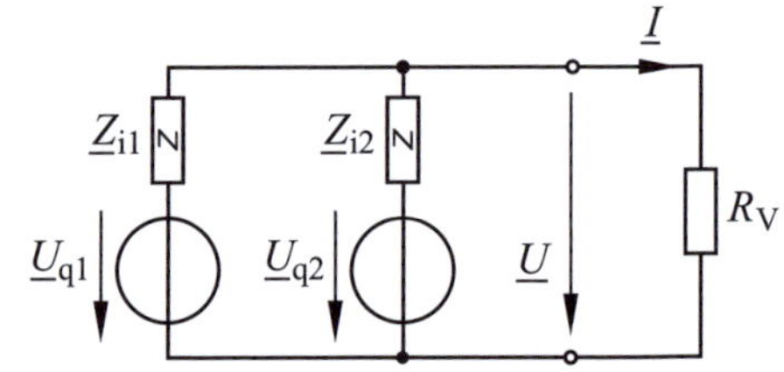

$\underline{U}_{q1} = 100\ \text{V}\ \underline{/0°}$; $\underline{Z}_{i1} = 3{,}22\ \Omega\ \underline{/24°}$

$\underline{U}_{q2} = 50\ \text{V}\ \underline{/60°}$; $\underline{Z}_{i2} = 1{,}85\ \Omega\ \underline{/0°}$

Zunächst wandeln wir jede Spannungsquelle in eine Stromquelle um:

$$\underline{I}_{q1} = \frac{\underline{U}_{q1}}{\underline{Z}_{i1}} = 31\ \text{A}\ \underline{/-24°}$$

$$\underline{Y}_{i1} = \frac{1}{\underline{Z}_{i1}} = 0{,}31\ \text{S}\ \underline{/-24°}$$

$$\underline{I}_{q2} = \frac{\underline{U}_{q2}}{\underline{Z}_{i2}} = 27\ \text{A}\ \underline{/60°}$$

$$\underline{Y}_{i2} = \frac{1}{\underline{Z}_{i2}} = 0{,}54\ \text{S}\ \underline{/0°}$$

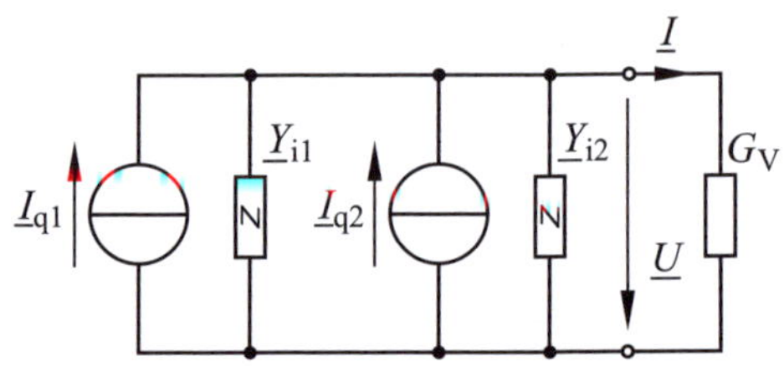

Bei einem Kurzschluss fließt die Summe der Quellenströme:

$$\underline{I}_{qe} = \underline{I}_{q1} + \underline{I}_{q2} = 43{,}2\ \text{A}\ \underline{/14{,}4°}$$

Zur Ermittlung des Ersatzleitwerts ersetzen wir beide Stromquellen durch Unterbrechungen; die Innenleitwerte sind dabei parallel geschaltet:

$\underline{Y}_{ie} = \underline{Y}_{i1} + \underline{Y}_{i2} = 0{,}834\ \text{S}\angle{-8{,}7°}$

Den Verbraucherstrom berechnen wir mithilfe der Stromteilerregel:

$$\underline{I} = \underline{I}_{qe}\frac{G_V}{\underline{Y}_{ie} + G_V} = 4{,}64\ \text{A}\angle 22°$$

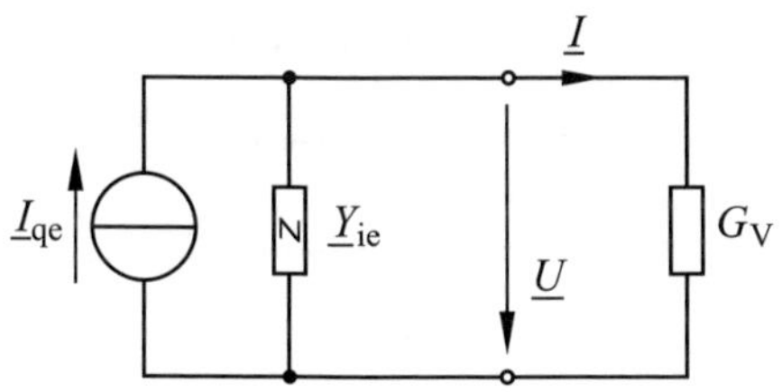

Soll die Ersatzquelle durch *Messungen* bestimmt werden, so reicht das Messen von Leerlaufspannung und Kurzschlussstrom nicht aus. Es müssen zusätzliche Messungen des Stromes bei Belastung des Netzes mit einem äußeren Eintor durchgeführt werden; dies wollen wir im folgenden Beispiel zeigen.

Beispiel 4.13
An einem linearen Eintor werden folgende Messungen durchgeführt:
Leerlaufspannung: $U_0 = 4{,}5$ V (20 kHz)
Kurzschlussstrom: $I_k = 50$ mA
Belastung mit $R = 100\ \Omega$: $I_R = 24{,}5$ mA
Belastung mit $C = 0{,}1\ \mu$F: $I_C = 52{,}5$ mA
Wir wollen das Eintor als lineare Spannungsquelle beschreiben.

Die Quellenspannung $\underline{U}_{qe}$ der Ersatzspannungsquelle ist gleich der Leerlaufspannung $\underline{U}_0$. Zweckmäßig gibt man ihr den Nullphasenwinkel 0°:

$$\underline{U}_{qe} = 4{,}5\ \text{V}\angle 0°$$

Aus der Leerlaufspannung und dem Kurzschlussstrom lässt sich nur der *Betrag* des Ersatzinnenwiderstandes berechnen:

$$Z_{ie} = \frac{U_0}{I_k} = 90\ \Omega$$

Bei Belastung mit R gilt für den Strom:

$$I_R = \left|\frac{\underline{U}_{qe}}{\underline{Z}_{ie} + R}\right| = \frac{U_{qe}}{\sqrt{(R_{ie}+R)^2 + X_{ie}^2}}$$

Wir lösen nach dem Radikanden auf:

$$(R_{ie}+R)^2 + X_{ie}^2 = \left(\frac{U_{qe}}{I_R}\right)^2$$

Die linke Seite der Gleichung enthält das Quadrat des Ersatzinnenwiderstandes:

$$Z_{ie}^2 = R_{ie}^2 + X_{ie}^2$$

Damit ist:

$$Z_{ie}^2 + R^2 + 2\,R_{ie}\,R = \left(\frac{U_{qe}}{I_R}\right)^2$$

Wir lösen nach R_{ie} auf und erhalten den Wirkwiderstand:

$$R_{ie} = \frac{\left(\frac{U_{qe}}{I_R}\right)^2 - Z_{ie}^2 - R^2}{2\,R} = 78{,}2\ \Omega$$

Der Betrag des Blindwiderstandes ist:

$$|X_{ie}| = \sqrt{Z_{ie}^2 - R_{ie}^2}$$

Über das Vorzeichen von X_{ie} lässt sich noch keine Aussage machen. Wir nehmen deswegen zunächst willkürlich an, dass der Innenwiderstand *induktiv* wirkt. Mit $X_{ie} > 0$ und $X_C = -1/(\omega\,C)$ berechnen wir hierfür:

$$I_C = \frac{U_{qe}}{\sqrt{R_{ie}^2 + (X_{ie} + X_C)^2}} = 52{,}5\ \text{mA}$$

Unsere Annahme $X_{ie} > 0$ hat sich damit als zutreffend erwiesen; für $X_{ie} < 0$ würde sich ein wesentlich kleinerer Strom als der gemessene ergeben. Zum Abschluss berechnen wir den Ersatzinnenwiderstand:

$$\underline{Z}_{ie} = (78{,}2 + \text{j}\,44{,}6)\ \Omega = 90\ \Omega\angle 29{,}7°$$

Fragen

- Was versteht man unter dem Begriff lineares aktives Netz?
- Zeigen Sie, wie die Ersatzstromquelle eines linearen Netzes in die Ersatzspannungsquelle umgewandelt werden kann.
- Erläutern Sie, was man unternehmen muss, wenn die Ersatzquelle einer zweipoligen Schaltung durch Messungen bestimmt werden soll.

Aufgaben

4.17(1) An einem Eintor wird bei Leerlauf die Spannung 25 V gemessen. Bei Belastung mit dem OHMschen Widerstand R = 100 Ω eilt die Klemmenspannung 21,7 V der Leerlaufspannung um 3° nach. Berechnen Sie die Ersatzgrößen des Eintors.

4.18(2) Bestimmen Sie die Ersatzspannungsquelle der Schaltung für $\underline{U}_q = 230\ \text{V}\,\underline{/0°}$; f = 50 Hz. Bei welchem Wert von C_1 sind die Nullphasenwinkel von $\underline{U}_q$ und $\underline{U}_{qe}$ gleich?

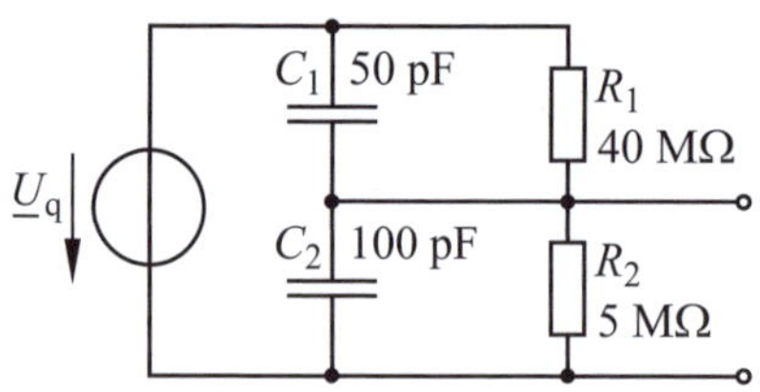

4.19(2) An die Schaltung werden die Sinusspannungen $\underline{U}_1 = 38\ \text{V}\,\underline{/0°}$ und $\underline{U}_2 = 38\ \text{V}\,\underline{/120°}$ gelegt (f = 50 Hz). Berechnen Sie die Spannung $\underline{U}_M$.

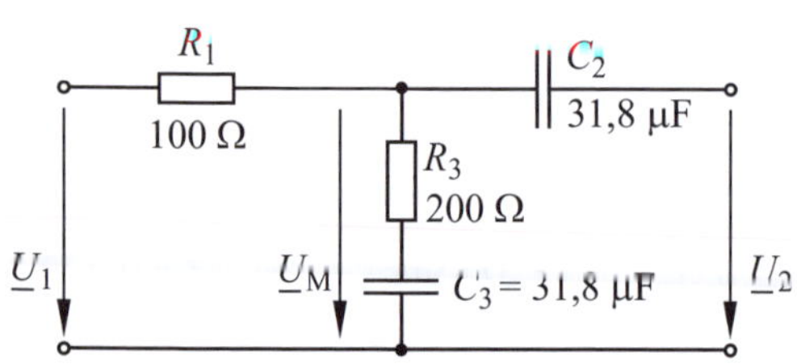

4.20(2) Berechnen Sie die Ersatzstromquelle.

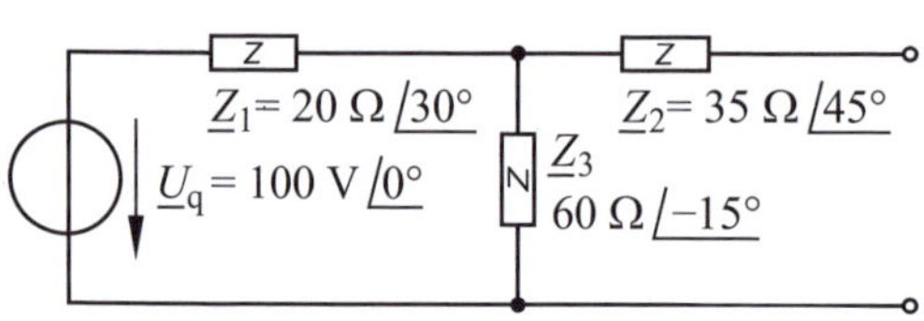

4.6 Resonanz

Ziele: Sie können

- den Begriff Resonanz erläutern.
- die THOMSONsche Schwingungsgleichung nennen und angeben, für welche Schwingkreise sie gilt.
- das Zeigerdiagramm der Spannungen und Ströme eines Reihen- und eines Parallelschwingkreises für Resonanz zeichnen.
- die Resonanzüberhöhung der Spannung bzw. des Stromes erläutern.
- das Zeigerdiagramm der Leistungen für den Resonanzfall zeichnen.
- die Widerstandstransformation erläutern.

Ein schwingungsfähiges System enthält stets *zwei verschiedene Energiespeicher*, zwischen denen Energie hin- und herschwingt, wenn das System von außen angeregt wird.

So wird z. B. bei einem schwingenden Feder-Masse-Pendel fortlaufend potenzielle Energie der Federspannung in kinetische Energie der Masse umgewandelt und umgekehrt.

Enthält ein lineares Netz die beiden Grundeintore L und C, so kann zwischen ihnen elektrische Energie hin- und herschwingen. Sie wird dabei abwechselnd als elektrische und als magnetische Feldenergie gespeichert.

Ein solches Netz wird **Schwingkreis** (*oscillation circuit*) genannt. Im Sonderfall haben die Blindleistungen der Grundeintore L und C gleiche Beträge und an den Klemmen des Schwingkreises entsteht deswegen keine Blindleistung; dieser Betriebsfall wird als **Resonanz** (*resonance*) bezeichnet.

4.6.1 Reihenresonanz

Eine Reihenschaltung der drei Grundeintore R, L und C wird als **Reihenschwingkreis** (*series oscillation circuit*) bezeichnet (Bild 4.24).

Ist der Effektivwert U_L der Spannung am Grundeintor L größer als der Effektivwert U_C der Spannung am Grundeintor C, so ist die Gesamtspannung $\underline{U}$ gegen den Strom $\underline{I}$ um einen Winkel $\varphi > 0$ phasenverschoben.

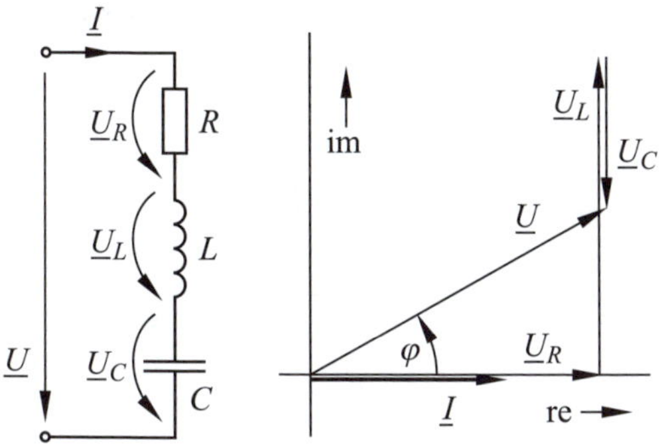

Bild 4.24 Reihenschwingkreis und komplexe Zeiger von Spannung und Strom für $U_L > U_C$

Ist der Effektivwert U_L der Spannung am Grundeintor L kleiner als der Effektivwert U_C der Spannung am Grundeintor C, so ist die Gesamtspannung $\underline{U}$ gegen den Strom $\underline{I}$ um einen Winkel $\varphi < 0$ phasenverschoben.

Im Sonderfall $U_L = U_C$ sind die Spannung $\underline{U}$ und der Strom $\underline{I}$ in Phase und es ist $\varphi = 0$; man spricht dabei von **Reihenresonanz** *(series resonance)*. Dabei ist der komplexe Widerstand

$$\underline{Z} = R + \mathrm{j}\,\omega L - \mathrm{j}\,\frac{1}{\omega C} \tag{4.99}$$

des Reihenschwingkreises reell und der Blindwiderstand ist null:

$$\omega L - \frac{1}{\omega C} = 0 \tag{4.100}$$

Die Frequenz, bei der sich der Schwingkreis in Resonanz befindet, wird **Resonanzfrequenz** *(resonance frequency)* genannt.
Mit der Gl. (4.100) berechnen wir die Resonanz-Kreisfrequenz:

$$\boxed{\omega_\mathrm{r} = \frac{1}{\sqrt{LC}}} \tag{4.101}$$

Die zugehörige Resonanzfrequenz ist:

$$f_\mathrm{r} = \frac{1}{2\,\pi\,\sqrt{LC}} \tag{4.102}$$

Diese Gleichung wird auch als **Thomsonsche Schwingungsgleichung**[1)] bezeichnet.

Der Scheinwiderstand des Reihenschwingkreises hat bei Resonanz das Minimum $Z = R$; für $f \neq f_\mathrm{r}$ ist $Z > R$. Bei Resonanz ist die am Reihenschwingkreis liegende Spannung $\underline{U} = \underline{U}_R$ in Phase mit dem Strom $\underline{I}$. Die Spannungen $\underline{U}_L$ und $\underline{U}_C$ haben gleiche Effektivwerte, aber um 180° verschiedene Nullphasenwinkel; dadurch heben sie sich nach außen auf.

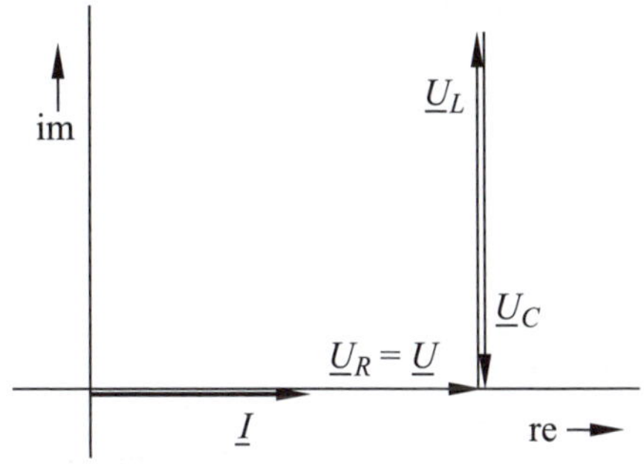

Bild 4.25 Komplexe Zeiger von Spannung und Strom beim Reihenschwingkreis für Resonanz

Entsprechendes gilt auch für die *Blindleistungen* $Q_L = X_L I^2$ und $Q_C = X_C I^2$ der Grundeintore L und C (s. Gl. 4.29). Mit der Gl. (4.100) ist bei Resonanz $Q_L + Q_C = 0$.
Der Schwingkreis nimmt in diesem Fall an den Klemmen ausschließlich die Wirkleistung $P = S$ auf und die komplexe Leistung $\underline{S}$ ist *reell*.

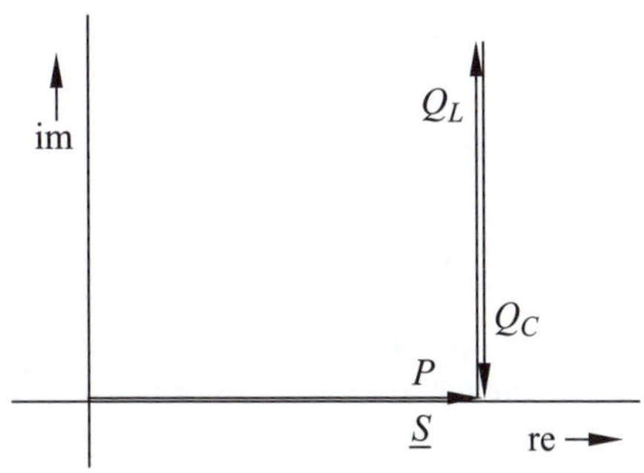

Bild 4.26 Zeigerdiagramm der Leistungen für einen Schwingkreis bei Resonanz

1) Sir William Thomson, 1824 – 1907

Die in entgegengesetzte Richtungen weisenden, gleich langen Zeiger $\underline{Q}_L$ und $\underline{Q}_C$ beschreiben zwei gegenphasige Blindleistungsschwingungen gleicher Amplitude. Dies bedeutet, dass die abwechselnd in den Eintoren L und C gespeicherten Energien gleich groß sind; ist der eine Speicher maximal gefüllt, so ist der andere jeweils leer.

Bei festem Effektivwert U der Spannung $\underline{U}$ ist der Effektivwert $I = U/R$ bei der Resonanzfrequenz am größten. Der Reihenschwingkreis wird deswegen als **Saugkreis** bezeichnet.

Ist der Reihenschwingkreis in Resonanz, so können die Effektivwerte U_L und U_C höher sein als der Effektivwert U der am Reihenschwingkreis anliegenden Spannung; diesen Effekt nennt man **Spannungsüberhöhung**.

Beispiel 4.14
Eine Spule (R = 12 Ω; L = 35 mH) und ein Kondensator C = 1,0 µF sind in Reihe geschaltet. Wir wollen die Resonanzfrequenz und die Spannungsüberhöhung berechnen.

Zunächst berechnen wir die Resonanzfrequenz mit der Gl. (4.102):

$$f_\mathrm{r} = \frac{1}{2\,\pi\,\sqrt{LC}} = 850{,}7\ \mathrm{Hz}$$

Die Spannungsüberhöhung ist bei Resonanz:

$$\frac{U_C}{U} = \frac{U_C}{U_R} = \frac{I}{\omega_\mathrm{r} C\,R\,I} = \frac{1}{\omega_\mathrm{r} C\,R} = 15{,}590$$

Derselbe Wert ergibt sich auch für den Quotienten $U_L/U = \omega_\mathrm{r}\,L/R$.

Liegt z. B. eine Gesamtspannung mit dem Effektivwert U = 20 V und der Frequenz 850,7 Hz am Reihenschwingkreis, so hat die Spannung am Kondensator den Effektivwert 312 V.

Die Spannung U_L nimmt ihren Maximalwert bei einer Frequenz $f_L > f_\mathrm{r}$ an und die Spannung U_C nimmt ihren Maximalwert bei einer Frequenz $f_C < f_\mathrm{r}$ an.

Zur Berechnung der Kreisfrequenz ω_L bilden wir das Spannungsverhältnis

$$x = \frac{U_L}{U} = \frac{\omega L}{\sqrt{R^2 + \left(\omega L - \frac{1}{\omega C}\right)^2}} \tag{4.103}$$

und lösen die Gleichung $\frac{\mathrm{d}x}{\mathrm{d}\omega} = 0$ nach ω auf:

$$\omega_L = \frac{\sqrt{4\,L\,C - 2\,(R\,C)^2}}{2\,L\,C - (R\,C)^2} \tag{4.104}$$

Zur Berechnung der Kreisfrequenz ω_C bilden wir das Spannungsverhältnis

$$x = \frac{U_C}{U} = \frac{1}{\omega C\,\sqrt{R^2 + \left(\omega L - \frac{1}{\omega C}\right)^2}} \tag{4.105}$$

und lösen die Gleichung $\frac{\mathrm{d}x}{\mathrm{d}\omega} = 0$ nach ω auf:

$$\omega_C = \frac{\sqrt{4\,L\,C - 2\,(R\,C)^2}}{2\,L\,C} \tag{4.106}$$

Die Maximalwerte U_L und U_C der Spannungen bei den Frequenzen f_L und f_C existieren nur dann, wenn die Bedingung

$$R < \sqrt{\frac{2\,L}{C}} \tag{4.107}$$

erfüllt ist.

Beispiel 4.15
Wir wollen die Maximalwerte U_L und U_C der Spannungen bei den Frequenzen f_L bzw. f_C für den Schwingkreis des Beispiels 4.14 berechnen.
Zunächst stellen wir fest, dass die in der Gl. (4.107) formulierte Bedingung erfüllt ist. Dann berechnen wir mithilfe der Gln. (4.103 bzw. 4.105) die Frequenzen f_L = 851,6 Hz und f_C = 849,8 Hz. Die bezogenen Maximalwerte U_L/U und U_C/U sind nur unwesentlich größer als die Werte bei Resonanz:

$$\frac{U_L}{U} = \frac{U_C}{U} = 15{,}598$$

4.6.2 Parallelresonanz

Eine Parallelschaltung der drei Grundeintore R, L und C wird als **Parallelschwingkreis** *(parallel oscillation circuit)* bezeichnet. Ist der Effektivwert I_C des Stromes, der durch das Grundeintor C fließt, größer als der Effektivwert I_L des Stromes, der durch das Grundeintor L fließt, so ist die Spannung $\underline{U}$ gegen den Strom $\underline{I}$ um einen Winkel $\varphi < 0$ phasenverschoben.

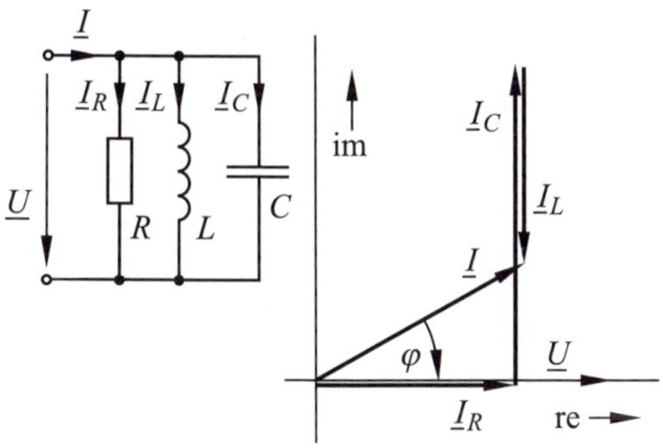

Bild 4.27 Parallelschwingkreis und komplexe Zeiger von Spannung und Strom für $I_C > I_L$

Für $I_L > I_C$ ist die Spannung $\underline{U}$ gegen den Strom $\underline{I}$ um einen Winkel $\varphi > 0$ phasenverschoben.

Im Sonderfall $I_C = I_L$ sind die Spannung $\underline{U}$ und der Strom $\underline{I}$ in Phase und es ist $\varphi = 0$; man spricht dabei von **Parallelresonanz** *(parallel resonance)*. Dabei ist der komplexe Leitwert

$$\underline{Y} = \frac{1}{R} + \mathrm{j}\,\omega C - \mathrm{j}\,\frac{1}{\omega L} \tag{4.108}$$

des Parallelschwingkreises reell und der Blindleitwert ist null:

$$\omega C - \frac{1}{\omega L} = 0 \tag{4.109}$$

Damit erhalten wir für die Resonanz-Kreisfrequenz dieselbe Bestimmungsgleichung wie bei der Reihenresonanz:

$$\omega_\mathrm{r} = \frac{1}{\sqrt{LC}} \tag{4.110}$$

Bei Resonanz hat der Scheinleitwert des Parallelschwingkreises das Minimum $Y = 1/R$; für $f \neq f_\mathrm{r}$ ist $Y > 1/R$. Der Parallelschwingkreis wird deshalb auch als **Sperrkreis** bezeichnet.

Bei Resonanz ist der Gesamtstrom $\underline{I} = \underline{I}_R$ des Parallelschwingkreises in Phase mit der Spannung $\underline{U}$. Die Ströme $\underline{I}_C$ und $\underline{I}_L$ haben gleiche Effektivwerte, aber um 180° verschiedene Nullphasenwinkel; dadurch heben sie sich nach außen auf.

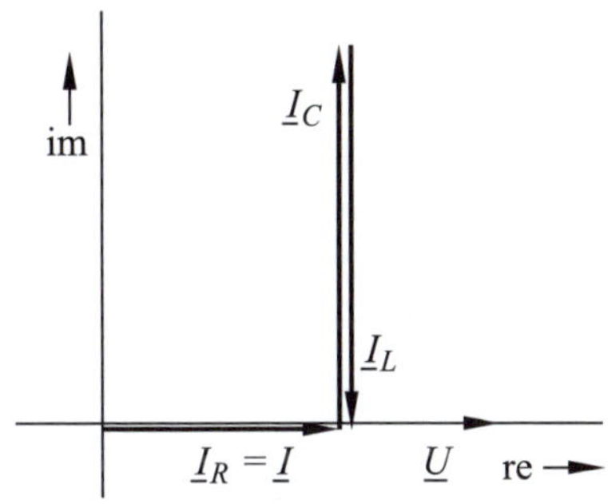

Bild 4.28 Komplexe Zeiger von Spannung und Strom beim Parallelschwingkreis für Resonanz

Entsprechendes gilt auch für die Blindleistungen $Q_L = -B_L\,U^2$ und $Q_C = -B_C\,U^2$ der Grundeintore L und C. Bei Resonanz ist die Blindleistung des Parallelschwingkreises gleich null. Das Bild 4.26 gilt auch für die Parallelresonanz.

Ist der Parallelschwingkreis in Resonanz, so können die Effektivwerte I_C und I_L höher sein als der Effektivwert I des Gesamtstromes:

$$\frac{I_L}{I} = \frac{I_L}{I_R} = \frac{R\,U}{\omega_\mathrm{r} L\,U} = \frac{R}{\omega_\mathrm{r} L} \tag{4.111}$$

Dies ist bei der Dimensionierung der Bauelemente und beim Betrieb des Parallelschwingkreises zu berücksichtigen. Die **Stromüberhöhung** entspricht der Spannungsüberhöhung bei Reihenresonanz.
Die Maximalwerte I_C und I_L liegen bei Frequenzen $f \neq f_\mathrm{r}$ vor.
Als Oberbegriff für die Spannungs- und die Stromüberhöhung verwendet man die Bezeichnung **Resonanzüberhöhung**.

Praxisbezug 4.7
Durch die punktförmige Zugbeeinflussung PZB (früher: induktive Zugsicherung Indusi) wird auf Hauptstrecken der Deutschen Bahn die Fahrt jedes Zuges an Signalen und Langsamfahrstellen überwacht. Bei einer Unaufmerksamkeit des Triebfahrzeugführers wird der Zug automatisch gebremst.
Das Bild 4.29 zeigt die Prinzipschaltung des Drei-Frequenz-Systems: Drei Tonfrequenzgeneratoren TG speisen über Impulsrelais die Spulen eines Fahrzeugmagneten M, in dessen Umgebung sich ein Magnetfeld mit den Frequenzen 500 Hz, 1000 Hz und 2000 Hz ausbreitet. Bei freier Fahrt ist der Scheinleitwert jeder Spule des Fahrzeugmagneten groß und die Impulsrelais R sind angezogen.

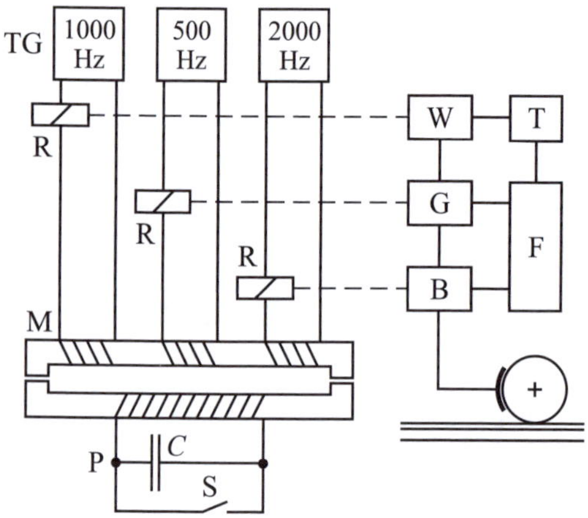

Bild 4.29 PZB, Prinzipschaltung des Drei-Frequenz-Systems: W Wachsamkeitsprüfung, G Geschwindigkeitsprüfung, B Bremsen, T Tachometer, F Fahrtschreiber und Steuerlogik

An jedem Vorsignal wird der Fahrzeugmagnet M über einen Parallelschwingkreis P hinwegbewegt, der dabei induktiv über den magnetischen Kreis M – P angekoppelt wird. Steht das Vorsignal auf „Halt", so ist der Schalter S geöffnet und der auf 1000 Hz abgestimmte Parallelschwingkreis wirksam. Wegen der induktiven Kopplung und der Parallelresonanz wird der Scheinleitwert des 1000-Hz-Kreises auf dem Triebfahrzeug minimal und das zugehörige Impulsrelais fällt ab. Wenn der Triebfahrzeugführer danach nicht innerhalb von 4 s eine Taste betätigt, wird eine Zwangsbremsung eingeleitet.
An jedem Hauptsignal bewirkt ein 2000-Hz-Schwingkreis eine Zwangsbremsung, wenn es in Haltstellung überfahren wird. Der 500-Hz-Schwingkreis übernimmt eine Geschwindigkeitsüberprüfung an besonderen Gefahrenpunkten.

Wenn Vor- und Hauptsignal auf „Freie Fahrt" stehen, werden die Schwingkreise am Gleis unwirksam; der Schalter S ist dabei jeweils geschlossen. ❐

4.6.3 Resonanz linearer Netze

Enthält ein lineares Netz mindestens ein Grundeintor L und mindestens ein Grundeintor C, so können bei der **Resonanzfrequenz** die Klemmenspannung $\underline{U}$ und der Strom $\underline{I}$ in Phase sein.

> Bei Resonanz sind sowohl der komplexe Widerstand $\underline{Z}$ als auch der komplexe Leitwert $\underline{Y}$ am Tor eines Netzes reell.

Während beim Reihen- und beim Parallelschwingkreis der Sonderfall vorliegt, dass der Widerstand des Grundeintors R nicht die Resonanzfrequenz bestimmt, hängt bei einem linearen Netz die Resonanzfrequenz i. Allg. auch von den Widerstandswerten der Grundeintore R ab.

Ist in einem Netz mehr als ein Grundeintor L oder C vorhanden, so kann es mehr als eine Resonanzfrequenz geben.

Beispiel 4.16
Die Schaltung liegt an einer Sinusspannung mit der Frequenz 1 kHz. Wir wollen untersuchen, bei welchem Widerstand R_{Pot} des Potenziometers Resonanz vorliegt.

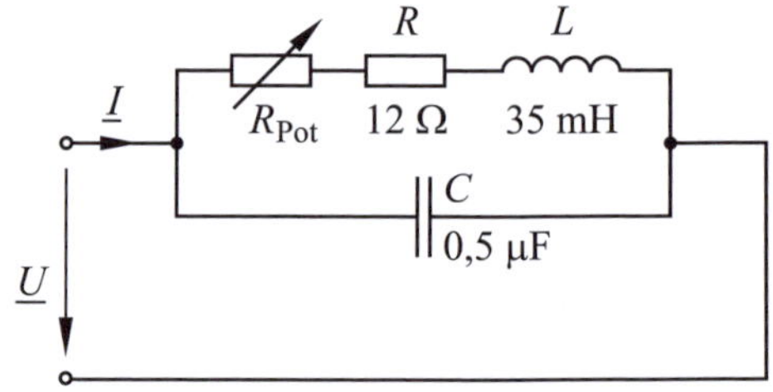

Zunächst fassen wir die Widerstände R und R_{Pot} zum Widerstand R_S zusammen:

$$R_S = R + R_{Pot}$$

Das Netz hat den komplexen Leitwert:

$$\underline{Y} = \frac{1}{R_S + j\omega L} + j\,\omega C = \frac{R_S - j\,\omega L}{R_S^2 + (\omega L)^2} + j\,\omega C$$

Bei Resonanz ist der Blindleitwert $B = 0$:

$$B = \omega C - \frac{\omega L}{R_S^2 + (\omega L)^2} = 0$$

Wir setzen die gegebenen Werte ein und berechnen die Summe $R_S = 147{,}1\ \Omega$ der Widerstände.
Der Widerstand des Potenziometers muss für Resonanz den Wert haben:

$$R_{Pot} = R_S - R = 135{,}1\ \Omega$$

4.6.4 Widerstandstransformation

Die elektrische Energie, die einem linearen Netz im Mittel zugeführt wird, lässt sich mithilfe der Wirkleistung beschreiben. Diese Energie wird ausschließlich an den Grundeintoren R des Netzes bleibend in eine andere Energieform umgewandelt.
Andererseits ist die Wirkleistung durch den Wirkwiderstand des Netzes bestimmt, der nicht nur von den Grundeintoren R, sondern auch von der Frequenz und von den im Netz enthaltenen Grundeintoren L und C abhängt; diese Eintore sind deswegen an der Energieumwandlung beteiligt. Wir wollen dies an der Schaltung 4.30 untersuchen.

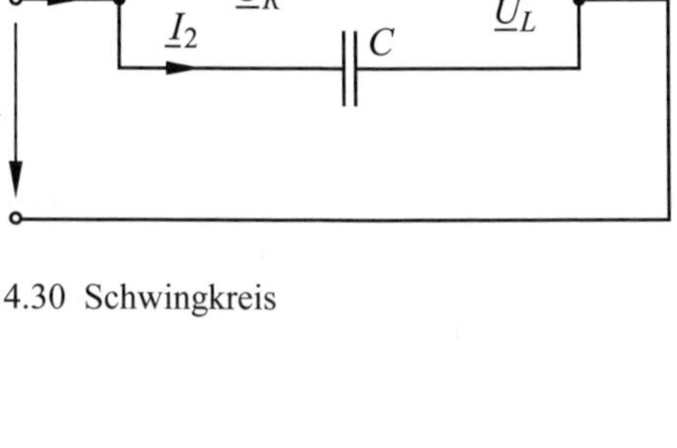

Bild 4.30 Schwingkreis

Die Teilleitwerte der Schaltung 4.30 sind:

$$\underline{Y}_1 = G_1 + j\,B_1 = \frac{R_S - j\,\omega L}{R_S^2 + (\omega L)^2} \tag{4.112}$$

$$\underline{Y}_2 = G_2 + j\,B_2 = j\,\omega C \tag{4.113}$$

Damit berechnen wir den Leitwert $\underline{Y}$ des Netzes:

$$\underline{Y} = G + j\,B = \underline{Y}_1 + \underline{Y}_2 \tag{4.114}$$

Wir überprüfen zunächst, ob die Wirkleistung P_1 am Widerstand R_S gleich der Wirkleistung des Eintornetzes ist. Nach der Stromteilerregel gilt:

$$\frac{P_1}{P} = \frac{G_1}{G} \tag{4.115}$$

Wegen $G_2 = 0$ ist $G = G_1 + G_2 = G_1$; deshalb ist unabhängig von der Frequenz und den Werten der Eintore stets $P_1 = P$. Die Wirkleistung P_1 am Grundeintor R_S ist also gleich der Wirkleistung des Netzes.

Wir berechnen nun den Widerstand R_r des Netzes für die Resonanz-Kreisfrequenz ω_r; wegen $B = 0$ und $G = G_1$ gilt:

$$R_r = R\Big|_{\omega_r} = \frac{1}{G}\Big|_{\omega_r} = \frac{1}{G_1}\Big|_{\omega_r} = \frac{R_S^2 + (\omega_r L)^2}{R_S} \tag{4.116}$$

Bei Resonanz ist der Widerstand R_r am Tor des Netzes höher als der Wert R_S:

$$R_r = R_S + \frac{(\omega_r L)^2}{R_S} > R_S \tag{4.117}$$

Durch die Wirkung der energiespeichernden Grundeintore kommt es zu einer **Widerstandstransformation**. Wir wollen dies am Zeigerdiagramm (Bild 4.31) der Schaltung 4.30 untersuchen.

Bei Resonanz sind $\underline{I}$ und $\underline{U}$ in Phase. Die Zeiger der Ströme und die Zeiger der Spannungen bilden jeweils ein rechtwinkliges Dreieck, wobei $\underline{I}_1$ und $\underline{U}_R$ in Phase sind:

$$I_2^2 + I^2 = I_1^2\,;\quad U_R^2 + U_L^2 = U^2 \tag{4.118}$$

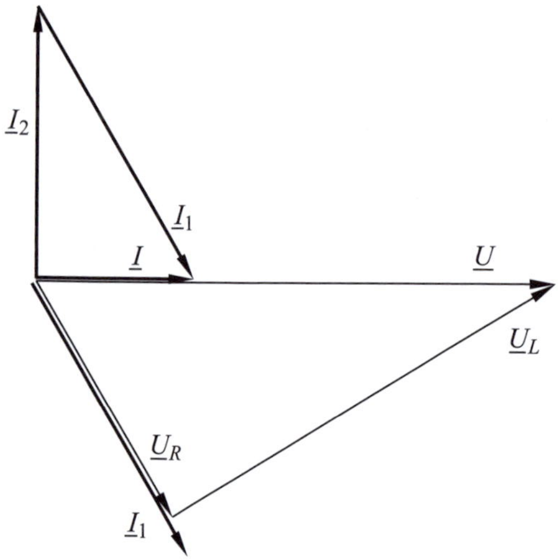

Bild 4.31 Zeigerdiagramm zur Schaltung 4.30 für Resonanz

Die Wirkleistungen P und P_1 sind gleich:

$$P = U\,I = P_1 = U_R\,I_1 \tag{4.119}$$

Tabelle 4.1 Widerstandstransformation

a) $R_r < R_P$; Tiefpass 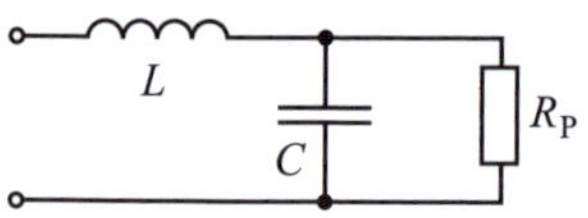 $R_r = \frac{L}{R_P\,C} = R_P \cdot (1 - \omega_r^2 LC)$ $\omega_r = \frac{1}{\sqrt{LC}} \cdot \sqrt{1 - \frac{1}{R_P^2} \cdot \frac{L}{C}}$; $L < CR_P^2$	c) $R_r > R_S$; Tiefpass 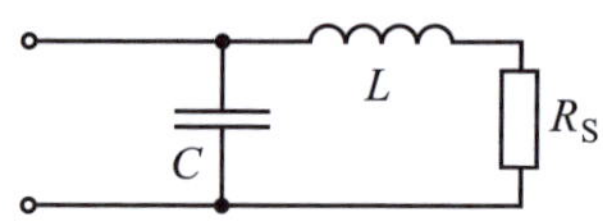 $R_r = \frac{L}{R_S\,C} = \frac{R_S}{1 - \omega_r^2 LC}$ $\omega_r = \frac{1}{\sqrt{LC}} \cdot \sqrt{1 - R_S^2 \cdot \frac{C}{L}}$; $L > CR_S^2$
b) $R_r < R_P$; Hochpass 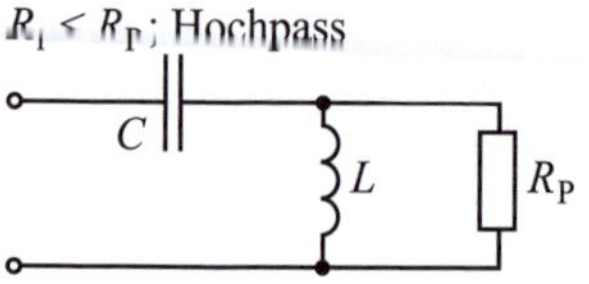 $R_r = \frac{L}{R_P\,C} = R_P \cdot \left(1 - \frac{1}{\omega_r^2 LC}\right)$ $\omega_r = \frac{1}{\sqrt{LC}} \cdot \frac{1}{\sqrt{1 - \frac{1}{R_P^2} \cdot \frac{L}{C}}}$; $L < CR_P^2$	d) $R_r > R_S$; Hochpass 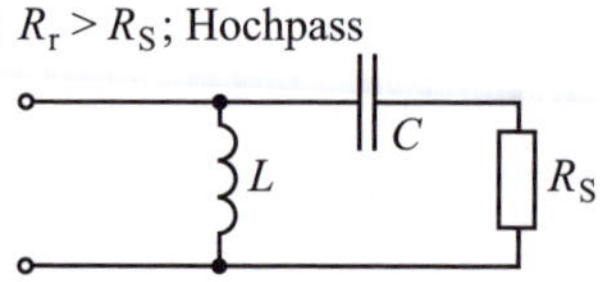 $R_r = \frac{L}{R_S\,C} = R_S \cdot \left(1 + \frac{1}{\omega_r^2 C^2 R_S^2}\right)$ $\omega_r = \frac{1}{\sqrt{LC}} \cdot \frac{1}{\sqrt{1 - \frac{1}{R_S^2} \cdot \frac{C}{L}}}$; $L > CR_S^2$

Wegen $I_1 > I$ ist zur Erzielung der Wirkleistung an R_S die Spannung $U_R < U$ erforderlich. Für die Widerstände gilt dabei:

$$R_r = \frac{U}{I} > \frac{U_R}{I_1} = R_S \tag{4.120}$$

Wegen des Phasenverschiebungswinkels $\varphi > 0$ zwischen $\underline{I}_1$ bzw. $\underline{U}_R$ und $\underline{I}$ bzw. $\underline{U}$ sind die Leistungsschwingungen $P(t)$ und $P_1(t)$ zeitlich verschoben. Dies ist ein Hinweis darauf, dass die Energiespeicher-Eintore C und L am Energieaustausch zwischen der Quelle, die das Netz speist, und dem Grundeintor R_S beteiligt sind.

Beispiel 4.17

Wir wollen den Wirkwiderstand R_r der Schaltung des Beispiels 4.16 für die Resonanzfrequenz $f_r = 1$ kHz berechnen.

Mit der Gl. (4.117) erhalten wir für $L = 35$ mH:

$$R_r = R_S + \frac{(\omega_r L)^2}{R_S} = 476\ \Omega$$

Der Wirkwiderstand R_r des Schwingkreises ist bei Resonanz höher als $R_S = 147{,}1\ \Omega$.

Durch Widerstandstransformation kann man an den Klemmen eines Schwingkreises einen Widerstand erhalten, dessen Wert größer oder kleiner als das Grundeintor R ist. Nur bei Reihen- und Parallelresonanz ist der Wirkwiderstand des Netzes gleich dem Wert des Grundeintors R.

Die Tabelle 4.1 zeigt für Widerstandsverkleinerung und Widerstandsvergrößerung je zwei Schaltungen, die bei Frequenzen $f \neq f_r$ unterschiedlich wirken (zu den Begriffen Hochpass und Tiefpass s. Abschn. 5.3).

Fragen

- Welche Grundeintore müssen für Resonanz in einem Netz vorhanden sein?
- Welche Eigenschaften hat ein Netz bei Resonanz?
- Wie lautet die THOMSONsche Schwingungsgleichung und für welche Schwingkreise gilt sie?
- An welchen Elementen eines Reihenschwingkreises tritt bei Resonanz eine Spannungsüberhöhung auf?
- Zeichnen Sie das Zeigerdiagramm der Spannungen und Ströme für Parallelresonanz.
- Was bedeuten die Begriffe Sperrkreis und Saugkreis? Auf welche Schaltungen beziehen sie sich?
- Was versteht man unter dem Begriff Widerstandstransformation?

Aufgaben

4.21(1) Welchen Wert hat die Resonanzfrequenz eines Parallelschwingkreises (L = 40 mH; C = 2,2 μF; G = 1,2 mS)? Berechnen Sie sämtliche Ströme und Leistungen für die Spannung U= 10 V bei Resonanz.

4.22(1) Die Schaltung des Beispiels 4.16 liegt an einer Sinusspannung mit dem Effektivwert 20 V. Berechnen Sie die Blindleistungen der Grundeintore L und C sowie die Blindleistung der gesamten Schaltung bei Resonanz.

4.23(2) Berechnen Sie die Resonanzfrequenz und den Scheinwiderstand Z_r des Eintors für Resonanz. Welchen Scheinwiderstand Z weist das Eintor bei 200 Hz auf?

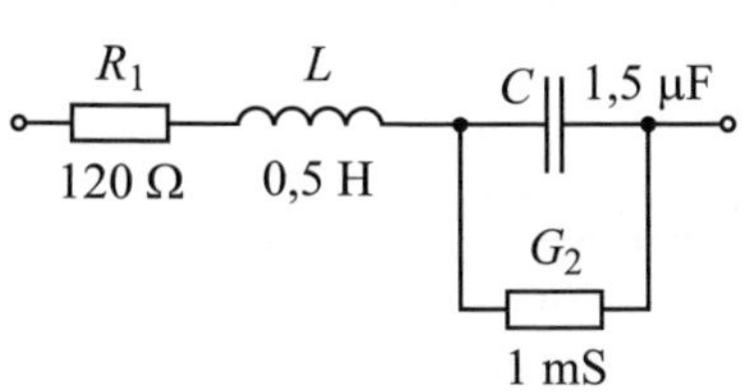

4.24(2) Eine Spule und ein Kondensator werden in Reihenschaltung an einem Netzgerät mit der konstanten Spannung U = 10 V betrieben, dessen Frequenz einstellbar ist.
Bei der Frequenz 1,2 kHz wird das Maximum 125 mA des Stromes gemessen; dabei beträgt die Spannung am Kondensator 16 V. Berechnen Sie den Widerstand und die Induktivität der Spule sowie die Kapazität des Kondensators.

4.25(2) Das Eintor soll bei 40 kHz den Widerstand $\underline{Z}$ = 50 Ω haben. Berechnen Sie die hierfür erforderlichen Werte der Grundeintore L und C.

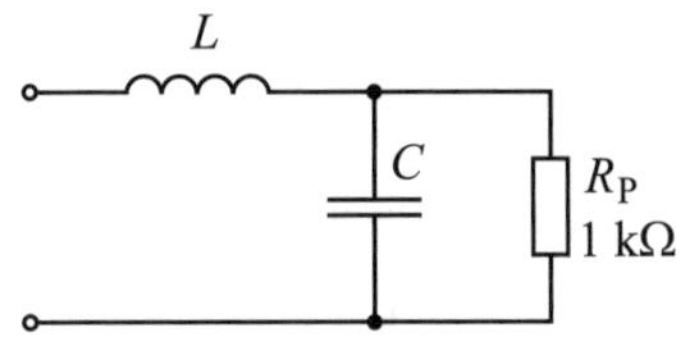

4.26(3) Berechnen Sie sämtliche Resonanzfrequenzen des Netzes.

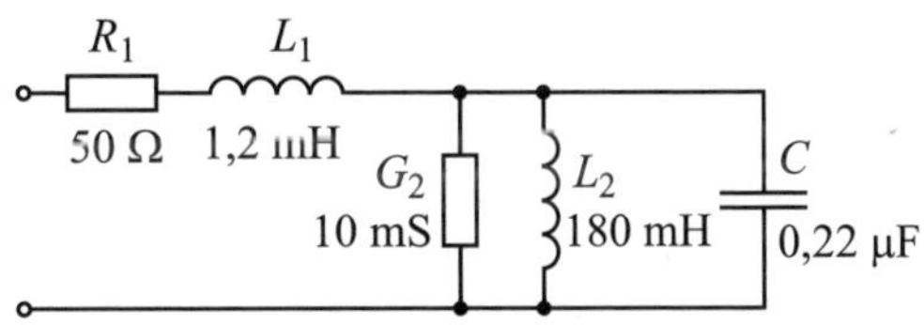

4.7 Leistungsanpassung und Blindleistungskompensation

Ziele: Sie können

- die Bedingungen für die Wirkleistungsanpassung eines Wechselstromkreises angeben.
- erläutern, warum in der Energietechnik die Wirkleistungsanpassung nicht angestrebt wird.
- zeigen, dass die Scheinleistungsanpassung bei einem kleinen Winkel des komplexen Widerstandes ein brauchbarer Ersatz für die Wirkleistungsanpassung ist.
- die Blindleistungskompensation erläutern und ihre Vorteile nennen.

4.7.1 Leistungsanpassung

Wenn eine Quelle an einen Verbraucher die *maximal* mögliche Leistung abgibt, dann spricht man von **Leistungsanpassung**. In einem linearen Gleichstromnetz tritt dieser Betriebsfall auf, wenn der Verbraucherwiderstand gleich dem Innenwiderstand der Quelle ist.

Wir wollen nun bei einem linearen Netz an Sinusspannung untersuchen, unter welchen Bedingungen der Verbraucher die maximale Wirkleistung erhält. Dabei sehen wir die lineare Quelle mit der Quellenspannung $\underline{U}_q$ und dem Innenwiderstand $\underline{Z}_i$ als gegeben an.

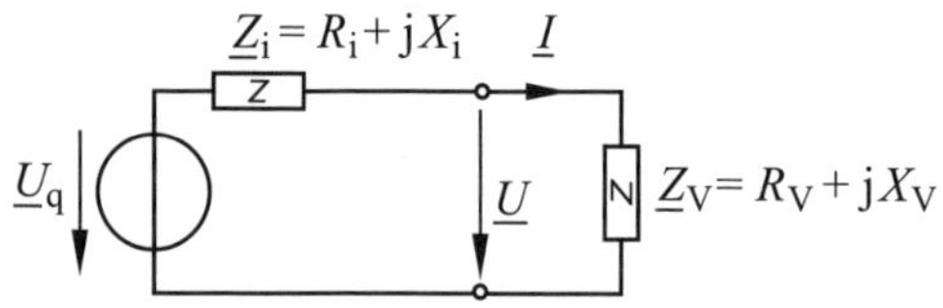

Bild 4.32 Netz mit Quelle und Verbraucher

Die Wirkleistung P des Verbrauchers mit dem komplexen Widerstand $\underline{Z}_V = R_V + j X_V$ hängt von den reellen Variablen R_V und X_V ab. Da es sich um ein lineares System handelt, können wir die Einflüsse von R_V und X_V auf das Maximum von P getrennt untersuchen.

Wir sehen zunächst außer U_q, R_i und X_i auch R_V als gegeben an und betrachten den Einfluss von X_V auf die Verbraucherleistung P:

$$P = R_V I^2 = R_V \frac{U_q^2}{(R_i + R_V)^2 + (X_i + X_V)^2} \tag{4.121}$$

Die Wirkleistung P hat bei Resonanz ($X_V = -X_i$) das *Optimum*:

$$P_{opt} = U_q^2 \frac{R_V}{(R_i + R_V)^2} \tag{4.122}$$

Nun untersuchen wir, für welchen Widerstand R_V sich bei Resonanz das *Maximum* der Wirkleistung ergibt, und bilden den Differenzialquotienten:

$$\frac{dP_{opt}}{dR_V} = U_q^2 \frac{(R_i + R_V)^2 - 2(R_i + R_V) R_V}{(R_i + R_V)^4} \tag{4.123}$$

Beim Maximum der Wirkleistung hat dieser Differenzialquotient den Wert null. Wir lösen die Gleichung

$$(R_i + R_V)^2 - 2(R_i + R_V) R_V = 0 \tag{4.124}$$

nach dem Wirkwiderstand R_V des Verbrauchers auf und erhalten:

$$R_V = R_i \tag{4.125}$$

Für eine **Wirkleistungsanpassung** im Wechselstromkreis müssen also *zwei Anpassungsbedingungen* erfüllt sein:

$$R_V = R_i \; ; \; X_V = -X_i \tag{4.126}$$

Ist nur *eine* der beiden Anpassungsbedingungen erfüllt und die andere nicht, so ergibt sich kein Maximum, sondern nur ein *Optimum* der Wirkleistung P.

Die beiden Anpassungsbedingungen (4.126) lassen sich zu *einer* komplexen Gleichung zusammenfassen:

$$\boxed{\underline{Z}_V = \underline{Z}_i^*} \tag{4.127}$$

Sind anstelle der Widerstände Leitwerte gegeben, so lautet in diesem Fall die Bedingung für Wirkleistungsanpassung:

$$\underline{Y}_V = \underline{Y}_i^* \tag{4.128}$$

Die maximale Leistung ist wie bei Gleichstrom bzw. Gleichspannung:

$$P_{max} = \frac{U_q^2}{4 R_i} = \frac{I_q^2}{4 G_i} \tag{4.129}$$

Weil die Wirk- und Blindwiderstände im Allgemeinen frequenzabhängig sind, ist die Wirkleistungsanpassung im Wechselstromkreis jeweils nur für *eine* Frequenz zu erreichen.

In der *Nachrichtentechnik* ist es vielfach wichtig, dem Zustand der Anpassung in einem möglichst großen Frequenzbereich nahe zu kommen. Man erreicht dies, indem man den komplexen Verbraucherwiderstand gleich dem komplexen Innenwiderstand wählt. Diesen Betriebsfall nennt man **Scheinleistungsanpassung**:

$$\boxed{\begin{aligned}\underline{Z}_V &= \underline{Z}_i \\ \underline{Y}_V &= \underline{Y}_i\end{aligned}} \qquad (4.130)$$

Am Verbraucher tritt die Scheinleistung S_{SA} auf:

$$S_{SA} = \frac{U_q^2}{4\underline{Z}_i} = \frac{I_q^2}{4\underline{Y}_i} \qquad (4.131)$$

Im gesamten Frequenzbereich, in dem $\underline{Z}_V = \underline{Z}_i$ ist, erhält der Verbraucher die Wirkleistung P_{SA}:

$$P_{SA} = \frac{R_i}{Z_i} S_{SA} = \frac{U_q^2}{4\,Z_i^2} R_i \qquad (4.132)$$

Bei kleinen Winkeln des komplexen Widerstandes ist P_{SA} nur unwesentlich kleiner als die bei Wirkleistungsanpassung erreichbare Leistung P_{max}.

Beispiel 4.18
An einer Quelle mit der Quellenspannung $U_q = 1{,}5$ V und dem komplexen Innenwiderstand $\underline{Z}_i = (1 - \mathrm{j}\,0{,}25)$ MΩ wird ein Verbraucher bei Scheinleistungsanpassung betrieben. Wir wollen untersuchen, um wieviel Prozent seine Wirkleistung P_{SA} kleiner ist als die maximale Wirkleistung P_{max} bei Wirkleistungsanpassung.

Bei Scheinleistungsanpassung ist $\underline{Z}_V = \underline{Z}_i$ und es fließt der Strom:

$$I = \frac{U_q}{2\,Z_i} = \frac{U_q}{2\sqrt{R_i^2 + X_i^2}}$$

Die Wirkleistung des Verbrauchers ist:

$$P_{SA} = R_V\,I^2 = \frac{R_V\,U_q^2}{4\,(R_i^2 + X_i^2)} = 0{,}53\ \mu\text{W}$$

Diese Leistung ist nur um 6 % geringer als die Leistung bei Wirkleistungsanpassung:

$$P_{max} = \frac{U_q^2}{4\,R_i} = 0{,}56\ \mu\text{W}$$

In der elektrischen *Energietechnik*, bei der die Frequenz praktisch konstant ist, wäre eine Wirkleistungsanpassung im Prinzip durchführbar. Wegen $R_i = R_V$ wäre jedoch der Wirkungsgrad der Energieerzeugung und -verteilung nur 50 %. Deshalb wird Wirkleistungsanpassung in der Energietechnik nicht angestrebt. Man versucht vielmehr auch aus konstruktiven Gründen (Kühlung), die Verluste in den Generatoren und auf den Leitungen so niedrig wie möglich zu halten.

4.7.2 Blindleistungskompensation

Bei der elektrischen Energieversorgung treten in Transformatoren und Leitungen zusätzliche Verluste dadurch auf, dass infolge von Blindleistung des Verbrauchers Energie zwischen Erzeuger und Verbraucher hin- und herfließt. Diese Verluste lassen sich dadurch vermeiden, dass man dem Verbraucher $\underline{Y}_V = G_V + \mathrm{j}\,B_V$ ein Eintor mit dem Blindleitwert $-B_V$ parallel schaltet; dies wird als **Blindleistungskompensation** bezeichnet. Sie ist vor allem bei induktiv wirkenden Verbrauchern von Bedeutung, denen zur Kompensation Kondensatoren parallel geschaltet werden.

Eine Kompensation wäre auch durch die *Reihenschaltung* eines Blindwiderstandes zum Verbraucher möglich. Dadurch würde aber der Effektivwert U der Spannung am Verbraucher geändert. Da jedoch die Spannung am Verbraucher möglichst konstant sein soll, wird ausschließlich die Parallelkompensation durchgeführt.

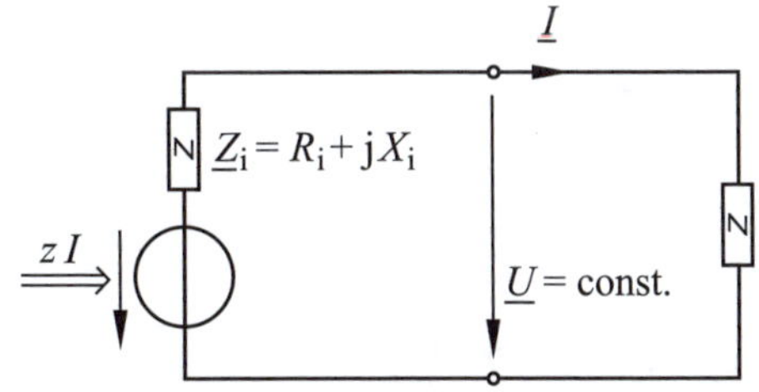

Bild 4.33 Prinzipdarstellung der Spannungskonstanthaltung in der elektrischen Energietechnik

Der Effektivwert U der Spannung ist bei konstanter Quellenspannung des speisenden Netzes lastabhängig. Bei der elektrischen Energieversorgung wird sie jedoch durch eine Regelung praktisch konstant gehalten; dies geschieht dadurch, dass an den Niederspannungstransformatoren (s. Praxisbezug 6.2) je nach Belastung unterschiedliche Ausgangsspannungen eingestellt werden. Die Quelle kann dabei als stromgesteuerte Spannungsquelle dargestellt werden (Bild 4.33).

Bei der Kompensation eines induktiv wirkenden Verbrauchers (Bild 4.34), der an Sinusspannung konstanter Amplitude betrieben wird, ist der Gesamtstrom $\underline{I}$ kleiner als der Strom $\underline{I}_V$ des (unkompensierten) Verbrauchers; infolgedessen sind die Verluste in den Innenwiderständen des Versorgungssystems, die wir zu R_i zusammenfassen, bei Kompensation geringer als bei der Versorgung des unkompensierten Verbrauchers.

Die Energieversorgungsunternehmen (kurz: **EVU**) stellen denjenigen Abnehmern, die aus dem sog. Drehstrom-Mittelspannungsnetz mit Spannungen 10 ... 30 kV (s. Praxisbezug 6.2) versorgt werden, nicht nur die Kosten für die gelieferte Wirkarbeit, sondern auch die Kosten für die bereitgestellte Scheinleistung in Rechnung. Außerdem werden den Abnehmern die Kosten für die Blindarbeit in Rechnung gestellt, wenn sie 50 % der Wirkarbeit übersteigt.

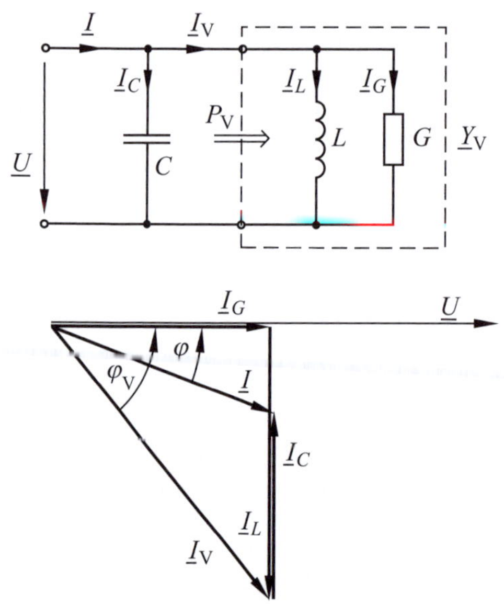

Bild 4.34 Kompensation eines induktiv wirkenden Verbrauchers

Diese Abnehmer führen eine Kompensation in zwei Stufen durch: Geräte mit schlechtem Leistungsfaktor werden an Ort und Stelle so kompensiert, dass sie etwa den Leistungsfaktor cos φ = 0,95 aufweisen; man bezeichnet dies als **Einzelkompensation**. Zusätzlich wird eine sog. **Gruppenkompensation** vorgesehen, bei der in der Niederspannungs-Verteilung ein Blindleistungsregler den Leistungsfaktor des Betriebes durch Zu- oder Abschalten von Kondensatoren etwa auf den Wert cos $\varphi = 1$ einstellt.

Beispiel 4.19

Ein Wechselstrom-Motor mit der Nennspannung 230 V (50 Hz), der bei cos φ_V = 0,785 die Wirkleistung 725 W aufnimmt, soll auf cos $\varphi = 1$ bzw. auf cos φ = 0,95 kompensiert werden.

Wir wollen die jeweils erforderliche Kapazität C des Kondensators berechnen.

Die Blindleistung Q_V des Motors ist induktiv:

$$Q_V = P_V \cdot \tan\varphi_V = 572 \text{ var}$$

Bei vollständiger Kompensation auf cos $\varphi = 1$ ist wegen $Q_C + Q_V = 0$ die Blindleistung des Kondensators:

$$Q_C = -Q_V = -572 \text{ var} = -\omega\, C\, U^2$$

Für vollständige Kompensation auf cos $\varphi = 1$ muss der Kondensator die Kapazität 34,4 µF haben.

Bei einer Kompensation auf cos φ = 0,95 ist der Phasenverschiebungswinkel des Ersatzeintors φ = 18,2°. Die Blindleistung der Quelle ist dabei:

$$Q_q = -P_V \tan\varphi = -238 \text{ var}$$

Mit $Q_q + Q_C + Q_V = 0$ berechnen wir die Blindleistung

$$Q_C = -\omega\, C\, U^2 = -Q_q - Q_V = -334 \text{ var}$$

und damit die Kapazität C = 20,1 µF des Kondensators.

Da die EVU den Abnehmern die Blindarbeit nur dann in Rechnung stellen, wenn sie 50 % der Wirkarbeit übersteigt, scheint die Gruppenkompensation auf den ersten Blick überflüssig zu sein.

Ein Leistungsfaktor $\cos\varphi < 1$ führt aber dazu, dass die Scheinleistung $S = P/\cos\varphi$ größer ist als die Wirkleistung. Wird jedoch der Leistungsfaktor durch Gruppenkompensation auf $\cos\varphi = 1$ eingestellt, so sind wegen $S = P$ die Kosten für die Bereitstellung der Scheinleistung minimal.

Beispiel 4.20

Einem Betrieb, der lediglich eine Einzelkompensation sämtlicher Verbraucher auf den Leistungsfaktor $\cos\varphi = 0{,}95$ durchgeführt hat, wird vom EVU jährlich eine Scheinleistung 460 kVA mit dem Bereitstellungspreis 80 € je kVA in Rechnung gestellt.

Wir wollen untersuchen, für welche Blindleistung Q dieser Betrieb eine Anlage zur Gruppenkompensation bestellen müsste und in welcher Zeit sie sich bei einem Kaufpreis von 400 € für je 10 kvar amortisiert.

Die Blindleistung dieses Betriebes ist:

$$Q = S\sin\varphi = 460\ \text{kVA} \cdot 0{,}312 = 143{,}6\ \text{kvar}$$

Der Betrieb müsste eine Anlage für 150 kvar bestellen, die 6.000 € kostet; mit ihr ergibt sich die neue Scheinleistung 437 kVA, die zur Einsparung von 23 kVA · 80 €/kVA = 1.840 € jährlich führt. Ohne Berücksichtigung des Kapitaldienstes amortisiert sich die Anlage in 3,26 Jahren.

Fragen

- Beschreiben Sie, wie in der elektrischen Energieversorgung die Verbraucherspannung konstant gehalten wird.
- Was versteht man unter dem Begriff Wirkleistungsanpassung? Nennen Sie die Anpassungsbedingung für ein Wechselstromnetz.
- Erläutern Sie, warum Wirkleistungsanpassung weder in der Energietechnik noch in der Nachrichtentechnik durchgeführt wird.
- Was versteht man unter dem Begriff Scheinleistungsanpassung?
- Erläutern Sie die Blindleistungskompensation. Wobei und warum wird sie durchgeführt?

Aufgaben

4.27(1) Die Schaltung des Beispiels 4.16 mit dem Widerstand $R_{\text{Pot}} = 135{,}1\ \Omega$ liegt an einer linearen Sinusquelle mit der Frequenz 400 Hz. Wie muss deren Innenwiderstand $\underline{Z}_\text{i}$ gewählt werden, damit Scheinleistungsanpassung vorliegt?

4.28(1) Dimensionieren Sie C_1 und G_3 für eine Anpassung bei 5 MHz.

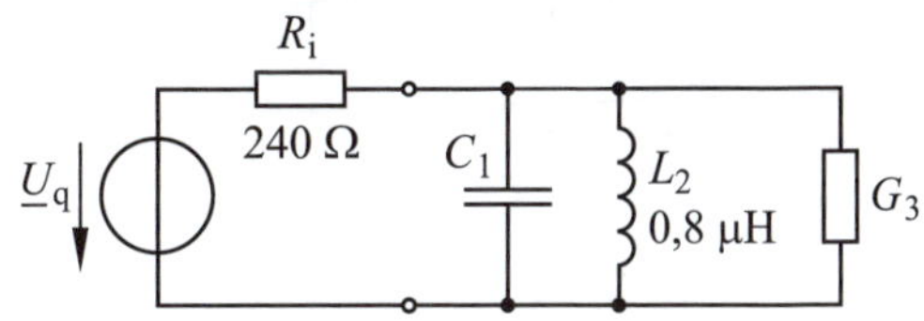

4.29(2) Eine Leuchtstofflampe nimmt mit Vorschaltdrossel an 230 V (50 Hz) beim Strom 0,41 A die Wirkleistung 48 W auf. Welchen Leistungsfaktor hat die Lampe mit Drossel? Welche Kapazität und welche Nennspannung muss ein Kondensator haben, mit dem die kompensierte Lampe den Leistungsfaktor $\cos\varphi = 0{,}95$ erreicht?

4.30(2) Ein Wechselstrom-Motor mit dem Leistungsfaktor $\cos\varphi_\text{M} = 0{,}785$ wird auf $\cos\varphi = 0{,}95$ bzw. $\cos\varphi = 1{,}0$ kompensiert. Um wieviel Prozent sind die Verluste im speisenden Netz beim Betrieb des unkompensierten Motors höher als die Verluste beim Betrieb des kompensierten Motors?

4.8 Übertrager

Ziele: Sie können

- erläutern, aus welchen Komponenten ein Übertrager besteht.
- die Gleichungen für die Spannungen und Ströme an den Toren eines verlustlosen Übertragers angeben.
- erläutern, wodurch sich ein idealer Übertrager von einem verlustlosen Übertrager unterscheidet.
- begründen, warum ein Übertrager nur bei Wechselspannung und nicht bei Gleichspannung funktioniert.
- angeben, wie das Übersetzungsverhältnis eines idealen Übertragers definiert ist.
- erläutern, wie ein Widerstand bzw. ein Leitwert von einem idealen Übertrager transformiert wird.

4.8.1 Verlustloser Übertrager

Ein **Übertrager** *(transformer)* besteht aus zwei magnetisch gekoppelten Spulen, die auf einem gemeinsamen Kern angeordnet sind, in dem ein magnetischer Fluss $\Phi(t)$ fließt.

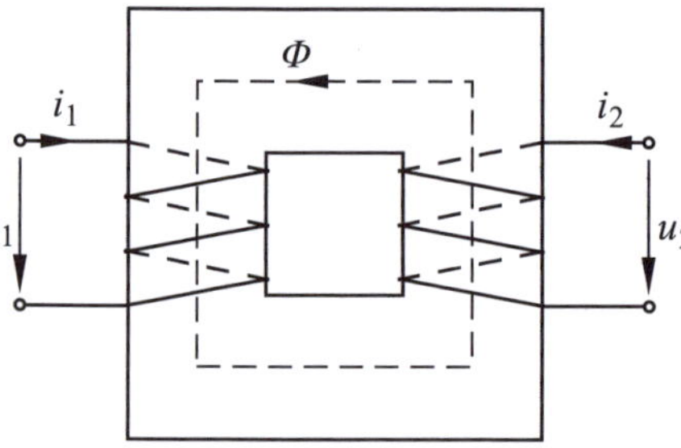

Bild 4.35 Prinzip des Übertragers

Der Zusammenhang der Ströme und Spannungen an einem Übertrager wird näherungsweise durch die Gln. (1.90) beschrieben, die aber die Verluste im magnetischen Kreis und die Verschiebungsströme unberücksichtigt lassen.
Beim **verlustlosen Übertrager** lässt man auch die Verluste in den Widerständen der Spulen unberücksichtigt und setzt $R_1 = R_2 = 0$. Dies setzen wir mit der Gl. (1.89) in die Gln. (1.90) ein:

$$u_1 = L_1 \frac{di_1}{dt} + L_{12} \frac{di_2}{dt}$$
$$u_2 = L_{12} \frac{di_1}{dt} + L_2 \frac{di_2}{dt} \qquad (4.133)$$

Betreibt man einen verlustlosen Übertrager mit Sinusströmen, so sind bei sinusförmigem Fluss $\Phi(t)$ auch die Spannungen sinusförmig und man kann mit komplexen Symbolen schreiben:

$$\underline{U}_1 = j\,\omega\,L_1\,\underline{I}_1 + j\,\omega\,L_{12}\,\underline{I}_2$$
$$\underline{U}_2 = j\,\omega\,L_{12}\,\underline{I}_1 + j\,\omega\,L_2\,\underline{I}_2 \qquad (4.134)$$

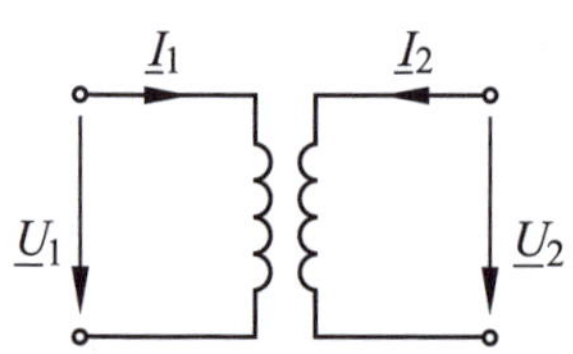

Bild 4.36 Schaltzeichen Übertrager mit Bezugspfeilen

4.8.2 Idealer Übertrager

Im Allgemeinen werden an einen Übertrager zwei Forderungen gestellt, die möglichst weitgehend erfüllt sein sollen:

- Der Quotient aus der Eingangsspannung U_1 und der Ausgangsspannung U_2 soll konstant und von den jeweiligen Betriebsbedingungen unabhängig sein.
- Der Übertrager soll einen Energiefluss ermöglichen, ohne selbst Energie zu verbrauchen oder Energie zu speichern. Bei sämtlichen Frequenzen muss $P_1 + P_2 = 0$ und $Q_1 + Q_2 = 0$ gelten.

Ein Übertrager, der diese beiden Forderungen erfüllt, wird **idealer Übertrager** genannt; er ist in der Praxis nicht realisierbar.

Im Folgenden wollen wir untersuchen, wie man dem Betriebsverhalten des idealen Übertragers möglichst nahe kommen kann. Dazu gehen wir vom verlustlosen Übertrager aus, bei dem die Summe der Wirkleistungen null ist, und untersuchen zunächst die Erfüllbarkeit der ersten Forderung.

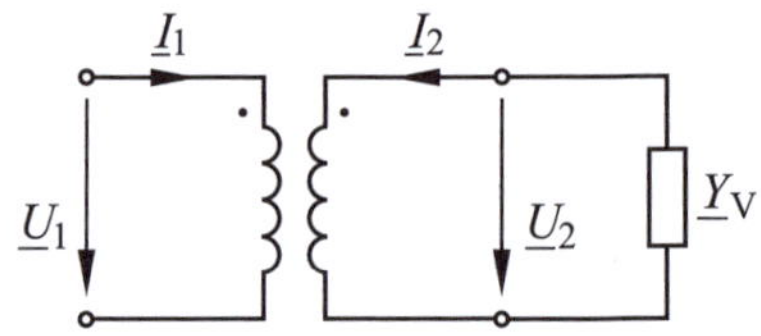

Bild 4.37 Am Tor 2 beschalteter Übertrager

Ist der Ausgang des Übertragers mit einem Eintor beschaltet, das den Leitwert $\underline{Y}_V$ aufweist, so gilt:

$$\underline{I}_2 = -\underline{Y}_V\,\underline{U}_2 \qquad (4.135)$$

Wir setzen diese Gleichung und die Gl. (1.99) in die Gln. (4.134) ein und berechnen:

$$\frac{\underline{U}_1}{\underline{U}_2} = \frac{1}{k}\sqrt{\frac{L_1}{L_2}} + j\,\omega\,\frac{1-k^2}{k}\sqrt{L_1\,L_2}\;\underline{Y}_V \qquad (4.136)$$

Der zweite Summand dieser Gleichung zeigt, dass die Ausgangsspannung auch von der Kreisfrequenz und vom Leitwert der Last abhängt. Der Einfluss dieser Größen verschwindet, wenn der Kopplungsfaktor den Wert $k = 1$ annimmt und es sich um einen **ideal fest gekoppelten Übertrager** handelt.

Mit der Gl. (1.58) lässt sich zeigen, dass in diesem Sonderfall $k = 1$ das Verhältnis der Spannungen gleich dem Verhältnis der Windungszahlen ist, das als **Übersetzungsverhältnis** *(transformation ratio) ü* bezeichnet wird:

$$\frac{\underline{U}_1}{\underline{U}_2} = \sqrt{\frac{L_1}{L_2}} = \frac{N_1}{N_2} = ü \tag{4.137}$$

Diese Gleichung zeigt, dass für $k = 1$ die Spannungen gleiche Phasenlage haben, also in Phase sind.

Beim **ideal fest gekoppelten Übertrager** kann der Kopplungsfaktor auch den Wert $k = -1$ annehmen und die Spannungen sind in Gegenphase.

Beim ideal fest gekoppelten Übertrager ist die erste Forderung an einen Übertrager erfüllt, dass der Quotient aus der Eingangsspannung U_1 und der Ausgangsspannung U_2 konstant und von den jeweiligen Betriebsbedingungen unabhängig ist.

Nun wollen wir untersuchen, ob und wie die zweite Forderung an einen idealen Übertrager erfüllt werden kann.
Zunachst setzen wir für $P_1+P_2=0$ und $Q_1+Q_2=0$ die komplexe Leistung an:

$$\underline{S} = \underline{U}_1 \underline{I}_1^* + \underline{U}_2 \underline{I}_2^* = 0 \tag{4.138}$$

Damit berechnen wir:

$$\frac{\underline{I}_1^*}{\underline{I}_2^*} = -\frac{\underline{U}_2}{\underline{U}_1} = -\frac{1}{ü} \tag{4.139}$$

Sind die Ströme in Phase oder in Gegenphase, so ist das Verhältnis der Ströme gleich dem Verhältnis der konjugiert komplexen Ströme:

$$\frac{\underline{I}_1}{\underline{I}_2} = -\frac{1}{ü} \tag{4.140}$$

Für $k = 1$ sind die Ströme des ideal fest gekoppelten Übertragers in Gegenphase, während sie für $k = -1$ in Phase sind.

Nun lösen wir die Gl. (4.140) nach $\underline{I}_2$ auf und setzen dies mit den Gln. (4.137 und 1.99) in die erste Gleichung der Gln. (4.134) ein:

$$\underline{U}_1 = \mathrm{j}\,\omega\, L_1\, \underline{I}_1 - \mathrm{j}\,\omega\, k\, L_1\, \underline{I}_1 \tag{4.141}$$

Wir ersetzen L_1 mithilfe der Gl. (1.58) und erhalten für den ideal fest gekoppelten Übertrager mit dem Kopplungsfaktor $k = 1$:

$$\frac{\underline{U}_1}{\mathrm{j}\,\omega\, N_1^2\, \Lambda} = 0 \tag{4.142}$$

Daraus folgern wir, dass für $U_1 \neq 0$ und endliche Kreisfrequenz ω der magnetische Leitwert Λ des Kerns unendlich hoch werden muss. Diese Forderung lässt sich für Kernwerkstoffe mit möglichst hoher Permeabilität annähernd erfüllen. Zusammenfassend stellen wir fest:

> Der **ideale Übertrager** ist ein ideal fest gekoppelter, verlustloser Übertrager mit unendlich hohem magnetischen Leitwert des Kerns.

4.8.3 Netzwerktransformation

Stellt ein idealer Übertrager die einzige Verbindung zwischen zwei Netzen dar, so kann seine Wirkung als **Netzwerktransformation** bezeichnet werden.

Wir bestimmen zunächst den Ersatzwiderstand $\underline{Z}_e$ am Tor 1 eines idealen Übertragers, der am Ausgang mit dem komplexen Widerstand $\underline{Z}$ abgeschlossen ist (Bild 4.38):

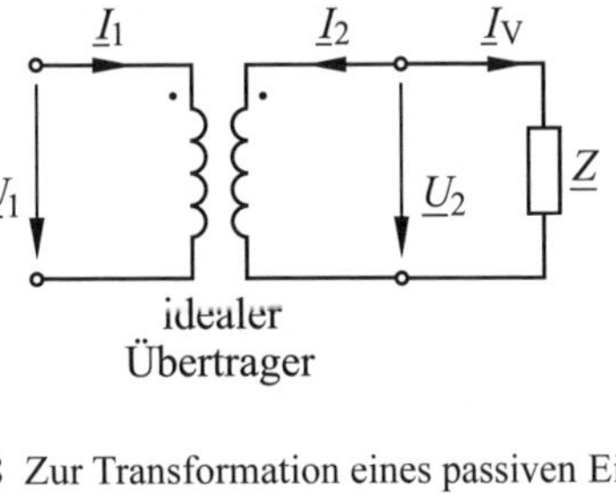

Bild 4.38 Zur Transformation eines passiven Eintors

$$\underline{Z}_e = \frac{\underline{U}_1}{\underline{I}_1} = \frac{\ddot{u}^2\, \underline{U}_2}{-\underline{I}_2} = \ddot{u}^2\, \frac{\underline{U}_2}{\underline{I}_V} \qquad (4.143)$$

Es zeigt sich, dass der komplexe Widerstand $\underline{Z}$ durch den idealen Übertrager mit dem Quadrat des Übersetzungsverhältnisses transformiert wird:

$$\boxed{\underline{Z}_e = \ddot{u}^2\, \underline{Z}} \qquad (4.144)$$

Für einen Leitwert gilt entsprechend:

$$\underline{Y}_e = \frac{\underline{Y}}{\ddot{u}^2} \qquad (4.145)$$

Die Transformationswirkung ist nicht auf einen einzelnen Widerstand bzw. Leitwert beschränkt, vielmehr wird jedes Eintor eines Netzes mit $\ddot{u}^2$ transformiert.

Beispiel 4.21
Wir wollen untersuchen, wie die Eintore des Netzes von dem idealen Übertrager mit $\ddot{u} = 5$ transformiert werden.

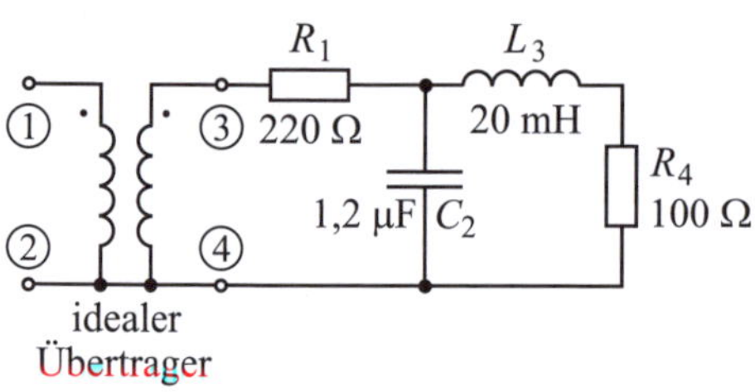

Die Verbindung zwischen den Klemmen 2 und 4 ändert nichts an der Wirkung des idealen Übertragers; sie dient lediglich zur Festlegung der Potenziale. Wir bestimmen mit der Gl. (4.144) den Ersatzwiderstand:

$$\underline{Z}_e = \ddot{u}^2 \left(R_1 + \cfrac{1}{\mathrm{j}\omega C_2 + \cfrac{1}{R_4 + \mathrm{j}\omega L_3}} \right)$$

Wir multiplizieren so aus, dass der Faktor $\ddot{u}^2$ bei den einzelnen Termen des Klammerausdrucks erscheint:

$$\underline{Z}_e = \ddot{u}^2 R_1 + \cfrac{1}{\mathrm{j}\omega \cfrac{C_2}{\ddot{u}^2} + \cfrac{1}{\ddot{u}^2 R_4 + \mathrm{j}\omega \ddot{u}^2 L_3}}$$

Diese Gleichung beschreibt den Widerstand eines Netzes mit der gleichen Struktur, wie sie das Netz am Ausgang des Übertragers aufweist.

Der ideale Übertrager entfällt, wenn wir die Widerstandswerte R_1, R_4 und ωL_3 um den Faktor $\ddot{u}^2 = 25$ vergrößern und den Leitwert ωC_2 um den Faktor $1/\ddot{u}^2 = 0{,}04$ verkleinern. Da dies für jede Kreisfrequenz ω gilt, können bei der Netzwerktransformation sämtliche Werte der Bauelemente entsprechend geändert werden.

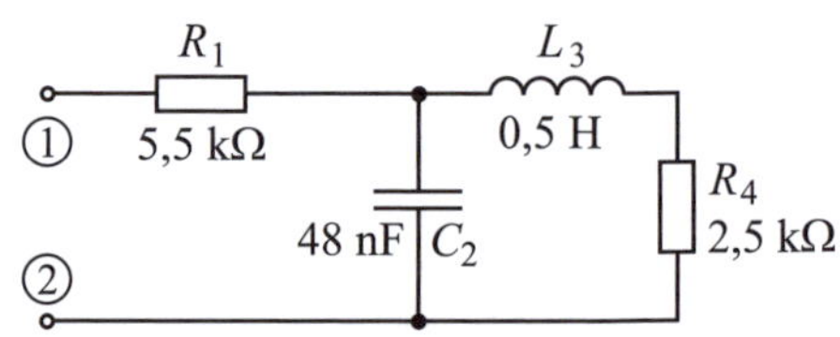

Fragen

- Aus welchen Komponenten ist ein Übertrager aufgebaut?
- Wie lauten die Gleichungen für die Spannungen und die Ströme an den Toren eines verlustlosen Übertragers?
- Erläutern Sie, wodurch sich ein idealer Übertrager von einem verlustlosen Übertrager unterscheidet.
- Wie ist das Übersetzungsverhältnis eines idealen Übertragers definiert?
- Wie wird ein Widerstand bzw. ein Leitwert von einem idealen Übertrager transformiert?

Aufgaben

4.31(1) In der Schaltung des Beispiels 4.21 wird der Widerstand $R_1 = 100\ \Omega$ und der Kondensator $C_2 = 4{,}7\ \mu\text{F}$ gewählt. Wie sieht das transformierte Netz ohne Übertrager aus?

4.32(2) An einen idealen Übertrager mit $\ddot{u} = 5$ wird am Tor 1 eine Sinusquelle $U_q = 10$ V mit dem Innenwiderstand $R_i = 500\ \Omega$ angeschlossen. Wie sieht am Tor 2 das transformierte Netz ohne Übertrager aus?

4.9 Transformator

Ziele: Sie können
- die Zusammenhänge zwischen den Spannungen der Primär- und der Sekundärseite nennen und angeben, wie das Übersetzungsverhältnis definiert ist.
- die Ersatzschaltung des Transformators und das zugehörige Zeigerdiagramm zeichnen.
- die vereinfachten Ersatzschaltungen und Zeigerdiagramme für Leerlauf und Kurzschluss entwickeln.
- die Sekundärspannung für verschiedene Lastfälle mithilfe des KAPPschen Dreiecks ermitteln.

Im Prinzip ist ein Transformator in gleicher Weise aufgebaut wie ein Übertrager: Er besteht aus zwei elektrisch getrennten Wicklungen, die auf einem Eisenkern angeordnet sind.
Ein Transformator hat die Aufgabe, elektrische Energie von der **Primärwicklung** *(primary coil)*, die an der Spannung $\underline{U}_1$ liegt, auf die **Sekundärwicklung** *(secondary coil)* zu übertragen. Die sinusförmigen Spannungen und Ströme haben in beiden Wicklungen gleiche Frequenz.
Wir beschreiben in diesem Abschnitt ausschließlich den **Einphasentransformator**, bei dem jede Wicklung aus *einem* Strang besteht; es gibt aber auch speziell konstruierte Transformatoren für die Energieübertragung in Drehstromnetzen.

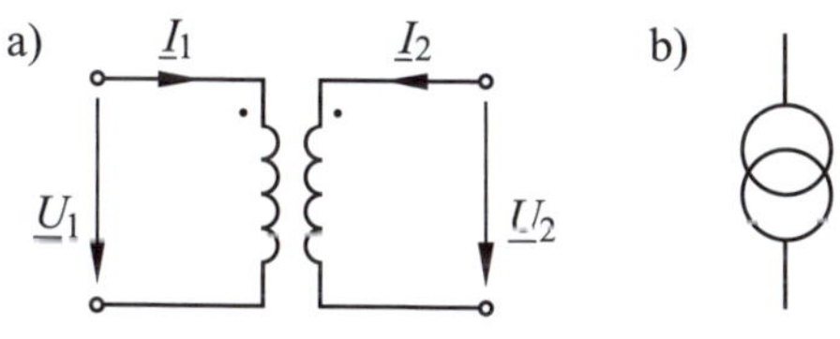

Bild 4.39 Einphasen-Transformator: Schaltzeichen mit Bezugspfeilen (a) und Schaltkurzzeichen (b)

Während der Übertrager, der vorwiegend in der Messtechnik und bei der Informationsübertragung Anwendung findet, ausschließlich kleine Leistung überträgt, gibt es beim Transformator einen großen Leistungsbereich, der von wenigen Watt bis zu einigen Megawatt reicht:
- Transformatoren kleiner Leistung (< 1 kVA bei Einphasentransformatoren) werden als **Kleintransformatoren** bezeichnet.
- Transformatoren höherer Leistung werden **Leistungstransformatoren** genannt.

4.9.1 Idealisierter Transformator

Beim **idealisierten Transformator** wird angenommen, dass in ihm keine Verluste entstehen und dass seine Wicklungen mit dem magnetischen Fluss Φ vollständig verkettet sind. Außerdem wird vorausgesetzt, dass der zeitabhängige Fluss $\Phi = \Phi(t) = \Phi_{max} \cos \omega t$ auf einem Weg fließt, dessen magnetischer Widerstand den Wert $R_m = 0$ aufweist.
In der Primärwicklung mit der Windungszahl N_1 wird gemäß Gl. (1.43) eine Spannung mit dem Scheitelwert $\hat{u}_1 = N_1 \, \omega \, \Phi_{max}$ induziert. Die **Primärspannung** hat also den Effektivwert U_1:

$$U_1 = 4{,}44 \, f N_1 \, \Phi_{max} \tag{4.146}$$

In der Sekundärwicklung mit der Windungszahl N_2 wird die **Sekundärspannung** mit dem Effektivwert U_2 induziert:

$$U_2 = 4{,}44 \, f N_2 \, \Phi_{max} \tag{4.147}$$

Der Quotient aus U_1 und U_2 wird **Übersetzungsverhältnis** $\ddot{u}$ genannt:

$$\frac{U_1}{U_2} = \frac{N_1}{N_2} = \ddot{u} \tag{4.148}$$

Die Spannungen an den Wicklungen des idealisierten Transformators stehen zueinander im gleichen Verhältnis wie die Windungszahlen.

Da im idealisierten Transformator keine Verluste entstehen, ist die Scheinleistung $S_1 = U_1 \, I_1$ der Primärwicklung gleich der Scheinleistung $S_2 = U_2 \, I_2$ der Sekundärwicklung. Mit $U_1 \, I_1 = U_2 \, I_2$ berechnen wir das Verhältnis der Ströme:

$$\frac{I_1}{I_2} = \frac{U_2}{U_1} = \frac{N_2}{N_1} = \frac{1}{\ddot{u}} \tag{4.149}$$

Die Ströme in den Wicklungen des idealisierten Transformators stehen zueinander im umgekehrten Verhältnis der Windungszahlen.

4.9.2 Realer Transformator

Der **reale Transformator** unterscheidet sich in mehrfacher Hinsicht vom idealisierten Transformator:

- *Streuung*: Diejenigen Feldlinien, die jeweils mit nur einer Wicklung verkettet sind, bilden den **Streufluss** *(leakage flux)* $\Phi_{1\sigma}$ bzw. $\Phi_{2\sigma}$ (Bild 4.40). Dagegen durchsetzt der **Hauptfluss** Φ_h beide Wicklungen.
- *Verluste*: Die **Stromwärmeverluste** in den OHMschen Widerständen R_1 bzw. R_2 der Wicklungen werden häufig **Kupferverluste** genannt, obwohl auch Aluminium als Leitermaterial verwendet wird. Die Hysteresearbeit und die Wirbelstromverluste werden zu den **Eisenverlusten** zusammengefasst.
- *Magnetisierungsstrom*: Zur Erzeugung des Hauptflusses Φ_h, der sich über den Eisenweg mit dem magnetischen Widerstand $R_m > 0$ schließt, ist der **Magnetisierungsstrom** I_μ erforderlich.

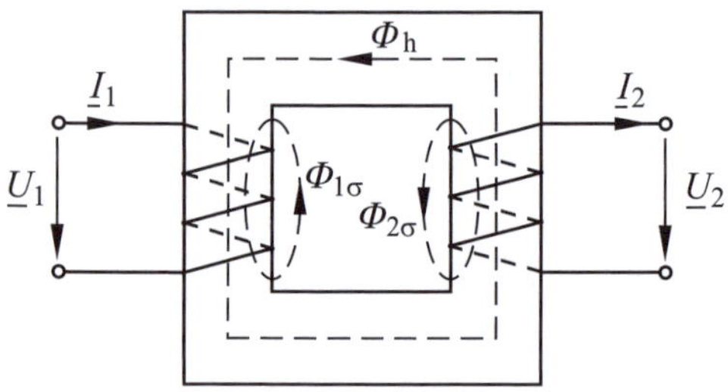

Bild 4.40 Streuflüsse des realen Transformators

In der Ersatzschaltung (Bild 4.41) wird die Streuung des realen Transformators durch die **Streureaktanzen** $X_{1\sigma}$ bzw. $X_{2\sigma}$ berücksichtigt. Den Eisenverlusten wird der **Eisenverlustwiderstand** R_{Fe} zugeordnet. Der als sinusförmig angenommene Magnetisierungsstrom I_μ fließt durch ein Grundeintor L, dessen Blindwiderstand als **Hauptreaktanz** X_h bezeichnet wird.

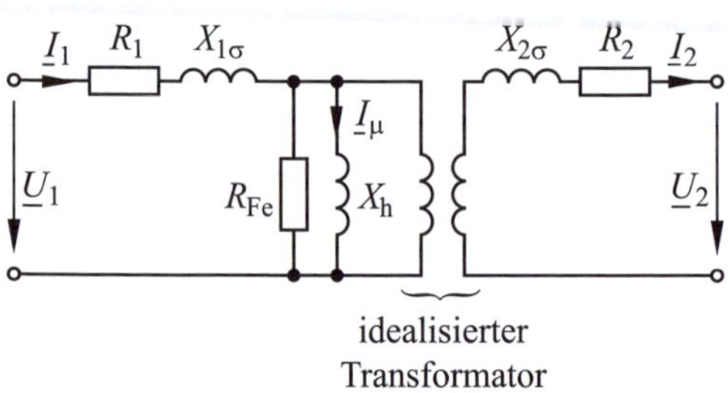

Bild 4.41 Ersatzschaltung des realen Transformators

Die Ersatzschaltung 4.41 des realen Transformators enthält außer den genannten Widerständen und Reaktanzen einen idealisierten Transformator.

Wie beim Übertrager werden die Größen im Sekundärkreis des idealisierten Transformators auf die Primärseite umgerechnet. Die umgerechneten Größen werden durch einen Strich (') gekennzeichnet:

$$R_2' = \ddot{u}^2 R_2 \; ; \quad X_{2\sigma}' = \ddot{u}^2 X_{2\sigma}$$
$$U_2' = \ddot{u}\, U_2 \; ; \quad I_2' = \frac{I_2}{\ddot{u}} \tag{4.150}$$

Nach dieser Umrechnung entfällt der idealisierte Transformator.

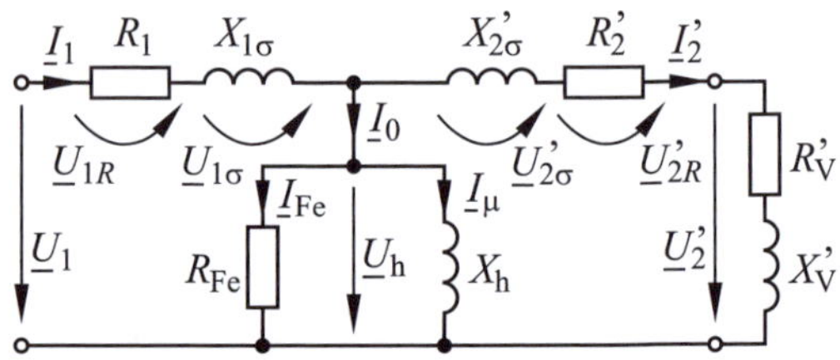

Bild 4.42 Realer Transformator, Ersatzschaltung mit umgerechneten Größen der Sekundärseite

Die an der Hauptreaktanz X_h liegende Spannung U_h wird **Hauptfeldspannung** genannt.

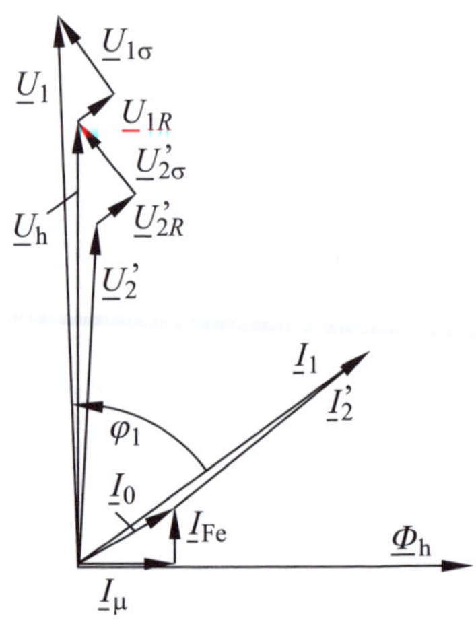

Bild 4.43 Realer Transformator, Zeigerdiagramm für OHMsch-induktive Belastung

4.9.3 Leerlauf und Kurzschluss

Wird der Transformator primärseitig an **Nennspannung** betrieben, so liegt bei *Leerlauf* die Spannung $U_{20} = U_{2N}$ an den Klemmen der Sekundärwicklung. Bei Leerlauf fließt wegen $I_2 = 0$ in der Primärwicklung der **Leerlaufstrom** $I_0 = I_1$, der wesentlich kleiner als der Nennstrom ist; er beträgt bei einem Transformator mit der Nennleistung 100 kVA etwa 2,5 %, bei 10 MVA nur etwa 1 % des Nennstromes.

Die Spannungsfälle $U_{1R} = R_1 I_1$ und $U_{1\sigma} = X_{1\sigma} I_1$, die bereits bei Nennbetrieb wesentlich kleiner als die Hauptfeldspannung U_h sind, können bei Leerlauf ohne weiteres vernachlässigt werden. Für den Leerlauf gilt daher die vereinfachte Ersatzschaltung 4.44 a.

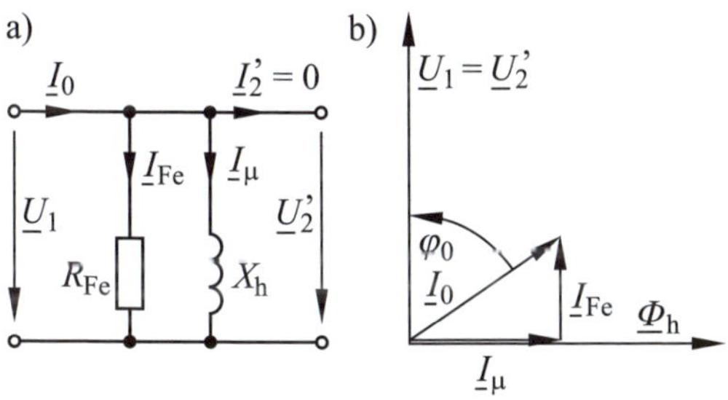

Bild 4.44 Vereinfachte Ersatzschaltung (a) und Zeigerdiagramm (b) des Transformators bei Leerlauf

Im Leerlauf nimmt ein Transformator als Wirkleistung praktisch nur die **Eisenverluste** P_{Fe} auf, die auch als **Leerlaufverluste** $P_0 = P_{Fe}$ bezeichnet werden; sie werden beim *Leerlaufversuch* mit einem Wattmeter gemessen. Die Voltmeter sollten einen Messwerkwiderstand $R_M \to \infty$ haben. Mit den Messwerten dieses Versuchs kann außerdem das Übersetzungsverhältnis *ü* bestimmt werden.

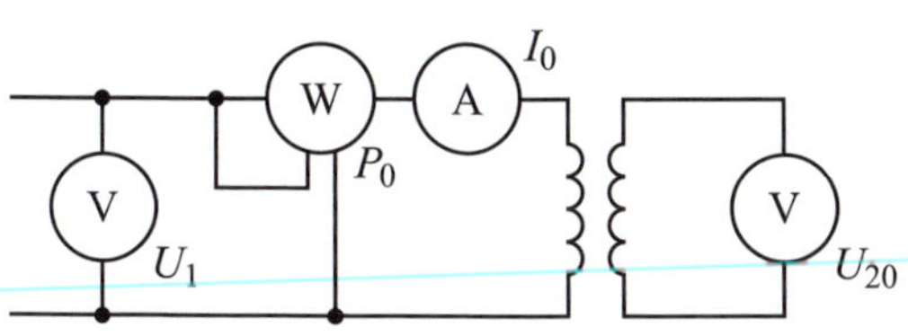

Bild 4.45 Schaltung zum Leerlaufversuch

Beispiel 4.22
Beim Leerlaufversuch werden an einem Einphasen-Transformator mit der Nennleistung $S_{2N} = 10$ kVA folgende Werte gemessen: $U_1 = 230$ V; $I_0 = 1{,}6$ A; $P_0 = 72{,}5$ W und $U_{20} = 10{,}5$ kV. Wir wollen die Elemente der Ersatzschaltung berechnen.
Mit den Gln. (4.16 und 4.22) setzen wir an:

$$\cos\varphi_0 = \frac{P_0}{U_1 I_0} = 0{,}197 \, ; \quad \varphi_0 = 78{,}6°$$

Dem Zeigerdiagramm 4.44 b entnehmen wir:

$$I_{Fe} = I_0 \cos\varphi_0 = 0{,}315 \text{ A}$$

$$I_\mu = I_0 \sin\varphi_0 = 1{,}57 \text{ A}$$

Damit berechnen wir:

$$R_{Fe} = \frac{U_1}{I_{Fe}} = 730\ \Omega \, ; \quad X_h = \frac{U_1}{I_\mu} = 147\ \Omega$$

$$ü = \frac{U_1}{U_{20}} = 0{,}0219$$

Tritt während des Betriebs des Transformators ein *Kurzschluss* der Sekundärwicklung auf, so können unmittelbar nach seinem Eintritt in den Wicklungen hohe Ströme fließen, deren Scheitelwerte im ungünstigsten Fall etwa doppelt so hoch wie die Stromscheitelwerte sind, die im Dauerkurzschluss vorliegen. Durch konstruktive Maßnahmen muss gewährleistet sein, dass die dabei auftretenden Kräfte den Transformator nicht beschädigen.
Der Stoßkurzschlussstrom geht nach sehr kurzer Zeit in den kleineren Dauerkurzschlussstrom über. Dieser bewirkt im Allgemeinen eine so große Erwärmung, dass der Transformator schnell abgeschaltet werden muss.

Beim Kurzschluss ($R'_V = 0$; $X'_V = 0$) können der hochohmige Eisenverlustwiderstand R_{Fe} und die hochohmige Hauptreaktanz X_h gegen R'_2 und $X'_{2\sigma}$ vernachlässigt werden, die sehr niederohmig sind. Die übrigen OHMschen Widerstände werden zu $R_k = R_1 + R'_2$, die Reaktanzen werden zur **Kurzschlussreaktanz** $X_k = X_{1\sigma} + X'_{2\sigma}$ zusammengefasst (Bild 4.46a).

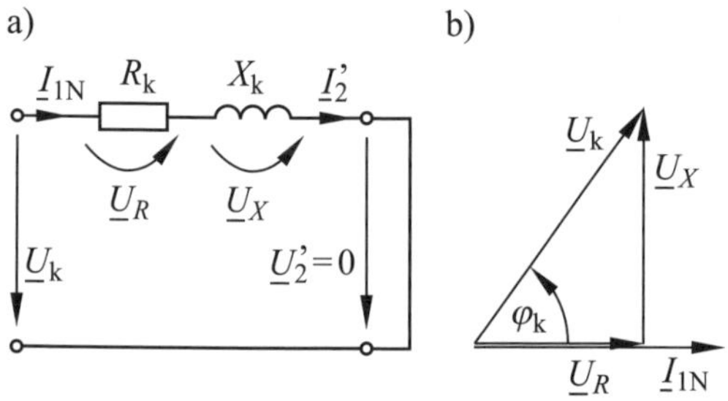

Bild 4.46 Vereinfachte Ersatzschaltung (a) und Zeigerdiagramm (b) des Transformators beim Kurzschlussversuch

Der Kurzschlussversuch wird wegen der kleinen Kurzschlussimpedanz

$$Z_k = \sqrt{R_k^2 + X_k^2} \tag{4.151}$$

mit dem Nennstrom I_{1N} durchgeführt. Die Primärspannung, die dabei an den Transformator gelegt wird, ist wesentlich kleiner als die Nennspannung; sie wird **Kurzschlussspannung** U_k genannt:

$$U_k = I_{1N} \cdot Z_k \ll U_{1N} \tag{4.152}$$

In Datenblättern wird gewöhnlich die auf die Nennspannung U_{1N} bezogene Kurzschlussspannung angegeben, die als **relative Kurzschlussspannung** u_k bezeichnet wird:

$$u_k = \frac{U_k}{U_{1N}} \tag{4.153}$$

Der Wert von u_k, der etwa 4 … 12 % beträgt, ist umso höher, je größer die Nennleistung des Transformators ist.

Mit der relativen Kurzschlussspannung kann der Dauerkurzschlussstrom I_{kN} berechnet werden, der beim Anlegen der Nennspannung U_{1N} an die Primärwicklung fließt:

$$I_{kN} = \frac{U_{1N}}{Z_k} = \frac{U_{1N}\, I_{1N}}{Z_k\, I_{1N}} = \frac{U_{1N}\, I_{1N}}{U_k} = \frac{I_{1N}}{u_k} \tag{4.154}$$

Im Kurzschluss nimmt ein Transformator als Wirkleistung praktisch nur die Stromwärmeverluste in den OHMschen Widerständen der Wicklungen auf. Diese **Kupferverluste** P_{Cu} werden auch als **Kurzschlussverluste** $P_k = P_{Cu}$ bezeichnet; sie werden beim *Kurzschlussversuch* mit einem Wattmeter gemessen.

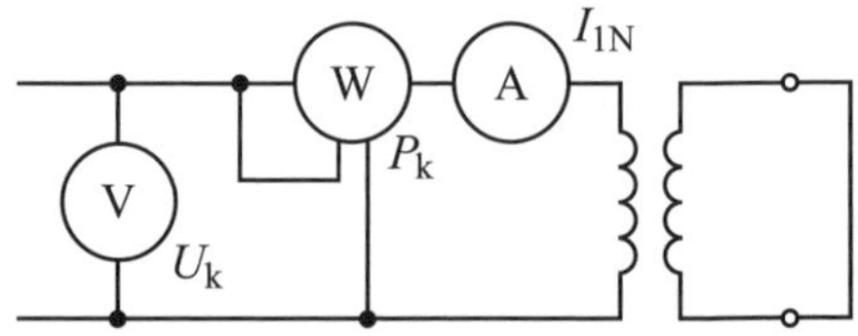

Bild 4.47 Schaltung zum Kurzschlussversuch

Beispiel 4.23

Beim Kurzschlussversuch werden an dem Transformator des Beispiels 4.22 folgende Werte gemessen: $U_k = 14$ V; $P_k = 410$ W. Wir wollen die Elemente der Ersatzschaltung 4.46a, die relative Kurzschlussspannung u_k und den Dauerkurzschlussstrom I_{kN} berechnen.

Die Scheinleistung S_1 der Primärwicklung setzen wir näherungsweise gleich der Nennleistung S_{2N} an. Beim Kurzschlussversuch fließt in der Primärwicklung der Nennstrom:

$$I_{1N} = \frac{S_1}{U_{1N}} = 43{,}5\ \text{A}$$

Mit $I_k = I_{1N}$ berechnen wir:

$$R_k = \frac{P_k}{I_k^2} = 0{,}217\ \Omega$$

$$Z_k = \frac{U_k}{I_{1N}} = 0{,}322\ \Omega = \sqrt{R_k^2 + X_k^2}$$

$$X_k = \sqrt{Z_k^2 - R_k^2} = 0{,}238\ \Omega$$

Normalerweise ist $R_1 \approx R_2'$ und $X_{1\sigma} \approx X_{2\sigma}'$:

$$R_1 = \frac{R_k}{2} = 0{,}108\ \Omega$$

$$X_{1\sigma} = \frac{X_k}{2} = 0{,}119\ \Omega$$

$$u_k = \frac{U_k}{U_{1N}} = 0{,}061 = 6{,}1\ \%$$

$$I_{kN} = \frac{I_{1N}}{u_k} = 714{,}3\ \text{A}$$

4.9.4 Spannungsänderung

Die sekundärseitige Scheinleistung, also das Produkt aus Nennspannung U_{20} und Nennstrom I_{2N}, ist nach VDE 0532 die **Nennleistung** $S_{2N} = U_{20}\, I_{2N}$ des Transformators.

Wird der Transformator primärseitig mit Nennspannung betrieben, so liegt bei *Leerlauf* die *Nennspannung* $U_{20} = U_{2N}$ an den Klemmen der Sekundärwicklung.

Der Unterschied zwischen der Leerlaufspannung und der Spannung bei *Nennstrom* wird als **Spannungsänderung** $U_{2\varphi}$ bezeichnet:

$$U_{2\varphi} = U_{20} - U_2 \qquad (4.155)$$

Die Spannungsänderung $U_{2\varphi}$ ist die Differenz der Effektivwerte von U_{20} und U_2; die Phasenverschiebung zwischen den beiden Spannungen wird dabei nicht berücksichtigt.
Wir rechnen die Gl. (4.155) auf die Primärseite um:

$$U'_{2\varphi} = U_{1N} - U'_2 \qquad (4.156)$$

Nimmt man näherungsweise an, dass die Spannungen $\underline{U}_{1N}$ und $\underline{U}'_2$ in Phase sind, so ergibt sich für die auf die Primärseite umgerechnete Spannungsänderung:

$$U'_{2\varphi} = R_k I_{1N}\, \cos\varphi + X_k I_{1N}\, \sin\varphi \qquad (4.157)$$

Das Bild 4.46 zeigt, dass U_R der Spannungsfall ist, den der Nennstrom I_{1N} an R_k hervorruft; entsprechend ist U_X der Spannungsfall an X_k:

$$U'_{2\varphi} = U_R \cos\varphi + U_X \sin\varphi \qquad (4.158)$$

Die Spannungen U_R und U_X sind die Katheten eines rechtwinkligen Dreiecks, das **KAPPsches Dreieck**[1] genannt wird (Bild 4.48).
Die Spannung U_2, die sich beim Betrieb des Transformators mit Nennstrom einstellt, ist vom Phasenverschiebungswinkel φ des Verbrauchers abhängig. Bei OHMscher und bei induktiver Last ist $U_2 < U_{20}$; bei kapazitiver Last kann $U_2 > U_{20}$ sein.

[1] Gisbert Kapp, 1852 – 1922

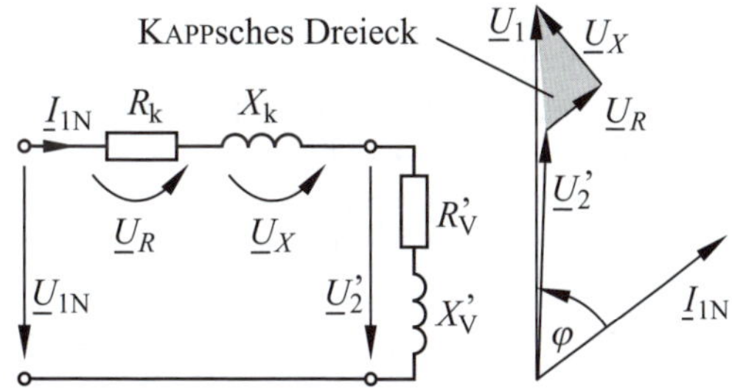

Bild 4.48 Betrieb des Transformators mit Nennstrom, Schaltung (a) und Zeigerdiagramm (b)

Beispiel 4.24
Welche Sekundärspannung stellt sich bei dem in den Beispielen 4.22 und 4.23 beschriebenen Transformator ein, wenn er mit Nennstrom beim Leistungsfaktor $\cos\varphi = 1$ bzw. $\cos\varphi = 0{,}8$ ind. bzw. $\cos\varphi = 0{,}6$ kap. belastet wird?

$$U_R = R_k\, I_{1N} = 0{,}217\ \Omega \cdot 43{,}5\ \text{A} = 9{,}43\ \text{V}$$

$$U_X = X_k\, I_{1N} = 0{,}238\ \Omega \cdot 43{,}5\ \text{A} = 10{,}35\ \text{V}$$

a) $\cos\varphi = 1$; $\underline{U}'_{2\varphi} = 9{,}43\ \text{V} = \ddot{u}\, \underline{U}_{2\varphi}$

$$\underline{U}_2 = \underline{U}_{20} - \underline{U}_{2\varphi} = \underline{U}_{20} - \frac{\underline{U}'_{2\varphi}}{\ddot{u}} = 10{,}07\ \text{kV}$$

b) $\cos\varphi = 0{,}8$ ind. ; $\sin\varphi = 0{,}6$;

$$\underline{U}'_{2\varphi} = 13{,}75\ \text{V}$$

$$\underline{U}_2 = \underline{U}_{20} - \underline{U}_{2\varphi} = \underline{U}_{20} - \frac{\underline{U}'_{2\varphi}}{\ddot{u}} = 9{,}87\ \text{kV}$$

c) $\cos\varphi = 0{,}6$ kap. ; $\sin\varphi = -0{,}8$

$$\underline{U}'_{2\varphi} = -2{,}62\ \text{V}\ ;\ \underline{U}_2 = 10{,}62\ \text{kV}$$

Praxisbezug 4.8
Ein **Spannungswandler** setzt für Messzwecke hohe Spannungen auf eine niedrige Spannung (Messbereichs-Endwert 100 V) herab; seine Last darf die *Nennleistung* 10 ... 300 VA nicht übersteigen. Der Scheinleitwert der Last wird auch als **Bürde** des Spannungswandlers bezeichnet.
Spannungswandler sind Transformatoren, die praktisch im *Leerlauf* betrieben werden; sie sind so konstruiert, dass vor allem die *Leerlaufverluste* besonders klein sind. Spannungswandler dürfen nicht kurzgeschlossen werden.

Die Anschlüsse der Primärwicklung eines Spannungswandlers werden mit den Großbuchstaben U; V und die der Sekundärwicklung mit den Kleinbuchstaben u; v gekennzeichnet.

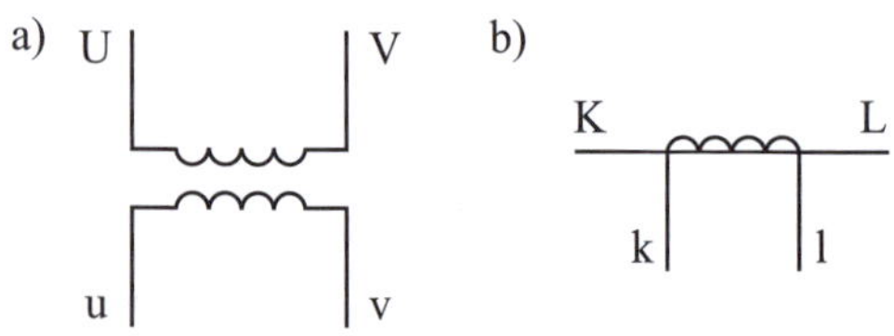

Bild 4.49 Klemmenbezeichnungen von Spannungswandlern (a) und Stromwandlern (b)

Ein **Stromwandler** setzt hohe Ströme auf niedrige Werte (Messbereichsendwert 1 A bzw. 5 A) herab; seine Last darf die *Nennleistung* 1 ... 60 VA nicht übersteigen. Der Scheinwiderstand der Last wird auch **Bürde** genannt.
Da die zur Strommessung verwendeten Amperemeter einen sehr niedrigen Messwerkwiderstand aufweisen, werden Stromwandler praktisch im *Kurzschluss* betrieben; sie sind so konstruiert, dass vor allem die *Kurzschlussverluste* besonders klein sind.

Stromwandler dürfen nicht im Leerlauf betrieben werden, weil dabei die *Eisenverluste* unzulässig hoch würden; auch eine kurze Unterbrechung des Messkreises muss vermieden werden, da sich dabei aufgrund der Hysterese die Magnetisierungskennlinie verschiebt und die Eichung des Wandlers ungültig wird. Außerdem ist die bei Leerlauf in der Sekundärwicklung induzierte Spannung gefährlich hoch.

Die Anschlüsse der Primärwicklung werden mit den Großbuchstaben K; L und die der Sekundärwicklung mit den Kleinbuchstaben k; l gekennzeichnet (Bild 4.49b). ❒

4.9.5 Kleintransformator

Transformatoren kleiner Leistung werden bei einer Vielzahl von Anwendungen eingesetzt:

- für Beleuchtung, z. B. Halogenlampen, Handleuchten, Leuchtröhren;
- für elektronische Geräte, z. B. Radios, Fernseher, Kleincomputer, Telefone usw.;
- für medizinische Geräte: die Nenn-Ausgangsspannung darf maximal 25 V betragen, wenn das Gerät mit dem menschlichen Körper in Kontakt kommt, und maximal 6 V, wenn das Gerät in den menschlichen Körper eingeführt wird;
- für Spielzeug: bei elektromotorisch angetriebenem Spielzeug darf die Nenn-Ausgangsspannung nicht höher als 25 V sein, und die Leistung darf höchstens 200 VA betragen;
- weitere Anwendungen, z. B. Klingeltransformatoren, Zündtransformatoren einer Heizung usw.

Für den Eisenkern, der aus isolierten Blechen geschichtet wird, gibt es genormte Blechschnitte. Außerdem werden Ringkerne und Schnittbandkerne verwendet.
Die Wicklung, die meist aus Kupferlackdraht hergestellt wird, befindet sich auf einem Spulenkörper aus Kunststoff oder Hartpapier, der die Wicklung gegen den Kern isoliert. Die infolge der Eisen- und Kupferverluste entstehende Wärme wird im Allg. durch natürliche Luftkühlung abgeführt.

Die Nennleistung eines Kleintransformators ist die sekundäre Scheinleistung $S_{2N} = U_{2N} I_{2N}$, also das Produkt von Nennspannung und Nennstrom. Die Nennspannung stellt sich dann ein, wenn der Kleintransformator bei Nennleistung mit Nennstrom betrieben wird.

Fragen

- Was versteht man unter einem Leistungstransformator? Wie sind bei ihm die Nenngrößen festgelegt?
- Wie lauten die Gleichungen für die Spannungen und die Ströme an den Toren eines idealisierten Transformators?
- Was bedeutet beim Transformator ein Übersetzungsverhältnis $\ddot{u} < 1$?
- Wie sind die Nenngrößen bei einem Kleintransformator definiert?
- Warum ist der Hauptfluss beim Transformator wesentlich größer als der Streufluss?
- Zeichnen Sie die vollständige Ersatzschaltung des Transformators und entwickeln Sie das Zeigerdiagramm.
- Welche Größen werden beim Leerlaufversuch und welche beim Kurzschlussversuch gemessen? Wie berechnet man aus ihnen die Größen der Ersatzschaltung?

5 Netze mit Sinusquellen veränderlicher Frequenz

5.1 Frequenzabhängigkeit der Netzeigenschaften

Ziele: Sie können
- zeigen, dass bei Netzfunktionen die Kreisfrequenz stets in Verbindung mit dem Faktor j auftritt.
- begründen, warum die Realteilfunktion eine gerade Funktion, die Imaginärteilfunktion dagegen eine ungerade Funktion der Kreisfrequenz ω ist.
- für ein gegebenes Netz je eine Ersatzschaltung für $f = 0$ und $f \rightarrow \infty$ angeben.
- eine Netzfunktion in Komponentendarstellung veranschaulichen.
- zu einer Netzfunktion die Ortskurve angeben.
- Eigenschaften von Ortskurven zueinander inverser Netzfunktionen nennen.
- die zu einer Geraden bzw. zu einem Kreis inverse Ortskurve bestimmen.
- eine gegebene Netzfunktion normieren und als Funktion der normierten Frequenz angeben.

Bisher haben wir die Sinusgrößen in linearen Netzen mithilfe der komplexen Rechnung nur bei jeweils *einer* konstanten Frequenz untersucht. Diese Beschränkung wollen wir nun aufgeben und die Frequenz als variabel im Bereich $0 \leq f < \infty$ ansehen. Zur Frequenz $f = 0$ gehört die Periodendauer $T \rightarrow \infty$, für die sämtliche Augenblickswerte einer Sinusgröße einander gleich sind: Der Effektivwert ist gleich der Amplitude. Auf diese Weise beziehen wir Gleichstrom und Gleichspannung in unsere Überlegungen ein.

5.1.1 Wirkung von L und C

Bei Netzen, die kapazitiv wirkende oder induktiv wirkende Eintore enthalten, übt die Frequenz einen Einfluss auf die Wirkung des Netzes aus. So ruft z. B. eine Sinusspannung an einem Grundeintor C einen Sinusstrom hervor, dessen Effektivwert proportional zur Kreisfrequenz ω ist:

$$I = \omega\, C\, U \tag{5.1}$$

Außerdem ergibt sich an diesem Eintor ein Phasenverschiebungswinkel $\varphi_C = -90°$ der Spannung gegen den Strom, was im komplexen Leitwert des Eintors durch den Faktor j zum Ausdruck kommt:

$$\underline{Y} = \mathrm{j}\, \omega\, C \tag{5.2}$$

Entsprechend ist bei einem Grundeintor L der Effektivwert der Spannung proportional zur Kreisfrequenz:

$$U = \omega\, L\, I \tag{5.3}$$

Der Phasenverschiebungswinkel $\varphi_L = 90°$ der Spannung gegen den Strom kommt im komplexen Widerstand des Eintors durch den Faktor j zum Ausdruck:

$$\underline{Z} = \mathrm{j}\, \omega\, L \tag{5.4}$$

Ein Frequenzeinfluss auf ein Netz wird auch durch eine im Netz enthaltene *gegenseitige Induktivität* verursacht.

Kapazitiv und induktiv wirkende Eintore sowie gegenseitige Induktivitäten sind also die Elemente eines linearen Netzes, die zu frequenzabhängigem Verhalten führen. Der Einfluss der Frequenz auf eine Netzeigenschaft wird durch eine **Netzfunktion** $\underline{F}(\mathrm{j}\,\omega)$ beschrieben, in der die Kreisfrequenz mit dem Faktor j als Variable $\mathrm{j}\,\omega$ auftritt. Jede Netzfunktion lässt sich in eine Realteilfunktion $\mathrm{Re}\,\underline{F}(\mathrm{j}\,\omega)$ und eine Imaginärteilfunktion $\mathrm{Im}\,\underline{F}(\mathrm{j}\,\omega)$ zerlegen:

$$\underline{F}(\mathrm{j}\,\omega) = \mathrm{Re}\,\underline{F}(\mathrm{j}\,\omega) + \mathrm{j}\,\mathrm{Im}\,\underline{F}(\mathrm{j}\,\omega) \tag{5.5}$$

Die Realteilfunktion enthält stets nur gerade Potenzen von $\mathrm{j}\,\omega$ und enthält deswegen den Faktor j nicht mehr. Somit ist die Realteilfunktion eine *gerade* Funktion der reellen Variablen ω.
Die Imaginärteilfunktion ist stets eine *ungerade* Funktion der reellen Variablen ω; der ursprünglich vorhandene Faktor j wird bei der Imaginärteilbildung herausgehoben.

Entsprechend ist der *Betrag* $F(\omega)$ der Netzfunktion eine *gerade* Funktion von ω, während der Tangens ihres Winkels $\varphi_F(\omega)$ eine *ungerade* Funktion von ω ist:

$$\left|\underline{F}(\mathrm{j}\,\omega)\right| = F(\omega) = \sqrt{[\mathrm{Re}\,\underline{F}(\mathrm{j}\,\omega)]^2 + [\mathrm{Im}\,\underline{F}(\mathrm{j}\,\omega)]^2} \tag{5.6}$$

$$\tan\varphi_F(\omega) = \frac{\mathrm{Im}\,\underline{F}(\mathrm{j}\,\omega)]}{\mathrm{Re}\,\underline{F}(\mathrm{j}\,\omega)]} \tag{5.7}$$

Diese Zusammenhänge können bei der Berechnung der genannten Funktionen zur Kontrolle verwendet werden.

Beispiele für Netzfunktionen sind die **Widerstandsfunktion** $\underline{Z}(\mathrm{j}\,\omega)$ am Tor eines Netzes, welche die Frequenzabhängigkeit des Ersatzwiderstandes beschreibt, und die **Leitwertfunktion** $\underline{Y}(\mathrm{j}\,\omega)$ eines solchen Netzes.

Beispiel 5.1

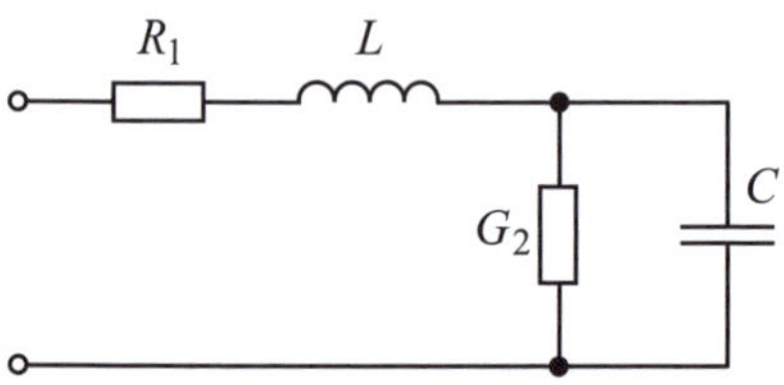

Wir wollen die Widerstandsfunktion des Netzes untersuchen:

$$\underline{Z}(\mathrm{j}\,\omega) = R_1 + \mathrm{j}\,\omega L + \frac{1}{G_2 + \mathrm{j}\,\omega C}$$

Der Frequenzeinfluss ergibt sich durch die Eintore L und C; die Kreisfrequenz ω tritt nur in Verbindung mit j auf.

Auch bei der Zerlegung in eine Realteil- und eine Imaginärteilfunktion bleibt $\mathrm{j}\,\omega$ als Variable erhalten:

$$\underline{Z}(\mathrm{j}\,\omega) = R_1 + \mathrm{j}\,\omega L + \frac{1}{G_2 + \mathrm{j}\,\omega C} \cdot \frac{G_2 - \mathrm{j}\,\omega C}{G_2 - \mathrm{j}\,\omega C}$$

$$\underline{Z}(\mathrm{j}\,\omega) = R_1 + \frac{G_2}{G_2^2 - (\mathrm{j}\,\omega)^2 C^2} + \mathrm{j}\,\omega\left[L - \frac{C}{G_2^2 - (\mathrm{j}\,\omega)^2 C^2}\right]$$

Setzt man im Nenner $(\mathrm{j}\,\omega)^2 = -\omega^2$ ein, so ist dort die Variable $\mathrm{j}\,\omega$ nicht mehr erkennbar:

$$\underline{Z}(\mathrm{j}\,\omega) = R_1 + \frac{G_2}{G_2^2 + (\omega C)^2} + \mathrm{j}\,\omega\left[L - \frac{C}{G_2^2 + (\omega C)^2}\right]$$

Die Realteilfunktion beschreibt den Wirkwiderstand in Abhängigkeit von der Kreisfrequenz. Sie ist eine gerade Funktion von ω, weil in ihr nur ω^2 auftritt:

$$\mathrm{Re}\,\underline{Z}(\mathrm{j}\,\omega) = R(\omega) = R_1 + \frac{G_2}{G_2^2 + (\omega C)^2}$$

Die Imaginärteilfunktion beschreibt die Abhängigkeit des Blindwiderstandes von der Kreisfrequenz. Sie ist eine ungerade Funktion von ω, weil sie außer ω^2 (im Nenner) den Faktor ω aufweist:

$$\mathrm{Im}\,\underline{Z}(\mathrm{j}\,\omega) = X(\omega) = \omega\left[L - \frac{C}{G_2^2 + (\omega C)^2}\right]$$

Im Folgenden wollen wir Netzfunktionen an den Grenzen $\omega = 0$ und $\omega \to \infty$ des Frequenzbereiches untersuchen.

Bei Gleichstrom ($\omega = 0$) wird am Grundeintor L keine Spannung induziert; der komplexe Widerstand ist dabei:

$$\lim_{\omega\to 0}\underline{Z}(\mathrm{j}\,\omega) = \lim_{\omega\to 0}\,\mathrm{j}\,\omega L = 0 \tag{5.8}$$

Durch ein Grundeintor C an Gleichspannung fließt kein Strom; der komplexe Leitwert hat dabei den Wert:

$$\lim_{\omega\to 0}\underline{Y}(\mathrm{j}\,\omega) = \lim_{\omega\to 0}\,\mathrm{j}\,\omega C = 0 \tag{5.9}$$

Wir stellen fest:

Ein Grundeintor L wirkt bei Gleichstrom wie ein Kurzschluss und ein Grundeintor C wirkt an Gleichspannung wie eine Unterbrechung des Leiterweges.

Betrachtet man die Wirkung der Grundeintore L und C bei $\omega \to \infty$, so ergibt sich:

$$\lim_{\omega \to \infty} \underline{Y}(\mathrm{j}\omega) = \lim_{\omega \to \infty} \frac{1}{\mathrm{j}\omega L} = 0 \tag{5.10}$$

$$\lim_{\omega \to \infty} \underline{Z}(\mathrm{j}\omega) = \lim_{\omega \to \infty} \frac{1}{\mathrm{j}\omega C} = 0 \tag{5.11}$$

Ein Grundeintor L wirkt bei $\omega \to \infty$ wie eine Unterbrechung des Leiterweges und ein Grundeintor C wirkt bei $\omega \to \infty$ wie ein Kurzschluss.

Diese Eigenschaften der Grundeintore kann man zur Berechnung der Netzfunktionen bei $\omega = 0$ und $\omega \to \infty$ nutzen. Man ersetzt dazu sämtliche Grundeintore L und C eines Netzes entsprechend der betrachteten Kreisfrequenz durch Kurzschlüsse bzw. Unterbrechungen. Dadurch erhält man jeweils eine Ersatzschaltung, die nur noch Grundeintore R und Quellen enthält. Der Betrag der Netzfunktion kann für die jeweils betrachtete Kreisfrequenz an der entsprechenden Schaltung ohne Grenzübergang berechnet werden.

Beispiel 5.2
Wir wollen den Ersatzwiderstand der Schaltung des Beispiels 5.1 für $\omega = 0$ und $\omega \to \infty$ mithilfe von Ersatzschaltungen bestimmen und die Ergebnisse mit den entsprechenden Grenzwerten der Widerstandsfunktion vergleichen.
Für $\omega = 0$ ersetzen wir L durch einen Kurzschluss und C durch eine Unterbrechung.

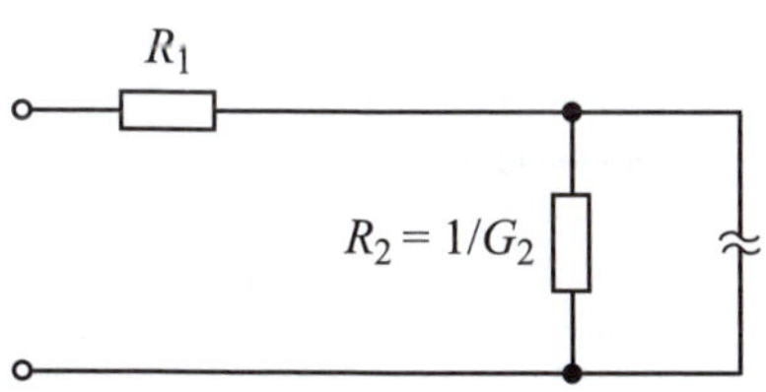

Der Ersatzwiderstand ist ein Wirkwiderstand:

$$\underline{Z}(\mathrm{j}\omega)\Big|_{\omega=0} = R_1 + R_2$$

Der Grenzwert der Realteilfunktion (s. Beispiel 5.1) stimmt hiermit überein:

$$\lim_{\omega \to 0} R(\omega) = \lim_{\omega \to 0} \left[R_1 + \frac{G_2}{G_2^2 + (\omega C)^2} \right] = R_1 + R_2$$

Der Grenzwert der Imaginärteilfunktion ist gleich null:

$$\lim_{\omega \to 0} X(\omega) = \lim_{\omega \to 0} \omega \left[L - \frac{C}{G_2^2 - (\mathrm{j}\omega)^2 C^2} \right] = 0$$

Für $\omega \to \infty$ ersetzen wir L durch eine Unterbrechung und C durch einen Kurzschluss.

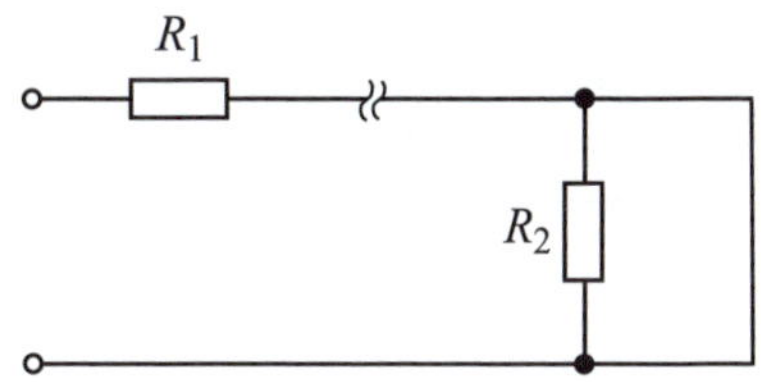

Wegen der Unterbrechung nimmt der Ersatzwiderstand einen unendlich großen Wert an. Der Grenzwert der Realteilfunktion ist:

$$\lim_{\omega \to \infty} R(\omega) = R_1$$

Der Grenzwert der Imaginärteilfunktion geht jedoch gegen unendlich. Somit stimmt der Betrag der Netzfunktion mit dem ermittelten Ersatzwiderstand überein.

5.1.2 Komponentendarstellung

Für einen schnellen Überblick über die frequenzabhängigen Eigenschaften eines Netzes ist es zweckmäßig, den Einfluss der Frequenz auf den komplexen Funktionswert der jeweiligen Netzfunktion *grafisch* darzustellen. Man kann z. B. die beiden Komponenten des komplexen Funktionswerts, Real- und Imaginärteil bzw. Betrag und Winkel, durch getrennte Kurven über der Frequenz darstellen. In diesem Fall spricht man von **Komponentendarstellung**.
Das Bild 5.1 zeigt als Beispiel den komplexen Widerstand der drei Grundeintore in der Komponentendarstellung mit Betrag und Winkel.

Die Netzfunktion bzw. ihre Komponenten können zur grafischen Darstellung *normiert* werden. Man teilt dabei die Netzfunktion durch eine *konstante* **Bezugsgröße**. Diese muss einheitengleich mit der Netzfunktion sein, kann aber im Übrigen frei gewählt werden. Die Komponenten der so gebildeten **normierten Größe** werden dargestellt.

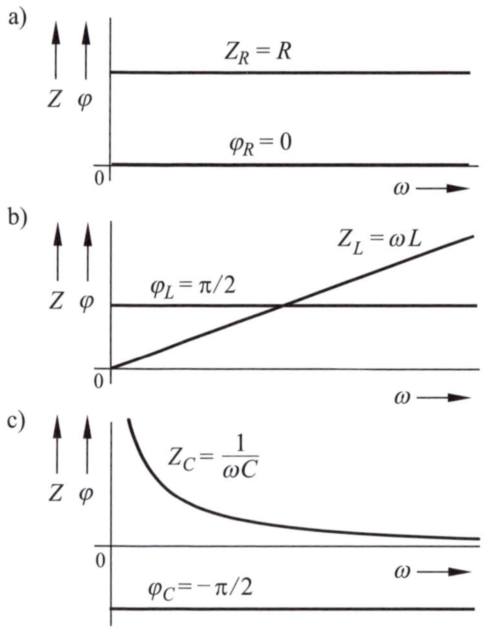

Bild 5.1 Scheinwiderstand und Winkel der Grundeintore: a) Grundeintor R, b) Grundeintor L, c) Grundeintor C

Die normierte Größe ist dimensionslos. Wir ändern für normierte Größen die Groß-/Kleinschreibweise des Formelzeichens. Die mit dem Leitwert G_{bez} normierte Leitwertfunktion $\underline{Y}(j\omega)$ erhält z. B. die Bezeichnung $\underline{y}(j\omega)$.

Durch zweckmäßige Normierung erhält man übersichtlichere Funktionen. Dies gilt besonders dann, wenn man auch die *Kreisfrequenz* normiert und diese **normierte Frequenz** Ω (griech. Buchstabe Omega) als Funktionsvariable verwendet:

$$\Omega = \frac{\omega}{\omega_{bez}} = \frac{f}{f_{bez}} \qquad [\Omega] = 1 \tag{5.12}$$

Beispiel 5.3

Für das Netz im Beispiel 5.1 sind die Werte $R_1 = 1\ \text{k}\Omega$; $L = 120\ \text{mH}$; $G_2 = 0{,}8\ \text{mS}$ und $C = 0{,}18\ \mu\text{F}$ gegeben. Wir wollen die Widerstandsfunktion des Netzes mit dem Bezugswiderstand $R_{bez} = R_1 = 1\ \text{k}\Omega$ normieren und den normierten Wirkwiderstand $r(\Omega)$ sowie den normierten Blindwiderstand $x(\Omega)$ über der normierten Frequenz darstellen.

Die Bezugs-Kreisfrequenz wählen wir so, dass sich möglichst einfache Funktionen ergeben. Mit $\omega = \Omega\,\omega_{bez}$ lautet der normierte Wirkwiderstand:

$$r(\Omega) = \frac{R(\Omega)}{R_{bez}} = \frac{1}{R_1}\left[R_1 + \frac{G_2}{G_2^2 + (\Omega\,\omega_{bez}\,C)^2}\right]$$

Wir multiplizieren aus und erweitern den Bruch mit $1/G_2$:

$$r(\Omega) = 1 + \frac{1}{R_1 G_2 + (\Omega\,\omega_{bez}\,C)^2 R_1/G_2}$$

Der Nenner dieses Ausdrucks wird mit folgender Bezugs-Kreisfrequenz vereinfacht:

$$\omega_{bez} = \frac{1}{C}\sqrt{\frac{G_2}{R_1}} = 4969\ \text{s}^{-1}$$

Hiermit ist der normierte Wirkwiderstand:

$$r(\Omega) = 1 + \frac{1}{0{,}8 + \Omega^2}$$

Der normierte Blindwiderstand ist:

$$x(\Omega) = \frac{\Omega\,\omega_{bez}}{R_1}\left[L - \frac{C}{G_2^2 + (\Omega\,\omega_{bez}\,C)^2}\right]$$

$$x(\Omega) = \Omega\left[0{,}596 - \frac{1{,}118}{0{,}8 + \Omega^2}\right]$$

Damit zeichnen wir die gesuchten Kurven in normierter Darstellung.

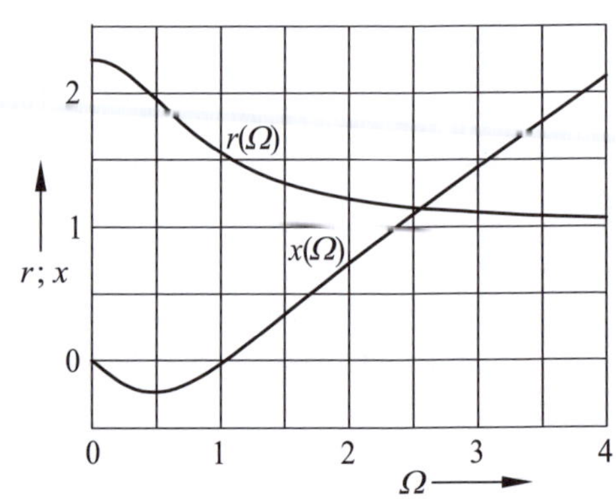

Praxisbezug 5.1

Bei Lautsprecherboxen wird nach DIN EN 60268-5 eine Angabe der Impedanz gefordert. Die Impedanz ist jedoch von der Frequenz abhängig; das Bild 5.2 zeigt hierfür ein Beispiel.

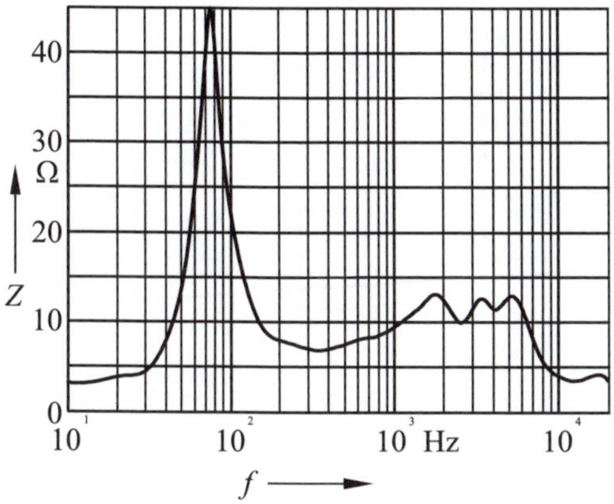

Bild 5.2 Impedanz einer 4-Ω-Lautsprecherbox als Funktion der Frequenz

Der angegebene Impedanzwert (z. B. 4 Ω) darf nur um 20 % unterschritten werden; er ermöglicht also nur eine Beurteilung, ob die Lautsprecherbox den Verstärker überlastet. Wird z. B. eine 4-Ω-Lautsprecherbox an einen 8-Ω-Verstärker angeschlossen, so kann dies zu einer Beschädigung des Verstärkers führen. ❐

5.1.3 Ortskurvendarstellung

Eine weitere Möglichkeit zur grafischen Veranschaulichung einer Netzfunktion bietet die **Ortskurvendarstellung**. Dabei wird in einem rechtwinkligen Koordinatensystem für jeden Wert der Variablen der Realteil der Netzfunktion auf der Abszisse und der Imaginärteil auf der Ordinate aufgetragen. Einzelne Punkte der Kurve, die man dabei erhält, bezeichnet man mit dem jeweiligen Wert der Variablen.

Als Variable kann die Frequenz oder ein anderer Netzparameter (z. B. ein veränderlicher Widerstand) verwendet werden.

Wir untersuchen im Folgenden Netze, deren Parameter die *Kreisfrequenz* ω ist. Dabei lassen wir den Wertebereich von $\omega = 0$ bis $\omega \to \infty$ zu.

Sehr einfache Ortskurven erhält man für den Widerstand oder den Leitwert der Grundeintore L und C. Die Ortskurve des Widerstandes $\underline{Z} = \mathrm{j}\,\omega L$ eines Grundeintors L bzw. die Ortskurve des Leitwerts $\underline{Y} = \mathrm{j}\,\omega C$ eines Grundeintors C ist jeweils eine *Halbgerade*, die mit der *positiven imaginären Achse* zusammenfällt.

Die Ortskurve des Leitwerts $\underline{Y} = -\mathrm{j}\,(1/\omega L)$ eines Grundeintors L bzw. die Ortskurve des Widerstandes $\underline{Z} = -\mathrm{j}\,(1/\omega C)$ eines Grundeintors C ist jeweils eine *Halbgerade*, die mit der *negativen imaginären Achse* zusammenfällt.

Die Verfahren zur Berechnung linearer Netze lassen sich auf Ortskurven übertragen. Wenn z. B. zwei komplexe frequenzabhängige Widerstände in Reihe geschaltet sind, erhält man die Ortskurve des Ersatzwiderstands dadurch, dass man die Ortskurven der beiden Einzelwiderstände Punkt für Punkt bei jeweils gleichen ω-Werten grafisch addiert. Entsprechendes gilt für die Parallelschaltung komplexer frequenzabhängiger Leitwerte.

Beispiel 5.4

Wir wollen die Ortskurve für $\underline{Z}(\mathrm{j}\,\omega)$ einer Reihenschaltung der Grundeintore $R_1 = 180\,\Omega$ und $L = 22$ mH ermitteln.

Die Ortskurve des von der Frequenz unabhängigen Eintors R_1 ist ein Punkt auf der reellen

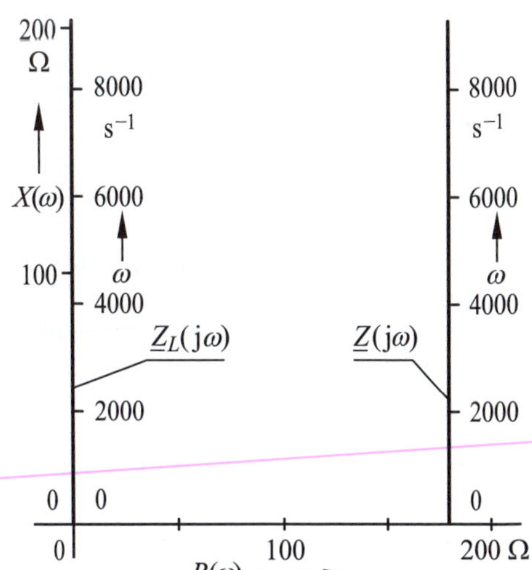

Achse. Die Ortskurve von $\underline{Z}_L(\mathrm{j}\,\omega) = \mathrm{j}\,\omega L$ fällt mit der positiven imaginären Achse zusammen. Wir addieren die beiden Ortskurven, indem wir die Ortskurve von $\underline{Z}_L(\mathrm{j}\omega)$ so weit nach rechts parallel verschieben, bis ihr Fußpunkt mit R_1 zusammenfällt. Das Ergebnis ist die Ortskurve für $\underline{Z}(\mathrm{j}\,\omega) = R_1 + \mathrm{j}\,\omega L$.

Mit Ortskurven lassen sich *beliebige* Netzfunktionen veranschaulichen. Ortskurven von *Widerstands-* bzw. *Leitwertfunktionen* weisen dabei beachtenswerte gemeinsame Merkmale auf. So ist der *Realteil* einer solchen Funktion stets *positiv*; die zugehörige Ortskurve kann deswegen nur in der rechten Halbebene verlaufen. Ferner gilt für den *Imaginärteil* dieser Funktionen, dass sein Vorzeichen *gleich* bleibt, wenn ausschließlich *gleichartige* Energiespeicher im Netz enthalten sind; die Ortskurve verläuft vollständig entweder in der oberen oder in der unteren Halbebene. Nur bei verschiedenartigen Energiespeichern im Netz kann die Ortskurve Punkte sowohl oberhalb als auch unterhalb der Abszisse aufweisen.

Mit Ortskurven werden häufig auch *normierte* Netzfunktionen dargestellt.
Sollen Ortskurven verschiedener Netzfunktionen (z. B. eine Widerstandsfunktion und eine Leitwertfunktion) in einem *gemeinsamen* Diagramm dargestellt werden, so ist eine Normierung unerlässlich.

Beispiel 5.5
Wir wollen die Ortskurve der normierten Widerstandsfunktion $\underline{z}(\mathrm{j}\,\Omega)$ für das Netz aus dem Beispiel 5.1 angeben.

Die Funktionen $r(\Omega)$ sowie $x(\Omega)$ haben wir bereits im Beispiel 5.3 ermittelt. Wir können die entsprechenden Funktionswerte bei verschiedenen Werten der normierten Frequenz Ω ablesen und die Ortskurve punktweise konstruieren. Wir erhalten dabei längs der Ortskurve eine Skale für Ω.

Durch Multiplikation der Werte von Ω mit der Bezugs-Kreisfrequenz $\omega_{\mathrm{bez}} = 4969\ \mathrm{s}^{-1}$ kann man die zugehörigen Werte der Kreisfrequenz erhalten.

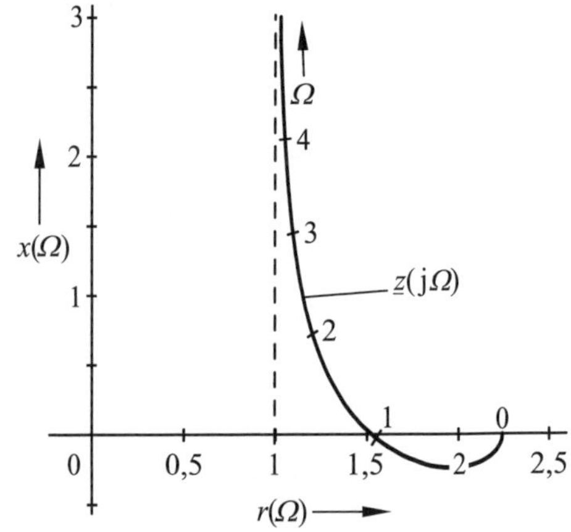

5.1.4 Ortskurven zueinander inverser Funktionen

Bei der Berechnung elektrischer Netze ist häufig der Übergang von der Widerstandsfunktion zur Leitwertfunktion und umgekehrt erforderlich. Beide Funktionen sind der Kehrwert der jeweils anderen Funktion:

$$\underline{Y}(\mathrm{j}\,\omega) = \frac{1}{\underline{Z}(\mathrm{j}\,\omega)} \tag{5.13}$$

Man bezeichnet Funktionen, die durch Kehrwertbildung auseinander hervorgehen, als zueinander inverse Funktionen. Die Kehrwertbildung wird **Inversion** genannt.

Die **inverse Funktion** zu einer gegebenen Netzfunktion erhält man durch Kehrwertbildung der gegebenen Funktion.

Durch Inversion wird jedem Funktionswert der einen Funktion ein Funktionswert der zu ihr inversen Funktion zugeordnet. Man sagt, dass die Inversion die eine Funktion auf die andere *abbildet*. Dasselbe gilt für die zugehörigen Ortskurven. Durch Inversion wird die Ortskurve der einen Funktion auf die Ortskurve der zu ihr inversen Funktion abgebildet.

Sollen beide Ortskurven in demselben Diagramm dargestellt werden, so ist eine Normierung mit einem gemeinsamen Bezugswiderstand R_{bez} notwendig:

$$\underline{z}(\mathrm{j}\omega) = \frac{\underline{Z}(\mathrm{j}\omega)}{R_{\mathrm{bez}}} \tag{5.14}$$

$$\underline{y}(\mathrm{j}\omega) = \frac{1}{\underline{z}(\mathrm{j}\omega)} = R_{\mathrm{bez}}\,\underline{Y}(\mathrm{j}\omega) \tag{5.15}$$

Die Inversion einer Ortskurve lässt sich in der P-Form einfach durchführen. Wir invertieren zunächst einen einzelnen Punkt $\underline{Z} = Z\underline{/\varphi}$ der Widerstandsortskurve $\underline{Z}(\mathrm{j}\omega)$ und erhalten dadurch den zugehörigen Punkt der Leitwertsortskurve $\underline{Y}(\mathrm{j}\omega)$:

$$Y\underline{/-\varphi} = \frac{1}{Z\underline{/\varphi}} \tag{5.16}$$

Die Winkel, unter denen die beiden Punkte liegen, haben gleiche Beträge, besitzen aber unterschiedliche Vorzeichen.

Durch Inversion werden Punkte der oberen Halbebene auf Punkte der unteren Halbebene abgebildet und umgekehrt.

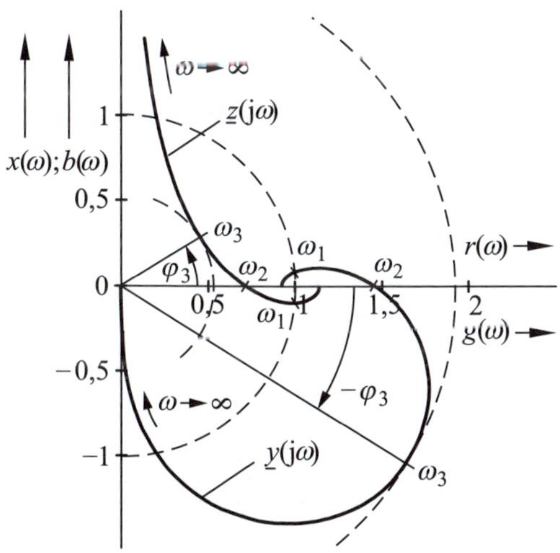

Bild 5.3 Zueinander inverse Ortskurven

Aus den zueinander inversen Punkten im Bild 5.3 mit den Kreisfrequenzen ω_3 und $\omega \to \infty$ erkennt man:

Durch Inversion wird der ursprungnächste Punkt in den ursprungfernsten Punkt abgebildet und umgekehrt. Ein unendlich ferner Punkt wird in den Ursprung abgebildet.

Bei Ortskurven normierter Funktionen, wie sie z. B. im Bild 5.3 dargestellt sind, gilt ferner:

Der Abstand eines Punktes der einen Ortskurve vom Ursprung ist gleich dem Kehrwert des Abstandes des entsprechenden Punktes der inversen Ortskurve.

Ist die zu invertierende Ortskurve eine Gerade wie z. B. die Ortskurve des Widerstandes

$$\underline{Z}(\mathrm{j}\omega) = R + \mathrm{j}\left(\omega L - \frac{1}{\omega C}\right) = R + \mathrm{j}\,X(\omega) \tag{5.17}$$

einer Reihenschaltung aus den Grundeintoren *R*, *L* und *C*, so ist die Ortskurve der hierzu inversen Leitwertfunktion $\underline{Y}(\mathrm{j}\omega) = G(\omega) + \mathrm{j}\,B(\omega)$ ein Kreis durch den Ursprung mit dem Mittelpunkt auf der reellen Achse und dem Radius $1/(2R)$:

$$\underline{Y}(\mathrm{j}\omega) = \frac{R}{R^2 + X^2(\omega)} - \mathrm{j}\,\frac{X(\omega)}{R^2 + X^2(\omega)} \tag{5.18}$$

Allgemein gilt: Die Inversion einer zu einer Achse parallelen Geraden ergibt einen Kreis durch den Ursprung, dessen Mittelpunkt auf der anderen Achse liegt.

Entsprechend ergibt die Inversion eines Kreises durch den Ursprung eine Gerade. Ist die gegebene Ortskurve ein Kreis, der den Ursprung *nicht* enthält, so ergibt die Inversion auch einen solchen Kreis.

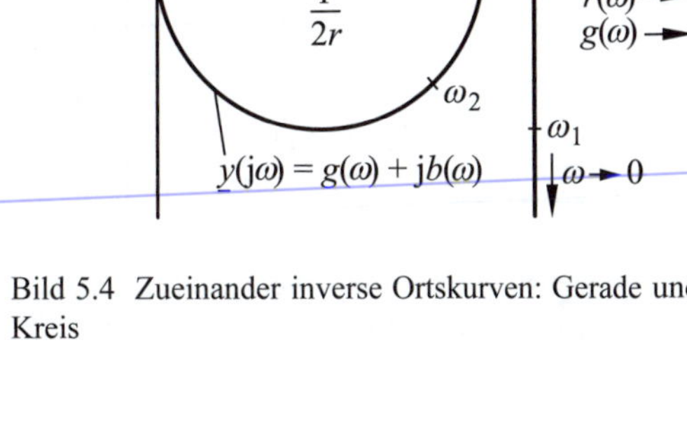

Bild 5.4 Zueinander inverse Ortskurven: Gerade und Kreis

5.1.5 Sinusanalyse

Enthält das Netz mehrere Grundeintore unterschiedlicher Art, so ist es zweckmäßig, ein Programm zur Netzwerkanalyse einzusetzen. Mit dem bereits im Band 1 beschriebenen Programm Micro-Cap kann auch eine Sinusanalyse durchgeführt werden. Zugelassene Elemente sind dabei außer den Grundeintoren *R*, *L* und *C* auch die Spannungsquelle *Sine Source.*

Zunächst wird die Schaltung mit dem Schaltzeichen für *Ground* gezeichnet. Dann wird im Menü *Analysis* die Zeile *AC...* angeklickt und es öffnet sich das Fenster *AC Analysis Limits*, in dem die Art der Frequenzdarstellung (z. B. linear oder logarithmisch) und die Anzahl der berechneten Frequenzwerte bei *Number of Points* eingegeben werden können.
Bei *Frequency Range* kann der Bereich angegeben werden, den die Frequenz durchlaufen soll.
Schließlich können die Größen bestimmt werden, die ausgegeben werden sollen. Soll eine Variable als Funktion der Frequenz aufgetragen werden, so ist bei *X Expression* der Buchstabe F anzugeben. Außerdem können *Y Expression*, *X Range* und *Y Range* gewählt werden.

Die Analyse startet mit Klick auf *Run.* Sind alle Analysewerte berechnet, so wird automatisch das Programm Probe aufgerufen, welches die Ergebnisse grafisch darstellt.

Beispiel 5.6
Wir wollen den Betrag *Z* und den Winkel φ des komplexen Widerstandes als Funktion der Frequenz darstellen, die Resonanzfrequenz bestimmen und die Ortskurve zeichnen.

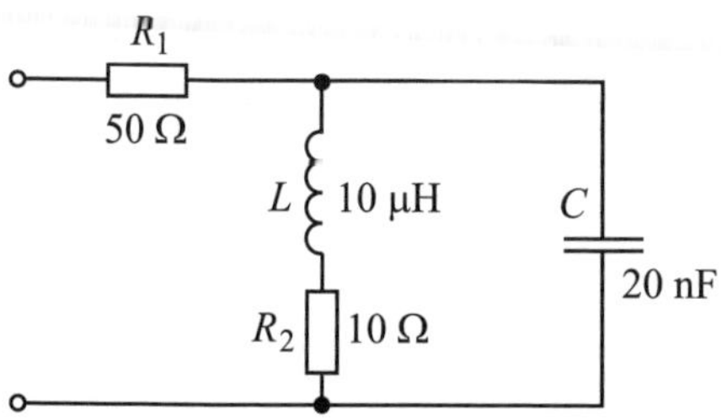

Zunächst zeichnen wir die Schaltung, indem wir die Bauteile abrufen und platzieren.

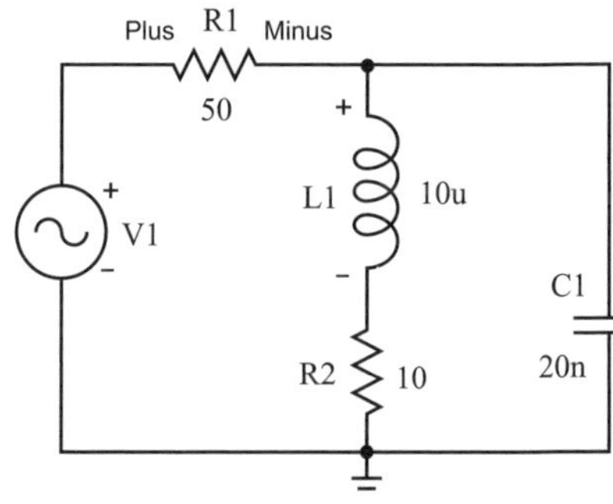

Beim Widerstand R1 klicken wir *Pin Names* an und drehen R1 so, dass sein Bezugssinn von links nach rechts zeigt.
Dann verbinden wir die Bauteile durch Leitungen und tragen die geforderten Werte der Bauteile ein. Hier sei nochmals darauf hingewiesen, dass Spice keine griechischen Buchstaben kennt: Der Wert 10 µH für das Grundeintor *L* muss mit 10u (ohne Zwischenraum) angegeben werden.
Nun wählen wir die Analyseart *AC...* und tragen im Fenster *AC Analysis Limits* bei der Quelle V1 den Wert 10 V ein. Bei *Frequency Range* tragen wir 3MEG,30k ein.
Für die Grafik des Betrages *Z* tragen wir unter *X Expression* den Buchstaben F ein und bei *Y Expression* v(V1)/I(R1); es wird also die Spannung der Quelle durch den Strom dividiert, der durch den Widerstand R1 fließt. Bei *X Range* tragen wir 3MEG,30K und bei *Y Range* 120,20 ein.

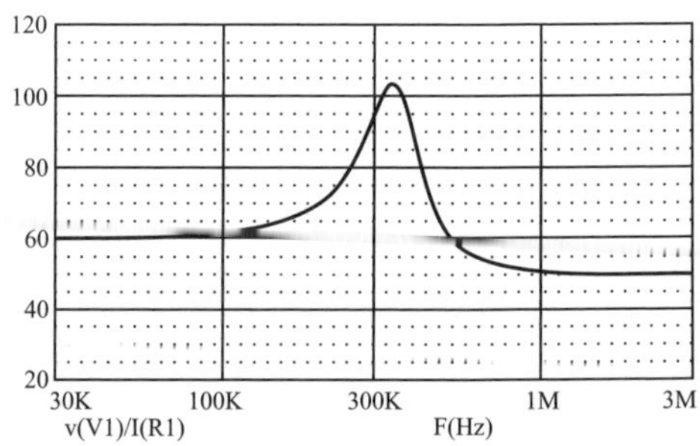

Für den Winkel φ des komplexen Widerstandes geben wir bei *Y Expression* ph(v(V1)/I(R1)) ein. Bei *Y Range* tragen wir 20,–30 ein, denn dabei wird der Winkel in Grad angegeben.

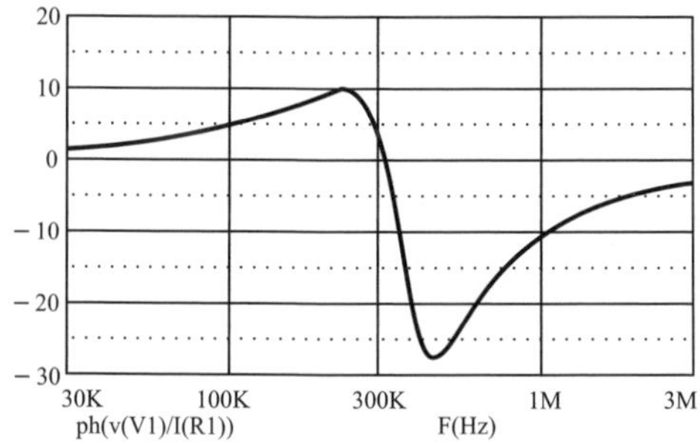

In diesem Plot lesen wir für $\varphi = 0$ die Resonanzfrequenz $f_r = 318{,}3$ kHz ab.

Zur Darstellung der Ortskurve geben wir unter *X Expression* für den Realteil den Term RE(v(V1)/I(R1)) ein und unter *Y Expression* für den Imaginärteil IM(v(V1)/I(R1)).

Bei *X Range* geben wir 110,50 und bei *Y Range* die Werte 20,–40 ein.

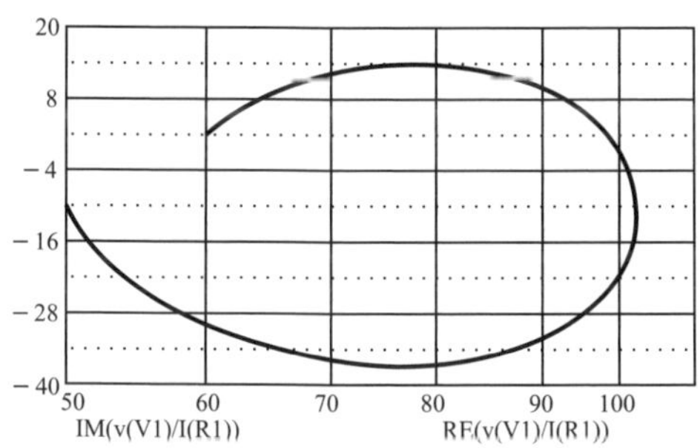

Praxisbezug 5.2

Bei einem *rechnergesteuerten Messsystem* wird das zu untersuchende Netz an einer Quelle betrieben, deren Frequenz vom Rechner in kleinen Schritten automatisch verändert wird. Die Messwerte der Netzfunktion bei den verschiedenen Frequenzen werden mit ihren Zahlenwerten und dem zugehörigen Frequenzwert zunächst gespeichert. Nach Abschluss des Messvorgangs werden die gespeicherten Ergebnisse vom Rechner bearbeitet: Die Extremwerte werden bestimmt, ein Maßstab wird festgelegt, und schließlich wird die Ortskurve mit Achsenkreuz und Beschriftung auf einem geeigneten Ausgabegerät (z. B. einem Bildschirm oder Drucker) dargestellt. ❐

Fragen

- Durch welche Grundeintore ergibt sich ein Frequenzeinfluss auf die Netzfunktionen?
- Begründen Sie, warum die Imaginärteilfunktion eine ungerade Funktion von ω ist.
- Wie werden die Grundeintore L und C in der Ersatzschaltung für $f = 0$ bzw. $f \rightarrow \infty$ berücksichtigt?
- Was versteht man unter dem Begriff Inversion?
- Die Ortskurve einer Netzfunktion ist ein Kreis durch den Ursprung. Welche Form hat die Ortskurve der inversen Funktion?
- Erklären Sie die Begriffe normierte Netzfunktion und normierte Frequenz anhand von Beispielen.

Aufgaben

5.1(2) Geben Sie die Widerstandsfunktion der Schaltung aus dem Beispiel 5.6 als Summe aus Real- und Imaginärteil an.

5.2(2) Berechnen Sie die Resonanzfrequenz der Schaltung aus dem Beispiel 5.1 für folgende Werte:

$R_1 = 120\ \Omega$; $L = 3{,}5$ mH

$G_2 = 25$ mS; $C = 15\ \mu$F

5.3(2) Veranschaulichen Sie die Frequenzabhängigkeit der normierten Leitwertfunktion durch die Komponentendarstellung von Scheinleitwert und Winkel über der normierten Frequenz.

$G_{bez} = 10$ mS; $\omega_{bez} = 1/(L\,G_{bez})$

$f = 0 \ldots 16$ kHz

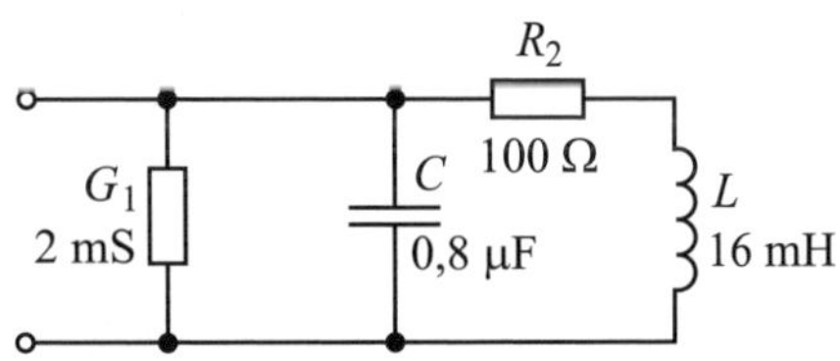

5.4(2) Stellen Sie die Widerstandsfunktion durch eine Ortskurve dar

- für konstanten Widerstand $R = R_{max}$ und veränderliche Frequenz;
- für die konstante Frequenz $f = 1{,}3$ kHz und veränderlichen Widerstand $0 \leq R \leq R_{max}$.

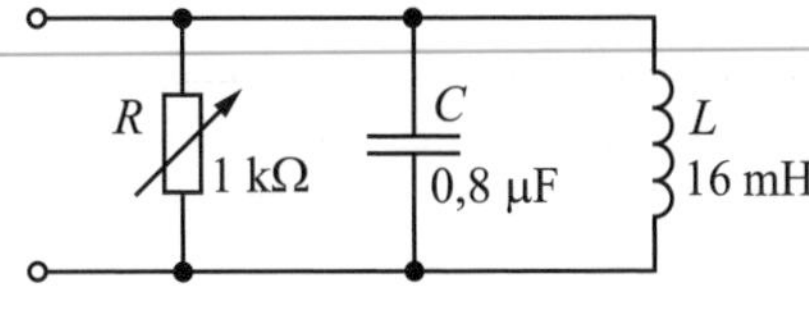

5.2 Frequenzgang

Ziele: Sie können
- die Begriffe Frequenzgang, Betragsgang und Phasengang an Beispielen erläutern.
- ein Beispiel für ein Übertragungssystem nennen.
- für ein Übertragungssystem einen Übertragungsfaktor und einen Dämpfungsfaktor definieren.
- für ein einfaches elektrisches Netz die Betriebs-Übertragungsfaktoren berechnen.
- die Bezeichnung Dezibel erläutern.
- die Begriffe komplexes Betriebs-Übertragungsmaß und komplexes Betriebs-Dämpfungsmaß an Beispielen erklären.
- den Frequenzgang einer Größe mit dem BODE-Diagramm darstellen.
- die Bedingungen für die Äquivalenz von zwei Netzen nennen.
- Beispiele für duale Eintore angeben.
- zu einem gegebenen Netz das duale skizzieren.
- die Eigenschaften dualer Netze nennen.

5.2.1 Betragsgang und Phasengang

Die komplexe Netzfunktion, welche die Abhängigkeit einer Sinusgröße bzw. des Quotienten oder des Produktes zweier gleichfrequenter Sinusgrößen von der Frequenz beschreibt, nennt man **Frequenzgang** *(frequency response)*. Sie kann in Form einer Gleichung, aber auch in Tabellen- oder Kurvenform angegeben werden. Der frequenzabhängige Betrag der komplexen Netzfunktion wird **Betragsgang** *(magnitude response)* genannt; der frequenzabhängige Winkel heißt **Phasengang** *(phase response)*.

Um bei der Darstellung des Frequenzgangs unabhängig von Amplitude und Nullphasenwinkel der Sinusquelle zu sein, bezieht man zweckmäßig die zu beschreibende Größe auf die Quellengröße.

Man erhält auf diese Weise den Frequenzgang der auf die Quellengröße *bezogenen* Größe. Im Gegensatz zur normierten Größe muss die bezogene Größe nicht dimensionslos sein. Da sämtliche Ströme und Spannungen eines linearen Netzes die Quellengröße als Faktor enthalten, erhält man für den Frequenzgang der bezogenen Größe eine Funktion von $\mathrm{j}\,\omega$, die von der Quellengröße unabhängig ist.

Als Bezugsgröße kann statt der Quellengröße auch eine andere Sinusgröße des Netzes verwendet werden. Auch in diesem Fall ist der Frequenzgang der bezogenen Größe von der Quellengröße unabhängig.

Beispiel 5.7

Wir wollen den Betrags- und den Phasengang der Spannung $\underline{U}(\mathrm{j}\,\omega)$ bestimmen, außerdem den Frequenzgang $\underline{F}_u(\mathrm{j}\,\omega)$ der auf die Quellenspannung bezogenen Spannung und den Frequenzgang $\underline{F}_i(\mathrm{j}\,\omega)$ des auf die Quellenspannung bezogenen Stromes.

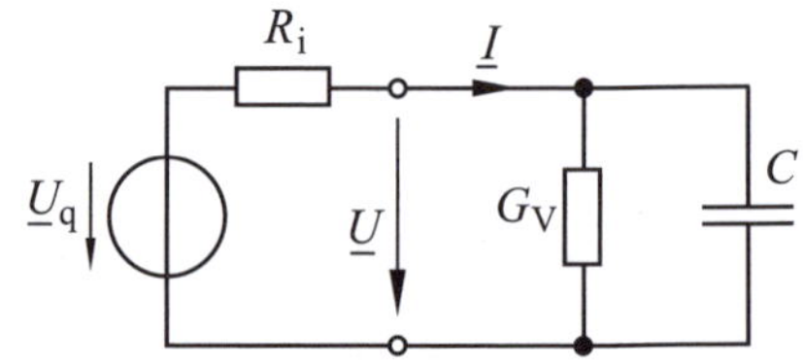

Mit der Spannungsteilerregel setzen wir an:

$$\underline{U}(\mathrm{j}\,\omega)=\underline{U}_\mathrm{q}(\mathrm{j}\,\omega)\frac{\dfrac{1}{G_\mathrm{V}+\mathrm{j}\,\omega C}}{R_\mathrm{i}+\dfrac{1}{G_\mathrm{V}+\mathrm{j}\,\omega C}}$$

Wir vereinfachen den Doppelbruch:

$$\underline{U}(\mathrm{j}\,\omega)=\frac{U_\mathrm{q}\,\underline{/\varphi_\mathrm{q}}}{1+R_\mathrm{i}\,G_\mathrm{V}+\mathrm{j}\,\omega C R_\mathrm{i}}=U(\omega)\,\underline{/\varphi_u(\omega)}$$

Die Funktion $U(\omega)$ ist der Betragsgang dieser Spannung:

$$U(\omega)=\frac{U_\mathrm{q}}{\sqrt{(1+R_\mathrm{i}\,G_\mathrm{V})^2+(\omega C R_\mathrm{i})^2}}$$

Die Funktion $\varphi_u(\omega)$ ist der Phasengang:

$$\varphi_u(\omega)=\varphi_\mathrm{q}-\arctan\frac{\omega C R_\mathrm{i}}{1+R_\mathrm{i}\,G_\mathrm{V}}$$

Den Frequenzgang der bezogenen Spannung $\underline{F}_u(\mathrm{j}\,\omega)$ erhalten wir dadurch, dass wir $\underline{U}(\mathrm{j}\,\omega)$ durch die Quellenspannung teilen. Das Ergebnis ist dimensionslos:

$$\underline{F}_u(\mathrm{j}\omega) = \frac{1}{1 + R_\mathrm{i}\, G_\mathrm{V} + \mathrm{j}\omega C R_\mathrm{i}}$$

Der Frequenzgang des bezogenen Stromes ergibt sich, wenn wir $\underline{I}(\mathrm{j}\omega)$ durch die Quellenspannung teilen. Das Ergebnis hat die Dimension eines Leitwerts:

$$\underline{F}_i(\mathrm{j}\omega) = \frac{\underline{I}(\mathrm{j}\omega)}{\underline{U}_\mathrm{q}(\mathrm{j}\omega)} = \frac{G_\mathrm{V} + \mathrm{j}\omega C}{1 + R_\mathrm{i}\, G_\mathrm{V} + \mathrm{j}\omega C R_\mathrm{i}}$$

5.2.2 Übertragungsfaktor und Dämpfungsfaktor

In der Nachrichtentechnik werden bestimmte Frequenzgangfunktionen zur Beschreibung der Wirkung von **Nachrichten-Übertragungssystemen** (*transmission system*) verwendet. Solche Übertragungssysteme dienen der Übertragung von **Signalen** (*signal*); dies sind zeitabhängige physikalische Größen, deren Zeitverlauf eine Nachricht darstellen kann. So sind z. B. der Schalldruck an der Membran eines Mikrofons oder der Strom in einer Lautsprecherspule Signale.

Ein Übertragungssystem besteht aus einem **Sender** (*transmitter*), einem **Übertragungskanal** (*transmission channel*) und aus einem **Empfänger** (*receiver*). Der Sender bildet aus dem Signal der **Nachrichtenquelle** (z. B. eines Menschen oder eines Messgeräts) ein für die Übertragung geeignetes Signal. Dieses wird mithilfe des Übertragungskanals (z. B. einer Leitung) an einen anderen Ort weitergeleitet. Dort wird das Signal im Empfänger in ein anderes Signal umgewandelt, welches von der **Nachrichtensenke** (z. B. einem Menschen oder einer Maschine) aufgenommen werden kann.

In der Elektrotechnik werden als Signale *Ströme* und *Spannungen* verwendet. Das Übertragungssystem wird durch ein Eintor für den Sender, ein Zweitor für den Übertragungskanal und ein Eintor für den Empfänger beschrieben (Bild 5.5).

Wir wollen im Folgenden annehmen, dass die Quellengröße eine Sinusgröße ist. Dies bedeutet keine Einschränkung: Jedes Signal kann als Überlagerung von Sinusgrößen dargestellt werden (s. Kap. 7).

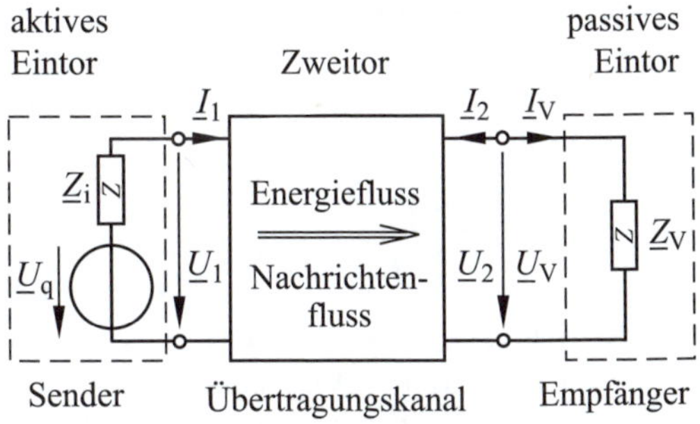

Bild 5.5 Elektrisches Übertragungssystem

Im Bild 5.5 stimmt die Richtung des Energieflusses mit der Richtung des Nachrichtenflusses überein. Man sagt, dass $\underline{U}_\mathrm{q}$, $\underline{U}_1$ und $\underline{I}_1$ die *Eingangsgrößen* des Übertragungssystems sind, während es sich bei $\underline{U}_2$, $\underline{I}_2$ und $\underline{U}_\mathrm{V}$, $\underline{I}_\mathrm{V}$ um die *Ausgangsgrößen* handelt.

Als **Übertragungsfaktor** (*transfer function*) $\underline{T}(\mathrm{j}\omega)$ bezeichnet man eine Frequenzgangfunktion, die durch den Quotienten aus einer Ausgangs- und einer Eingangsgröße gebildet wird. Für die Schaltung 5.5 können mehrere Übertragungsfaktoren angegeben werden; so gilt zum Beispiel:

$$\underline{T}_{21}(\mathrm{j}\omega) = \frac{\underline{U}_2(\mathrm{j}\omega)}{\underline{U}_1(\mathrm{j}\omega)}; \; \underline{T}_{\mathrm{V}1}(\mathrm{j}\omega) = \frac{\underline{I}_\mathrm{V}(\mathrm{j}\omega)}{\underline{U}_1(\mathrm{j}\omega)} \quad (5.19)$$

Als **Dämpfungsfaktor** (*attenuation function*) $\underline{D}(\mathrm{j}\omega)$ wird eine Frequenzgangfunktion bezeichnet, die durch den Quotienten aus einer Eingangsgröße und einer Ausgangsgröße gebildet wird; so gilt zum Beispiel:

$$\underline{D}_{\mathrm{qV}}(\mathrm{j}\omega) = \frac{\underline{U}_\mathrm{q}(\mathrm{j}\omega)}{\underline{U}_\mathrm{V}(\mathrm{j}\omega)} \quad (5.20)$$

Der Sender ist ein lineares Eintor und kann entweder durch eine lineare Spannungsquelle oder durch eine lineare Stromquelle dargestellt werden. Von beiden Möglichkeiten wird bei der Definition der folgenden Übertragungsfaktoren Gebrauch gemacht, die jeweils aus einer Ausgangsgröße und der *gleichartigen* Quellengröße gebildet werden. Außerdem wird dabei auf eine *Scheinleistungsanpassung* am Eingang Bezug genommen, bei der sich $\underline{U}_1 = \underline{U}_\mathrm{q}/2$ bzw. $\underline{I}_1 = \underline{I}_\mathrm{q}/2$ einstellen würde.

Der **Betriebs-Spannungsübertragungsfaktor** $\underline{T}_u(\mathrm{j}\omega)$ ist der Quotient aus der Ausgangsspannung und der bei Scheinleistungsanpassung am Eingang liegenden Spannung:

$$\underline{T}_u(\mathrm{j}\omega) = 2\,\frac{\underline{U}_\mathrm{V}(\mathrm{j}\omega)}{\underline{U}_\mathrm{q}(\mathrm{j}\omega)} \tag{5.21}$$

Der **Betriebs-Stromübertragungsfaktor** $\underline{T}_i(\mathrm{j}\omega)$ ist der Quotient aus dem Ausgangsstrom und dem Strom am Eingang bei Scheinleistungsanpassung:

$$\underline{T}_i(\mathrm{j}\omega) = 2\,\frac{\underline{I}_\mathrm{V}(\mathrm{j}\omega)}{\underline{I}_\mathrm{q}(\mathrm{j}\omega)} \tag{5.22}$$

Das geometrische Mittel aus diesen beiden Übertragungsfaktoren wird **Betriebs-Übertragungsfaktor** $\underline{T}_\mathrm{B}(\mathrm{j}\omega)$ genannt:

$$\boxed{\underline{T}_\mathrm{B}(\mathrm{j}\omega) = \sqrt{\underline{T}_u(\mathrm{j}\omega)\;\underline{T}_i(\mathrm{j}\omega)}} \tag{5.23}$$

Mit den Gln. (5.21 und 5.22) ergibt sich:

$$\underline{T}_\mathrm{B}(\mathrm{j}\omega) = 2\sqrt{\frac{\underline{U}_\mathrm{V}(\mathrm{j}\omega)\;\underline{I}_\mathrm{V}(\mathrm{j}\omega)}{\underline{U}_\mathrm{q}(\mathrm{j}\omega)\;\underline{I}_\mathrm{q}(\mathrm{j}\omega)}} \tag{5.24}$$

Mithilfe der Widerstände $\underline{Z}_\mathrm{i}$ und $\underline{Z}_\mathrm{V}$ (Bild 5.5) bzw. der entsprechenden Leitwerte können in der Gl. (5.24) entweder die Spannungen oder die Ströme eliminiert werden:

$$\underline{T}_\mathrm{B}(\mathrm{j}\omega) = 2\,\frac{\underline{I}_\mathrm{V}}{\underline{I}_\mathrm{q}}\sqrt{\frac{\underline{Z}_\mathrm{V}}{\underline{Z}_\mathrm{i}}} = 2\,\underline{T}_i(\mathrm{j}\omega)\sqrt{\frac{\underline{Z}_\mathrm{V}}{\underline{Z}_\mathrm{i}}} \tag{5.25}$$

$$\underline{T}_\mathrm{B}(\mathrm{j}\omega) = 2\,\frac{\underline{U}_\mathrm{V}}{\underline{U}_\mathrm{q}}\sqrt{\frac{\underline{Y}_\mathrm{V}}{\underline{Y}_\mathrm{i}}} = 2\,\underline{T}_u(\mathrm{j}\omega)\sqrt{\frac{\underline{Y}_\mathrm{V}}{\underline{Y}_\mathrm{i}}} \tag{5.26}$$

Der **Betriebs-Dämpfungsfaktor** $\underline{D}_\mathrm{B}(\mathrm{j}\omega)$ ist der Kehrwert des Betriebs-Übertragungsfaktors:

$$\boxed{\underline{D}_\mathrm{B}(\mathrm{j}\omega) = \frac{1}{\underline{T}_\mathrm{B}(\mathrm{j}\omega)}} \tag{5.27}$$

Der Betrag des Betriebs-Übertragungsfaktors und der des Betriebs-Dämpfungsfaktors beschreiben die Leistungsverhältnisse im Übertragungssystem.

Um dies zu zeigen, quadrieren wir die Gl. (5.25) und bilden den Betrag:

$$\left|\underline{T}_\mathrm{B}^2(\mathrm{j}\omega)\right| = \frac{I_\mathrm{V}^2 Z_\mathrm{V}}{\dfrac{I_\mathrm{q}^2 Z_\mathrm{i}}{4}} \tag{5.28}$$

Der Zähler in der Gl. (5.28) ist die Scheinleistung S_V am Lastwiderstand. Der Nenner ist die Scheinleistung S_SA, die bei *Scheinleistungsanpassung* am Eingang auftritt. Damit ergibt sich der Betrag des Betriebs-Übertragungsfaktors:

$$T_\mathrm{B}(\omega) = \sqrt{\frac{S_\mathrm{V}(\omega)}{S_\mathrm{SA}(\omega)}} \tag{5.29}$$

Für den Fall, dass sowohl der Innenwiderstand als auch der Lastwiderstand Grundeintore R_i bzw. R_V sind, ist das Quadrat des Betrages von T_B das *Wirkleistungsverhältnis* $P_\mathrm{V}/P_\mathrm{qmax}$. Dabei ist P_V die dem Lastwiderstand zugeführte Wirkleistung und P_qmax die größtmögliche Wirkleistung, welche die Quelle abgeben kann.

Mit der Gl. (5.24) lässt sich der Winkel $\varphi_\mathrm{B}(\omega)$ des Betriebs-Übertragungsfaktors berechnen. Wir setzen dazu die Größen in der P-Form ein:

$$\underline{T}_\mathrm{B} = 2\sqrt{\frac{U_\mathrm{V} I_\mathrm{V}}{U_\mathrm{q} I_\mathrm{q}}\,\underline{/\varphi_{u\mathrm{V}} + \varphi_{i\mathrm{V}} - \varphi_{u\mathrm{q}} - \varphi_{i\mathrm{q}}}} \tag{5.30}$$

Daraus ergibt sich der Winkel des Betriebs-Übertragungsfaktors:

$$\varphi_\mathrm{B}(\omega) = \frac{1}{2}\left(\varphi_{u\mathrm{V}} + \varphi_{i\mathrm{V}} - \varphi_{u\mathrm{q}} - \varphi_{i\mathrm{q}}\right) \tag{5.31}$$

Der Winkel $\varphi_\mathrm{B}(\omega)$ beschreibt die Phasenverschiebung der Ausgangsgrößen gegen die Quellengrößen. Er ist das arithmetische Mittel aus dem Phasenverschiebungswinkel der Spannungen und dem Phasenverschiebungswinkel der Ströme.

Beispiel 5.8

Der Sender ist eine Sinusquelle mit $U_\mathrm{q} = 1$ mV; $\omega_\mathrm{q} = 10^3\ \mathrm{s}^{-1}$ und $R_\mathrm{i} = 600\ \Omega$. Der Übertragungskanal ist ein Verstärker mit $R_1 = 300\ \Omega$; $G_2 = 2$ mS; $C = 5$ nF und $y = 12{,}5$ S.

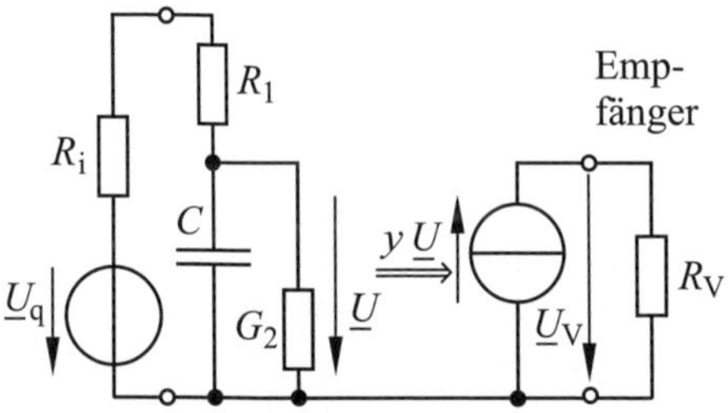

Wir wollen den Betriebs-Übertragungsfaktor der Verstärkerschaltung und die dem Verbraucher $R_V = 50\ \Omega$ zugeführte Wirkleistung berechnen. Zunächst bestimmen wir mithilfe der Spannungsteilerregel die Spannung $\underline{U}$:

$$\underline{U} = \underline{U}_q \frac{\dfrac{1}{G_2 + j\omega C}}{R_i + R_1 + \dfrac{1}{G_2 + j\omega C}}$$

$$\underline{U} = \underline{U}_q \frac{1}{2{,}8 + j\omega \cdot 4{,}5 \cdot 10^{-6}\,\mathrm{s}}$$

Damit berechnen wir die Spannung $\underline{U}_V$:

$$\underline{U}_V = 12{,}5\ \mathrm{S} \cdot \underline{U}_q R_V = \frac{223 \cdot \underline{U}_q}{1 + j\omega \cdot 1{,}61 \cdot 10^{-6}\,\mathrm{s}}$$

Nun berechnen wir mit der Gl. (5.26) den Betriebs-Übertragungsfaktor:

$$\underline{T}_B(j\omega) = 2\frac{\underline{U}_V}{\underline{U}_q}\sqrt{\frac{\underline{Y}_V}{\underline{Y}_i}} = \frac{1546}{1 + j\omega \cdot 1{,}61 \cdot 10^{-6}\,\mathrm{s}}$$

Der Nenner zeigt, dass eine Normierung der Frequenz zweckmäßig ist. Wir wählen die Bezugs-Kreisfrequenz $\omega_{bez} = 1/(1{,}61 \cdot 10^{-6}\,\mathrm{s})$ und geben $\underline{T}_B(j\Omega)$ in der P-Form an:

$$\underline{T}_B(j\Omega) = \frac{1546}{\sqrt{1 + \Omega^2}} \underline{/-\arctan \Omega}$$

Zur Veranschaulichung tragen wir T_B und φ_B über der normierten Frequenz auf.

Da sowohl der Quellenwiderstand als auch der Verbraucherwiderstand Grundeintore sind, ist der quadrierte Betrag des Betriebs-Übertragungsfaktors die Wirkleistungsverstärkung $\upsilon = P_V / P_{qmax}$. Diese hat bei $\Omega = 0$ (also bei der Frequenz $f = 0$) das Maximum $\upsilon_{max} = 1546^2 = 2{,}4 \cdot 10^6$ und nimmt mit steigender Frequenz ab.

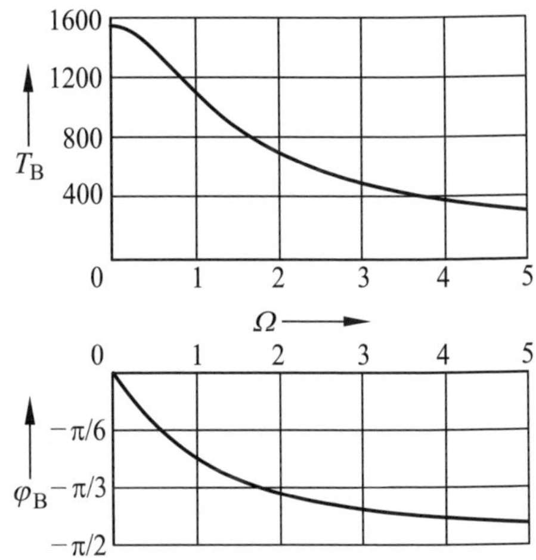

Der Winkel φ_B des Betriebs-Übertragungsfaktors beschreibt die Phasenverschiebung der Ausgangsspannung $\underline{U}_V$ gegen die Quellenspannung $\underline{U}_q$. Dies kann man der Gl. (5.31) entnehmen, wenn man berücksichtigt, dass $\varphi_{iV} - \varphi_{iq} = \varphi_{uV} - \varphi_{uq}$ ist:

$$\varphi_B = \frac{1}{2}\left(\varphi_{uV} + \varphi_{iV} - \varphi_{uq} - \varphi_{iq}\right) = \varphi_{uV} - \varphi_{uq}$$

Mit zunehmender Frequenz nimmt der Phasenverschiebungswinkel φ_B von null aus ab und strebt für $\omega \to \infty$ gegen $-\pi/2$.

Die maximal von der Quelle abgegebene Wirkleistung ist:

$$P_{qmax} = \frac{U_q^2}{4 R_i} = 417\ \mathrm{pW}$$

Mit der normierten Frequenz $\Omega_q = 1{,}61 \cdot 10^{-3}$ der Quelle ergibt sich die Leistungsverstärkung $\upsilon \approx \upsilon_{max} = 2{,}4 \cdot 10^6$, mit der wir die Leistung $P_V = \upsilon\, P_{qmax} = 1\ \mathrm{mW}$ des Verbrauchers berechnen.

5.2.3 Symmetrieeigenschaften von Zweitoren

Enthält ein Zweitor keine gesteuerte Quelle, so wird es als **übertragungssymmetrisch** bezeichnet. Bei einem derartigen Zweitor ist der Betriebs-Übertragungsfaktor *unabhängig* von der *Energieflussrichtung*. Wir wollen dies anhand der $\underline{Z}$-Parameter untersuchen.

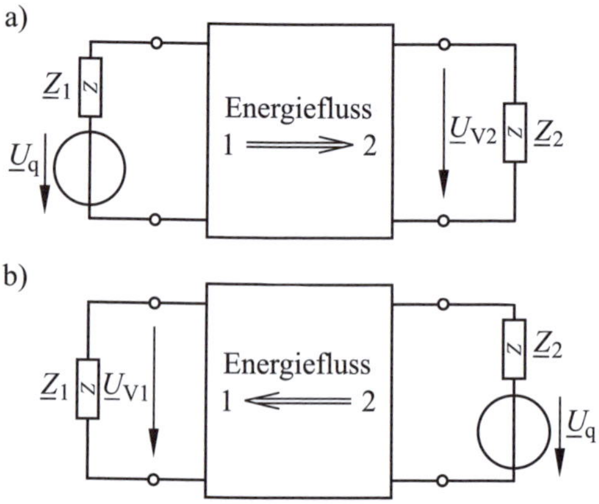

Bild 5.6 Betrieb eines Zweitors mit unterschiedlichen Energieflussrichtungen

Wird das Tor 1 als Eingang betrieben (Bild 5.6a), bezeichnen wir den Betriebs-Übertragungsfaktor mit $\underline{T}_{B12}(\mathrm{j}\,\omega)$. Zur Berechnung verwenden wir die Gl. (5.26) und bestimmen zunächst das Spannungsverhältnis. Am Tor 2 wirkt der linke Teil der Schaltung 5.6a wie eine Quelle mit der Quellenspannung $\underline{U}_{q2}$ und dem Innenwiderstand $\underline{Z}_{e2}$. Somit gilt:

$$\frac{\underline{U}_{V2}}{\underline{U}_q} = \frac{\underline{U}_{q2}\,\underline{Z}_2}{\underline{U}_q\,(\underline{Z}_{e2}+\underline{Z}_2)} \tag{5.32}$$

Wir ersetzen $\underline{U}_{q2}$ und $\underline{Z}_{e2}$ jeweils mit der entsprechenden Gleichung aus der Tab. 4.3 bzw. 4.5 (Band 1). Mit $\underline{Y}_i = 1/\underline{Z}_i$ und $\underline{Y}_V = 1/\underline{Z}_V$ erhalten wir den Betriebs-Übertragungsfaktor:

$$\underline{T}_{B12} = \frac{2\underline{Z}_{21}\sqrt{\underline{Z}_1\,\underline{Z}_2}}{(\underline{Z}_{11}+\underline{Z}_1)(\underline{Z}_{22}+\underline{Z}_2)-\underline{Z}_{12}\,\underline{Z}_{21}} \tag{5.33}$$

Den Betriebs-Übertragungsfaktor $\underline{T}_{B21}(\mathrm{j}\,\omega)$ für die Energieflussrichtung vom Tor 2 zum Tor 1 (Bild 5.6b) berechnen wir auf gleiche Weise:

$$\underline{T}_{B21} = \frac{2\underline{Z}_{12}\sqrt{\underline{Z}_1\,\underline{Z}_2}}{(\underline{Z}_{11}+\underline{Z}_1)(\underline{Z}_{22}+\underline{Z}_2)-\underline{Z}_{12}\,\underline{Z}_{21}} \tag{5.34}$$

Bei übertragungssymmetrischen Zweitoren ist $\underline{T}_{B12}(\mathrm{j}\,\omega) = \underline{T}_{B21}(\mathrm{j}\,\omega)$. Wie die Gln. (5.33 und 5.34) zeigen, ist dies der Fall, wenn $\underline{Z}_{12} = \underline{Z}_{21}$ ist. Die entsprechenden Bedingungen für die übrigen Parameter sind in der Tab. 5.1 angegeben.

Bei einem **widerstandssymmetrischen** Zweitor ist der Eingangswiderstand bei Beschaltung des Ausgangs mit $\underline{Z}_V$ gleich dem Ausgangswiderstand bei Beschaltung des Eingangs mit demselben Widerstand $\underline{Z}_V$. Hierbei gilt z. B. für die $\underline{Z}$-Parameter:

$$\underline{Z}_{11} = \underline{Z}_{22} \tag{5.35}$$

Entsprechend gilt für die $\underline{Y}$-Parameter:

$$\underline{Y}_{11} = \underline{Y}_{22} \tag{5.36}$$

Liegen sowohl Übertragungs- als auch Widerstandssymmetrie vor, so wird das Zweitor als **längssymmetrisch** bezeichnet. Bei einem derartigen Zweitor können die Eingangs- und die Ausgangsklemmen vertauscht werden, ohne dass sich die Spannungen und Ströme ändern.

Tabelle 5.1 Symmetriebedingungen für Zweitore

Matrix	Übertragungs-symmetrie	Widerstands-symmetrie
$\underline{Z}$	$\underline{Z}_{12} = \underline{Z}_{21}$	$\underline{Z}_{11} = \underline{Z}_{22}$
$\underline{Y}$	$\underline{Y}_{12} = \underline{Y}_{21}$	$\underline{Y}_{11} = \underline{Y}_{22}$
$\underline{A}$	$\det \underline{A} = 1$	$\underline{A}_{11} = \underline{A}_{22}$
$\underline{H}$	$\underline{H}_{12} = -\underline{H}_{21}$	$\det \underline{H} = 1$
$\underline{K}$	$\underline{K}_{12} = -\underline{K}_{21}$	$\det \underline{K} = 1$

5.2.4 Logarithmierte Größenverhältnisse

Der Betrag des komplexen Symbols einer Sinusgröße wird in der Technik häufig mithilfe eines **logarithmierten Größenverhältnisses** beschrieben. Dies hat folgende Vorteile:

- Größen mit stark unterschiedlichen Zahlenwerten können grafisch so veranschaulicht werden, dass die *Ablesegenauigkeit* dem jeweiligen Wert der Größe entspricht.
- Die Darstellungen der Frequenzabhängigkeit in Diagrammen führen bei der Verwendung logarithmierter Größenverhältnisse häufig auf *Geradenabschnitte*.
- Multiplikationen der ursprünglichen Größen gehen in *Additionen* der logarithmierten Größen über und können daher leichter ausgeführt werden.

Ein *Größenverhältnis* ist der dimensionslose Quotient aus dem Betrag zweier gleichartiger physikalischer Größen, z. B. zweier Spannungen. Als logarithmiertes Größenverhältnis bezeichnet man den gewichteten Logarithmus dieses Quotienten. Die Gewichtung ist abhängig von der Art der betrachteten Größen und von der Basis des Logarithmus. Man unterscheidet zwei Arten von Größen:

- **Energiegrößen** sind Größen, die der Energie proportional sind (z. B. die Leistung).
- **Feldgrößen** sind Größen, deren *Quadrat* in linearen Systemen der Energie proportional ist (z. B. Spannung, Strom oder Geschwindigkeit).

Logarithmierte Größenverhältnisse in Dezibel
Sie werden aus dem Logarithmus zur Basis 10 des Quotienten zweier *Energiegrößen* mit dem Gewichtsfaktor 10 gebildet. So erhält man z. B. für den Quotienten zweier Wirkleistungen:

$$a_P = 10 \cdot \lg \frac{P_1}{P_2}\ \text{dB} \tag{5.37}$$

Ein mit dieser Gleichung berechneter Zahlenwert wird mit dem Zusatz dB für **Dezibel** gekennzeichnet, der aber keine Einheit ist, denn der Logarithmus ist stets dimensionslos.

Beispiel 5.9
Wir wollen das Verhältnis der Leistungen $P_1 = 100$ W und $P_2 = 25$ mW in dB angeben:

$$a_P = 10 \cdot \lg \frac{100\ \text{W}}{25 \cdot 10^{-3}\ \text{W}}\ \text{dB} = 36\ \text{dB}$$

Soll das Größenverhältnis zweier *Feldgrößen* in Dezibel angegeben werden, so muss zunächst auf Energiegrößen umgerechnet werden. Bei Strömen und Spannungen betrachtet man deren Leistung $P = R\,I^2 = U^2/R$ an einem OHMschen Widerstand. Bei der Quotientenbildung fällt R heraus. Der Exponent 2 führt zu einer Verdopplung des Zahlenfaktors vor dem Logarithmus. Für Ströme gilt:

$$a_i = 20 \cdot \lg \frac{I_1}{I_2}\ \text{dB} \tag{5.38}$$

Für Spannungen gilt entsprechend:

$$a_u = 20 \cdot \lg \frac{U_1}{U_2}\ \text{dB} \tag{5.39}$$

Haben die Feldgrößen, deren Größenverhältnis in Dezibel angegeben werden soll, unterschiedliche Einheiten, so müssen diese erst einander angeglichen werden. Hierzu verwendet man bei Strömen und Spannungen einen *Bezugswiderstand*, dessen Wert das Ergebnis beeinflusst; er muss daher stets angegeben werden.

Beispiel 5.10
Wir wollen das Verhältnis des Stromes $I_1 = 5\ \mu$A zur Spannung $U_2 = 15$ V in Dezibel angeben. Mit der Gl. (5.39) erhalten wir:

$$a_{12} = 20 \cdot \lg \frac{I_1 R}{U_2}\ \text{dB}$$

Wir berechnen für drei Bezugswiderstände:

$a_{12} = -130$ dB an 1 Ω

$a_{12} = -74$ dB an 600 Ω

$a_{12} = 30{,}5$ dB an 100 MΩ

Logarithmierte Größenverhältnisse in Neper
Sie werden aus dem *natürlichen Logarithmus* des Quotienten zweier Feldgrößen mit dem Gewichtsfaktor 1 gebildet. Energiegrößen müssen auf Feldgrößen umgerechnet werden, was auf den Gewichtsfaktor 1/2 führt. Die sich dabei ergebenden Zahlenwerte werden mit dem Zusatz Np für **Neper** gekennzeichnet.

$$a_i = \ln \frac{I_1}{I_2}\ \text{Np};\ a_u = \ln \frac{U_1}{U_2}\ \text{Np};\ a_P = \frac{1}{2} \cdot \ln \frac{P_1}{P_2}\ \text{Np} \tag{5.40}$$

Beispiel 5.11

Wir wollen die Größenverhältnisse in den beiden vorigen Beispielen in Neper angeben.

$$a_P = \frac{1}{2} \cdot \ln \frac{100\ \text{W}}{25 \cdot 10^{-3}\ \text{W}}\ \text{Np} = 3{,}8\ \text{Np}$$

$$a_{12} = \ln \frac{I_1 R}{U_2}\ \text{Np}$$

$$a_{12} = -14{,}9\ \text{Np an } 1\ \Omega$$

$$a_{12} = -8{,}5\ \text{Np an } 600\ \Omega$$

$$a_{12} = 3{,}5\ \text{Np an } 100\ \text{M}\Omega$$

Ein logarithmiertes Größenverhältnis wird als **absoluter Pegel** oder kurz als **Pegel** (*level*) bezeichnet, wenn die Nennergröße eine *feste Bezugsgröße* ist, die nicht vom Betriebszustand des betrachteten Netzes abhängt. Bei der Pegelangabe muss die Bezugsgröße genannt werden.

Ein **relativer Pegel** ist die Differenz zwischen dem Pegel an einer bestimmten Stelle im Netz und dem Pegel an einer *Bezugsstelle* im Netz. Relative Pegel in Dezibel werden durch den Hinweis dBr gekennzeichnet. Während ein absoluter Pegel nur bei Kenntnis der Bezugsgröße aussagekräftig ist, kann ein relativer Pegel auch *ohne* Bezugsgröße verwendet werden.

Beispiel 5.12

In einem Verstärkernetz wurde der Verstärkereingang als Bezugsstelle gewählt. Die Messung ergab am Eingang den absoluten Pegel $a_E = -26$ dB und am Ausgang den absoluten Pegel $a_A = 34$ dB. Dieser Messung lag die Bezugsleistung $P_{bez} = 1$ mW zugrunde.

Wir wollen die Leistungsverstärkung und die Wirkleistungen P_E und P_A berechnen.

Die Leistungsverstärkung kann man auch ohne Kenntnis der Bezugsleistung bestimmen. Sie ergibt sich aus der Pegeldifferenz zwischen Ausgang und Eingang, d. h. aus dem relativen Pegel:

$$a_{rel} = a_A - a_E = 34\ \text{dB} - (-26\ \text{dB}) = 60\ \text{dBr}$$

Wir ersetzen in dieser Gleichung die absoluten Pegel mit der Gl. (5.38) und erhalten:

$$a_{rel} = \left(10 \cdot \lg \frac{P_A}{P_{bez}} - 10 \cdot \lg \frac{P_E}{P_{bez}}\right) \text{dBr}$$

$$a_{rel} = 10 \cdot \lg \frac{P_A}{P_E}\ \text{dBr}$$

Durch Delogarithmieren ergibt sich die Leistungsverstärkung:

$$\frac{P_A}{P_E} = 10^{\frac{a_{rel}}{10}} = 10^6$$

Die Eingangs- und die Ausgangsleistung berechnen wir mithilfe der Bezugsleistung P_{bez} aus den Pegelangaben:

$$P_E = P_{bez} \cdot 10^{\frac{a_E}{10}} = 2{,}5\ \mu\text{W}$$

$$P_A = P_{bez} \cdot 10^{\frac{a_A}{10}} = 2{,}5\ \text{W}$$

Ein logarithmiertes Größenverhältnis zweier gleichartiger *komplexer* Größen wird als **komplexes Maß** bezeichnet. Es eignet sich gut dazu, die frequenzabhängigen Eigenschaften eines Netzes darzustellen, weil Betrag und Winkel des komplexen Größenverhältnisses in Real- und Imaginärteil des komplexen Maßes getrennt erscheinen. Wir wollen dies am Beispiel des komplexen Betriebs-Dämpfungsfaktors $\underline{D}_B$ zeigen, den wir in der P-Form einsetzen, um das komplexe Betriebs-Dämpfungsmaß $\underline{g}_B$ zu berechnen:

$$\underline{g}_B = \ln \underline{D}_B = \ln\left(D_B \cdot e^{j\varphi_B}\right) = \ln D_B + j\,\varphi_B \qquad (5.41)$$

Der Realteil von $\underline{g}_B$ wird als **Betriebs-Dämpfungsmaß** (*attenuation constant*) a_B bezeichnet; es wird mit dem Betrag des Betriebs-Dämpfungsfaktors gebildet.

$$a_B = \ln\left|\underline{D}_B\right| = \ln D_B \qquad (5.42)$$

Wird die Bezeichnung „Maß" *ohne* den Zusatz „komplex" verwendet, so handelt es sich um den Logarithmus, der von dem Betrag eines komplexen Größenverhältnisses gebildet wird.

Der Winkel φ_B des komplexen Betriebs-Dämpfungsfaktors wird mit b_B bezeichnet und **Betriebs-**

Dämpfungswinkel genannt. Wir setzen ihn und die Gl. (5.42) in die Gl. (5.41) ein:

$$\underline{g}_B = a_B + \mathrm{j}\, b_B \qquad (5.43)$$

Mit der Gl. (5.43) berechnen wir das **komplexe Betriebs-Übertragungsmaß**:

$$\ln \underline{T}_B = \ln \frac{1}{\underline{D}_B} = -\underline{g}_B \qquad (5.44)$$

Entsprechend ist $-a_B$ das **Betriebs-Übertragungsmaß** (*transfer constant*) und $-b_B$ der **Betriebs-Übertragungswinkel**. Auch jeder andere Übertragungs- oder Dämpfungsfaktor kann – sofern er Quotient zweier gleichartiger Größen ist – durch ein entsprechendes Übertragungs- oder Dämpfungsmaß in Neper oder Dezibel beschrieben werden. In der Praxis hat sich die Angabe in dB durchgesetzt.
Die Umrechnungsformeln lauten:

$$1\ \mathrm{Np} = 8{,}69\ \mathrm{dB}; \quad 1\ \mathrm{dB} = 0{,}115\ \mathrm{Np} \qquad (5.45)$$

Beispiel 5.13
Wir wollen das komplexe Betriebs-Dämpfungsmaß der Schaltung aus dem Beispiel 5.8 für die Frequenz 50 kHz ermitteln.
Mit $\omega_{bez} = 1/(1{,}61 \cdot 10^{-6}\ \mathrm{s})$ berechnen wir die normierte Frequenz:

$$\Omega = \frac{2\,\pi f}{\omega_{bez}} = 0{,}5$$

Wir lesen den Betrag und den Winkel des komplexen Betriebs-Übertragungsfaktors aus dem Diagramm im Beispiel 5.8 ab:

$$\underline{T}_B = 1380\underline{/-0{,}46} \qquad \text{(Winkel im Bogenmaß)}$$

Hiermit berechnen wir

$$\underline{g}_B = -\ln \underline{T}_B = -7{,}23\ \mathrm{Np} + \mathrm{j}\, 0{,}46$$

und erhalten:

$$\underline{g}_B = -62{,}8\ \mathrm{dB} + \mathrm{j}\, 0{,}46$$

Das negative Vorzeichen des Betriebs-Dämpfungsmaßes zeigt, dass eine „Entdämpfung“, also eine Verstärkung auftritt.

Praxisbezug 5.3
Absolute Pegel werden in der Praxis häufig verwendet. In verschiedenen Bereichen der Technik wird allerdings mit unterschiedlichen Bezugsgrößen gearbeitet; sie werden so gewählt, dass man Pegelwerte erhält, die gut zu handhaben sind. Da die betrachtete Größe und die Bezugsgröße gegebenenfalls nicht gleichartig sind, wird zusätzlich ein Bezugswiderstand angegeben.

International haben sich mehrere Pegelangaben durchgesetzt, bei denen durch einen Zusatz zum Hinweis dB auf die jeweilige Bezugsgröße verwiesen wird:

- Der Pegelangabe in dBm liegt die Bezugsleistung 1 mW zu Grunde. Sollen Strom- oder Spannungspegel in dBm angegeben werden, so wird als Bezugswiderstand in der Hochfrequenztechnik 50 Ω und in der Telefon- und Weitverkehrstechnik 600 Ω verwendet. Eine Angabe in dBm0 weist durch die nachgestellte 0 darauf hin, dass dieser Pegel in dBm an einer *Bezugsstelle* im Netz auftritt. In der Telefontechnik ist die Bezugsstelle z. B. der Eingang zu einer Frequenzmultiplexeinrichtung. Der genormte Pegel an dieser Stelle ist –15 dBm0.
- In der Fernsehtechnik werden Pegel oft in dBμV angegeben. Die Bezugsgröße ist die Spannung 1 μV. Strom und Leistungspegel werden mit dem Widerstand 75 Ω gebildet.
- Mit der Pegelangabe in dBc beschreibt man die relative Größe von Seitenbändern eines modulierten Trägers. Der Zusatz „c“ weist auf den Träger (*carrier*) hin. ❐

5.2.5 Bode-Diagramm

Das **Bode-Diagramm**[1] ist eine besondere Form der Komponentendarstellung von Frequenzgangfunktionen. Über dem Logarithmus der *normierten Frequenz Ω* wird das *Maß* der darzustellenden Größe in dB und der *Winkel* der komplexen Größe aufgetragen. Dies hat den Vorteil, dass sowohl große Frequenzbereiche als auch stark unterschiedliche Betragswerte in einem Diagramm anschaulich dargestellt werden können.

[1] Hendrik Wade Bode, 1905 – 1982

Außerdem wird bei der Bildung des Maßes der Frequenzgangfunktion aus dem Produkt der Beträge der Wurzelfaktoren eine Summe von deren Logarithmen.

Damit der Betrag der Frequenzgangfunktion logarithmiert werden kann, muss er dimensionslos sein. Ist die Frequenzgangfunktion der Quotient *gleichartiger* Größen (z. B. von zwei Spannungen), dann ist auch der Betrag dimensionslos. Handelt es sich jedoch um den Quotienten *unterschiedlicher* Größen, so muss mit einem Bezugswiderstand R_{bez} normiert werden; dabei wird der Betrag der Frequenzgangfunktion i. Allg. verändert.

Das Bode-Diagramm lässt sich nur bei einfachen Schaltungen direkt zeichnen. Bei umfangreichen Schaltungen ist es zweckmäßig, mit einem Analyseprogramm zu arbeiten.

Beispiel 5.14
Wir wollen den Übertragungsfaktor und das Bode-Diagramm der Schaltung berechnen.

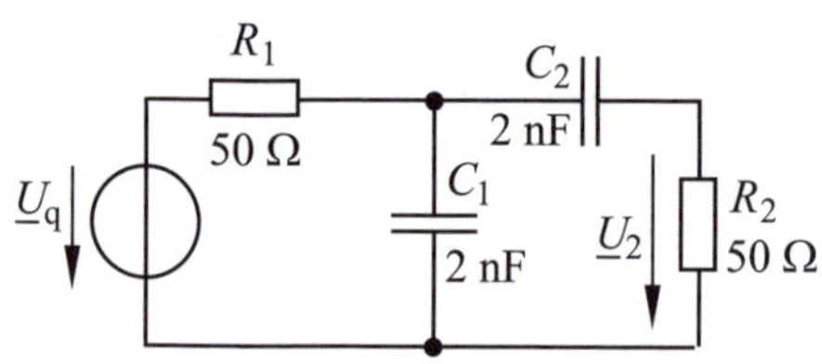

Mithilfe der Gl. (4.14, Band 1) bestimmen wir die $\underline{Z}$-Matrix der T-Schaltung:

$$\underline{\boldsymbol{Z}}_T = \begin{pmatrix} R_1 + \dfrac{1}{j\omega C_1} & \dfrac{1}{j\omega C_1} \\ \dfrac{1}{j\omega C_1} & \dfrac{1}{j\omega C_1} + \dfrac{1}{j\omega C_2} \end{pmatrix}$$

Der Tab. (4.2, Band 1) entnehmen wir die Gleichung für den Spannungs-Übertragungsfaktor:

$$\underline{T}_u = \frac{\underline{Z}_{21}}{\underline{Z}_{11} + G_V \cdot \det \underline{\boldsymbol{Z}}}$$

Wir setzen die Größen der $\underline{Z}$-Matrix ein und erhalten mit $G_V = G_2$ sowie $R = R_1 = R_2$ und $C = C_1 = C_2$:

$$\underline{T}_u = \frac{1}{3 + j\left(\omega C R - \dfrac{1}{\omega C R}\right)}$$

Das Maximum T_m liegt bei der Kreisfrequenz ω_m vor:

$$T_m = \frac{1}{3} = -9{,}54\ \text{dB};\ \omega_m = \frac{1}{CR} = 10^7\,\frac{1}{\text{s}}$$

Zur Ermittlung des Bode-Diagramms mit dem Programm Micro-Cap zeichnen wir zunächst die Schaltung.

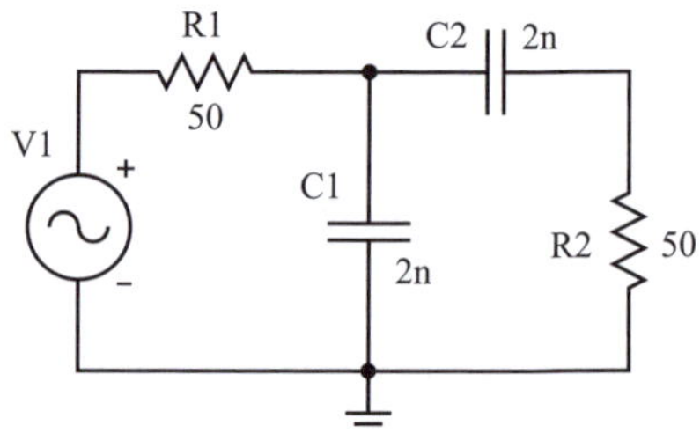

Mit den gegebenen Werten für C und R berechnen wir die Bezugsfrequenz $f_{bez} = f_m = 1{,}59$ MHz; dieser Wert entspricht $\lg \Omega = 0$.
Unter (*Analysis*) und (*AC...*) wählen wir bei *Frequency Range* den Menuepunkt *Log* und tragen die Werte 159MEG,15.9k ein. Bei *X Expression* geben wir F/1590k ein. Da die Quelle am Knoten 2 und R2 am Knoten 3 liegt, geben wir bei *Y Expression* dB(v(3)/v(2)) ein.

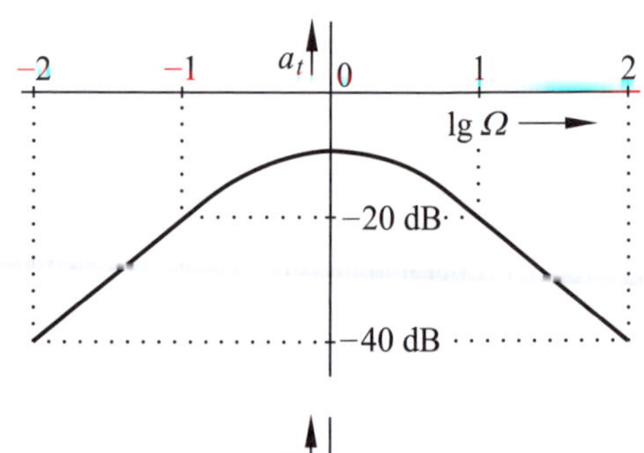

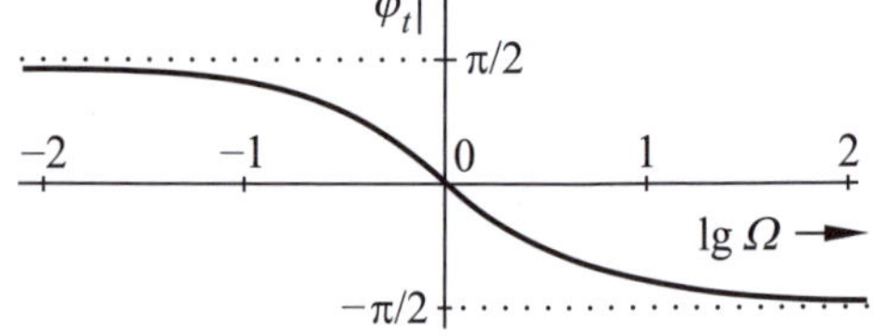

5.2.6 Äquivalente Netze

Man bezeichnet zwei Netze als **äquivalent**, wenn sowohl ihre Betriebs-Spannungsübertragungsfaktoren als auch ihre Betriebs-Stromübertragungsfaktoren identisch sind:

$$\boxed{\begin{aligned}\underline{T}_{u1}(\mathrm{j}\omega) &\equiv \underline{T}_{u2}(\mathrm{j}\omega)\\ \underline{T}_{i1}(\mathrm{j}\omega) &\equiv \underline{T}_{i2}(\mathrm{j}\omega)\end{aligned}} \tag{5.46}$$

Wenn an zwei Netze jeweils gleiche Quellen und gleiche Verbraucher angeschlossen sind, lässt sich ihre Äquivalenz leicht überprüfen. In diesem Fall sind die Gln. (5.46) voneinander linear abhängig:

$$\frac{\underline{T}_{i1}(\mathrm{j}\omega)}{\underline{T}_{i2}(\mathrm{j}\omega)} \equiv \frac{\underline{T}_{u1}(\mathrm{j}\omega)}{\underline{T}_{u2}(\mathrm{j}\omega)} \tag{5.47}$$

Es genügt daher die Kontrolle, ob *eine* der Gln. (5.46) erfüllt ist.

Von **äquivalenten Eintoren** spricht man, wenn die Widerstands- bzw. Leitwertfunktionen der Eintore identisch sind:

$$\underline{Z}_1(\mathrm{j}\omega) \equiv \underline{Z}_2(\mathrm{j}\omega) \text{ bzw. } \underline{Y}_1(\mathrm{j}\omega) \equiv \underline{Y}_2(\mathrm{j}\omega) \tag{5.48}$$

Beispiel 5.15

Wir wollen untersuchen, ob das Eintor B so dimensioniert werden kann, dass es zum gegebenen Eintor A äquivalent ist.

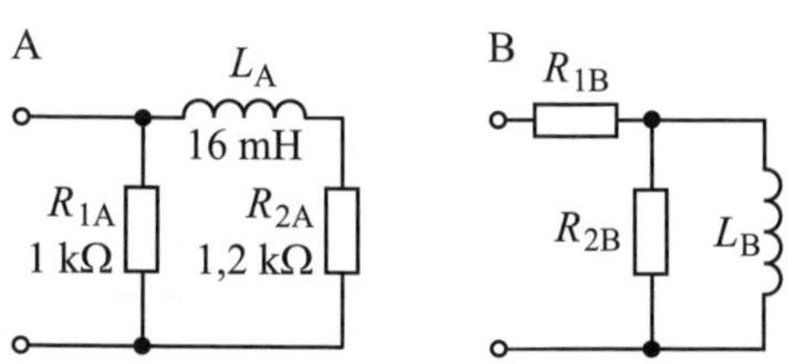

Äquivalenz erfordert identische Widerstandsfunktionen; die Ersatzwiderstände der beiden Eintore müssen also bei allen Frequenzen gleich sein.

Zunächst legen wir beide Eintore an Gleichspannung, ersetzen die induktiven Grundeintore durch Kurzschlüsse und berechnen den Widerstand R_{1B}:

$$R_{1B} = \frac{1}{\frac{1}{R_{1A}} + \frac{1}{R_{2A}}} = 545{,}5\ \Omega$$

Dann legen wir in Gedanken die Eintore A und B an eine Quelle mit der Kreisfrequenz $\omega \to \infty$, ersetzen die induktiven Grundeintore durch Unterbrechungen und setzen an:

$$R_{1B} + R_{2B} = R_{1A} = 1\ \mathrm{k}\Omega$$

Damit ergibt sich: $R_{2B} = 454{,}5\ \Omega$

Schließlich wählen wir eine beliebige Kreisfrequenz $0 < \omega < \infty$ und setzen hierfür die Widerstandsfunktionen der beiden Eintore gleich:

$$\frac{1}{G_{1A} + \frac{1}{R_{2A} + \mathrm{j}\omega L_A}} = R_{1B} + \frac{1}{G_{2B} + \frac{1}{\mathrm{j}\omega L_B}}$$

Mit einem MATLAB-Programm lösen wir diese Gleichung nach L_B auf und berechnen:

$$L_B = 3{,}31\ \mathrm{mH}$$

```
R1A = 1000;
R2A = 1200;
LA = 16e-3;
w=1.0e5;
R1B = 1/(1/R1A + 1/R2A);
R2B = R1A - R1B;
ZA = 1/(1/R1A + 1/(R2A + j*w*LA));
LB = imag(1/(1/(ZA - R1B) - 1/R2B))/w;
```

5.2.7 Duale Netze

Die Eintorgleichungen **dualer Grundeintore** unterscheiden sich nur dadurch, dass Strom und Spannung in den Gleichungen ihre Plätze tauschen. So entsprechen z. B. die Grundeintore *C* und *L* einander dual:

$$\underline{I} = \mathrm{j}\omega C\,\underline{U}\ ;\quad \underline{U} = \mathrm{j}\omega L\,\underline{I} \tag{5.49}$$

Das Gleiche gilt für das Grundeintor *R* und den entsprechenden Leitwert *G*:

$$\underline{U} = R\,\underline{I}\ ;\quad \underline{I} = G\,\underline{U} \tag{5.50}$$

Auch die ideale Stromquelle und die ideale Spannungsquelle entsprechen einander dual.

Duale Eintore können durch eine **Dualitätskonstante** Z_0 (Einheit: 1 Ω) miteinander verknüpft werden.

Tabelle 5.2 Duale Eintore

Eintorgröße	Duale Eintorgröße
$\underline{U}_q$	$\underline{I}_q = (1/Z_0)\,\underline{U}_q$
$\underline{I}_q$	$\underline{U}_q = Z_0\,\underline{I}_q$
R	$G = (1/Z_0^2)\,R$
G	$R = Z_0^2\,G$
L	$C = (1/Z_0^2)\,L$
C	$L = Z_0^2\,C$

Zwei Netze, die aus Grundeintoren und idealen Quellen aufgebaut sind, bezeichnet man als **duale Netze**, wenn folgende Forderungen erfüllt sind:

1) Die Anzahl der Eintore muss in beiden Netzen gleich sein.
2) Jedem Eintor im Netz A muss ein duales Eintor im Netz B entsprechen. Die *Dualitätskonstante* muss für sämtliche Eintore *dieselbe* sein.
3) Bilden Eintore im Netz A eine Masche, so müssen die dualen Eintore im Netz B an einem Knoten liegen.

Die dritte Forderung führt dazu, dass einer Reihenschaltung im Netz A eine Parallelschaltung im Netz B entspricht und umgekehrt.
Nicht zu jedem Netz gibt es ein duales Netz.

Die Frequenzgangfunktionen von einander entsprechenden Größen in dualen Netzen unterscheiden sich nur durch einen *konstanten Faktor*, der durch die *Dualitätskonstante* bestimmt wird. So gilt für die dualen zweipoligen Netze A und B:

$$\boxed{\begin{aligned}\underline{U}_A(j\omega) &= Z_0\,\underline{I}_B(j\omega)\\ \underline{I}_A(j\omega) &= \frac{1}{Z_0}\,\underline{U}_B(j\omega)\end{aligned}} \qquad (5.51)$$

Die Widerstandsfunktion $\underline{Z}_A(j\,\omega)$ entspricht der Leitwertfunktion $\underline{Y}_B(j\,\omega)$:

$$\boxed{\underline{Z}_A(j\omega) = Z_0^2\,\underline{Y}_B(j\omega)} \qquad (5.52)$$

Daraus ergibt sich, dass die komplexe Leistung eines Eintors im Netz A gleich der konjugiert komplexen Leistung des dualen Eintors im Netz B ist:

$$\underline{S}_A(j\omega) = \underline{U}_A(j\omega)\,\underline{I}_A^*(j\omega) = Z_0\,\underline{I}_B(j\omega)\cdot\frac{1}{Z_0}\,\underline{U}_B^*(j\omega)$$

$$\underline{S}_A(j\omega) = \underline{I}_B(j\omega)\,\underline{U}_B^*(j\omega) = \underline{S}_B^*(j\omega)$$

Hieraus folgt:

$$\boxed{\begin{aligned}S_A(\omega) &= S_B(\omega)\\ P_A(\omega) &= P_B(\omega)\\ Q_A(\omega) &= -Q_B(\omega)\end{aligned}} \qquad (5.53)$$

Die Dualität zweier Netze kann vorteilhaft sein: Hat man die Eigenschaften eines Netzes bestimmt, so kann man die Ergebnisse auf das duale Netz übertragen.

Beispiel 5.16
Wir wollen zu dem Netz, dessen Eintore die Werte $R = 60\ \Omega$; $R_V = 94\ \Omega$; $L = 2{,}38\ \mu H$; $C = 0{,}424$ nF haben, das duale Netz (Index D) bestimmen und die Betriebs-Übertragungsfaktoren der beiden Netze berechnen. Die Dualitätskonstante soll $Z_0 = 100\ \Omega$ betragen.

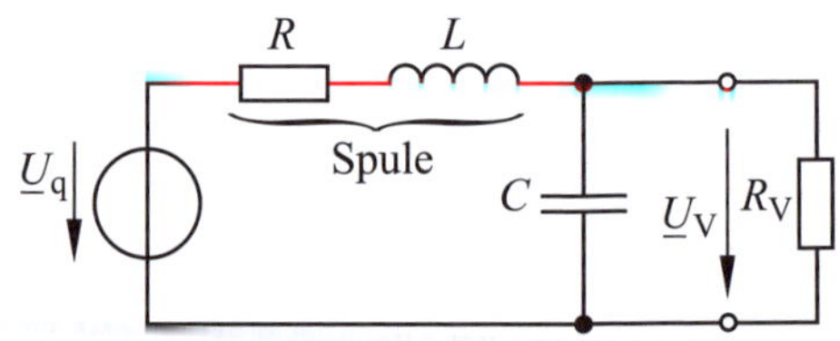

Der Betriebs-Spannungsübertragungsfaktor dieses Netzes ist gemäß Gl. (5.21):

$$\underline{T}_u = \frac{2}{1 + RG_V + j\,\omega\left(LG_V + RC\right) + (j\omega)^2 LC}$$

Mit der Gl. (5.26) berechnen wir den Betriebs-Übertragungsfaktor:

$$\underline{T}_B(j\omega) = \underline{T}_u(j\omega)\sqrt{\frac{G_V}{G}}$$

In diese Gleichung setzen wir die gegebenen Werte der Eintore ein und erhalten:

$$\underline{T}_B = \frac{0{,}975}{1 + j\omega \cdot 3{,}1 \cdot 10^{-8}\,\text{s} + (j\omega)^2 \cdot 6{,}16 \cdot 10^{-16}\,\text{s}^2}$$

Nun bestimmen wir die dualen Eintore zu den Eintoren des Ausgangsnetzes.
Der idealen Spannungsquelle $\underline{U}_q$ entspricht eine ideale Stromquelle $\underline{I}_{qD}$; die Werte der dualen passiven Eintore berechnen wir mit der Dualitätskonstanten:

$$G_D = \frac{R}{Z_0^2} = 6\ \text{mS}\,; \qquad C_D = \frac{L}{Z_0^2} = 238\ \text{pF}$$

$$L_D = Z_0^2 C = 4{,}24\ \mu\text{H}\,; \ G_{VD} = \frac{R_V}{Z_0^2} = 9{,}4\ \text{mS}$$

Das Ausgangsnetz ist die Reihenschaltung eines Teilnetzes (C; R_V) mit den Eintoren $\underline{U}_q$, R und L; entsprechend muss das dazu duale Netz die Parallelschaltung eines Teilnetzes (L_D; G_{VD}) mit den Eintoren $\underline{I}_{qD}$, G_D und C_D sein. Das Teilnetz (C; R_V) im Ausgangsnetz ist eine Parallelschaltung; entsprechend ist das duale Teilnetz eine Reihenschaltung von L_D mit G_{VD}.

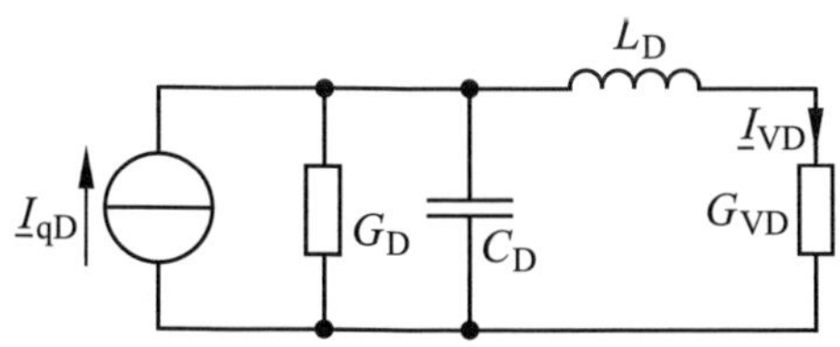

Im dualen Netz entspricht der Frequenzgang der Ströme dem der Spannungen im ursprünglichen Netz:

$$\underline{I}_{VD}(j\omega) = \frac{1}{Z_0}\underline{U}_V(j\omega)$$

$$\underline{I}_{qD}(j\omega) = \frac{1}{Z_0}\underline{U}_q(j\omega)$$

Daher ist der Betriebs-Stromübertragungsfaktor des dualen Netzes gleich dem Betriebs-Spannungsübertragungsfaktor des ursprünglichen Netzes:

$$\underline{T}_{iD}(j\omega) = 2\,\frac{\underline{I}_{VD}(j\omega)}{\underline{I}_{qD}(j\omega)} = 2\,\frac{Z_0}{Z_0}\cdot\frac{\underline{U}_V(j\omega)}{\underline{U}_q(j\omega)}$$

$$\underline{T}_{iD}(j\omega) = \underline{T}_u(j\omega)$$

Den Betriebs-Übertragungsfaktor des dualen Netzes berechnen wir mit der Gl. (5.25). Er ist identisch mit dem Betriebs-Übertragungsfaktor des ursprünglichen Netzes:

$$\underline{T}_{BD}(j\omega) = \underline{T}_{iD}(j\omega)\sqrt{\frac{R_{VD}}{R_D}} = \underline{T}_{iD}(j\omega)\sqrt{\frac{R\,Z_0^2}{Z_0^2 R_V}}$$

$$= \underline{T}_u(j\omega)\sqrt{\frac{G_V}{G}} = \underline{T}_B(j\omega)$$

Fragen

- Für welche Art von Größen kann man einen Frequenzgang angeben?
- Wie wird eine bezogene Größe gebildet und wie eine normierte?
- Geben Sie je ein Beispiel für den Betragsgang und für den Phasengang einer Größe an.
- Aus welchen Teilen besteht ein Übertragungssystem? Wie werden diese Teile in einer elektrischen Ersatzschaltung dargestellt?
- Wie unterscheidet sich ein Dämpfungsfaktor von einem Übertragungsfaktor?
- Kann der Betrag eines Übertragungsfaktors die Einheit Siemens haben?
- Geben Sie die Definitionsgleichungen für die drei Betriebs-Übertragungsfaktoren an. Wie lauten die Gleichungen der zugehörigen Dämpfungsfaktoren?
- Geben Sie die Gleichungen an, welche das Größenverhältnis zweier Leistungen in Dezibel bzw. in Neper beschreiben.
- Das Größenverhältnis zweier Spannungen wird durch die Angabe 6 dB beschrieben. Wie verhalten sich ihre Amplituden zueinander?
- Wie ist das komplexe Betriebs-Dämpfungsmaß definiert?
- Welche Besonderheiten unterscheiden das BODE-Diagramm von anderen Diagrammen mit rechtwinkligen Koordinaten?
- Welche Vorteile bietet das Arbeiten mit dem BODE-Diagramm?
- Welche Bedingungen müssen erfüllt sein, damit man zwei Netze als äquivalent bezeichnen kann?
- Welche Eigenschaften haben duale Netze?

Aufgaben

5.5(1) Geben Sie die logarithmierten Größenverhältnisse in dB und Np für den Bezugswiderstand 600 Ω an.
$U_1/U_2 = 0{,}002$;
$I_1/U_2 = 40\ \mathrm{S}$;
$P_1/P_2 = 42000$

5.6(1) Welche Frequenz f_2 gehört im Beispiel 5.14 zum Abszissenwert lg $\Omega = 2$?

5.7(1) Die Spannungsverstärkung eines Verstärkers ist mit dem Wert 100 dB angegeben. Wie lässt sich die Ausgangsspannung als Funktion der Eingangsspannung darstellen?

5.8(2) Bestimmen Sie den Betragsgang und den Phasengang der auf $\underline{U}_q$ (j ω) bezogenen Spannung $\underline{U}_V(\mathrm{j}\omega)$ für $R_1 C_1 = R_V C_2$.

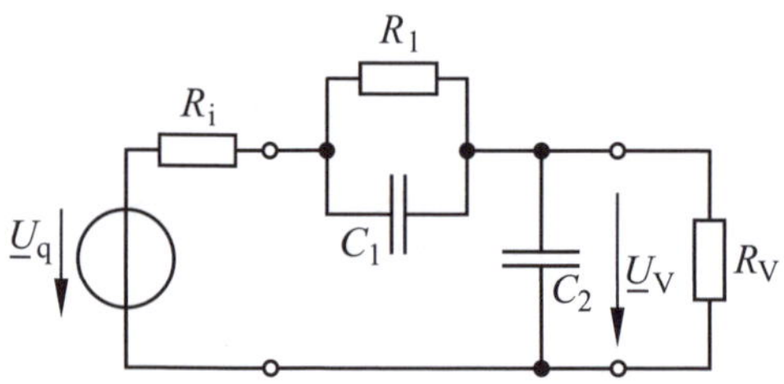

5.9(2) Bestimmen Sie den Übertragungsfaktor $\underline{T}_i = \underline{I}_2/\underline{I}_q$ und stellen Sie seinen Betrag und seinen Winkel im BODE-Diagramm dar.

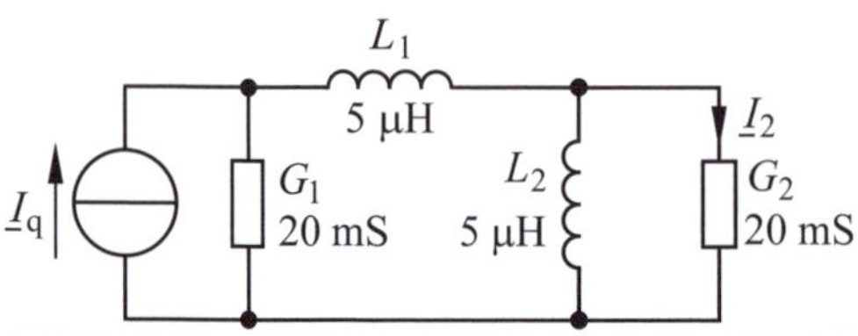

5.10(2) Wie lautet die Betriebs-Dämpfungsfunktion der Schaltung des Beispiels 5.14 ($R_1 = R_i$; $R_2 = R_V$)? Stellen Sie das Betriebs-Dämpfungsmaß und den Betriebs-Dämpfungswinkel im BODE-Diagramm dar.

5.11(3) Geben Sie das duale Netz zur Schaltung in der Aufgabe 5.8 an, für die $R_1 C_1 = R_V C_2$ gegeben ist, und bestimmen Sie den Betriebs-Übertragungsfaktor.

5.3 Passive Filter

Ziele: Sie können
- die Begriffe Durchlassbereich, Sperrbereich und 3-dB-Grenzfrequenz erläutern.
- angeben, wie die Ordnungszahl eines Filters definiert ist.
- den Frequenzgang des Übertragungsfaktors von vier Filterarten skizzieren.
- je eine Schaltung für einen passiven Hochpass, einen Tiefpass, einen Bandpass und eine Bandsperre skizzieren.
- die Begriffe Polgüte und Polfrequenz erläutern.

5.3.1 Grenzfrequenz

Ein **Filter** *(filter)* ist ein Zweitor, mit dem zeitabhängige Signale nach bestimmten Kriterien bearbeitet werden können. Wir befassen uns ausschließlich mit frequenzselektiven Filtern, die in einem „Frequenzgemisch" bestimmte Anteile abschwächen; dabei enthält das Ausgangssignal s_2 Frequenzanteile des Eingangssignals s_1 nur in abgeschwächter Form oder praktisch nicht mehr.

Wir beginnen mit **passiven Filtern**, die lediglich aus Grundeintoren bestehen und Wirkleistung von einer Sinusquelle mit *konstantem* Effektivwert der Quellenspannung zum Verbraucher übertragen.

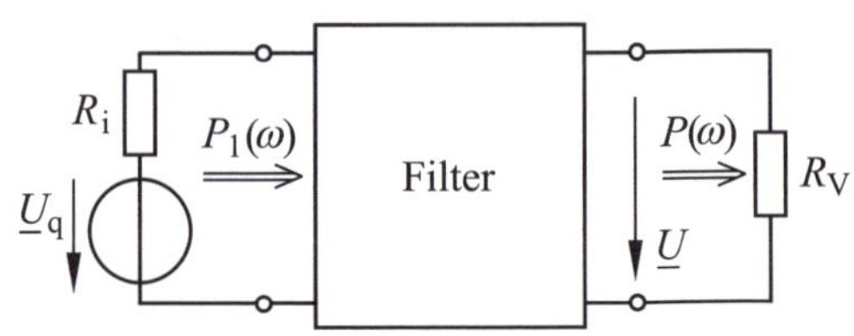

Bild 5.7 Schaltung zur Erläuterung der Leistungsübertragung

Bei einem Filter weist die dem Verbraucher zugeführte Wirkleistung $P(\omega)$ bei einer bestimmten Frequenz das Maximum P_{max} auf.
Ist in einem Frequenzbereich $P(\omega) > P_{max}/2$, so nennt man diesen Bereich **Durchlassbereich** *(pass band)*; in ihm wird die Wirkleistung von der Quelle „gut" zum Verbraucher übertragen.
Wenn in einem Frequenzbereich $P(\omega) < P_{max}/2$ beträgt, so handelt es sich dabei um einen **Sperrbereich** *(stop band)*.

Die Grenze zwischen einem Durchlassbereich und einem Sperrbereich liegt bei der **Grenzfrequenz** *(cutoff frequency)* f_g bzw. bei der entsprechenden **Grenzkreisfrequenz** ω_g; bei dieser gilt:

$$\frac{P(\omega_g)}{P_{max}} = \frac{1}{2} \tag{5.54}$$

Bei der Grenzfrequenz ist die Leistung gleich der Hälfte der *Maximalleistung*. Der Quotient dieser Leistungen hat den Betrag $0{,}5 \approx -3$ dB. Man spricht auch von der **3-dB-Grenzfrequenz**.
Die Effektivwerte der Spannung am Verbraucher und des Stromes, der durch den Verbraucher fließt, haben bei der 3-dB-Grenzfrequenz den $(1/\sqrt{2})$-fachen Betrag ihres Maximalwertes.

Damit bei der Bestimmung der Übertragungseigenschaften eines Netzes ein *frequenzabhängiger* Effektivwert U_q der Quellenspannung bzw. I_q des Quellenstromes das Ergebnis nicht verfälscht, arbeiten wir mit einem Übertragungsfaktor, den wir mit der betrachteten Ausgangsgröße und der Quellengröße bilden; so ist z. B:

$$\underline{T}(j\omega) = \frac{\underline{U}_V(j\omega)}{\underline{U}_q(j\omega)} = T(\omega) \cdot e^{j\varphi_T(\omega)} \tag{5.55}$$

Außerdem setzen wir voraus, dass der Verbraucherwiderstand stets ein Grundeintor R ist. Die Leistung P_{max} ist in diesem Fall durch den maximalen Betrag T_{max} des Übertragungsfaktors bestimmt, den wir zur Bildung des *bezogenen* Übertragungsfaktors $\underline{t}(j\omega)$ verwenden:

$$\underline{t}(j\omega) = \frac{\underline{T}(j\omega)}{T_{max}} \tag{5.56}$$

Das Maß des bezogenen Übertragungsfaktors

$$\underline{a}_t(\omega) = 20 \lg |\underline{t}(j\omega)| \tag{5.57}$$

hat den Maximalwert 0 dB.
Außer dem Übertragungsmaß ist auch der *Übertragungswinkel* von Bedeutung, der für den Übertragungsfaktor $\underline{T}(j\omega)$ und für den bezogenen Übertragungsfaktor $\underline{t}(j\omega)$ gleich ist:

$$\varphi_t(\omega) = \varphi_T(\omega) \tag{5.58}$$

5.3.2 Filterarten

Prinzipiell unterscheiden wir vier Arten von Filtern (Bild 5.8):

- Ein **Tiefpass** *(low-pass filter)* lässt Größen mit tiefen Frequenzen ungehindert passieren und schwächt Größen mit hohen Frequenzen ab;
- ein **Hochpass** *(high-pass filter)* lässt Größen mit hohen Frequenzen ungehindert passieren und schwächt Größen mit tiefen Frequenzen ab;
- ein **Bandpass** *(band-pass filter)* lässt Größen eines bestimmten Frequenzbereiches ungehindert passieren und schwächt Größen mit tiefen und hohen Frequenzen ab;
- eine **Bandsperre** *(band-elimination filter)* schwächt Größen eines bestimmten Frequenzbereiches ab und lässt Größen mit tiefen und hohen Frequenzen ungehindert passieren.

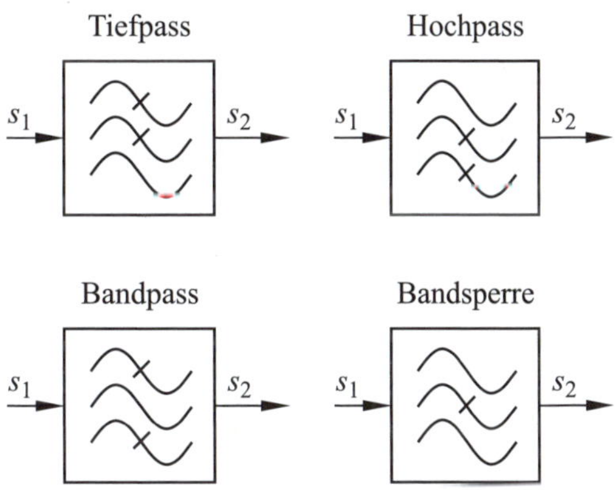

Bild 5.8 Filterarten: s (= Signal) steht für Strom oder Spannung

Die **Ordnungszahl** n eines Filters ist der Grad des *Nennerpolynoms* des Übertragungsfaktors. Der Grad des Zählerpolynoms m ist bei einem Filter nicht höher als der Grad des Nennerpolynoms, es ist also stets $m \leq n$.

5.3.3 Hochpass 1. Ordnung

Bei dem Hochpass 1. Ordnung, der aus den Grundeintoren R und C (Bild 5.9) besteht, ersetzen wir für $\omega \to 0$ das Grundeintor C durch eine Unterbrechung; dabei ist $P_2 = 0$. Für $\omega \to \infty$ ersetzen wir das Grundeintor C durch einen Kurzschluss und stellen fest, dass $P_2 = P_{2max}$ ist.

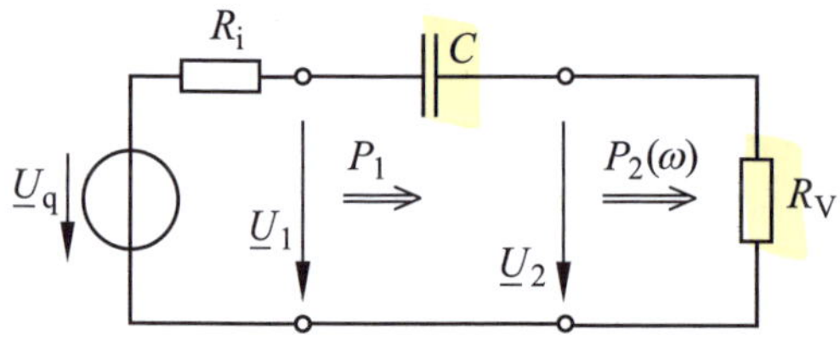

Bild 5.9 Hochpass aus den Grundeintoren R und C

Mit $R = R_i + R_V$ berechnen wir den Spannungs-Übertragungsfaktor:

$$\underline{T}_u = \frac{\underline{U}_2}{\underline{U}_q} = \frac{R_V}{R + \frac{1}{j\omega C}} = \frac{R_V}{R} \cdot \frac{j\omega CR}{1 + j\omega CR} \tag{5.59}$$

Für $\omega \to \infty$ nimmt der Spannungs-Übertragungsfaktor seinen maximalen Betrag $T_{u\max}$ an:

$$T_{u\max} = \frac{R_V}{R} \tag{5.60}$$

Bei der Grenzfrequenz f_g hat der Betrag T_u den $(1/\sqrt{2})$-fachen Wert von $T_{u\max}$. Mit $\omega_g\, C\, R = 1$ berechnen wir:

$$f_g = \frac{1}{2\pi C R} \tag{5.61}$$

Für die Darstellung im BODE-Diagramm bilden wir die normierte Frequenz Ω als Quotienten aus der Frequenz f und der Grenzfrequenz f_g:

$$\Omega = \frac{\omega}{\omega_g} = \frac{f}{f_g} \tag{5.62}$$

Mit den Gln. (5.59 und 5.60) berechnen wir den bezogenen Spannungs-Übertragungsfaktor:

$$\underline{t}(j\omega) = \frac{\underline{T}_u}{T_{u\max}} = \frac{j\Omega}{1 + j\Omega} \tag{5.63}$$

Wir berechnen mehrere Werte für das Maß a_t und den Winkel φ_t des bezogenen Spannungs-Übertragungsfaktors und tragen diese Werte über dem Logarithmus lg Ω der bezogenen Frequenz auf. Das BODE-Diagramm (Bild 5.10) gilt für sämtliche Hochpässe 1. Ordnung.

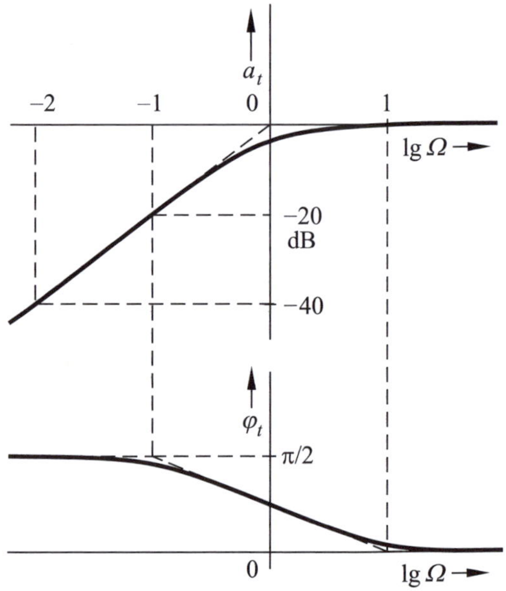

Bild 5.10 BODE-Diagramm des Hochpasses 1. Ordnung

Die Kurve für das Maß a_t des Hochpasses nähert sich für negative Werte von Ω einer Geraden an, die durch den Punkt (−20 dB; lg $\Omega = -1$) und den Nullpunkt verläuft. Eine solche Gerade, der sich eine gekrümmte Kurve immer stärker annähert, ohne sie zu erreichen, wird als **Asymptote** (griech. für Nichtzusammenfallende) bezeichnet.

Eine weitere Asymptote für positive Werte von Ω ist die waagrechte Gerade durch den Nullpunkt. Die größte Abweichung von diesen Asymptoten liegt beim Wert lg $\Omega = 0$ vor, wo $a_t = -3{,}01$ dB ist. Beide Asymptoten treffen sich bei der **Eckfrequenz** $f_1 = f_g$, die gleich der Grenzfrequenz ist.

Beispiel 5.17
Wir wollen einen Hochpass 1. Ordnung mit einem Grundeintor C dimensionieren. Seine 3-dB-Grenzfrequenz soll 20 Hz sein. Bei hohen Frequenzen soll der Quelle (R_i = 50 kΩ) die maximal mögliche Leistung entnommen werden.
Bei $f \to \infty$ muss Anpassung vorliegen. Wir wählen $R_V = R_i$ = 50 kΩ und berechnen:

$$C = \frac{1}{2\pi f_g R} = 79{,}6 \text{ nF}$$

Praxisbezug 5.4

Bei den sog. ***RC*-Verstärkern** wird die Wechselspannungsquelle über einen Kondensator an den Eingang des Verstärkers gekoppelt. Dadurch erreicht man, dass durch die Wechselspannungsquelle kein Gleichstrom fließt und die Arbeitspunkteinstellung des Verstärkers durch die Quelle nicht gestört wird. Der Kondensator bildet mit dem Innenwiderstand der Quelle und dem Eingangswiderstand des Verstärkers einen Hochpass 1. Ordnung.

Der Verbraucher wird ebenfalls über einen Kondensator mit dem Verstärkerausgang verbunden; dies ergibt einen weiteren Hochpass 1. Ordnung. ❐

Aufgaben

5.12(1) Von einem Hochpass 1. Ordnung wird eine Eingangsspannung der Frequenz 7,4 Hz um 20 dB abgeschwächt. Welche Grenzfrequenz liegt vor?

5.13(1) Ein Hochpass 1. Ordnung mit einem verlustfreien Kondensator C = 100 nF soll für die Grenzfrequenz 80 Hz dimensioniert werden. Welcher Widerstand ist hierfür erforderlich?

5.14(2) Ein Hochpass 1. Ordnung schwächt eine Eingangsspannung 15 V um 10 dB ab. Welche Ausgangsspannung liegt dabei vor?

5.15(2) Welchen Betrag hat der Spannungs-Übertragungsfaktor eines Hochpasses 1. Ordnung (T_{max} = 1) bei der bezogenen Frequenz Ω = 0,5?

5.3.4 Tiefpass 1. Ordnung

Bei dem Tiefpass 1. Ordnung aus den Grundeintoren R und C (Bild 5.11) ersetzen wir für $\omega \to 0$ das Grundeintor C durch eine Unterbrechung und stellen fest, dass dabei $P_2 = P_{2max}$ ist; für $\omega \to \infty$ ersetzen wir das Grundeintor C durch einen Kurzschluss und stellen $P_2 = 0$ fest.

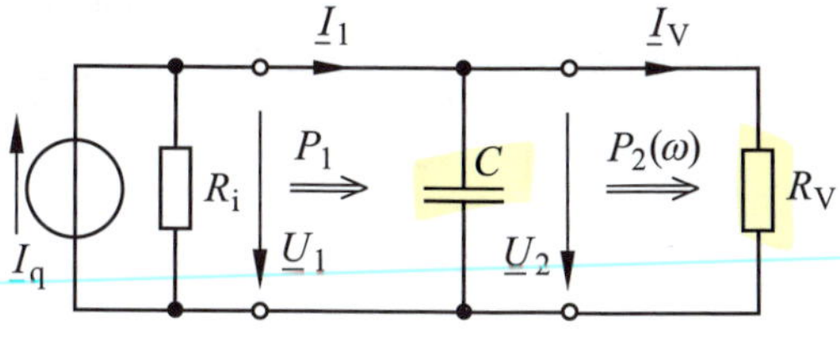

Bild 5.11 Tiefpass aus den Grundeintoren R und C

Mit $G = G_i + G_V$ und $R = 1/G$ berechnen wir den Strom-Übertragungsfaktor:

$$\underline{T}_i = \frac{\underline{I}_V}{\underline{I}_q} = \frac{G_V}{G + j\,\omega C} = \frac{R\,G_V}{1 + j\,\omega C R} \tag{5.64}$$

Bei der Grenzfrequenz f_g hat der Betrag T_i den $(1/\sqrt{2})$-fachen Betrag des Maximalwertes und es ist $\omega_g\,C\,R = 1$. Damit berechnen wir:

$$f_g = \frac{1}{2\,\pi\,C\,R} \tag{5.65}$$

Mit der normierten Frequenz Ω erhalten wir:

$$\underline{T}_i = \frac{R\,G_V}{1 + j\Omega} \tag{5.66}$$

Für $\omega \to 0$ und damit auch $\Omega \to 0$ nimmt der Strom-Übertragungsfaktor den maximalen Betrag $T_{i\max} = R\,G_V$ an. Damit berechnen wir den bezogenen Übertragungsfaktor:

$$\underline{t}(j\omega) = \frac{\underline{T}_i}{T_{i\max}} = \frac{1}{1 + j\Omega} \tag{5.67}$$

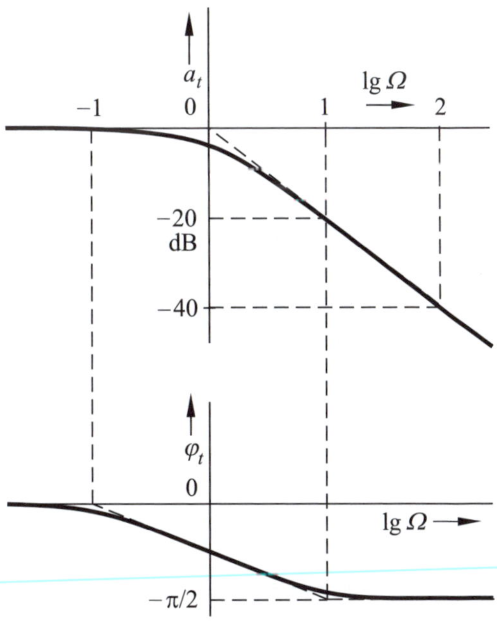

Bild 5.12 BODE-Diagramm des Tiefpasses 1. Ordnung

Die Kurve für das Maß a_t des Tiefpasses nähert sich für positive Werte von Ω immer stärker einer Geraden an, die durch den Punkt (−20 dB; lg Ω = +1) und den Nullpunkt verläuft. Die Asymptote für negative Werte von lg Ω ist die waagrechte Gerade durch den Nullpunkt. Beide Asymptoten treffen sich bei der **Eckfrequenz** $f_1 = f_g$, die gleich der Grenzfrequenz ist. Die größte Abweichung von diesen Asymptoten liegt beim Abszissenwert lg Ω = 0 vor; dabei ist $a_t = -3{,}01$ dB.

Aufgaben

5.16(1) Ein Tiefpass 1. Ordnung mit einem verlustfreien Kondensator C = 100 nF soll für die Grenzfrequenz 50 Hz dimensioniert werden. Berechnen Sie den erforderlichen Widerstand.

5.17(2) An einer Reihenschaltung der Grundeintore R = 100 kΩ und C = 32 pF liegt eine Sinusspannung U_1 mit der Frequenz 250 kHz.
Am Grundeintor C wird U_2 = 1,42 V gemessen. Welchen Effektivwert hat die Spannung U_1?

5.18(2) Von einem Tiefpass 1. Ordnung wird eine Eingangsspannung der Frequenz 82 Hz um 20 dB abgeschwächt. Welche Grenzfrequenz hat dieser Tiefpass?

5.3.5 Bandpass

Als **Bandpass** (*band-pass filter*) bezeichnet man ein Zweitor, das bei tiefen *und* hohen Frequenzen je einen Sperrbereich und bei mittleren Frequenzen einen Durchlassbereich aufweist. Ein Bandpass besitzt also zwei Grenzfrequenzen:

- Die **untere Grenzfrequenz** (*lower cutoff frequency*) f_{gu} trennt den Sperrbereich bei tiefen Frequenzen vom Durchlassbereich.
- Die **obere Grenzfrequenz** (*upper cutoff frequency*) f_{go} bildet die Grenze zum Sperrbereich bei hohen Frequenzen.

Der Durchlassbereich liegt im **Frequenzband** zwischen den beiden Grenzfrequenzen, deren Differenz als **Bandbreite** (*bandwidth*) B des Bandpasses bezeichnet wird:

$$\boxed{B = f_{go} - f_{gu}} \qquad (5.68)$$

Ein Netz mit Bandpassverhalten wird **breitbandig** genannt, wenn die obere Grenzfrequenz und die Bandbreite von *gleicher* Größenordnung sind (z. B. f_{gu} = 1 MHz; f_{go} = 2 MHz; B = 1 MHz). **Schmalbandig** ist ein Netz dann, wenn die Grenzfrequenzen *wesentlich* größer sind als die Bandbreite (z. B. f_{gu} = 9 MHz: f_{go} = 10 MHz; B = 1 MHz).

Wir untersuchen in diesem Abschnitt einen passiven Bandpass, der eine Reihenschaltung der Grundeintore L und C enthält.

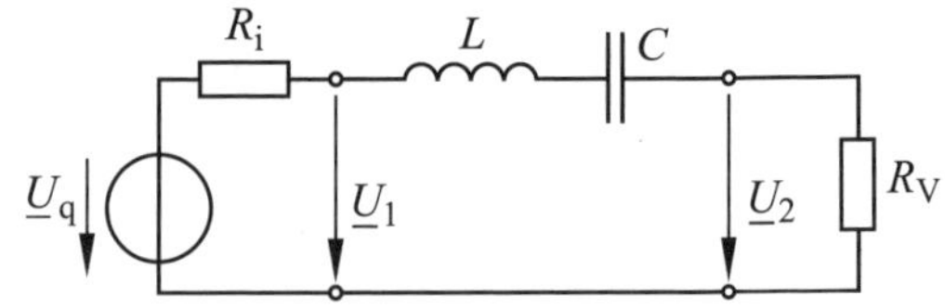

Bild 5.13 Passiver Bandpass mit L und C

Mit $R = R_i + R_V$ setzen wir den Spannungs-Übertragungsfaktor an:

$$\underline{T}_u = \frac{R_V}{R + j\,\omega L + \dfrac{1}{j\,\omega C}} \qquad (5.69)$$

Wir beseitigen den Doppelbruch und stellen fest, dass es sich bei dem Bandpass nach Bild 5.13 um einen Bandpass 2. Ordnung handelt.

$$\underline{T}_u = \frac{j\,\omega C R_V}{1 + j\,\omega C R - L C \omega^2} \qquad (5.70)$$

Zunächst wollen wir diejenige Frequenz ermitteln, bei welcher der Spannungs-Übertragungsfaktor seinen maximalen Betrag T_{max} aufweist:

$$T_{max} = \frac{R_V}{R} \qquad (5.71)$$

Beim Maximum von T_u ist der Imaginärteil des Nenners der Gl. (5.69) gleich null. Die zugehörige Frequenz wird **Bandmittenfrequenz** f_m genannt:

$$f_m = \frac{1}{2\pi\sqrt{LC}} = f_r \qquad (5.72)$$

Diese Frequenz stimmt mit der Resonanzfrequenz f_r der Reihenschaltung aus L und C überein.

Grenzfrequenzen

Zweckmäßig formen wir zunächst die Gl. (5.69) mit den Gln. (5.71 und 5.72) so um, dass der Realteil des Nenners den Wert 1 aufweist:

$$\underline{T}_u = \frac{T_{max}}{1 + \mathrm{j}\,\frac{1}{R}\sqrt{\frac{L}{C}}\left(\frac{\omega}{\omega_m} - \frac{\omega_m}{\omega}\right)} \tag{5.73}$$

Der Ausdruck vor der Klammer wird als **Gütefaktor** oder kurz als **Güte** Q bezeichnet:

$$Q = \frac{1}{R}\sqrt{\frac{L}{C}} \tag{5.74}$$

Bei jeder Grenzfrequenz hat der Imaginärteil des Nenners in der Gl. (5.73) den Betrag 1. Zur Berechnung der Grenzfrequenzen lösen wir deshalb die beiden quadratischen Gleichungen:

$$Q\left(\frac{\omega}{\omega_m} - \frac{\omega_m}{\omega}\right) = \pm 1 \tag{5.75}$$

Jede dieser Gleichungen hat zwei Lösungen, von denen aber nur jeweils eine positiv und damit brauchbar ist:

$$\omega_{go} = \omega_m\left(\sqrt{1 + \frac{1}{4Q^2}} + \frac{1}{2Q}\right)$$
$$\omega_{gu} = \omega_m\left(\sqrt{1 + \frac{1}{4Q^2}} - \frac{1}{2Q}\right) \tag{5.76}$$

Mit der Differenz dieser beiden Grenz-Kreisfrequenzen berechnen wir die Bandbreite:

$$\boxed{B = \frac{f_m}{Q}} \tag{5.77}$$

> Die Güte Q eines Bandpasses 2. Ordnung ist der Quotient aus Bandmittenfrequenz und Bandbreite.

Mithilfe der Gln. (5.76) lässt sich außerdem feststellen, dass die Bandmittenfrequenz das geometrische Mittel der Grenzfrequenzen ist:

$$f_m = \sqrt{f_{go}\, f_{gu}} \tag{5.78}$$

Beispiel 5.18

Wir wollen für einen Bandpass (f_m = 1 kHz; T_{max} = 1) den Betrag des Spannungs-Übertragungsfaktors für drei Gütefaktoren 0,05; 0,5 und 5 über der Frequenz auftragen.

Dazu setzen wir die Gl. (5.74) in die Gl. (5.73) ein und bilden den Betrag:

$$T_u = \frac{1}{\sqrt{1 + Q^2\left(\frac{\omega}{\omega_m} - \frac{\omega_m}{\omega}\right)^2}}$$

In diese Gleichung setzen wir einige Werte der Kreisfrequenz ein und berechnen die zugehörigen Werte von T_u.

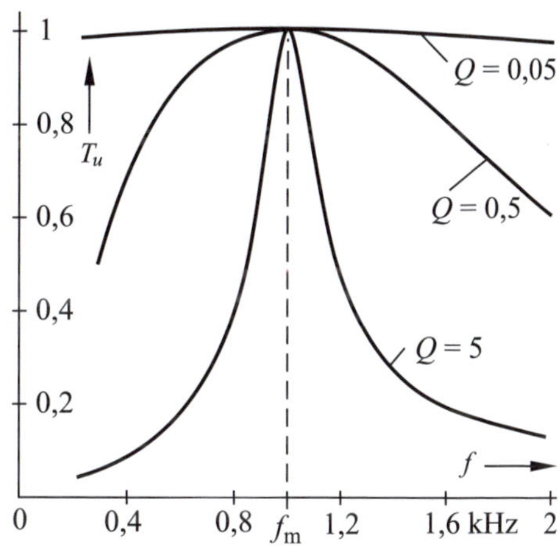

Beim Betrieb des Reihenschwingkreises nach Bild 5.13 bewirkt die Spannungsüberhöhung, dass die Spannungen an den Grundeintoren L und C Maximalwerte annehmen können, die wesentlich höher als U_q sind.

Beispiel 5.19

Wir wollen einen Bandpass mit einem Reihenschwingkreis dimensionieren, der folgende Forderungen erfüllt:

Der Durchlassbereich ($a_t \geq -3$ dB) soll die Frequenzen von f_{gu} = 36 kHz bis f_{go} = 40 kHz umfassen. Bei der Bandmittenfrequenz soll einer Quelle mit U_q = 10 V und R_i = 400 Ω die maximal mögliche Leistung entnommen werden.

Die Bandmittenfrequenz entspricht der Resonanzfrequenz. Bei dieser ist der Widerstand des Reihenschwingkreises ein Wirkwiderstand und gleich dem im Kreis enthaltenen OHMschen Widerstand. Die letzte Forderung kann somit durch $R_V = R_i$ erfüllt werden. Damit ergibt sich $R = 800\ \Omega$.
Die Bandmittenfrequenz ist:

$$f_m = f_r = \sqrt{f_{gu} \cdot f_{go}} = 37{,}95 \text{ kHz}$$

Mit der Bandbreite $B = 4$ kHz berechnen wir die Güte:

$$Q = \frac{f_m}{B} = 9{,}49$$

Mithilfe der Gln. (5.72 und 5.74) berechnen wir die Unbekannten C und L:

$$C = \frac{1}{Q R \omega_m} = 553 \text{ pF} \; ; \; L = \frac{Q R}{\omega_m} = 31{,}83 \text{ mH}$$

Mit der Gl. (4.104) berechnen wir die Frequenz f_L, bei welcher die Spannung am Grundeintor L ihren Maximalwert annimmt:

$$f_L = \frac{\sqrt{4 L C - 2 (R C)^2}}{2 \pi [2 L C - (R C)^2]} = 38{,}06 \text{ kHz}$$

Mit der Gl. (4.106) berechnen wir die Frequenz f_C, bei welcher die Spannung am Grundeintor C ihren Maximalwert annimmt:

$$f_C = \frac{\sqrt{4 L C - 2 (R C)^2}}{4 \pi L C} = 37{,}85 \text{ kHz}$$

Den Maximalwert dieser Spannungen berechnen wir mithilfe der Gl. (4.103):

$$U_L = U_C = 94{,}92 \text{ V}$$

Wir wollen nun eine Gleichung entwickeln, die für jeden Bandpass 2. Ordnung gilt. Dazu setzen wir die Gl. (5.74) in die Gl. (5.73) ein und ordnen Zähler und Nenner nach Potenzen der Frequenz f; dies erreichen wir dadurch, dass wir den Bruch mit $\mathrm{j} f / (f_m Q)$ erweitern:

$$\underline{T}_u = \frac{T_{max}}{1 + \mathrm{j}\, Q \left(\frac{f}{f_m} - \frac{f_m}{f} \right)} = \frac{\mathrm{j} \frac{T_{max}}{Q f_m} f}{1 + \mathrm{j} \frac{f}{Q f_m} - \left(\frac{f}{f_m} \right)^2} \tag{5.79}$$

Da die Güte Q und die Bandmittenfrequenz f_m die Nullstellen des Nenners und damit die Pole der Gl. (5.79) bestimmen, bezeichnet man die Güte als **Polgüte** Q_P und die Bandmittenfrequenz als **Polfrequenz** f_P. Damit setzen wir für einen Bandpass 2. Ordnung allgemein an:

$$\underline{T}_u = \frac{\mathrm{j} \frac{T_{max}}{Q_P f_P} f}{1 + \mathrm{j} \frac{f}{Q_P f_P} - \left(\frac{f}{f_P} \right)^2} \tag{5.80}$$

Praxisbezug 5.5
Bandfilternetze mit Schwingkreisen werden z. B. als **Zwischenfrequenzverstärker** in Rundfunkempfängern eingesetzt. In der Regel werden im Zwischenfrequenzverstärker allerdings **zweikreisige Bandfilter** verwendet, bei denen zwei Parallelschwingkreise unterschiedlicher Resonanzfrequenz durch einen Übertrager gekoppelt sind. Der mit solchen Bandpässen erreichbare Dämpfungsverlauf zeichnet sich durch eine geringe Dämpfung im Durchlassbereich bei einem steilen Dämpfungsanstieg an den Bandgrenzen aus.

Das Signal, das mit dem Zwischenfrequenzverstärker verstärkt wird, hat stets eine Bandmittenfrequenz, welche der Zwischenfrequenz f_Z entspricht. Es wird aus einem beliebigen Empfangssignal mit der Bandmittenfrequenz f_E dadurch gewonnen, dass dieses mit einer sinusförmig zeitabhängigen Oszillatorschwingung der Frequenz $f_{Osz} = f_E - f_Z$ gemischt wird. Beim Abstimmen des Empfängers wird diese Oszillatorfrequenz eingestellt.
Um den großen Raumbedarf und die hohen Kosten von Bandfiltern mit Schwingkreisen zu vermeiden, werden bei Bandmittenfrequenzen über 1 MHz **elektromechanische Filter** wie z. B. **Keramikfilter** oder **AOW-Filter** (**a**kustische **O**berflächen**w**ellen-Filter, Bild 5.14) verwendet.

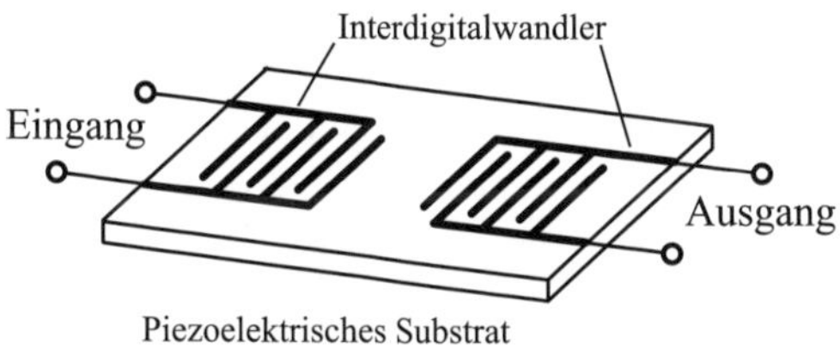

Bild 5.14 Aufbau eines AOW-Filters

An den Interdigitalwandlern werden elektrische Schwingungen in mechanische Schwingungen bzw. mechanische Schwingungen in elektrische umgewandelt. Die mechanischen Schwingungen pflanzen sich an der Oberfläche des Substrats – mit geringer Eindringtiefe – als Welle fort. Durch Reflexionen an den Interdigitalwandlern entsteht eine stehende Welle, deren Wellenlänge die Bandmittenfrequenz des Filters bestimmt. ❐

Aufgaben

5.19(2) Welche Grenzfrequenzen hat ein Bandpass 2. Ordnung mit $Q_P = 5$ und $f_P = 100$ Hz?

5.20(2) Berechnen Sie für den Bandpass aus dem Beispiel 5.14 die Bandmittenfrequenz, die Grenzfrequenzen, die Bandbreite und die Güte.

5.21(2) Geben Sie für einen Bandpass mit einem Parallelschwingkreis aus L und C allgemein an, mit welchen Gleichungen die Polfrequenz und die Polgüte bestimmt werden können.

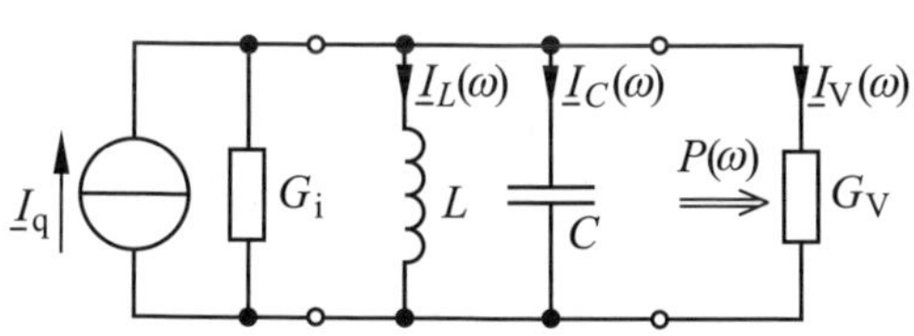

5.22(2) Dimensionieren Sie ein Bandfilter mit einem Reihenschwingkreis, das mit einer Sinusquelle $U_q = 6$ V; $R_i = 10\ \Omega$ betrieben wird. Am Verbraucher soll die maximale Leistung $P_{max} = 0{,}5$ W verfügbar sein.
Die 3-dB-Grenzfrequenzen sind $f_{gu} = 9{,}95$ kHz und $f_{go} = 10{,}05$ kHz.
Bestimmen Sie die Werte von L, C und R sowie den Maximalwert der Spannung an L und C.

5.23(3) Der Eingang eines UKW-Empfängers wird durch einen Bandpass mit einem Parallelschwingkreis gebildet. Die Kapazität C ist mit zwei Kapazitätsdioden im Bereich 22 ... 34 pF einstellbar. Der Eingang ist mit einer Antenne beschaltet, deren Ersatzschaltung eine lineare Spannungsquelle mit $R_i = 1350\ \Omega$ ist.

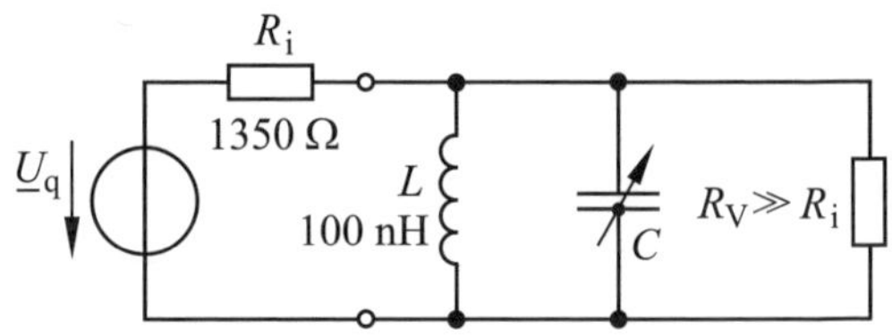

Bestimmen Sie die Bandmittenfrequenz und die 3-dB-Bandbreite in Abhängigkeit vom Kapazitätswert und stellen Sie beide Größen in einem Diagramm über C dar.

5.3.6 Bandsperre

Als **Bandsperre** (*band-elimination filter*) bezeichnet man ein Zweitor, das sowohl bei tiefen als auch bei hohen Frequenzen einen Durchlassbereich und bei mittleren Frequenzen einen Sperrbereich aufweist. Eine Bandsperre hat zwei Grenzfrequenzen:

- Die **untere Grenzfrequenz** (*lower cutoff frequency*) f_{gu} trennt den Durchlassbereich bei tiefen Frequenzen vom Sperrbereich.
- Die **obere Grenzfrequenz** (*upper cutoff frequency*) f_{go} bildet die Grenze zum Durchlassbereich bei hohen Frequenzen.

Der Sperrbereich liegt im **Frequenzband** zwischen den beiden Grenzfrequenzen, deren Differenz **Bandbreite** (*bandwidth*) B genannt wird.
Wir untersuchen in diesem Abschnitt eine passive Bandsperre, die eine Parallelschaltung der Grundeintore L und C enthält.

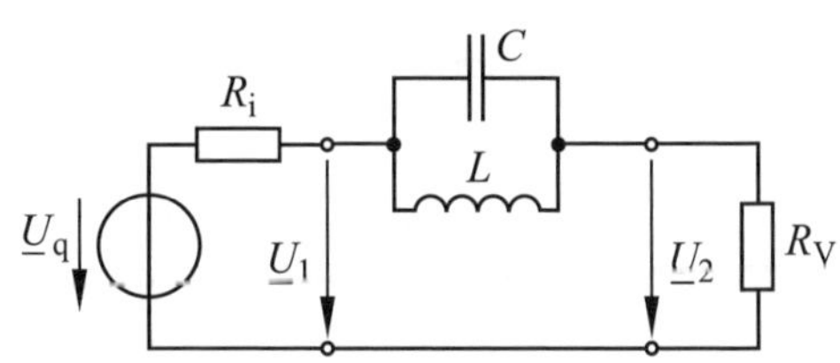

Bild 5.15 Passive Bandsperre mit L und C

Mit $R = R_i + R_V$ setzen wir den Spannungs-Übertragungsfaktor an:

$$\underline{T}_u = \frac{R_V}{R + \dfrac{1}{\mathrm{j}\,\omega C + \dfrac{1}{\mathrm{j}\,\omega L}}} \tag{5.81}$$

Der Übertragungsfaktor hat für $\omega \to 0$ und $\omega \to \infty$ den Maximalbetrag $T_{max} = R_V / R$.
Bei der Bandmittenfrequenz f_m hat der Betrag des Spannungs-Übertragungsfaktors den Wert $T_u = 0$:

$$f_m = \frac{1}{2\pi\sqrt{LC}} = f_r \tag{5.82}$$

Diese Frequenz stimmt mit der Resonanzfrequenz f_r der Parallelschaltung aus L und C überein.

Grenzfrequenzen
Zweckmäßig formen wir zunächst die Gl. (5.81) mithilfe der Gl. (5.82) so um, dass der Realteil des Nenners den Wert 1 aufweist:

$$\underline{T}_u = \frac{T_{max}}{1 - \mathrm{j}\,\dfrac{1}{R\sqrt{\dfrac{C}{L}}\left(\dfrac{\omega}{\omega_m} - \dfrac{\omega_m}{\omega}\right)}} \tag{5.83}$$

Der Ausdruck vor der Klammer ist die Güte:

$$Q = R\sqrt{\frac{C}{L}} \tag{5.84}$$

Zur Berechnung der Grenzfrequenzen lösen wir die Gln. (5.75), deren Ergebnisse als Gln. (5.76) angegeben sind; damit gelten die Gln. (5.77 und 5.78) auch für die Bandsperre 2. Ordnung.

Beispiel 5.20
Wir wollen eine Bandsperre nach Schaltung 5.15 untersuchen, für die folgende Bauelemente gegeben sind: $R_i = R_V = 400\ \Omega$; $L = 0{,}6$ mH; $C = 33$ nF; $U_q = 1$ V.

Mit der Gl. (5.84) berechnen wir die Polgüte $Q = 5{,}933$ und mit der Gl. (5.82) die Bandmittenfrequenz $f_m = 35{,}77$ kHz. Die Gln. (5.76) ergeben $f_{gu} = 32{,}88$ kHz und $f_{go} = 38{,}91$ kHz; die Bandbreite beträgt also 6,03 kHz.

Wir setzen die Gl. (5.84) sowie $T_{max} = 0{,}5$ in die Gl. (5.83) ein und bilden den Betrag des Spannungs-Übertragungsfaktors:

$$T_u = \frac{T_{max}}{\sqrt{1 + \dfrac{1}{Q^2\left(\dfrac{\omega}{\omega_m} - \dfrac{\omega_m}{\omega}\right)^2}}}$$

In diese Gleichung setzen wir einige Werte der Kreisfrequenz ein und berechnen die zugehörigen Werte von T_u.

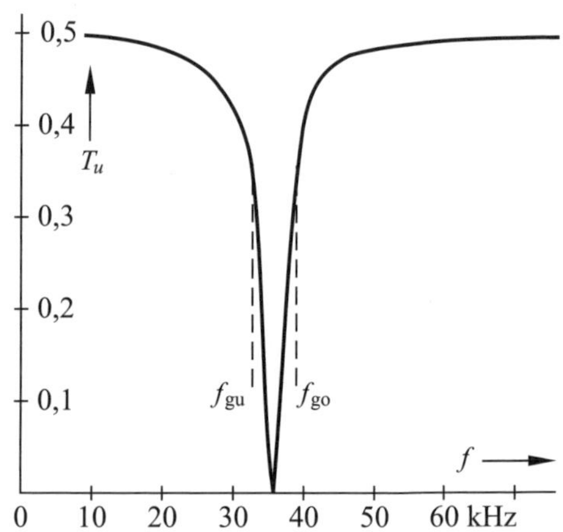

Wir wollen nun eine Gleichung entwickeln, die für jede Bandsperre 2. Ordnung gilt.
Dazu setzen wir die Gl. (5.84) in die Gl. (5.83) ein und ordnen Zähler und Nenner nach Potenzen der Frequenz f; dies erreichen wir dadurch, dass wir den Bruch mit $\mathrm{j}\,f/(f_m\,Q)$ erweitern. Mit der **Polgüte** $Q_P = Q$ und der **Polfrequenz** $f_P = f_m$ erhalten wir:

$$\underline{T}_u = \frac{T_{max}\left[1 - \left(\dfrac{f}{f_P}\right)^2\right]}{1 + \mathrm{j}\,\dfrac{f}{Q_P f_P} - \left(\dfrac{f}{f_P}\right)^2} \tag{5.85}$$

Da die Nenner der Gln. (5.80 und 5.85) übereinstimmen, werden die Pole von Bandpass und Bandsperre 2. Ordnung durch denselben Ausdruck beschrieben.

Fragen

- Erläutern Sie die Begriffe Durchlassbereich, Sperrbereich und 3-dB-Grenzfrequenz.
- Was versteht man unter dem Begriff Asymptote?
- Skizzieren Sie die Schaltung eines Tiefpasses, der aus den Grundeintoren R und C besteht.
- Erläutern Sie, wie die Ordnungszahl eines Filters definiert ist.
- Skizzieren Sie die Schaltung eines Hochpasses, der aus den Grundeintoren R und C besteht.
- Beschreiben Sie, wie sich die Güte eines Bandpasses auf den Verlauf des Spannungs-Übertragungsfaktors über der Frequenz auswirkt.
- Erläutern Sie die Begriffe Bandbreite und Bandmittenfrequenz am Beispiel eines Bandpasses.
- Skizzieren Sie die Schaltung eines Bandpasses, der eine Reihenschaltung aus den Grundeintoren L und C enthält.
- Geben Sie die Gleichung für den Zusammenhang zwischen Bandbreite, Bandmittenfrequenz und Güte eines Bandpasses an.
- Wie lautet die Gleichung, die bei einem Bandpass den Zusammenhang zwischen der Bandmittenfrequenz und denGrenzfrequenzen beschreibt?
- Skizzieren Sie die Schaltung einer Bandsperre, die eine Parallelschaltung aus den Grundeintoren L und C enthält.
- Erläutern Sie die Begriffe Polgüte und Polfrequenz.

Aufgaben

5.24(2) Welche Grenzfrequenzen hat eine Bandsperre 2. Ordnung mit der Güte Q = 4,2 und der Bandmittenfrequenz f_m = 1000 Hz?

5.25(2) Eine Bandsperre nach Bild 5.15 soll die Mittenfrequenz 10,7 MHz und die 3-dB-Grenzfrequenz 10 MHz haben. Der Innenwiderstand der Quelle und der Verbraucherwiderstand haben beide den Wert 75 Ω. Berechnen Sie die Werte der Grundeintore L und C.

5.26(2) Geben Sie für eine Bandsperre mit einem Reihenschwingkreis aus L und C allgemein an, mit welchen Gleichungen die Polfrequenz und die Polgüte bestimmt werden können.

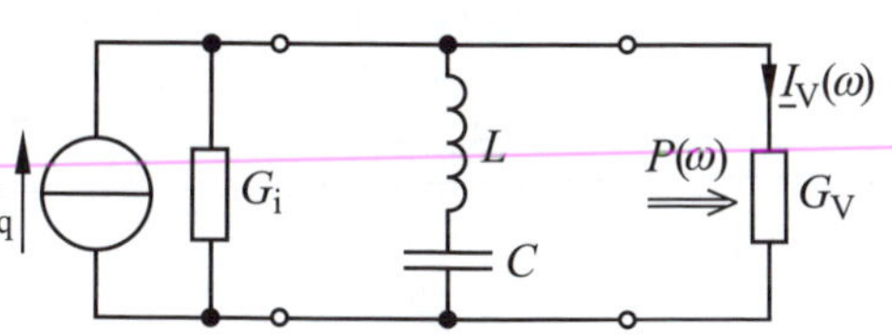

5.4 Operationsverstärker an Sinusspannung

Ziele: Sie können

- die Begriffe maximale Anstiegsgeschwindigkeit und *slew rate* erläutern.
- zeigen, wo die maximale Anstiegsgeschwindigkeit bei einer Sinusspannung vorliegt.
- den prinzipiellen Verlauf des Spannungs-Verstärkungsfaktors eines kompensierten Operationsverstärkers als Funktion der Frequenz skizzieren.
- angeben, in welcher Größenordnung die *slew rate* und die Transitfrequenz eines μA 741 liegen.

Ein Operationsverstärker kann auch zeitabhängige Spannungen verstärken. Dabei ist jedoch zu beachten, dass sich die Ausgangsspannung u_a nur mit einer **maximalen Anstiegsgeschwindigkeit** *(slew rate*, SR*)* ändern kann. Bei einer zu hohen Frequenz oder einer zu hohen Ausgangsspannung kann dies dazu führen, dass bei sinusförmigem Eingangssignal die Ausgangsspannung nicht mehr sinusförmig ist und deshalb nichtlineare Verzerrungen vorliegen.

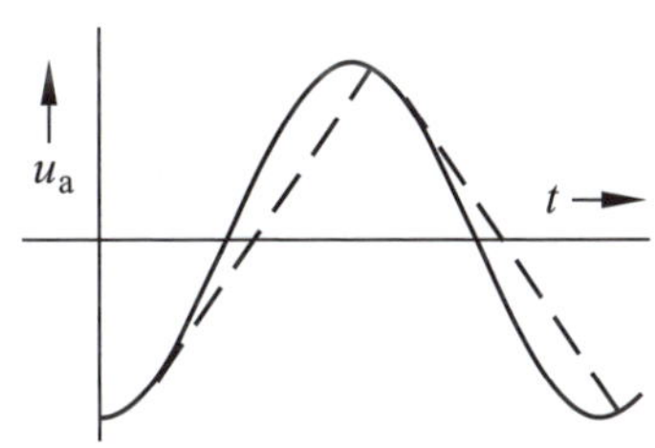

Bild 5.16 Sinusförmig ausgesteuerter Operationsverstärker bei endlicher (gestrichelt) bzw. unendlicher Anstiegsgeschwindigkeit

Beispiel 5.21

Für einen Operationsverstärker μA 741 ist die maximale Anstiegsgeschwindigkeit gegeben: SR = 0,5 V/μs

Wir wollen die maximale Frequenz für $\hat{u}_a$ = 1 V bzw. 10 V berechnen, bei der keine Verzerrungen entstehen.

Die maximale Anstiegsgeschwindigkeit tritt bei den Nulldurchgängen der Sinusspannung auf. Ausgehend vom Zeitverlauf der Ausgangsspannung $u_a = \hat{u}_a \cos \omega t$ erhalten wir die Ungleichung:

$$\left.\frac{\mathrm{d}u_\mathrm{a}}{\mathrm{d}t}\right|_{\max} = \omega\,\hat{u}_\mathrm{a} < \mathrm{SR}$$

Damit ergibt sich für die Frequenz die Ungleichung:

$$f < \frac{\mathrm{SR}}{2\,\pi\,\hat{u}_\mathrm{a}}$$

Für $\hat{u}_\mathrm{a} = 1$ V erhalten wir $f < 79{,}6$ kHz sowie $f < 7{,}96$ kHz für $\hat{u}_\mathrm{a} = 10$ V.

Der Spannungs-Übertragungsfaktor eines Operationsverstärkers hat bei niedrigen Frequenzen seinen größten Wert. Oberhalb der Grenzfrequenz f_1 nimmt das Maß $a_{u\mathrm{D}} = 20 \lg T_{u\mathrm{D}}$ ab und erreicht bei der **Transitfrequenz** *(unity gain frequency)* f_T den Wert $a_{u\mathrm{D}} = 0$; dabei ist $T_{u\mathrm{D}} = 1$.

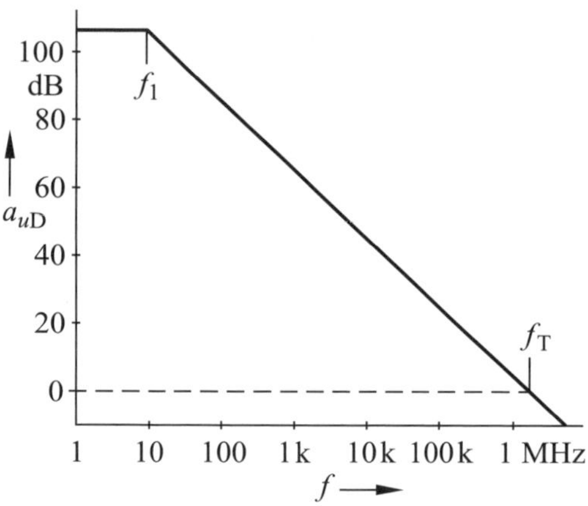

Bild 5.17 Differenzverstärkung eines kompensierten Operationsverstärkers als Funktion der Frequenz f

Der prinzipielle Verlauf des Spannungs-Übertragungsfaktors entsprechend Bild 5.17 ist erforderlich, damit sich kein instabiler Betriebszustand einstellt; man bezeichnet einen Operationsverstärker mit einem derartigen Verlauf des Spannungs-Übertragungsfaktors als **kompensiert**.

Viele Operationsverstärker wie z. B. der µA 741 sind von vornherein kompensiert; seine Transitfrequenz beträgt 1,2 MHz. Ein unkompensierter Operationsverstärker muss mit zusätzlichen Kondensatoren kompensiert werden.

Fragen

- Erläutern Sie die Begriffe maximale Anstiegsgeschwindigkeit und *slew rate*.
- Zeigen Sie anhand einer Skizze, wie es sich auswirkt, wenn die maximale Anstiegsgeschwindigkeit einer Sinusspannung größer als die *slew rate* des Operationsverstärkers ist.
- Was versteht man unter dem Begriff Transitfrequenz eines Operationsverstärkers?
- Skizzieren Sie den prinzipiellen Verlauf des Spannungs-Verstärkungsfaktors eines Operationsverstärkers als Funktion der Frequenz.

5.5 Aktive Filter

Ziele: Sie können

- erläutern, aus welchen Bauelementen ein aktives Filter aufgebaut ist.
- eine Schaltung für einen aktiven Tiefpass 1. Ordnung skizzieren und beschreiben, wie der Spannungs-Übertragungsfaktor berechnet wird.
- anhand einer Schaltung für einen aktiven Hochpass 1. Ordnung zeigen, wie der Spannungs-Übertragungsfaktor berechnet wird.
- eine Schaltung für einen aktiven Bandpass mit Mehrfach-Gegenkopplung skizzieren.

Bei einem **aktiven Filter** arbeiten Grundeintore *R* und *C* mit Operationsverstärkern zusammen. Dadurch ist der Frequenzbereich auf Werte unter 1 MHz beschränkt. Aktive Filter kommen ohne Spulen und Übertrager aus, die viel Platz beanspruchen und teuer sind.

5.5.1 Filter 1. Ordnung

Bei einem Filter 1. Ordnung stimmen die Eckfrequenz und die Grenzfrequenz überein.

Wir beginnen mit dem aktiven Tiefpass 1. Ordnung. Bei der Schaltung 5.18 ist dem Gegenkopplungswiderstand R_2 des invertierenden Verstärkers ein Kondensator mit der Kapazität C_2 parallel geschaltet.
Während beim passiven Tiefpass nach Bild 5.11 der Eingangswiderstand von der Frequenz abhängt, ist dies bei der Schaltung 5.18 nicht der Fall. Außerdem hängen die Filtereigenschaften nicht vom Lastwiderstand ab, der aber nicht zu niedrig gewählt werden sollte, damit der Operationsverstärker nicht überlastet wird.

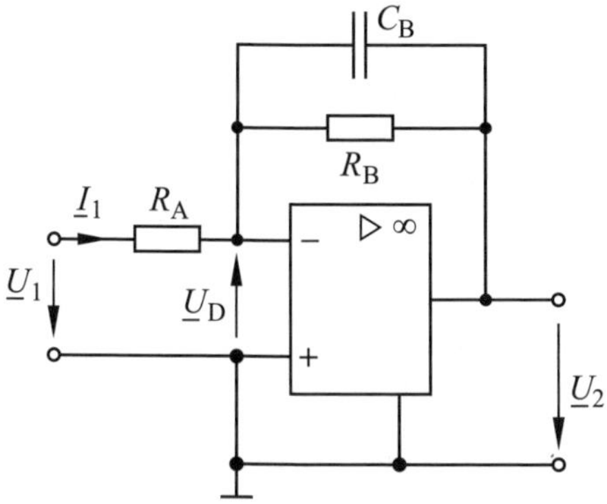

Bild 5.18 Aktiver Tiefpass 1. Ordnung

Wir wollen näherungsweise eine Gleichung für den Spannungs-Übertragungsfaktor entwickeln, indem wir den Operationsverstärker als ideal ansehen und $I_2 = 0$ setzen; aus der Schaltung 5.18 entsteht dadurch die Schaltung mit dem virtuellen Kurzschluss v.K. und der gesteuerten Quelle.

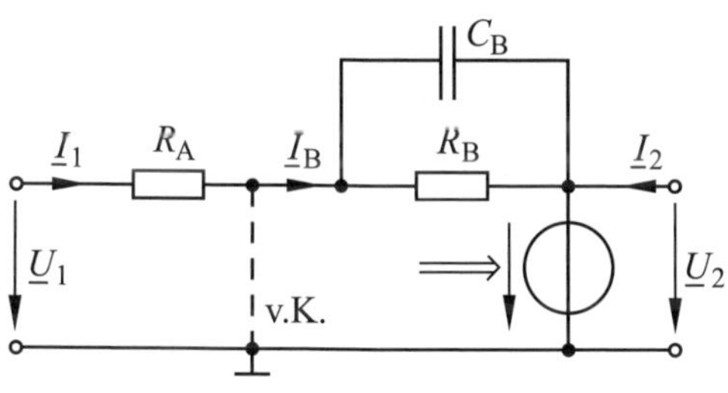

Bild 5.19 Ersatzschaltung der Schaltung 5.18 für den idealen Operationsverstärker

Da am virtuellen Kurzschluss v.K. keine Spannung liegt, können wir für die Ströme ansetzen:

$$\underline{I}_1 = G_A\, \underline{U}_1$$
$$\underline{I}_B = -\underline{U}_2 \left(G_B + j\,\omega\, C_B\right) \tag{5.86}$$

Weil über den virtuellen Kurzschluss v.K. kein Strom fließt, ist $\underline{I}_1 = \underline{I}_B$. Durch Einsetzen entsteht eine Gleichung, mit der wir den Spannungs-Übertragungsfaktor erhalten:

$$\underline{T}_u = \frac{\underline{U}_2}{\underline{U}_1} = \frac{-G_A R_B}{1 + j\omega\, C_B R_B} \tag{5.87}$$

Das Minuszeichen in der Gl. (5.87) besagt, dass die beiden Spannungen in Gegenphase sind.

Bei niedriger Frequenz hat der Spannungs-Übertragungsfaktor den Betrag $T_{max} = G_A R_B$. Mit den Widerständen $R_A = 1/G_A$ und R_B kann die Verstärkung bzw. Abschwächung für niedrige Frequenzen $f \ll f_g$ eingestellt werden.

Bei der Grenzfrequenz ist der Betrag T_u um 3 dB kleiner als T_{max} und es ist $T_u = T_{max}/\sqrt{2}$. Dabei hat auch der Imaginärteil des Nenners in Gl. (5.87) den Wert 1 und es ist $\omega_g\, C_B R_B = 1$. Damit berechnen wir die Grenzfrequenz:

$$f_g = \frac{1}{2\,\pi\, C_B R_B} \tag{5.88}$$

Mit dem invertierenden Verstärker erhält man einen Hochpass 1. Ordnung dadurch, dass zum Widerstand R_A ein Kondensator mit der Kapazität C_A in Reihe geschaltet wird.

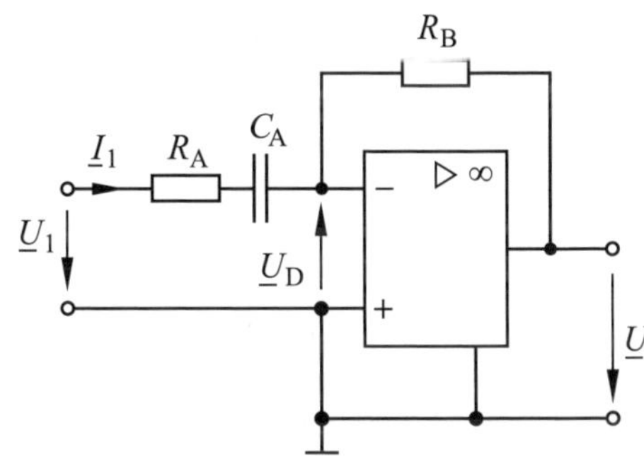

Bild 5.20 Aktiver Hochpass 1. Ordnung

Wir wollen näherungsweise eine Gleichung für den Spannungs-Übertragungsfaktor entwickeln, indem wir den Operationsverstärker als ideal ansehen und $I_2 = 0$ setzen.

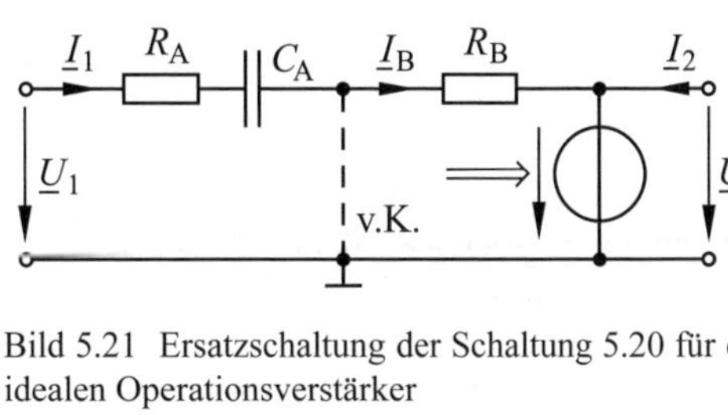

Bild 5.21 Ersatzschaltung der Schaltung 5.20 für den idealen Operationsverstärker

Da am virtuellen Kurzschluss v.K. der Schaltung 5.21 keine Spannung liegt, können wir für die Ströme ansetzen:

$$\underline{I}_1 = \frac{\underline{U}_1}{R_A + \dfrac{1}{\mathrm{j}\,\omega\, C_A}} \qquad \underline{I}_B = -G_B\, \underline{U}_2 \tag{5.89}$$

Weil über den virtuellen Kurzschluss v.K. kein Strom fließt, ist $\underline{I}_1 = \underline{I}_B$. Durch Einsetzen entsteht eine Gleichung, mit der wir den Spannungs-Übertragungsfaktor erhalten:

$$\underline{T}_u = \frac{\underline{U}_2}{\underline{U}_1} = \frac{-G_A R_B}{1 - \mathrm{j}\dfrac{1}{\omega\, C_A R_A}} \tag{5.90}$$

Das Minuszeichen im Zähler der Gl. (5.90) besagt, dass die beiden Spannungen in Gegenphase sind.

Bei hohen Frequenzen hat der Spannungs-Übertragungsfaktor den Betrag $T_{max} = G_A R_B$. Mit den Widerständen $R_A = 1/G_A$ und R_B kann die Verstärkung bzw. Abschwächung für hohe Frequenzen $f \ll f_g$ eingestellt werden.

Bei der Grenzfrequenz ist der Betrag T_u um 3 dB kleiner als T_{max} und es ist $T_u = T_{max}/\sqrt{2}$. Dabei hat auch der Imaginärteil des Nenners in Gl. (5.87) den Betrag 1 und es ist $\omega_g C_A R_A = 1$. Damit berechnen wir die Grenzfrequenz:

$$f_g = \frac{1}{2\,\pi\, C_A R_A} \tag{5.91}$$

Aufgaben

5.27(1) Ein aktiver Hochpass nach Schaltung 5.20 ist mit zwei Widerständen 1 kΩ aufgebaut. Der Kondensator hat die Kapazität 0,1 μF. Nehmen Sie den Operationsverstärker als ideal an und berechnen Sie T_{max} und die Grenzfrequenz.

5.28(2) Ein aktiver Tiefpass nach Schaltung 5.18 soll die Grenzfrequenz 50 Hz aufweisen. Der Kondensator hat die Kapazität 1 μF. Nehmen Sie den Operationsverstärker als ideal an und berechnen Sie für $T_{max} = 3$ die Widerstände R_A und R_B.

5.5.2 Bandpass 2. Ordnung

Für einen aktiven Bandpass gibt es zwei Schaltungen, die Widerstände, Kondensatoren und einen Operationsverstärker enthalten. Bei der Schaltung 5.22 spricht man von **Mehrfach-Gegenkopplung**. Wir betrachten nur den Sonderfall, dass beide Kondensatoren gleiche Kapazität besitzen.

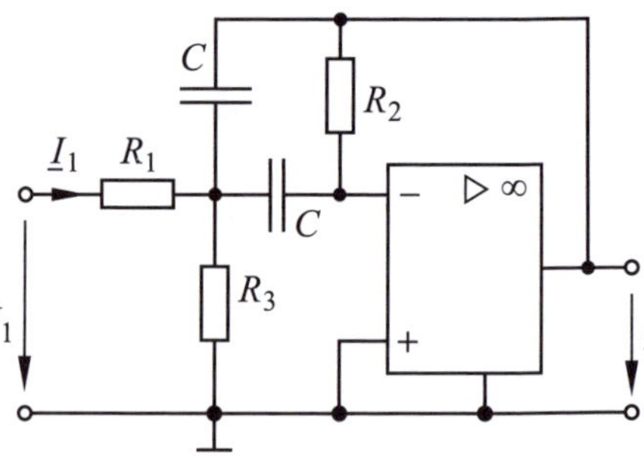

Bild 5.22 Aktiver Bandpass 2. Ordnung mit Mehrfach-Gegenkopplung

Wir wollen näherungsweise den Spannungs-Übertragungsfaktor berechnen, indem wir den Operationsverstärker als ideal ansehen.

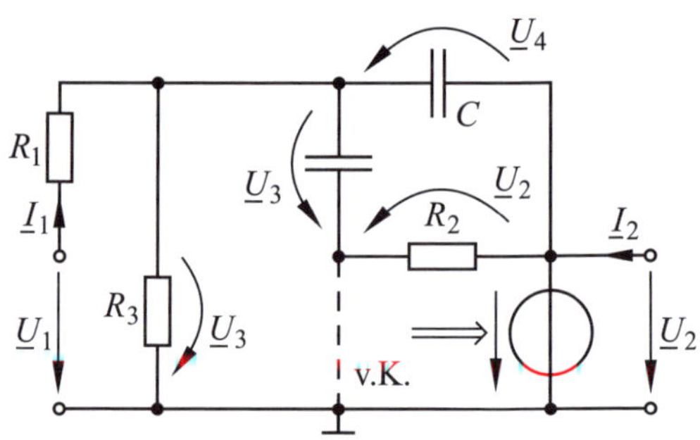

Bild 5.23 Ersatzschaltung der Schaltung 5.22 für den idealen Operationsverstärker

Wir setzen die Maschengleichungen und die Knotengleichungen an:

$$-\underline{U}_1 + R_1 \underline{I}_1 + \underline{U}_3 = 0 \qquad \underline{U}_2 - \underline{U}_3 + \underline{U}_4 = 0 \tag{5.92}$$

$$\underline{I}_1 = G_3 \underline{U}_3 + \mathrm{j}\,\omega\, C\,(\underline{U}_3 + \underline{U}_4) \qquad G_2 \underline{U}_2 + \mathrm{j}\,\omega\, C\, \underline{U}_3 = 0 \tag{5.93}$$

Wir setzen in die Knotengleichungen die nach $\underline{I}_1$ und $\underline{U}_4$ aufgelösten Maschengleichungen ein und berechnen den Spannungs-Übertragungsfaktor:

$$\underline{T}_u = \frac{\underline{U}_2}{\underline{U}_1} = \frac{-\dfrac{G_1}{2\,G_2}}{1 + \mathrm{j}\left(\dfrac{\omega C}{2\,G_2} - \dfrac{G_1 + G_3}{2\,\omega C}\right)} \qquad (5.94)$$

Das Minuszeichen im Zähler weist darauf hin, dass $\underline{U}_1$ und $\underline{U}_2$ für $f = f_\mathrm{m}$ in Gegenphase sind. Der maximale Betrag des Spannungs-Übertragungsfaktors ist $T_\mathrm{max} = 0{,}5\;G_1\,R_2$.

Nun ordnen wir Zähler und Nenner nach Potenzen der Frequenz f und führen einen Koeffizientenvergleich mit der Gl. (5.80) durch:

$$f_\mathrm{m} = f_\mathrm{P} = \frac{\sqrt{G_2(G_1 + G_3)}}{2\,\pi\,C} \qquad Q = Q_\mathrm{P} = \pi\,f_\mathrm{m}\,C\,R_2 \qquad (5.95)$$

Mit der Gl. (5.77) berechnen wir die Bandbreite:

$$B = \frac{1}{\pi\,C\,R_2} \qquad (5.96)$$

Ein Bandpass 2. Ordnung kann auch mit einem RC-Netzwerk realisiert werden, das eine **Einfach-Mitkopplung** bewirkt. In der Schaltung 5.24 muss die Gegenkopplung über die Widerstände R_1 und $R_2 = (\alpha - 1)\,R_1$ so eingestellt werden, dass sie die Mitkopplung überwiegt, weil sonst ein stabiler Betrieb nicht möglich ist.

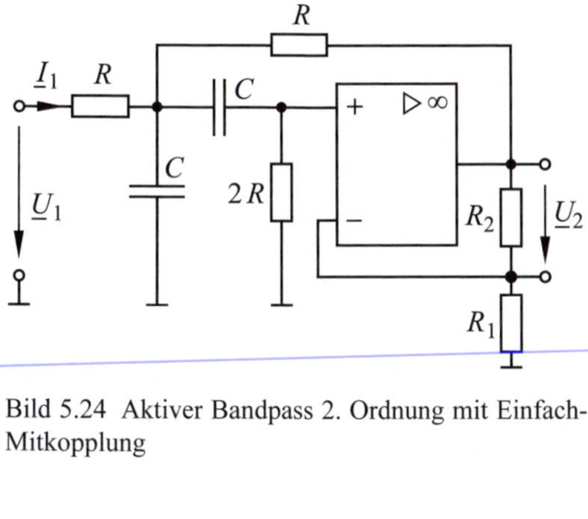

Bild 5.24 Aktiver Bandpass 2. Ordnung mit Einfach-Mitkopplung

5.5.3 Bandsperre 2. Ordnung

Bei der Bandsperre 2. Ordnung mit der Einfach-Mitkopplung nach Schaltung 5.25 muss die Gegenkopplung über die Widerstände R_1 und $R_2 = (\alpha - 1)\,R_1$ so eingestellt werden, dass sie die Mitkopplung überwiegt, weil sonst ein stabiler Betrieb nicht möglich ist.

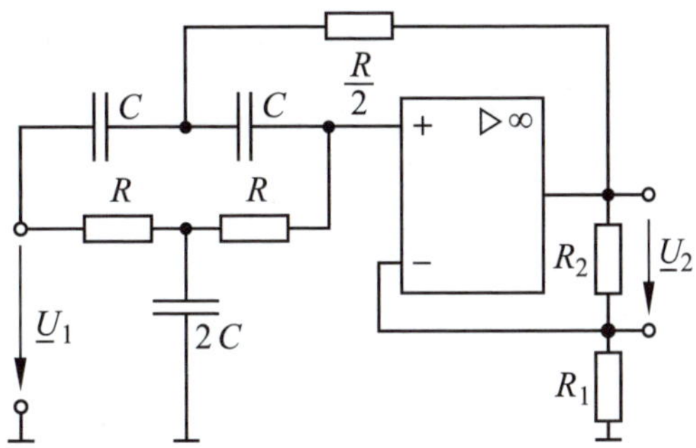

Bild 5.25 Aktive Bandsperre 2. Ordnung mit Einfach-Mitkopplung

Fragen

- Aus welchen Bauelementen ist ein aktives Filter aufgebaut? Bei welchen Frequenzen kann es arbeiten?
- Skizzieren Sie eine Schaltung für einen aktiven Tiefpass 1. Ordnung und beschreiben Sie, wie der Spannungs-Übertragungsfaktor berechnet wird.
- Erläutern Sie die Begriffe Mehrfach-Gegenkopplung und Einfach-Mitkopplung am Beispiel eines aktiven Bandpasses 2. Ordnung.

Aufgaben

5.29(2) Ein Bandpass nach Bild 5.22 soll die Bandmittenfrequenz 100 Hz und die Güte 12 besitzen. Welche Widerstände sind für $C = 0{,}1\;\mu\mathrm{F}$ und $T_\mathrm{max} = 2$ erforderlich, wenn man den Operationsverstärker als ideal ansehen kann?

5.30(3) Berechnen Sie die Bandmittenfrequenz, die Güte, die Bandbreite und den Betrag T_max des Spannungs-Übertragungsfaktors der Schaltung 5.24; nehmen Sie dabei einen idealen Operationsverstärker an. Für welche Werte von α ist ein stabiler Betrieb möglich?

5.31(3) Berechnen Sie die Bandmittenfrequenz, die Güte, die Bandbreite und die Spannungs-Übertragungsfaktoren T_0 und T_∞ der Schaltung 5.25; nehmen Sie dabei einen idealen Operationsverstärker an. Für welche Werte von α ist ein stabiler Betrieb möglich?

6 Drehstrom

6.1 Symmetrische Spannungen

Ziele: Sie können

- angeben, wodurch sich die drei Spannungen eines Drehstromsystems unterscheiden.
- die Eigenschaften eines symmetrischen Spannungssystems beschreiben.
- die Begriffe Strang, Sternpunkt, Außenleiter und Vierleitersystem erklären.
- die Stern- und die Dreieckschaltung der Stränge eines Drehstromerzeugers skizzieren.
- die Zusammenhänge zwischen Außenleiterspannung, Sternspannung und Dreieckspannung erläutern.

6.1.1 Das symmetrische Dreiphasensystem

In der bisher behandelten Wechselstromtechnik haben wir uns mit **Einphasensystemen** befasst; dabei ist jeder Erzeuger oder Verbraucher ein Eintor mit je einer *Strombahn* für Hin- und Rückleitung.

Ein **Mehrphasensystem** ist ein Wechselstromsystem mit mehr als zwei Strombahnen. Dabei wird derjenige Teil des Systems, in dem ein einheitlicher Schwingungszustand des Stromes herrscht, als **Strang** bezeichnet. Die elektromagnetischen Größen haben in den verschiedenen Strängen eines Mehrphasensystems gleiche Frequenz, aber unterschiedliche Nullphasenwinkel.

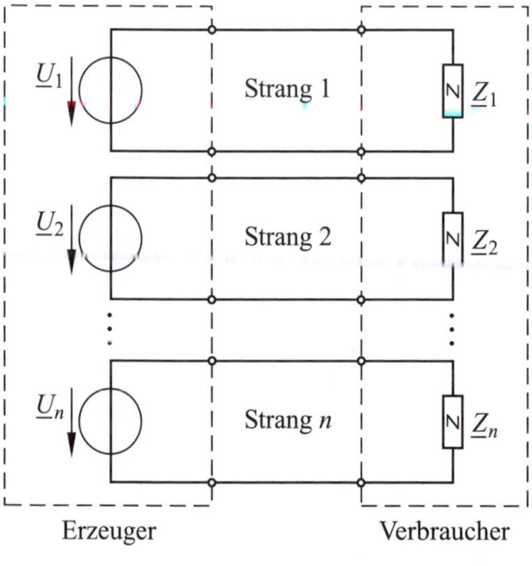

Bild 6.1 Mehrphasensystem mit n Strängen

Von großer technischer Bedeutung ist das **Dreiphasensystem** *(three phase system)*, das in der elektrischen Energietechnik häufig verwendet wird; bei ihm sind *drei* Stränge vorhanden.

Das Dreiphasensystem ist der Sonderfall eines Mehrphasensystems; es wird auch als **Drehstromsystem** bezeichnet. Damit wollen wir uns in diesem Kapitel ausschließlich befassen.

Die gleichartigen elektromagnetischen Sinusgrößen eines Dreiphasensystems werden als **symmetrisch** bezeichnet, wenn ihre Amplituden in den drei Strängen gleich sind und ihre Nullphasenwinkel sich jeweils um 120° unterscheiden. So sind z. B. folgende Spannungen symmetrisch:

$$\begin{aligned} \underline{U}_1 &= U \\ \underline{U}_2 &= U\underline{/-120°} \\ \underline{U}_3 &= U\underline{/-240°} = U\underline{/120°} \end{aligned} \tag{6.1}$$

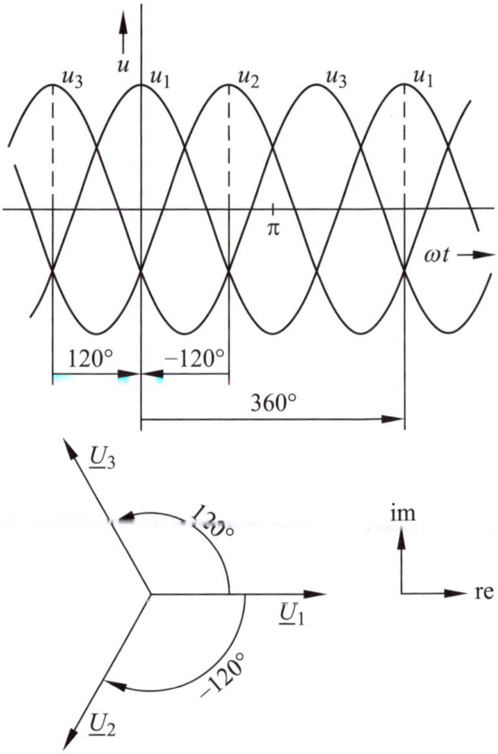

Bild 6.2 Liniendiagramm und Effektivwertzeiger der symmetrischen Spannungen gemäß Gl. (6.1)

Häufig muss die *Summe* von drei symmetrischen Größen gebildet werden. Wir untersuchen sie am Beispiel der drei Spannungen nach Gl. (6.1):

$$\underline{U}_1 = U$$

$$\underline{U}_2 = U\,(-0{,}5\ -\mathrm{j}\ 0{,}866) \qquad (6.2)$$

$$\underline{U}_3 = U\,(-0{,}5\ +\mathrm{j}\ 0{,}866)$$

Als Summe der drei Spannungen erhalten wir:

$$\sum \underline{U} = \underline{U}_1 + \underline{U}_2 + \underline{U}_3 = 0 \qquad (6.3)$$

Dasselbe Ergebnis würden wir auch durch geometrische Addition der Zeiger erhalten. Wir stellen fest:

Die Summe von drei symmetrischen Größen ist stets gleich null.

6.1.2 Prinzip des Synchrongenerators

Mit einem **Synchrongenerator** wird im Kraftwerk mechanische Energie in elektrische Energie umgewandelt.

Der rotierende **Läufer** erzeugt ein Magnetfeld. Die Läufer von Synchrongeneratoren höherer Leistung tragen eine Wicklung, die von einem Gleichstrom durchflossen wird; da von ihr das Magnetfeld erregt wird, bezeichnet man sie auch als **Erregerwicklung**. Bei kleinen Synchrongeneratoren mit Leistungen bis zu einigen kW werden Dauermagnete zur Erregung des Magnetfelds verwendet. Wegen seiner Magnetpole wird der Läufer auch **Polrad** genannt.

Kraftwerksgeneratoren sind *Innenpolmaschinen*, bei denen das Polrad innerhalb des feststehenden *Ständers* rotiert. Das vom Polrad erregte Magnetfeld dreht sich mit der gleichen Winkelgeschwindigkeit wie das Polrad, es läuft mit ihm synchron um – daher die Bezeichnung Synchrongenerator – und induziert in der fest stehenden **Ständerwicklung** zeitlich veränderliche Spannungen. Durch konstruktive Maßnahmen wird erreicht, dass diese Spannungen annähernd sinusförmig sind.

Bei der in einem Strang der Ständerwicklung induzierten Spannung sind sowohl die Amplitude $\hat{u}$ als auch die Frequenz f von der Winkelgeschwindigkeit und damit von der Drehzahl n_S des Polrades abhängig. Da für einen Verbundbetrieb (Parallelschaltung der Generatoren) sowohl $\hat{u}$ als auch f konstant sein müssen, wird die Drehzahl des Läufers durch eine Regelung des Antriebs (z. B. der Turbine) konstant gehalten.

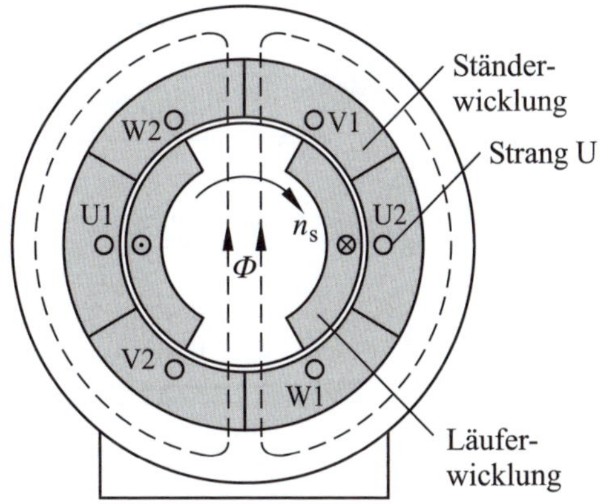

Bild 6.3 Prinzip einer zweipoligen Drehstrom-Synchronmaschine (Querschnitt)

Bei elektrischen Maschinen (Generatoren, Motoren und Transformatoren) wird der Anfang eines Stranges der Drehstromwicklung mit U1, V1, W1 und das Ende mit U2, V2, W2 bezeichnet.

Die Stränge U, V, W der Ständerwicklung eines zweipoligen Drehstromgenerators sind jeweils um 120° versetzt am Umfang des Ständers angeordnet (Bild 6.3). Sie werden zeitlich nacheinander vom magnetischen Fluss Φ durchsetzt; dadurch sind die Strangspannungen gegeneinander um 120° phasenverschoben. Da die Spulen der drei Stränge gleiche Windungszahlen haben, sind auch die Amplituden der Strangspannungen gleich und die Strangspannungen sind symmetrisch.

Derjenige Teil einer rotierenden Maschine, in dem Spannungen induziert werden, wird als **Anker** bezeichnet; bei einer Synchronmaschine ist dies also der **Ständer**. Wird die Ständerwicklung belastet, so erzeugen die in ihr fließenden Ströme ein rotierendes Magnetfeld (s. Abschn. 6.2.3), das sich mit dem Magnetfeld des Polrades zu einem resultierenden Magnetfeld zusammensetzt. Infolge dieser **Ankerrückwirkung** wird die induzierte Spannung verändert.

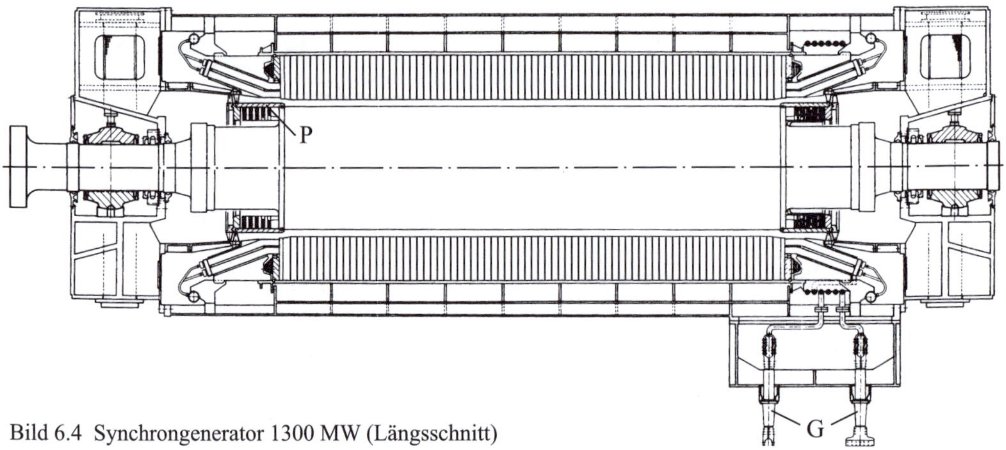

Bild 6.4 Synchrongenerator 1300 MW (Längsschnitt)

Praxisbezug 6.1

Jeder der im Bild 6.3 dargestellten Stränge der Ständerwicklung besteht aus mehreren Spulen, die in Reihe geschaltet und auf einige Nuten verteilt sind. Die Addition der Spulenspannungen zur Strangspannung haben wir bereits im Praxisbezug 3.6 beschrieben.

Bei einem Einphasen-Wechselstromgenerator wirkt sich die geometrische Addition der Spulenspannungen ungünstiger aus als bei einem Drehstromgenerator. Zur Einsparung von Kupfer bleibt bei einem Einphasen-Wechselstromgenerator ein Drittel des Umfangs unbewickelt. Bei gleicher Baugröße ist deshalb die abgegebene Leistung eines Drehstromgenerators größer als die eines Einphasen-Wechselstromgenerators.

Die derzeit größten Synchrongeneratoren sind vierpolige Drehstromgeneratoren; ihre Drehzahl beträgt $1500\ \text{min}^{-1} = 25\ \text{s}^{-1}$ bei $f = 50$ Hz.

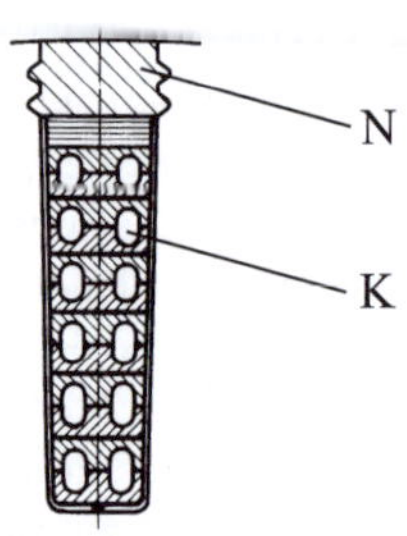

Bild 6.5 Läufernut eines Synchrongenerators

Im Läufer entstehen wegen des zeitlich konstanten Magnetfeldes keine Eisenverluste; das Läufermaterial ist Schmiedestahl. Der aktive Teil, dessen Durchmesser 1,8 m beträgt, ist 8 m lang; bei der Läuferlänge 15 m ist der Läufer 205 t schwer.

Aufgrund der Fliehkraft wirkt auf das Material an der Läuferoberfläche die 2300-fache Erdbeschleunigung. Die Leiter in den Nuten des Läufers werden deshalb durch Nutenverschlusskeile N aus unmagnetischem Material festgehalten (Bild 6.5). Besonders beansprucht sind auch die Leiterverbindungen an der Stirnseite des Läufers, die sog. Wickelköpfe: Sie werden durch Polkappen P aus unmagnetischem Stahl abgestützt (Bild 6.4).

Der Wirkungsgrad des Generators ist 0,99; beim Nennbetrieb entstehen also 13 MW Verluste. Durch Wasserkühlung in Ständer und Läufer wird dafür gesorgt, dass sich die Isolation der Leiter nicht unzulässig erwärmt. Dabei fließt das Wasser in Kühlkanälen K innerhalb der Leiter (sog. direkte Leiterkühlung). Damit der Wasserkreislauf keinen Kurzschluss darstellt, muss das Wasser durch ständige Aufbereitung auf einer sehr niedrigen Leitfähigkeit gehalten werden.

Wegen des zeitlich veränderlichen Magnetfeldes ist der 8 m lange Ständer geblecht. Die Ständerwicklung ist in Stern geschaltet und die Außenleiterspannung beträgt 27 kV. Der Ständerstrom (27,8 kA bei Nennbetrieb und $\cos\varphi = 1$) wird direkt zur Generatorableitung G geführt. ❐

6.1.3 Sternschaltung

Die drei Stränge eines Drehstromerzeugers können in der *offenen Schaltung* (Bild 6.6) durch 6 Leitungen mit den Strängen des Verbrauchers verbunden werden. Dies ist jedoch wegen des hohen Materialaufwandes nicht sinnvoll.

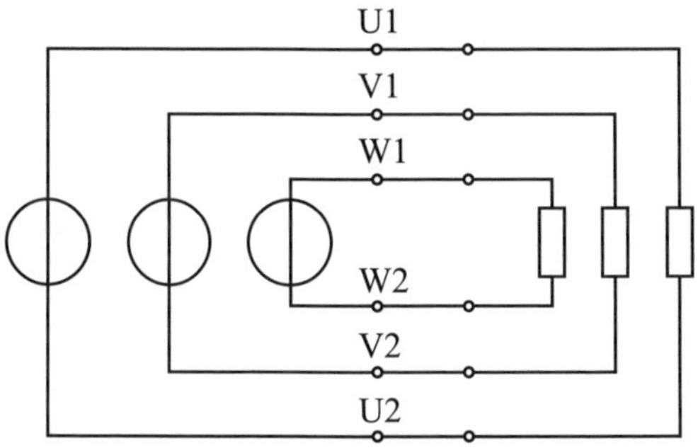

Bild 6.6 Drehstromsystem, offene Schaltung von Erzeuger und Verbraucher

Werden die drei Wicklungsenden U2, V2 und W2 in einem Knoten miteinander verbunden (Bild 6.7), so erhält man die **Sternschaltung** *(star connection)*; ihr Kurzzeichen ist $\curlywedge$ oder $\curlyvee$. Der Knoten wird als **Sternpunkt** *(neutral point)* N bezeichnet; an ihn kann ein **Sternpunktleiter** angeschlossen werden.
Die Wicklungsenden U1, V1 und W1 eines Drehstromerzeugers heißen **Außenpunkte**; an sie sind die **Außenleiter** angeschlossen, die mit L1, L2 und L3 (früher: R, S, T) bezeichnet werden.

Ein Leitersystem, das die drei Außenleiter *und* den Sternpunktleiter enthält, bezeichnet man als **Vierleitersystem**. Bei einem **Dreileitersystem** sind nur die Außenleiter vorhanden.

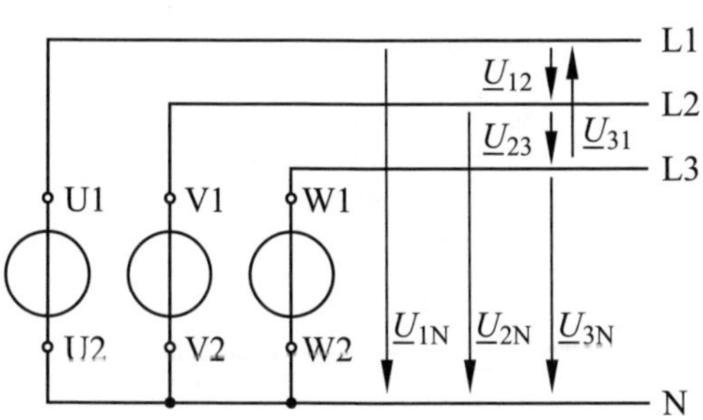

Bild 6.7 Sternschaltung eines Drehstromerzeugers

Bei Sternschaltung liegt eine Strangspannung zwischen einem Außenpunkt und dem Sternpunkt. Sind die Strangspannungen symmetrisch, so wird der Effektivwert einer Strangspannung als **Sternspannung** $U_{\curlywedge}$ bezeichnet. Eine Sternspannung gibt es lediglich im Vierleitersystem.

Die Strangspannungen werden mit $\underline{U}_{1N}$, $\underline{U}_{2N}$ und $\underline{U}_{3N}$ oder – wenn Verwechslungen ausgeschlossen sind – mit $\underline{U}_1$, $\underline{U}_2$ und $\underline{U}_3$ bezeichnet. Den Bezugssinn einer Strangspannung wählen wir in Übereinstimmung mit DIN 40 108 vom Außenpunkt zum Sternpunkt.
Die **Phasenfolge** ist die zeitliche Aufeinanderfolge der Phasen. Eilt z. B. die Spannung $\underline{U}_2$ der Spannung $\underline{U}_1$ um 120° nach, so spricht man von einem **Mitsystem** (s. Abschn. 6.2.3) und es gilt:

$$\begin{aligned}
\underline{U}_1 &= U_{\curlywedge}\,\underline{/0^\circ} = U_{\curlywedge}\\
\underline{U}_2 &= U_{\curlywedge}\,\underline{/-120^\circ} = U_{\curlywedge}\,(-0{,}5 - \mathrm{j}\,0{,}866)\\
\underline{U}_3 &= U_{\curlywedge}\,\underline{/120^\circ} = U_{\curlywedge}\,(-0{,}5 + \mathrm{j}\,0{,}866)
\end{aligned} \qquad (6.4)$$

Sowohl im Vier- als auch im Dreileitersystem kann man drei Spannungen zwischen je zwei Außenleitern abgreifen; sie werden als **Außenleiterspannungen** $\underline{U}_{12}$, $\underline{U}_{23}$ und $\underline{U}_{31}$ bezeichnet. Wir berechnen sie mit den Strangspannungen:

$$\begin{aligned}
\underline{U}_{12} &= \underline{U}_{1N} - \underline{U}_{2N}\\
\underline{U}_{23} &= \underline{U}_{2N} - \underline{U}_{3N}\\
\underline{U}_{31} &= \underline{U}_{3N} - \underline{U}_{1N}
\end{aligned} \qquad (6.5)$$

Mit den Gln. (6.4) erhalten wir:

$$\begin{aligned}
\underline{U}_{12} &= U_{\curlywedge}\,(1{,}5 + \mathrm{j}\,0{,}866) = \sqrt{3}\,U_{\curlywedge}\,\underline{/30^\circ}\\
\underline{U}_{23} &= U_{\curlywedge}\,(-\mathrm{j}\,1{,}732) = \sqrt{3}\,U_{\curlywedge}\,\underline{/-90^\circ}\\
\underline{U}_{31} &= U_{\curlywedge}\,(-1{,}5 + \mathrm{j}\,0{,}866) = \sqrt{3}\,U_{\curlywedge}\,\underline{/150^\circ}
\end{aligned} \qquad (6.6)$$

Die Bestimmung der Außenleiterspannungen können wir auch im Zeigerdiagramm durchführen. Hierfür verschieben wir zweckmäßig die Zeiger der Strangspannungen so, dass sie zu einem Punkt N weisen. Den Anfang eines Zeigers bezeichnen wir mit 1, 2 oder 3, so dass z. B. der Zeiger $\underline{U}_{1N}$ vom Punkt 1 zum Punkt N weist.

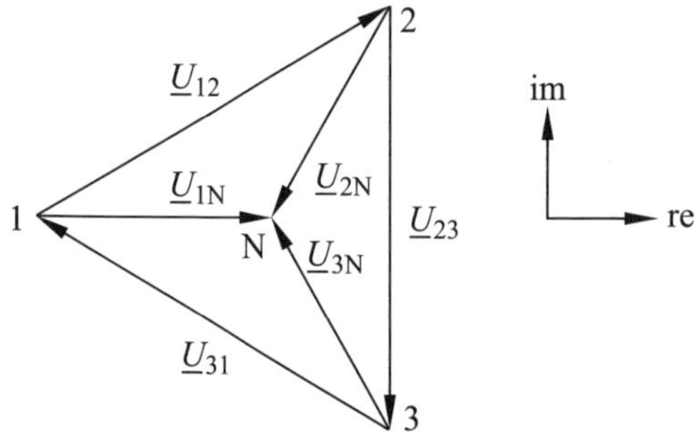

Bild 6.8 Zeigerdiagramm der symmetrischen Strang- und Außenleiterspannungen

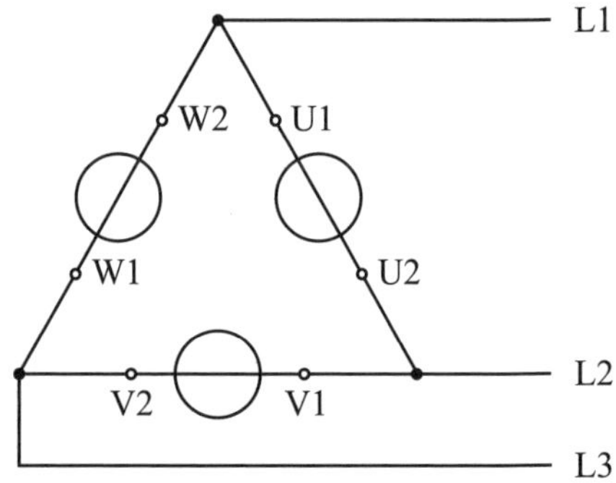

Bild 6.9 Dreieckschaltung eines Drehstromerzeugers

In dieses Zeigerdiagramm können wir die Außenleiterspannungen ohne weiteres einzeichnen: $\underline{U}_{12}$ zeigt von 1 nach 2 usw. (Bild 6.8).

Die Außenleiterspannungen bilden ebenso wie die Strangspannungen ein symmetrisches Spannungssystem (Bild 6.8). Dabei gilt für den Effektivwert U einer Außenleiterspannung:

$$\boxed{U = \sqrt{3}\, U_{\curlywedge}} \qquad (6.7)$$

Eine Außenleiterspannung ist in einem symmetrischen Drehstromsystem um den Faktor $\sqrt{3}$ größer als die Sternspannung.

Wird für ein Drehstromsystem eine Spannung angegeben, so handelt es sich stets um die Außenleiterspannung. So bedeutet z. B. die Angabe „110-kV-Leitung“, dass der Effektivwert der Spannung zwischen zwei Leitern 110 kV beträgt. Nur in Ausnahmefällen wird zusätzlich zur Außenleiterspannung auch noch die Sternspannung genannt, z. B. bei der Angabe „230/400-V-Netz“. Bei einem in Stern geschalteten Erzeuger können also zwei Dreiphasensysteme mit unterschiedlichen Spannungen abgegriffen werden; dies ist für Verbraucher ein wichtiger Vorteil.

6.1.4 Dreieckschaltung

Wird jedes Wicklungsende mit dem Anfang der nächsten Wicklung verbunden, so erhält man die **Dreieckschaltung** *(delta connection)*. Bei ihr sind nur drei Klemmen für den Anschluss der Außenleiter vorhanden (Bild 6.9). Deshalb kann bei einer Dreieckschaltung (Kurzzeichen Δ) nur ein einziges Dreiphasensystem abgegriffen werden. Die Energie eines in Dreieck geschalteten Synchrongenerators mit nachgeschaltetem Transformator wird mit einem Dreileitersystem zu den Verbrauchern übertragen. Bei Generatoren wird die Dreieckschaltung nicht angewendet, da sich hierbei Oberschwingungen (s. Kap. 7) störend auswirken.

Bei einer Dreieckschaltung liegt jede Strangspannung zwischen zwei Außenpunkten. Sind die Außenleiterspannungen symmetrisch, so wird ihr Effektivwert **Dreieckspannung** U_{Δ} genannt:

$$\boxed{U = U_{\Delta}} \qquad (6.8)$$

Die Dreieckspannung ist in einem symmetrischen Drehstromsystem gleich dem Effektivwert einer Außenleiterspannung.

Fragen

- Erläutern Sie den Begriff symmetrische Größen.
- Was ist ein Strang?
- Wie viele Stränge hat ein Drehstromerzeuger? Wie können sie geschaltet sein?
- Erläutern Sie den Begriff Sternspannung und geben Sie die Beziehung zur Außenleiterspannung an.
- Skizzieren Sie die Dreieckschaltung der Stränge eines Drehstromerzeugers.
- Welche Leiter enthält ein Vierleitersystem? Wie muss der zugehörige Erzeuger geschaltet sein?
- Beschreiben Sie die prinzipielle Funktionsweise eines Synchrongenerators.
- Erläutern Sie die Angabe: 380-kV-Leitung.

6.2 Symmetrische Belastung

Ziele: Sie können

- begründen, warum bei symmetrischer Belastung im Sternpunktleiter kein Strom fließt.
- erläutern, dass die gesamte Wirkleistung eines Drehstromsystems bei symmetrischer Belastung zeitlich konstant ist.
- die Wirkleistung eines Drehstromsystems mit den Außenleitergrößen beschreiben und den Einfluss der Schaltungsart erläutern.
- den Zusammenhang zwischen Außenleiterstrom und Dreieckstrom angeben.
- die Entstehung eines Drehfeldes beschreiben.
- den Zusammenhang zwischen Drehfelddrehzahl und Polpaarzahl einer Drehstrommaschine angeben.
- die Begriffe Mitsystem und Gegensystem erläutern.

Wenn die drei Stränge eines Verbrauchers untereinander gleich sind, also gleiche Widerstände $\underline{Z} = Z\underline{/\varphi}$ aufweisen, spricht man von einer **symmetrischen Belastung**; die Verbraucherstränge können dabei entweder in Stern oder in Dreieck geschaltet sein.

Die Bezeichnung symmetrische Belastung wurde gewählt, weil dabei – unter der Voraussetzung symmetrischer Strangspannungen – auch die Strangströme symmetrisch sind.

Wir setzen im Folgenden voraus, dass die Außenleiterspannungen des Erzeugers bzw. des Netzes symmetrisch und konstant sind.

6.2.1 Sternschaltung

Wird ein Verbraucher in Sternschaltung von einem Vierleiternetz gespeist, so liegt die Sternspannung an jedem Verbraucherstrang.

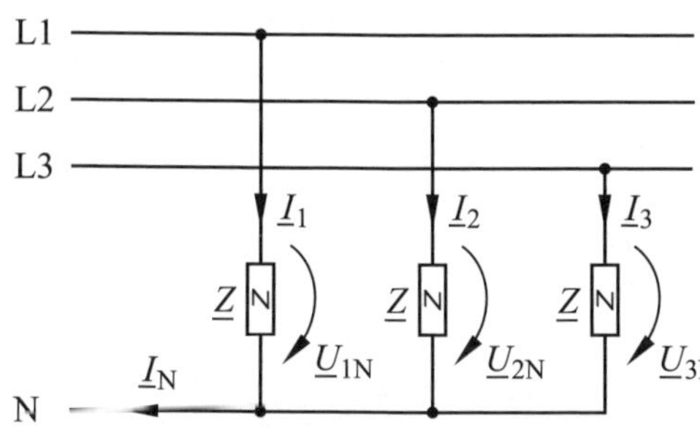

Bild 6.10 Symmetrische Belastung in Sternschaltung

Wir berechnen die Strangströme, die bei der Sternschaltung auch die Außenleiterströme sind, mit den Strangspannungen der Gln. (6.4):

$$\begin{aligned}
\underline{I}_1 &= \frac{\underline{U}_{1N}}{\underline{Z}} = \frac{U_{\curlywedge}}{Z}\underline{/-\varphi} \\
\underline{I}_2 &= \frac{\underline{U}_{2N}}{\underline{Z}} = \frac{U_{\curlywedge}}{Z}\underline{/-120°-\varphi} \\
\underline{I}_3 &= \frac{\underline{U}_{3N}}{\underline{Z}} = \frac{U_{\curlywedge}}{Z}\underline{/120°-\varphi}
\end{aligned} \tag{6.9}$$

Bei symmetrischer Belastung in Sternschaltung wird der Effektivwert eines Strangstromes **Sternstrom** $I_{\curlywedge}$ genannt; er ist gleich dem Effektivwert I eines Außenleiterstromes:

$$I_{\curlywedge} = I = \frac{U_{\curlywedge}}{Z} \tag{6.10}$$

Damit können wir die Gln. (6.9) vereinfacht schreiben:

$$\begin{aligned}
\underline{I}_1 &= I_{\curlywedge}\underline{/-\varphi} \\
\underline{I}_2 &= I_{\curlywedge}\underline{/-120°-\varphi} \\
\underline{I}_3 &= I_{\curlywedge}\underline{/120°-\varphi}
\end{aligned} \tag{6.11}$$

Bei symmetrischer Belastung in Sternschaltung sind also die Strangspannungen und die Strangströme symmetrisch.

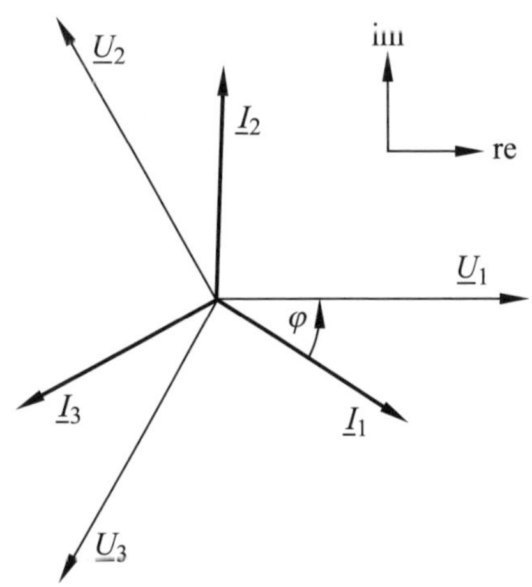

Bild 6.11 Zeigerdiagramm der Strangspannungen und -ströme bei symmetrischer Belastung in Sternschaltung

Der Strom $\underline{I}_N$ im Sternpunktleiter ist nach dem Knotensatz die Summe der Strangströme. Da die Summe symmetrischer Größen stets den Wert null ergibt, ist auch $\underline{I}_N$ gleich null:

$$\underline{I}_N = \underline{I}_1 + \underline{I}_2 + \underline{I}_3 = 0 \tag{6.12}$$

Im Sternpunktleiter fließt bei symmetrischer Belastung kein Strom, weshalb der Sternpunktleiter bei symmetrischer Belastung entfallen kann. Dadurch ergibt sich für Drehstrom ein entscheidender Vorteil gegenüber dem Einphasen-Wechselstrom.

Wird in einem Drehstromsystem elektrische Energie in nichtelektrische umgewandelt, so wird dabei die Summe der Augenblickswerte sämtlicher Strangleistungen $P_{str}(t)$ gebildet. Wir wollen deshalb die gesamte Leistung $P(t)$ der drei Stränge untersuchen. Dazu multiplizieren wir Spannung und Strom jedes Stranges und bilden die Summe:

$$\begin{aligned} P(t) &= \sqrt{2}\, U_{\perp} \cos \omega t \cdot \sqrt{2}\, I_{\perp} \cos(\omega t - \varphi) \\ &+ \sqrt{2}\, U_{\perp} \cos(\omega t - 120°) \cdot \sqrt{2}\, I_{\perp} \cos(\omega t - 120° - \varphi) \\ &+ \sqrt{2}\, U_{\perp} \cos(\omega t + 120°) \cdot \sqrt{2}\, I_{\perp} \cos(\omega t + 120° - \varphi) \end{aligned}$$

Die Produkte formen wir mit der Gl. (A1.16) um. Dabei erhalten wir drei zeitunabhängige und drei zeitabhängige Terme:

$$\begin{aligned} P(t) &= U_{\perp} I_{\perp} \cos \varphi + U_{\perp} I_{\perp} \cos(2\omega t - \varphi) \\ &+ U_{\perp} I_{\perp} \cos \varphi + U_{\perp} I_{\perp} \cos(2\omega t - 240° - \varphi) \\ &+ U_{\perp} I_{\perp} \cos \varphi + U_{\perp} I_{\perp} \cos(2\omega t + 240° - \varphi) \end{aligned}$$

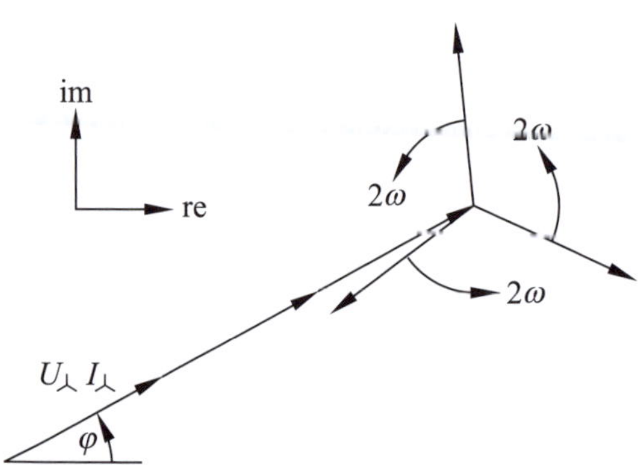

Bild 6.12 Zeigerdiagramm der Leistung $P(t)$

Die drei zeitunabhängigen Terme sind im Zeigerdiagramm (Bild 6.12) durch drei ortsfeste, nicht rotierende Zeiger dargestellt.

Die Zeiger der zeitabhängigen Terme rotieren mit der Winkelgeschwindigkeit 2ω. Da sie symmetrisch sind, ist ihre Summe in jedem Zeitpunkt null. Die gesamte Leistung der drei Stränge ist daher die zeitlich konstante Wirkleistung:

$$P(t) = P = 3\, U_{\perp}\, I_{\perp} \cos \varphi \tag{6.13}$$

Diese Gleichung ist vor allem für rotierende Drehstrommaschinen (Motoren, Generatoren) von Bedeutung. Aus konstruktiven Gründen sind bei diesen Maschinen die drei Stränge untereinander gleich; deshalb ist die mechanische Leistung $P = 2\,\pi\, n\, M$ und damit auch das Drehmoment M zeitlich konstant.

Im Gegensatz zur Leistung $P(t) = P$ des gesamten Drehstromsystems ist die Leistung P_{str} jedes Stranges *zeitabhängig*. So gilt z. B. für den Strang 1:

$$P_1(t) = U_{\perp} I_{\perp} \cos \varphi + U_{\perp} I_{\perp} \cos(2\omega t - \varphi)$$

Diese zeitabhängige Leistung lässt sich gemäß Gl. (A1.8) in eine Wirk- und eine Blindleistungsschwingung zerlegen:

$$\begin{aligned} P_1(t) &= U_{\perp} I_{\perp} \cos \varphi \,(1 + \cos 2\omega t) \\ &+ U_{\perp} I_{\perp} \sin \varphi \cdot \sin 2\omega t \end{aligned} \tag{6.14}$$

Die Blindleistung eines Stranges ist:

$$Q_{str} = U_{\perp} I_{\perp} \sin \varphi \tag{6.15}$$

Als gesamte Blindleistung eines Drehstromsystems bezeichnet man die Summe der Blindleistungen der drei Stränge. Bei symmetrischer Belastung gilt:

$$Q = 3\, Q_{str} = 3\, U_{\perp} I_{\perp} \sin \varphi \tag{6.16}$$

Obwohl die Summe der Blindleistungsschwingungen der drei Stränge zu jedem Zeitpunkt den Wert null ergibt, entsteht bei $\sin \varphi \neq 0$ in jedem Strang Blindleistung, die für die Energieübertragung von Bedeutung ist.

Die Gln. (6.13 und 6.16) fassen wir zur komplexen Leistung $\underline{S}$ des Drehstromsystems zusammen:

$$\underline{S} = P + \mathrm{j}\, Q = 3\, U_{\perp}\, I_{\perp} \underline{/\varphi} \qquad (6.17)$$

Dabei ist $\varphi = \varphi_u - \varphi_i$ der Winkel des komplexen Widerstandes $\underline{Z}$ und damit der Phasenverschiebungswinkel einer Strangspannung gegen den Strom desselben Stranges.

In der Literatur ist häufig anstelle der Gl. (6.17) eine Gleichung angegeben, in der die komplexe Leistung mit den Außenleitergrößen $U = \sqrt{3}\, U_{\perp}$ und $I = I_{\perp}$ beschrieben wird:

$$\boxed{\underline{S} = \sqrt{3}\, U I \underline{/\varphi}} \qquad (6.18)$$

Auch dabei ist φ der Phasenverschiebungswinkel der Strangspannung gegen den Strangstrom.

Aus der Gl. (6.18) folgt für die Wirk- und die Blindleistung des gesamten Drehstromsystems bei symmetrischer Last:

$$P = \sqrt{3}\, U I \cos\varphi \qquad (6.19)$$

$$Q = \sqrt{3}\, U I \sin\varphi \qquad (6.20)$$

Da bei symmetrischer Belastung die Stränge gleich sind, braucht man bei einer Berechnung nur die Größen *eines* Stranges zu ermitteln; damit können die Außenleitergrößen und die Leistungsgrößen bestimmt werden.

Beispiel 6.1
Ein in ⅄ geschalteter Motor, der am 400-V-Drehstromnetz mit $f = 50$ Hz betrieben wird, hat in jedem Strang den Widerstand $R = 24\ \Omega$ in Reihe mit der Induktivität $L = 44{,}6$ mH. Wir wollen den Außenleiterstrom und die Leistung berechnen, die der Motor aufnimmt.

Zunächst berechnen wir mit der Gl. (6.7) die Strangspannung:

$$U_{\perp} = \frac{U}{\sqrt{3}} = 231\ \mathrm{V}$$

Der komplexe Widerstand eines Stranges ist:

$$\underline{Z} = R + \mathrm{j}\,\omega L = 24\ \Omega + \mathrm{j}\ 14\ \Omega = 27{,}8\ \Omega \underline{/30°}$$

Damit berechnen wir den Effektivwert des Strang- und des Außenleiterstromes:

$$I_{\perp} = I = \frac{U_{\perp}}{Z} = \frac{231\ \mathrm{V}}{27{,}8\ \Omega} = 8{,}31\ \mathrm{A}$$

Dies setzen wir mit dem Phasenverschiebungswinkel $\varphi = 30°$ in die Gl. (6.18) ein:

$$\underline{S} = 5{,}76\ \mathrm{kVA} \underline{/30°} = 4{,}97\ \mathrm{kW} + \mathrm{j}\ 2{,}9\ \mathrm{kvar}$$

Der Motor erhält aus dem Netz die Wirkleistung 4,97 kW und die Blindleistung 2,9 kvar.

6.2.2 Dreieckschaltung

Eine Strangspannung ist bei Dreieckschaltung gleich der am Strang anliegenden Außenleiterspannung. Sind die Außenleiterspannungen symmetrisch, was wir auch hier voraussetzen, so sind auch die Strangspannungen symmetrisch; in diesem Fall wird der Effektivwert einer Strangspannung **Dreieckspannung** genannt (s. Abschn. 6.1.4).

Die symmetrischen Strangspannungen erhalten wir mit den Gln. (6.7 und 6.8) aus den Gln. (6.6):

$$\underline{U}_{12} = U_{\triangle} \underline{/30°}$$
$$\underline{U}_{23} = U_{\triangle} \underline{/-90°} \qquad (6.21)$$
$$\underline{U}_{31} = U_{\triangle} \underline{/150°}$$

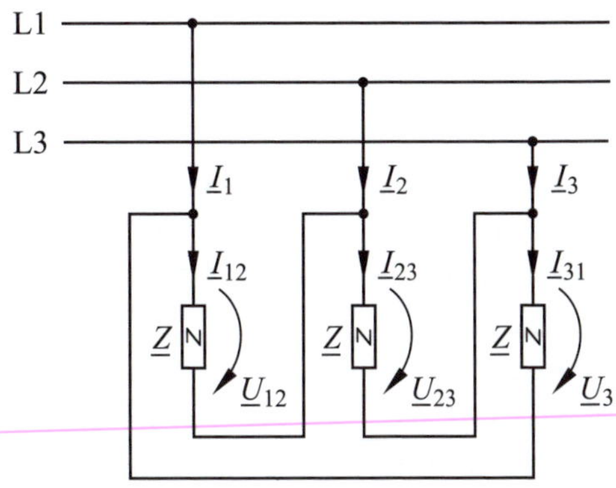

Bild 6.13 Symmetrische Belastung in Dreieckschaltung

Bei symmetrischer Belastung in Dreieckschaltung wird der Effektivwert eines Strangstromes als **Dreieckstrom** $I_\triangle$ bezeichnet:

$$I_\triangle = \frac{U_\triangle}{Z} \tag{6.22}$$

Die Strangströme werden wie die Strangspannungen durch zwei Indizes gekennzeichnet (Bild 6.14). Wir berechnen die Strangströme mithilfe der Gl. (6.22) aus den Strangspannungen:

$$\begin{aligned} \underline{I}_{12} &= I_\triangle \underline{/30° - \varphi} \\ \underline{I}_{23} &= I_\triangle \underline{/-90° - \varphi} \\ \underline{I}_{31} &= I_\triangle \underline{/150° - \varphi} \end{aligned} \tag{6.23}$$

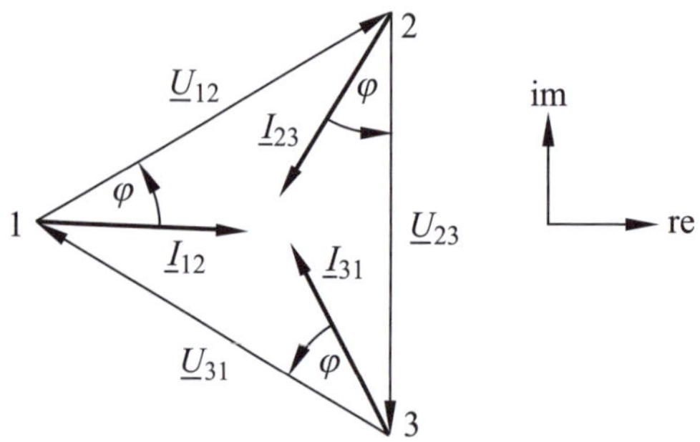

Bild 6.14 Zeigerdiagramm der Stranggrößen bei symmetrischer Belastung in Dreieckschaltung

Nun berechnen wir die Außenleiterströme:

$$\begin{aligned} \underline{I}_1 &= \underline{I}_{12} - \underline{I}_{31} = \sqrt{3}\, I_\triangle \underline{/-\varphi} \\ \underline{I}_2 &= \underline{I}_{23} - \underline{I}_{12} = \sqrt{3}\, I_\triangle \underline{/-120° - \varphi} \\ \underline{I}_3 &= \underline{I}_{31} - \underline{I}_{23} = \sqrt{3}\, I_\triangle \underline{/120° - \varphi} \end{aligned} \tag{6.24}$$

Die Außenleiterströme bilden – ebenso wie die Strangströme – ein symmetrisches Drehstromsystem (Bild 6.15). Dabei gilt für den Effektivwert I eines Außenleiterstromes:

$$\boxed{I = \sqrt{3}\, I_\triangle} \tag{6.25}$$

Ein Außenleiterstrom ist in einem symmetrischen Drehstromsystem um den Faktor $\sqrt{3}$ größer als ein Dreieckstrom.

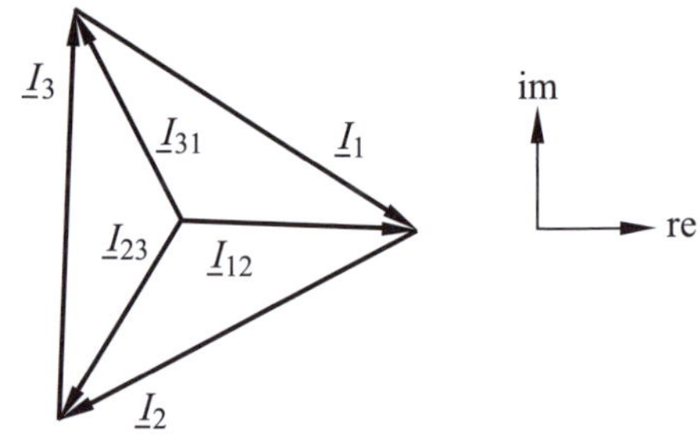

Bild 6.15 Zeigerdiagramm der Strang- und Außenleiterströme bei symmetrischer Belastung in Dreieckschaltung

Die gesamte Leistung der drei Stränge lässt sich entsprechend dem Abschnitt 6.2.1 berechnen; sie ist auch bei symmetrischer Dreieckschaltung zeitlich konstant und gleich der Wirkleistung:

$$P(t) = P = 3\, U_\triangle\, I_\triangle \cos\varphi \tag{6.26}$$

Mit der Blindleistung $Q = 3\, U_\triangle\, I_\triangle \sin\varphi$ erhalten wir die komplexe Leistung der drei Stränge:

$$\underline{S} = 3\, U_\triangle\, I_\triangle \underline{/\varphi} \tag{6.27}$$

Dabei ist φ der Phasenverschiebungswinkel einer Strangspannung gegen den Strom desselben Stranges.

Statt der Stranggrößen werden zur Berechnung der komplexen Leistung des Drehstromsystems die Außenleitergrößen verwendet:

$$\underline{S} = \sqrt{3}\, U I \underline{/\varphi} \qquad \text{(s. Gl. 6.18)}$$

Diese Gleichung gilt also unabhängig von der Art der Schaltung.

Wird ein symmetrischer Verbraucher an einem Netz in Stern- bzw. in Dreieckschaltung betrieben, so sind die jeweils aufgenommenen Leistungen unterschiedlich.

Setzt man $I_\triangle = U_\triangle / Z$ in die Gl. (6.27) und außerdem $I_\curlywedge = U_\curlywedge / Z$ in die Gl. (6.17) ein, so erhält man mit den Gln. (6.7 und 6.8):

$$\boxed{\underline{S}_\triangle = 3\, \underline{S}_\curlywedge} \tag{6.28}$$

Tabelle 6.1 Strang- und Außenleitergrößen bei symmetrischer Belastung in Stern- und in Dreieckschaltung

Größe	Stern	Dreieck
Strangspannung	$U_{\curlywedge}$	$U_{\triangle}$
Strangstrom	$I_{\curlywedge}$	$I_{\triangle}$
Außenleiterspannung	$U = \sqrt{3}\,U_{\curlywedge}$	$U = U_{\triangle}$
Außenleiterstrom	$I = I_{\curlywedge}$	$I = \sqrt{3}\,I_{\triangle}$
komplexe Leistung	$\underline{S}=\sqrt{3}\,U I\,\underline{/\varphi}$	$\underline{S}=\sqrt{3}\,U I\,\underline{/\varphi}$
der drei Stränge	$\underline{S}=3U_{\curlywedge}I_{\curlywedge}\underline{/\varphi}$	$\underline{S}=3U_{\triangle}I_{\triangle}\underline{/\varphi}$

Praxisbezug 6.2

Für die elektrische Energieübertragung sind die Spannungen der Synchrongeneratoren (10 ... 27 kV) zu niedrig, denn die hohen Ströme würden zu große Verluste auf den Leitungen hervorrufen. Deshalb ist jedem Generator ein **Maschinentransformator** (primär $\triangle$, sekundär $\curlywedge$) nachgeschaltet, der die Spannung auf 110, 220 oder 380 kV heraufsetzt; diese Spannungen werden in der elektrischen Anlagentechnik unter der Bezeichnung **Hochspannung** zusammengefasst. Mit Dreileiternetzen dieser Spannungen wird die elektrische Energie vorwiegend über Freileitungen zu den weit entfernten Verbrauchern transportiert.

Die Verteilung wird im Allgemeinen in zwei Stufen, d. h. auf zwei Spannungsebenen durchgeführt (Bild 6.16). Die Hochspannung wird zunächst auf die **Mittelspannung** 10 ... 30 kV herabgesetzt. Auch die Mittelspannungsnetze sind Dreileiternetze, die in städtischen Gebieten vorwiegend aus Kabeln und in ländlichen Gebieten aus Freileitungen bestehen.

Die Niederspannungstransformatoren sind in Verbrauchernähe aufgestellt; sie versorgen die Verbraucher über Vierleiternetze mit der **Niederspannung** 400 V. Einphasen-Verbraucher werden gleichmäßig verteilt an die Außenleiter des Niederspannungsnetzes angeschlossen, wodurch sich eine angenähert symmetrische Belastung der Dreileiternetze ergibt.

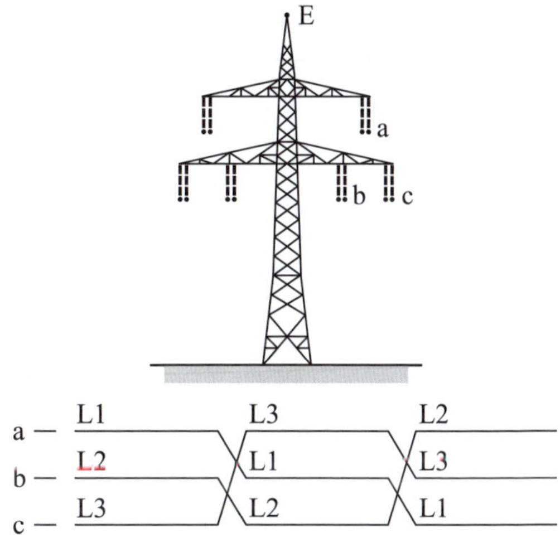

Bei den Hochspannungs-Freileitungen wäre infolge der unterschiedlichen Lage der Leiterseile zu Mast und Erdboden die Belastung unsymmetrisch, weil die Kapazitäten der Leiter gegen Erde unterschiedlich sind. Deshalb tauschen die Leiter jeweils nach 1/3 der Leitungslänge am **Verdrillungsmast** die Plätze; jeder Leiter befindet sich

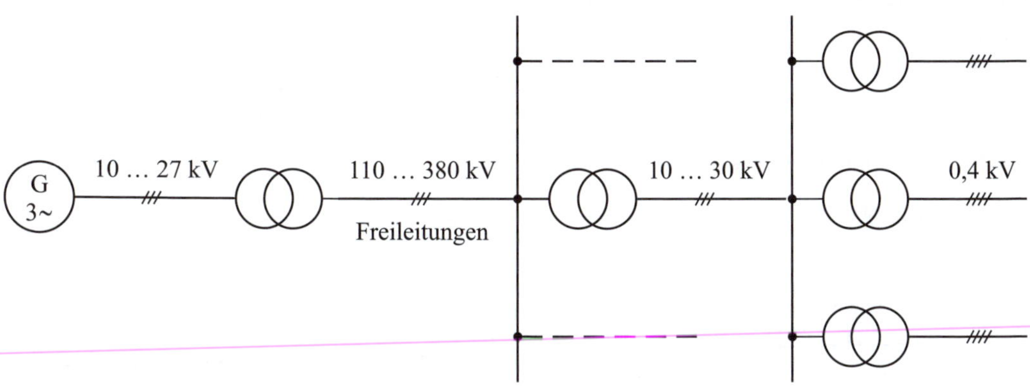

Bild 6.16 Schematische Darstellung der elektrischen Energieverteilung

also jeweils auf 1/3 der Leitungslänge am Platz a, b und c des Mastes. Dadurch stellt die gesamte Freileitung eine symmetrische Belastung dar.

Der geerdete Leiter E an der Spitze jedes Mastes sorgt für den Blitzschutz; dieser Leiter ist mit jedem geerdeten Mast leitend verbunden. ❒

6.2.3 Drehfeld

Die günstigen Betriebseigenschaften von Drehstrommaschinen ergeben sich durch das umlaufende Magnetfeld, das **Drehfeld** genannt wird.

In Synchrongeneratoren wird das Drehfeld im Wesentlichen von der gleichstromgespeisten Läuferwicklung erzeugt; es dreht sich mit der Winkelgeschwindigkeit des Läufers (s. Abschn. 6.1.2).

In Drehstrommotoren wird das Drehfeld von einer Dreiphasenwicklung erzeugt, die an ein Dreileiternetz angeschlossen ist. Das Drehfeld entsteht dadurch, dass zeitlich phasenverschobene Ströme in räumlich versetzten Spulen fließen.

Zur vereinfachten Beschreibung der Entstehung des Drehfeldes stellen wir im Bild 6.17 die auf mehrere Nuten verteilten Leiter eines Stranges der Ständerwicklung durch eine konzentrierte Spule dar. Außerdem ersetzen wir den Läufer durch einen massiven Eisenzylinder.

Das Bild 6.17a zeigt die Liniendiagramme der Strangströme i_U, i_V und i_W. Darunter zeigt das Bild 6.17b die Richtung des Magnetfeldes im Läufer einer zweipoligen Maschine zu den Zeitpunkten $t_1 \dots t_4$. Die unterschiedlichen Werte der Stromstärke zu den einzelnen Zeitpunkten sind durch mehr oder weniger dick gezeichnete Punkte und Kreuze in den Leitern angedeutet.

Eine genauere Untersuchung zeigt, dass sich das Drehfeld *gleichmäßig* dreht. Dies hat zur Folge, dass auch das Drehmoment einer Drehfeldmaschine zeitlich konstant ist.
Das Prinzip des Drehfeldes wurde 1888 erstmals von G. FERRARIS[1)] beschrieben.

[1)] Galileo Ferraris, 1847 – 1897

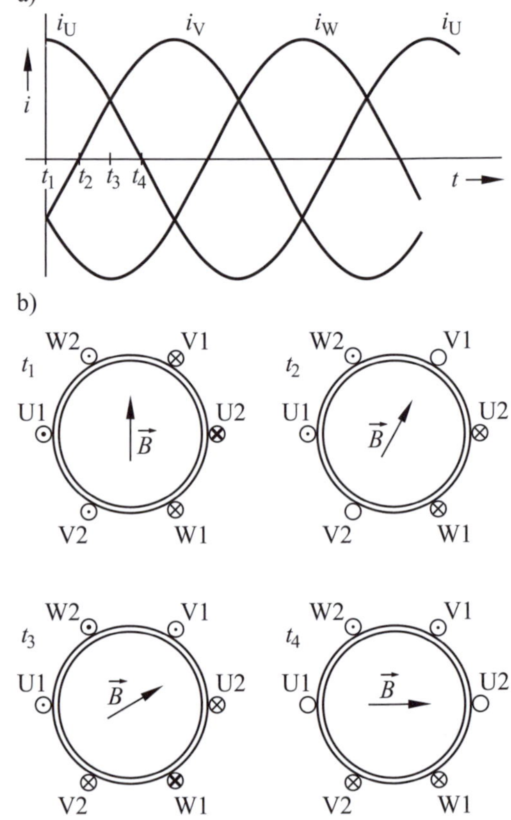

Bild 6.17 Zur Erzeugung eines Drehfeldes: a) Zeitverlauf der Spulenströme; b) magnetisches Feld

Drehsinn
Werden die drei Spulen der Drehfeldwicklung von einem **Mitsystem** gespeist, so dreht sich der Motor im Rechtslauf. Die Gln. (6.1) beschreiben das Mitsystem für den Sonderfall, dass die Spannung U_1 in der reellen Achse liegt. Ist dies nicht der Fall, so gilt für das Mitsystem (Index m):

$$\underline{U}_1 = \underline{U}_m$$
$$\underline{U}_2 = \underline{U}_m \angle{-120°} \quad (6.29)$$
$$\underline{U}_3 = \underline{U}_m \angle{120°}$$

Werden bei einer Drehfeldwicklung, die von einem Mitsystem gespeist wird, zwei Zuleitungen vertauscht, so entsteht ein **Gegensystem** mit geänderter Phasenfolge:

$$\underline{U}_1 = \underline{U}_g$$
$$\underline{U}_2 = \underline{U}_g \underline{/120^\circ} \qquad (6.30)$$
$$\underline{U}_3 = \underline{U}_g \underline{/-120^\circ}$$

Der von einem Gegensystem gespeiste Motor hat die entgegengesetzte Drehrichtung wie der von einem Mitsystem gespeiste Motor.

Drehfelddrehzahl

Eine zweipolige Maschine besitzt zwei Pole, also *ein* Polpaar; ihre **Polpaarzahl** ist $p = 1$. Bei ihr sind die Spulen der Ständerwicklung um $\alpha = 120°$ versetzt am Umfang angeordnet. Wie das Bild 6.17 zeigt, hat sich das Drehfeld nach $T/4$ um 90° gedreht. In einer Periode T führt das Drehfeld eine volle Umdrehung aus; die **Drehfelddrehzahl** n_0 ist bei einer zweipoligen Maschine gleich der Frequenz der Ströme in der Ständerwicklung.

Bei einer mehrpoligen Maschine wiederholt sich die Wicklungsanordnung der zweipoligen Maschine mehrfach am Ständerumfang (s. Tab. 6.2). Die Drehfelddrehzahl n_0 ist dabei kleiner als die der zweipoligen Maschine:

$$n_0 = \frac{f}{p} \qquad (6.31)$$

Große, langsam laufende Generatoren für Wasserkraftwerke haben hohe Polpaarzahlen wie z. B. $p = 40$; ihre Drehzahl beträgt 75 min^{-1} bei 50 Hz. Polumschaltbare Motoren haben eine Wicklung, deren Polpaarzahl p zwischen zwei Werten geändert werden kann.

Tabelle 6.2 Drehfelddrehzahlen n_0

Anzahl der Pole	Polpaarzahl p	α	Drehzahl n_0 bei 50 Hz	
			1/s	1/min
2	1	120°	50	3000
4	2	60°	25	1500
6	3	40°	16,67	1000
8	4	30°	12,5	750
10	5	24°	10	600
12	6	20°	8,33	500

Praxisbezug 6.3

Der meistverwendete Elektromotor bei Leistungen über 1 kW ist der **Asynchronmotor** mit Käfigläufer (Michael von DOLIVO-DOBROWOLSKY, 1889). Dieser Motor besitzt im Ständer eine Drehfeldwicklung und im Läufer stabförmige Leiter aus Aluminium, die an den Stirnseiten des Läufers durch Ringe kurzgeschlossen sind.

Ist die Läuferdrehzahl $n < n_0$, so werden wegen der Differenz zwischen Drehfeld- und Läuferdrehzahl in der Läuferwicklung Spannungen induziert und es fließen Ströme in dieser Wicklung. Das Nennmoment ist wesentlich kleiner als das maximale Drehmoment, das als **Kippmoment** M_K bezeichnet wird.

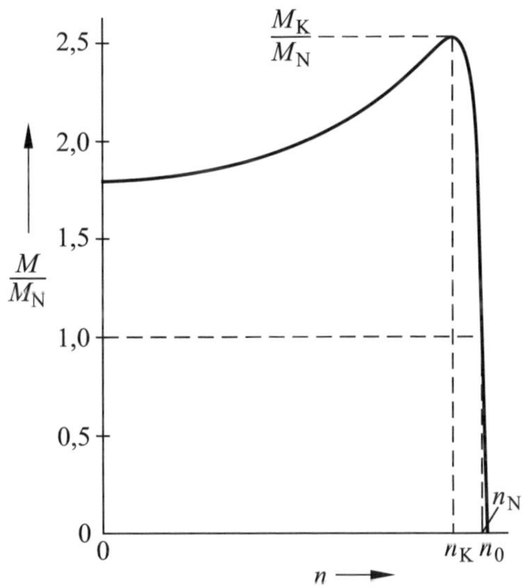

Bild 6.18 Drehmoment-Drehzahl-Kennlinie eines Asynchronmotors mit Käfigläufer

Da keine Geräteteile für die Stromzuführung im Läufer erforderlich sind, ist die Leistung je Volumen groß. Außer den Lagern gibt es keine Teile, die einem Verschleiß unterliegen.

Die Nenndrehzahl liegt nur wenige Prozent unter der Drehfelddrehzahl. Die praktisch starre Drehzahl beim Betrieb an einem Netz konstanter Frequenz schränkt die Verwendungsmöglichkeiten ein. Häufig sollen jedoch, z. B. bei Fahrzeugantrieben, das Drehmoment und die Drehzahl in weiten Bereichen einstellbar sein; dies lässt sich durch Vorschalten eines Frequenzumrichters erreichen.

Ein Beispiel hierfür ist die Lokomotive E 120 der Deutschen Bahn. Jeder ihrer insgesamt 4 Fahrmotoren hat die Nennleistung 1,4 MW; die gesamte Antriebsleistung beträgt also 5,6 MW.

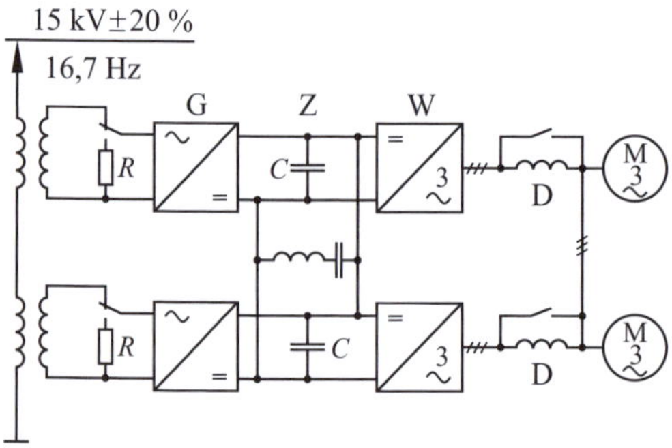

Je 2 Fahrmotoren sitzen in einem Drehgestell; sie werden von einem Wechselrichter W mit einer Frequenz 0 … 200 Hz gespeist, der seine Energie von einem Gleichrichter G erhält. Die Außenleiterspannung eines Fahrmotors beträgt maximal 2,2 kV und die maximale Drehzahl ist 3600 min^{-1}. Die Gleichspannung im Zwischenkreis Z beträgt 2,8 kV.

Die Energie-Pulsation des Einphasen-Bahnnetzes wird durch einen *LC*-Reihenschwingkreis ausgeglichen. Durch den Kondensator *C* im Zwischenkreis Z werden Oberschwingungen der gleichgerichteten Spannung und durch die Motorvordrossel D werden Oberschwingungen des Drehstromes herabgesetzt. Bei großer Geschwindigkeit der Lokomotive wird D mit einem dreipoligen Schütz überbrückt.

Wenn beim Bremsen keine Energie in den Fahrdraht eingespeist werden kann, wird auf die Bremswiderstände *R* umgeschaltet. ❐

Fragen

- Was versteht man unter symmetrischer Belastung?
- Warum kann ein Sternpunktleiter bei symmetrischer Belastung entfallen?
- Zeigen Sie, dass die Wirkleistung der drei Stränge bei symmetrischer Belastung zeitlich konstant ist.
- Wie lautet die Gleichung, mit der die Wirkleistung durch Außenleitergrößen beschrieben wird? Für welche Verbraucherschaltung gilt sie?
- Wie erhöht sich die Leistung, wenn ein symmetrischer Verbraucher von ⅄ in Δ umgeschaltet wird?
- Was ist ein Drehfeld? Wie kann es mit ruhenden Wicklungen erzeugt werden?

Aufgaben

6.1(1) Ein in Δ geschalteter Durchlauferhitzer nimmt am 400-V-Netz bei $\cos\varphi = 1$ die Wirkleistung 15 kW auf. Welcher Außenleiterstrom fließt dabei? Wie groß ist der Widerstand eines Stranges? Welche Leistung nähme der Durchlauferhitzer auf, wenn die Stränge in ⅄ geschaltet würden?

6.2(1) Ein Verbraucher mit drei komplexen Widerständen $\underline{Z} = 62\,\Omega\,\underline{/-25°}$ in Dreieckschaltung ist an ein 400-V-Drehstromnetz angeschlossen. Berechnen Sie den Effektivwert des Strangstromes und den des Außenleiterstromes. Welche Wirk- und welche Blindleistung nimmt der Verbraucher auf?

6.3(2) Ein Drehstrommotor mit dem Leistungsfaktor $\cos\varphi_M = 0{,}7$ nimmt am 400-V-Netz den Nennstrom 7,7 A auf. Er soll durch drei Kondensatoren in Stern- oder Dreieckschaltung auf $\cos\varphi = 0{,}95$ kompensiert werden. Berechnen Sie die Kapazität eines Kondensators für jede Schaltung und entscheiden Sie, welche der beiden Schaltungsarten zweckmäßiger ist.

6.3 Unsymmetrische Belastung

Ziele: Sie können

- die Voraussetzungen nennen, unter denen bei unsymmetrischer Belastung die Außenleiterspannungen an den Verbrauchersträngen symmetrisch sind.
- für unsymmetrische Belastung im Vierleiternetz den Strom im Sternpunktleiter berechnen.
- die Strangspannungen und die Strangströme bei unsymmetrischer Belastung in Sternschaltung am Dreileiternetz berechnen.
- die Strangströme und die Außenleiterströme bei unsymmetrischer Belastung in Dreieckschaltung berechnen.
- die Gleichung für die Leistung von Drehstromverbrauchern nennen, die unabhängig von der Schaltung ist.
- die ARON-Schaltung erläutern.

In einem Drehstromsystem liegt **unsymmetrische Belastung** vor, wenn der Widerstand *Z* eines Stranges von dem eines anderen Stranges abweicht. Auch wenn die Erzeuger bei Leerlauf symmetrische Spannungen bereitstellen, führt eine unsymmetrische Belastung wegen der Impedanzen von Erzeuger und Leitungen zu unsymmetrischen Strömen und Verbraucherspannungen.

Wir nehmen im Folgenden ein **starres Netz** an, d.h. wir vernachlässigen die Impedanzen der Erzeuger und der Zuleitungen; in diesem Fall sind die Außenleiterspannungen der Verbraucher symmetrisch.
Unsymmetrische Belastung kann in drei Schaltungsarten vorliegen, und zwar am *Vierleiternetz* in Sternschaltung und am *Dreileiternetz* sowohl in Stern- als auch in Dreieckschaltung. Bei jeder dieser Schaltungsarten kann die komplexe Leistung der drei Stränge mithilfe der Strangspannungen der Sternschaltung und der Außenleiterströme berechnet werden:

$$\underline{S} = \underline{U}_{1N}\,\underline{I}_1^* + \underline{U}_{2N}\,\underline{I}_2^* + \underline{U}_{3N}\,\underline{I}_3^* \qquad (6.32)$$

Dies wollen wir im Folgenden bei den drei möglichen Arten der unsymmetrischen Belastung erläutern.

6.3.1 Sternschaltung am Vierleiternetz

Bei einem starren Netz sind im Vierleitersystem sowohl die Außenleiterspannungen als auch die Strangspannungen $\underline{U}_{1N}$, $\underline{U}_{2N}$ und $\underline{U}_{3N}$ symmetrisch; dies gilt auch für unsymmetrische Belastung.

Nach DIN 40108 gehen von einem Sternpunkt in Anordnung und Wirkung gleichwertige Stränge aus. Dies ist bei unsymmetrischer Belastung nicht gegeben; wir dürfen daher den Knotenpunkt K (Bild 6.19) nicht als Sternpunkt bezeichnen.

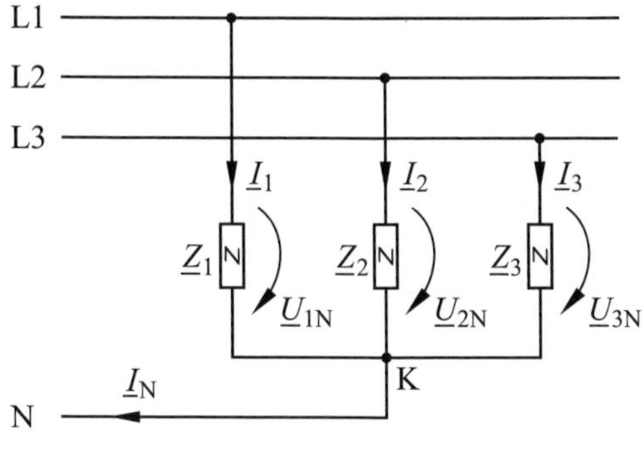

Bild 6.19 Unsymmetrische Belastung in Sternschaltung am Vierleiternetz

Der Sternpunktleiter N verbindet den Knoten K mit dem Sternpunkt des Erzeugers. Da bei unsymmetrischer Belastung die Strangströme unsymmetrisch sind, fließt im Allgemeinen im Sternpunktleiter ein **Sternpunktleiterstrom** $\underline{I}_N$. Dies ist nur dann zulässig, wenn der Sternpunkt des Erzeugers belastbar ist.

$$\underline{I}_N = \underline{I}_1 + \underline{I}_2 + \underline{I}_3 \qquad (6.33)$$

Unsymmetrische Belastung liegt auch dann vor, wenn ein Verbraucher weniger als drei Stränge, also nur zwei Stränge oder einen Strang besitzt. Im einfachsten Fall einer unsymmetrischen Belastung ist nur ein Eintor zwischen einem Außenleiter, z.B. L1, und dem Sternpunktleiter angeschlossen; dabei ist $\underline{I}_N = \underline{I}_1$ und $\underline{I}_2 = \underline{I}_3 = 0$.

Auch bei unsymmetrischer Belastung kann der Sternpunktleiterstrom $\underline{I}_N = 0$ sein. Aus $\underline{I}_N = 0$ darf man also nicht schließen, dass eine symmetrische Belastung vorliegt.

Beispiel 6.2
Am Leiter L1 eines 400-V-Vierleiternetzes ist ein OHMscher Widerstand $R = 23\ \Omega$, am Leiter L2 ein Einphasenmotor (Nennstrom 10 A; $\cos\varphi = 0{,}5$) angeschlossen. Wir wollen den Sternpunktleiterstrom berechnen.

$\underline{U}_1 = 230\ \text{V}\,\underline{/0°}$; $\underline{I}_1 = \underline{U}_1/R = 10\ \text{A}\,\underline{/0°}$

$Z_2 = U_2/I_2 = 23\ \Omega$

Der Einphasenmotor wirkt induktiv:

$\underline{Z}_2 = 23\ \Omega\,\underline{/60°}$

$$\underline{I}_2 = \frac{\underline{U}_2}{\underline{Z}_2} = \frac{230\ \text{V}\,\underline{/-120°}}{23\ \Omega\,\underline{/60°}} = 10\ \text{A}\,\underline{/-180°}$$

$\underline{I}_N = \underline{I}_1 + \underline{I}_2 = 0$

Bei beliebiger unsymmetrischer Belastung kann der Sternpunktleiterstrom größer sein als der größte Außenleiterstrom; dabei braucht keineswegs eine außergewöhnliche Belastung vorzuliegen. Dies ist bei der Querschnittsbemessung des Sternpunktleiters zu beachten.

Beispiel 6.3

Der Widerstand aus dem Beispiel 6.2 wird am Leiter L3 angeschlossen; der Einphasenmotor bleibt an L2. Wir wollen den Sternpunktleiterstrom berechnen und in einem Zeigerdiagramm darstellen.

$\underline{U}_3 = 230\ \text{V}\,\underline{/120°}$

$\underline{I}_3 = 10\ \text{A}\,\underline{/120°}$

$\underline{I}_2 = 10\ \text{A}\,\underline{/-180°}$

$\underline{I}_\text{N} = \underline{I}_2 + \underline{I}_3 = 17{,}32\ \text{A}\,\underline{/150°}$

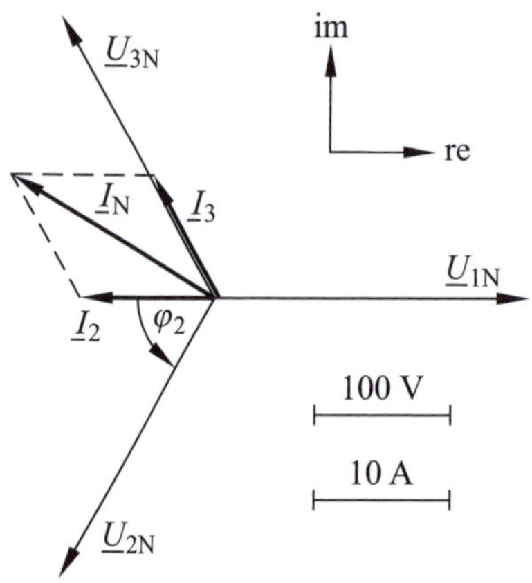

In der Praxis werden bei Kabeln und Leitungen für Vierleiternetze *gleiche* Leiterquerschnitte für die Außenleiter und den Sternpunktleiter gewählt. Dieser Querschnitt ist für den größten Strom in einem der Leiter zu bemessen.

Bei der Sternschaltung ist jeder Strangstrom gleich dem Außenleiterstrom. Im Vierleiternetz liegt jeder Strang zwischen einem Außenleiter und dem Sternpunktleiter. Deshalb gilt die Gl. (6.32) für die komplexe Leistung der drei Stränge:

$$\underline{S} = \underline{U}_{1\text{N}}\,\underline{I}_1^* + \underline{U}_{2\text{N}}\,\underline{I}_2^* + \underline{U}_{3\text{N}}\,\underline{I}_3^*$$

Die gesamte Wirkleistung der drei Stränge ist jedoch bei unsymmetrischer Belastung zeitlich nicht konstant.
Für die *Messung* der Wirkleistung bzw. der Blindleistung sind bei unsymmetrischer Belastung am Vierleiternetz *drei* Leistungsmesser erforderlich.

6.3.2 Sternschaltung am Dreileiternetz

Bei einer Sternschaltung am Dreileiternetz ist der Knotenpunkt K der Verbraucherstränge nicht mit dem Sternpunktleiter N des Netzes verbunden.

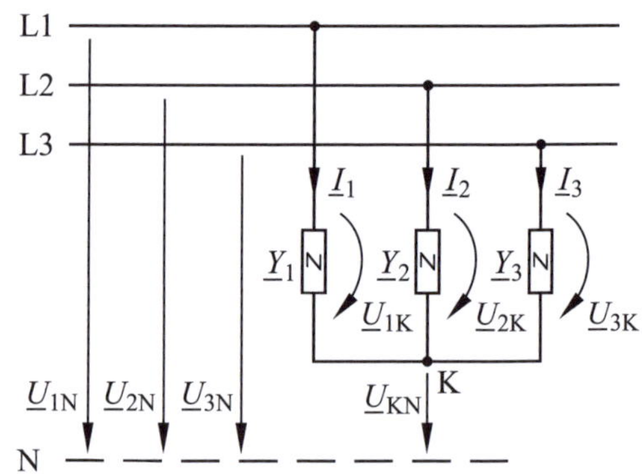

Bild 6.20 Unsymmetrische Belastung in Sternschaltung am Dreileiternetz

Bei unsymmetrischer Belastung sind nicht nur die Strangströme, sondern auch die Strangspannungen unsymmetrisch. Deswegen tritt zwischen dem Knotenpunkt K und dem Sternpunkt N die Spannung $\underline{U}_\text{KN}$ auf, die als **Sternpunktspannung** bezeichnet wird. Sie kann in Sonderfällen auch bei unsymmetrischer Belastung gleich null sein; aus $\underline{U}_\text{KN} = 0$ darf man daher nicht auf eine symmetrische Belastung schließen.

Wenn die Außenleiterspannungen des Netzes und die komplexen Widerstände bzw. Leitwerte der Verbraucherstränge gegeben sind, müssen bei der Berechnung der Spannung $\underline{U}_\text{KN}$ und der Stranggrößen sieben unbekannte Größen bestimmt werden. Für die Strangströme und -spannungen gilt:

$$\begin{aligned} \underline{I}_1 &= \underline{Y}_1\,\underline{U}_{1\text{K}} \\ \underline{I}_2 &= \underline{Y}_2\,\underline{U}_{2\text{K}} \\ \underline{I}_3 &= \underline{Y}_3\,\underline{U}_{3\text{K}} \end{aligned} \qquad (6.34)$$

$$\begin{aligned} \underline{U}_{1\text{K}} &= \underline{U}_{1\text{N}} - \underline{U}_\text{KN} \\ \underline{U}_{2\text{K}} &= \underline{U}_{2\text{N}} - \underline{U}_\text{KN} \\ \underline{U}_{3\text{K}} &= \underline{U}_{3\text{N}} - \underline{U}_\text{KN} \end{aligned} \qquad (6.35)$$

Zunächst berechnen wir die Sternpunktspannung $\underline{U}_{KN}$, indem wir in die Knotengleichung

$$\underline{I}_1 + \underline{I}_2 + \underline{I}_3 = 0 \quad (6.36)$$

die Gln. (6.34) einsetzen:

$$\underline{Y}_1 \, \underline{U}_{1K} + \underline{Y}_2 \, \underline{U}_{2K} + \underline{Y}_3 \, \underline{U}_{3K} = 0 \quad (6.37)$$

Diese Gleichung stellt mit den Gln. (6.35) ein lineares Gleichungssystem für komplexe Größen dar, das sich mit einem Computer mit geeigneter Software lösen lässt.
Man kann auch die Gleichungen ineinander einsetzen und nach $\underline{U}_{KN}$ auflösen:

$$\underline{U}_{KN} = \frac{\underline{Y}_1 \, \underline{U}_{1N} + \underline{Y}_2 \, \underline{U}_{2N} + \underline{Y}_3 \, \underline{U}_{3N}}{\underline{Y}_1 + \underline{Y}_2 + \underline{Y}_3} \quad (6.38)$$

Hiermit können wir die Strangspannungen mit den Gln. (6.35) und schließlich die Strangströme mit den Gln. (6.34) berechnen.

Beispiel 6.4
An ein 400-V-Dreileiternetz sind drei Verbraucher in Sternschaltung angeschlossen:

$$\underline{Z}_1 = 50\ \Omega \underline{/-20°}\,;\ \underline{Z}_2 = 20\ \Omega \underline{/60°}\,;\ \underline{Z}_3 = 20\ \Omega$$

Wir wollen die Strangspannungen und die Strangströme berechnen.

Die Spannungen U_{1N}, U_{2N} und U_{3N} berechnen wir mit den Gln. (6.4 und 6.7). Danach setzen wir diese Spannungen sowie die Leitwerte der Verbraucher in die Gl. (6.38) ein und erhalten:

$$\underline{U}_{KN} = 172{,}9\ \text{V} \underline{/159{,}5°}$$

Damit berechnen wir die Stranggrößen:

$$\underline{U}_{1K} = \underline{U}_{1N} - \underline{U}_{KN} = 397{,}5\ \text{V} \underline{/-8{,}8°}$$

$$\underline{U}_{2K} = \underline{U}_{2N} - \underline{U}_{KN} = 264{,}6\ \text{V} \underline{/-79{,}9°}$$

$$\underline{U}_{3K} = \underline{U}_{3N} - \underline{U}_{KN} = 147\ \text{V} \underline{/71{,}6°}$$

$$\underline{I}_1 = \underline{Y}_1 \, \underline{U}_{1K} = 7{,}95\ \text{A} \underline{/11{,}2°}$$

$$\underline{I}_2 = \underline{Y}_2 \, \underline{U}_{2K} = 13{,}23\ \text{A} \underline{/-140°}$$

$$\underline{I}_3 = \underline{Y}_3 \, \underline{U}_{3K} = 7{,}35\ \text{A} \underline{/71{,}6°}$$

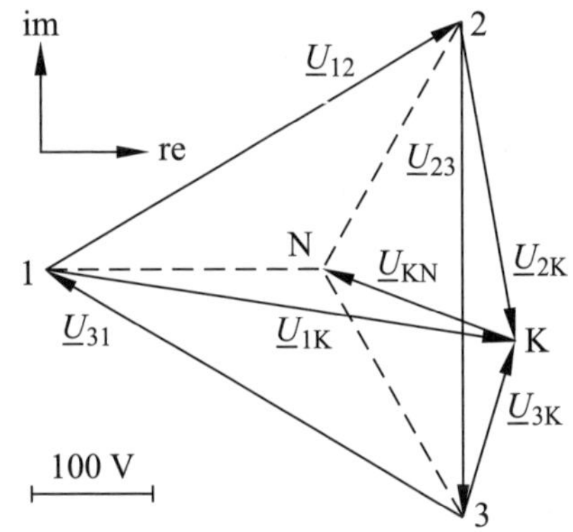

Die Berechnung der Strangspannungen und -ströme ist erheblich einfacher, wenn nur *zwei* Verbraucherstränge vorhanden sind, denn sie stellen einen Spannungsteiler dar, der an einer Außenleiterspannung liegt.

Falls der Sternpunktleiter nicht vorhanden oder nicht zugänglich ist, kann ein Sternpunkt z. B. für Messzwecke durch drei gleiche Eintore in Sternschaltung hergestellt werden; man spricht dabei von einem **künstlichen Sternpunkt**.

Die gesamte Leistung der drei Stränge ist die Summe der Strangleistungen:

$$\underline{S} = \underline{U}_{1K} \, \underline{I}_1^* + \underline{U}_{2K} \, \underline{I}_2^* + \underline{U}_{3K} \, \underline{I}_3^* \quad (6.39)$$

In diese Gleichung setzen wir die Strangspannungen nach den Gln. (7.35) ein:

$$\underline{S} = \underline{U}_{1N} \, \underline{I}_1^* + \underline{U}_{2N} \, \underline{I}_2^* + \underline{U}_{3N} \, \underline{I}_3^* - \underline{U}_{KN} (\underline{I}_1^* + \underline{I}_2^* + \underline{I}_3^*) \quad (6.40)$$

Aus der Knotengleichung (6.36) ergibt sich, dass auch die Summe der konjugiert komplexen Strangströme gleich null ist:

$$\underline{I}_1^* + \underline{I}_2^* + \underline{I}_3^* = 0 \quad (6.41)$$

Damit erhalten wir die Gl. (6.32):

$$\underline{S} = \underline{U}_{1N} \, \underline{I}_1^* + \underline{U}_{2N} \, \underline{I}_2^* + \underline{U}_{3N} \, \underline{I}_3^*$$

Diese Gleichung gilt für unsymmetrische Belastung in Sternschaltung unabhängig davon, ob der

Knotenpunkt K mit dem N-Leiter verbunden ist (Vierleiternetz) oder nicht (Dreileiternetz).

Für das *Dreileiternetz* lässt sich die Berechnung der Leistung vereinfachen. Dazu setzen wir die Gl. (6.41) in die Gl. (6.32) ein:

$$\underline{S} = \underline{U}_{1N}\,\underline{I}_1^* + \underline{U}_{2N}\,\underline{I}_2^* + \underline{U}_{3N}(-\underline{I}_1^* - \underline{I}_2^*) \qquad (6.42)$$

In der Leistungsgleichung

$$\underline{S} = (\underline{U}_{1N} - \underline{U}_{3N})\,\underline{I}_1^* + (\underline{U}_{2N} - \underline{U}_{3N})\,\underline{I}_2^* \qquad (6.43)$$

treten Spannungsdifferenzen auf, die Außenleiterspannungen gleich sind:

$$\underline{S} = \underline{U}_{13}\,\underline{I}_1^* + \underline{U}_{23}\,\underline{I}_2^* = \underline{U}_{23}\,\underline{I}_2^* - \underline{U}_{31}\,\underline{I}_1^* \qquad (6.44)$$

Zur Berechnung der Leistung bei Sternschaltung im Dreileiternetz brauchen also nur Außenleitergrößen bekannt zu sein.

6.3.3 Dreieckschaltung

Eine Dreieckschaltung kann lediglich an ein *Dreileiternetz* angeschlossen werden.

Wird die Schaltung von einem starren Netz gespeist, so sind die Außenleiterspannungen und damit die Strangspannungen des Verbrauchers symmetrisch. Bei unsymmetrischer Belastung sind dadurch die Strangströme unsymmetrisch. Wir setzen an:

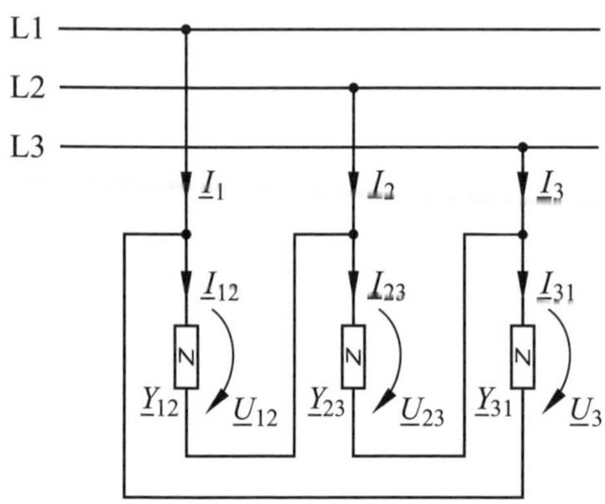

Bild 6.21 Unsymmetrische Belastung in Dreieckschaltung

$$\underline{I}_{12} = \underline{Y}_{12}\,\underline{U}_{12}$$
$$\underline{I}_{23} = \underline{Y}_{23}\,\underline{U}_{23} \qquad (6.45)$$
$$\underline{I}_{31} = \underline{Y}_{31}\,\underline{U}_{31}$$

Auch die Außenleiterströme sind unsymmetrisch; sie lassen sich mithilfe der Gln. (6.24) aus den Strangströmen berechnen. In Sonderfällen können die Außenleiterströme jedoch trotz unsymmetrischer Belastung symmetrisch sein.

Nach dem Knotensatz ist die Summe der Außenleiterströme im Dreileiternetz stets gleich null, auch wenn die Strangströme der Dreieckschaltung unsymmetrisch sind. Die Gl. (6.36) gilt also auch bei Dreieckschaltung.

Die gesamte Verbraucherleistung können wir als Summe der Strangleistungen berechnen:

$$\underline{S} = \underline{U}_{12}\,\underline{I}_{12}^* + \underline{U}_{23}\,\underline{I}_{23}^* + \underline{U}_{31}\,\underline{I}_{31}^* \qquad (6.46)$$

Wir wollen nun zeigen, dass die Gl. (6.32) auch bei unsymmetrischer Belastung in Dreieckschaltung gilt, und setzen die Gln. (6.5) in die Gl. (6.46) ein:

$$\begin{aligned}\underline{S} &= \underline{U}_{1N}\,\underline{I}_{12}^* - \underline{U}_{2N}\,\underline{I}_{12}^* \\ &+ \underline{U}_{2N}\,\underline{I}_{23}^* - \underline{U}_{3N}\,\underline{I}_{23}^* \\ &+ \underline{U}_{3N}\,\underline{I}_{31}^* - \underline{U}_{1N}\,\underline{I}_{31}^*\end{aligned} \qquad (6.47)$$

Wir fassen die Produkte mit gleichen Spannungen zusammen und erhalten mit den Gln. (6.24):

$$\underline{S} = \underline{U}_{1N}\,\underline{I}_1^* + \underline{U}_{2N}\,\underline{I}_2^* + \underline{U}_{3N}\,\underline{I}_3^*$$

Die Gl. (6.32) gilt also unabhängig von der Belastung sowohl im Vierleiternetz als auch im Dreileiternetz.

Die Berechnung der Leistung lässt sich für das Dreileiternetz wie im Abschnitt 6.3.2 vereinfachen. Wir setzen die Gl. (6.41) in die Gl. (6.32) ein und erhalten die Gl. (6.44). Diese Gleichung gilt also für die gesamte Leistung im Dreileiternetz unabhängig von der Schaltung der Verbraucher:

$$\boxed{\underline{S} = P + \mathrm{j}\,Q = \underline{U}_{13}\,\underline{I}_1^* + \underline{U}_{23}\,\underline{I}_2^*} \qquad (6.48)$$

Praxisbezug 6.4

Gemäß Gl. (6.48) kann die Wirkleistung im *Dreileiternetz* mit zwei Wattmetern in der sog. **Aron-Schaltung**[1)] gemessen werden. Auch bei Zählern für die Messung der Wirkarbeit wird diese Schaltung verwendet.

Die Leistungsmesser werden entweder direkt oder über Wandler in die Stromkreise geschaltet bzw. an die Außenleiterspannungen gelegt.

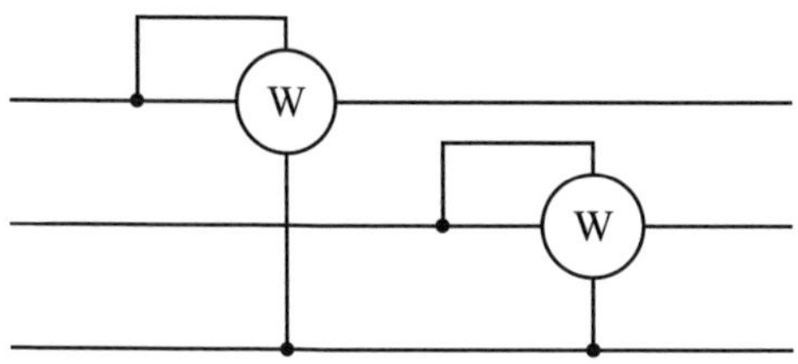

Meist sitzen beide Messwerke auf einer Achse; die gesamte Wirkleistung im Dreileiternetz kann dabei auf *einer* Skale abgelesen werden. ❐

Fragen

- Was versteht man unter unsymmetrischer Belastung?
- In welchen Schaltungsarten kann eine unsymmetrische Belastung des Drehstromsystems vorliegen? Wie wirkt sie sich jeweils im Vergleich zur symmetrischen Belastung aus?
- Liegt in einem Drehstrom-Vierleitersystem symmetrische Belastung vor, wenn kein Strom im Sternpunktleiter fließt?
- Wie wird in der Praxis der Querschnitt für den Sternpunktleiter gewählt?
- Erläutern Sie den Begriff Sternpunktspannung.
- Wie wird ein künstlicher Sternpunkt erzeugt?
- Mit welcher Gleichung lässt sich die Leistung bei beliebiger Belastung sowohl am Vierleiternetz als auch am Dreileiternetz berechnen?
- Zeigen Sie, dass die Summe der Außenleiterströme bei unsymmetrischer Belastung in Dreieckschaltung gleich null ist.
- Wie kann die Leistung der drei Stränge eines Verbrauchers im Dreileiternetz berechnet werden?

Aufgaben

6.4[(1)] In einem 400-V-Vierleiternetz werden drei Verbraucher in Sternschaltung betrieben: Am Leiter L1 der Ohmsche Widerstand $R = 18{,}4\ \Omega$ und am Leiter L3 ein Einphasenmotor mit dem Leistungsfaktor $\cos\varphi = 0{,}7$, der 9 A aufnimmt. Welchen Widerstand muss ein Eintor an L2 haben, damit kein Sternpunktleiterstrom fließt?

6.5[(2)] Am Leiter L2 des 400-V-Dreileiternetzes mit $f = 50$ Hz liegt kein Verbraucher. Berechnen Sie die Ströme $\underline{I}_1$ und $\underline{I}_3$ sowie die Spannungen $\underline{U}_{1K}$, $\underline{U}_{2K}$ und $\underline{U}_{3K}$.

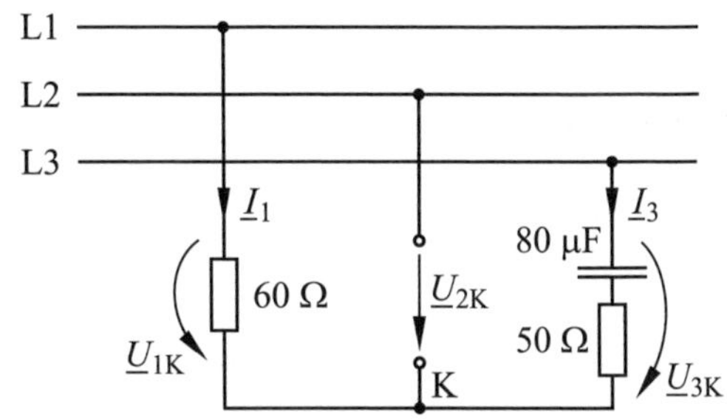

6.6[(2)] An ein 400-V-Dreileiternetz sind drei Verbraucher in Sternschaltung angeschlossen:

$\underline{Z}_1 = 22\ \Omega\ \underline{/0°}$; $\underline{Z}_2 = 22\ \Omega\ \underline{/60°}$; $\underline{Z}_3 = 100\ \Omega\ \underline{/-20°}$

Berechnen Sie die Strangspannungen, die Strangströme und die gesamte Leistung der Verbrauchergruppe.

6.7[(2)] An ein 400-V-Dreileiternetz sind drei Verbraucher in Dreieckschaltung angeschlossen:

$\underline{Z}_{12} = 20\ \Omega\ \underline{/0°}$; $\underline{Z}_{23} = 20\ \Omega\ \underline{/60°}$; $\underline{Z}_{31} = 50\ \Omega\ \underline{/-20°}$

Berechnen Sie die Außenleiterströme.

6.8[(3)] Der Widerstand $R = 100\ \Omega$ sowie die Kondensatoren C_a und C_b sollen am 400-V-Dreileiternetz ($f = 50$ Hz) eine Belastung ergeben, bei der symmetrische Außenleiterströme fließen. Berechnen Sie C_a und C_b. Welche Spannung U_R liegt am Widerstand R? Welchen Effektivwert hat ein Außenleiterstrom?

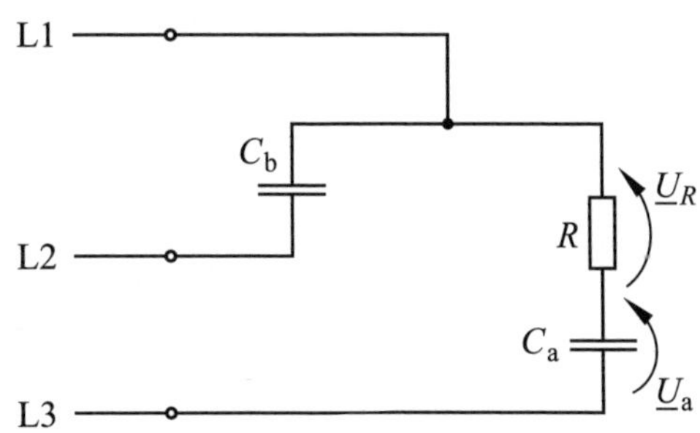

[1)] Hermann Aron, 1845 – 1913

6.4 Symmetrische Komponenten

Ziele: Sie können
- beschreiben, was man unter den symmetrischen Komponenten eines unsymmetrischen Spannungs- bzw. Stromsystems versteht.
- die symmetrischen Komponenten berechnen.
- die Nullspannung bzw. den Nullstrom eines unsymmetrischen Spannungs- bzw. Stromsystems ermitteln.

Ein nicht symmetrisches Dreiphasensystem ist wenig anschaulich, denn man kann nicht ohne weiteres erkennen, wie es sich beim Betrieb einer Drehfeldmaschine auswirkt. Zur Vereinfachung der Beschreibung ersetzt man zweckmäßig das unsymmetrische Dreiphasensystem durch zwei symmetrische Systeme, und zwar ein Mit- und ein Gegensystem, die als **symmetrische Komponenten** bezeichnet werden; in vielen Fällen ist ein zusätzliches Einphasensystem erforderlich.

Von Bedeutung sind diese Begriffe vor allem bei Drehfeldmaschinen: Das Mitsystem erzeugt ein Drehmoment, das einen Motor im Rechtsdrehsinn antreibt, und das Gegensystem erzeugt ein Drehmoment mit entgegengesetztem Drehsinn.

Die Methode der symmetrischen Komponenten ist z. B. geeignet für die Berechnung von Störungen im Dreiphasennetz oder für die Beschreibung von Generatoren und Transformatoren bei unsymmetrischer Belastung. Die Methode bietet auch Vorteile bei der Beschreibung der Wirkungsweise und des Betriebsverhaltens von Einphasenmotoren sowie bei ihrer Berechnung.

6.4.1 Geschlossenes Zeigerdreieck

Bei einer unsymmetrischen Belastung eines *Drei*leiternetzes ergeben die Außenleiterströme ein unsymmetrisches Dreiphasensystem. Sie bilden stets ein geschlossenes Zeigerdreieck, d. h. ihre Summe ist null.

Die drei Zeiger eines *beliebigen* Dreiphasensystems bilden nur im Sonderfall ein geschlossenes Zeigerdreieck. In diesem Fall können die unsymmetrischen Spannungen bzw. Ströme durch zwei symmetrische Systeme ersetzt werden, und zwar durch ein Mitsystem und ein Gegensystem.

Wir wählen zunächst als Beispiel ein unsymmetrisches Spannungssystem und setzen für die symmetrischen Komponenten an:

$$\begin{aligned} \underline{U}_1 &= \underline{U}_{1\mathrm{m}} + \underline{U}_{1\mathrm{g}} \\ \underline{U}_2 &= \underline{U}_{2\mathrm{m}} + \underline{U}_{2\mathrm{g}} \\ \underline{U}_3 &= \underline{U}_{3\mathrm{m}} + \underline{U}_{3\mathrm{g}} \end{aligned} \qquad (6.49)$$

In diese Gleichungen setzen wir die Spannungen des Mitsystems (Gln. 6.29) und des Gegensystems (Gln. 6.30) ein:

$$\begin{aligned} \underline{U}_1 &= \underline{U}_{\mathrm{m}} + \underline{U}_{\mathrm{g}} \\ \underline{U}_2 &= \underline{U}_{\mathrm{m}}\,\underline{/-120^\circ} + \underline{U}_{\mathrm{g}}\,\underline{/120^\circ} \\ \underline{U}_3 &= \underline{U}_{\mathrm{m}}\,\underline{/120^\circ} + \underline{U}_{\mathrm{g}}\,\underline{/-120^\circ} \end{aligned} \qquad (6.50)$$

Weil bei einem geschlossenen Zeigerdreieck die Summe von zwei Gleichungen die dritte Gleichung ergibt, ist das Gleichungssystem (6.50) überbestimmt. Wir lassen deshalb die dritte Gleichung weg und erhalten ein Gleichungssystem für komplexe Größen, das sich mit einem Mathematikprogramm (z. B. MATLAB) lösen lässt.

Beispiel 6.5
Wir wollen die symmetrischen Komponenten der Strangströme aus dem Beispiel 6.4 berechnen.

Wie die Gl. (6.36) zeigt, bilden die Strangströme der Sternschaltung am Dreileiternetz ein geschlossenes Zeigerdreieck.

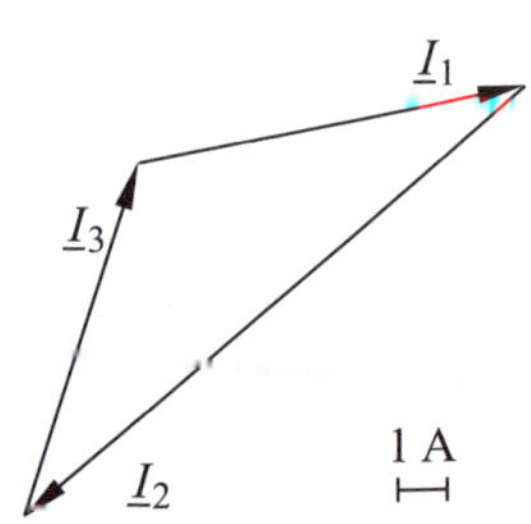

Mit den Ergebnissen des Beispiels 6.4 setzen wir ein komplexes Gleichungssystem an:

$$\underline{I}_1 = 7{,}95\ \mathrm{A}\,\underline{/11{,}2^\circ} = \underline{I}_{\mathrm{m}} + \underline{I}_{\mathrm{g}}$$

$$\underline{I}_2 = 13{,}23\ \mathrm{A}\,\underline{/-140^\circ} = \underline{I}_{\mathrm{m}}\,\underline{/-120^\circ} + \underline{I}_{\mathrm{g}}\,\underline{/120^\circ}$$

Die Lösung des Gleichungssystems lautet:

$$\underline{I}_\mathrm{m} = 8{,}83\ \mathrm{A}\,\underline{/-18{,}6^\circ}$$

$$\underline{I}_\mathrm{g} = 4{,}4\ \mathrm{A}\,\underline{/97{,}5^\circ}$$

Die Zeiger dieser beiden Stromsysteme drehen sich mit der Winkelgeschwindigkeit ω im mathematisch positiven Sinn.

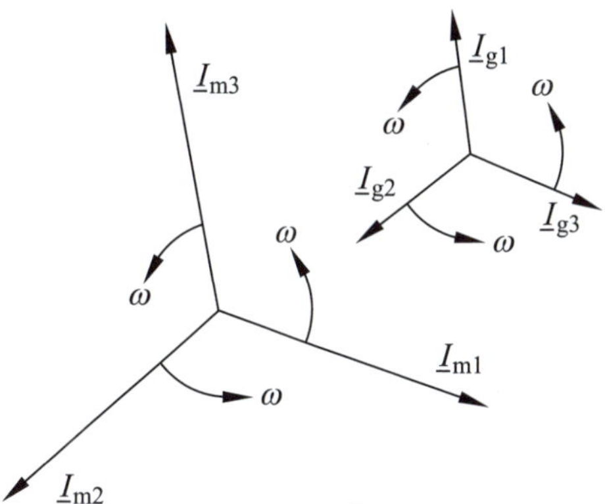

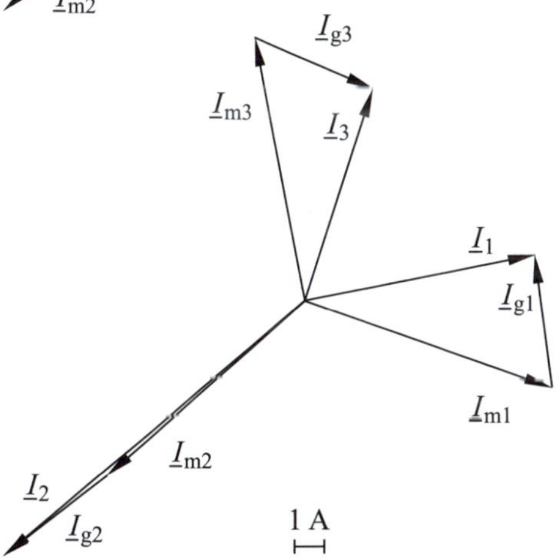

6.4.2 Beliebige Lage der Zeiger

Bei der unsymmetrischen Belastung eines *Vier*leiternetzes, bei welcher die Verbraucher in Y geschaltet sind, ergeben die Ströme ein unsymmetrisches Dreiphasensystem (s. Abschn. 6.3.1). Sie bilden jedoch im Allgemeinen *kein* geschlossenes Zeigerdreieck, d. h. ihre Summe ist *nicht* gleich null. Vielmehr fließt als Summe der Verbraucherströme ein zusätzlicher einphasiger Strom $\underline{I}_\mathrm{N}$ durch den Sternpunktleiter.

Für die Methode der symmetrischen Komponenten bedeutet dies, dass zu dem Mit- und dem Gegensystem ein **Nullsystem** hinzukommt, welches aber kein symmetrisches Dreiphasensystem, sondern nur ein Einphasensystem ist.
Bei unsymmetrischen Spannungen wird deswegen zu jeder der Gln. (6.50) eine sog. **Nullspannung** $\underline{U}_0$ hinzugefügt:

$$\begin{aligned}
\underline{U}_1 &= \underline{U}_\mathrm{m} + \underline{U}_\mathrm{g} + \underline{U}_0 \\
\underline{U}_2 &= \underline{U}_\mathrm{m}\,\underline{/-120^\circ} + \underline{U}_\mathrm{g}\,\underline{/120^\circ} + \underline{U}_0 \\
\underline{U}_3 &= \underline{U}_\mathrm{m}\,\underline{/120^\circ} + \underline{U}_\mathrm{g}\,\underline{/-120^\circ} + \underline{U}_0
\end{aligned} \tag{6.51}$$

Entsprechendes gilt für unsymmetrische Ströme, deren Zeigerdreieck nicht geschlossen ist; hierbei enthält jede Gleichung einen sog. **Nullstrom** $\underline{I}_0$.

Sind drei beliebige unsymmetrische Spannungen gegeben und ihre symmetrischen Komponenten gesucht, so könnte man daran denken, das komplexe Gleichungssystem (6.51) zu lösen. Bildet man aber die Summe dieser Gleichungen, so erhält man das Dreifache der Nullspannung. Demnach kann man die Nullspannung von den Größen des unsymmetrischen Systems subtrahieren und braucht zur Bestimmung der symmetrischen Komponenten lediglich ein Gleichungssystem mit zwei Gleichungen zu lösen.

Beispiel 6.6
In einem Drehstrom-Vierleiternetz fließen die Strangströme $\underline{I}_1 = 8\ \mathrm{A} + \mathrm{j}\,4\ \mathrm{A}$, $\underline{I}_2 = -2\ \mathrm{A} - \mathrm{j}\,8\ \mathrm{A}$ und $\underline{I}_3 = -3\ \mathrm{A} + \mathrm{j}\,10\ \mathrm{A}$. Wir wollen die symmetrischen Komponenten dieses unsymmetrischen Stromsystems und den Strom im Neutralleiter bestimmen.

Zunächst bilden wir die Summe der Ströme und erhalten den Strom im Neutralleiter:

$$\underline{I}_1 + \underline{I}_2 + \underline{I}_3 = \underline{I}_\mathrm{N} = 3\,\underline{I}_0 = 3\ \mathrm{A} + \mathrm{j}\,6\ \mathrm{A}$$

Damit berechnen wir den Nullstrom:

$$\underline{I}_0 = 1\ \mathrm{A} + \mathrm{j}\,2\ \mathrm{A}$$

Die Zeiger der Strangströme bilden kein geschlossenes Zeigerdreieck.

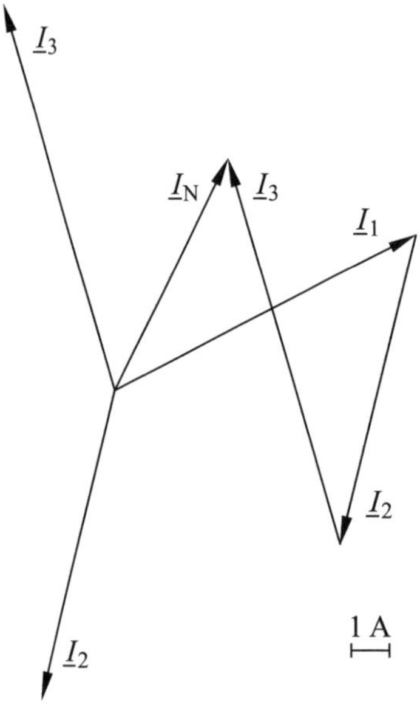

Wir subtrahieren den Nullstrom von $\underline{I}_1$ und $\underline{I}_2$, wonach wir mit

$$1\,\underline{/-120^\circ} = -0{,}5 - \mathrm{j}\,0{,}866$$

$$1\,\underline{/120^\circ} = -0{,}5 + \mathrm{j}\,0{,}866$$

das Gleichungssystem erhalten:

$$\underline{I}_1 - \underline{I}_0 = \underline{I}_\mathrm{m} + \underline{I}_\mathrm{g}$$

$$\underline{I}_2 - \underline{I}_0 = (-0{,}5 - \mathrm{j}\,0{,}866)\,\underline{I}_\mathrm{m} + (-0{,}5 + \mathrm{j}\,0{,}866)\,\underline{I}_\mathrm{g}$$

Seine Lösung lautet:

$$\underline{I}_\mathrm{m} = 8{,}7\,\mathrm{A} + \mathrm{j}\,1{,}29\,\mathrm{A}\;;\;\underline{I}_\mathrm{g} = -1{,}7\,\mathrm{A} + \mathrm{j}\,0{,}71\,\mathrm{A}$$

Wir tragen diese Zeiger im nächsten Bild auf.

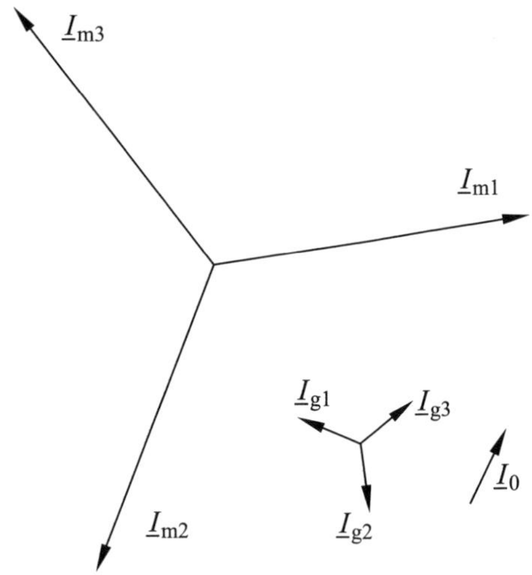

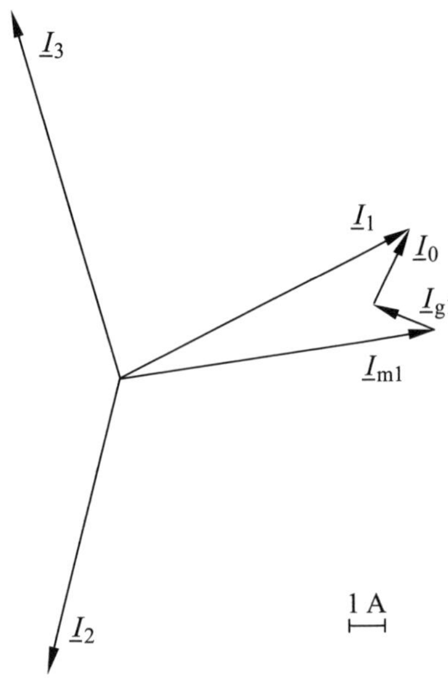

Fragen

- Was versteht man unter einem Mitsystem? Was ist ein Gegensystem?
- Erläutern Sie den Begriff symmetrische Komponenten.
- Wie geht man bei der Bestimmung der symmetrischen Komponenten eines unsymmetrischen Spannungssystems vor, deren Zeiger ein geschlossenes Dreieck bilden?
- Was ist eine Nullspannung bzw. ein Nullstrom?

Aufgaben

6.9(2) In einem Dreileiternetz werden die Außenleiterspannungen $U_{12} = 400$ V; $U_{23} = 420$ V und $U_{31} = 380$ V gemessen. Berechnen Sie die symmetrischen Komponenten.

6.10(2) Bei einem Gerät, das am Vierleiternetz in Sternschaltung mit der Strangspannung 230 V arbeitet, wird der Außenleiter L1 unterbrochen. Berechnen Sie die symmetrischen Komponenten des verbleibenden unsymmetrischen Spannungssystems.

7 Nichtsinusförmige Größen

Bisher haben wir uns vorwiegend mit *Sinusgrößen* befasst. In der Elektrotechnik haben jedoch auch *nichtsinusförmige* Größen erhebliche Bedeutung, wofür wir einige Beispiele nennen wollen:

- Die von Synchrongeneratoren erzeugte Spannung im Wechselstromnetz ist nicht exakt sinusförmig, was in vielen Fällen berücksichtigt werden muss. Auch die Magnetisierungsströme von Transformatoren weichen wegen der nichtlinearen Magnetisierungskurve des Eisenkerns stark von der Sinusform ab und verursachen nichtsinusförmige Spannungsabfälle.
- Stromrichterschaltungen mit Dioden oder mit Thyristoren erzeugen Ströme, deren Verlauf eine „angeschnittene Sinusschwingung“ ist.
- In der Kommunikationstechnik können Nachrichten nicht durch Sinusschwingungen konstanter Amplitude und Frequenz übertragen werden. Vielmehr müssen Amplitude, Frequenz oder Phasenwinkel der Sinusgröße nachrichtenabhängig ständig verändert werden.
- In der Digitaltechnik verwendet man Impulsfolgen zur Informationsdarstellung.

Wir wollen im Folgenden die Eigenschaften nichtsinusförmiger *periodischer* Größen und die Möglichkeiten für ihre rechnerische Behandlung untersuchen. Später werden wir uns auch mit *nichtperiodischen* Größen befassen.

7.1 Harmonische Synthese

Ziele: Sie können

- den Begriff harmonische Synthese erklären.
- die Begriffe Grundschwingung, Grundfrequenz, harmonische Schwingung und Oberschwingung erläutern.
- eine aus harmonischen Schwingungen bestehende Größe als FOURIER-Reihe formulieren.
- den Begriff FOURIER-Koeffizient erläutern.
- die besonderen Merkmale der Zeitfunktionen beschreiben, die ausschließlich cos- bzw. sin-Teilschwingungen enthalten.
- die Symmetrieeigenschaften einer Zeitfunktion beschreiben, die ausschließlich Teilschwingungen mit ungeraden Ordnungszahlen enthält.
- die komplexe FOURIER-Reihe formulieren und mit einem Zeigerdiagramm veranschaulichen.
- die Begriffe Amplituden- und Phasenspektrum anhand einer Skizze erklären.

7.1.1 Teilschwingungen

Im Abschn. 3.3.3 haben wir gezeigt, dass die Addition *zweier* Sinusgrößen *unterschiedlicher* Frequenz einen zwar periodischen, aber *nichtsinusförmigen* Verlauf ergibt.

Wir wollen nun die Überlagerung *beliebig vieler* Sinusgrößen am Beispiel sinusförmiger Teilströme $i_1, i_2, i_3 \dots i_n$ mit unterschiedlichen Frequenzen f_1, $f_2, f_3 \dots f_n$ zu einem Gesamtstrom i betrachten (s. Bild 7.1).

Eine solche Vereinigung einer Vielheit zu einer Einheit bezeichnet man allgemein als **Synthese** (*synthesis*).

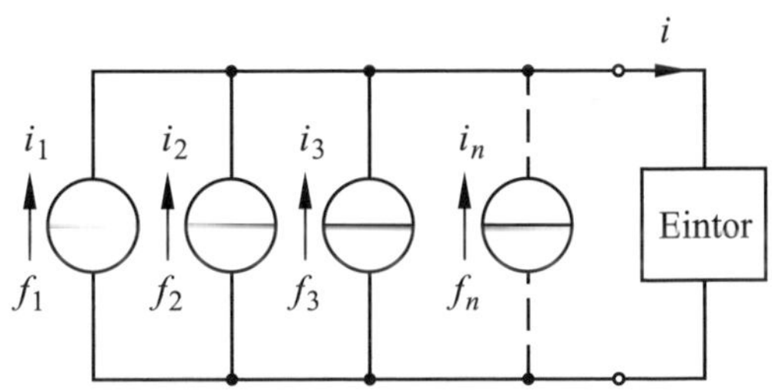

Bild 7.1 Synthese des Gesamtstromes i aus den Teilströmen $i_1 \dots i_n$

Bei der Synthese beschränken wir uns auf den Fall, dass die Frequenz jedes Teilstromes ein *ganzzahliges Vielfaches* der niedrigsten Frequenz f_1 ist, die **Grundfrequenz** *(fundamental frequency)* genannt wird:

$$f_k = k f_1; \quad k = 1, 2, 3 \dots n \tag{7.1}$$

Unter dieser Voraussetzung gilt:

$$i_k = \hat{i}_k \cdot \cos(k\,\omega_1\,t + \varphi_k) \tag{7.2}$$

Für bestimmte Ordnungszahlen k können die zugehörigen Teilströme die Amplitude null haben.

Der Gesamtstrom i ist nach dem Knotensatz die Summe sämtlicher Teilströme i_k mit den Frequenzen $f_1 \dots f_n$:

$$i = \sum_{k=1}^{n} i_k \tag{7.3}$$

Jeder auf diese Weise gebildete Strom verläuft *periodisch*; seine Periodendauer ist gleich dem Kehrwert der Grundfrequenz f_1.
Außer den Amplituden $\hat{i}_k$ und den Frequenzen f_k sind auch die *Nullphasenwinkel* φ_k für das Liniendiagramm des Gesamtstromes i von Bedeutung.

Beispiel 7.1
Wir überlagern dem Sinusstrom

$$i_1 = 3\ \text{A} \cdot \cos \omega_1 t \quad \text{mit } \omega_1 = 314\ \text{s}^{-1}$$

einen Strom i_3 mit dreifacher Frequenz:

$$i_3 = 0{,}5\ \text{A} \cdot \cos(3\,\omega_1 t + \varphi_3)$$

Dabei betrachten wir zwei verschiedene Werte des Nullphasenwinkels:

$$\varphi_{3a} = 0\ ; \quad \varphi_{3b} = \pi$$

Wir wollen den Einfluss des Nullphasenwinkels auf den durch Überlagerung gebildeten Gesamtstrom zeigen.

Zunächst berechnen wir die Frequenz und die Periodendauer:

$$f_1 = 50\ \text{Hz}\ ; \quad T_1 = 20\ \text{ms}$$

$$f_3 = 150\ \text{Hz}\ ; \quad T_3 = 6{,}67\ \text{ms}$$

Die Frequenz f_3 ist ein ganzzahliges Vielfaches von f_1; also ist f_1 die *Grundfrequenz* des Gesamtstromes.

Das Bild 7.2 zeigt die Liniendiagramme der Teilströme und des Gesamtstromes i_a bzw. i_b.

Der Gesamtstrom wurde durch punktweise Addition der Teilströme gewonnen. Man erkennt, dass sein Verlauf von der Phasenlage des jeweils überlagerten Teilstromes i_3 abhängt.

Die Periodendauer des Gesamtstromes stimmt in beiden Fällen mit der Periodendauer T_1 der Grundschwingung überein.

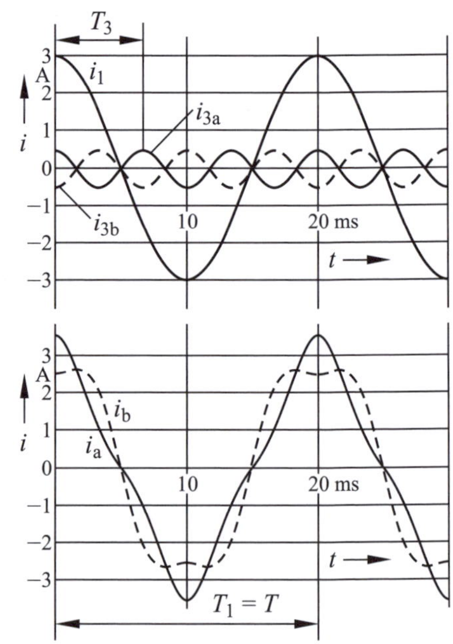

Bild 7.2 Überlagerung zweier Sinusströme unterschiedlicher Frequenz bei verschiedenen Nullphasenwinkeln

Schwingungen, deren Frequenzen ganzzahlige Vielfache einer Grundfrequenz sind, nennt man **harmonische Schwingungen** (*harmonic oszillation*). Die Synthese solcher Schwingungen zu einem periodischen Vorgang wird als **harmonische Synthese** (*harmonic synthesis*) bezeichnet.
Dabei heißen die einzelnen Schwingungen **Teilschwingungen** (*partial oszillation*) und die Teilschwingung mit der Ordnungszahl k wird k-te Teilschwingung oder k-te **Harmonische** (k^{th} *harmonic*) genannt.

Die erste Teilschwingung ($k = 1$) ist die **Grundschwingung** (*fundamental wave*); die übrigen Teilschwingungen werden auch **Oberschwingungen** (*harmonics*) genannt.
Die harmonische Synthese kann nicht nur für Ströme, sondern auch für andere schwingungsfähige Größen durchgeführt werden, z. B. für Spannungen oder für magnetische Flüsse.

Die Frequenz f_1 bezeichnet die Grundfrequenz auch dann, wenn sie in der harmonischen Synthese gar nicht enthalten ist.

Beispiel 7.2
Drei Sinusspannungen mit den Frequenzen 10 Hz, 20 Hz und 35 Hz haben jeweils die gleiche Amplitude $\hat{u} = 1$ V. Wir wollen die Periodendauer der Gesamtspannung berechnen, die aus der Überlagerung dieser drei Teilspannungen entsteht.

Die Frequenz 10 Hz ist *nicht* die Grundfrequenz, da sie mit 35 Hz nicht über einen ganzzahligen Faktor k verknüpft ist und deshalb die Gl. (7.1) nicht erfüllt ist. Die Grundschwingung, zu der die drei gegebenen Teilschwingungen *harmonisch* sind, ist im Gemisch nicht enthalten.
Der größte gemeinsame Teiler für die Zahlen 10, 20 und 35 ist 5; damit erhalten wir die Grundfrequenz $f_1 = 5$ Hz. Die zugehörige Periodendauer ist $T = T_1 = 1/f_1 = 200$ ms.

k	Bezeichnung	Frequenz	$\hat{u}_k$
1	1. Teilschwingung (Grundschwingung)	$f_1 = 5$ Hz	0 V
2	2. Teilschwingung	$f_2 = 10$ Hz	1 V
4	4. Teilschwingung	$f_4 = 20$ Hz	1 V
7	7. Teilschwingung	$f_7 = 35$ Hz	1 V

Die 2., 4. und 7. Teilschwingung können als *Oberschwingungen* bezeichnet werden.

7.1.2 Reelle FOURIER-Reihen

Den Teilschwingungen in der Summe der Gl. (7.3) kann ein *Gleichstromanteil* überlagert sein; in diesem Fall hat die Gesamtschwingung den *Gleichwert* $\overline{i} = i_0$. Die Summe kann grundsätzlich über *beliebig viele* Teilströme i_k gebildet werden, also auch über $k \to \infty$.
So entsteht eine Reihe, die wir für eine *beliebige* periodisch schwingende Größe mit der Zeitfunktion $y(t)$ formulieren:

$$\boxed{y = y_0 + \sum_{k=1}^{\infty} \hat{y}_k \cos(k\omega_1 t + \varphi_k)} \tag{7.4}$$

Eine solche trigonometrische Reihe wird **FOURIER-Reihe** [1] genannt.

Jede in der Summe enthaltene Teilschwingung y_k lässt sich nach der Gl. (A1.8) in ein Cosinus- und ein Sinusglied zerlegen:

$$y_k = \hat{y}_k \cos\varphi_k \cdot \cos k\omega_1 t - \hat{y}_k \sin\varphi_k \cdot \sin k\omega_1 t \tag{7.5}$$

Die Faktoren dieser trigonometrischen Funktionen nennt man **FOURIER-Koeffizienten**:

$$a_k = \hat{y}_k \cos\varphi_k \,; \quad b_k = -\hat{y}_k \sin\varphi_k \tag{7.6}$$

Hiermit lässt sich die Gl. (7.4) umformen:

$$\boxed{y = y_0 + \sum_{k=1}^{\infty} (a_k \cos k\omega_1 t + b_k \sin k\omega_1 t)} \tag{7.7}$$

Zwischen den Kenngrößen der Teilschwingungen und den FOURIER-Koeffizienten bestehen die Zusammenhänge:

$$\hat{y}_k = \sqrt{a_k^2 + b_k^2} \tag{7.8}$$

$$\varphi_k = -\arctan \frac{b_k}{a_k} \tag{7.9}$$

Mit den Vorzeichen von a_k und b_k ergeben sich Winkel im Bereich $-180° \le \varphi_k \le 180°$.

Mithilfe der FOURIER-Reihen lassen sich periodische Funktionen durch eine Summe von Sinusschwingungen darstellen, auf welche die bekannten Rechenverfahren angewendet werden können.

In der Praxis bildet man die Summe bis zu einem größten Summanden $k = n$ und arbeitet mit einer Näherung für eine gegebene Funktion.
Die Annäherung an diese Funktion ist umso genauer, je mehr Glieder der Reihe verwendet werden, d. h. je höher die Zahl n ist.

Für einige häufig gebrauchte periodische Funktionen $y(t)$ findet man ihre FOURIER-Koeffizienten a_k und b_k in der Tabelle im Anhang A5.

[1] Joseph Baron de Fourier, 1768 – 1830

Beispiel 7.3
Wir wollen die gegebene Rechteckspannung mithilfe ihrer FOURIER-Koeffizienten aus Teilschwingungen aufbauen.

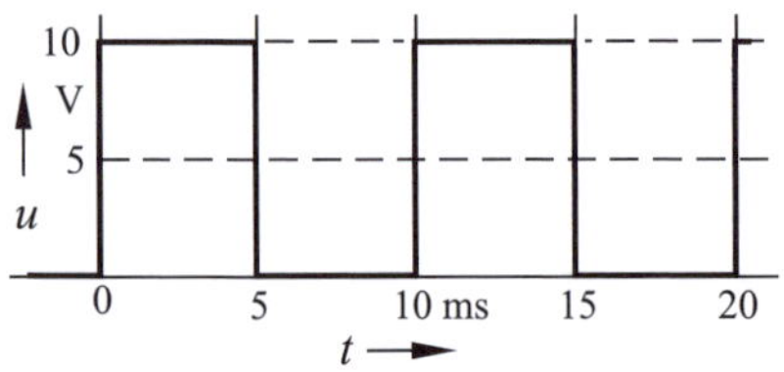

Die Spannung hat die Periodendauer $T = 10$ ms; die Frequenz der Grundschwingung ist also $f_1 = 1 / 10$ ms $= 100$ Hz und die Kreisfrequenz ist $\omega_1 = 2\,\pi f_1 = 628\ \text{s}^{-1}$.
Der Gleichspannungsanteil ist $u_0 = \overline{u} = 5$ V. Subtrahieren wir diesen von der gegebenen Spannung, so bleibt die *Wechselgröße* $u_\sim$ mit der Amplitude $\hat{u}_\sim = 5$ V übrig. Hierfür finden wir in der Tabelle im Anhang A5 die FOURIER-Koeffizienten:

$$a_k = 0\,; \quad b_k = \frac{4\,h}{\pi\,k} \quad \text{mit } k = 1, 3, 5\,\ldots$$

Die gegebene Rechteckspannung enthält also außer dem Gleichwert ausschließlich *Sinusglieder*; insofern ist sie ein Sonderfall. Mit $h = \hat{u}_\sim = 5$ V erhalten wir die FOURIER-Reihe:

$$u = 5\ \text{V} + 6{,}37\ \text{V} \cdot \sin \omega_1 t + 2{,}12\ \text{V} \cdot \sin 3\,\omega_1 t + 1{,}27\ \text{V} \cdot \sin 5\,\omega_1 t + 0{,}909\ \text{V} \cdot \sin 7\,\omega_1 t + \ldots$$

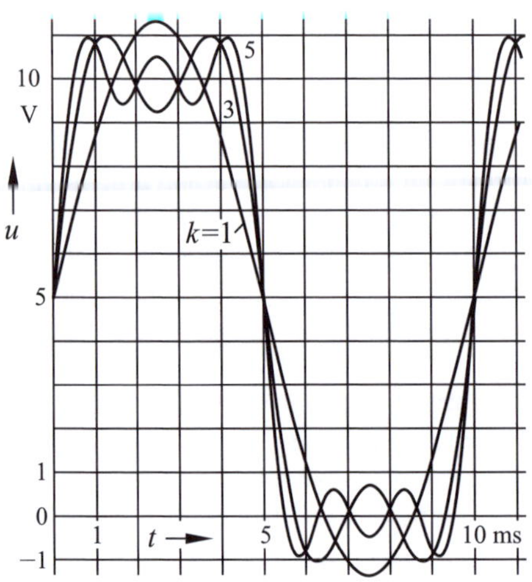

Die Frequenzen der Teilschwingungen sind $f_1 = 100$ Hz, $f_3 = 300$ Hz, $f_5 = 500$ Hz usw. Das Bild zeigt das Ergebnis der Überlagerung, wobei die Reihe jeweils bei $k = 1$; 3; 5 abgebrochen wurde.

Praxisbezug 7.1
Ein elektronisches Gerät zur Synthese von Schwingungen wird als **Synthesizer** bezeichnet. Es lassen sich damit spezielle Schwingungsformen erzeugen, z. B. Dreieck- oder Rechteckschwingungen. Solche Geräte, die auch *Waveform Generator* genannt werden, dienen meist der Überprüfung elektronischer Schaltungen, z. B. von Verstärkern. Da sie heute fast ausschließlich mit digitalen Bauelementen realisiert werden, bezeichnet man sie auch als *digitale Oszillatoren*.

Im engeren Sinne ist ein Synthesizer ein *Tasteninstrument*, das auf elektronischem Wege *Klänge* erzeugt. Fast alle heutigen Synthesizer sind digital aufgebaut. Sie verwenden meist spezielle DSP-Bausteine *(**d**igital **s**ignal **p**rozessor)* zur Klangerzeugung, wobei verschiedene Synthesemethoden z. T. gleichzeitig angewendet werden. Bei der PM-Synthese *(physical modelling)* wird z. B. versucht, die Luftschwingungen in einer Trompete mathematisch zu beschreiben und dann digital zu simulieren. Das Ziel ist stets eine möglichst naturgetreue Wiedergabe verschiedener Instrumente.
Da die Klänge des Synthesizers denen der Instrumente nur nahe kommen, werden Synthesizer praktisch nur in der Pop-Musik eingesetzt. ❐

7.1.3 Sonderfälle der Synthese

Wenn die Teilschwingungen in einer FOURIER-Reihe besondere Eigenschaften haben, vereinfacht sich die Gl. (7.4 bzw. 7.7). Wir wollen zeigen, dass sich in diesem Fall für das Liniendiagramm der Gesamtschwingung bestimmte Aussagen machen lassen.

Überlagerung von sin-Gliedern
Wir betrachten den Sonderfall, dass in der Summe der Teilschwingungen nach Gl. (7.7) ausschließlich sin-Glieder enthalten sind und kein Gleichanteil vorhanden ist:

$y_0 = 0;\ a_k = 0;\ b_k \neq 0$

In der Gl. (7.4) sind in diesem Fall nur Teilschwingungen mit $\varphi_k = \pi/2$ oder $-\pi/2$ enthalten.
Da Sinusschwingungen *symmetrisch* zum Koordinatenursprung verlaufen, muss auch ihre Überlagerung diese Symmetrieeigenschaft aufweisen (Bild 7.3). Die Funktion $y(t)$ hat also für Zeitpunkte t und $-t$ Funktionswerte von gleichem Betrag mit unterschiedlichen Vorzeichen:

$$y(t) = -y(-t) \tag{7.10}$$

Eine solche Funktion nennt man eine **ungerade Zeitfunktion**; für sie gilt:

> Die FOURIER-Reihe einer ungeraden Zeitfunktion enthält stets nur sin-Glieder.

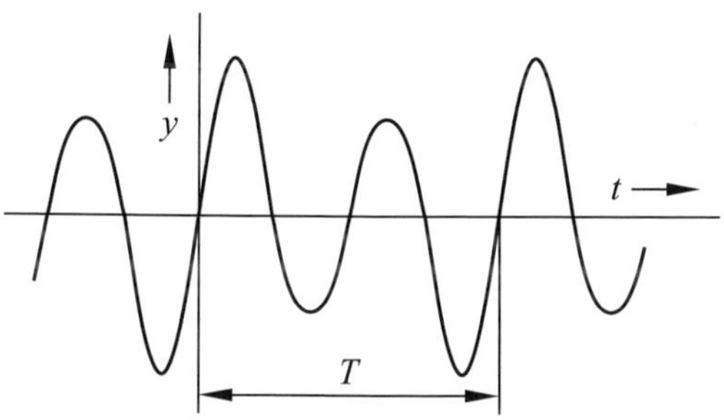

Bild 7.3 Aus sin-Teilschwingungen bestehende ungerade Zeitfunktion

Überlagerung von cos-Gliedern
Wir betrachten den Sonderfall, dass in der Summe der Teilschwingungen nach Gl. (7.7) ausschließlich cos-Glieder enthalten sind; außerdem kann ein Gleichanteil vorhanden sein:

$y_0 \neq 0;\ a_k \neq 0;\ b_k = 0$

In der Gl. (7.4) sind in diesem Fall nur Teilschwingungen mit $\varphi_k = 0$ oder $\varphi_k = \pi$ enthalten.
Da Kosinusschwingungen und der Gleichwert *symmetrisch zur Ordinate* verlaufen, muss auch ihre Überlagerung diese Symmetrieeigenschaft aufweisen (Bild 7.4). Die Funktion $y(t)$ hat also für Zeitpunkte t und $-t$ gleiche Funktionswerte:

$$y(t) = y(-t) \tag{7.11}$$

Eine solche Funktion nennt man eine **gerade Zeitfunktion**; für sie gilt:

> Die FOURIER-Reihe einer geraden Zeitfunktion enthält stets nur cos-Glieder; sie kann auch einen Gleichwert enthalten.

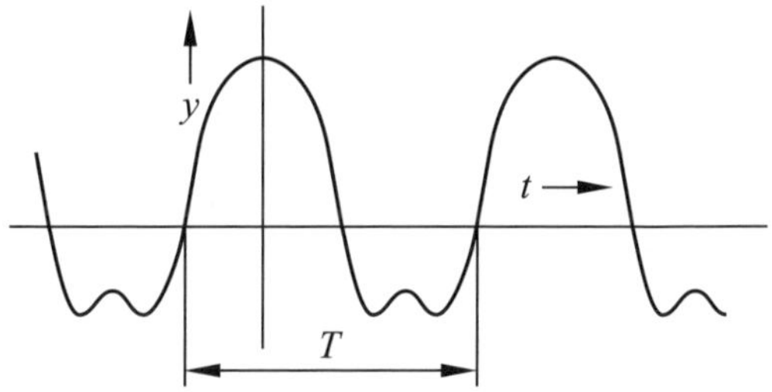

Bild 7.4 Aus cos-Teilschwingungen und einem Gleichwert bestehende gerade Zeitfunktion

Überlagerung von sin- und cos-Gliedern mit ungeraden Ordnungszahlen
Wir betrachten den Sonderfall, dass in der Summe der Teilschwingungen in der Gl. (7.7) ausschließlich cos-Glieder und sin-Glieder mit *ungeraden Ordnungszahlen* k enthalten sind:

$y_0 = 0;\ a_k \neq 0;\ b_k \neq 0;\ k = 1, 3, 5 \ldots$

In diesem Fall überlagern sich sämtliche Teilschwingungen im Bereich $0 \leq t < T/2$ gegenüber dem Bereich $T/2 \leq t < T$ mit *umgekehrtem Vorzeichen*.
Dies bedeutet, dass die Schwingung $y(t)$ aus nur im Vorzeichen unterschiedlichen, sonst aber gleichen **Halbschwingungen** besteht (Bild 7.5):

$$y(t) = -y(t - T/2) \tag{7.12}$$

Eine solche Funktion nennt man eine **alternierende Zeitfunktion**; für sie gilt:

> Die FOURIER-Reihe einer alternierenden Zeitfunktion enthält stets nur Glieder mit ungeraden Ordnungszahlen.

Wechselströme, die durch eine alternierende Zeitfunktion beschrieben werden, zeigen nach einer *Zweiweggleichrichtung* einen jeweils nach $T/2$ wiederkehrenden Verlauf.

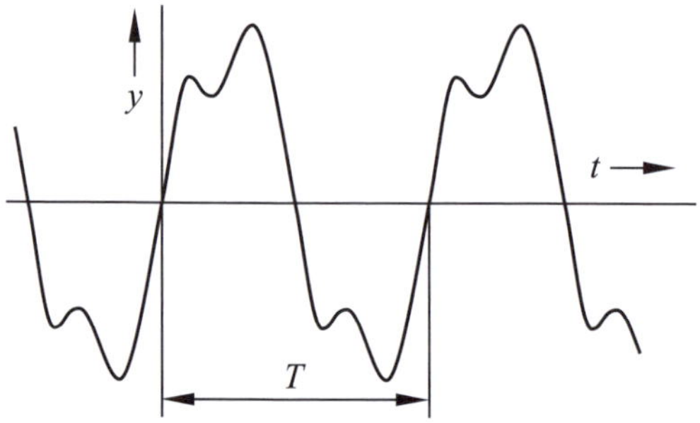

Bild 7.5 Aus Gliedern mit ungeraden Ordnungszahlen bestehende alternierende Zeitfunktion

Überlagerung von sin- und cos-Gliedern mit geraden Ordnungszahlen

Wir betrachten den Sonderfall, dass in der Summe der Teilschwingungen in der Gl. (7.7) ausschließlich cos-Glieder und sin-Glieder mit *geraden Ordnungszahlen k* sowie ein Gleichwert enthalten sind:

$$y_0 \neq 0; \;\; a_k \neq 0; \;\; b_k \neq 0; \;\; k = 2, 4, 6 \ldots$$

In diesem Fall ist die Grundschwingung ($k = 1$) mit der Grundfrequenz f_1 in der entstehenden Funktion *nicht enthalten.*

Auf diese Weise gebildete FOURIER-Reihen haben praktische Bedeutung in der *Leistungselektronik*, wo die Schwingungen aus *Teilen von Sinuskurven* bestehen. So hat z. B. die gleichgerichtete Spannung im Bild 3.19 die Periodendauer $T/2$ der Sinusspannung und daher keine Teilschwingung mit der Grundfrequenz der Sinusspannung.

Um in Schaltungen der *Leistungselektronik* den Frequenzen von Strömen und Spannungen die Ordnungszahlen eindeutig zuzuordnen, bezieht man sie zweckmäßig auf die zugrunde liegende *Sinusgröße*. Die Ströme bzw. die Spannungen am Ausgang von Zweiweg-Gleichrichterschaltungen haben deswegen nur Teilschwingungen mit *geraden* Ordnungszahlen (s. Tabelle im Anhang A5).

Entsprechend wird der „Zündwinkel“ eines Stromes, dessen Liniendiagramm angeschnittene Sinusbögen zeigt (s. Anhang A5), auf den Winkel $2\pi = \omega_1 T$ der Sinusspannung bezogen.

Praxisbezug 7.2

Synchrongeneratoren können wegen des stets von der Sinusform abweichenden Feldverlaufs keine exakten Sinusspannungen erzeugen. Der Feldverlauf ist jedoch symmetrisch, sodass sich an der an- und ablaufenden Polkante gleiche Feldbilder ergeben.

Durch die Symmetrie des Feldbildes am Läufer ist die induzierte Spannung eine *alternierende Zeitfunktion*, sie enthält also nur ungeradzahlige Teilschwingungen. Dies gilt auch für den Strom in angeschlossenen Verbrauchern, sofern nur lineare Bauelemente verwendet werden.

Auch bei *Asynchronmaschinen* spielen Oberschwingungseffekte eine wichtige Rolle. Das vom Ständer erzeugte Drehfeld weicht wegen der am Umfang verteilten Wicklungen von der Sinusform stark ab. In den Läuferstäben werden daher nicht nur Ströme von der Grundschwingung des Drehfeldes erzeugt, sondern auch von seinen Oberschwingungen. Sie erzeugen u. a. störende Einsattlungen der Drehmoment-Drehzahl-Kennlinie bei kleinen Drehzahlen.

Beim *Anfahren unter Last* kann die Maschine bei der tiefsten Einsattlung, dem **Sattelmoment**, stehen bleiben. Nach VDE 0530 muss daher von Motoren unter 100 kW beim Sattelmoment mindestens das 0,5-fache Nennmoment und mindestens das 0,5-fache Anlaufmoment erreicht werden.

Auch von der Läuferwicklung gehen Oberschwingungs-Drehfelder aus. Besitzt ein solches Drehfeld im Stillstand gerade die gleiche Drehzahl wie ein Oberschwingungs-Drehfeld des Ständers, so erzeugen beide ein so genanntes *synchrones Moment*, das den Anlauf verhindern kann. Diesen Effekt nennen Praktiker „Läuferkleben“. ❐

7.1.4 Komplexe FOURIER-Reihen

Die Teilschwingungen in der Gl. (7.4) können mithilfe von *Zeigern* veranschaulicht werden. Bei ihrer Darstellung im Zeigerdiagramm ist jedoch zu beachten, dass sie mit *unterschiedlichen Winkelgeschwindigkeiten* $\omega_k = k\,\omega_1$ rotieren und dass sich ihre Lage zueinander deswegen dauernd ändert.

Es ist üblich, das Zeigerdiagramm für den Zeitpunkt $t = 0$ darzustellen; nur in diesem Fall sind die Nullphasenwinkel φ_k sämtlicher Teilschwingungen erkennbar (Bild 7.6).

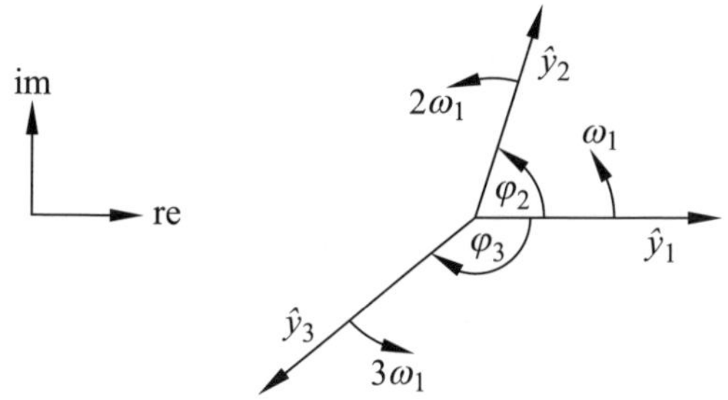

Bild 7.6 Zeigerdiagramm einer periodischen Größe y mit drei Teilschwingungen für $t = 0$

Wegen ihrer unterschiedlichen Winkelgeschwindigkeit beschreibt man die Zeiger mit dem *vollständigen komplexen Symbol*, das auch die jeweilige Kreisfrequenz enthält:

$$\underline{y}_k(t) = \hat{y}_k \,/\!\underline{k\omega_1 t + \varphi_k} \tag{7.13}$$

Der *Augenblickswert* y_k einer Teilschwingung für einen beliebigen Zeitpunkt ist gleich dem *Realteil* ihres vollständigen komplexen Symbols (s. Abschn. 3.3.5). Dies entspricht der *Projektion* des Zeigers auf die reelle Achse:

$$y_k = \mathrm{Re}\left\{\underline{y}_k(t)\right\} = \hat{y}_k \cos\left(k\omega_1 t + \varphi_k\right) \tag{7.14}$$

Mithilfe der EULERschen Gleichung (s. Anhang A2) lässt sich die cos-Funktion in zwei *Exponentialfunktionen* umformen:

$$y_k = \frac{\hat{y}_k}{2}\left(\mathrm{e}^{\mathrm{j}(k\omega_1 t + \varphi_k)} + \mathrm{e}^{-\mathrm{j}(k\omega_1 t + \varphi_k)}\right) \tag{7.15}$$

Dies ist die Summe zweier *konjugiert komplexer* Zeiger vom Betrag $\hat{y}_k/2$, die in entgegengesetzten Drehrichtungen mit $\pm k\,\omega_1$ rotieren (Bild 7.7). Die Summe dieser konjugiert komplexen Zeiger ergibt den Realteil y_k gemäß Gl. (7.14).
Zur vereinfachten Schreibweise der Gl. (7.14) definieren wir ein komplexes Symbol:

$$\underline{y}_k = \frac{\hat{y}_k}{2} \cdot \mathrm{e}^{\mathrm{j}\varphi_k} \tag{7.16}$$

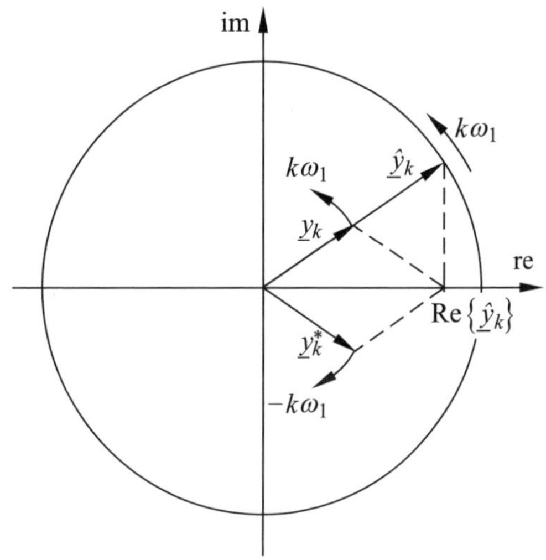

Bild 7.7 Bildung des Realteils bei einem Teilschwingungszeiger $\underline{\hat{y}}_k$ durch die Summe zweier konjugiert komplexer Zeiger $\underline{y}_k$ und $\underline{y}_k^*$

Hiermit formulieren wir in Versorschreibweise den Augenblickswert y_k einer Teilschwingung:

$$y_k = \underline{y}_k \,/\!\underline{k\omega_1 t} + \underline{y}_k^* \,/\!\underline{-k\omega_1 t} \tag{7.17}$$

Unter Berücksichtigung des Gleichanteils y_0 ist die Summe sämtlicher k Teilschwingungen:

$$y = y_0 + \sum_{k=1}^{\infty} \underline{y}_k \,/\!\underline{k\omega_1 t} + \sum_{k=1}^{\infty} \underline{y}_k^* \,/\!\underline{-k\omega_1 t} \tag{7.18}$$

Diese Gleichung lässt sich vereinfachen, wenn man die konjugiert komplexen, gegenläufigen Zeiger durch *negative Ordnungszahlen* ($k < 0$) beschreibt. Man vereinbart hierfür:

$$\underline{y}_{-k} = \underline{y}_k^* \quad \text{für } k \neq 0$$

$$\underline{y}_0 = y_0 \quad \text{für } k = 0$$

Damit lassen sich die Summen in der Gl. (7.18) zusammenfassen:

$$\boxed{y = \sum_{k=-\infty}^{+\infty} \underline{y}_k \,/\!\underline{k\omega_1 t}} \tag{7.19}$$

Einen solchen Ausdruck nennt man eine **komplexe FOURIER-Reihe**. Sie beschreibt für jede

Teilschwingung ein Paar gegenläufiger Zeiger $\underline{y}_k$ und $\underline{y}_{-k}$, die jeweils den *halben Betrag* der Teilschwingungsamplitude haben.
Dass hierbei formal *negative Frequenzen* auftreten, hat keinen physikalischen Sinn, sondern weist nur auf den *negativen Drehsinn* des entsprechenden Zeigers hin.
Für $k = 0$ liegt bei $\omega_0 = 0 \cdot \omega_1 = 0$ ein *stillstehender*, reeller Zeiger der Länge y_0 vor. Er stellt den Gleichanteil $\overline{y}$ dar, der somit als Teilschwingung der Frequenz $f_0 = 0$ Hz aufgefasst wird.

Mithilfe der *komplexen* FOURIER-Reihe lassen sich auch *nichtsinusförmige* periodische Schwingungen in linearen Netzen mit der komplexen Rechnung behandeln (s. Abschn. 7.5).

Für eine beliebige periodische Größe y gilt:

$$y(t) = \sum_{k=-\infty}^{+\infty} \underline{y}_k \,\underline{/k\omega_1 t}$$

$$\underline{y}_k = \frac{\hat{y}_{|k|}}{2} \,\underline{/\operatorname{sgn}(k) \cdot \varphi_{|k|}} \qquad (7.20)$$

$$\underline{y}_0 = y_0$$

Für positive Ordnungszahlen $k > 0$ kann $\underline{y}_k$ mit den Koeffizienten a_k und b_k der reellen FOURIER-Reihe bestimmt werden:

$$\underline{y}_k = \frac{1}{2}(a_k - \mathrm{j}\, b_k) \qquad (7.21)$$

Für $k < 0$ gilt entsprechend:

$$\underline{y}_k = \underline{y}^*_{-k} \qquad (7.22)$$

7.1.5 Spektrum periodischer Größen

Die Gesamtheit der Amplituden und Nullphasenwinkel der Teilschwingungen einer periodischen Größe bezeichnet man als ihr **Spektrum** (*spectrum*). Man spricht von einem **Linienspektrum** *(line spectrum)*, wenn die Amplituden und Nullphasenwinkel mit *Linien* veranschaulicht werden, die senkrecht zur Frequenzachse aufgetragen werden.

Im **Amplitudenspektrum** werden die Amplituden $\hat{y}_k$ der Teilschwingungen bzw. die Beträge der Koeffizienten der komplexen FOURIER-Reihe $\hat{y}_k/2$ über den Ordnungszahlen k aufgetragen.

Im **Phasenspektrum** werden die Nullphasenwinkel φ_k der Teilschwingungen über ihren Ordnungszahlen k aufgetragen (Bild 7.8).

In der Praxis stellt man die Spektren auch bei der *komplexen* FOURIER-Reihe nur für $k \geq 0$ dar, da sie für $k < 0$ *spiegelbildlich* sind (Bild 7.9).

Das Amplitudenspektrum ist *achsensymmetrisch* und das Phasenspektrum ist *punktsymmetrisch.*

Beispiel 7.4
Für eine periodische Spannung sind die reellen FOURIER-Koeffizienten gegeben.

k	f	u_{ak}	u_{bk}
0	0 Hz	3 V	0 V
1	1000 Hz	5 V	0 V
2	2000 Hz	– 2 V	– 3,46 V
3	3000 Hz	0,854 V	1,81 V
4	4000 Hz	0 V	1 V

Wir wollen die reelle FOURIER-Reihe gemäß Gl. (7.7) aufstellen und die Linienspektren für die reelle und für die komplexe FOURIER-Reihe zeichnen.

Die reelle FOURIER-Reihe lautet mit der Grund-Kreisfrequenz $\omega_1 = 2\,\pi f_1 = 6283\ \mathrm{s}^{-1}$:

$$u = 3\ \mathrm{V} + 5\ \mathrm{V} \cdot \cos \omega_1 t - 2\ \mathrm{V} \cdot \cos 2\,\omega_1 t + 0{,}854\ \mathrm{V} \cdot \cos 3\,\omega_1 t - 3{,}46\ \mathrm{V} \cdot \sin 2\,\omega_1 t + 1{,}81\ \mathrm{V} \cdot \sin 3\,\omega_1 t + 1\ \mathrm{V} \cdot \sin 4\,\omega_1 t$$

Mit der Gl. (7.9) berechnen wir die Nullphasenwinkel der Teilschwingungen:

$\varphi_1 = 0°$; $\varphi_2 = 120°$; $\varphi_3 = -65°$; $\varphi_4 = -90°$

Die Amplituden der Teilschwingungen berechnen wir mit der Gl. (7.8):

$\hat{u}_1 = 5$ V; $\hat{u}_2 = 4$ V; $\hat{u}_3 = 2$ V; $\hat{u}_4 = 1$ V

Mit diesen Werten zeichnen wir das Liniendiagramm der reellen Fourier-Reihe.

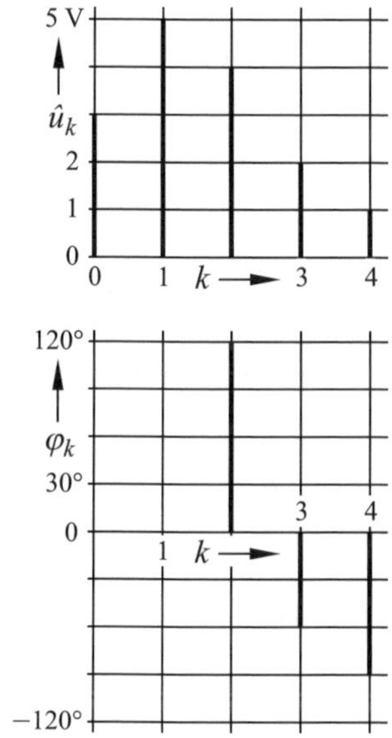

Bild 7.8 Linienspektrum der reellen Fourier-Reihe

Die Koeffizienten u_k der komplexen Fourier-Reihe berechnen wir, indem wir die Amplituden der Teilschwingungen für $k \neq 0$ halbieren; die Glieder mit $k < 0$ erhalten jeweils den negativen Nullphasenwinkel der Teilschwingung. Die so erhaltenen Werte tragen wir im Linienspektrum über der Ordnungszahl k auf.

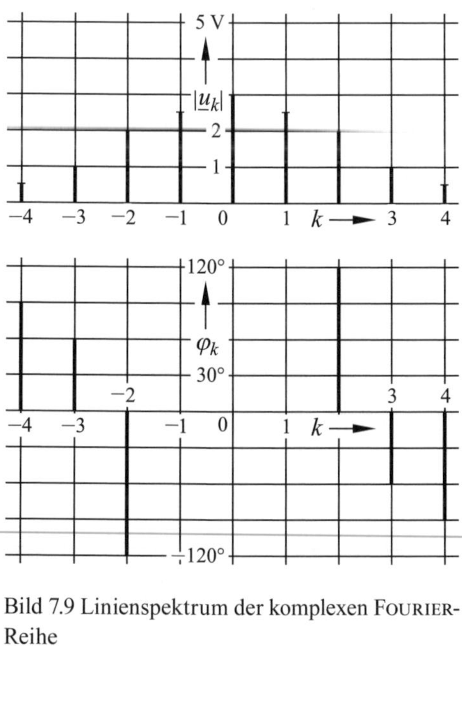

Bild 7.9 Linienspektrum der komplexen Fourier-Reihe

Fragen

- Was ist eine harmonische Schwingung?
- Was versteht man unter harmonischer Synthese?
- Welche Frequenzen haben die Grundschwingung und die 4. Teilschwingung bei einem Vorgang mit der Periodendauer 10 ms?
- Schreiben Sie eine Fourier-Reihe unter Verwendung der Fourier-Koeffizienten auf.
- Welche Symmetrieeigenschaften weist eine Spannung auf, die durch die Synthese von sin-Gliedern bzw. von cos-Gliedern entsteht?
- Wie erkennt man, ob eine periodische Zeitfunktion Teilschwingungen mit geraden Ordnungszahlen enthält?
- Schreiben Sie eine komplexe Fourier-Reihe auf. Welcher Zusammenhang besteht zwischen ihren Koeffizienten und denen der reellen Fourier-Reihe?
- Skizzieren Sie das Amplituden- und das Phasenspektrum für eine reelle und die zugehörige komplexe Fourier-Reihe.

Aufgaben

7.1(1) Eine Spannung mit der Periodendauer 10 ms hat die Fourier-Koeffizienten:

k	1	2	3	4	5
u_{ak}	4,5 V	3,2 V	2,4 V	1,3 V	−0,6 V
u_{bk}	0	1,8 V	0	−0,8 V	−0,4 V

- Berechnen Sie die Frequenzen und die Nullphasenwinkel der Teilschwingungen.
- Geben Sie das Spektrum der zugehörigen komplexen Fourier-Reihe in Tabellenform an.

7.2(2) Ermitteln Sie für das gegebene Oszillogramm einer Spannung die Spektren der reellen und der komplexen Fourier-Reihe bis k = 7. Benützen Sie hierfür die Tabelle im Anhang A5.

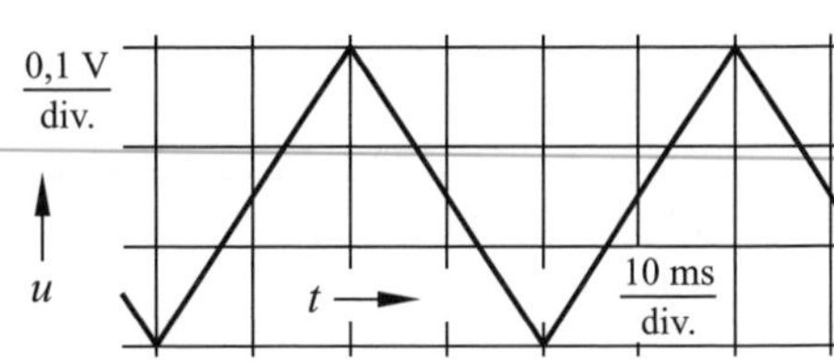

7.2 Eigenschaften periodischer Größen

Ziele: Sie können
- die Wirkleistung aus den Spektren von Strom und Spannung bestimmen.
- die Begriffe Grundschwingungs- und Oberschwingungsleistung erklären.
- den Effektivwert einer Größe aus ihrem Spektrum berechnen.
- den Zusammenhang zwischen Schein-, Wirk- und Blindleistung bei nichtsinusförmigen Größen angeben.
- den Begriff Verzerrungsleistung erklären.
- den Klirrfaktor einer Wechselgröße aus ihrem Spektrum berechnen.

7.2.1 Leistung und Effektivwert

Verlaufen Spannung und Strom an einem Tor periodisch, so können sie durch Spektren mit einer gemeinsamen Grundfrequenz beschrieben werden:

$$u = \sum_{k=-\infty}^{+\infty} \underline{u}_k \,\underline{/k\omega_1 t}\,; \quad i = \sum_{m=-\infty}^{+\infty} \underline{i}_m \,\underline{/m\omega_1 t} \qquad (7.23)$$

Die beiden Spektren müssen nicht dieselben Teilschwingungen enthalten. So kann z. B. die *n*-te Teilschwingung im Spannungsspektrum vorhanden sein, im Stromspektrum jedoch fehlen.
Der Augenblickswert $P(t) = u\,i$ der Leistung ist das Produkt der Spektren:

$$P(t) = \sum_{k=-\infty}^{+\infty} \sum_{m=-\infty}^{+\infty} \left(\underline{u}_k \,\underline{/k\omega_1 t}\right)\left(\underline{i}_m \,\underline{/m\omega_1 t}\right) \qquad (7.24)$$

Wir zerlegen diese Summen in eine *zeitunabhängige* und eine *zeitabhängige* Teilsumme:

$$P(t) = \sum_{k=-\infty}^{+\infty} \underline{u}_k \underline{i}_k^* + \sum_{\substack{k=-\infty \\ k\neq -m}}^{+\infty} \sum_{m=-\infty}^{+\infty} \underline{u}_k \underline{i}_m \,\underline{/(k+m)\omega_1 t} \qquad (7.25)$$

Die zeitunabhängige erste Teilsumme ist die *Wirkleistung P*. Die Doppelsumme stellt den *Wechselanteil* der Leistung mit dem zeitlichen Mittelwert null dar.
Zur *Wirkleistung* tragen nur Teilschwingungen von Strom und Spannung mit gleicher Kreisfrequenz $k\omega_1$ bei. Die erste Teilsumme in der Gl. (7.25) ist daher:

$$P = U_0 I_0 + \sum_{k=1}^{\infty} \frac{\hat{u}_k \hat{i}_k}{2} \cos(\varphi_{uk} - \varphi_{ik}) \qquad (7.26)$$

Mit den Effektivwerten erhalten wir:

$$\boxed{P = U_0 I_0 + \sum_{k=1}^{\infty} U_k I_k \cos(\varphi_{uk} - \varphi_{ik})} \qquad (7.27)$$

> Die Wirkleistung an einem Tor ist die Summe der Wirkleistungen derjenigen Teilschwingungen, die sowohl in der Spannung als auch im Strom enthalten sind.

Der Anteil der *Grundschwingung* ($k = 1$) an der Wirkleistung ist die **Grundschwingungsleistung**:

$$P_1 = U_1 I_1 \cos(\varphi_{u1} - \varphi_{i1}) \qquad (7.28)$$

Der aus sämtlichen *Oberschwingungen* ($k > 1$) gebildete Anteil der Wirkleistung ist die **Oberschwingungsleistung**.

Der **Effektivwert** eines periodisch schwingenden Stromes ist über die Leistung an einem Grundeintor *R* definiert (s. Abschn. 3.2.3). Hierbei gehört zu jeder Teilschwingung i_k des Stromes eine Teilschwingung u_k der Spannung mit gleicher Frequenz und mit gleichem Nullphasenwinkel $\varphi_{ik} = \varphi_{uk}$.
Für die Wirkleistung am Grundeintor *R* erhalten wir mit $U_k = R\, I_k$:

$$P = \sum_{k=0}^{\infty} U_k I_k \cos 0° = R \sum_{k=0}^{\infty} I_k^2 \qquad (7.29)$$

Hieraus ergibt sich der Effektivwert:

$$I = \sqrt{\sum_{k=0}^{\infty} I_k^2} \qquad (7.30)$$

Für den Effektivwert der Spannung gilt eine entsprechende Beziehung.

Beispiel 7.5
Die Rechteckspannung aus dem Beispiel 7.3 liegt an einem Grundeintor $R = 200\ \Omega$. Wir wollen die Leistung des Gleichspannungsanteils, die Grundschwingungsleistung und die

Wirkleistung berechnen. Dabei sollen Teilschwingungen bis zur Ordnungszahl $k = 7$ berücksichtigt werden.

Die Gleichspannungsleistung hat den Wert:

$$P_0 = \frac{U_0^2}{R} = 0{,}125\ \text{W}$$

Die Grundschwingungsleistung entsteht durch den Effektivwert $U_1 = 4{,}5$ V; damit berechnen wir $P_1 = 0{,}101$ W.
Der Effektivwert der Teilschwingungen mit den Ordnungszahlen $k = 2 \ldots 7$ ist:

$$U_{2\ldots7} = \sqrt{\frac{2{,}12^2 + 1{,}27^2 + 0{,}91^2}{2}} = 1{,}86\ \text{V}$$

Weil die Reihe bei $k = 7$ abgebrochen wird, ist $P_{2\ldots7}$ nur *näherungsweise* die Oberschwingungsleistung. Wir berechnen:

$$P_{2\ldots7} = \frac{U_{2\ldots7}^2}{R} = 17{,}3\ \text{mW}$$

Die Summe der berechneten Teilleistungen ist näherungsweise die Wirkleistung:

$$P \approx P_0 + P_1 + P_{2\ldots7} = 0{,}243\ \text{W}$$

Den *genauen* Wert $P = 0{,}25$ W der Wirkleistung erhalten wir mit dem nach Gl. (3.16) berechneten Effektivwert $U = 7{,}07$ V der Rechteckschwingung.

Die **Scheinleistung für nichtsinusförmige Größen** ist wie für Sinusgrößen definiert:

$$\boxed{S = U I} \qquad (7.31)$$

Bei Sinusgrößen konnte die Scheinleistung als Amplitude der Leistungsschwingung veranschaulicht werden. Dies ist bei nichtsinusförmigen Größen nicht möglich; die Scheinleistung ist bei ihnen *unanschaulich.*

Die Effektivwerte in der Gl. (7.31) können *Gleichanteile* enthalten; die Gleichung gilt also auch für *Mischgrößen.*

Auch der **Leistungsfaktor für nichtsinusförmige Größen** ist definiert wie für Sinusgrößen:

$$\lambda = \frac{P}{S} \qquad (7.32)$$

Ein Zusammenhang mit dem Kosinus eines Winkels besteht hier aber nicht.

Die **Blindleistung nichtsinusförmiger Größen** ist:

$$\boxed{|Q| = \sqrt{S^2 - P^2}} \qquad (7.33)$$

Die Betragsstriche zeigen, dass das Vorzeichen von Q keine Aussage über die Art der Blindleistung enthält; dies ist nur bei Sinusgrößen der Fall.

7.2.2 Leistung bei Sinusspannung und nichtsinusförmigem Strom

In der Leistungselektronik liegt häufig an einem Eintor eine *Sinusspannung*, während der Strom *nicht* sinusförmig ist. So kann z. B. ein *Gleichrichter* einen „lückenden" Strom erzeugen.

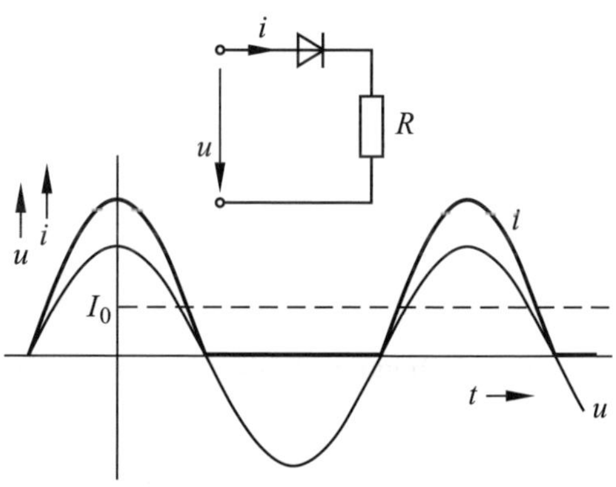

Bild 7.10 Erzeugung eines nichtsinusförmigen Stromes durch eine Gleichrichterdiode

Die Sinusspannung besteht hier nur aus der Grundschwingung ($U_1 = U$); der Strom besitzt dagegen ein *Spektrum* von Teilschwingungen:

$$i = I_0 + \sum_{m=1}^{\infty} \hat{i}_m \cos(m\omega_1 t + \varphi_{im}) \qquad (7.34)$$

Bei bestimmten Stromverläufen können Teilschwingungen mit Ordnungszahlen $0 \leq m < 1$ auftreten. Solche **Unterschwingungen** haben also eine kleinere Frequenz als die Netzspannung; so hat z. B. der Strom in der Schaltung 7.10 im Gegensatz zur Spannung einen Gleichanteil I_0 ($m = 0$).

Für die *Wirkleistung* ist nur die Grundschwingung I_1 des Stromes maßgebend:

$$P = U I_1 \cos\varphi_1 \tag{7.35}$$

Für die Grundschwingung I_1 sind auch die **Grundschwingungs-Scheinleistung** S_1 und die **Grundschwingungs-Blindleistung** Q_1 definiert:

$$S_1 = U I_1 \tag{7.36}$$

$$Q_1 = U I_1 \sin\varphi_1 \tag{7.37}$$

Die gesamte Blindleistung Q wird im Gegensatz zur Wirkleistung durch die Oberschwingungen und die Unterschwingungen des Stromes mitbestimmt:

$$Q = \sqrt{Q_1^2 + U^2 \sum_{\substack{m=0 \\ m\neq 1}}^{\infty} I_m^2} \tag{7.38}$$

Sie enthält außer der Grundschwingungs-Blindleistung Q_1 die **Verzerrungsleistung**:

$$D = U \sqrt{\sum_{\substack{m=0 \\ m\neq 1}}^{\infty} I_m^2} \quad ; \quad [D] = 1 \text{ var} \tag{7.39}$$

Aus diesen Definitionen für die Leistungen folgt:

$$S = \sqrt{P^2 + Q_1^2 + D^2} \tag{7.40}$$

Beispiel 7.6
Die Reihenschaltung aus einer idealen Diode und dem Grundeintor $R = 1{,}5\ \text{k}\Omega$ (s. Bild 7.10) liegt an der Netzwechselspannung $U = 230$ V; $f = 50$ Hz. Wir wollen die Leistungsgrößen berechnen.

Mit dem Scheitelwert $\hat{i} = 216{,}8$ mA des Stromes, der bei der Einpuls-Gleichrichtung fließt, berechnen wir den Gleichstromanteil mit der Gleichung in der Tabelle im Anhang A5:

$$I_0 = \frac{\hat{i}}{\pi} = 69 \text{ mA}$$

Der *Effektivwert* des Stromes ist:

$$I = \sqrt{\frac{2\hat{i}^2}{T} \int_0^{T/4} \cos^2 \omega t \cdot \mathrm{d}t} = \frac{\hat{i}}{2} = 108{,}4 \text{ mA}$$

Hiermit erhalten wir die *Scheinleistung*:

$$S = U I = 230 \text{ V} \cdot 108{,}4 \text{ mA} = 24{,}94 \text{ VA}$$

Die *Wirkleistung am Verbraucher* ist $P = I^2 R = 17{,}6$ W. Den gleichen Wert berechnen wir für die *Wirkleistung der Grundschwingung*, wofür wir der Tabelle im Anhang A5 den Scheitelwert $\hat{i}_1 = \hat{i}/2 = 108{,}4$ mA der Grundschwingung entnehmen. Es trägt also nur die Grundschwingung zur Wirkleistung bei.

Wir erhalten die Grundschwingungs-Scheinleistung $S_1 = 17{,}6$ VA mit der Gl. (7.36) und die Grundschwingungs-Blindleistung $Q_1 = 0$ mit der Gl. (7.37). Die *Verzerrungsleistung* $D = 17{,}6$ var berechnen wir mit der Gl. (7.39).

Praxisbezug 7.3
Zur *Leistungssteuerung* von Verbrauchern an der Netzwechselspannung setzt man steuerbare Leistungshalbleiter (z. B. Thyristoren) ein. Diese können durch Zünd- bzw. Löschimpulse aus einem Steuergerät St ein- und ausgeschaltet werden.

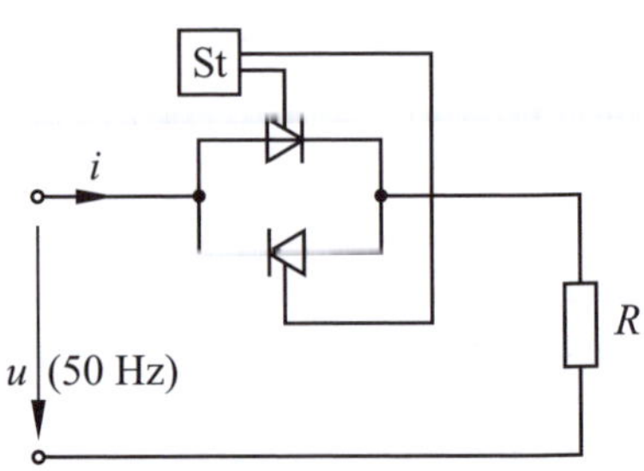

Im Verbraucher entsteht ein nichtsinusförmiger Strom, dessen Teilschwingungsspektrum von der Steuerungsart abhängt.

Am bekanntesten sind die Phasenanschnittsteuerung, die Pulsbreitensteuerung und die Schwingungspaketsteuerung (Bild 7.11). Bei dieser treten neben der Grundschwingung und den Oberschwingungen auch *Unterschwingungen* mit kleinerer Frequenz als Netzfrequenz auf. Sie tragen – wie die Oberschwingungen – zur Blindleistung bei.

Grundschwingungs-Blindleistung tritt nur bei der Phasenanschnittsteuerung auf, die beiden anderen Verfahren erzeugen bei OHMscher Last außer der Wirkleistung lediglich Verzerrungsleistung.

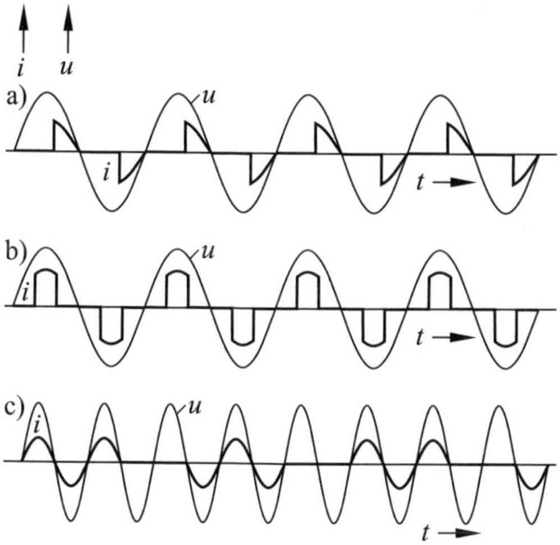

Bild 7.11 Strom- und Spannungsverlauf bei Phasenanschnittsteuerung (a), Pulsbreitensteuerung (b) und Schwingungspaketsteuerung (c)

Die Oberschwingungsströme von Stromrichtern rufen im speisenden Netz Spannungsabfälle hervor, die bei großen Leistungen zu einer Verzerrung der Netzspannung führen können. Hierdurch treten Störungen in anderen Betriebsmitteln auf, besonders bedingt durch hohe Schaltfrequenzen und die große Flankensteilheit (z. B. 10 kV / µs) der geschalteten Spannung.

Die Norm über *elektromagnetische Verträglichkeit* (**EMV**) legt Grenzen für die *Störfestigkeit* und das *Störvermögen* für alle Betriebsmittel fest. Man unterscheidet *leitungsgebundene* und *nicht leitungsgebundene* Störungen. Erstere bekämpft man mit Filterschaltungen, letztere mit Abschirmungen gegen elektromagnetische Strahlung. ❐

7.2.3 Kennwerte für die Verzerrung von Wechselgrößen gegenüber der Sinusform

In den Tabellen 3.1 und 3.2 haben wir einige Verhältniszahlen zur Beschreibung periodischer Wechselgrößen angegeben. Diese wollen wir um Kennwerte ergänzen, die sich auf das *Spektrum* solcher Größen beziehen.

Der **Grundschwingungsgehalt** g_i eines Stromes (bzw. g_u einer Spannung) ist ein Maß für die Stärke der Grundschwingung mit dem Effektivwert I_1 im Schwingungsgemisch mit dem Effektivwert I:

$$g_i = \frac{I_1}{I_\sim} \leq 1 \,; \qquad I_\sim = \sqrt{\sum_{k=1}^{\infty} I_k^2} \tag{7.41}$$

Der **Oberschwingungsgehalt** oder **Klirrfaktor** *(harmonic factor)* k_i eines Stromes (bzw. k_u einer Spannung) ist ein Maß für die **Verzerrung** *(distortion)*, d. h. für die Abweichung des Stromes von der Sinusform. Der Klirrfaktor ist der Quotient aus dem Effektivwert *sämtlicher Oberschwingungen* und dem Effektivwert der *Gesamtschwingung*:

$$k_i = \frac{\sqrt{I_2^2 + I_3^2 + \ldots + I_n^2}}{I_\sim} \leq 1 \tag{7.42}$$

Zwischen dem Klirrfaktor und dem Grundschwingungsgehalt besteht der Zusammenhang:

$$k_i^2 + g_i^2 = 1 \tag{7.43}$$

Der **Klirrfaktor der k-ten Teilschwingung** beschreibt den Anteil einer Teilschwingung mit der Ordnungszahl k an einem Schwingungsgemisch:

$$k_{ik} = \frac{I_k}{I_\sim} \tag{7.44}$$

Beispiel 7.7

Wir wollen für die „Sägezahnspannung“ den Grundschwingungsgehalt sowie die Klirrfaktoren k_u und k_{u2} berechnen.

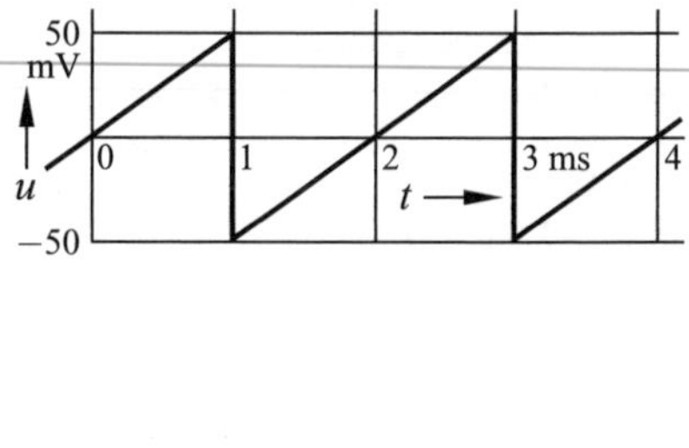

Zunächst berechnen wir entsprechend der Gl. (3.16) den Effektivwert der Spannung. Da sie symmetrisch zur Zeitachse verläuft, gilt:

$$U = \sqrt{\frac{2}{T}\int_0^{T/2} u^2 \, dt}$$

In der Halbperiode 0 … 1 ms ist mit $\hat{u} = 50$ mV und $T = 2$ ms der Zeitverlauf der Spannung:

$$u = 2\frac{\hat{u}}{T}\,t$$

Damit berechnen wir den Effektivwert U = 28,9 mV. Mithilfe der Tabelle im Anhang A5 berechnen wir $\hat{u}_1$ = 31,8 mV und $\hat{u}_2$ = 15,9 mV; die Effektivwerte sind U_1 = 22,5 mV und U_2 = 11,2 mV.
Der Grundschwingungsgehalt der „Sägezahnspannung“ ist:

$$g_u = \frac{U_1}{U} = 0{,}779 = 77{,}9\ \%$$

Der Klirrfaktor hat den Wert:

$$k_u = \sqrt{1 - g_u^2} = 0{,}6265 = 62{,}65\ \%$$

Der Klirrfaktor der 2. Teilschwingung ist:

$$k_{u2} = \frac{U_2}{U} = 0{,}388 = 38{,}8\ \%$$

Fragen

- An einem Tor haben Strom und Spannung unterschiedliche Teilschwingungsspektren. Geben Sie die Gleichung für die Leistung $P(t)$ an.
- Welche Wirkleistung erzeugen eine Teilschwingung der Spannung mit f_2 = 100 Hz und eine solche des Stromes mit f_4 = 200 Hz an einem Grundeintor R?
- Ein Strom besteht aus einem Gleichanteil, der Grundschwingung sowie der 3. und 5. Teilschwingung. Wie berechnet man seinen Effektivwert?
- Bei einem nichtsinusförmigen Strom I = 3 A ist an einem Tor die Scheinleistung 150 VA. Welchen Effektivwert hat die Spannung?
- Was bedeutet der Begriff Verzerrungsleistung?
- Von einem nichtsinusförmigen Wechselstrom und seiner Grundschwingung sind die Effektivwerte U und U_1 bekannt. Wie berechnet man den Klirrfaktor?

Aufgaben

7.3(2) Eine Spannung mit dem Gleichspannungsanteil 15 V hat die FOURIER-Koeffizienten:

k	1	2	3	4	5	6
u_{ak} in V	7	5	−3	2	−1	0
u_{bk} in V	4	−3	−1	0	0,5	0,3

- Berechnen Sie das Amplituden- und das Phasenspektrum sowie die Effektivwerte der Teilschwingungen.
- Welche Wirkleistung erzeugt die Spannung an einem Widerstand R = 150 Ω?
- Welchen Klirrfaktor hat der Wechselspannungsanteil?

7.4(2) An einem Tor liegt eine Rechteckspannung u; der Strom i verläuft dreieckförmig.

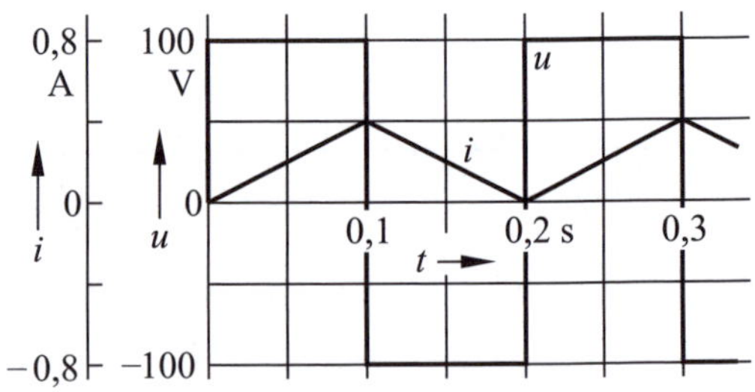

Berechnen Sie die Scheinleistung sowie die Wirk- und die Blindleistung. Bestimmen Sie für die Spannung den Grundschwingungsgehalt, den Klirrfaktor und den Klirrfaktor der 3. Teilschwingung (Tab. im Anhang A5).

7.5(3) Aus der Netzspannung 230 V (50 Hz) wird mithilfe einer Thyristorschaltung eine „lückende“ Spannung u erzeugt. Sie folgt ab dem Zündwinkel $\alpha = 50°$ dem Verlauf der Netzspannung. Berechnen Sie den Effektivwert der Spannung u aus der FOURIER-Reihe (Tabelle im Anhang A5) für $k \leq 8$ sowie durch Integration des Spannungsverlaufs.

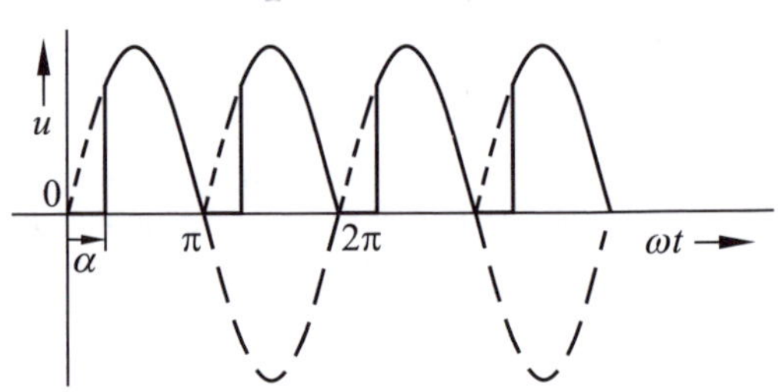

7.3 Harmonische Analyse

Ziele: Sie können
- den Begriff harmonische Analyse erläutern.
- die FOURIER-Koeffizienten für einfache periodische Funktionen berechnen.
- den Zeitnullpunkt für die Analyse zweckmäßig festlegen.
- den Verschiebungssatz anwenden.

Ist die Kurvenform einer nichtsinusförmigen Schwingung bekannt, so besteht oft das Problem, das Spektrum dieser Schwingung zu bestimmen, um damit rechnen zu können.

Das Auffinden der Teilschwingungen einer nichtsinusförmigen Größe bezeichnet man als **harmonische Analyse** *(harmonic analysis)*. Hierzu gibt es folgende Möglichkeiten:

- Für *mathematisch definierte* Funktionen lassen sich die FOURIER-Koeffizienten exakt berechnen. Für die in der Technik wichtigen Funktionen können sie Tabellen entnommen werden.
- Funktionen, die als *Liniendiagramm*, z. B. als Oszillogramm, gegeben sind und für die eine mathematische Funktion nicht bekannt ist, können durch *Näherungsverfahren* mithilfe spezieller Rechenprogramme analysiert werden.
- Bei Funktionen, die der *Messung* zugänglich sind, können *Spektrum-Analysatoren* die Teilschwingungen direkt anzeigen.

7.3.1 Berechnung der FOURIER-Koeffizienten

Bei der harmonischen *Synthese* haben wir gezeigt, dass die Überlagerung harmonischer Schwingungen stets eine periodische Funktion ergibt. Dieser Satz ist *umkehrbar*:

> Jede periodische Zeitfunktion ist durch eine FOURIER-Reihe darstellbar, deren Grundschwingung die gleiche Periodendauer T hat wie die Funktion.

Die Mathematik fordert, dass die Funktion im Intervall $0 \leq t \leq T$ *integrierbar* sein muss, was im technischen Bereich in der Regel zutrifft.

Wir nehmen an, dass die mathematisch gegebene Funktion ein *Strom* i ist; sein Gleichanteil I_0 lässt sich mit der Gl. (3.6) berechnen.
Um den FOURIER-Koeffizienten der k-ten cos-Teilschwingung zu ermitteln, berechnen wir die *Wirkleistung* P_k, die eine Spannungsschwingung $u = \hat{u} \cos k\,\omega_1 t$ mit dem nichtsinusförmigen Strom hat:

$$P = \frac{1}{T}\int_0^T i\;\hat{u}\;\cos k\omega_1 t\,\mathrm{d}t \qquad (7.45)$$

Zur Wirkleistung P_k kann nur die k-te cos-Teilschwingung des Stromes i beitragen; sie ist gegen die Spannung u um 0° oder um 180° phasenverschoben. Teilschwingungen mit *ungleichen* Ordnungszahlen oder cos- und sin-Teilschwingungen erzeugen miteinander *keine* Wirkleistung (s. Abschn. 7.2.1).

Im Folgenden bezeichnet der Index a eine cos-Teilschwingung und der Index b eine sin-Teilschwingung (s. Tab. im Anhang A5).
Die Wirkleistung der k-ten Teilschwingung ist:

$$P = U\,I_{ak}\cos\varphi_k = \frac{\hat{u}\;\hat{i}_{ak}}{2}\cos\varphi_k \qquad (7.46)$$

Dabei liefert $\cos\varphi_k = \pm 1$ das Vorzeichen für den Koeffizienten $i_{ak} = \hat{i}_{ak}\cos\varphi_k$.
Wir setzen die Gl. (7.46) in die Gl. (7.45) ein und erhalten:

$$\frac{\hat{u}\;i_{ak}}{2} = \frac{1}{T}\int_0^T i\;\hat{u}\;\cos k\omega_1 t\,\mathrm{d}t \qquad (7.47)$$

Hierin lässt sich $\hat{u}$ kürzen; die Spannung u ist also nur eine *Hilfsgröße* zur Berechnung der k-ten cos-Teilschwingung des Stromes:

$$i_{ak} = \frac{2}{T}\int_0^T i\;\cos k\omega_1 t\,\mathrm{d}t \qquad (7.48)$$

Entsprechend verfahren wir mit den sin-Teilschwingungen und erhalten:

$$i_{bk} = \frac{2}{T}\int_0^T i\;\sin k\omega_1 t\,\mathrm{d}t \qquad (7.49)$$

Nun verallgemeinern wir diese Ergebnisse und wenden sie auf die FOURIER-Koeffizienten einer *beliebigen* Funktion $y(t)$ an:

$$y_0 = \frac{1}{T}\int_0^T y(t)\,\mathrm{d}t$$
$$a_k = \frac{2}{T}\int_0^T y(t)\cos k\omega_1 t\,\mathrm{d}t \qquad (7.50)$$
$$b_k = \frac{2}{T}\int_0^T y(t)\sin k\omega_1 t\,\mathrm{d}t$$

Den *Nullpunkt* $t = 0$ legt man – wenn möglich – so fest, dass die Funktion *gerade* bzw. *ungerade* ist. Trifft eines dieser Symmetriemerkmale zu, so braucht man nur die Koeffizienten a_k bzw. b_k zu berechnen. Man integriert in diesem Fall über $T/2$ und verdoppelt den Integralwert.
Die Gln. (7.50) lassen sich in *komplexer Schreibweise* zusammenfassen:

$$\underline{y}_k = \frac{1}{2}\left(a_{|k|} - \mathrm{j}\,\mathrm{sgn}(k)\cdot b_{|k|}\right) \qquad (7.51)$$

$$\underline{y}_k = \frac{1}{T}\int_0^T y(t)\,\mathrm{e}^{-\mathrm{j}k\omega_1 t}\,\mathrm{d}t \qquad (7.52)$$

Mit der Gl. (7.52) lassen sich die Koeffizienten der komplexen FOURIER-Reihe für die Ordnungszahlen $-\infty < k < +\infty$ unmittelbar berechnen.

Beispiel 7.8
Wir wollen für die Rechteckspannung mit $\hat{u} = 10$ V im Beispiel 7.3 die Koeffizienten der reellen und der komplexen FOURIER-Reihe berechnen.

Zunächst subtrahieren wir den Gleichspannungsanteil $U_0 = 5$ V von der gegebenen Spannung und erhalten dadurch eine Wechselspannung $u_\sim = u - U_0$ mit dem Scheitelwert $u_\sim = \hat{u}/2 = 5$ V. Da sie eine ungerade, alternierende Funktion ist, enthält sie nur sin-Teilschwingungen mit ungeraden Ordnungszahlen $k = 1, 3, 5 \ldots$
Mit einer der Gln. (7.50) erhalten wir:

$$u_{\mathrm{b}k} = \frac{4}{T}\int_0^{T/2} \hat{u}_\sim \cdot \sin k\omega_1 t\,\mathrm{d}t = \frac{2\hat{u}}{k\pi}$$

Diesen Wert finden wir auch in der Tabelle im Anhang A5.
Mit der Gl. (7.52) berechnen wir die Koeffizienten der komplexen FOURIER-Reihe:

$$\underline{u}_k = \frac{2}{T}\int_0^{T/2} \frac{\hat{u}}{2}\,\mathrm{e}^{-\mathrm{j}k\omega_1 t}\,\mathrm{d}t = \frac{\hat{u}}{2\pi k}\cdot\frac{\mathrm{e}^{-\mathrm{j}k\pi} - 1}{-\mathrm{j}}$$

Für *gerade* Ordnungszahlen gilt:

$$\mathrm{e}^{-\mathrm{j}k\pi} = 1$$

Damit ist $\underline{u}_k = 0$ für *gerade* Ordnungszahlen. Für *ungerade* Ordnungszahlen ist

$$\mathrm{e}^{-\mathrm{j}k\pi} = -1$$

und wir erhalten:

$$\underline{u}_k = -\mathrm{j}\frac{\hat{u}}{\pi k} = \frac{\hat{u}}{\pi k}\,\underline{/-90°}$$

Für $k = 0$ ergibt sich ein unbestimmter Ausdruck; den Gleichanteil berechnet man daher zweckmäßig mit der Gl. (3.6).

7.3.2 Verschiebungssatz

Vielfach sind periodische Funktionen zu analysieren, die durch *Überlagerung* von Schwingungen mit bekannten Spektren entstanden sind. In diesem Fall kann der Zeitnullpunkt nur für *eine* der nichtsinusförmigen Schwingungen frei gewählt werden; für die übrigen liegt er dann i. Allg. so, dass er nicht der Nullpunktlage entspricht, für welche die Spektren angegeben sind.

Mit der *Verschiebung* einer Schwingung gegenüber dem Zeitnullpunkt ist eine Änderung der Nullphasenwinkel sämtlicher Teilschwingungen verbunden.
Wird die Schwingung z. B. um $t_\mathrm{v} > 0$ nach *rechts* verschoben (Bild 7.12), so werden die Nullphasenwinkel *kleiner*. Ist dagegen $t_\mathrm{v} < 0$, was einer Verschiebung nach *links* entspricht, so werden die Nullphasenwinkel *größer*.

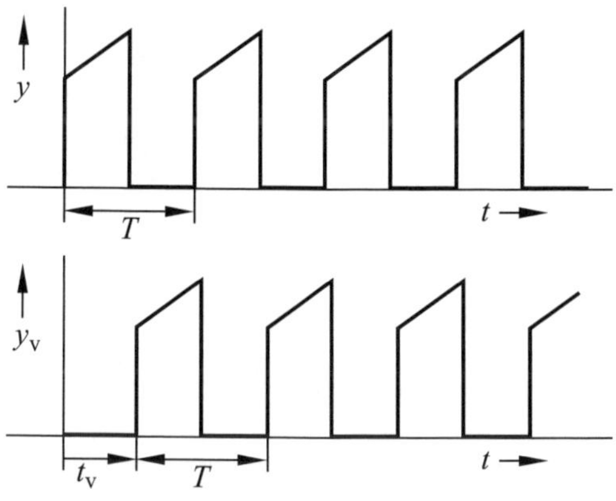

Bild 7.12 Zum Verschiebungssatz

Wir nehmen an, dass die komplexen FOURIER-Koeffizienten $\underline{y}_k$ einer Schwingung y bekannt sind:

$$y = \sum_{k=-\infty}^{+\infty} \underline{y}_k \, e^{j k \omega_1 t} \qquad (7.53)$$

Die Koeffizienten $\underline{y}_{kv}$ einer um t_v verschobenen Schwingung

$$y_v = \sum_{k=-\infty}^{+\infty} \underline{y}_{kv} \, e^{j k \omega_1 t} \qquad (7.54)$$

lassen sich folgendermaßen berechen:

$$\boxed{\underline{y}_{kv} = \underline{y}_k \, e^{-k \omega_1 t_v}} \qquad (7.55)$$

Der durch diese Gleichung beschriebene Sachverhalt wird **Verschiebungssatz** genannt.

Beispiel 7.9
Einer Rechteckschwingung u_A wird eine um $t_v = -T_1/4$ zeitverschobene Rechteckschwingung u_B mit gleicher Periodendauer T_1 und gleichem Scheitelwert $\hat{u}_B = \hat{u}_A = \hat{u}$ überlagert. Wir wollen die komplexen FOURIER-Koeffizienten für $k = -1 \dots 5$ der Spannung $u = u_A + u_B$ bestimmen.
Die Teilschwingungen der beiden Rechteckschwingungen haben gleiche Frequenzen und gleiche Amplituden; ihre Nullphasenwinkel sind aber verschieden.
Im Beispiel 7.8 haben wir die komplexen FOURIER-Koeffizienten der Rechteckschwingung für ungerade Ordnungszahlen k berechnet:

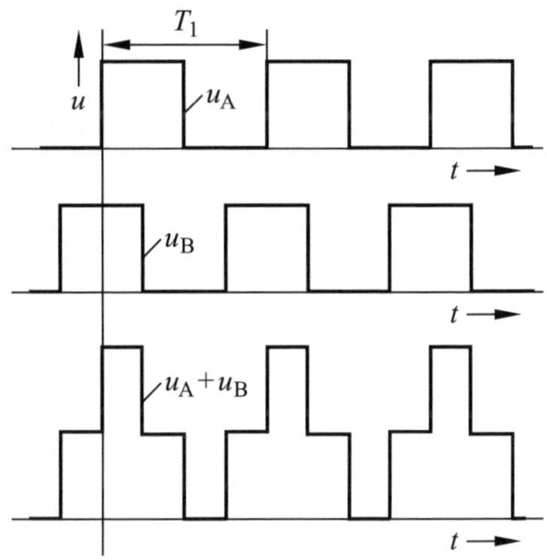

$$\underline{u}_{A0} = \frac{\hat{u}}{2}$$

$$\underline{u}_{A1} = \frac{\hat{u}}{\pi} \angle{-\pi/2}$$

$$\underline{u}_{A3} = \frac{\hat{u}}{3\pi} \angle{-\pi/2}$$

$$\underline{u}_{A5} = \frac{\hat{u}}{5\pi} \angle{-\pi/2}$$

Die Koeffizienten von u_B berechnen wir mit dem Verschiebungssatz. Jeder Winkel verändert sich um den Wert φ_v und wir erhalten:

$$\varphi_v = -k\omega_1 t_v = -k\omega_1 \left(-\frac{T_1}{4}\right) = \frac{k\pi}{2}$$

$$\underline{u}_{B0} = \frac{u}{2}$$

$$\underline{u}_{B1} = \frac{\hat{u}}{\pi} \angle{0}$$

$$\underline{u}_{B3} = \frac{\hat{u}}{3\pi} \angle{\pi}$$

$$\underline{u}_{B5} = \frac{\hat{u}}{5\pi} \angle{0}$$

Die FOURIER-Koeffizienten der Spannung u bestimmen wir durch Addition.

k	-1	0	1	3	5
$\underline{u}_k$	$\frac{\sqrt{2}\hat{u}}{\pi}$	$\hat{u}$	$\frac{\sqrt{2}\hat{u}}{\pi}$	$\frac{\sqrt{2}\hat{u}}{3\pi}$	$\frac{\sqrt{2}\hat{u}}{5\pi}$
φ_k	$+\frac{\pi}{4}$	-	$-\frac{\pi}{4}$	$-\frac{3\pi}{4}$	$-\frac{\pi}{4}$

Praxisbezug 7.4
Mit einem **Spektrum-Analysator** (*spectrum analyzer*) können die Frequenzen und die Amplituden der Teilschwingungen einer periodischen Größe gemessen werden.

Beim **Festfrequenz-Analysator** wird das verstärkte Eingangssignal an parallel geschaltete Bandpassfilter mit unterschiedlichen Mittenfrequenzen gelegt. Jeder Bandpass selektiert einen Frequenzbereich, dessen Wert mit der entsprechenden Amplitude als Balkendiagramm auf einem Oszilloskop angezeigt wird.

Der Aufwand an Bandpässen ist sehr hoch und ihre Mittenfrequenzen und Filterbandbreiten können nicht verändert werden. Vorteilhaft ist dagegen die gleichzeitige schnelle Darstellung der Signalanteile.

Bei gleich bleibenden Anforderungen im unteren Frequenzbereich, z. B. in Tonstudios, wird diese Art von Analysatoren eingesetzt.

Analysatoren mit abstimmbarem Filter können unterschiedliche Frequenzbereiche analysieren. Dabei liegt das Eingangssignal an einem *variablen* Bandpass, dessen Mittenfrequenz von einer Steuerschaltung eingestellt wird; der gemessene Ausgangswert wird bei der jeweiligen Mittenfrequenz dargestellt.
Wird das Filter kontinuierlich verstellt („gewobbelt“), so lässt sich das Spektrum des Eingangssignals messen.

Beim **Überlagerungs-Analysator** wird das Eingangssignal in einer *Mischstufe* mit einer Sinusspannung der Frequenz f_{Osz} aus einem wobbelbaren Oszillator gemischt. Dabei bilden sich mit sämtlichen k Teilschwingungen Differenzfrequenzen $f_k - f_{\text{Osz}}$.

Am Ausgang eines Bandpasses mit konstanter Mittenfrequenz entsteht nur dann eine Spannung, wenn die Teilschwingung, welche seiner Mittenfrequenz entspricht, im Spektrum vorhanden ist. Sie wird auf einem mit der „Suchfrequenz“ f_{Osz} synchronisierten Oszilloskop als Linie dargestellt.

Mit dem Frequenzbereich des Oszillators kann bei gegebener Mittenfrequenz des Bandpasses der Analyse-Frequenzbereich eingestellt werden. Ein Vorteil des Überlagerungsverfahrens ist, dass ein Bandpass konstanter Mittenfrequenz mit sehr guten Eigenschaften bei geringem Aufwand realisierbar ist.

Bei einem **FFT-Analysator** wird die Eingangsspannung $u_{\text{E}}(t)$ in konstanten Zeitabständen *abgetastet* und mit einem Analog-Digital-Umsetzer (ADU) digitalisiert. Die so gewonnenen „Stützstellen“ der Eingangsspannung werden in einem Prozessor verarbeitet. Das Programm verwendet das mathematische Verfahren der **schnellen Fourier-Transformation** (*fast Fourier transform*, FFT).

Bei vielen Digitaloszilloskopen können die gespeicherten Messwerte mithilfe eines eingebauten FFT-Prozessors bearbeitet werden. Das Spektrum der Messspannung wird auf dem Bildschirm dargestellt. ❒

Fragen
- Was versteht man unter dem Begriff harmonische Analyse?
- Erläutern Sie den Verschiebungssatz.
- Eine periodische Wechselspannung hat die Form gleichschenkliger Dreiecke. Welche Teilschwingungen enthält sie, wenn der Zeitnullpunkt in einer Dreieckspitze liegt?
- Eine periodische Funktion wird um $T_1/8$ gegenüber dem Zeitnullpunkt verschoben. Wie verändert sich hierdurch der Nullphasenwinkel der 3. Teilschwingung?

Aufgabe 7.6(3) Das Oszillogramm wurde mit 10 mV/div. und 0,5 ms/div. aufgenommen. Berechnen Sie die Fourier-Koeffizienten bis $k = 9$; die Reihe ist aus cos-Gliedern zu bilden.

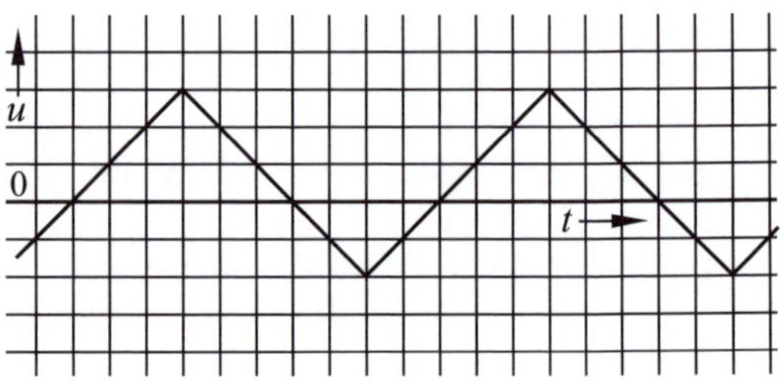

7.4 Nichtperiodische Größen

Ziele: Sie können

- erläutern, was ein kontinuierliches Spektrum ist.
- das kontinuierliche Spektrum aus dem Grenzübergang $T \rightarrow \infty$ einer periodischen Funktion erklären.
- den Begriff Spektraldichte erläutern.
- die Spektraldichte für eine nichtperiodische Funktion berechnen.
- den Begriff FOURIER-Transformation erläutern.
- die Anwendung der diskreten FOURIER-Transformation beschreiben.
- das Abtasttheorem von SHANNON erläutern.
- die diskrete FOURIER-Transformation eines zeitlich unbeschränkten Signals beschreiben.

7.4.1 FOURIER-Transformation

Es wurde gezeigt, dass sich jede periodische Größe durch ein Frequenzspektrum darstellen lässt. Wir wollen nun untersuchen, ob dies auch für *nichtperiodische* Größen gilt.

Hierzu betrachten wir zunächst *periodische Rechteckimpulse* mit der Periodendauer T; jeder Impuls hat die Höhe $\hat{y}$ und die Breite t_p.

Für eine solche Impulsfolge definiert man das **Tastverhältnis** β (griech. Buchstabe beta):

$$\beta = \frac{t_p}{T} \tag{7.56}$$

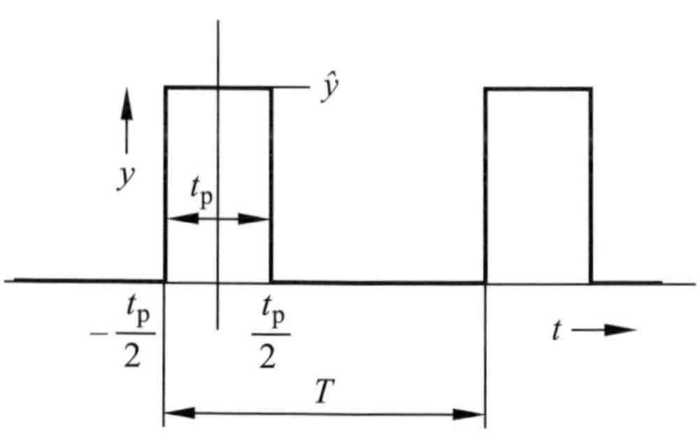

Bild 7.13 Periodische Rechteckimpulse mit dem Tastverhältnis $\beta = 1/3$

Jeder Impuls ist gegeben durch $y(t) = \hat{y}$ für den Bereich $(-t_p/2) \leq t \leq (+t_p/2)$. Für den übrigen Teil der Periodendauer T ist $y(t) = 0$.

Für die Berechnung der komplexen FOURIER-Koeffizienten setzen wir dies in die Gl. (7.52) ein, wobei wir zweckmäßig die Exponentialform verwenden und die Integrationsgrenzen um $T/2$ verschieben:

$$\underline{y}_k = \frac{1}{T}\int_{-T/2}^{T/2} y \cdot \mathrm{e}^{-\mathrm{j}k\omega_1 t}\,\mathrm{d}t = \frac{\hat{y}}{T}\int_{-t_p/2}^{t_p/2} \mathrm{e}^{-\mathrm{j}k\omega_1 t}\,\mathrm{d}t \tag{7.57}$$

Nach dem Integrieren und Einsetzen der Grenzen erhalten wir:

$$\underline{y}_k = \frac{\hat{y}}{-\mathrm{j}k\omega_1 T}\left(\mathrm{e}^{-\mathrm{j}k\omega_1 t_p/2} - \mathrm{e}^{\mathrm{j}k\omega_1 t_p/2}\right) \tag{7.58}$$

Wir wenden die EULERsche Gleichung an und erhalten mit $\omega_1 T = 2\pi$ und $\omega_1 t_p/2 = \omega_1 T\beta/2 = \pi\beta$:

$$\underline{y}_k = \frac{\hat{y}}{k\pi}\sin k\pi\beta\,;\; k = \ldots, -1, 0, 1, 2, 3 \ldots \tag{7.59}$$

Wir setzen dies in die erste Gleichung der Gln. (7.20) ein:

$$y(t) = \sum_{k=-\infty}^{+\infty} \frac{\hat{y}}{k\pi}\sin k\pi\beta \underline{/k\omega_1 t} \tag{7.60}$$

Der Gleichanteil lässt sich für Rechteckimpulse problemlos berechnen:

$$y_0 = \beta\,\hat{y} \tag{7.61}$$

Die Koeffizienten nach Gl. (7.59) sind sämtlich *reell*, d. h. es treten nur cos-Teilschwingungen auf. Beim Tastverhältnis $\beta = 1/3$ hat der Koeffizient für $|k| = 3, 6, 9\ldots$ jeweils den Wert null.

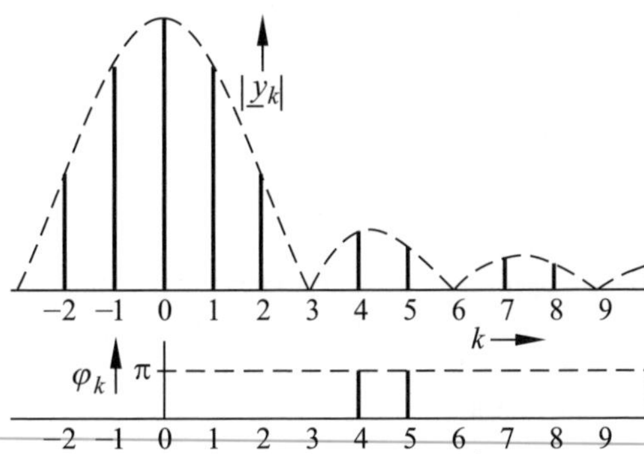

Bild 7.14 Amplituden- und Phasenspektrum für periodische Rechteckimpulse beim Tastverhältnis $\beta = 1/3$

Zwischen den Nullstellen wechselt jeweils das Vorzeichen; ein positiver reeller Koeffizient hat den Winkel 0°, ein negativer den Wert 180° (Bild 7.14).

Lässt man bei gleichbleibender Impulsform die Periodendauer T *anwachsen*, so werden die Grund-Kreisfrequenz $\omega_1 = 2\pi/T$ sowie das Tastverhältnis immer *kleiner*. Die erste Nullstelle auf der k-Achse tritt bei immer höheren Ordnungszahlen k auf, z. B. für $\beta = 1/8$ bei $k = 8$ usw.

Die Spektrallinien in Bild 7.14 rücken also bei wachsender Periodendauer immer enger zusammen; gleichzeitig nimmt der Betrag der Koeffizienten proportional zu β ab. Die um das Spektrum gestrichelt eingezeichnete Hüllkurve bleibt dabei erhalten, wenn auf der Abszisse $k\beta$ und auf der Ordinate $|\underline{y}_k|/\beta$ aufgetragen wird.

Machen wir nun den Grenzübergang $T \to \infty$ bzw. $\beta \to 0$, so ist nur noch ein einziger Rechteckimpuls vorhanden; der nächste käme erst nach unendlich langer Zeit. Die Grund-Kreisfrequenz strebt gegen null und damit auch der Abstand zweier benachbarter Frequenzen im Spektrum:

$$\lim_{T \to \infty} \omega_1 = \mathrm{d}\omega \tag{7.62}$$

Wir wollen diese Erkenntnisse nun auf eine *beliebige* nichtperiodische Funktion $f(t)$ übertragen; diese Schreibweise ist in der Literatur üblich.
Wir gehen von der Gl. (7.52) aus und verschieben zweckmäßig die Integrationsgrenzen um $T/2$:

$$\underline{f}_k = \frac{1}{T} \int_{-T/2}^{T/2} f(t) \underline{/-k\omega_1 t}\, \mathrm{d}t \tag{7.63}$$

Auch hier rücken beim Grenzübergang $T \to \infty$ die Spektrallinien wegen $\omega_1 = 2\pi/T$ beliebig eng zusammen; man spricht hierbei von einem **kontinuierlichen Spektrum** (*continuous spectrum*). Allgemein gilt:

> Eine nichtperiodische Funktion besitzt ein kontinuierliches Spektrum aus unendlich vielen Frequenzen.

Beim Grenzübergang $T \to \infty$ streben in der Gl. (7.63) die Koeffizienten $\underline{f}_k \to 0$. Man erweitert deshalb die Gleichung mit T und führt den Grenzübergang für die so geänderte Gleichung aus.
Der Faktor $k\,\omega_1$ ist nur für $k \to \infty$ ungleich null und wird beim Grenzübergang zur kontinuierlich veränderlichen Größe ω.
Als Ergebnis erhält man für die Zeitfunktion $f(t)$ ihre **Spektraldichte** (*spectrum density*) $\underline{F}(\mathrm{j}\,\omega)$, die auch als **Fourier-Transformierte** oder kurz als *Spektrum* bezeichnet wird:

$$\underline{F}(\mathrm{j}\omega) = \lim_{T \to \infty} \underline{f}_k T = \int_{-\infty}^{+\infty} f(t) \cdot \mathrm{e}^{-\mathrm{j}\omega t}\, \mathrm{d}t \tag{7.64}$$

Ist die Zeitfunktion z. B. eine nichtperiodische Spannung u, so hat ihre Spektraldichte $\underline{U}(\mathrm{j}\,\omega)$ die Einheit 1 V/Hz; für einen entsprechenden Strom i hat die Spektraldichte $\underline{I}(\mathrm{j}\,\omega)$ die Einheit 1 A/Hz.

Für die *Rücktransformation* der Spektraldichte in den Zeitbereich gehen wir von der komplexen Fourier-Reihe in der Gl. (7.19) aus. Zur Vorbereitung des Grenzüberganges erweitern wir wie oben mit der Periodendauer T und ersetzen sie im Nenner dann durch $2\pi/\omega_1$:

$$f(t) = \frac{1}{T} \sum_{k=-\infty}^{+\infty} \underline{f}_k T \cdot \mathrm{e}^{\mathrm{j}k\omega_1 t} = \frac{\omega_1}{2\pi} \sum_{k=-\infty}^{+\infty} \underline{f}_k T \cdot \mathrm{e}^{\mathrm{j}k\omega_1 t} \tag{7.65}$$

Beim Grenzübergang $T \to \infty$ wird aus $\underline{f}_k T$ die Spektraldichte $\underline{F}(\mathrm{j}\,\omega)$; außerdem wird $k\,\omega_1$ zu ω und ω_1 zu $\mathrm{d}\omega$. Aus der Summe wird das Integral:

$$f(t) = \frac{1}{2\pi} \int_{-\infty}^{+\infty} \underline{F}(\mathrm{j}\omega) \cdot \mathrm{e}^{\mathrm{j}\omega t}\, \mathrm{d}\omega \tag{7.66}$$

Es ist üblich, die Gl. (7.64) mit $1/\sqrt{2\pi}$ zu erweitern und für den erweiterten Ausdruck ebenfalls die Bezeichnung *Spektraldichte* mit dem Symbol $\underline{F}(\mathrm{j}\,\omega)$ zu verwenden. Man erhält so die *symmetrische* Form der Transformationsgleichungen:

$$\begin{aligned} \underline{F}(\mathrm{j}\omega) &= \frac{1}{\sqrt{2\pi}} \int_{-\infty}^{+\infty} f(t) \cdot \mathrm{e}^{-\mathrm{j}\omega t}\, \mathrm{d}t \\ f(t) &= \frac{1}{\sqrt{2\pi}} \int_{-\infty}^{+\infty} \underline{F}(\mathrm{j}\omega) \cdot \mathrm{e}^{\mathrm{j}\omega t}\, \mathrm{d}\omega \end{aligned} \tag{7.67}$$

Diese durch die **Fourier-Transformation** beschriebene Abhängigkeit zwischen der **Originalfunktion** $f(t)$ und ihrer **Bildfunktion** $\underline{F}(\mathrm{j}\,\omega)$ wird durch das Symbol $f(t) \circ\!\!-\!\!\bullet\, \underline{F}(\mathrm{j}\,\omega)$ dargestellt.

Der Betrag $F(\omega)$ der Spektraldichte wird als **Amplitudendichte** und der Winkel $\arg \underline{F}(\mathrm{j}\,\omega)$ als **Phasendichte** bezeichnet.

Die Fourier-Transformation besitzt folgende Eigenschaften:

- Ist $f(t)$ eine *gerade* Funktion, so ist $\underline{F}(\mathrm{j}\,\omega)$ eine *gerade* und *reelle* Funktion.
- Ist $f(t)$ eine *ungerade* Funktion, so ist $\underline{F}(\mathrm{j}\,\omega)$ eine *ungerade* und *imaginäre* Funktion.

Beispiel 7.10

Wir wollen die Spektraldichte für einen *einzelnen* Spannungsimpuls entsprechend Bild 7.13 für $T \to \infty$ berechnen und grafisch darstellen.

Wir formen die erste Gleichung der Gln. (7.67) mit der Eulerschen Gleichung (A2.6) um und setzen die gegebenen Werte ein:

$$\underline{U}(\mathrm{j}\omega) = \frac{1}{\sqrt{2\pi}}\left[\int_{-t_\mathrm{p}/2}^{t_\mathrm{p}/2} \hat{u}\cdot\cos(\omega t)\,\mathrm{d}t - \mathrm{j}\int_{-t_\mathrm{p}/2}^{t_\mathrm{p}/2} \hat{u}\cdot\sin(\omega t)\,\mathrm{d}t\right]$$

Da $u(t)$ eine *gerade* Funktion ist, muss die Spektraldichte $\underline{U}(\mathrm{j}\,\omega)$ eine *gerade, reelle* Funktion sein. Als Ergebnis erhalten wir:

$$\underline{U}(\mathrm{j}\omega) = \frac{2}{\sqrt{2\pi}}\cdot\frac{\hat{u}}{\omega}\cdot\sin\frac{\omega t_\mathrm{p}}{2}$$

Die Einheit der Spektraldichte ist 1 V/Hz. Abschließend stellen wir $\underline{U}(\mathrm{j}\,\omega)$ mit $\omega_\mathrm{p} = 2\pi/t_\mathrm{p}$ grafisch dar.

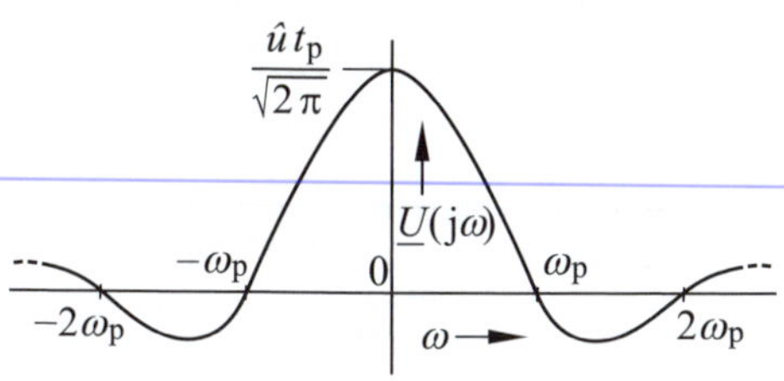

7.4.2 Diskrete Fourier-Transformation eines zeitbeschränkten Signals

Die Spektraldichte einer Funktion $f(t)$ kann nur dann berechnet werden, wenn das Integral in der Gl. (7.67) einen *endlichen Grenzwert* hat. Dies ist z. B. dann der Fall, wenn die Funktion $f(t)$ beschränkt ist und nur in einem endlichen Intervall T Werte ungleich null annimmt, im übrigen Zeitbereich jedoch null ist.

Wir wollen annehmen, dass dieser Fall vorliegt. Die Integration ist dann nicht mehr über einen unendlichen Zeitbereich zu erstrecken und es gilt:

$$\underline{F}(\mathrm{j}\omega) = \frac{1}{\sqrt{2\pi}}\int_{-T/2}^{T/2} f(t)\cdot \mathrm{e}^{-\mathrm{j}\omega t}\,\mathrm{d}t \qquad (7.68)$$

Vielfach ist die Funktion $f(t)$ nicht als mathematischer Ausdruck gegeben, sondern wird nur durch eine Menge von *Funktionswerten* zu bestimmten Zeitpunkten beschrieben. Die Gl. (7.68) kann in diesem Fall nicht angewendet werden; mithilfe der **diskreten Fourier-Transformation (DFT)** lässt sich das Spektrum jedoch *punktweise* bestimmen.

Wir bezeichnen die Spektraldichte der DFT mit $\underline{F}_\mathrm{d}(\mathrm{j}\,\omega)$. Zu ihrer Berechnung ermittelt man $(2N+1)$ Funktionswerte f_n zu den äquidistanten Zeitpunkten t_n.

Geschieht dies durch *Messung*, so spricht man von **Abtastung** und bezeichnet die Funktionswerte f_n als **Abtastwerte**. Die Zahl $2N$ und das *Abtastintervall* T_A ergeben die *Beobachtungsdauer* $T = (2N+1)\,T_\mathrm{A}$ mit den Zeitpunkten $t_n = n\,T_\mathrm{A}$.

Die kleinste Kreisfrequenz des Spektrums ist $\omega_1 = 2\pi/T$. Die *Abtastkreisfrequenz* ist:

$$\omega_\mathrm{A} = (2N+1)\,\omega_1 = 2\pi/T_\mathrm{A} \qquad (7.69)$$

Wir legen den Zeitnullpunkt in die Mitte der Beobachtungsdauer; in diesem Fall sind die Abtastwerte:

$$f_n = f(t_n) = f(n\,T_\mathrm{A})\,;\quad -N \le n \le N \qquad (7.70)$$

Das Integral in der Gl. (7.68) wird mit einer gewichteten Summe dieser Abtastwerte angenähert und zur Berechnung von $(2N+1)$ Werten der Spektraldichte bei den Kreisfrequenzen $\omega_k = k\,\omega_1$ für $-N \le k \le N$ verwendet:

$$\underline{F}_\mathrm{d}(\mathrm{j}\omega_k) = \frac{1}{\sqrt{2\pi}} \sum_{n=-N}^{N} f_n \cdot \mathrm{e}^{-\mathrm{j}\,k\,\omega_1 t_n}\, T_\mathrm{A} \qquad (7.71)$$

Mit $(2N + 1)$ Abtastwerten lassen sich die Werte der komplexen Spektraldichte $\underline{F}_\mathrm{d}(\mathrm{j}\,\omega_k)$ für $0 \le k \le N$ berechnen. Für die übrigen N Werte gilt:

$$\underline{F}_\mathrm{d}(\mathrm{j}\omega_{-k}) = \underline{F}_\mathrm{d}^*(\mathrm{j}\omega_k);\; 0 < k \le N \qquad (7.72)$$

Die Spektraldichte $\underline{F}_\mathrm{d}(\mathrm{j}\,\omega_k)$ ist mit ω_A *periodisch*. Aufgrund dieser Redundanz lassen sich ihre Werte nur für $-\omega_\mathrm{A}/2 \le \omega_k \le \omega_\mathrm{A}/2$ berechnen. Hieraus ergibt sich die Forderung, dass die Spektraldichte $\underline{F}(\mathrm{j}\omega)$ der Funktion $f(t)$ keine Kreisfrequenzen enthalten darf, die größer als $\omega_\mathrm{A}/2$ sind.

Ist diese Forderung *nicht* erfüllt, so kommt es zu einer *Verfälschung* der Spektraldichte $\underline{F}_\mathrm{d}$, die als **Unterabtastung** oder **Aliasing** bezeichnet wird. Das Bild 7.15 zeigt am Beispiel einer Sinusschwingung mit der Kreisfrequenz ω_S, die mit $\omega_\mathrm{A} = 0{,}95\,\omega_\mathrm{S}$ abgetastet wird, dass das Spektrum eine Kreisfrequenz von ca. $0{,}18\,\omega_\mathrm{S}$ enthält, die tatsächlich nicht vorhanden ist.

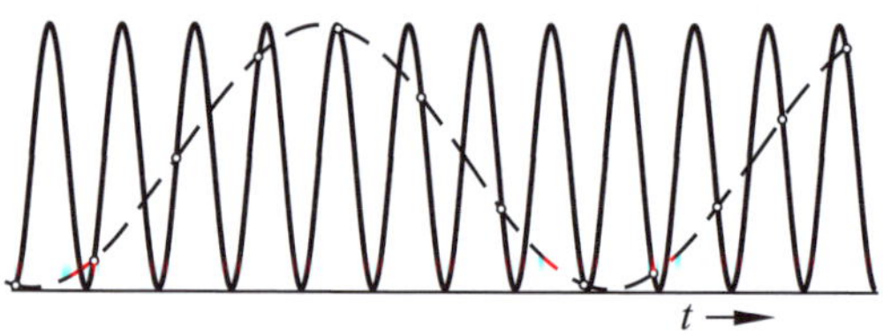

Bild 7.15 Unterabtastung einer Sinusschwingung

Die oben formulierte Forderung ist als **Abtasttheorem von Shannon**[1)] bekannt:

> Um ein Signal mithilfe des diskreten Spektrums genau rekonstruieren zu können, muss die Abtastfrequenz mindestens doppelt so groß sein wie die höchste im abgetasteten Signal enthaltene Frequenz.

In der Praxis filtert man das Originalsignal deswegen mit einem **Antialiasingfilter**, bevor man es abtastet. Dies ist ein Tiefpass mit einer Grenzkreisfrequenz kleiner als $\omega_\mathrm{A}/2$.

Für die Rücktransformation in den Zeitbereich sind nur die $(2N + 1)$ Werte der Spektraldichte von Bedeutung, die zu den Kreisfrequenzen $-\omega_N \le \omega_k \le \omega_N$ gehören. Die Rücktransformation ergibt, wenn wir alle ganzen Zahlen n zulassen, eine mit T periodische Zeitfunktion:

$$f_n = \frac{1}{\sqrt{2\pi}} \sum_{k=-N}^{N} \underline{F}_\mathrm{d}(\mathrm{j}\omega_k) \cdot \mathrm{e}^{\mathrm{j}k\omega_1 t_n} \cdot \omega_1 \qquad (7.73)$$

Ist das abgetastete Signal *nicht* periodisch, wie wir angenommen haben, so sind nur die Werte f_n mit $-N \le n \le N$ von Bedeutung.

Mithilfe der DFT kann jedoch auch das Spektrum eines *periodischen* Signals berechnet werden. Hierbei muss die Beobachtungszeit T mit der Periodendauer übereinstimmen oder ein ganzzahliges Vielfaches von ihr sein.
Setzt man im Exponenten der Gln. (7.71; 7.73) in $\omega_1\, t_n$ die Beobachtungszeit T ein, so erhält man die Transformationsgleichungen der DFT in der Form:

$$\underline{F}_\mathrm{d}(\mathrm{j}k\omega_1) = \frac{1}{\sqrt{2\pi}} \sum_{n=-N}^{N} f(nT_\mathrm{A}) \cdot \mathrm{e}^{-\mathrm{j}\frac{2\pi k n}{2N+1}} \cdot T_\mathrm{A}$$

$$f(nT_\mathrm{A}) = \frac{1}{\sqrt{2\pi}} \sum_{k=-N}^{N} \underline{F}_\mathrm{d}(\mathrm{j}k\omega_1) \cdot \mathrm{e}^{\mathrm{j}\frac{2\pi k n}{2N+1}} \cdot \omega_1$$

(7.74)

Die Gleichungen der DFT können auch für eine *gerade* Anzahl von Abtastwerten formuliert werden.

In der Literatur findet man auch Gleichungen, in denen die konstanten Faktoren $T_\mathrm{A}/\sqrt{2\pi}$ und $\omega_1/\sqrt{2\pi}$ durch andere ersetzt sind.

Beispiel 7.11
Das Liniendiagramm einer Spannung u ist eine Sinuskurve. Außerhalb des Zeitbereichs $-1\,\mathrm{s} \le t \le 1\,\mathrm{s}$ ist der Wert der Spannung gleich null.

1) Claude Elwood Shannon, 1916 – 2001

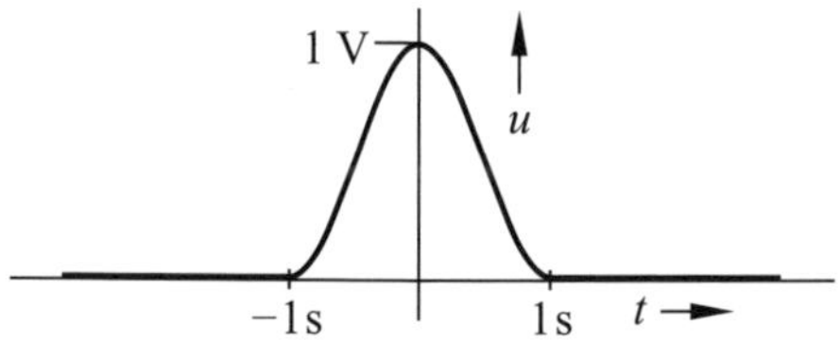

Wir wollen die minimale Abtastfrequenz $\omega_{\text{A min}}$ ermitteln. Für eine doppelt so hohe Abtastfrequenz wollen wir die Anzahl der Abtastwerte $(2N+1)$, die Beobachtungszeit T sowie die Werte der Spektraldichte $\underline{U}_d$ für $\omega = 0$ und die positiven Frequenzen bestimmen.

Die gegebene Kurve weicht 2 s lang von dem Wert $u = 0$ ab, was auf $\omega_{\text{Signal}} = \pi\,\text{s}^{-1}$ führt. Die minimale Abtastfrequenz muss $2\,f_{\text{Signal}}$ betragen; damit ist $\omega_{\text{A min}} = 2\pi\,\text{s}^{-1}$.
Wir wollen die doppelt so hohe Kreisfrequenz $\omega_A = 4\pi\,\text{s}^{-1}$ verwenden; das Abtastintervall ist demnach $T_A = 0{,}5$ s. Die Beobachtungszeit muss den Zeitbereich mit $u \neq 0$ überdecken und ein ungerades Vielfaches von T_A sein; dies ist für $N = 2$ gegeben.

$$T = (2N+1)\,T_A = 2{,}5\ \text{s}$$

Damit ist $\omega_1 = (2\pi/2{,}5)\ \text{s}^{-1}$ die niedrigste Kreisfrequenz des Spektrums. Wir verwenden die Abtastwerte:

n	−2	−1	0	1	2
$u(nT_A)$	0	0,5 V	1 V	0,5 V	0

Für $\omega = 0$ ist $k = 0$ und die zugehörige Spektraldichte hat den Wert:

$$\underline{U}_d(0) = \frac{1}{\sqrt{2\pi}} \sum_{n=-2}^{2} u(nT_A)\cdot T_A = \frac{1}{\sqrt{2\pi}}\,\frac{\text{V}}{\text{Hz}}$$

Für $\omega = \omega_1$ ist $k = 1$ und die zugehörige Spektraldichte hat den Wert:

$$\underline{U}_d(\text{j}\omega_1) = \frac{T_A}{\sqrt{2\pi}} \sum_{n=-2}^{2} u(nT_A)\cdot \text{e}^{-\text{j}\frac{2\pi n}{2N+1}}$$

$$\underline{U}_d(\text{j}\omega_1) = \frac{0{,}5}{\sqrt{2\pi}}\cdot 1{,}309\,\frac{\text{V}}{\text{Hz}} = 0{,}261\,\frac{\text{V}}{\text{Hz}}$$

Für $k = 2$ ergibt sich $\underline{U}_d(\text{j}\,2\,\omega_1) = 0{,}0381\ \frac{\text{V}}{\text{Hz}}$

Das Linienspektrum enthält fünf relevante Spektrallinien; es wiederholt sich mit $\omega_A = 5\,\omega_1$.

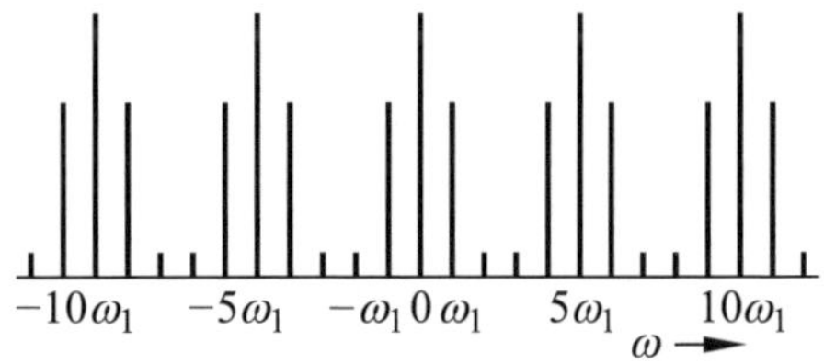

Zur Kontrolle führen wir die Rücktransformation für $t = 0$ durch; sie ergibt $u(0) = 1$ V.

Praxisbezug 7.5
Für die Berechnung der Spektraldichte und für die Rücktransformation der DFT wird heute meist die **schnelle Fourier-Transformation** *(fast Fourier transform,* **FFT***)* verwendet. Dieser Algorithmus wurde in seiner Grundform bereits 1805 von Gauss[1)] zur Berechnung der Flugbahnen von Asteroiden verwendet und seitdem mehrfach verbessert.
Die Steigerung der Rechengeschwindigkeit beruht auf der Vermeidung der Mehrfachberechnung von Ausdrücken, die sich gegenseitig aufheben.
Bei einem vielfach verwendeten Algorithmus der FFT ist die Anzahl Z der Abtastwerte eine Potenz der Zahl 2. Die Abtastwerte werden in zwei *Teilmengen* mit geradem bzw. mit ungeradem Index n aufgeteilt. Die DFT wird für jede Teilmenge berechnet und die Teilergebnisse werden zum Gesamtergebnis zusammengefügt.
Da diese Methode rekursiv angewendet wird, ist der Rechenaufwand nicht mehr durch Z^2, sondern nur noch durch $Z \cdot \log_2(Z)$ bestimmt. ❐

7.4.3 Diskrete Fourier-Transformation eines zeitlich unbeschränkten Signals

Wir betrachten nun die Transformation eines Signals, dessen künftiger Verlauf nicht bekannt ist. Auch die *Beobachtungszeit* T, außerhalb der das Signal den Wert null annimmt, ist nicht bekannt.
In diesem Fall definiert man die Beobachtungszeit T willkürlich mithilfe einer **Fensterfunktion** $w(t)$, die aus der Funktion $f(t)$ das zeitbeschränkte Signal $f_w(t)$ herausschneidet:

1) Carl Friedrich Gauß, 1777 – 1855

$$f_\mathrm{w}(t) = f(t) \cdot w(t) \tag{7.75}$$

Eine besonders einfache Fensterfunktion zeigt das Bild 7.16; dabei gilt:

$w(t) = 1$ für $-T/2 \le t \le T/2$

$w(t) = 0$ für $t < -T/2$ und für $t > T/2$

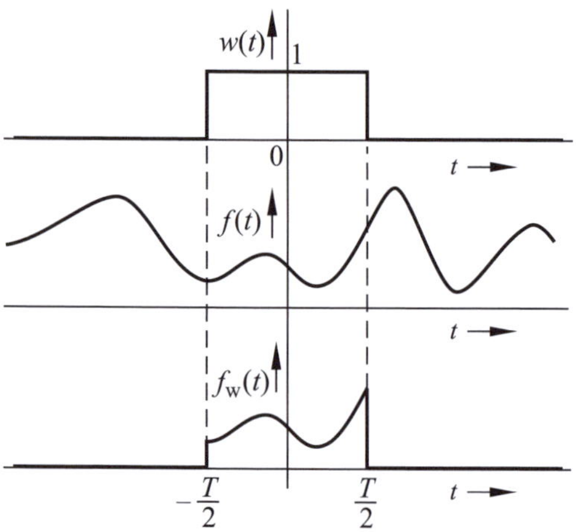

Bild 7.16 Bildung einer zeitbegrenzten Funktion mit einer Fensterfunktion

Auf die Funktion $f_\mathrm{w}(t)$ kann nun die FOURIER-Transformation angewendet und das zugehörige Spektrum gefunden werden. Auf dieses hat die verwendete Fensterfunktion allerdings Einfluss: Der Multiplikation der beiden Zeitfunktionen entspricht im Bildbereich eine **Faltung** der beiden Spektralfunktionen.

Ist $\underline{F}(\mathrm{j}\,\omega)$ das Spektrum von $f(t)$ und $\underline{W}(\mathrm{j}\,\omega)$ das von $w(t)$, so erhält man das Spektrum $\underline{F}_\mathrm{w}(\mathrm{j}\,\omega)$ von $f_\mathrm{w}(t)$ mit dem **Faltungsintegral**:

$$\underline{F}_\mathrm{w}(\mathrm{j}\omega) = \int_{-\infty}^{+\infty} \underline{F}(\mathrm{j}\Omega) \cdot \underline{W}(\mathrm{j}[\omega - \Omega])\,\mathrm{d}\Omega \tag{7.76}$$

Für die diskreten Spektren der DFT gilt:

$$\underline{F}_\mathrm{w,d}(\mathrm{j}k\omega_1) = \sum_{m=-\infty}^{+\infty} \underline{F}_\mathrm{d}(\mathrm{j}m\omega_1) \cdot \underline{W}_\mathrm{d}(\mathrm{j}[k-m]\omega_1) \tag{7.77}$$

Bei der Anwendung der Gl. (7.77) ist die Summe tatsächlich nur über *endlich viele* Summanden zu erstrecken, weil einer der beiden Faktoren ab einer bestimmten Zahl m null wird.

Sowohl $\underline{F}_\mathrm{w}(\mathrm{j}\,\omega)$ als auch $\underline{F}_\mathrm{w,d}(\mathrm{j}\,\omega_k)$ können auch ohne Anwendung der Faltung direkt durch Transformation von $f_\mathrm{w}(t)$ bestimmt werden. Die Gln. (7.76 und 7.77) zeigen lediglich, dass das Spektrum durch die Fensterfunktion beeinflusst wird.

Bei der Anwendung der DFT darf die Fensterfunktion nicht so einfach sein wie im Bild 7.16: Der Übergang von 1 auf 0 darf nicht sprunghaft sein, sondern er muss „glatt" (stetig differenzierbar) verlaufen. Nur dann kann die höchste in $w(t)$ enthaltene Kreisfrequenz kleiner als $\omega_\mathrm{A}/2$ sein.

Das diskrete Spektrum $\underline{F}_\mathrm{w,d}(\mathrm{j}\,\omega_k)$ stellt die Funktion $f(t)$ im gewählten Zeitfenster nur dann richtig dar, wenn sich $f(t)$ außerhalb des Fensters periodisch fortsetzt.

Ist dies nicht der Fall, so stellt $\underline{F}_\mathrm{w,d}(\mathrm{j}\,\omega_k)$ nur eine *Näherung* des tatsächlichen Spektrums dar. Für Spannungs- und Stromsignale gilt, dass ihre Leistung, die über das tatsächliche Spektrum verteilt ist, näherungsweise den Frequenzen des diskreten Spektrums zugeordnet wird. Dies bezeichnet man als **Leckeffekt** (*leakage effect*).

Praxisbezug 7.6

Die DFT ist in Verbindung mit der FFT die Basis der **digitalen Signalverarbeitung**. Sie ermöglicht z. B. die Realisierung von *Filtern* durch Rechenprogramme und die komprimierte, d. h. Platz sparende Darstellung von Analogsignalen.

Eine Methode zur *Datenkompression* ist z. B. das von K. BRANDENBURG[1)] entwickelte **MP3-Verfahren.** Dies ist eine Abkürzung für die Norm ISO MPEG Audio Layer 3. Das Verfahren dient dazu, Musik, Sprachsignale und Geräusche mit binären Datenworten so zu beschreiben, dass die Datenmenge dabei möglichst klein bleibt.

Da der Mensch nur Töne mit einer Frequenz bis zu 20 kHz hört, wird das Audiosignal zunächst mit einem Tiefpass bandbegrenzt. Das entstandene Signal wird z. B. mit 44 kHz abgetastet; anschließend wird sein diskretes Spektrum bestimmt. Dieses wird hinsichtlich des menschlichen Hörvermögens bearbeitet und die Datenmenge dabei reduziert. Hierfür nur zwei Beispiele:

1) Karlheinz Brandenburg, *1954

- Man kann zwei Töne nur dann unterscheiden, wenn ihre Frequenzen einen gewissen Mindestabstand aufweisen.
- Nach sehr lauten Geräuschen kann man viel leisere kurze Zeit danach nicht wahrnehmen.

Die so reduzierten Daten des momentanen Spektrums werden mit einem **HUFFMAN-Code**[1] codiert. Dies ist ein Code mit variabler Wortlänge, die umso kürzer ist, je häufiger ein Zeichen vorkommt.

Der MP3-Decoder führt die Rücktransformation aus dem Frequenz- in den Zeitbereich durch. Das entstehende Audiosignal klingt für die meisten Hörer wie das Originalsignal. Es unterscheidet sich jedoch von diesem, denn schließlich sind Informationen entfernt worden. Ob dies bemerkt wird, hängt vom Hörvermögen des Einzelnen ab. ❐

Fragen

- Was versteht man unter dem Begriff kontinuierliches Spektrum?
- Aus welchem Grenzübergang erhält man das Spektrum einer nichtperiodischen Funktion?
- Wie ist die Spektraldichte definiert?
- Welche Rechenoperation bezeichnet man als FOURIER-Transformation?
- Was bedeuten die Abkürzungen DFT und FFT?
- Welche Bedingungen muss eine Funktion $f(t)$ erfüllen, damit die DFT angewendet werden kann?
- Wie kann die DFT auf ein zeitlich unbeschränktes Signal angewendet werden?
- Was besagt das Abtasttheorem von SHANNON?
- Wodurch ist der Frequenzabstand zwischen zwei Spektrallinien bei der DFT bestimmt?
- Welcher Bedingung muss die Anzahl der Abtastwerte bei der FFT genügen?
- Wodurch entsteht bei der DFT der als Aliasing bezeichnete Fehler?
- Welchem Zweck dient die Fensterfunktion?

Aufgabe 7.7(3)
Berechnen Sie die Spektraldichte des Dreieckimpulses und stellen Sie diese grafisch dar.

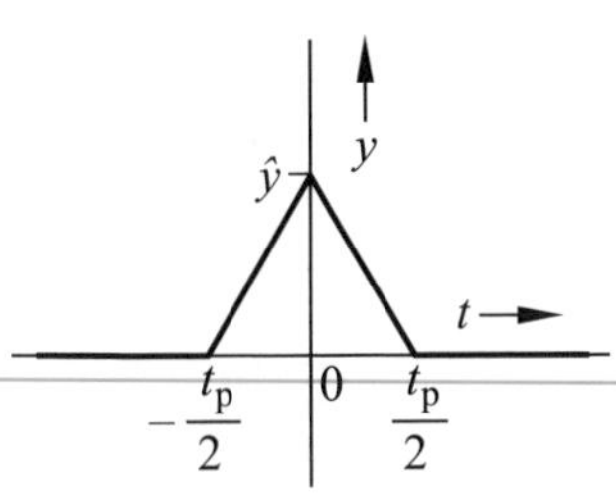

[1] David A. Huffman, 1925 – 1999

7.5 Nichtsinusförmige Schwingungen in linearen Netzen

Ziele: Sie können
- nichtsinusförmige Größen mithilfe des Überlagerungsprinzips auf Sinusgrößen zurückführen.
- die Begriffe ideale und verzerrungsfreie Übertragung mithilfe des Frequenzgangs erklären.
- die Bedingungen erläutern, unter welchen eine lineare Verzerrung entsteht.

7.5.1 Überlagerungsprinzip

Werden *lineare Netze* an Quellen mit nichtsinusförmigen, periodischen Quellengrößen betrieben, so lassen sich die Ströme und Spannungen mithilfe des **Überlagerungsprinzips** berechnen.

Dabei ersetzt man eine *ideale Spannungsquelle* mit nichtsinusförmiger Quellenspannung durch eine *Reihenschaltung* von Sinusspannungsquellen, deren Amplituden und Nullphasenwinkel dem Spektrum der ursprünglichen Quellenspannung entsprechen.
Eine *ideale Stromquelle* mit nichtsinusförmigem Quellenstrom ersetzt man durch eine entsprechende *Parallelschaltung* von Sinusstromquellen.

Für sämtliche Teilschwingungen werden nun getrennte Netzberechnungen durchgeführt. Dabei werden sämtliche Spannungsquellen mit anderen Frequenzen als die der jeweils betrachteten Teilschwingung durch Kurzschlüsse ersetzt; die entsprechenden Stromquellen ersetzt man durch Unterbrechungen.

Sämtliche im Netz noch wirksamen Quellen schwingen nun mit der gleichen Frequenz; für diese werden die FOURIER-Koeffizienten der Ströme und Spannungen bestimmt. Das Ergebnis der Berechnung für sämtliche Teilschwingungen ist das Spektrum der Ströme und Spannungen im linearen Netz. Es kann zu einer FOURIER-Reihe zusammengefasst werden, wobei man die Zeitfunktion der jeweiligen Größe erhält.

Für die komplexen Teilspannungen am Eingang und am Ausgang eines linearen Netzes mit dem Frequenzgang $\underline{T}(\mathrm{j}\,\omega)$ des Übertragungsfaktors gilt:

$$\underline{u}_{A1} = \underline{T}(j\omega_1)\cdot\underline{u}_{E1} = |\underline{u}_{E1}|\cdot T(\omega_1)\,\underline{/\varphi_1 + \varphi_{T1}}$$

$$\underline{u}_{A2} = \underline{T}(j\omega_2)\cdot\underline{u}_{E2} = |\underline{u}_{E2}|\cdot T(\omega_2)\,\underline{/\varphi_2 + \varphi_{T2}}$$

Die Teilspannungen überlagert man nach dem *Überlagerungsprinzip* am Ausgang zur Gesamtspannung u_A, indem man für jeden Augenblickswert den Wert der komplexen FOURIER-Reihe berechnet.
Der Vorgang wird besonders anschaulich, wenn man das Eingangsspektrum in die Frequenzgangdarstellung hineinzeichnet und für jede Frequenz die zugehörige Ausgangsgröße bildet.

Beispiel 7.12
Eine lineare Quelle, die im Leerlauf die in den Beispielen 7.3 und 7.8 untersuchte Rechteckspannung abgibt, liegt an einem *RC*-Glied.
Wir wollen das Spektrum der Ausgangsspannung *u* mithilfe des Übertragungsfaktors berechnen.

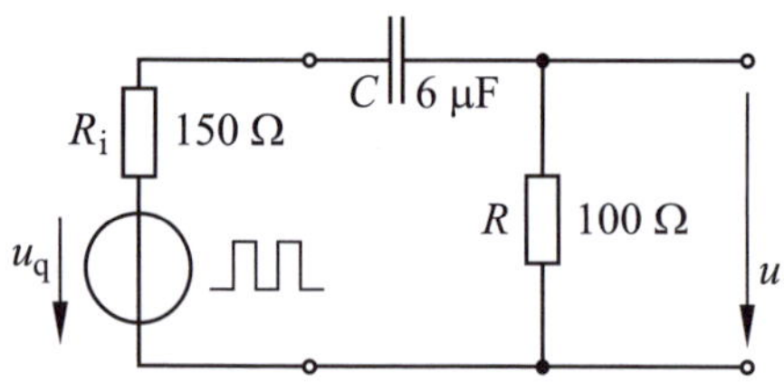

Aus dem Beispiel 7.8 übernehmen wir die Koeffizienten für die komplexe FOURIER-Reihe der Quellenspannung u_q und tragen ihre Beträge und Winkel in eine Tabelle ein.
Der Frequenzgang des Übertragungsfaktors $\underline{T}(j\,\omega) = \underline{U}(j\,\omega)\,/\,\underline{U}_q(j\,\omega)$ lautet:

$$\underline{T} = \frac{R}{\sqrt{(R_i+R)^2+\left(\frac{1}{\omega C}\right)^2}}\;\underline{/\arctan\frac{1}{\omega C(R_i+R)}}$$

Hierfür berechnen wir den Betrag und den Winkel:

$$T_k = \frac{0{,}4}{\sqrt{1+1{,}126/k^2}}\,;\quad \varphi_{Tk} = \arctan 1{,}06/k$$

Nun berechnen wir die Teilschwingungen der Ausgangsspannung *u*:

$$|\underline{u}_k| = T_k\,|\underline{u}_{qk}|\,;\quad \varphi_k = \varphi_{Tk} + \varphi_{qk}$$

Auch die hiermit berechneten Werte tragen wir in die Tabelle ein.

Zur Veranschaulichung stellen wir den Betrag und den Winkel des Übertragungsfaktors über der Frequenz grafisch dar. In diese Darstellung tragen wir auch das Spektrum der Quellenspannung ein.
Die Produkte $T_k\,|\underline{u}_{qk}|$ und die Summen $\varphi_{Tk} + \varphi_{qk}$ ergeben das Linienspektrum der Ausgangsspannung, das wir ebenfalls grafisch darstellen.

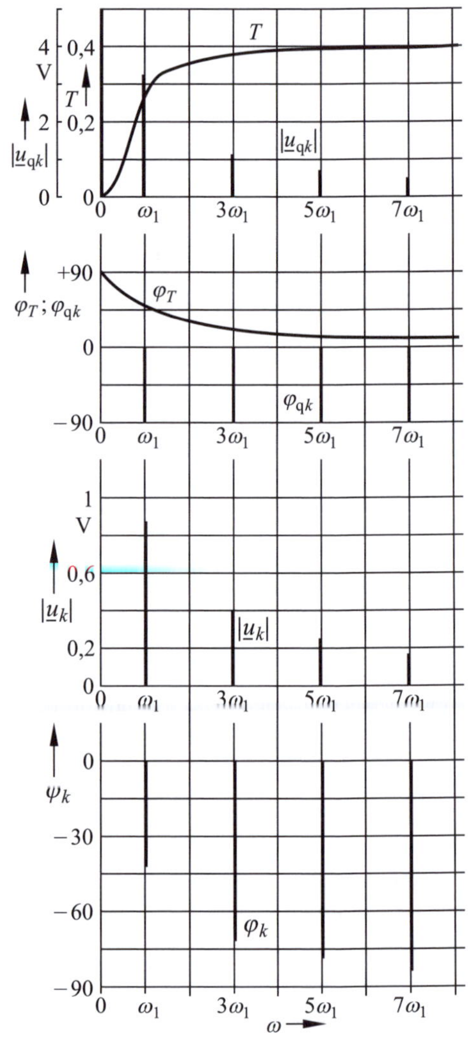

k	0	1	3	5	7
$\lvert\underline{u}_{qk}\rvert$ in V	5	3,18	1,06	0,64	0,45
φ_{qk}	-	−90°	−90°	−90°	−90°
T_k	0	0,274	0,377	0,391	0,395
φ_{Tk}	-	47°	19°	12°	9°
$\lvert\underline{u}_k\rvert$ in V	0	0,875	0,4	0,25	0,178
φ_k	-	−43°	−71°	−78°	−81°

Die Ausgangsspannung enthält kein Gleichspannungsglied (k = 0). Man erkennt, dass die höheren Teilschwingungen stärker hervortreten. Die Ausgangsspannung hat also einen höheren Klirrfaktor als der Wechselanteil der Eingangsspannung.

7.5.2 Verzerrungsfreie Übertragung

Durch den Zeitverlauf elektrischer Signale können *Nachrichten* dargestellt werden, die von einem Sendeort zu einem Empfangsort übertragen werden. Dabei soll das empfangene Signal möglichst genau mit dem gesendeten übereinstimmen, denn es darf bei der Übertragung nicht *verzerrt* werden.

Um dies zu erreichen, muss der Übertragungsfaktor des Übertragungsnetzes Eigenschaften aufweisen, die man aus den Spektren von Eingangs- und Ausgangssignal bestimmen kann. Wir verwenden dazu *periodisch* schwingende Signale, obwohl diese zur Darstellung einer Nachricht ungeeignet sind. Die gefundenen Ergebnisse gelten jedoch auch für *nichtperiodische* Signale.

Wir betrachten als Eingangssignal eine periodische Schwingung $y_E(t)$, die durch das Spektrum y_{Ek} mit $-\infty < k < +\infty$ beschrieben wird. Bei einem **idealen Übertragungsnetz** ist das Spektrum des Ausgangssignals $y_A(t)$ *identisch* mit dem Spektrum des Eingangssignals:

$$y_{Ak} = y_{Ek}\,; \quad -\infty < k < +\infty$$

In diesem Fall sind auch die *Liniendiagramme* der Funktionen von Eingangs- und Ausgangssignal *gleich.*

Der *Übertragungsfaktor* eines idealen Übertragungsnetzes hat den Betrag $T = 1$ und den Winkel $\varphi_T = 0$. Ein solches Netz ist wegen der unvermeidlichen *Laufzeiten* der Signale nicht realisierbar. Man braucht es auch nicht, um eine Nachricht *verzerrungsfrei* zu übertragen.

Ist das Eingangssignal z. B. eine *Rechteckschwingung*, so erkennen wir diese am Ausgang auch dann, wenn die Scheitelwerte $\hat{y}_A$ und $\hat{y}_E$ verschieden sind und wenn $y_A(t)$ gegenüber $y_E(t)$ um die Zeit t_v *verschoben* ist (Bild 7.17).

In diesem Fall enthalten das Ausgangs- und das Eingangssignal die *gleichen Teilschwingungen.* Allerdings sind sämtliche Amplituden $\hat{y}_{Ak}$ um den Faktor $T = \hat{y}_A / \hat{y}_E$ gegenüber den Amplituden $\hat{y}_{Ek}$ verändert und die Nullphasenwinkel φ_{Ak} unterscheiden sich von φ_{Ek} um den Winkel $-k\,\omega_1\,t_v$. Es gilt also:

$$\underline{y}_{Ak} = \underline{y}_{Ek} \cdot T \underline{/-k\omega_1 t_v} \qquad (7.78)$$

Ist diese Gleichung erfüllt, so spricht man von einer **verzerrungsfreien Übertragung** (*distortionless transmission*).

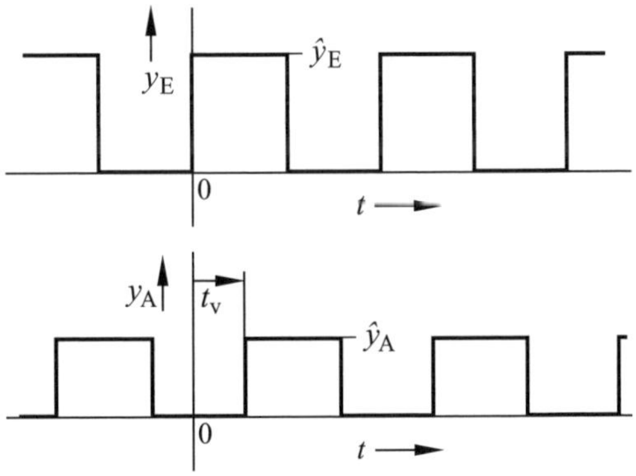

Bild 7.17 Verzerrungsfreie Übertragung einer Rechteckschwingung

Ein Netz, das unabhängig von der Grundkreisfrequenz ein verzerrungsfreies Ausgangssignal liefert, wird als **verzerrungsfreies Netz** bezeichnet. Sein Übertragungsfaktor ist:

$$\underline{T}(\mathrm{j}\omega) = T \underline{/-\omega t_v} \qquad (7.79)$$

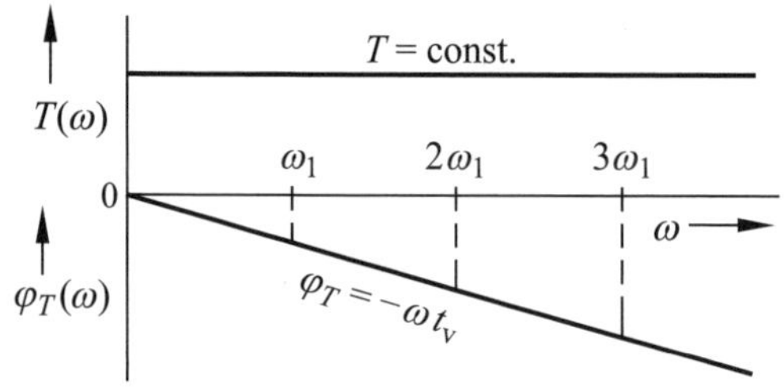

Bild 7.18 Übertragungsfaktor eines verzerrungsfreien Netzes

7.5.3 Lineare Verzerrungen

Sind die Bedingungen für eine verzerrungsfreie Übertragung nicht erfüllt, so kommt es zu **Übertragungsverzerrungen**. Dabei unterscheidet man in linearen Netzen zwei Fälle:

- **Amplitudenverzerrungen** (*amplitude distortion*) entstehen, wenn der Betrag des Übertragungsfaktors frequenzabhängig ist.
- **Phasenverzerrungen** (*phase distortion*) entstehen, wenn der Winkel φ_T des Übertragungsfaktors *nicht* die in der Gl. (7.79) beschriebene Frequenzabhängigkeit hat.

Sowohl die Amplituden- als auch die Phasenverzerrungen verändern das Ausgangssignal gegenüber dem Eingangssignal in seiner Form; das Bild 7.19 zeigt hierfür ein Beispiel.

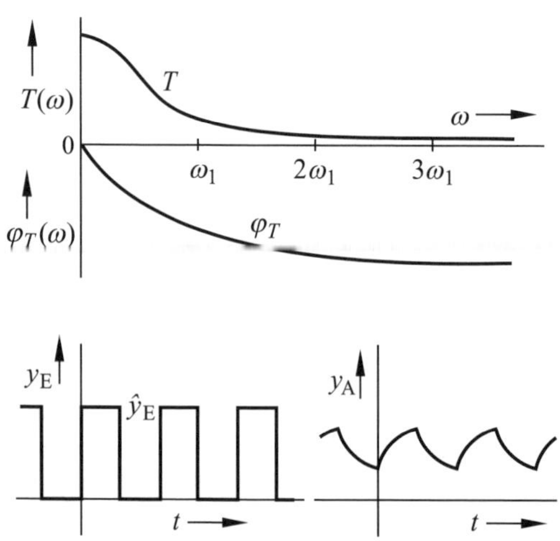

Bild 7.19 Lineare Verzerrungen

Die Spektren beider Signale enthalten jedoch bei linearen Netzen ausschließlich *gleichfrequente* Teilschwingungen. Man spricht dabei von **linearen Verzerrungen** (*linear distortion*).

Praxisbezug 7.7

Ein Netz aus Grundeintoren R ist stets *verzerrungsfrei*. Das Gleiche gilt für *homogene Leitungen*, wenn sowohl der Eingang als auch der Ausgang mit dem *Wellenwiderstand* abgeschlossen sind und die Bedingung $R'/L' = G'/C'$ erfüllt ist. Der Index (') kennzeichnet Größen, die auf die *Leitungslänge* bezogen sind. Die Formelzeichen bedeuten:

- R' Leitungswiderstand / Länge
- G' Leitwert zwischen Hin- und Rückleitung, bezogen auf die Leitungslänge
- L' Induktivität / Länge
- C' Kapazität / Länge

Für die verzerrungsfreie, homogene Leitung gilt:

$$|\underline{T}(\omega)| = \mathrm{e}^{-\sqrt{R'G'}\cdot l}\ ;\ \varphi_T(\omega) = -\omega\sqrt{L'C'}\cdot l$$

Der Ausdruck $\sqrt{L'C'}\cdot l$ ist die für sämtliche Teilschwingungen gleiche **Laufzeit** t_v über die Leitung.

Entsprechend ist $1/\sqrt{L'C'}$ die für alle Teilschwingungen gleiche **Phasengeschwindigkeit** (Ausbreitungsgeschwindigkeit) längs der Leitung. Sie ist in Kabeln stets kleiner als die Vakuum-Lichtgeschwindigkeit. Reale Leitungen lassen sich nur näherungsweise verzerrungsfrei aufbauen.

Die Nachrichtenübertragung mit *elektromagnetischen Wellen* im freien Raum ist praktisch verzerrungsfrei. Die für sämtliche Frequenzen gleiche Phasengeschwindigkeit ist dabei die Lichtgeschwindigkeit. ❒

Beispiel 7.13

Der Sägezahnspannung aus dem Beispiel 7.7 ist die Gleichspannung $U_0 = 20$ mV überlagert. Die Gesamtspannung liegt als Quellenspannung an einem RC-Glied.

Wir wollen das Spektrum der Ausgangsspannung u bis zur Ordnungszahl $k = 6$ berechnen.

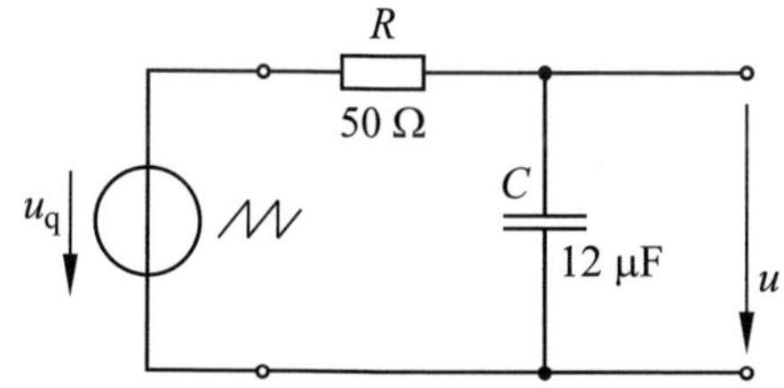

Wir beschreiben die Quellenspannung mit der komplexen FOURIER-Reihe:

$$u_q = \sum_{k=-\infty}^{+\infty} \underline{u}_{qk} \,\underline{/k\omega_1 t}$$

Nun berechnen wir in Tabellenform nur die Koeffizienten mit $k > 0$; die Koeffizienten mit $k < 0$ sind zu diesen konjugiert komplex. Die Werte für

$$\underline{u}_{qk} = |\underline{u}_{qk}| \,\underline{/\varphi_{qk}}$$

ermitteln wir mit der Tabelle im Anhang A5; dabei ist:

$$|\underline{u}_{qk}| = u_{bk}/2$$

Für den Koeffizienten der k-ten Teilschwingung der Spannung u gilt:

$$\underline{u}_k = \underline{u}_{qk} \cdot \underline{T}(jk\omega_1)$$

$$\underline{T}(jk\omega_1) = \frac{\frac{1}{jk\omega_1 C}}{R + \frac{1}{jk\omega_1 C}} = \frac{1}{1 + jk\omega_1 CR}$$

Mit den Bauelementewerten erhalten wir:

$$|\underline{T}(jk\omega_1)| = T_k = \frac{1}{\sqrt{1 + k^2 \cdot 3{,}55}}$$

$$\varphi_{Tk} = -\arctan k\omega_1 CR = -\arctan k \cdot 1{,}885$$

Das Spektrum der Ausgangsspannung folgt aus:

$$|\underline{u}_k| = |\underline{u}_{qk}| \cdot T_k \; ; \quad \varphi_{uk} = \varphi_{qk} + \varphi_{Tk}$$

k	u_{qk} mV	φ_{qk}	T_k	φ_{Tk}	u_k mV	φ_k
0	20	0°	1	0°	20	0°
1	15,92	−90°	0,469	−62°	7,47	−152°
2	7,96	90°	0,256	−75°	2,04	15°
3	5,31	−90°	0,174	−80°	0,92	−170°
4	3,98	90°	0,132	−82°	0,53	8°
5	3,18	−90°	0,106	−84°	0,34	−174°
6	2,65	90°	0,088	−85°	0,23	5°

Die Ausgangsspannung (Bild 7.20) wurde mit einem Computer ermittelt; dabei wurde die FOURIER-Reihe nach der Teilschwingung mit $k = 50$ abgebrochen. Man erkennt, dass das Netz als *Tiefpass* wirkt.

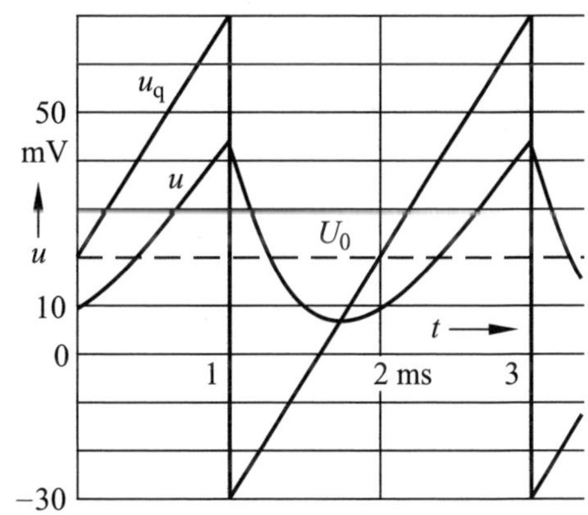

Bild 7.20 Lineare Verzerrung einer Sägezahnspannung

Fragen

- Wie wird das Überlagerungsprinzip bei der Netzberechnung angewendet?
- Welchen Übertragungsfaktor hat ein ideales Übertragungsnetz?
- Skizzieren Sie den Frequenzgang für den Übertragungsfaktor eines verzerrungsfreien Netzes.
- Zeichnen Sie Liniendiagramme für die Eingangs- und die Ausgangsspannung eines verzerrungsfreien Netzes. Welche Unterschiede können zwischen ihnen bestehen?
- Woran erkennen Sie Amplituden- bzw. Phasenverzerrungen im Frequenzgang des Übertragungsfaktors eines linearen Netzes?
- Was versteht man unter linearen Verzerrungen?

Aufgabe 7.8(2)
Ein Verbraucher $R_V = 50\ \Omega$ ist über eine Drosselspule (L = const. = 0,7 H; $R_W = 2\ \Omega$) an eine Gleichrichterschaltung mit idealen Dioden angeschlossen.
Berechnen Sie die Spektren der Teilschwingungen für die Spannung u und für den Strom i.
Welchen Schwingungsgehalt hat der Strom mit und ohne Drosselspule?

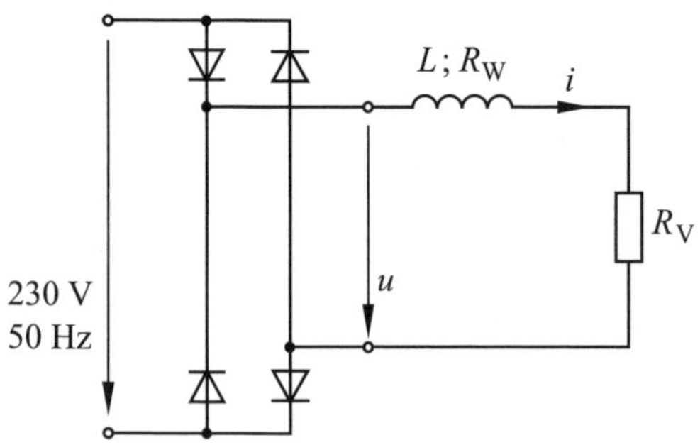

7.6 Nichtlineare Verzerrungen

Ziele: Sie können
- die Entstehung nichtlinearer Verzerrungen erklären.
- für eine Spule mit Eisenkern an Sinusspannung den Strom aus der Magnetisierungskurve konstruieren.

Wir haben am Beispiel der Diode gezeigt, dass eine Sinusspannung an einem Bauelement mit nichtlinearer *I-U*-Kennlinie einen nicht sinusförmigen Strom erzeugt (s. Abschn. 7.2.2). Allgemein gilt:

> An einem nichtlinearen Netz erzeugt eine sinusförmige Eingangsgröße eine nicht sinusförmige Ausgangsgröße.

Im Gegensatz zur linearen Verzerrung besitzen die Spektren von Eingangs- und Ausgangsgröße in nichtlinearen Netzen Teilschwingungen unterschiedlicher Frequenz.

In diesem Fall bezeichnet man die Verzerrung der Ausgangsgröße als **nichtlineare Verzerrung** (*non-linear distortion*). Für ihre *Berechnung* muss das mathematische Modell des Netzes bekannt sein.
Bei sinusförmigen Eingangsgrößen mit hinreichend kleiner Frequenz kann die nichtsinusförmige Ausgangsgröße unter Umständen mithilfe der Übertragungskennlinie des Netzes grafisch bestimmt werden. Dies wollen wir am Beispiel einer Spule mit Eisenkern zeigen.

7.6.1 Spulenstrom bei verlustfreiem Eisenkern

Wir betrachten eine Spule mit ungesättigtem Eisenkern ohne Luftspalt. Die Wicklungs- und Kernverlustwiderstände vernachlässigen wir gegenüber dem induktiven Widerstand. In diesem Fall ist die angelegte Sinusspannung u gleich der selbstinduktiven Spannung u_L:

$$u = u_L = \hat{u}\cos\omega t = N\,\frac{\mathrm{d}\Phi}{\mathrm{d}t} \tag{7.80}$$

Der Fluss im Eisenkern ist damit *sinusförmig*:

$$\Phi(t) = \frac{1}{N}\int u_L\,\mathrm{d}t = \frac{\hat{u}}{\omega N}\sin\omega t + \Phi_0 \tag{7.81}$$

Wir betrachten nur den Fall $\Phi_0 = 0$ und ermitteln den Verlauf des Stromes mithilfe der Magnetisierungskurve $\Phi = f(\Theta)$ (s. Band 1, Abschn. 7.7). Hierzu ist auf der Θ-Achse ein Maßstab für $I = \Theta / N$ anzubringen.

Zunächst berechnet man mit der Gl. (7.81) den Maximalwert des Flusses:

$$\hat{\Phi} = \frac{\hat{u}}{\omega N} \tag{7.82}$$

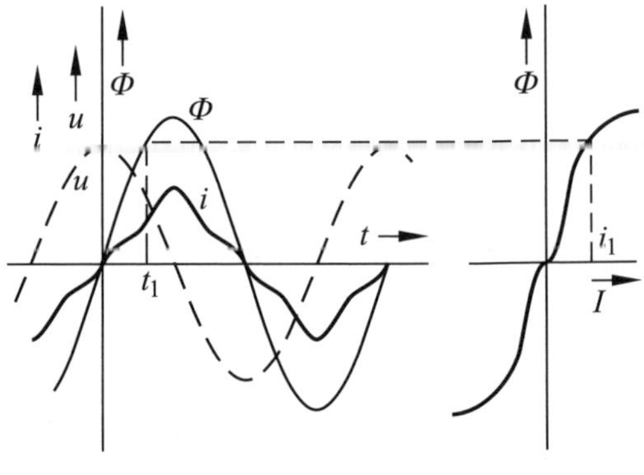

Bild 7.21 Konstruktion des Spulenstromes bei verlustlosem Eisenkern

Nun kann man $\Phi(t)$ zeichnen und aus dem Diagramm $\Phi = f(I)$ Punkt für Punkt den zu jedem Fluss gehörenden i-Wert bestimmen. Die i-Werte werden ins Liniendiagramm übertragen, sodass die Funktion $i(t)$ entsteht (Bild 7.21).

Der *nichtsinusförmige* Strom enthält nur sin-Teilschwingungen mit ungeraden Ordnungszahlen (s. Abschn. 7.1.3). Er ist umso stärker gegenüber der Sinusform verzerrt, je höher der Eisenkern in die Sättigung gebracht wird.

Da die Spannung cos-förmig verläuft, der Strom jedoch nur sin-Teilschwingungen enthält, nimmt die Spule keine Wirkleistung auf (wir haben die Verlustwiderstände vernachlässigt).

Außer der Grundschwingungs-Blindleistung

$$Q_1 = U\,I_1 \tag{7.83}$$

tritt infolge der Strom-Oberschwingungen *Verzerrungsleistung* auf.

7.6.2 Spulenstrom beim Kern mit Eisenverlusten

Entstehen im Kern *Hystereseverluste*, so ist die Kennlinie $\Phi = f(I)$ eine Hystereseschleife. Das oben beschriebene Verfahren lässt sich auch hierbei anwenden.

Verwendet man für die Konstruktion des Stromes die mit *Sinusspannung* der gleichen Amplitude und Frequenz auf dem Oszilloskop aufgezeichnete **dynamische Hystereseschleife**, so enthält diese auch die *Wirbelstromverluste*.

Der Strom nach Bild 7.22 enthält sowohl cos- als auch sin-Teilschwingungen ungerader Ordnungszahl (s. Abschn. 7.1.3). Der Phasenverschiebungswinkel von der Grundschwingung der Spannung zu der des Stromes ist $\varphi_1 < 90°$. Damit entsteht die Wirkleistung:

$$P = U\,I_1 \cos\varphi_1 \tag{7.84}$$

Diese Wirkleistung deckt sowohl die Hystereseals auch die Wirbelstromverluste (den Wicklungswiderstand haben wir vernachlässigt).

Die Grundschwingungs-Blindleistung ist:

$$Q = U\,I_1 \sin\varphi_1 \tag{7.85}$$

Die Strom-Oberschwingungen verursachen außerdem Verzerrungsleistung.

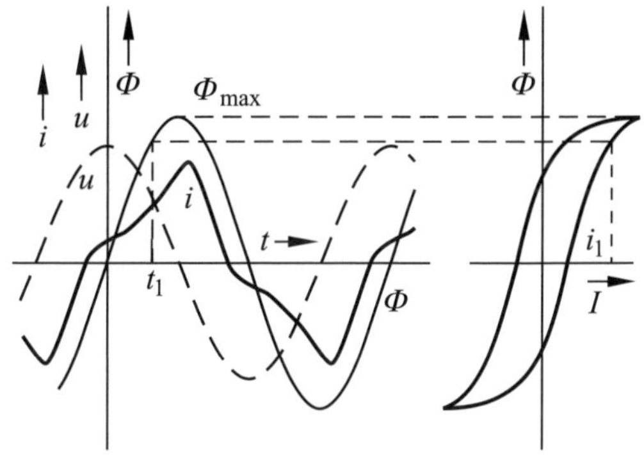

Bild 7.22 Konstruktion des Spulenstromes bei einem Eisenkern mit Verlusten

Fragen

- Wodurch entstehen nichtlineare Verzerrungen? Nennen Sie ein Beispiel.
- Warum tritt bei einem nichtlinearen Netz Verzerrungsleistung auf?
- Skizzieren Sie für eine Spule mit verlustlosem Eisenkern die Kennlinie $\Phi = f(I)$ und zeigen Sie, wie man hieraus den Spulenstrom bei zeitlich sinusförmigem Fluss konstruieren kann.

8 Schaltvorgänge

8.1 Netz an Gleichspannung

Ziele: Sie können
- Ströme und Spannungen bei einem Schaltvorgang in einem Netz berechnen, das ein kapazitives Eintor enthält.
- Die Begriffe Übergangsvorgang, Zeitkonstante, Anstiegszeit und stationärer Endwert erläutern.
- Ströme und Spannungen bei einem Schaltvorgang in einem Netz berechnen, das ein induktives Eintor enthält.
- Ströme und Spannungen bei einem Schaltvorgang in einem Netz berechnen, das zwei Energiespeicher enthält.

Für die Energieänderung eines beliebigen Systems ist stets eine endliche Zeitspanne erforderlich. So enthält z. B. ein fahrendes Auto die kinetische Energie $W_{\text{kin}} = 0{,}5\ m\ \upsilon^2$; es kann nicht plötzlich anhalten, da bis zum Stillstand die kinetische Energie in andere Energieformen (z. B. Wärme) umgewandelt werden muss.

Diejenige physikalische Größe, die den Inhalt eines Energiespeichers beschreibt, wird **Zustandsgröße** *(state variable)* genannt. Beim Energiespeicher Masse ist die Geschwindigkeit υ die Zustandsgröße.

Den zeitlichen Übergang eines Systems von einem stationären Zustand in einen anderen nennt man **Übergangsvorgang** *(transient)*. Je schneller er bei gleichem Energieumsatz abläuft, desto größer ist die dabei auftretende Leistung.

8.1.1 Netz mit einem Grundeintor *C*

Ein Grundeintor C ist ein Energiespeicher mit der Energie $W = 0{,}5\ C\ u^2$ (für C = const.). Jede Spannungsänderung an diesem Eintor bedeutet einen Übergang von einem Energiezustand zu einem anderen. Deshalb kann sich die *Spannung* an einem Grundeintor C nicht sprunghaft ändern, denn sie ist die Zustandsgröße dieses Eintors.

Wir wollen den Zeitverlauf der Spannung u_C an einem Grundeintor C in einem *linearen* Netz berechnen. Die Änderung der Spannung wird zum **Schaltzeitpunkt** $t = 0$ durch einen **Schaltvorgang** *(switching operation)* hervorgerufen; dadurch tritt eine plötzliche Änderung der Struktur des Netzes auf.

Im einfachsten Fall ist das Eintor C zum Zeitpunkt $t = 0$ *ungeladen* und es ist $u_C = 0$. Wir stellen fest:

> Ein ungeladenes Grundeintor C wirkt im Schaltzeitpunkt wie ein Kurzschluss.

Wir wollen nun den Schaltvorgang in einem Netz mit einem Grundeintor C, das zum Schaltzeitpunkt auch eine Ladung enthalten kann, allgemein untersuchen. Dabei soll es unerheblich sein, ob die Änderung der Netzstruktur durch das Öffnen oder das Schließen des Schalters verursacht wird.

Auch wenn andere Größen des Netzes gesucht sind, muss zunächst stets der Zeitverlauf der Zustandsgröße – hier die Spannung u_C – ermittelt werden.

Für den Übergangsvorgang sind weder der Zeitverlauf der Zustandsgröße noch die Struktur des Netzes *vor* dem Schaltzeitpunkt von Bedeutung. Wir benötigen jedoch den Wert der Zustandsgröße zum Schaltzeitpunkt $t = 0$; dieser Wert wird als **Anfangswert** (Index A) bezeichnet.

Das lineare Netz, mit dem das Grundeintor C *nach* dem Schaltzeitpunkt bis $t \to \infty$ (Index E: Endzustand) verbunden ist, kann durch eine lineare Quelle ersetzt werden; dabei verwenden wir zweckmäßig die lineare Spannungsquelle.

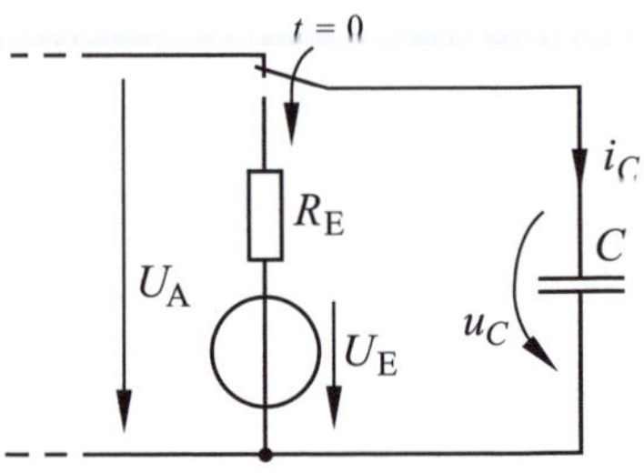

Bild 8.1 Allgemeine Darstellung eines linearen Netzes mit einem Grundeintor C und einem Schalter

Zur Berechnung der Zeitabhängigkeit der Spannung u_C stellen wir die Maschengleichung für $t \geq 0$ auf:

$$R_E\, i_C + u_C = U_E \tag{8.1}$$

In diese Gleichung setzen wir die Gl. (1.5) ein und erhalten eine Differenzialgleichung 1. Ordnung, bei der außer der Spannung u_C auch die erste Ableitung dieser Spannung vorkommt:

$$R_E C \cdot \frac{du_C}{dt} + u_C = U_E \tag{8.2}$$

Die Spannung U_E wird als **stationärer Endwert** von u_C bezeichnet, weil sie sich dann einstellt, wenn sich die Spannung u_C nicht mehr ändert und der Differenzialquotient $du_C/dt = 0$ ist.
Das Produkt $R_E \cdot C$ hat die Dimension der Zeit:

$$[R_E] \cdot [C] = 1\,\frac{V}{A} \cdot 1\,\frac{As}{V} = 1\text{ s} \tag{8.3}$$

Man bezeichnet es daher als **Zeitkonstante** *(time constant)* τ (griech. Buchstabe tau):

$$\boxed{\tau = R_E\, C} \tag{8.4}$$

Damit lautet die Differenzialgleichung:

$$\tau \cdot \frac{du_C}{dt} + u_C = U_E \tag{8.5}$$

Sie kann nach der Trennung der Veränderlichen durch Integration gelöst werden:

$$\frac{1}{\tau}\,dt = \frac{1}{U_E - u_C}\,du_C \tag{8.6}$$

Für die rechte Seite dieser Gleichung gewinnen wir aus

$$\frac{d(U_E - u_C)}{du_C} = -1$$

den Zusammenhang:

$$du_C = -d(U_E - u_C) \tag{8.7}$$

Dies setzen wir in die Gl. (8.6) ein:

$$\frac{1}{\tau}\,dt = \frac{-1}{U_E - u_C}\,d\left(U_E - u_C\right) \tag{8.8}$$

Nun integrieren wir und wählen als Integrationskonstante zweckmäßig $\ln K$:

$$\frac{t}{\tau} = -\ln\left(U_E - u_C\right) + \ln K = -\ln\frac{U_E - u_C}{K}$$

Diese Gleichung lösen wir nach u_C auf:

$$u_C = U_E - K \cdot e^{-\frac{t}{\tau}} \tag{8.9}$$

Die Konstante K bestimmen wir mit dem Anfangswert U_A der Spannung u_C: Für den Zeitpunkt $t = 0$ muss die Lösung der Differenzialgleichung $u_C = U_A$ lauten. Dieses Wertepaar setzen wir in die Gl. (8.9) ein:

$$U_A = U_E - K \cdot e^0;\quad K = U_E - U_A \tag{8.10}$$

Damit erhalten wir als Lösung der Differenzialgleichung die Spannung u_C für $t \geq 0$:

$$\boxed{u_C = U_E + \left(U_A - U_E\right) \cdot e^{-\frac{t}{\tau}}} \tag{8.11}$$

Dem stationären Endwert U_E der Spannung u_C ist nach dem Schalten für $t \geq 0$ die **Ausgleichspannung** *(transient voltage)* u_{trt} überlagert, die nach einer e-Funktion abnimmt:

$$u_{trt} = \left(U_A - U_E\right) \cdot e^{-\frac{t}{\tau}} \tag{8.12}$$

$$u_C = U_E + u_{trt} \tag{8.13}$$

Tabelle 8.1 Werte der e-Funktion

$\frac{t}{\tau}$	0	0,1	1,0	2,0	2,3	3,0	4,0
$e^{-\frac{t}{\tau}}$	1,0	0,9	0,368	0,135	0,1	0,05	0,018

Die Tabelle zeigt, dass die Ausgleichspannung bei $t = 4\,\tau$ weniger als 2 % ihres Anfangswertes beträgt. Man sagt daher, dass die Spannung u_C nach vier Zeitkonstanten den stationären Endwert U_E praktisch erreicht hat. Theoretisch erreicht aber die Spannung u_C den stationären Endwert U_E erst für $t \to \infty$.

Im Bild 8.2 sind die Liniendiagramme von $u_C(t)$ für $U_E > U_A$ bzw. $U_E < U_A$ dargestellt. Die Tangente an die Kurve $u_C(t)$ im Zeitpunkt $t = 0$ schneidet die achsparallele Gerade durch U_E zum Zeitpunkt $t = \tau$.

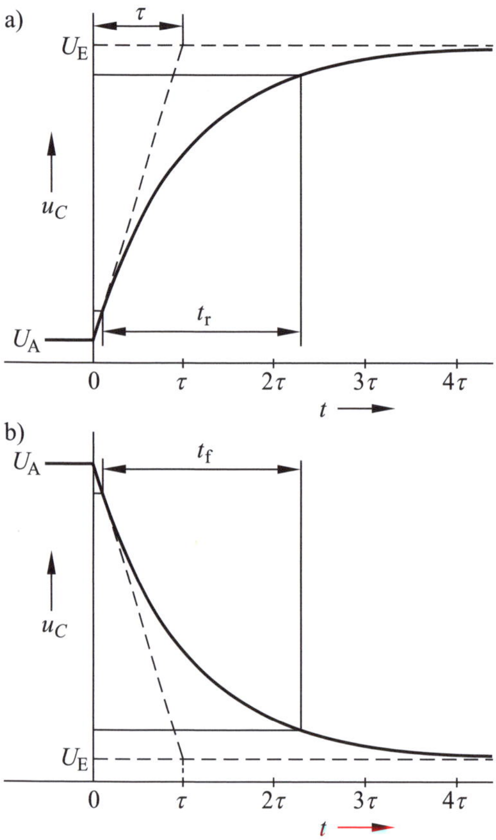

Bild 8.2 Liniendiagramme der Spannung $u_C(t)$ für $U_E > U_A$ bzw. $U_E < U_A$

In der Nachrichtentechnik werden häufig auch die Begriffe **Anstiegszeit** *(rise time)* t_r und **Abfallzeit** *(fall time)* t_f verwendet. Man versteht darunter die Zeitspanne, in welcher die Ausgleichspannung u_{trt} von 90 % auf 10 % ihres Anfangswertes $U_A - U_E$ absinkt. Aus der Tab. 8.1 entnehmen wir:

$$t_r = t_f = 2{,}2\ \tau \tag{8.14}$$

Ein Zeitverlauf der Spannung u_C nach Bild 8.2 ergibt sich nur dann, wenn der Schaltvorgang mit einem **prellfreien Schalter** erfolgt. Dabei müssen die Schaltkontakte zum Zeitpunkt $t = 0$ eine ideal leitende Verbindung bilden, die im Verlauf des Übergangsvorgangs nicht mehr unterbrochen wird.

Wenn der Zeitverlauf der Zustandsgröße bekannt ist, kann man damit den Zeitverlauf der übri-gen Größen des Netzes mithilfe algebraischer Gleichungen ermitteln. Als Beispiel wollen wir den Strom i_C für $t \geq 0$ berechnen; dazu lösen wir die Gl. (8.1) nach i_C auf und erhalten mit den Gln. (8.11 und 8.12):

$$\boxed{i_C = -\frac{u_{trt}}{R_E}} \tag{8.15}$$

Der Zeitverlauf des Stromes i_C ist zum Schalt-zeitpunkt unstetig; es tritt ein Sprung auf. Dies ist nur möglich, wenn induktive Grundeintore unberücksichtigt bleiben können.

Man bezeichnet die Grenzwerte $t \to 0$ für $t < 0$ mit $t = -0$ und für $t > 0$ mit $t = +0$. Der Strom nimmt für $t \to 0$ folgende Werte an:

$$t = -0: \quad i_C = 0 \quad (\text{für } U_A = \text{const.}) \tag{8.16}$$

$$t = +0: \quad i_C = -\frac{U_A - U_E}{R_E} \tag{8.17}$$

Beispiel 8.1

In dem Netz wird der Schalter zum Zeitpunkt $t = 0$ geschlossen. Der Kondensator ist vor dem Schaltzeitpunkt ungeladen. Wir wollen den Zeitverlauf der Ströme i_C und i ermitteln.

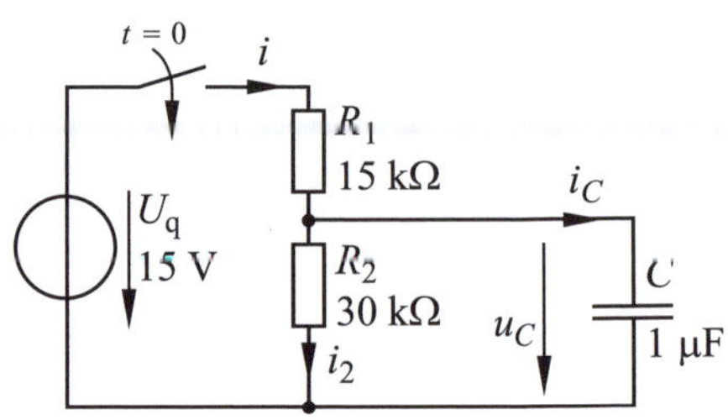

Wir können die Ströme erst dann berechnen, wenn der Zeitverlauf der Zustandsgröße u_C bekannt ist. Deshalb ermitteln wir zunächst die Ersatzspannungsquelle für $t \geq 0$:

$$U_E = \frac{R_2}{R_1 + R_2} \cdot U_q = 10\ \text{V}$$

$$\frac{1}{R_E} = \frac{1}{R_1} + \frac{1}{R_2}\ ;\ R_E = 10\ \text{k}\Omega$$

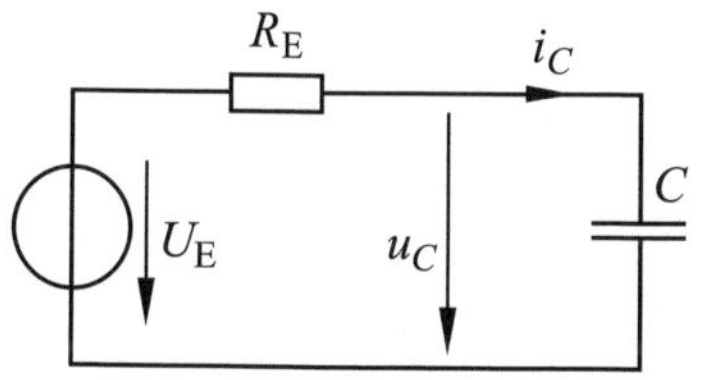

Damit können wir die Zeitkonstante τ berechnen:

$$\tau = R_E\, C = 10\ \text{ms}$$

Der stationäre Endwert der Kondensatorspannung ist $U_E = 10$ V. Da der Kondensator zum Zeitpunkt $t = 0$ ungeladen ist, setzen wir $U_A = 0$ in die Gl. (8.11) ein:

$$u_C = U_E - U_E \cdot e^{-\frac{t}{\tau}} = 10\ \text{V} \cdot \left(1 - e^{-\frac{t}{10\ \text{ms}}}\right)$$

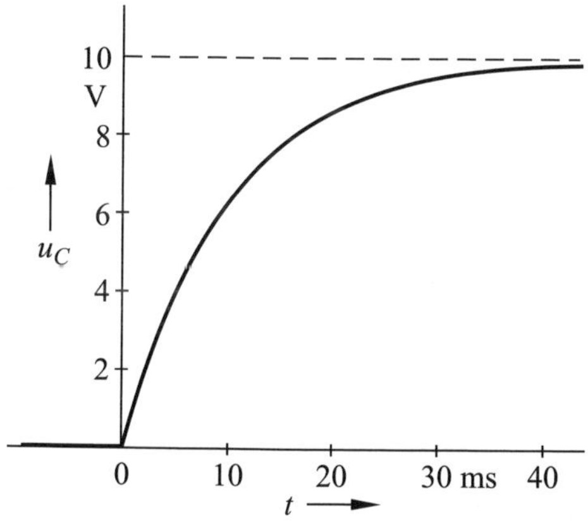

Vor dem Schalten ist $i = 0$ und $i_C = 0$. Den Strom i_C berechnen wir mit der Ausgleichspannung:

$$u_{trt} = u_C - U_E = -U_E \cdot e^{-\frac{t}{\tau}}$$

Mit der Gl. (8.15) erhalten wir:

$$i_C = \frac{U_E}{R_E} \cdot e^{-\frac{t}{\tau}} = 1\ \text{mA} \cdot e^{-\frac{t}{10\ \text{ms}}}$$

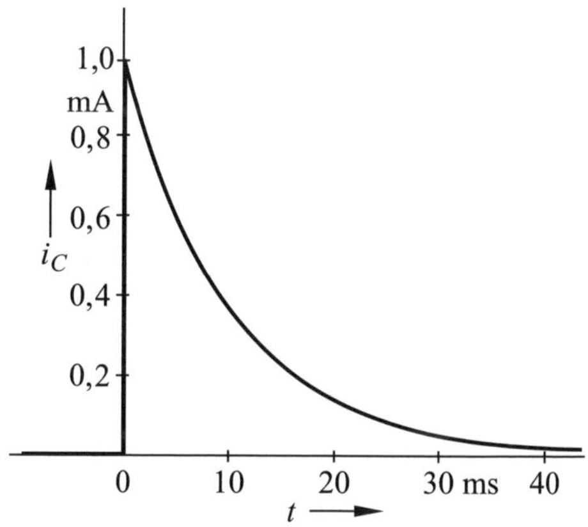

Im Gegensatz zur Spannung ändert sich der Strom i sprunghaft, weil im Netz keine induktiven Eintore vorhanden sind. Der größte Wert von i_C ist umso höher, je kleiner R_E ist; der Widerstand R_E begrenzt also den Strom i_C.

Mit dem Knotensatz erhalten wir den Strom $i = i_2 + i_C$ nach dem Schalten:

$$i = \frac{u_C}{R_2} + i_C = 0{,}33\ \text{mA} + 0{,}67\ \text{mA} \cdot e^{-\frac{t}{10\ \text{ms}}}$$

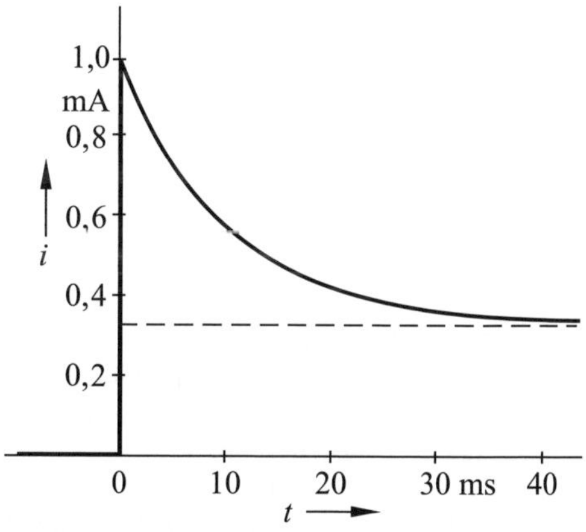

Praxisbezug 8.1

Ein **astabiler Multivibrator** ist eine selbstschwingende Kippschaltung, die eine rechteckförmige Spannung erzeugt.

Die im Folgenden dargestellte einfache Multivibratorschaltung enthält einen Kondensator C, der von dem Operationsverstärker über den Widerstand R ständig umgeladen wird. Die Widerstände R_1 und R_2 bilden einen Spannungsteiler und es ist $u_2 < u_A$.

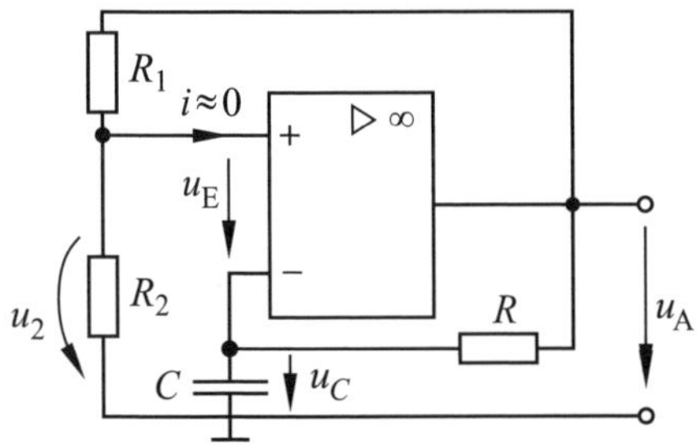

Für $u_C < u_2$ ist die Eingangsspannung u_E und damit auch die Ausgangsspannung $u_A = U_{max}$ positiv; der Operationsverstärker ist bis in die Sättigung ausgesteuert, weil seine Verstärkung sehr groß ist ($\upsilon > 10^5$). Der Kondensator wird geladen, bis $u_C = u_2$ ist. Sobald $u_C > u_2$ wird, ändert sich die Polarität der Eingangsspannung und die Ausgangsspannung wird $u_A = -U_{max}$. Dann wird der Kondensator umgeladen, bis wieder $u_C = u_2$ ist; bei $u_A = U_{max}$ wiederholt sich der Vorgang.

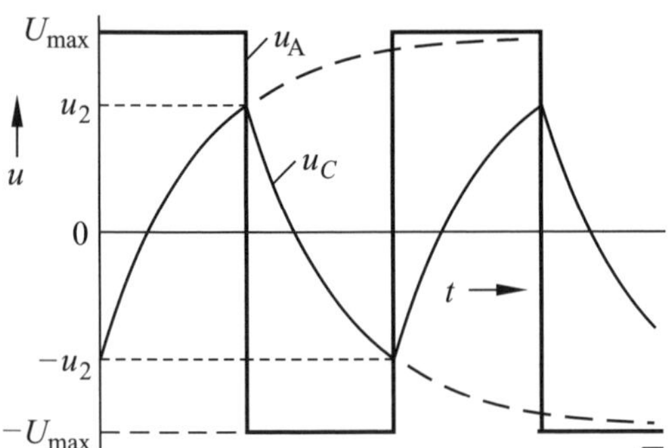

□

Fragen

- Was ist ein Übergangsvorgang?
- Bei einem Schaltvorgang in einem Netz mit einem Grundeintor C ändern sich die Spannung u_C und der Strom i_C. Erläutern Sie, welche dieser Größen sich nicht sprunghaft ändern kann.
- Geben Sie die Zeitkonstante für einen Schaltvorgang an einer Reihenschaltung aus R und C an und leiten Sie ihre Einheit her.
- Eine Reihenschaltung aus R und C wird an Gleichspannung geschaltet. Stellen Sie die Differenzialgleichung auf. Wie lautet ihre Lösung?
- Erläutern Sie die Begriffe Ausgleichspannung und Anstiegszeit.
- Wie groß ist der Höchstwert der Stromstärke beim Einschalten einer Reihenschaltung aus R und C an eine ideale Gleichspannungsquelle mit der Quellenspannung U_q? Zu welchem Zeitpunkt tritt er auf?

Aufgaben

8.1(2) Der entladene Kondensator wird zum Zeitpunkt $t = 0$ zugeschaltet. Berechnen Sie den Zeitverlauf der Spannung $u_2(t)$.

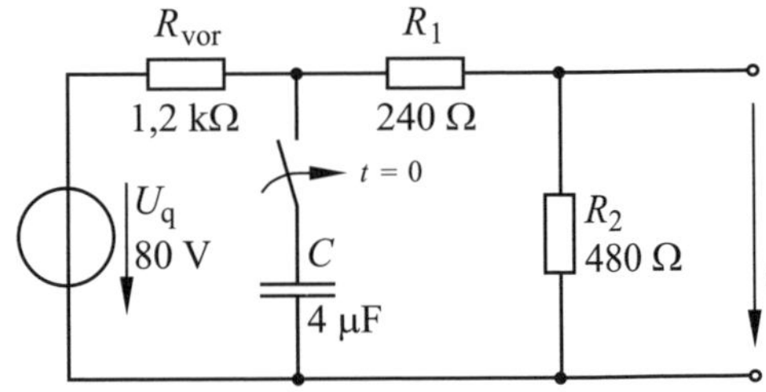

8.2(2) Der Schalter wird zum Zeitpunkt $t = 0$ geschlossen. Berechnen Sie den Zeitverlauf des Stromes i_3 und zeichnen Sie das Liniendiagramm für $-\tau \leq t \leq 5\ \tau$.

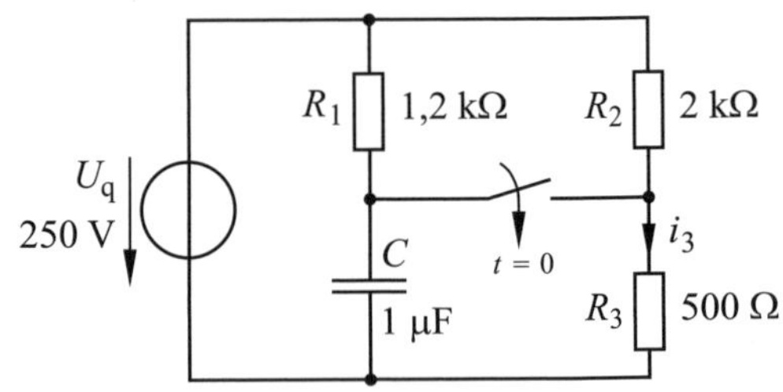

8.3(2) Der Zeitverlauf der Spannung $u_2(t)$ soll berechnet und für $-\tau \leq t \leq 5\ \tau$ maßstäblich dargestellt werden.

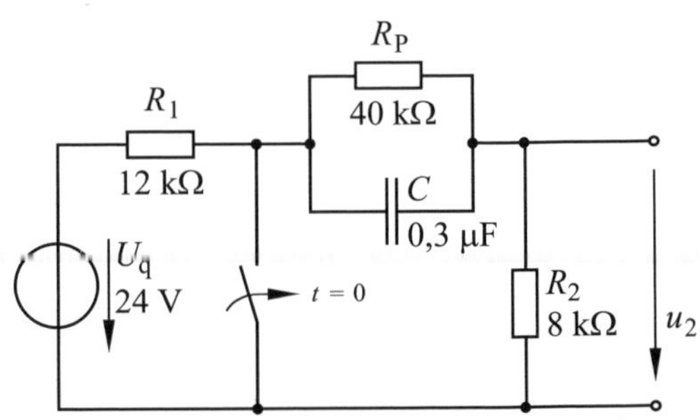

8.4(3) Ein leer laufendes Koaxialkabel, dessen Isolation aus Polyethylen ($\varepsilon_r = 2{,}3$; $\rho = 10^{15}\ \Omega\,cm$) besteht, wird bei der Spannung 14,15 kV abgeschaltet. Nach welcher Zeit ist die Spannung durch Selbstentladung des Kabels auf den ungefährlichen Wert 50 V abgesunken?

8.1.2 Netz mit einem Grundeintor *L*

Ein Grundeintor *L* ist ein Energiespeicher mit der Energie $W = 0{,}5\,L\,i^2$ (für L = const.). Die Stromstärke *i* ist die *Zustandsgröße* dieses Eintors. Eine Stromänderung bedeutet einen Übergang von einem Energiezustand zu einem anderen; deshalb kann sich die Stromstärke des Grundeintors *L* nicht sprunghaft ändern.
Wir wollen den Zeitverlauf der Stromstärke i_L in einem linearen Netz mit *einem* Grundeintor *L* berechnen, dessen Struktur durch einen Schaltvorgang geändert wird.

Im einfachsten Fall ist das Eintor *L* zum Zeitpunkt $t = 0$ *stromlos* und es ist $i_L = 0$. Wir stellen fest:

> Ein stromloses Grundeintor *L* wirkt im Schaltzeitpunkt wie eine Unterbrechung des Leiterweges.

Wir wollen nun den Schaltvorgang in einem Netz mit einem Grundeintor *L*, das zum Schaltzeitpunkt auch von einem Strom durchflossen sein kann, allgemein untersuchen. Dabei soll es unerheblich sein, ob die Änderung der Netzstruktur durch das Öffnen oder das Schließen des Schalters verursacht wird.

Auch wenn andere Größen des Netzes gesucht sind, muss zunächst stets der Zeitverlauf der Zustandsgröße – hier der Strom i_L – ermittelt werden.

Für den Übergangsvorgang sind weder der Zeitverlauf der Zustandsgröße noch die Struktur des Netzes *vor* dem Schaltzeitpunkt von Bedeutung. Wir benötigen jedoch den Anfangswert der Zustandsgröße zum Schaltzeitpunkt $t=0$.

Das lineare Netz, mit dem das Grundeintor *L* *nach* dem Schaltzeitpunkt bis $t \to \infty$ (Index E: Endzustand) verbunden ist, kann durch eine lineare Quelle ersetzt werden; dabei verwenden wir zweckmäßig die lineare Stromquelle, weil die Differenzialgleichung für den Strom i_L zu lösen ist. Für $t \geq +0$ entsprechen die Schaltungen 8.1 und 8.3 einander dual.

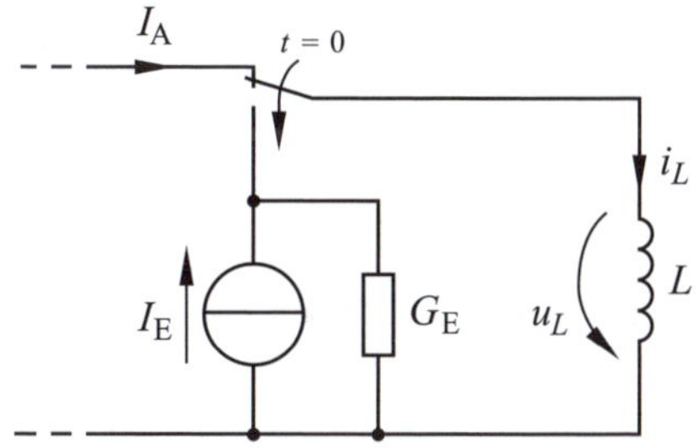

Bild 8.3 Allgemeine Darstellung eines linearen Netzes mit einem Grundeintor *L* und einem Schalter

Zur Berechnung des Zeitverlaufes von i_L wenden wir den Knotensatz an. Für $t \geq 0$ gilt:

$$G_E\, u_L + i_L = I_E \tag{8.18}$$

Mit der Gl. (1.59) erhalten wir:

$$G_E L \cdot \frac{di_L}{dt} + i_L = I_E \tag{8.19}$$

Der Strom I_E wird als stationärer Endwert des Stromes i_L bezeichnet, weil er sich dann einstellt, wenn sich der Strom im Grundeintor *L* nicht mehr ändert und $di_L/dt = 0$ ist.
Das Produkt $G_E \cdot L$ ist die Zeitkonstante τ:

$$\boxed{\tau = G_E L} \tag{8.20}$$

$$[G_E] \cdot [L] = 1\,\frac{\text{A}}{\text{V}} \cdot 1\,\frac{\text{V s}}{\text{A}} = 1\ \text{s} \tag{8.21}$$

Die Differenzialgleichung (8.19) hat damit denselben Aufbau wie die Gl. (8.5):

$$\tau \cdot \frac{di_L}{dt} + i_L = I_E \tag{8.22}$$

Der Lösungsweg wurde im Abschn. 8.1.1 beschrieben. Wir erhalten hier entsprechend Gl. (8.9) den Lösungsansatz:

$$i_L = I_E - K \cdot e^{-\frac{t}{\tau}} \tag{8.23}$$

Die Konstante *K* bestimmen wir mit dem Anfangswert I_A des Stromes i_L. Für $t = 0$ muss die Lösung der Differenzialgleichung $i_L = I_A$ lauten.

Wir setzen dieses Wertepaar in die Gl. (8.23) ein und erhalten mit $K = I_\mathrm{E} - I_\mathrm{A}$ die Lösung der Differenzialgleichung (8.19) für $t \geq 0$:

$$i_L = I_\mathrm{E} + (I_\mathrm{A} - I_\mathrm{E}) \cdot \mathrm{e}^{-\frac{t}{\tau}} \tag{8.24}$$

Dem stationären Endwert I_E des Stromes ist nach dem Schalten für $t \geq 0$ der **Ausgleichstrom** *(transient current)* i_trt überlagert, der nach einer e-Funktion abnimmt:

$$i_\mathrm{trt} = (I_\mathrm{A} - I_\mathrm{E}) \cdot \mathrm{e}^{-\frac{t}{\tau}} \tag{8.25}$$

$$i_\mathrm{L} = I_\mathrm{E} + i_\mathrm{trt} \tag{8.26}$$

Wenn der Zeitverlauf der Zustandsgröße bekannt ist, kann man damit den Zeitverlauf der übrigen Größen des Netzes ermitteln. Als Beispiel wollen wir die Spannung u_L berechnen; dazu lösen wir die Knotengleichung

$$G_\mathrm{E}\, u_L + i_L = I_\mathrm{E} \tag{8.27}$$

auf und erhalten mit der Gl. (8.26):

$$u_L = -\frac{i_\mathrm{trt}}{G_\mathrm{E}} \tag{8.28}$$

Der Leiterweg für den Strom i_L darf beim Schaltvorgang nicht unterbrochen werden, weil sonst die selbstinduktive Spannung $u_L = L\,\mathrm{d}i/\mathrm{d}t$ beliebig hohe Werte annimmt. Dadurch kann z. B. bei einer Spule die Isolation der Wicklung durchschlagen und beschädigt werden; elektronische Bauteile im Netz könnten so zerstört werden. Es kann aber auch ein Durchschlag zwischen den Kontakten des Schalters entstehen, der einen Lichtbogen zur Folge hat; dadurch können die Kontakte des Schalters verschweißen.

Der Strom i_L wird beim Schaltvorgang nicht unterbrochen, wenn z. B. mit einem sog. **kurzschließenden Schalter** geschaltet wird, der den einen Kontakt erst dann freigibt, wenn der andere geschlossen ist (Bild 8.4). Bleibt der Schalter nur kurzzeitig in der Mittelstellung, so ist der Strom $i_L \approx I_\mathrm{A}$ gleich dem Anfangswert für $t = 0$.

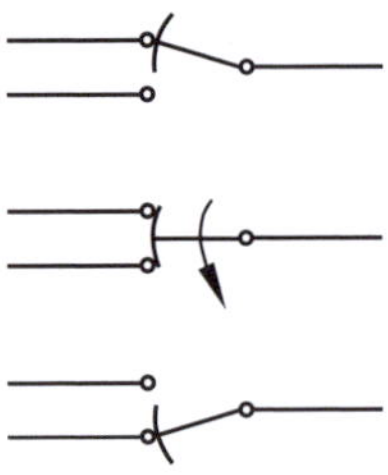

Bild 8.4 Kurzschließender Schalter

Beispiel 8.2

Zum Zeitpunkt $t = 0$ wird die Spule mit der Induktivität $L = 30$ mH und dem Widerstand $R = 5\ \Omega$ von der Quelle getrennt; gleichzeitig wird ihr der Widerstand R_P parallel geschaltet. Wir wollen den Zeitverlauf der Spannung u berechnen.

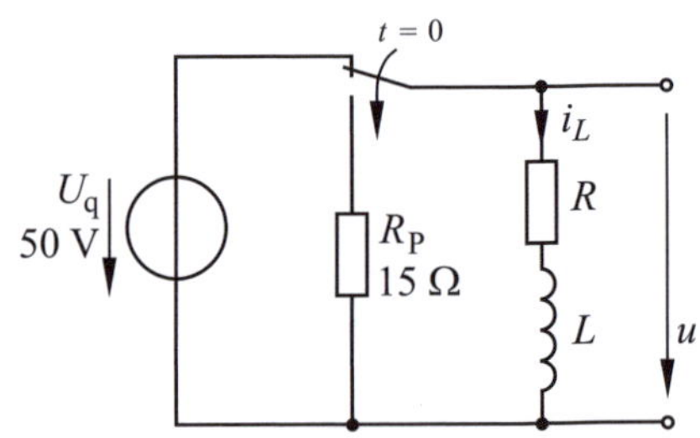

Wir ermitteln zunächst den Zeitverlauf der Zustandsgröße i_L. Der Anfangswert ist:

$$I_\mathrm{A} = \frac{U_\mathrm{q}}{R} = 10\ \mathrm{A}$$

Für die Ersatzstromquelle nach dem Schaltzeitpunkt ergibt sich:

$$I_\mathrm{E} = 0\,; \quad G_\mathrm{E} = \frac{1}{R + R_\mathrm{P}} = 50\ \mathrm{mS}$$

Damit erhalten wir die Zeitkonstante:

$$\tau = G_\mathrm{E}\, L = 1{,}5\ \mathrm{ms}$$

Wir setzen I_A, I_E und τ in die Gl. (8.24) ein und erhalten für $t \geq 0$:

$$i_L = 10\ \mathrm{A} \cdot \mathrm{e}^{-\frac{t}{1{,}5\ \mathrm{ms}}}$$

Damit berechnen wir die Spannung u:

$$u = -i_L R_P = -150\,\mathrm{V} \cdot e^{-\frac{t}{1{,}5\,\mathrm{ms}}}$$

Vor dem Schalten ist $u = R\,I_A = 50$ V. Zum Zeitpunkt $t = 0$ ändert sich die Spannung u an der Spule um 200 V.

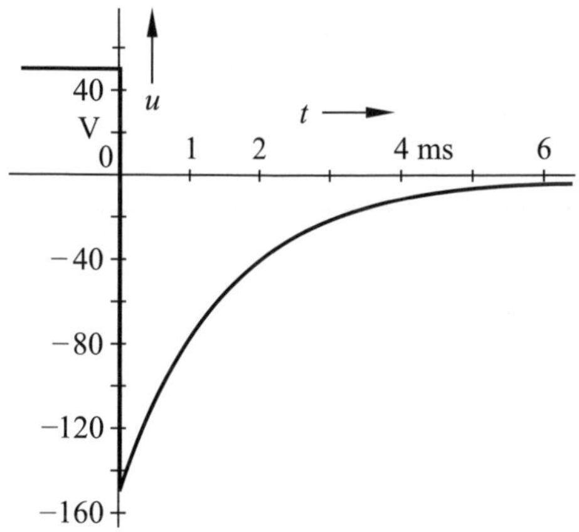

Praxisbezug 8.2
Statt eines Spannungsteilers wird in der Energietechnik ein sog. **Gleichstromsteller** verwendet, der die Gleichspannung einer gegebenen Polarität und Höhe in eine Gleichspannung gleicher Polarität, aber unterschiedlicher Höhe umwandelt.

Beim **Tiefsetzsteller** ist die Ausgangsspannung u_A kleiner als die Eingangsspannung u_E. Er besteht aus der Eingangsspannungsquelle U_E, dem Leistungshalbleiter IGBT als Schalter und der Glättungsdrossel L. Die Freilaufdiode D schließt den Stromkreis für i_A, wenn der IGBT sperrt.

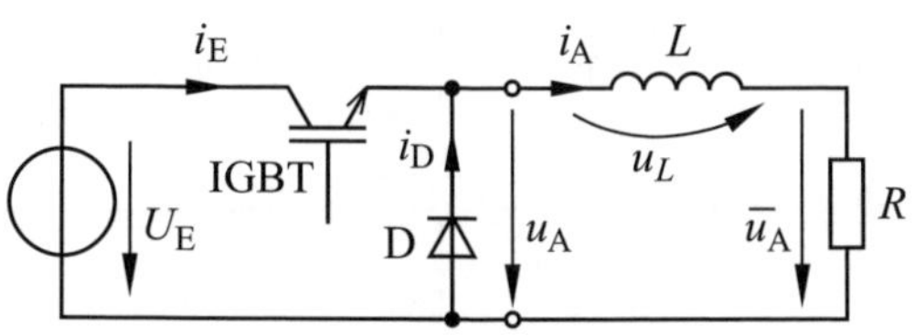

Bild 8.5 Gleichstromsteller als Tiefsetzsteller

Die Spannungseinstellung erfolgt nach dem Prinzip der **Puls-Weiten-Modulation PWM**. Dabei wird der Leistungshalbleiter für die Einschaltzeit t_e ein- und danach für die Ausschaltzeit t_a ausgeschaltet. Diese Schaltfolge wird kontinuierlich wiederholt.

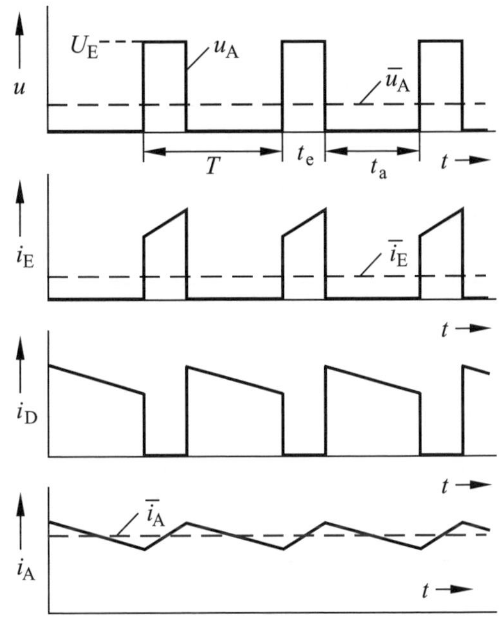

Bild 8.6 Liniendiagramm der Ströme und Spannungen beim Tiefsetzsteller im stationären Betrieb

Ist der Leistungshalbleiter eingeschaltet, so ist die Ausgangsspannung u_A gleich der Eingangsspannung U_E und die Diode D sperrt. Der Ausgangsstrom i_A ist dabei gleich dem Eingangsstrom i_E.

Die Induktivität L nimmt die Spannungsdifferenz zwischen u_A und $\overline{u}_A$ auf. Gemäß Gl. (1.59) gilt:

$$u_L = u_A - \overline{u}_A = L\,\frac{\mathrm{d}i_A}{\mathrm{d}t}$$

Daraus ergibt sich, dass der Strom i_A während der Einschaltzeit t_e linear ansteigt.

Wenn der Leistungshalbleiter ausgeschaltet ist, sperrt dieser und der Eingangsstrom i_E ist gleich null. Da der Ausgangsstrom wegen der Induktivität weiterfließt, arbeitet die Diode D im Durchlassbereich und führt den Strom i_A. Dieser sinkt während der Ausschaltzeit t_a bei ausreichend großer Induktivität nahezu linear ab. Der Mittelwert $\overline{u}_A \approx U_E t_e/(t_a + t_e)$ der Gleichspannung kann durch Verändern der Schaltzeiten eingestellt werden. ❐

Fragen

- Bei einem Schaltvorgang in einem Netz mit einem Grundeintor L ändern sich die Spannung u_L und der Strom i_L. Erläutern Sie, welche dieser Größen sich nicht sprunghaft ändern kann.
- Eine Reihenschaltung aus R und L wird an eine Gleichspannung geschaltet. Stellen Sie die Differenzialgleichung auf. Wie lautet ihre Lösung?
- Wie kann die Zeitkonstante bei einem Schaltvorgang in einem Netz mit *einem* Grundeintor L ermittelt werden?
- Erläutern Sie, wie ein stromloses Grundeintor L im Schaltzeitpunkt wirkt.
- Welche Größe ist die Zustandsgröße des Grundeintors L?
- Erläutern Sie den Begriff Ausgleichstrom.
- Durch welche algebraische Gleichung lässt sich die Spannung an einem Grundeintor L bei einem Schaltvorgang in einem linearen Netz berechnen?
- Warum darf der Strom, der durch ein induktives Eintor fließt, nicht plötzlich unterbrochen werden?
- Erläutern Sie das Prinzip des kurzschließenden Schalters.

Aufgaben

8.5(2) Berechnen Sie den Zeitverlauf des Stromes i, der nach dem Schließen des Schalters fließt.

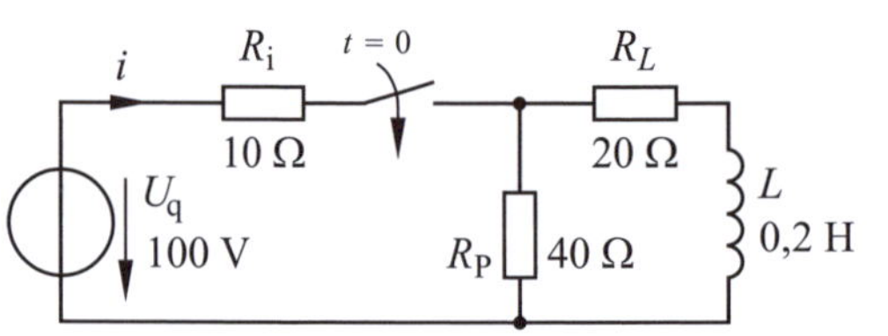

8.6(2) In einem Netz mit zwei Spulen, die sich mit ihren magnetischen Flüssen nicht gegenseitig durchsetzen, wird der Widerstand $R_{vor} = 8\ \Omega$ zum Zeitpunkt $t = 0$ kurzgeschlossen. Berechnen Sie den Zeitverlauf des Stromes i_L. Zu welchem Zeitpunkt ist $i_L = 2{,}6$ A?

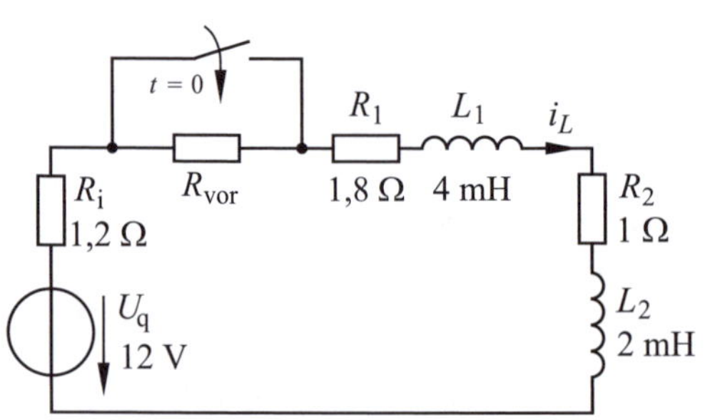

8.1.3 Laplace-Transformation

Ist in einem linearen Netz mehr als *ein* Energiespeicher vorhanden, so sind die Ströme und Spannungen in diesem Netz von entsprechend vielen Zustandsgrößen abhängig. Diese werden durch ein lineares System von Differenzialgleichungen beschrieben, das sich vorteilhaft mit der **Laplace-Transformation**[1] lösen lässt.

Bei einer *Transformation* wird ein Term oder eine Gleichung aus dem Originalraum in den **Bildraum** übertragen; diesen Vorgang bezeichnet man als **Hintransformation**. Im Bildraum lässt sich das Problem nach einfacheren Regeln als im Originalraum behandeln. Schließlich wird die Lösung des Problems aus dem Bildraum in den Originalraum übertragen; diesen Vorgang bezeichnet man als **Rücktransformation**.

Ein Beispiel für eine Transformation ist die im Kap. 3 beschriebene symbolische Methode, mit der eine Sinusspannung $u(t)$ in die komplexe Ebene übertragen wird, die den Bildraum darstellt; dort können problemlos Rechenoperationen auf die komplexen Zeiger angewendet werden. Auf eine Rücktransformation wird im Allgemeinen verzichtet, weil man die Kenngrößen des Ergebnisses auch im Bildraum erhält.

Wird eine Differenzialgleichung mit der **Laplace-Transformation** in den Bildraum transformiert, so entsteht eine algebraische Gleichung. Wird ihre Lösung in den Originalraum zurücktransformiert, so erhält man die Lösung der Differenzialgleichung.

Originalraum: $f(t)$		Bildraum: $\underline{F}(s)$
Differenzialgleichung mit Anfangsbedingungen	Hintransformation →	algebraische Gleichung ↓
Lösung der Differenzialgleichung	← Rücktransformation	Lösung der algebraischen Gleichung

Bild 8.7 Prinzip der Lösung einer Differenzialgleichung mithilfe der Laplace-Transformation

[1] Pierre Simon Marquis de Laplace, 1749 – 1827

Die Hintransformation wird durch folgende Gleichung beschrieben:

$$\underline{F}(s) = \int_{0}^{\infty} \mathrm{e}^{-st} \cdot f(t) \cdot \mathrm{d}t \qquad (8.29)$$

Aus der Variablen t im Originalraum wird im Bildraum die komplexe Variable s; es ist aber nicht üblich, die Variable s zu unterstreichen. Die Variablen des Bildraumes werden mit Großbuchstaben geschrieben und erhalten den Zusatz (s).

Die Einheit der Variablen s ergibt sich aus der Gl. (8.29), weil das Argument der e-Funktion dimensionslos sein muss:

$$[s] = \frac{1}{[t]} = \frac{1}{\mathrm{s}} \qquad (8.30)$$

Durch die Integration über die Zeit kommt zur Dimension der Originalfunktion $f(t)$ im Bildraum die Dimension der Zeit hinzu. Die LAPLACE-Transformierte einer Spannung

$$\underline{U}(s) = \int_{0}^{\infty} \mathrm{e}^{-st} \cdot u(t) \cdot \mathrm{d}t \qquad (8.31)$$

hat demnach die Einheit V s. Entsprechend hat die LAPLACE-Transformierte $\underline{I}(s)$ eines Stromes $i(t)$ die Einheit A s.

Beispiel 8.3

Wir wollen die Spannung einer idealen Spannungsquelle in den Bildraum transformieren. Für die Zeitfunktion im Originalraum setzen wir an:

$$f(t) = U_{\mathrm{q}} = \mathrm{const.}$$

Dies setzen wir in die Gl. (8.29) ein und berechnen:

$$\underline{U}(s) = U_{\mathrm{q}} \int_{0}^{\infty} \mathrm{e}^{-st} \cdot \mathrm{d}t = \frac{U_{\mathrm{q}}}{s}$$

Das Integral in der Gl. (8.29) braucht bei den üblichen technischen Anwendungen nicht gelöst zu werden, denn die Hin- und Rücktransformation lassen sich mithilfe einer Tabelle durchführen. Dabei gilt:

- Besteht die zu transformierende Funktion aus einer Summe, so werden die Summanden einzeln transformiert.
- Enthält die zu transformierende Funktion einen konstanten Faktor, so bleibt dieser bei der Transformation erhalten.

Weitere Regeln und die Transformation einiger Funktionen sind in der Tabelle im Anhang A6 zusammengestellt. Hinweise auf diese Tabelle geben wir im Folgenden mit dem Großbuchstaben T und einer Zahl; so ist z. B. mit T8 die Nr. 8 im Anhang A6 gemeint.

Vor einer Rücktransformation formt man zweckmäßig die Funktion $\underline{F}(s)$ so um, dass die höchste Potenz von s im Nenner den Koeffizienten 1 erhält.

Beispiel 8.4

Wir wollen die Gl. (8.5) mit der LAPLACE-Transformation lösen.

Die Hintransformation mit T8 und T10 ergibt:

$$\tau \left[s\,\underline{U}_C(s) - U_{\mathrm{A}} \right] + \underline{U}_C(s) = \frac{U_{\mathrm{E}}}{s}$$

Dabei ist $\underline{U}_C(s)$ die in den Bildraum transformierte Spannung $u_C(t)$. In T8 ist $f(+0)$ der Anfangswert U_{A} der Kondensatorspannung. Wir lösen nach $\underline{U}_C(s)$ auf:

$$\underline{U}_C(s) = \frac{U_{\mathrm{E}}}{\tau} \cdot \frac{1}{s\left(s + \frac{1}{\tau}\right)} + \frac{U_{\mathrm{A}}}{s + \frac{1}{\tau}}$$

Zur Rücktransformation suchen wir in der Tabelle im Anhang A6 Funktionen des Bildraumes, die im Zähler und im Nenner den gleichen Aufbau wie die zu transformierenden Funktionen haben.

Für die Rücktransformation des 1. Terms eignet sich T14 und für die des 2. Terms T13. Dabei ergibt ein Koeffizientenvergleich:

$$a = \frac{1}{\tau}$$

Die Rücktransformation ergibt einen Ausdruck, der sich in die Form der Gl. (8.11) umwandeln lässt. Mit den tabellierten Funktionen kann eine Differenzialgleichung problemlos gelöst werden.

Wie bei den bisher behandelten Schaltvorgängen ist auch bei der Berechnung eines Schaltvorganges mit der LAPLACE-Transformation die Struktur des Netzes *vor* dem Schaltzeitpunkt nicht von Bedeutung. Entsprechendes gilt auch für die Funktion $f(t)$ im Originalraum: Ihr Zeitverlauf ist für $t < 0$ ohne Bedeutung.

Vor allem bei der Rücktransformation ist zu beachten:

> Die Funktion $f(t)$ im Originalraum ist lediglich für $t \geq 0$ definiert.

Mit der Angabe $t = 0$ ist im Folgenden stets der Zeitpunkt $t = +0$ gemeint, also der Grenzwert $t \to 0$ für $t > 0$.

Während bei dem in den Abschnitten 8.1.1 und 8.1.2 beschriebenen Verfahren stets die Differenzialgleichung für die Zustandsgröße gelöst werden muss, kann bei der LAPLACE-Transformation auch eine andere Größe bearbeitet werden. Außerdem wird die Anfangsbedingung gleich bei der Transformation berücksichtigt und braucht nicht nachträglich in einen Lösungsansatz eingearbeitet zu werden.

In vielen Fällen kann man sich die Hintransformation ersparen, weil die Gleichungen für den Bildraum direkt anhand des Netzes aufgestellt werden können, das *nach* dem Schaltzeitpunkt vorliegt. Dies ist besonders einfach, wenn die Energiespeicher C und L im Schaltzeitpunkt *leer* sind. Die mit T2 bzw. T8 transformierten Eintorgleichungen sind in der Tab. 8.2 zusammengestellt; sie sind entsprechend aufgebaut wie die Eintorgleichungen der komplexen Wechsel-stromtechnik, wobei hier die komplexe Variable s an Stelle der Variablen $\mathrm{j}\,\omega$ steht.

In der Tab. 8.2 sind auch die idealen Quellen mit zeitlich konstanter Quellengröße enthalten. Die Transformation einer idealen Spannungsquelle haben wir bereits im Beispiel 8.3 beschrieben. Entsprechend lässt sich die Eintorgleichung einer idealen Stromquelle in den Bildraum transformieren.

Tabelle 8.2 Transformierte Eintorgleichungen für R, L, C = const. (die Energiespeicher sind im Schaltzeitpunkt ungeladen)

Eintor	Originalraum	Bildraum
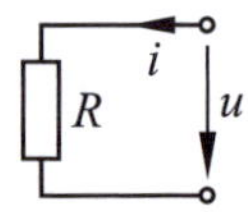	$u = R\,i$	$\underline{U}(s) = R\,\underline{I}(s)$
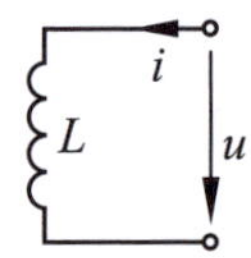	$u = L\,\frac{\mathrm{d}i}{\mathrm{d}t}$ $t = 0\,;\, i = 0$	$\underline{U}(s) = s\,L\,\underline{I}(s)$
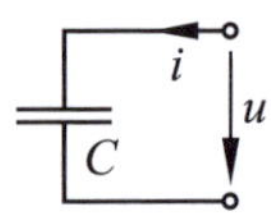	$i = C\,\frac{\mathrm{d}u}{\mathrm{d}t}$ $t = 0\,;\, u = 0$	$\underline{I}(s) = s\,C\,\underline{U}(s)$
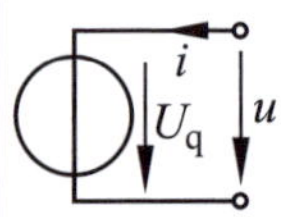	$u = U_\mathrm{q}$	$\underline{U}(s) = \frac{U_\mathrm{q}}{s}$
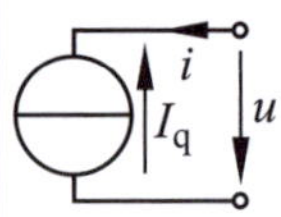	$i = -I_\mathrm{q}$	$\underline{I}(s) = -\frac{I_\mathrm{q}}{s}$

Nun wollen wir untersuchen, wie wir die Gleichung eines geladenen Energiespeichers für den Bildraum erhalten können, und transformieren zunächst mit T8 die Gl. (1.5) eines Grundeintors C, das bei $t = 0$ an der Spannung $u_C = U_\mathrm{A}$ liegt, in den Bildraum:

$$\underline{I}_C(s) = s\,C\,\underline{U}_C(s) - C\,U_\mathrm{A} \tag{8.32}$$

Damit berechnen wir:

$$\underline{U}_C(s) = \frac{\underline{I}_C(s)}{s\,C} + \frac{U_\mathrm{A}}{s} \tag{8.33}$$

Der erste Term ist die Spannung des zum Schaltzeitpunkt ungeladenen Grundeintors C.
Der zweite Term beschreibt eine ideale Spannungsquelle mit der zeitlich konstanten Quellenspannung U_A.

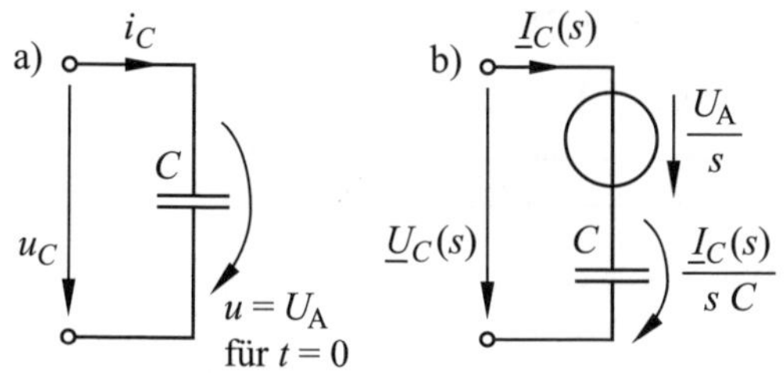

Bild 8.8 Zum Schaltzeitpunkt geladenes Grundeintor C im Originalraum (a) und seine Ersatzschaltung für den Bildraum (b)

Wir können uns also ein zum Schaltzeitpunkt geladenes Grundeintor C im Bildraum ersetzt denken durch ein zum Schaltzeitpunkt ungeladenes Grundeintor C, zu dem eine ideale Gleichspannungsquelle in Reihe geschaltet ist (Bild 8.8). An dieser Ersatzschaltung lässt sich die Gl. (8.33) mit den Eintorgleichungen aus der Tab. 8.2 direkt für den Bildraum aufstellen.

Entsprechend lässt sich für ein zum Schaltzeitpunkt stromdurchflossenes Grundeintor L eine Ersatzschaltung angeben. Wir transformieren die Gl. (1.59) für ein induktives Eintor, dessen Strom zum Schaltzeitpunkt den Anfangswert I_A hat, mit T8 in den Bildraum:

$$\underline{U}_L(s) = s\,L\,\underline{I}_L(s) - L\,I_A \tag{8.34}$$

Damit berechnen wir:

$$\underline{I}_L(s) = \frac{\underline{U}_L(s)}{s\,L} + \frac{I_A}{s} \tag{8.35}$$

Der erste Term ist die Stromstärke des zum Schaltzeitpunkt stromlosen Grundeintors L. Der zweite Term beschreibt eine ideale Stromquelle mit dem zeitlich konstanten Quellenstrom I_A.

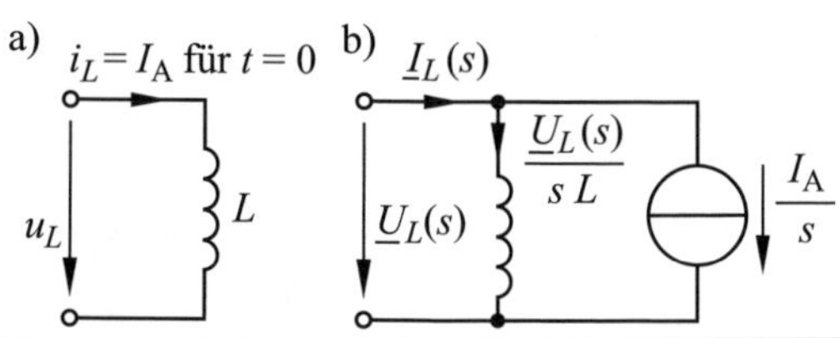

Bild 8.9 Zum Schaltzeitpunkt stromdurchflossenes Grundeintor L im Originalraum (a) und seine Ersatzschaltung für den Bildraum (b)

Wir können uns also ein zum Schaltzeitpunkt stromdurchflossenes Grundeintor L im Bildraum ersetzt denken durch ein zum Schaltzeitpunkt stromloses Grundeintor L, zu dem eine ideale Gleichstromquelle parallel geschaltet ist (Bild 8.9). An dieser Ersatzschaltung lässt sich die Gl. (8.35) mit den Eintorgleichungen aus der Tab. 8.2 direkt für den Bildraum aufstellen.

Die Transformation der Maschen- bzw. der Knotengleichung mit T1 führt auf entsprechende Gleichungen für die LAPLACE-Transformierten:

$$\sum_{k=1}^{n} \underline{U}_k(s) = 0 \tag{8.36}$$

$$\sum_{k=1}^{n} \underline{I}_k(s) = 0 \tag{8.37}$$

Die Gleichungen eines linearen Netzes ergeben also im Bildraum ein System algebraischer Gleichungen, das analog zu den Methoden der komplexen Wechselstromrechnung direkt für den Bildraum aufgestellt werden kann.

Beispiel 8.5

In dem Netz wird der Schalter zum Zeitpunkt $t = 0$ geöffnet. Wir wollen den Zeitverlauf der Spannung u berechnen.

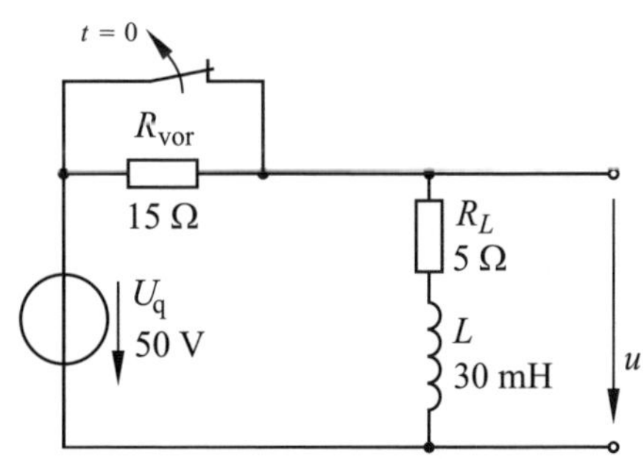

In dem Netz, das *vor* dem Schaltzeitpunkt vorliegt, fließt ein zeitlich konstanter Strom:

$$I_A = \frac{U_q}{R_L} = 10\,\mathrm{A}$$

In dem Netz, das *nach* dem Schaltzeitpunkt vorliegt, ersetzen wir das Grundeintor L durch seine Ersatzschaltung (Bild 8.9).

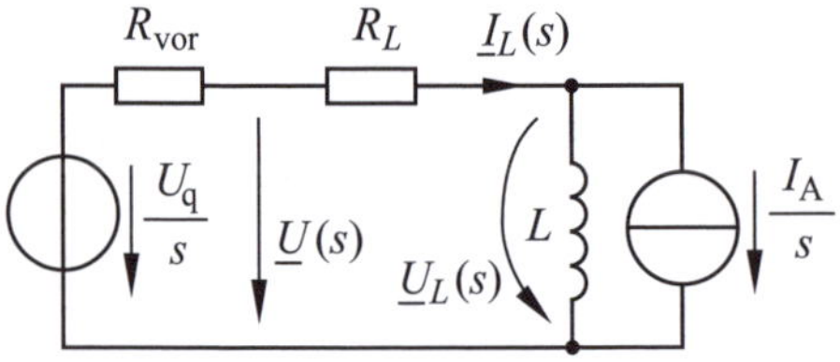

Aus den Maschengleichungen

$$\underline{U}(s) = \frac{U_q}{s} - R_{vor}\,\underline{I}_L(s)$$

$$\underline{U}(s) = R_L\,\underline{I}_L(s) + \underline{U}_L(s)$$

$$= R_L\,\underline{I}_L(s) + s\,L\left(\underline{I}_L(s) - \frac{I_A}{s}\right)$$

eliminieren wir $\underline{I}_L(s)$ und erhalten mit der Summe $R = R_{vor} + R_L$ der Widerstände:

$$\underline{U}(s) = \frac{R_L U_q}{L} \cdot \frac{1}{s\left(s + \frac{R}{L}\right)} + \frac{U_q - R_{vor} I_A}{s + \frac{R}{L}}$$

Ein Koeffizientenvergleich mit T13 bzw. T14 ergibt:

$$a = \frac{R}{L} = 667\,\frac{1}{\text{s}} = \frac{1}{1{,}5\text{ ms}}$$

Durch Rücktransformation erhalten wir:

$$u(t) = \frac{R_L U_q}{aL}\left(1 - \mathrm{e}^{-at}\right) + \left(U_q - R_{vor} I_A\right) \cdot \mathrm{e}^{-at}$$

Für $t < 0$ ist $u = R_L\,I_A = 50$ V; für $t > 0$ ist:

$$u(t) = 12{,}5\text{ V} - 112{,}5\text{ V} \cdot \mathrm{e}^{-\frac{t}{1{,}5\text{ ms}}}$$

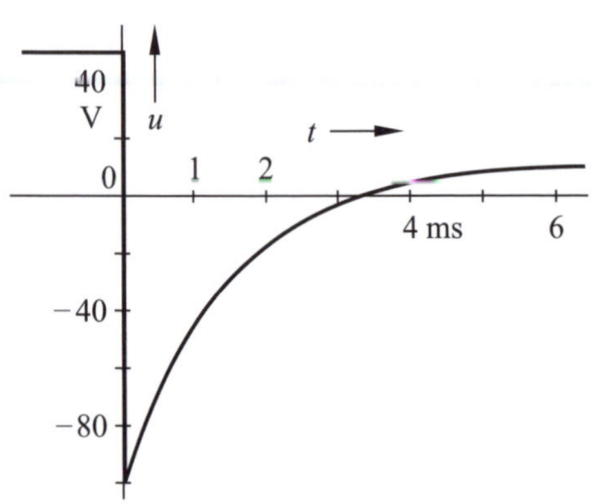

8.1.4 Schwingkreis

Ein elekrischer Schwingkreis enthält zwei Energiespeicher unterschiedlicher Art, also ein induktives und ein kapazitives Grundeintor.

Wir untersuchen den Schaltvorgang am Beispiel des Reihenschwingkreises (Bild 8.10). Im Widerstand R können z. B. der Wicklungswiderstand einer Spule und der Innenwiderstand einer linearen Quelle zusammengefasst sein.

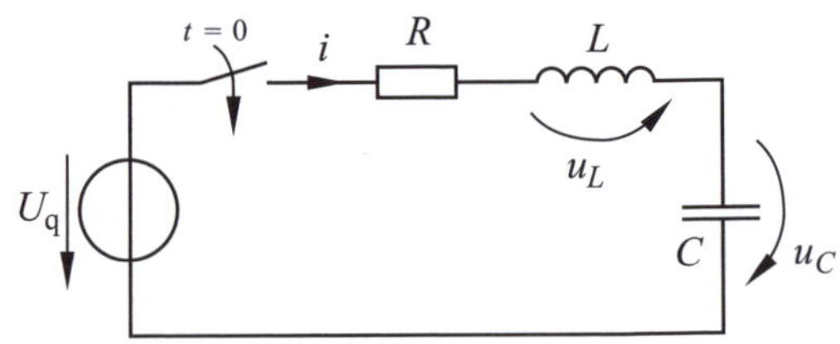

Bild 8.10 Einschalten eines Reihenschwingkreises

Obwohl wir eine Gleichspannungsquelle an den Schwingkreis schalten, können der Strom und die Spannungen an R, L und C Schwingungen ausführen. Da die Frequenz dieser Schwingungen nicht von der Quelle bestimmt wird, spricht man von **freien Schwingungen** *(free oscillation)* oder **Eigenschwingungen** *(self-oscillation)*.

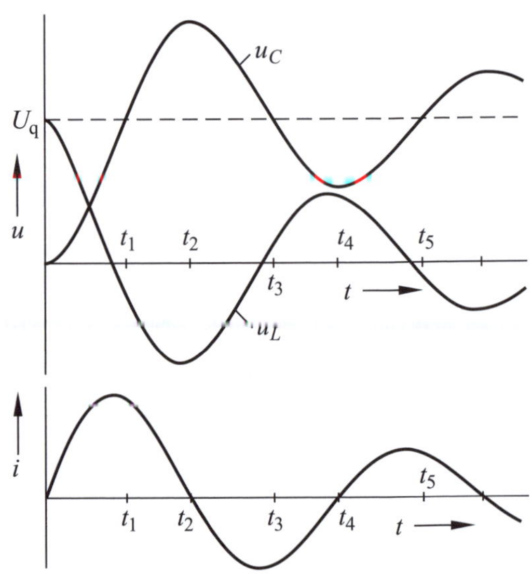

Bild 8.11 Gedämpfte Schwingungen beim Einschalten des Reihenschwingkreises

Mit einem schreibenden Messgerät zeichnen wir die Liniendiagramme von u_C, u_L und i auf. Wenn der Widerstand nicht zu hochohmig ist, schwingen u_C, u_L und i mit abnehmender Amplitude um ihren Endwert (Bild 8.11). Man bezeichnet eine solche Schwingung als **gedämpfte Schwingung** *(damped oscillation)*.

Wie können wir uns das Zustandekommen dieser Schwingungen erklären? Im Schaltzeitpunkt wirken das induktive Eintor als Unterbrechung und das kapazitive als Kurzschluss; die Spannung U_q liegt daher bei $t = 0$ am induktiven Eintor. Die Spannung $u_L > 0$ bedingt wegen Gl. (1.59) einen Anstieg des Stromes i, der das Eintor C auflädt; dadurch steigt u_C an.
Zum Zeitpunkt t_1 ist das kapazitive Eintor auf U_q aufgeladen. Dabei fließt ein Strom $i \neq 0$; da er sich nicht sprunghaft ändern kann, fließt er in der Zeitspanne $t_1 \ldots t_2$ weiter und lädt das Eintor C auf Spannungswerte $u_C > U_q$ auf. Der Strom nimmt dabei ab, wobei die Spannung u_L negativ ist.

Zum Zeitpunkt t_2 ist $i = 0$; die Spannung am kapazitiven Eintor hat dabei ihren Höchstwert $u_C > U_q$ erreicht. Die negative Spannung $u_L < 0$ des induktiven Eintors bedingt eine weitere Abnahme des Stromes, wodurch C entladen wird.

Die Schwingungen werden also durch das unterschiedliche Verhalten der Energiespeicher verursacht. Wenn die Spannung u_C ihrem Endwert U_q gleich ist (z. B. zum Zeitpunkt t_3), dann fließt ein Strom $i \neq 0$. Infolge der magnetischen Energie im induktiven Eintor fließt dieser Strom weiter; je nach seinem Vorzeichen wird dadurch das kapazitive Eintor ge- oder entladen.

Die Energie pendelt nicht nur zwischen den Eintoren L und C, auch die Quelle ist beteiligt. Im Widerstand R wird die hin- und herpendelnde Energie zum Teil in Wärme umgewandelt und dem Stromkreis entzogen; dadurch werden die Amplituden der Schwingungen allmählich kleiner.

Wir wollen nun den Zeitverlauf der Spannung u_C mithilfe der LAPLACE-Transformation berechnen. Dabei nehmen wir an, dass L und C zum Schaltzeitpunkt keine Energie enthalten.

Zunächst setzen wir in die Maschengleichung

$$R\,\underline{I}(s) + \underline{U}_L(s) + \underline{U}_C(s) = \underline{U}_q(s) \qquad (8.38)$$

die Gleichungen der Eintore L und C ein und lösen nach der Spannung $\underline{U}_C(s)$ auf:

$$\underline{U}_C(s) = \frac{\dfrac{1}{L\,C}}{s^2 + \dfrac{R}{L}s + \dfrac{1}{L\,C}}\,\underline{U}_q(s) \qquad (8.39)$$

Die Übertragungsfunktion $\underline{T}(s) = \underline{U}_C(s) / \underline{U}_q(s)$ hat zwei Pole, deren Werte den Nullstellen des Nennerpolynoms entsprechen.
Wir betrachten den Sonderfall, dass U_q eine Gleichspannung ist, und setzen die Gleichung der Quelle aus der Tab. (8.2) in die Gl. (8.39) ein:

$$\underline{U}_C(s) = \frac{\dfrac{U_q}{L\,C}}{s\left(s^2 + \dfrac{R}{L}s + \dfrac{1}{L\,C}\right)} \qquad (8.40)$$

Für die Rücktransformation eignet sich T48. Durch einen Koeffizientenvergleich erhalten wir:

$$2\,a = \frac{R}{L} \qquad (8.41)$$

$$b^2 = \frac{1}{L\,C} \qquad (8.42)$$

Der Koeffizient a wird als **Abklingkonstante** δ (griech. Buchstabe delta) bezeichnet:

$$a = \delta = \frac{R}{2\,L} \qquad (8.43)$$

Der Koeffizient b ist die Resonanz-Kreisfrequenz des Schwingkreises:

$$b = \omega_r = \frac{1}{\sqrt{L\,C}} \qquad (8.44)$$

Das Verhalten des Netzes wird durch die Pole der Übertragungsfunktion bestimmt, d. h. durch die Lösungen der Gleichung:

$$s^2 + 2\,a\,s + b^2 = 0 \qquad (8.45)$$

Wir unterscheiden dabei die drei Fälle $a < b$, $a = b$ und $a > b$.

1. Periodischer Fall ($a < b$)

Die Pole sind konjugiert komplex. Die Bedingung $a < b$ bedeutet:

$$\frac{R}{2L} < \frac{1}{\sqrt{LC}} \tag{8.46}$$

Der Widerstand R ist also kleiner als der **Grenzwiderstand** R_{Grenz}:

$$R_{\text{Grenz}} = 2\sqrt{\frac{L}{C}} \tag{8.47}$$

Der Quotient aus R und R_{Grenz} wird als **Dämpfungsgrad** ϑ (griech. Buchstabe theta) bezeichnet:

$$\vartheta = \frac{R}{R_{\text{Grenz}}} = \frac{\delta}{\omega_{\text{r}}} \tag{8.48}$$

Für $a < b$ ist $\vartheta < 1$. Die Rücktransformation der Gl. (8.40) in den Originalraum mit T48 ergibt:

$$u_C = U_{\text{q}}\left[1 - \left(\cos\omega_{\text{d}}t + \frac{\delta}{\omega_{\text{d}}}\sin\omega_{\text{d}}t\right)\cdot \mathrm{e}^{-\delta t}\right] \tag{8.49}$$

Die Spannung $u_C(t)$ schwingt periodisch um den stationären Endwert U_{q}, wobei die Amplitude der Schwingungen exponentiell abnimmt; es liegt also eine gedämpfte Schwingung vor. Je niedriger der Widerstand R des Schwingkreises ist, desto höher schwingt u_C über U_{q} hinaus, wobei aber $u_C \leq 2\,U_{\text{q}}$ bleibt.

Die Kreisfrequenz ω_{d} wird als **Eigen-Kreisfrequenz** des Schwingkreises bezeichnet:

$$\omega_{\text{d}} = \sqrt{b^2 - a^2} = \sqrt{\frac{1}{LC} - \frac{R^2}{4L^2}} \tag{8.50}$$

Die **Eigenfrequenz** *(natural frequency)* f_{d} des Schwingkreises ist im Allgemeinen kleiner als die Resonanzfrequenz f_{r} und nimmt mit wachsendem Widerstand R ab (Bild 8.12); für $R = R_{\text{Grenz}}$ ist der aperiodische Grenzfall erreicht.

Im Sonderfall $R = 0$ und damit $\vartheta = 0$ sind die Schwingungen mit der Frequenz $f = f_{\text{d}} = f_{\text{r}}$ ungedämpft, wobei ihre Amplituden konstant sind und nicht abnehmen.

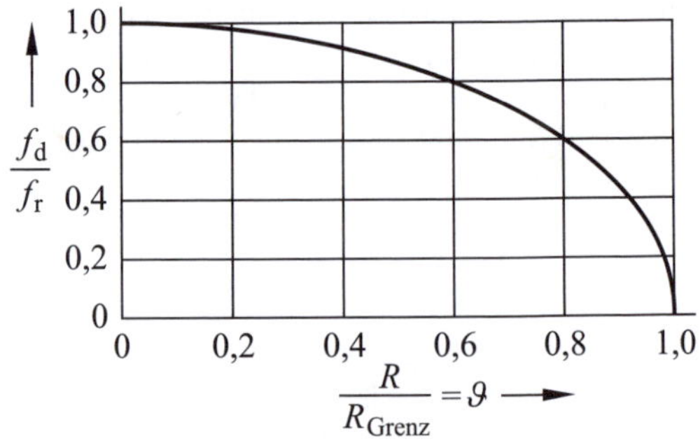

Bild 8.12 Eigenfrequenz des Reihenschwingkreises als Funktion des Dämpfungsgrades

2. Aperiodischer Fall ($a > b$)

Die Pole haben unterschiedliche reelle Werte. Für $a > b$ ist $R > R_{\text{Grenz}}$ und $\vartheta > 1$. Die Bezeichnung **aperiodisch** bedeutet, dass *keine* periodische Schwingung entsteht.

Die Rücktransformation führen wir mit T48 für

$$W = \sqrt{\frac{R^2}{4L^2} - \frac{1}{LC}}\;;\; \lambda_{1,2} = -\frac{R}{2L} \pm W \tag{8.51}$$

durch und erhalten die Spannung $u_C(t)$:

$$u_C = U_{\text{q}}\left[1 + \frac{\lambda_2}{2W}\cdot \mathrm{e}^{\lambda_1 t} - \frac{\lambda_1}{2W}\cdot \mathrm{e}^{\lambda_2 t}\right] \tag{8.52}$$

Die Kondensatorspannung nähert sich dem stationären Endwert U_{q} umso schneller, je kleiner der Widerstand R ist.

3. Aperiodischer Grenzfall ($a = b$)

Die Pole haben denselben reellen Wert. Für $a = b$ ist $R = R_{\text{Grenz}}$ und $\vartheta = 1$. Hierfür erhalten wir:

$$u_C = U_{\text{q}}\left[1 - (1 + a\,t)\cdot \mathrm{e}^{-at}\right] \tag{8.53}$$

Die Spannung $u_C(t)$ nähert sich dem stationären Endwert U_{q} schneller als bei jedem aperiodischen Verlauf, schwingt aber nicht über.

Beispiel 8.6

Wir wollen einen Reihenschwingkreis untersuchen, der eine Luftspule (R_L; L), einen Kondensator $C = 3{,}3$ µF und einen einstellbaren Widerstand R_{vor} enthält.

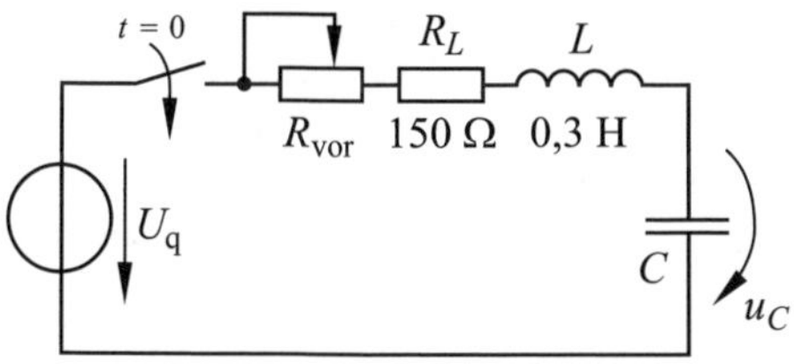

Der Schwingkreis wird bei entladenem Kondensator an eine Konstantspannungsquelle geschaltet. Im Reihenschwingkreis ist der Widerstand $R = R_{vor} + R_L$ wirksam.
Mit der Gl. (8.47) berechnen wir den Grenzwiderstand $R_{Grenz} = 603\ \Omega$. Wir tragen die auf U_q bezogene Kondensatorspannung u_C für folgende Fälle über der Zeit auf:

a) Aperiodischer Fall
1) $R = 1{,}8\ \text{k}\Omega \approx 3\ R_{Grenz}$
2) $R = 6\ \text{k}\Omega \approx 10\ R_{Grenz}$

b) Aperiodischer Grenzfall
Wir stellen R_{vor} auf den Wert 453 Ω ein, sodass $R = R_{Grenz} = 603\ \Omega$ beträgt.

c) Periodischer Fall
1) Für $R_{vor} = 0$ ist $R = 150\ \Omega$. Die Eigenfrequenz beträgt $f_d = 155$ Hz.
2) Wir tauschen den Kondensator aus: $C = 0{,}13\ \mu\text{F}$. Mit $R = 150\ \Omega$ ist hierbei die Eigenfrequenz $f_d = 796$ Hz.

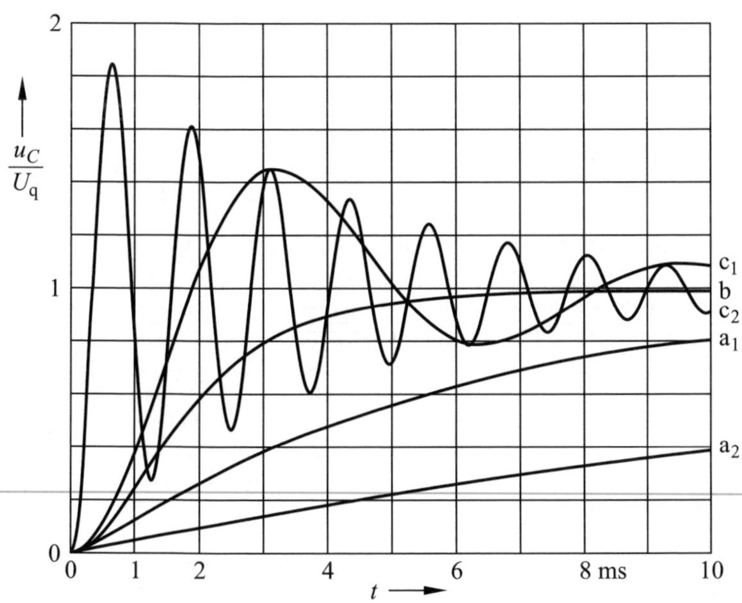

Praxisbezug 8.3
In der Leistungselektronik macht man häufig von der **Schwingkreisaufladung** eines Kondensators Gebrauch. Dabei bildet ein Kondensator mit einer Spule (R_{Sp}; L_{Sp}) einen Reihenschwingkreis, der z. B. von einem IGBT eingeschaltet wird.

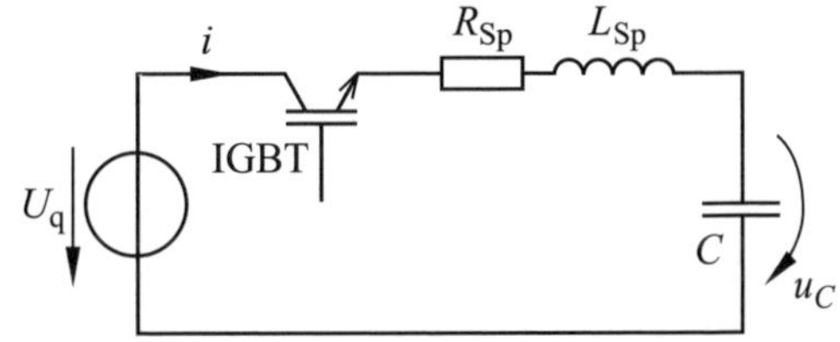

Beim Nulldurchgang des Stromes i wird der IGBT abgeschaltet. Die Kondensatorspannung hat zu diesem Zeitpunkt (t_2 im Bild 8.11) ihr Maximum erreicht, welches etwa das 1,5- … 1,8-fache der Spannung U_q beträgt. ❐

Fragen
- Was ist eine gedämpfte Schwingung?
- Erläutern Sie die Begriffe Abklingkonstante, Dämpfungsgrad und Eigenfrequenz.
- Skizzieren Sie den Zeitverlauf der Kondensatorspannung eines Reihenschwingkreises für den periodischen und den aperiodischen Fall.
- Welche Bedeutung kommt dem Widerstand R_{Grenz} bei einem Schwingkreis zu?

Aufgaben

8.7(2) Eine Spule, zu der ein Kondensator parallel geschaltet ist, wird zum Zeitpunkt $t = 0$ an eine lineare Spannungsquelle geschaltet. Berechnen Sie den Zeitverlauf der Spannung u_C.

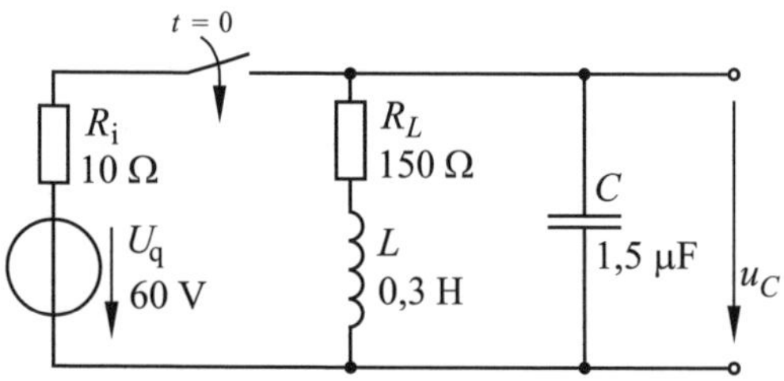

8.8(2) Eine an Gleichspannung betriebene Spule (R_L; L) wird zum Zeitpunkt $t = 0$ abgeschaltet; dabei sollen der Widerstand R_C und der Kondensator eine zu hohe Spannung verhindern. Wie ist R_C zu wählen, damit der Strom i_L ohne Überschwingen möglichst schnell abnimmt?

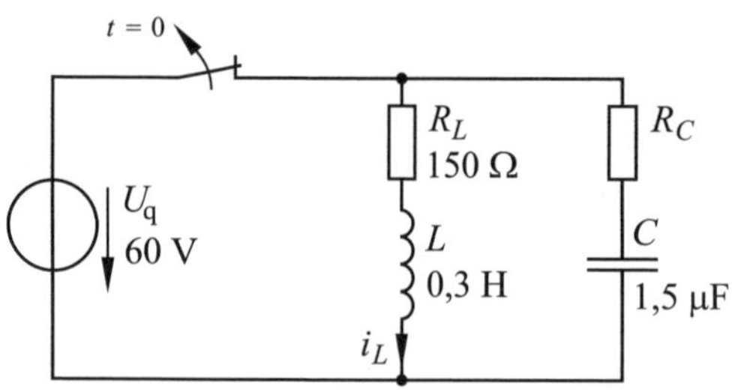

8.1.5 Netz mit zwei gleichartigen Energiespeichern

Eine Eigenschwingung kann nur dann entstehen, wenn im Netz eine Energiespeicherung in zwei unterschiedlichen Formen möglich ist. In einem Netz mit zwei gleichartigen Energiespeichern können keine Eigenschwingungen entstehen. Wir wollen dies am Beispiel der Schaltung untersuchen, bei der zwei Kondensatoren umgeladen werden.

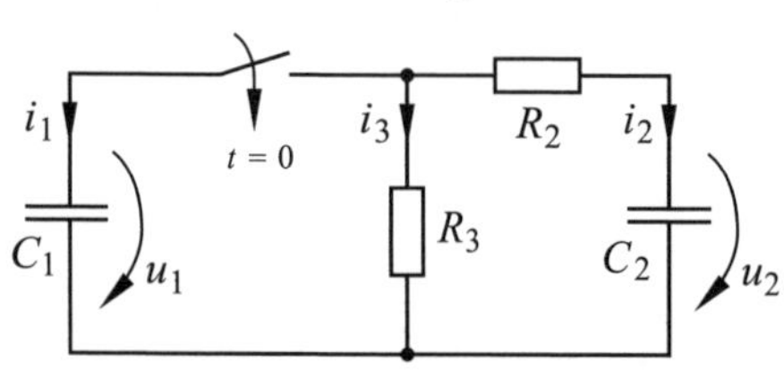

Bild 8.13 Schaltung mit zwei Kondensatoren

Der Schalter wird zum Zeitpunkt $t = 0$ geschlossen; dabei liegt am Kondensator C_1 die Spannung U_{A1} und der Kondensator C_2 ist entladen.

Zur Berechnung der Spannung $u_2(t)$ verwenden wir im Bildraum für den Kondensator C_1 die Ersatzschaltung 8.8 und setzen die Eintorgleichungen

$$\underline{I}_1(s) = s\,C_1\left(\underline{U}_1(s) - \frac{U_{A1}}{s}\right) \tag{8.54}$$

$$\underline{U}_1(s) = R_3\,\underline{I}_3(s) \tag{8.55}$$

$$\underline{I}_2(s) = s\,C_2\;\underline{U}_2(s) \tag{8.56}$$

in die Knotengleichung

$$\underline{I}_1(s) + \underline{I}_2(s) + \underline{I}_3(s) = 0 \tag{8.57}$$

und die Maschengleichung

$$\underline{U}_1(s) = R_2\,\underline{I}_2(s) + \underline{U}_2(s) \tag{8.58}$$

ein und erhalten:

$$(1+R_3C_1\,s)\,\underline{U}_1(s) + R_3C_2\,s\;\underline{U}_2(s) = R_3C_1\;U_{A1}$$

$$\underline{U}_1(s) = (1+R_2C_2\,s)\;\underline{U}_2(s) \tag{8.59}$$

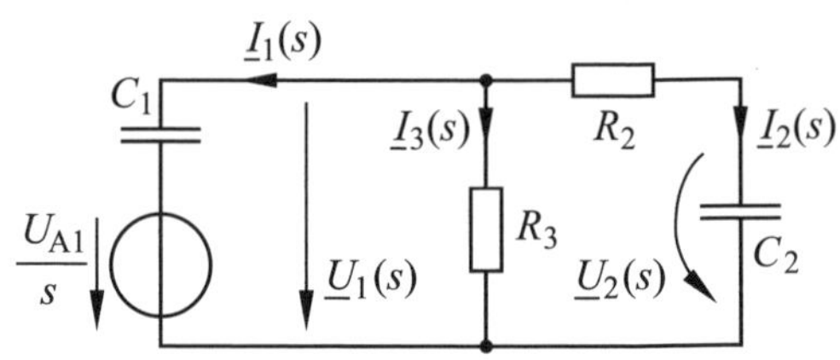

Bild 8.14 Umladung von zwei Kondensatoren, Ersatzschaltung für den Bildraum ($t \geq 0$)

Nun eliminieren wir aus dem Gleichungssystem (8.59) die Spannung $\underline{U}_1(s)$ und formen die Gleichung für $\underline{U}_2(s)$ so um, dass die höchste Potenz von s den Koeffizienten 1 hat:

$$\underline{U}_2(s) = \frac{\dfrac{U_{A1}}{R_2C_2}}{s^2 + \dfrac{R_3C_1 + R_2C_2 + R_3C_2}{R_3R_2\,C_1\,C_2}\,s + \dfrac{1}{R_3R_2\,C_1\,C_2}} \tag{8.60}$$

Vor der Rücktransformation mit T46 nehmen wir einen Koeffizientenvergleich vor:

$$2\,a = \frac{R_3 C_1 + R_2 C_2 + R_3 C_2}{R_3 R_2 C_1 C_2} \tag{8.61}$$

$$b^2 = \frac{1}{R_3 R_2 C_1 C_2} \tag{8.62}$$

Zur Untersuchung, welcher der drei Fälle $a^2 > b^2$, $a^2 = b^2$ oder $a^2 < b^2$ vorliegt, bilden wir den Ausdruck:

$$W = \sqrt{a^2 - b^2} \tag{8.63}$$

Mit den Gln. (8.61 und 8.62) erhalten wir:

$$W = \frac{\sqrt{(R_3 C_1 + R_2 C_2 + R_3 C_2)^2 - 4\,R_3 R_2 C_1 C_2}}{2\,R_3 R_2 C_1 C_2} \tag{8.64}$$

Der Radikand lässt sich folgendermaßen umformen:

$$(R_3 C_1 + R_2 C_2 + R_3 C_2)^2 - 4\,R_3 R_2 C_1 C_2$$
$$= (R_3 C_1 - R_2 C_2)^2 + R_3 C_2 (R_3 C_2 + 2\,R_3 C_1 + 2\,R_2 C_2)$$

Der Radikand ist stets positiv und es ist $a^2 > b^2$. Die Spannung $u_2(t)$ kann keine Schwingungen ausführen. Mit

$$\lambda_{1,2} = \frac{R_3 C_1 + R_2 C_2 + R_3 C_2}{2\,R_3 R_2 C_1 C_2} \pm W \tag{8.65}$$

erhalten wir für den Originalraum:

$$u_2(t) = \frac{U_{A1}}{2\,W \cdot R_2 C_2} \cdot \left(e^{\lambda_1 t} - e^{\lambda_2 t}\right) \tag{8.66}$$

Beispiel 8.7

Wir wollen den Zeitverlauf der bezogenen Spannung $u_2(t)/U_{A1}$ für einen Schaltvorgang nach Bild 8.13 berechnen und auftragen.

$C_1 = 10\,\text{nF}$; $C_2 = 1{,}2\,\text{nF}$; $R_2 = 375\,\Omega$; $R_3 = 6{,}1\,\text{k}\Omega$

Mit den Gln. (8.64 und 8.65) berechnen wir:

$W = 1{,}238 \cdot 10^6\,\text{s}^{-1}$

$\lambda_1 = -14{,}6 \cdot 10^3\,\text{s}^{-1}$; $\lambda_2 = -2{,}49 \cdot 10^6\,\text{s}^{-1}$

Die normierte Spannung ist:

$$\frac{u_2}{U_{A1}} = 0{,}898 \cdot \left(e^{\lambda_1 t} - e^{\lambda_2 t}\right)$$

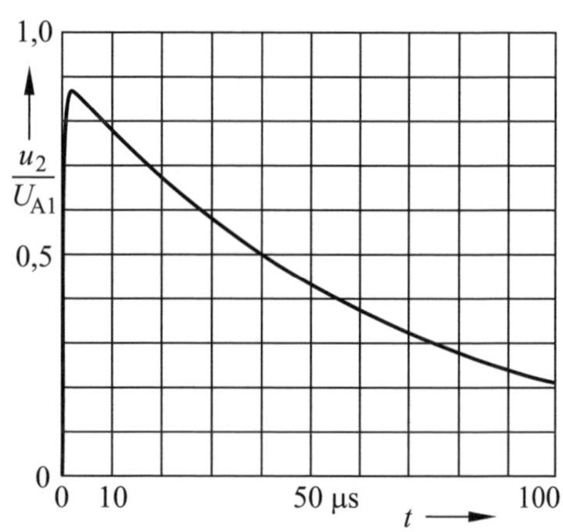

Bild 8.15 Liniendiagramm der bezogenen Spannung

Praxisbezug 8.4

Ein Blitzeinschlag in eine Freileitung stellt für den angeschlossenen Transformator in zweifacher Hinsicht eine besondere Belastung dar. Zum einen beträgt die maximale Spannungshöhe etwa das 1,5- … 2,3-fache des Scheitelwertes der Nennspannung; durch Überspannungsableiter wird verhindert, dass die Spannung noch höhere Werte erreicht.

Zum anderen wird die Spannungsaufteilung im Transformator bei einer sehr schnell ansteigenden Spannung wesentlich durch die Kapazitäten der Windungen gegeneinander und gegen Erde mitbestimmt. Bei ungleichmäßiger Aufteilung dieser Kapazitäten kann die Isolation der Wicklung durch einen Blitzeinschlag beschädigt werden.

Transformatoren werden deshalb einer **Blitzstoßspannungsprüfung** unterzogen. Dabei wird zweimal eine Stoßspannung mit dem im Bild 8.15 gezeigten Zeitverlauf auf jeden Leiter gegeben. Der Scheitelwert der Stoßspannung richtet sich nach der Nennspannung des Transformators und die Polarität ist negativ.

Die Schaltung 8.16 zur Erzeugung der Stoßspannung wird als **Stoßgenerator** bezeichnet; sie enthält als Schalter eine Kugelfunkenstrecke K, die bei ausreichender Spannung an C_1 durchzündet. Der hochohmige Widerstand R_{vor} begrenzt die Stoßfolge und verhindert, dass der speisende Transformator T überlastet wird.

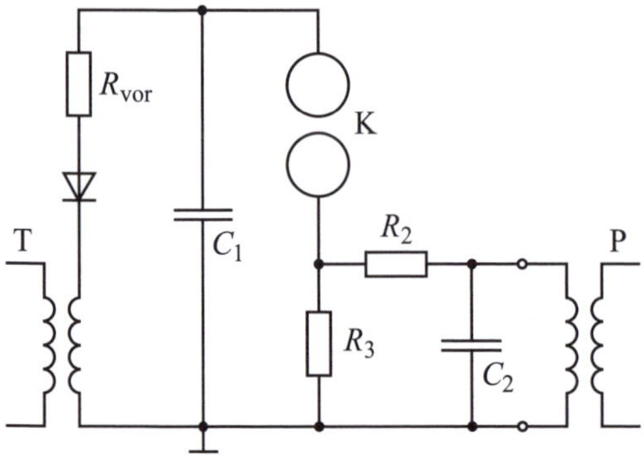

Bild 8.16 Stoßgenerator

Der Zeitverlauf der Stoßspannung wird mit einem Speicheroszillograf oder einem Transientenrekorder aufgenommen. Bei einer deutlich erkennbaren Abweichung der aufgenommenen Spannung vom Liniendiagramm nach Bild 8.15 liegt ein Fehler im Prüfling P vor. ❒

Aufgaben

8.9(2) Der Schalter wird bei $t = 0$ betätigt. Berechnen Sie die bezogene Spannung $u_2(t)/U_q$.

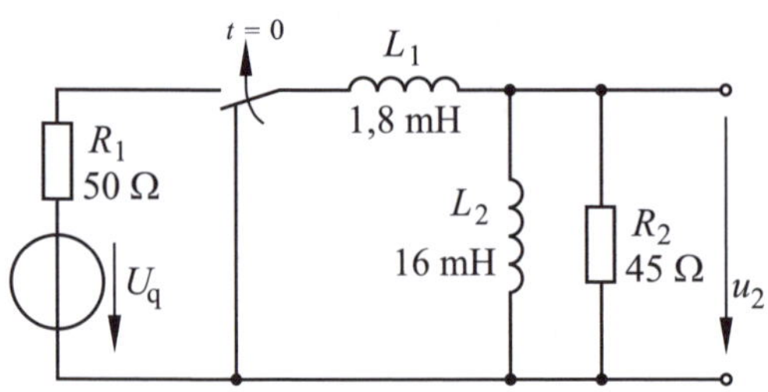

8.10(2) Zu welchem Zeitpunkt t_1 hat bei der Umladung von zwei Kondensatoren nach Schaltung 8.13 der Strom i_2 den Wert $i_2 = 0$?

$C_1 = 10\,\text{nF}$; $C_2 = 1{,}2\,\text{nF}$; $R_2 = 375\,\Omega$; $R_3 = 6{,}1\,\text{k}\Omega$

8.11(3) Berechnen Sie den Zeitpunkt, zu dem die Spannung u_2 den Wert 5,9 V erreicht hat.

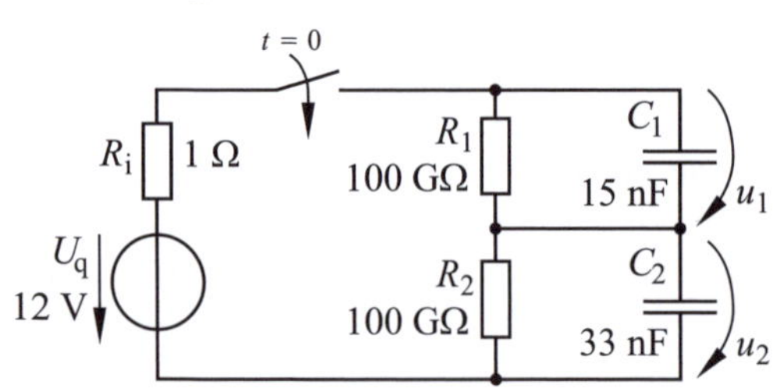

8.2 Netz an Sinusspannung

Ziele: Sie können

- die Ströme und die Spannungen in einem Netz an Sinusspannung, das ein kapazitives oder induktives Eintor enthält, nach einem Schaltvorgang berechnen.
- Ströme und Spannungen in einem Schwingkreis nach einem Schaltvorgang an Sinusspannung berechnen.

Auch in einem Netz mit periodisch schwingenden Quellen läuft ein Übergangsvorgang ab, wenn durch einen Schaltvorgang die Struktur des Netzes geändert wird. Wir untersuchen im Folgenden Schaltvorgänge, bei denen im Netz nach dem Schaltzeitpunkt eine Sinusquelle wirkt.

8.2.1 Netz mit einem Grundeintor *C*

Wir ermitteln zunächst die Ersatzquelle des Netzes, mit dem das Grundeintor *C* *nach* dem Schaltzeitpunkt (Index E: Endzustand) verbunden ist. Analog zum Schaltvorgang an Gleichspannung verwenden wir hierbei die lineare Spannungsquelle.

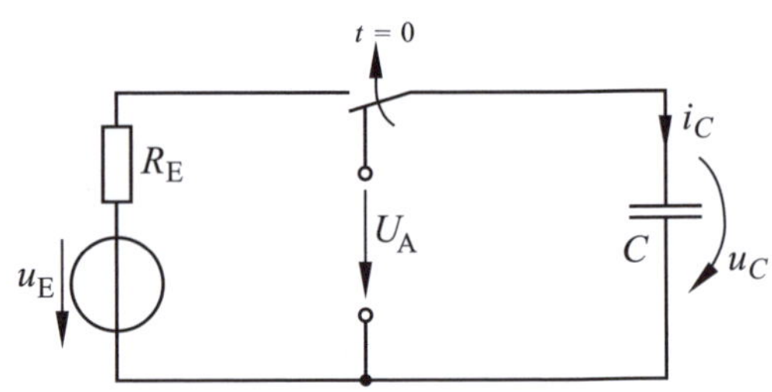

Bild 8.17 Schaltvorgang an Sinusspannung in einem Netz mit einem Grundeintor *C* zum Zeitpunkt $t = 0$

Für die Berechnung des Übergangsvorgangs benötigen wir außerdem den Anfangswert U_A der Spannung u_C, welcher zum Zeitpunkt $t = 0$ vorliegt.

Für den Übergangsvorgang sind weder der Zeitverlauf der Spannung u_C noch die Struktur des Netzes *vor* dem Schaltzeitpunkt von Bedeutung.

Im Schaltzeitpunkt hat die Quellenspannung der Ersatzquelle den Nullphasenwinkel φ_{uE}:

$$u_E = \hat{u}_E \cdot \cos(\omega_E t + \varphi_{uE}) \tag{8.67}$$

So bedeutet z. B. die Angabe $\varphi_{u\mathrm{E}} = 0$, dass der Schalter im Maximum der Spannung u_E geschlossen wird; $\varphi_{u\mathrm{E}} = -\pi/2$ bedeutet Schalten im *Nulldurchgang* der Spannung u_E bei positivem Anstieg.

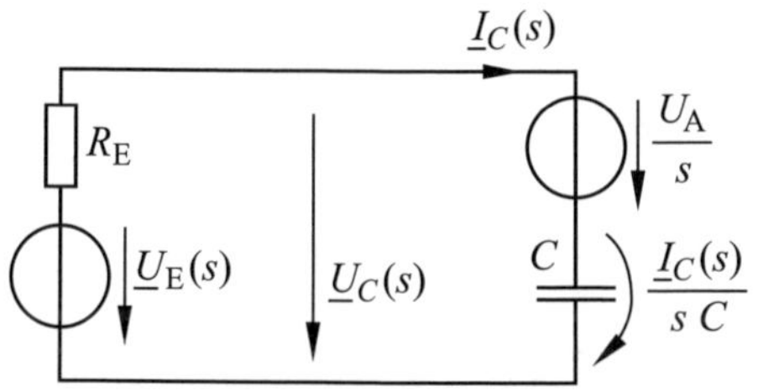

Bild 8.18 Schaltvorgang an Sinusspannung in einem Netz mit einem Grundeintor C: Ersatzschaltung für den Bildraum

Wir wollen im Folgenden den Zeitverlauf der Spannung $u_C(t)$ berechnen. Hierzu stellen wir anhand der Ersatzschaltung 8.18 die Maschengleichung auf:

$$R_\mathrm{E}\,\underline{I}_C(s) + \underline{U}_C(s) = \underline{U}_\mathrm{E}(s) \tag{8.68}$$

Die Hintransformation der Spannung $u_\mathrm{E}(t)$ nehmen wir mit T38 vor:

$$\underline{U}_\mathrm{E}(s) = \hat{u}_\mathrm{E}\,\frac{s\cos\varphi_{u\mathrm{E}} - \omega_\mathrm{E}\sin\varphi_{u\mathrm{E}}}{s^2+\omega_\mathrm{E}^2} \tag{8.69}$$

Wir setzen dies und die Gl. (8.32) in die Maschengleichung ein:

$$R_\mathrm{E}\,C\big(s\,\underline{U}_C(s) - U_\mathrm{A}\big) + \underline{U}_C(s) = \hat{u}_\mathrm{E}\,\frac{s\cos\varphi_{u\mathrm{E}} - \omega_\mathrm{E}\sin\varphi_{u\mathrm{E}}}{s^2+\omega_\mathrm{E}^2} \tag{8.70}$$

Mit der Abkürzung

$$a = \frac{1}{\tau} = \frac{1}{R_\mathrm{E}\,C} \tag{8.71}$$

lösen wir die Gl. (8.70) nach $\underline{U}_C(s)$ auf:

$$\underline{U}_C(s) = a\,\hat{u}_\mathrm{E}\,\frac{s\cos\varphi_{u\mathrm{E}} - \omega_\mathrm{E}\sin\varphi_{u\mathrm{E}}}{\big(s^2+\omega_\mathrm{E}^2\big)\cdot(s+a)} + \frac{U_\mathrm{A}}{s+a} \tag{8.72}$$

Die Rücktransformation nehmen wir mit T13 und T45 vor; dabei ist:

$$\gamma = \arctan\frac{\omega_\mathrm{E}}{a} = \arctan(\tau\,\omega_\mathrm{E}) \tag{8.73}$$

$$\frac{a}{\sqrt{a^2+\omega_\mathrm{E}^2}} = \frac{1}{\sqrt{1+(\tau\,\omega_\mathrm{E})^2}} \tag{8.74}$$

Die Rücktransformation ergibt:

$$u_C(t) = \frac{\hat{u}_\mathrm{E}}{\sqrt{1+(\tau\,\omega_\mathrm{E})^2}}\cdot\cos(\omega_\mathrm{E}\,t + \varphi_{u\mathrm{E}} - \gamma) + \left[U_\mathrm{A} - \frac{\hat{u}_\mathrm{E}\cdot\cos(\varphi_{u\mathrm{E}}-\gamma)}{\sqrt{1+(\tau\,\omega_\mathrm{E})^2}}\right]\cdot \mathrm{e}^{-\frac{t}{\tau}} \tag{8.75}$$

Der erste Term in dieser Gleichung ist der periodische Endwert $u_{C\infty}$, der sich für $t \to \infty$ einstellt; man sagt, dass dabei der **eingeschwungene Zustand** vorliegt.

Zur Überprüfung der Gl. (8.75) wollen wir die Spannung u_C im eingeschwungenen Zustand mithilfe der komplexen Rechnung ermitteln; dazu wenden wir die Spannungsteilerregel an:

$$\underline{U}_{C\infty} = \frac{\dfrac{1}{\mathrm{j}\omega_\mathrm{E}C}}{R_\mathrm{E} + \dfrac{1}{\mathrm{j}\omega_\mathrm{E}C}}\cdot\underline{U}_\mathrm{E} \tag{8.76}$$

Wir erweitern den Bruch mit $\mathrm{j}\,\omega_\mathrm{E}\,C$ und erhalten mit Gl. (8.71):

$$\underline{U}_{C\infty} = \frac{\underline{U}_\mathrm{E}}{1+\mathrm{j}\omega_\mathrm{E}CR_\mathrm{E}} = \frac{\underline{U}_\mathrm{E}}{1+\mathrm{j}\,\tau\,\omega_\mathrm{E}} \tag{8.77}$$

Der Scheitelwert von $u_{C\infty}$ ist:

$$\hat{u}_{C\infty} = \frac{\hat{u}_\mathrm{E}}{\sqrt{1+(\tau\,\omega_\mathrm{E})^2}} \tag{8.78}$$

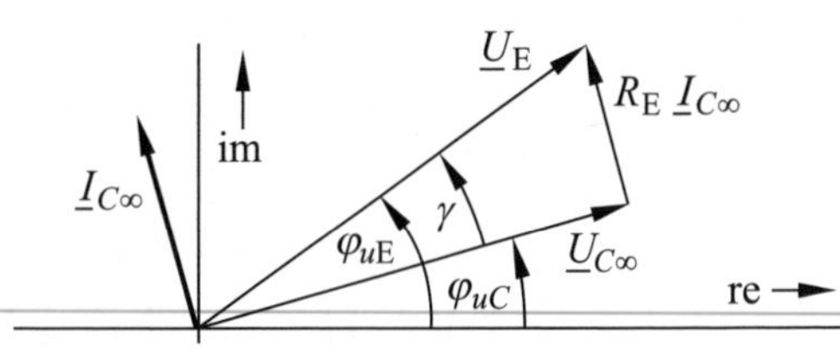

Bild 8.19 Zeigerdiagramm für den eingeschwungenen Zustand bei einem Schaltvorgang nach Bild 8.17

Den Winkel γ können wir dem Zeigerdiagramm 8.18 entnehmen:

$$\gamma = \arctan \frac{R_E\, I_{C\infty}}{U_{C\infty}} \quad (8.79)$$

Mit $I_{C\infty} = \omega_E C\, U_{C\infty}$ und Gl. (8.71) erhalten wir:

$$\gamma = \arctan \tau\, \omega_E \quad (8.80)$$

Mit dem Nullphasenwinkel

$$\varphi_{uC} = \varphi_{uE} - \gamma \quad (8.81)$$

sowie $\hat{u}_{C\infty}$ nach Gl.(8.78) und u_{trt} nach Gl.(8.83) formen wir die Gl. (8.75) um:

$$u_C(t) = \hat{u}_{C\infty} \cdot \cos(\omega_E t + \varphi_{uC}) + u_{trt} \quad (8.82)$$

Dem periodischen Endwert ist die exponentiell abklingende Ausgleichspannung

$$u_{trt} = \left[U_A - \hat{u}_{C\infty} \cdot \cos\varphi_{uC}\right] \cdot e^{-\frac{t}{\tau}} \quad (8.83)$$

überlagert, deren Maximalwert nicht nur vom Anfangswert U_A, sondern auch vom Nullphasenwinkel φ_{uE} der Spannung u_E abhängt.
Der Schaltzeitpunkt, zu dem u_{trt} ein Minimum aufweist, wird als günstigster Schaltzeitpunkt bezeichnet. Dementsprechend ist die Ausgleichspannung u_{trt} im ungünstigsten Schaltzeitpunkt maximal.

Beispiel 8.8
Eine Reihenschaltung aus C = 2,2 µF und R_E = 33 kΩ wird an eine Sinusquelle geschaltet: U_E = 100 V; f = 50 Hz.

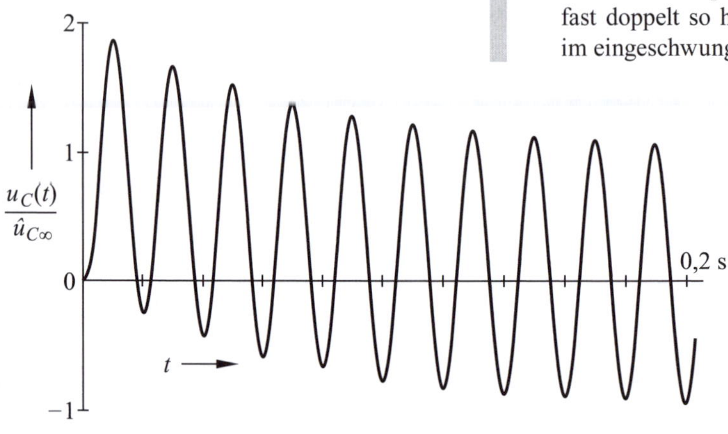

Wir wollen den Zeitverlauf der Kondensatorspannung für $U_A = 0$ im günstigsten und im ungünstigsten Schaltzeitpunkt ermitteln.

$\hat{u}_E = 141{,}4$ V; $\omega_E = 2\,\pi f = 314\ s^{-1}$

$\tau = R_E\, C = 72{,}6$ ms

$\gamma = \arctan \tau\omega_E = 87{,}5°$

$$\hat{u}_{C\infty} = \frac{\hat{u}_E}{\sqrt{1+(\tau\,\omega_E)^2}} = 6{,}19\ \text{V}$$

1. Im günstigsten Schaltzeitpunkt ist die Ausgleichspannung $u_{trt} = 0$; dabei liegt der eingeschwungene Zustand sofort vor. Mit $\cos\varphi_{uC} = 0$ erhalten wir z. B.:

   $\varphi_{uC} = -90°$; $\varphi_{uE} = \varphi_{uC} + \gamma = -2{,}5°$

   Der Schalter wird geschlossen, wenn die Spannung u_E ihr Maximum praktisch erreicht hat. Aus Gl. (8.82) ergibt sich:

   $$\frac{u_C(t)}{\hat{u}_{C\infty}} = \cos\left(\omega_E t - \frac{\pi}{2}\right) = \sin \omega_E t$$

2. Im ungünstigsten Schaltzeitpunkt hat die Ausgleichspannung ein Maximum. Mit $\cos\varphi_{uC} = -1$ erhalten wir z. B.:

   $\varphi_{uC} = -180°$; $\varphi_{uE} = \varphi_{uC} + \gamma = -92{,}5°$

   Der Schalter wird kurz vor dem Nulldurchgang bei ansteigender Spannung u_E geschlossen. Im ersten Maximum nach dem Schaltzeitpunkt ist die Spannung u_C fast doppelt so hoch wie der Scheitelwert im eingeschwungenen Zustand.

Fragen

- Zeichnen Sie für einen Schaltvorgang an Sinusspannung in einem Netz mit einem geladenen Grundeintor C die Ersatzschaltung für den Bildraum.
- Aus welchen Anteilen setzt sich der Zeitverlauf der Spannung u_C bei einem Schaltvorgang an Sinusspannung in einem Netz mit einem Grundeintor C zusammen?
- Erläutern Sie den Begriff eingeschwungener Zustand.
- Skizzieren Sie den Zeitverlauf der Kondensatorspannung beim Einschalten eines ungeladenen Kondensators an Sinusspannung für den günstigsten und den ungünstigsten Schaltzeitpunkt.

Aufgabe 8.12(2) Der Schalter wird im Maximum der Spannung u_C geschlossen. Berechnen Sie den Zeitverlauf der Spannung u_2.

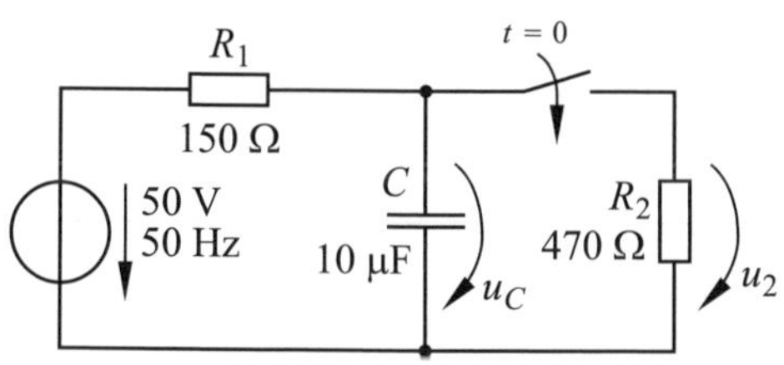

8.2.2 Netz mit einem Grundeintor *L*

Wir ermitteln zunächst die Ersatzquelle des Netzes, mit dem das Grundeintor L *nach* dem Schaltzeitpunkt (Index E: Endzustand) verbunden ist. Analog zum Schaltvorgang an Gleichstrom verwenden wir hierbei die lineare Stromquelle.

Der Anfangswert I_A des Stromes i_L zum Schaltzeitpunkt $t = 0$ wird in der Schaltung 8.20 durch eine Gleichstromquelle berücksichtigt.

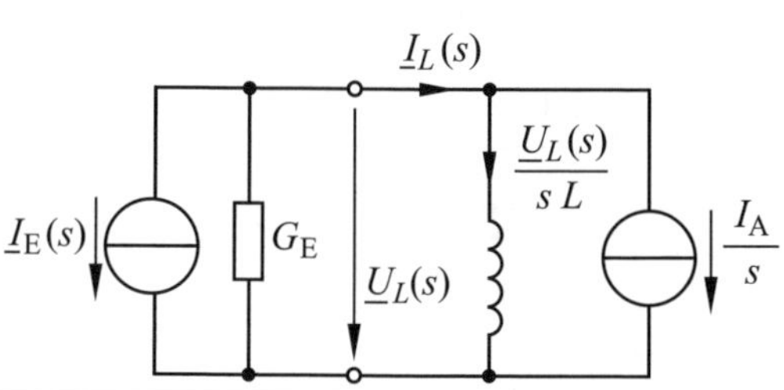

Bild 8.20 Schaltvorgang an Sinusstrom in einem Netz mit einem Grundeintor L: Ersatzschaltung für den Bildraum

Im Schaltzeitpunkt hat der Quellenstrom der Ersatzquelle den Nullphasenwinkel $\varphi_{i\mathrm{E}}$:

$$i_\mathrm{E} = \hat{i}_\mathrm{E} \cdot \cos(\omega_\mathrm{E} t + \varphi_{i\mathrm{E}}) \tag{8.84}$$

Die Hintransformation mit T38 ergibt:

$$\underline{I}_\mathrm{E}(s) = \hat{i}_\mathrm{E} \frac{s \cos\varphi_{i\mathrm{E}} - \omega_\mathrm{E} \sin\varphi_{i\mathrm{E}}}{s^2 + \omega_\mathrm{E}^2} \tag{8.85}$$

Wir wollen den Zeitverlauf des Stromes i_L nach dem Schaltzeitpunkt berechnen. Dazu stellen wir die Knotengleichungen für den Bildraum auf:

$$\underline{I}_\mathrm{E}(s) = G_\mathrm{E}\, \underline{U}_L(s) + \underline{I}_L(s) \tag{8.86}$$

$$\underline{I}_L(s) = \frac{\underline{U}_L(s)}{sL} + \frac{I_\mathrm{A}}{s} \tag{8.87}$$

Dieses Gleichungssystem lösen wir nach $\underline{I}_L(s)$ auf. Mit

$$a = \frac{1}{\tau} = \frac{1}{G_\mathrm{E} L} \tag{8.88}$$

und Gl. (8.85) erhalten wir:

$$\underline{I}_L(s) = a\, \hat{i}_\mathrm{E} \frac{s \cos\varphi_{i\mathrm{E}} - \omega_\mathrm{E} \sin\varphi_{i\mathrm{E}}}{\left(s^2 + \omega_\mathrm{E}^2\right)\cdot(s+a)} + \frac{I_\mathrm{A}}{s+a} \tag{8.89}$$

Diese Gleichung hat denselben Aufbau wie die Gl. (8.72). Der Lösungsweg ist im Abschn. 8.2.1 beschrieben. Wir erhalten hier entsprechend mit dem Scheitelwert

$$\hat{i}_{L\infty} = \frac{\hat{i}_\mathrm{E}}{\sqrt{1 + (\tau\, \omega_\mathrm{E})^2}} \tag{8.90}$$

des Stromes und seinem Nullphasenwinkel

$$\varphi_{iL} = \varphi_{i\mathrm{E}} - \arctan(\tau\, \omega_\mathrm{E}) \tag{8.91}$$

den Zeitverlauf von i_L für $t \geq 0$:

$$i_L(t) = \hat{i}_{L\infty} \cdot \cos(\omega_\mathrm{E} t + \varphi_{iL}) + i_\mathrm{trt} \tag{8.92}$$

Dem periodischen Endwert ist der exponentiell abklingende Ausgleichstrom i_trt überlagert, dessen Maximalwert vom Schaltzeitpunkt und vom Anfangswert I_A abhängt:

$$i_{\mathrm{trt}} = \left[I_{\mathrm{A}} - \hat{i}_{L\infty} \cdot \cos\varphi_{iL} \right] \cdot \mathrm{e}^{-\frac{t}{\tau}} \tag{8.93}$$

Für $i_L / \hat{i}_{L\infty}$ ergibt sich das gleiche Liniendiagramm wie für $u_C / \hat{u}_{C\infty}$ (s. Beispiel 8.8).

Praxisbezug 8.5
Ähnlich wie beim Grundeintor L kann auch beim Einschalten eines leer laufenden Transformators ein hoher Strom fließen. Wegen des magnetischen Kreises aus Eisen liegt ein nichtlineares Problem vor, das der Berechnung nicht direkt zugänglich ist. Besonders bei kaltgewalzten Blechen ergibt sich je nach der Form der Hystereseschleife und nach dem magnetischen Zustand des Kreises im Schaltzeitpunkt ein Strom, dessen höchster Scheitelwert beim ungünstigsten Schaltzeitpunkt mehr als das Zehnfache des Nennstromscheitelwertes betragen kann. Der Vorgang wird als **Rusheffekt**, der Einschaltstrom auch als **Rushstrom** bezeichnet; er stellt eine starke Belastung für das Netz dar und ist die Ursache großer Kräfte auf die Leiter der Wicklungen.
Der Rushstrom kann bei kleineren Transformatoren durch ein Vorschaltgerät herabgesetzt werden, das auf den Nennstrom des Transformators abgestimmt sein muss. Es besteht aus einem Vorwiderstand für jeden netzseitigen Strang der Transformatorwicklung und einem Relais, das diese Vorwiderstände nach dem Einschalten verzögert kurzschließt. ❐

Fragen
- Zeichnen Sie für einen Schaltvorgang an Sinusspannung in einem Netz mit einem Grundeintor L die Ersatzschaltung für den Bildraum.
- Aus welchen Anteilen setzt sich der Zeitverlauf des Stromes i_L bei einem Schaltvorgang an Sinusspannung in einem Netz mit einem Grundeintor L zusammen?

Aufgabe 8.13(2) Eine stromlose Spule wird bei $t = 0$ an eine ideale Sinusspannungsquelle geschaltet. Berechnen Sie den maximalen Strom für den günstigsten und den ungünstigsten Schaltzeitpunkt.

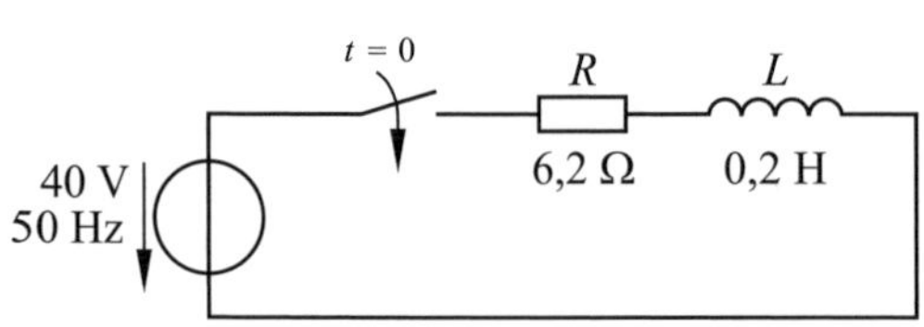

Aufgabe 8.14(2) Beim Maximum der Spannung u_q wird der Schalter geschlossen. Berechnen Sie den Zeitverlauf des Stromes i_L.

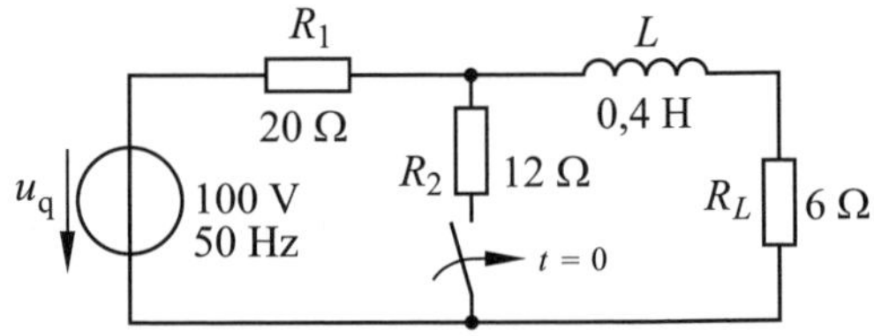

8.2.3 Schwingkreis

Wenn nach dem Schaltzeitpunkt eine Sinusquelle im Schwingkreis wirksam ist, wird der netzfrequenten Schwingung von i_L bzw. u_C eine Schwingung mit der Eigenfrequenz des Schwingkreises überlagert.
Wir betrachten als Beispiel einen Reihenschwingkreis, dessen Energiespeicher L und C im Schaltzeitpunkt *stromlos* bzw. *ungeladen* sind; er wird zum Zeitpunkt $t = 0$ an eine ideale Sinusspannungsquelle geschaltet (Bild 8.21):

$$u_{\mathrm{q}} = \hat{u}_{\mathrm{q}} \cdot \cos(\omega t + \varphi_{u\mathrm{q}}) \tag{8.94}$$

Diese Spannung transformieren wir mit T38 in den Bildraum. In die Maschengleichung

$$R\,\underline{I}(s) + sL\,\underline{I}(s) + \underline{U}_C(s) = \underline{U}_{\mathrm{q}}(s) \tag{8.95}$$

setzen wir die transformierte Eintorgleichung $\underline{I}(s) = s\,C\,\underline{U}_C(s)$ ein; anschließend lösen wir nach $\underline{U}_C(s)$ auf:

$$\underline{U}_C(s) = \frac{\hat{u}_{\mathrm{q}}}{LC} \cdot \frac{s\cos\varphi_{u\mathrm{q}} - \omega\sin\varphi_{u\mathrm{q}}}{\left(s^2 + \omega^2\right) \cdot \left(s^2 + \frac{R}{L}s + \frac{1}{LC}\right)} \tag{8.96}$$

Ein Koeffizientenvergleich mit T49 ergibt:

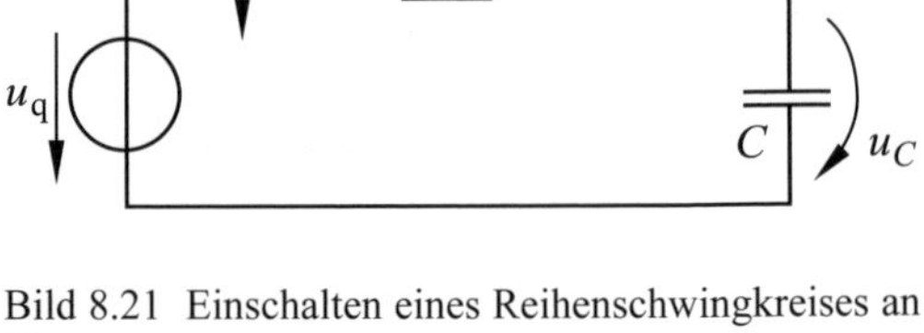

Bild 8.21 Einschalten eines Reihenschwingkreises an Sinusspannung

$$2a = \frac{R}{L}\ ;\ a = \frac{R}{2L} \tag{8.97}$$

$$b^2 = \frac{1}{LC}\ ;\ b = \omega_r = \frac{1}{\sqrt{LC}} \tag{8.98}$$

Bei der Rücktransformation müssen wir die drei Fälle $a^2 > b^2$ (aperiodischer Fall), $a^2 = b^2$ (aperiodischer Grenzfall) und $a^2 < b^2$ (periodischer Fall) unterscheiden.

Beispiel 8.9

Ein Transformator T speist über eine Kabelstrecke K einen idealen Kurzschluss ($u_{AB} = 0$), der von einem Leistungsschalter LS im Nulldurchgang des Kurzschlussstromes i_k abgeschaltet wird.

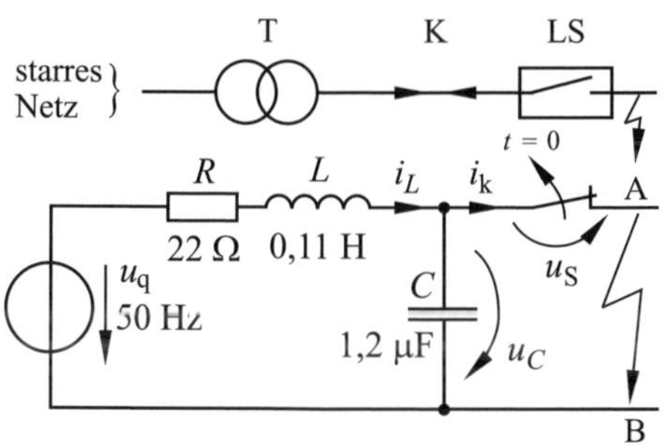

Wir wollen dieses nichtlineare Problem näherungsweise anhand einer linearen Ersatzschaltung untersuchen und dabei den Zeitverlauf der Schalterspannung u_S berechnen.

Nach dem Schalten ist $u_S = u_C$; die Gl. (8.96) beschreibt diese Spannung im Bildraum.

Der Anfangswert der Spannung u_C ist $U_A = 0$, da das Eintor C vor dem Öffnen des Schalters ideal kurzgeschlossen ist. Für die Zeit $t = 0$ ist $i_L = i_k = 0$ und damit $I_A = 0$.

Aus $i_L = \hat{i}_L \cdot \cos(\omega t + \varphi_i)$ ergibt sich z. B. der Nullphasenwinkel $\varphi_i = -90°$. Mit dem Phasenverschiebungswinkel $\varphi = \arctan(\omega L / R) = \varphi_{uq} - \varphi_i$ berechnen wir den Nullphasenwinkel der Quellenspannung:

$$\varphi_{uq} = \arctan(\omega L / R) - 90° = -32{,}5°$$

Die Gln. (8.97 und 8.98) ergeben:

$$a = 100\ \mathrm{s}^{-1}\ ;\ b = 2752\ \mathrm{s}^{-1}$$

Wegen $a^2 < b^2$ liegt der periodische Fall vor. Die Eigenkreisfrequenz ist:

$$\omega_d = \sqrt{b^2 - a^2} = 2750{,}6\ \mathrm{s}^{-1}$$

Durch die Rücktransformation der Gl. (8.96) mithilfe von T49 erhalten wir mit

$$\hat{u}_{C\infty} = \frac{\hat{u}_q}{LC\sqrt{(b^2 - \omega^2)^2 + (2a\omega)^2}}$$

den Zeitverlauf:

$$\frac{u_C}{\hat{u}_{C\infty}} = \cos(\omega t + \varphi_{uC}) - k \cdot \cos(\omega_d t + \beta) \cdot e^{-at}$$

$$\varphi_{uC} = -33°\ ;\ k = 0{,}844\ ;\ \beta = -6{,}3°$$

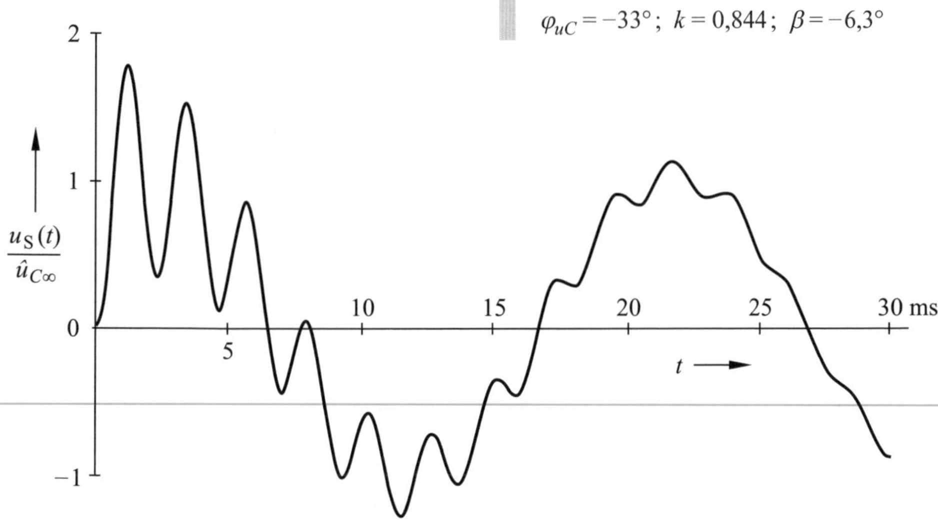

8.3 Transientanalyse

Ziele: Sie können
- beschreiben, was man unter dem Begriff Transientanalyse versteht.
- das implizite EULER-Verfahren erläutern.
- beschreiben, welches mathematische Verfahren von Programmen, die auf Spice basieren, zur Lösung von Differenzialgleichungen verwendet wird.
- den Begriff Anfangsbedingung erläutern.

8.3.1 BDF-Verfahren

Mit einem auf Spice basierenden Programm wie z. B. Micro-Cap kann auch die Analyse eines Netzes nach einem Schaltvorgang durchgeführt werden. Diese Art der Analyse wird als **Transientanalyse** (*transient analysis*) bezeichnet.

Die Transientanalyse läuft im Zeitbereich ab, wobei für jeden Zeitpunkt ein System von Differenzialgeichungen gelöst wird. Dabei wird von Spice ein Verfahren verwendet, das den Namen **BDF-Verfahren** (***b**ackward **d**ifferentiation **f**ormula*) erhalten hat. Es baut auf dem impliziten **EULER-Verfahren**[1] auf, dessen Anwendung auf ein Grundeintor C wir zunächst erläutern wollen.

Wir gehen davon aus, dass die Spannung u_j zum Zeitpunkt t_j bekannt ist und die Spannung u_{j+1} zum Zeitpunkt t_{j+1} gesucht wird. Die Differenz der Zeitwerte t_{j+1} und t_j wird als **Schrittweite** h bezeichnet:

$$h = t_{j+1} - t_j \tag{8.99}$$

Zwischen den Zeitwerten t_{j+1} und t_j verläuft die Spannung u am Grundeintor C nicht linear. Beim impliziten EULER-Verfahren wird diese nichtlineare Kurve durch eine Gerade angenähert.

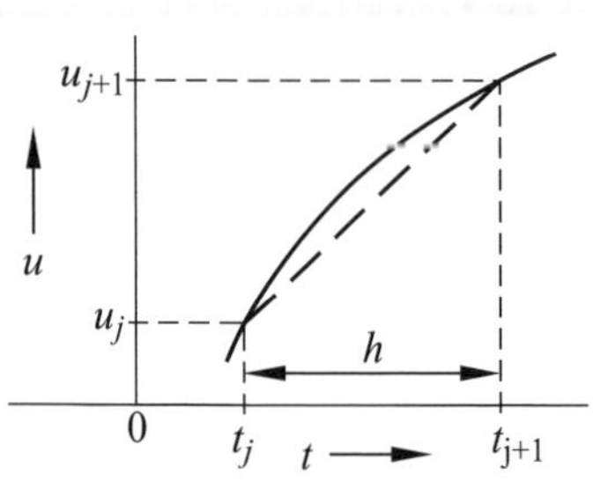

Bild 8.22 Näherungsgerade beim EULER-Verfahren

Wir setzen die Steigung $(u_{j+1} - u_j)/h$ der Näherungsgeraden in die Gl. (1.5) ein und berechnen den Strom i_{j+1}, der zum Zeitpunkt t_{j+1} fließt:

$$i_{j+1} = C\,\frac{u_{j+1} - u_j}{h} = \frac{C}{h}\,u_{j+1} - \frac{C}{h}\,u_j \tag{8.100}$$

Diese Gleichung scheint unlösbar zu sein, weil in ihr mit dem Strom i_{j+1} und der Spannung u_{j+1} zwei unbekannte Größen stehen. Die Lösung gelingt jedoch mit einer Ersatzschaltung: Der Quotient C/h ist ein Leitwert, der an der Spannung u_{j+1} liegt, und der Ausdruck $u_j\,C/h$ beschreibt eine Stromquelle, deren Quellenstrom I_q mit der bekannten Spannung u_j berechnet werden kann:

$$I_q = -\frac{C}{h}\,u_j \tag{8.101}$$

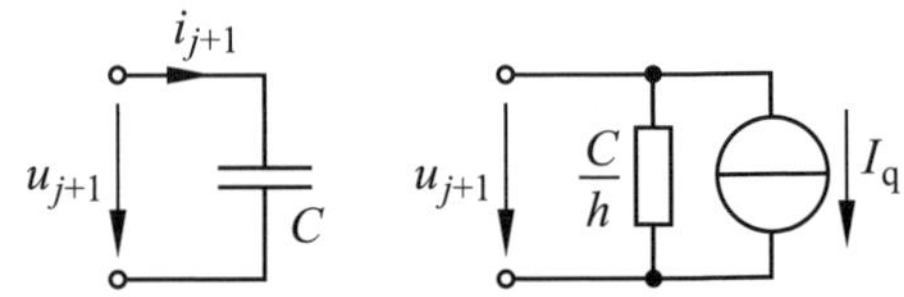

Bild 8.23 Grundeintor C und Ersatzschaltung für das implizite EULER-Verfahren

Die Ersatzschaltung 8.23 wird anstelle des Grundeintors C in die Schaltung eingefügt.

Auch für ein Grundeintor L lässt sich eine entsprechende Ersatzschaltung angeben. Wir setzen die Steigung $(i_{j+1} - i_j)/h$ der Näherungsgeraden in die Gl. (1.78) ein und berechnen die Spannung u_{j+1}, die zum Zeitpunkt t_{j+1} anliegt:

$$u_{j+1} = L\,\frac{i_{j+1} - i_j}{h} = \frac{L}{h}\,i_{j+1} - \frac{L}{h}\,i_j \tag{8.102}$$

Der Quotient L/h ist ein Widerstand, der vom Strom i_{j+1} durchflossen wird, und der Ausdruck $i_j\,L/h$ beschreibt eine Spannungsquelle, deren Quellenspannung U_q mit dem bekannten Strom i_j berechnet werden kann:

$$U_q = -\frac{L}{h}\,i_j \tag{8.103}$$

[1] Leonhard Euler, 1707 – 1783

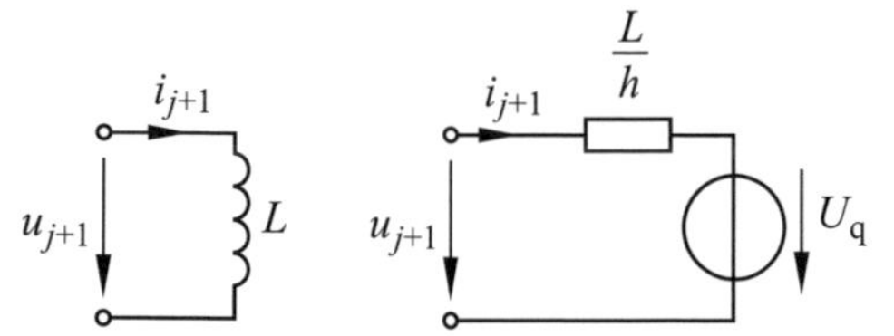

Bild 8.24 Grundeintor L und Ersatzschaltung für das implizite EULER-Verfahren

Wird auch die Ersatzschaltung 8.24 anstelle jedes Grundeintors L in die Schaltung eingefügt, so kann das gesamte Netz für den Zeitpunkt t_{j+1} mit dem Knotenpotenzialverfahren analysiert werden.

Das EULER-Verfahren hat den Nachteil, dass die Steigung nur grob angenähert wird. Für eine brauchbare Genauigkeit muss die Schrittweite h sehr klein gewählt werden, was eine lange Rechenzeit bedingt.
Beim BDF-Verfahren geht man daher nach der Anlaufrechnung mit dem EULER-Verfahren dazu über, eine Kurve höherer Ordnung (z. B. eine Parabel oder eine kubische Parabel) durch mehrere schon berechnete Kurvenpunkte zu legen und damit den nächsten unbekannten Kurvenpunkt zu berechnen. Dabei wird die Schrittweite erhöht und die Rechenzeit verringert.

Im Gegensatz zu früher verwendeten Verfahren zur Lösung von Differenzialgleichungssystemen ist das BDF-Verfahren stabil, denn es neigt auch bei ungünstig gewählten Zeitintervallen nicht zu Schwingungen. Dieser Vorteil des Verfahrens hat entscheidend zum Erfolg von Spice beigetragen.

8.3.2 Netz an Gleichspannung

Mit der Quelle *Voltage Source* lässt sich eine Gleichspannung simulieren, die eingeschaltet und dann wieder ausgeschaltet wird. Folgende Größen können bei dieser Quelle eingestellt werden:
- V1: Spannung während der Pausen
- V2: Pulshöhe
- TD: Verzögerungszeit (*time delay*)
- TR: Anstiegszeit (*rise time*)
- TF: Abfallzeit (*fall time*)
- PW: Pulsweite (*pulse width*)
- PER: Periodendauer (*period*)

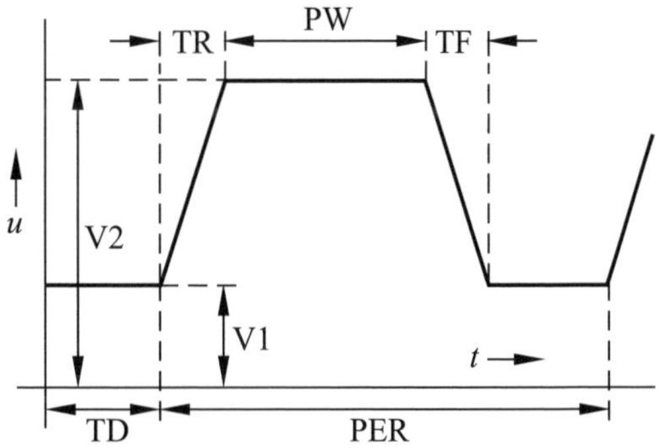

Bild 8.25 Zeitdiagramm der Pulsquelle

Die Anstiegszeit TR und die Abfallzeit TF dürfen beliebig klein gewählt werden, aber diese Werte dürfen nicht null sein. Im Tableau der Quelle werden außerdem die Attribute DC und AC angeboten; für eine Pulsquelle werden hierbei zweckmäßig die Werte 0 eingetragen .

Ist die Schaltung gezeichnet, so kann bei einem Grundeintor C bzw. L eine **Anfangsbedingung** (*initial condition*, IC) eingetragen werden; beim Grundeintor C handelt es sich um die Ladung, die zum Zeitpunkt $t = 0$ vorliegt, und beim Grundeintor L um den Fluss, der zum Zeitpunkt $t = 0$ fließt. Im Tableau des jeweiligen Elements kann entweder beim Grundeintor C unter CHARGE oder beim Grundeintor L unter FLUX ein Wert eingetragen werden. Ist kein Wert einetragen, so nimmt Micro-Cap automatisch den Wert 0 an.

Beispiel 8.10
Wir wollen die Spannung u_C der Schaltung aus dem Beispiel 8.6 für $R = 150\ \Omega$ sowie $L = 0{,}3$ H und $C = 0{,}13\ \mu$F mit Micro-Cap berechnen und zeichnen zunächst die Schaltung mit der Pulsquelle.

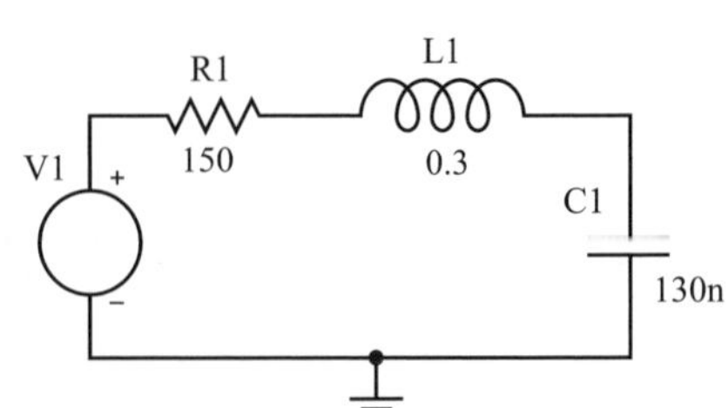

Beim Bauteil L1 tragen wir den Wert 0.3 ein; die Einheit H kann man (ohne Zwischenraum!) dazuschreiben, sie wird von Micro-Cap ignoriert. Beim Bauteil C1 gehen wir entsprechend vor und tragen den Wert 130n ein. Bei der Voltage Source tragen wir bei DC, AC Magnitude und AC Phase jeweils den Wert 0 an, denn wir benötigen diese Werte nicht. In den Zeilen darunter geben wir folgende Werte ein:

V1 = 0
V2 = 1
TD = 0.0
TR = 0.1e-6
TF = 0.1e-6
PW = 0.02
PER = 0.03

Nach einem Klick auf *(OK)* sind alle Bauteile konfiguriert. Nun klicken wir im Menü auf *(Analysis)* und dann auf *(Transient)*. Es öffnet sich ein Fenster, in dem wir folgende Werte eintragen:

Maximum Run Time: 16m
Output Start Time: 0
Maximum Time Step: 0.01m
Number of Points: 16001
X Expression: T
Y Expression: v(3)
X Range: 16m,0,1m
Y Range: 2,0,0.1

Schließlich klicken wir auf *(Run)* und erhalten das Ergebnis.

Wird ein Kondensator zur Rückkopplung eines Operationsverstärkers verwendet, so entsteht eine Schaltung, die man als **Integrierer** bezeichnet.

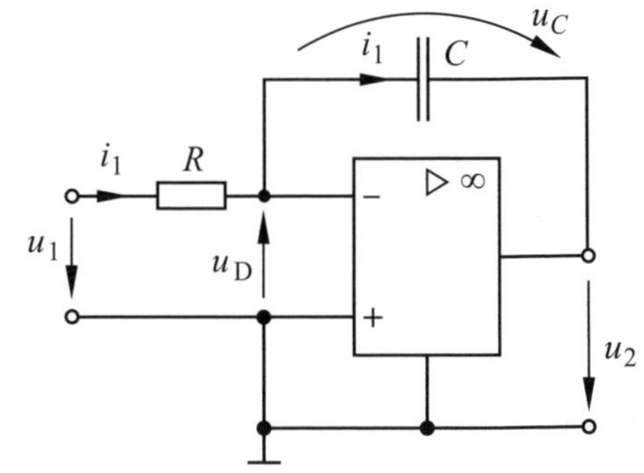

Bild 8.26 Integrierer mit idealem Operationsverstärker

Wird der Operationsverstärker als ideal angenommen, so ist wegen $u_D = 0$ der Strom $i_1 = u_1/R$ und am Kondensator liegt die Spannung $u_C = -u_2$. Wir setzen mithilfe der Gl. (1.5) an:

$$-C\frac{du_2}{dt} = \frac{u_1}{R} \tag{8.104}$$

Durch Integration ergibt sich:

$$u_2 = -\frac{1}{RC}\int u_1\,dt + u_{20} \tag{8.105}$$

Dabei ist u_{20} die Spannung am Ausgang zu Beginn der Integration.

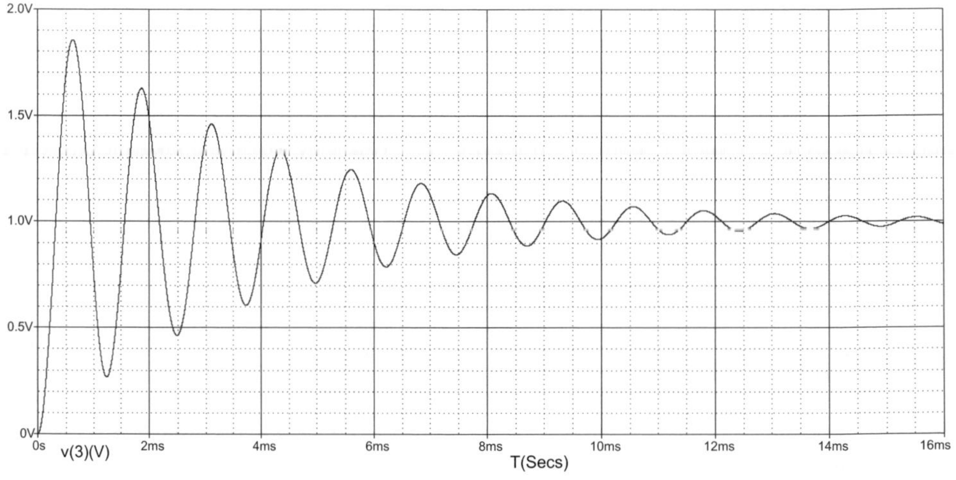

Beispiel 8.11

Wir ergänzen die Schaltung 8.26 durch einen Schalter, der zunächst geschlossen ist; dabei ist der Kondensator entladen und seine Spannung ist $u_{20} = 0$. Nach dem Öffnen des Schalters zum Zeitpunkt 0,2 s beginnt die Integration. Den Eingangsknoten bezeichnen wir mit E und den Ausgang mit A; damit ist für uns ohne Bedeutung, wie Micro-Cap die Knoten nummeriert.

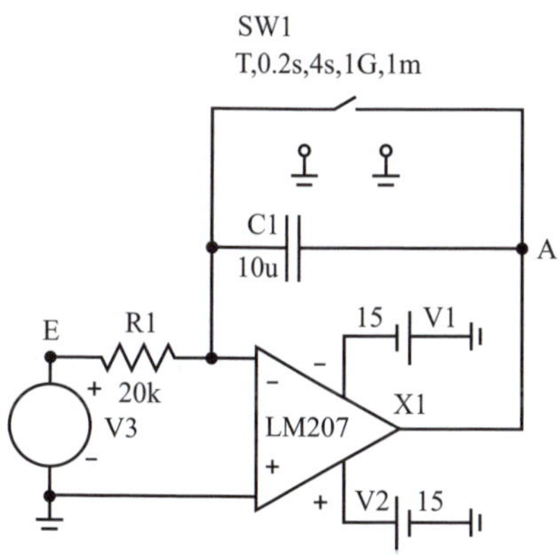

Die Pulsquelle stellen wir so ein, dass sie von 0,2 s bis 1,2 s die konstante Spannung 2,0 V abgibt. Die Integration beginnt zum Zeitpunkt t = 0,2 s. Wegen $u_{20} = 0$ wird am Ausgang des Operationsverstärkers nach 1,2 s die Spannung $u_2 = -10$ V erreicht, die danach wegen v(E) = 0 konstant bleibt.

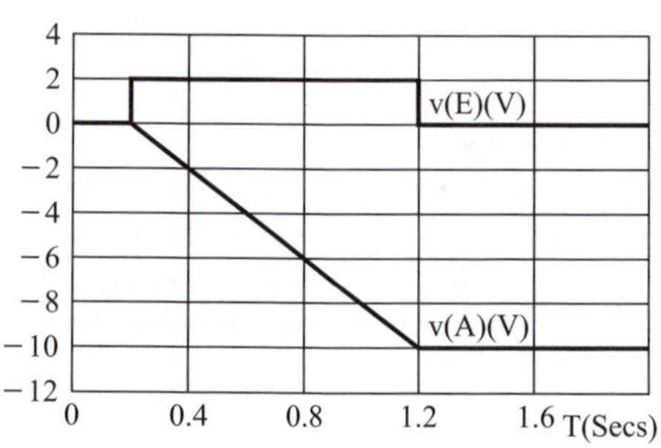

8.3.3 Netz an Sinusspannung

Mit dem zeitgesteuerten Schalter können auch die Schaltungen der Beispiele 8.8 und 8.9 analysiert werden.

Beispiel 8.12

Wie im Beispiel 8.8 wird die Reihenschaltung aus C = 2,2 µF und R = 33 kΩ im ungünstigsten Schaltzeitpunkt an eine Sinusquelle geschaltet.

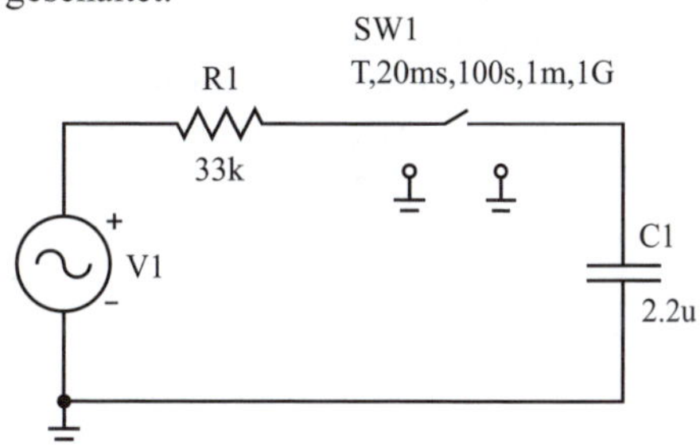

Bei der Sinusquelle stellen wir die Amplitude 141.4V und die Frequenz 50Hz sowie den Nullphasenwinkel -92.5*PI/180 ein. Nach dem Start der Transientanalyse erhalten wir das im Beispiel 8.8 gezeigte Ergebnis.

Beispiel 8.13

Wir wollen die Ersatzschaltung des Beispiels 8.9 mit Micro-Cap analysieren.

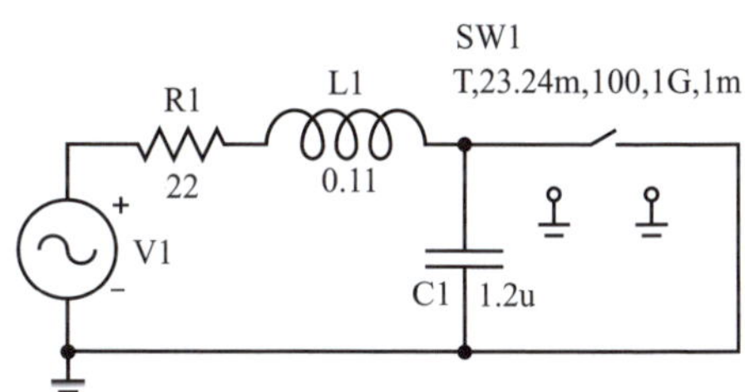

Zunächst stellen wir fest, dass bei geschlossenem Schalter der Nulldurchgang des Stromes durch L1 zum Zeitpunkt 23,24 ms stattfindet. Deshalb konfigurieren wir den Schalter so, dass er zunächst geschlossen ist und zum Zeitpunkt t = 23,24 ms öffnet.

Nach einer Transientanalyse erhalten wir das Bild, das im Beispiel 8.9 gezeichnet ist.

Fragen

- Was versteht man unter dem Begriff Transientanalyse?
- Erläutern Sie den Begriff Anfangsbedingung.
- Mit welchem Verfahren wird die Transientanalyse bei einem auf Spice basierenden Netzwerkanalyseprogramm durchgeführt?

9 Lineare Übertragungssysteme

Im Abschnitt 5.2.2 haben wir ein lineares Übertragungssystem mit dem Übertragungsfaktor beschrieben und dabei eine sinusförmige Aussteuerung vorausgesetzt. Anschließend haben wir im Kap. 8 transiente Vorgänge betrachtet und dabei insbesondere die LAPLACE-Transformation vorgestellt und angewendet. Als Erweiterung wollen wir in diesem Kapitel untersuchen, wie sich die bisher betrachteten Fälle Sinusaussteuerung und transiente Vorgänge kombinieren lassen. Dazu beschreiben wir zunächst das lineare Übertragungssystem mithilfe der LAPLACE-Transformation. Diese neue Betrachtung führt an eine allgemeine Systembeschreibung heran, die z. B. in der Signal- und Systemtheorie angewendet wird.

9.1 Stabilität

Ziele: Sie können
- den Begriff Übertragungsfunktion erläutern und den Unterschied zum Übertragungsfaktor beschreiben.
- erläutern, was die Pole einer Übertragungsfunktion sind.
- das grundlegende Stabilitätskriterium nennen.
- beschreiben, wie man feststellen kann, ob eine lineare Schaltung mit einemVerstärker stabil arbeitet.
- erläutern, welche Eigenschaften eine Schaltung mit zwei konjugiert komplexen Polen aufweist.

Eine Schaltung, die nur unabhängige Quellen und Grundeintore R, L und C enthält, arbeitet stets stabil. Enthält die Schaltung aber einen Verstärker, also eine gesteuerte Quelle, so kann es sein, dass sie nicht stabil arbeitet. Wir definieren:

> Ein System ist stabil, wenn die Systemgrößen aus einem beliebigen Anfangszustand heraus oder nach einem beliebigen Anstoß innerhalb bestimmter Grenzen bleiben.

Bei der Untersuchung der Stabilität betrachten wir die elektrische Schaltung als Zweitor, an dessen Eingang wir einen Sprung der Spannung bzw. des Stromes geben, und stellen fest, wie der Ausgang darauf reagiert: Das System ist stabil, wenn die Sprungantwort, also das Ausgangssignal, für Zeitwerte $t \to \infty$ einem endlichen Wert zustrebt; ist dies nicht der Fall, so ist das System instabil.

9.1.1 Grundlegendes Stabilitätskriterium

Dividiert man die LAPLACE-Transformierte eines Ausgangssignals durch die LAPLACE-Transformierte des Eingangssignals, so erhält man die **Übertragungsfunktion** *(transfer function)* $\underline{T}(s)$, die bei einer linearen Schaltung stets eine rationale Funktion der Variablen s mit reellen Konstanten a_n und b_m ist:

$$\underline{T}(s) = \frac{b_0 + b_1 s + \ldots + b_m s^m}{a_0 + a_1 s + \ldots + a_n s^n} \tag{9.1}$$

Setzt man den Zähler gleich null, so entsteht eine Gleichung, deren Lösungen die **Nullstellen** der Übertragungsfunktion sind.

Setzt man den Nenner des Bruches in der Gl. (9.1) gleich null, so entsteht eine Gleichung, deren Lösungen die **Pole** der Übertragungsfunktion sind. Zur Bestimmung der Pole muss man also die Nullstellen der **charakteristischen Gleichung** berechnen:

$$a_0 + a_1 s + \ldots + a_n s^n = 0 \tag{9.2}$$

Das grundlegende Stabilitätskriterium lautet:

> Die lineare Schaltung ist genau dann stabil, wenn sämtliche Pole der Übertragungsfunktion $\underline{T}(s)$ links der imaginären Achse der komplexen Ebene liegen.

Die Pole bestimmen also das Zeitverhalten des Zweitors: Das System ist stabil, wenn alle Pole in der linken Halbebene liegen.

Beispiel 9.1
Wir wollen die Pole der Übertragungsfunktion berechnen und mithilfe des grundlegenden Stabilitätskriteriums entscheiden, unter welchen Bedingungen die Schaltung stabil arbeitet.

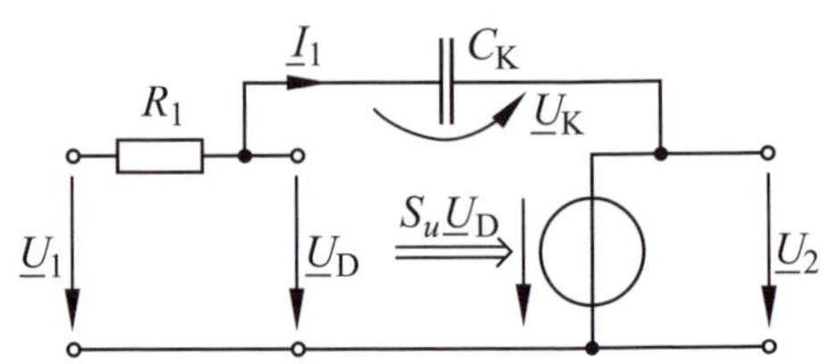

Wir geben einen Spannungssprung auf den Eingang und nehmen den Kondensator C_K zum Zeitpunkt $t = 0$ als ungeladen an. Dann setzen wir die Eintorgleichungen $\underline{I}_1 = s C_K \underline{U}_K$ und $S_u \underline{U}_D = \underline{U}_2$ in die Maschengleichungen

$$R_1 \underline{I}_1 + \underline{U}_D = \underline{U}_1$$

$$\underline{U}_D = \underline{U}_K + \underline{U}_2$$

ein und berechnen die Übertragungsfunktion:

$$\underline{T}_u(s) = \frac{\underline{U}_2}{\underline{U}_1} = \frac{S_u}{1 + s C_K R_1 (1 - S_u)}$$

Die charakteristische Gleichung

$$1 + s C_K R_1 (1 - S_u) = 0$$

hat die Lösung:

$$s = \frac{-1}{C_K R_1 (1 - S_u)}$$

Für $S_u > 1$ liegt die (komplexe) Variable $s > 0$ rechts der imaginären Achse der komplexen Ebene; die Schaltung ist dabei nicht stabil. Für $S_u < 1$ liegt die Variable $s < 0$ links der imaginären Achse und die Schaltung ist stabil.

9.1.2 System mit konjugiert komplexen Polen

Sind alle Pole der Übertragungsfunktion reell und negativ, so erreicht das System den stationären Zustand ohne Schwingung. Zwei konjugiert komplexe Pole mit negativem Realteil zeigen an, dass der stationäre Zustand nach einer abklingenden Schwingung erreicht wird.

Beispiel 9.2
Wir wollen untersuchen, ob der Bandpass nach Bild 5.22 stabil arbeitet.
Wir sehen den Operationsverstärker als ideal an und geben einen Spannungssprung auf den Eingang der Schaltung 5.23. Da wir die Kondensatoren zum Zeitpunkt $t = 0$ als ungeladen ansehen, erhalten wir die Übertragungsfunktion ganz einfach dadurch, dass wir jeden Faktor $\mathrm{j}\,\omega$ in der Gl. (5.94) durch die komplexe Variable s ersetzen:

$$\underline{T}_u(s) = \frac{\underline{U}_2}{\underline{U}_1} = \frac{-\dfrac{G_1}{2 G_2}}{1 + \dfrac{s C}{2 G_2} + \dfrac{G_1 + G_3}{2 s C}}$$

Wir sortieren den Nenner nach aufsteigenden Potenzen der Variablen s, indem wir den Bruch mit $2 s C$ erweitern:

$$\underline{T}_u(s) = \frac{-G_1 R_2 C s}{C^2 R_2 s^2 + 2 C s + G_1 + G_3}$$

Dann setzen wir die charakteristische Gleichung zur Bestimmung der Pole an:

$$C^2 R_2 s^2 + 2 C s + G_1 + G_3 = 0$$

Diese Gleichung hat die Lösungen:

$$s_{1,2} = \frac{1}{C R_2} \left[-1 \pm \sqrt{1 - R_2 (G_1 + G_3)} \right]$$

Für $R_2 \, (G_1 + G_3) < 1$ hat diese Gleichung zwei reelle Lösungen, die beide negativ sind. Die Spannung u_2 erreicht ihren Endwert U_2 ohne Schwingung und die Schaltung arbeitet stabil. Dieses Ergebnis gilt auch für die reelle Doppellösung, die bei $R_2 (G_1 + G_3) = 1$ vorliegt.
Für $R_2 \, (G_1 + G_3) > 1$ hat die charakteristische Gleichung zwei konjugiert komplexe Lösungen mit negativem Realteil. Die Schaltung erreicht den stationären Zustand erst nach einer abklingenden Schwingung.

Die Untersuchung der Stabilität mit der Übertragungsfunktion ist aufwendig, wenn mehrere Gleichungen ineinander eingesetzt werden müssen. In vielen Fällen lässt sich die Stabilitätsuntersuchung mit Micro-Cap einfacher durchführen.

Fragen

- Wie ist die Stabilität eines Systems definiert?
- Wie lautet das grundlegende Stabilitätskriterium?
- Wie kann man die Übertragungsfunktion eines Zweitors aus dem Übertragungsfaktor erhalten?
- Erläutern Sie, was die Pole einer Übertragungsfunktion aussagen.
- Worauf deuten zwei konjugiert komplexe Pole der Übertragungsfunktion hin?

9.2 Hoch- und Tiefpass 2. Ordnung

Ziele: Sie können
- erläutern, welche Eigenschaften ein Hoch- bzw. Tiefpass 2. Ordnung hat.
- den Begriff Welligkeit erklären.
- den Betragsgang eines TSCHEBYSCHEW-Tiefpasses beschreiben.
- die Besonderheiten eines Hochpasses beschreiben, der einen realen Operationsverstärker enthält.
- die Tiefpass-Hochpass-Transformation erläutern.

9.2.1 Tiefpass 2. Ordnung

Wie die Gln. (5.80 und 5.85) zeigen, sind die Pole eines Filters 2. Ordnung durch die Polgüte Q_P und die Polfrequenz f_P bestimmt. Für einen Tiefpass 2. Ordnung gilt:

$$\underline{T}_u = \frac{T_0}{1 + \mathrm{j}\,\dfrac{f}{Q_P f_P} - \left(\dfrac{f}{f_P}\right)^2} \tag{9.3}$$

Grenzfrequenz

Zur Berechnung der Grenzfrequenz bilden wir zunächst den Betrag des komplexen Spannungs-Übertragungsfaktors:

$$T_u = \frac{|T_0|}{\sqrt{\left[1 - \left(\dfrac{f}{f_P}\right)^2\right]^2 + \left(\dfrac{f}{Q_P f_P}\right)^2}} \tag{9.4}$$

Bei der Grenzfrequenz f_g nimmt der Nenner des Bruches den Wert $\sqrt{2}$ an. Der Zusammenhang zwischen der Grenzfrequenz und der Polfrequenz wird durch folgende biquadratische Gleichung beschrieben:

$$\left(\frac{f_g}{f_P}\right)^4 + \left[\frac{1}{Q_P^2} - 2\right] \cdot \left(\frac{f_g}{f_P}\right)^2 - 1 = 0 \tag{9.5}$$

Der Ausdruck in der eckigen Klammer nimmt für $Q_P^2 = 0{,}5$ den Wert null an; dies bedeutet, dass die Grenzfrequenz f_g lediglich für $Q_P = 0{,}707$ mit der Polfrequenz f_P übereinstimmt. Für alle übrigen Werte der Polgüte Q_P muss der Zusammenhang von f_g und f_P durch Lösen der Gl. (9.5) ermittelt werden.

Freiheitsgrad

Sind beim Bandpass und bei der Bandsperre z. B. die Grenzfrequenzen vorgegeben, so sind die Polgüte und die Polfrequenz festgelegt. Der Tiefpass 2. Ordnung hat jedoch nur *eine* Grenzfrequenz, wodurch sich ein Freiheitsgrad ergibt; man kann z. B. die Polgüte frei wählen. Hierfür gibt es drei unterschiedliche Vorgehensweisen, mit denen wir uns im Folgenden befassen wollen:

1. Man betrachtet das Einschwingverhalten und wählt die Polgüte Q_P so, dass die Ausgangsspannung den stationären Endwert ohne Überschwingen möglichst schnell erreicht.
2. Man wünscht einen möglichst steilen Abfall des Betragsganges bei der Grenzfrequenz und nimmt eine parasitäre Betragsüberhöhung im Durchlassbereich in Kauf.
3. Man fordert, dass die zeitabhängige Ausgangsspannung $u_2(t)$ gegenüber der Spannung $u_1(t)$ am Eingang des Filters im Durchlassbereich möglichst wenig verzerrt ist.

Einschwingverhalten

An den Eingang des Filters wird zum Zeitpunkt $t = 0$ die Gleichspannung $u_1 = U_q$ geschaltet, die vom Tiefpass unverändert übertragen werden soll. Wir wollen dies mit der LAPLACE-Transformation untersuchen und berechnen mit $\underline{U}_1(s)$ aus dem Beispiel 8.3 die Spannung $\underline{U}_2(s)$ für den Bildraum. Den Spannungs-Übertragungsfaktor $\underline{T}_u(s)$ erhalten wir dadurch, dass wir in der Gl. (9.3) die Variable j ω durch die komplexe Variable s ersetzen.

$$\underline{U}_2(s) = \underline{T}_u(s) \cdot \underline{U}_1(s) = \frac{T_0\, U_q}{s\left(1 + \dfrac{1}{\omega_P Q_P}\, s + \dfrac{1}{\omega_P^2}\, s^2\right)} \tag{9.6}$$

Wir erweitern den Bruch mit ω_P^2 und nehmen die Rücktransformation mit T48 aus der Tabelle A6 vor. Mit einem Koeffizientenvergleich erhalten wir die Koeffizienten:

$$a = \frac{\omega_P}{2\, Q_P}\,; \quad b^2 = \omega_P^2 \tag{9.7}$$

Für die Spannung $u_2(t)$ ergeben sich drei unterschiedliche Arten der Zeitabhängigkeit:

1. Im aperiodischen Fall ($a^2 > b^2$) ist $Q_P < 0{,}5$; die Spannung $u_2(t)$ nähert sich allmählich dem stationären Endwert $U_{2\infty} = T_0\, U_q$.
2. Im aperiodischen Grenzfall ($a^2 = b^2$) ist die Polgüte $Q_P = 0{,}5$; die Spannung $u_2(t)$ nähert sich dem stationären Endwert $U_{2\infty} = T_0\, U_q$ schneller als bei jedem aperiodischen Verlauf, schwingt aber nicht über. In der Literatur wird dies auch als **kritische Dämpfung** bezeichnet.
3. Im periodischen Fall ($a^2 < b^2$) ist $Q_P > 0{,}5$; die Spannung $u_2(t)$ erreicht den stationären Endwert $U_{2\infty} = T_0\, U_q$ erst nach dem Abklingen einer gedämpften Schwingung mit der Eigen-Kreisfrequenz ω_d:

$$u_2 = T_0\, U_q \left[1 - \left(\cos\omega_d t + \frac{a}{\omega_d}\cdot\sin\omega_d t\right)\cdot e^{-at}\right]$$

$$\omega_d = \sqrt{b^2 - a^2} = \frac{\omega_P}{2\,Q_P}\sqrt{4\,Q_P^2 - 1} \tag{9.8}$$

Zum Zeitpunkt $t = \pi/\omega_d$ erreicht die Spannung $u_2(t)$ das Maximum u_{2max}. Mit $\cos\omega_d t = -1$ und $\sin\omega_d t = 0$ erhalten wir nach einigen Umformungen:

$$\frac{u_{2max}}{U_{2\infty}} = 1 + e^{-\pi/\sqrt{4\,Q_P^2 - 1}} \tag{9.9}$$

Je größer die Polgüte Q_P ist, desto stärker schwingt die Spannung $u_2(t)$ über den Wert $U_{2\infty}$ hinaus.

Betragsgang

Für $Q_P = 0{,}5$ geht der in der Gl. (9.4) beschriebene Betrag T_u des komplexen Spannungs-Übertragungsfaktors im Bereich der 3-dB-Grenzfrequenz mit relativ schwacher Neigung vom Durchlassbereich in den Sperrbereich über (Bild 9.1).

Durch Erhöhen der Polgüte auf Werte $Q_P > 0{,}5$ kann man eine stärkere Neigung erreichen. Dies hat jedoch außer dem bereits beschriebenen Überschwingen bei der Sprungantwort für Werte $Q_P > \sqrt{0{,}5}$ zur Folge, dass der Betrag T_u des Spannungs-Übertragungsfaktors in Teilbereichen größer als der Wert $|T_0|$ ist, der bei der Frequenz $f \to 0$ vorliegt.

Der Betrag T_u des Spannungs-Übertragungsfaktors erreicht bei der Frequenz f_{max} das Maximum:

$$T_{max} = \frac{|T_0|\cdot 2\,Q_P^2}{\sqrt{4\,Q_P^2 - 1}}\;;\quad f_{max} = f_P\sqrt{1 - \frac{1}{2\,Q_P^2}} \tag{9.10}$$

Der Quotient aus T_{max} und $|T_0|$ wird als **Welligkeit** (*ripple factor*) w bezeichnet:

$$w = \frac{T_{max}}{|T_0|} = \frac{2\,Q_P^2}{\sqrt{4\,Q_P^2 - 1}} \tag{9.11}$$

Ein Tiefpass mit der Polgüte $Q_P = \sqrt{0{,}5} = 0{,}7071$ hat die Welligkeit $w = 1$; er wird als **BUTTERWORTH-Tiefpass**[1] bezeichnet. Ein Tiefpass mit der Polgüte $Q_P > 0{,}7071$ und damit einer Welligkeit $w > 1$ wird **TSCHEBYSCHEW-Tiefpass**[2] genannt.

Das Bild 9.1 zeigt in logarithmischer Darstellung den bezogenen Betragsgang vonTiefpässen 2. Ordnung unterschiedlicher Polgüte.

Das Amplitudenmaß

$$a_u = 20\,\lg\left|\frac{T}{T_0}\right| \tag{9.12}$$

jedes Tiefpasses 2. Ordnung nimmt für $f \gg f_g$ um 40 dB je (Frequenz-)Dekade ab.

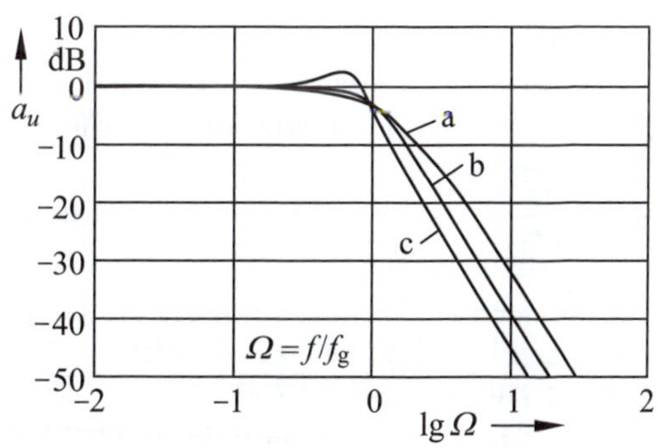

Bild 9.1 Betragsgang von Tiefpässen 2. Ordnung:
a) kritische Dämpfung $Q_P = 0{,}5$
b) BUTTERWORTH-Tiefpass $Q_P = 0{,}707$
c) TSCHEBYSCHEW-Tiefpass $Q_P = 1{,}305$

---

1) Stephen Butterworth, 1885 – 1958

2) Pafnutij Lwowitsch Tschebyschew, 1821 – 1894

Lineare Verzerrungen

Bei der Festlegung des Freiheitsgrades kann man auch die Forderung stellen, dass die Ausgangsspannung $u_2(t)$ gegenüber der Spannung $u_1(t)$ möglichst wenig verzerrt sein soll: Die Ausgangsspannung des Tiefpasses darf der Eingangsspannung lediglich um die **Laufzeit** τ (griech. Buchstabe tau) nacheilen und sich um einen konstanten Faktor K von dieser unterscheiden. Für

$$u_2(t) = K\, u_1(t-\tau) \tag{9.13}$$

lautet der Übertragungsfaktor des verzerrungsfreien Tiefpasses:

$$\underline{T}(\mathrm{j}\,\omega) = K\cdot \mathrm{e}^{-\mathrm{j}\omega\tau} \tag{9.14}$$

Wir zerlegen diesen Übertragungsfaktor in den Amplitudengang $T(\omega) = K$ und den Phasengang $\varphi(\omega) = -\,\omega\,\tau$. Für eine unverzerrte Übertragung muss der Quotient $\varphi(\omega)/\omega$ konstant sein; in diesem Fall gilt für die Laufzeit:

$$\tau = -\frac{\varphi}{\omega} \tag{9.15}$$

Wie sich zeigen lässt, ist die Übertragung auch dann verzerrungsfrei, wenn lediglich der Differenzialquotient $\mathrm{d}\varphi/\mathrm{d}\omega$ in dem Frequenzbereich konstant ist, in dem die Spektralanteile des Eingangssignals liegen. Da es sich beim Eingangssignal in diesem Fall um eine Frequenz*gruppe* handelt, wird dieser Differenzialquotient als **Gruppenlaufzeit** t_G bezeichnet:

$$t_\mathrm{G} = -\frac{\mathrm{d}\varphi}{\mathrm{d}\omega} = \tau \tag{9.16}$$

Bei unverzerrter Übertragung muss die Gruppenlaufzeit konstant sein. Diese Forderung lässt sich mit einem realen Tiefpass nur angenähert erfüllen. Um dies zu zeigen, differenzieren wir den Phasengang

$$\varphi(\omega) = -\arctan\frac{\omega}{\omega_\mathrm{P}\,Q_\mathrm{P}\left[1-\left(\frac{\omega}{\omega_\mathrm{P}}\right)^2\right]} \tag{9.17}$$

des durch Gl. (9.3) beschriebenen Tiefpasses und berechnen seine Gruppenlaufzeit:

$$t_\mathrm{G} = \frac{1}{\omega_\mathrm{P}\,Q_\mathrm{P}}\cdot\frac{1+\left(\frac{\omega}{\omega_\mathrm{P}}\right)^2}{1+\left[\frac{1}{Q_\mathrm{P}^2}-2\right]\cdot\left(\frac{\omega}{\omega_\mathrm{P}}\right)^2+\left(\frac{\omega}{\omega_\mathrm{P}}\right)^4} \tag{9.18}$$

Die Gruppenlaufzeit zeigt für $(\omega/\omega_\mathrm{P}) \ll 1$ die geringste Abhängigkeit von der bezogenen Kreisfrequenz ω/ω_P, wenn die Koeffizienten von gleichen Potenzen der bezogenen Kreisfrequenz ω/ω_P in Zähler und Nenner gleich sind. Dies führt auf die Bedingung:

$$\frac{1}{Q_\mathrm{P}^2} - 2 = 1 \tag{9.19}$$

Hieraus ergibt sich die Polgüte Q_P = 0,577. Ein Tiefpass 2. Ordnung mit dieser Polgüte wird meist als **BESSEL-Tiefpass**[1], manchmal aber auch als **THOMSON-Tiefpass**[2] bezeichnet. Der Amplitudengang dieses Tiefpasses liegt zwischen dem mit kritischer Dämpfung und dem BUTTERWORTH-Tiefpass; die Sprungantwort zeigt ein sehr geringes Überschwingen.

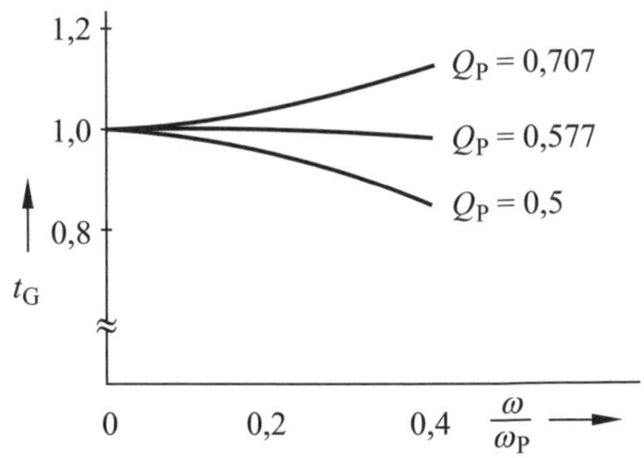

Bild 9.2 Gruppenlaufzeit als Funktion der bezogenen Frequenz

Filtertabelle

Beim Entwurf eines Filters geht man gewöhnlich von der Polgüte Q_P und der Grenzfrequenz f_g aus. Da z. B. in der Gl. (9.3) die Frequenz auf die Polfrequenz bezogen wird, muss zu Beginn des Filterentwurfs erst die Polfrequenz mithilfe der

---

[1] Friedrich Wilhelm Bessel, 1784 – 1846

[2] W. E. Thomson

Tabelle 9.1 Polgüte, Welligkeit, Grenz-Kreisfrequenz und Überschwingen von Tiefpässen 2. Ordnung

Filterart	Polgüte Q_P	Welligkeit w	ω_g / ω_P	$u_{2max} / U_{2\infty}$
kritische Dämpfung	0,5	1	0,6436	1
BESSEL (bzw. THOMSON)	0,5774	1	0,7862	1,0043
BUTTERWORTH	0,7071	1	1	1,0432
TSCHEBYSCHEW (w = 0,5 dB)	0,8637	1.059	1,1759	1,1075
TSCHEBYSCHEW (w = 1 dB)	0,9565	1.122	1,2456	1,1457
TSCHEBYSCHEW (w = 2 dB)	1,1287	1.259	1,3332	1,2117
TSCHEBYSCHEW (w = 3 dB)	1,3047	1.413	1,3894	1,2716

Gl. (9.5) berechnet werden. Um dies zu vermeiden, arbeiten wir zweckmäßig mit der auf die Grenzfrequenz bezogenen Frequenz $\Omega = f / f_g$ und mit den Koeffizienten:

$$A_1 = \frac{f_g}{Q_P f_P} \; ; \quad A_2 = \left(\frac{f_g}{f_P}\right)^2 \tag{9.20}$$

Damit lautet die Gl. (9.3):

$$\underline{T}_u = \frac{T_0}{1 + A_1 \cdot (\mathrm{j}\Omega) + A_2 \cdot (\mathrm{j}\Omega)^2} \tag{9.21}$$

Tabelle 9.2 Koeffizienten von Hoch- und Tiefpässen 2. Ordnung

Filterart	A_1	A_2
kritische Dämpfung	1,2872	0,4142
BESSEL	1,3617	0,6180
BUTTERWORTH	1,4142	1,0000
TSCHEBYSCHEW 0,5 dB	1,3614	1,3827
TSCHEBYSCHEW 1 dB	1,3022	1,5515
TSCHEBYSCHEW 2 dB	1,1812	1,7774
TSCHEBYSCHEW 3 dB	1,0649	1,9304

9.2.2 Hochpass 2. Ordnung

Im Abschnitt 5.3.3 haben wir einen Hochpass 1. Ordnung beschrieben. Sein bezogener Spannungs-Übertragungsfaktor geht aus dem des Tiefpasses dadurch hervor, dass die bezogene Frequenz $\mathrm{j}\Omega = \mathrm{j}\, f / f_g$ durch ihren Kehrwert ersetzt wird. Man bezeichnet diesen Übergang als **Tiefpass-Hochpass-Transformation**.

Wir wenden diese Transformation auf die Gl. (9.21) an und berücksichtigen, dass der Spannungs-Übertragungsfaktor eines Hochpasses bei hohen Frequenzen $f \to \infty$ den Betrag T_∞ aufweist. Für den Hochpass 2. Ordnung gilt:

$$\underline{T}_u = \frac{T_\infty}{1 + \dfrac{A_1}{\mathrm{j}\Omega} + \dfrac{A_2}{(\mathrm{j}\Omega)^2}} \tag{9.22}$$

Die Koeffizienten A_1 und A_2 in der Tab. 9.2 gelten damit sowohl für Tiefpässe als auch für Hochpässe 2. Ordnung.

Der Hochpass hat ein anderes Einschwingverhalten als der Tiefpass. So zeigt zum Beispiel der Hochpass 2. Ordnung auch bei der kritischen Dämpfung ein schwaches Überschwingen. Dieses Verhalten wollen wir im folgenden Beispiel untersuchen.

Beispiel 9.3

Wir wollen das Einschwingverhalten des Hochpasses 2. Ordnung mit kritischer Dämpfung untersuchen.

Dazu denken wir uns an den Eingang des Hochpasses zum Zeitpunkt $t = 0$ die Gleichspannung U_q gelegt. Da wir für $t = 0$ sämtliche Energiespeicher-Eintore L und C als leer annehmen, erhalten wir die Übertragungsfunktion $\underline{T}(s)$ dadurch, dass wir beim Spannungs-Übertragungsfaktor $\underline{T}_u(\mathrm{j}\,\omega)$ die Variable $\mathrm{j}\,\omega$ durch die komplexe Variable s ersetzen. Mit $\underline{U}_1(s)$ aus dem Beispiel 8.3 berechnen wir die Ausgangsspannung für den Bildraum:

$$\underline{U}_2(s) = \underline{T}_u(s) \cdot \underline{U}_1(s) = \frac{T_\infty\, U_q\, s}{s^2 + A_1\, \omega_g s + A_2\, \omega_g^2}$$

Für die Rücktransformation eignet sich T47 aus der Tabelle A6 mit den Koeffizienten:

$$a = \frac{A_1\, \omega_g}{2} \;;\; b^2 = A_2\, \omega_g^2$$

Im aperiodischen Grenzfall ist $a^2 = b^2$. Für $A_1^2 = 4\, A_2$ berechnen wir mit den Gln. (9.20), dass die Polgüte $Q_P = 0{,}5$ ist. Die Spannung

$$u_2(t) = T_\infty\, U_q\, (1 - a\, t) \cdot \mathrm{e}^{-a\, t}$$

fällt vom Maximum $u_{2\max} = T_\infty\, U_q$ auf ein Minimum $u_{2\min} < 0$, welches zum Zeitpunkt $t = 1/a$ erreicht wird:

$$u_{2\min} = -0{,}368\; T_\infty\, U_q$$

Nach diesem Zeitpunkt $t = 1/a$ steigt u_2 und nähert sich schließlich für $t \to \infty$ dem Wert $u_{2\infty} = 0$ an.

Das Beispiel zeigt, dass der Hochpass 2. Ordnung mit kritischer Dämpfung dieselbe Polgüte besitzt wie der Tiefpass 2. Ordnung mit kritischer Dämpfung. Entsprechendes gilt für den BUTTERWORTH-Hochpass 2. Ordnung, die TSCHEBYSCHEW-Hochpässe und den BESSEL-Hochpass, der ein Signal, das lediglich aus hohen Frequenzanteilen besteht, möglichst wenig verzerrt.

9.2.3 Realisierung von Hoch- und Tiefpass

Wir wollen uns lediglich mit Schaltungen befassen, die einen einzigen Operationsverstärker enthalten. Dabei gibt es zwei Schaltungsarten: Dem Filter mit Mehrfach-Gegenkopplung liegt der invertierende Verstärker zugrunde, während das Filter mit Einfach-Mitkopplung auf dem nicht invertierenden Verstärker basiert.

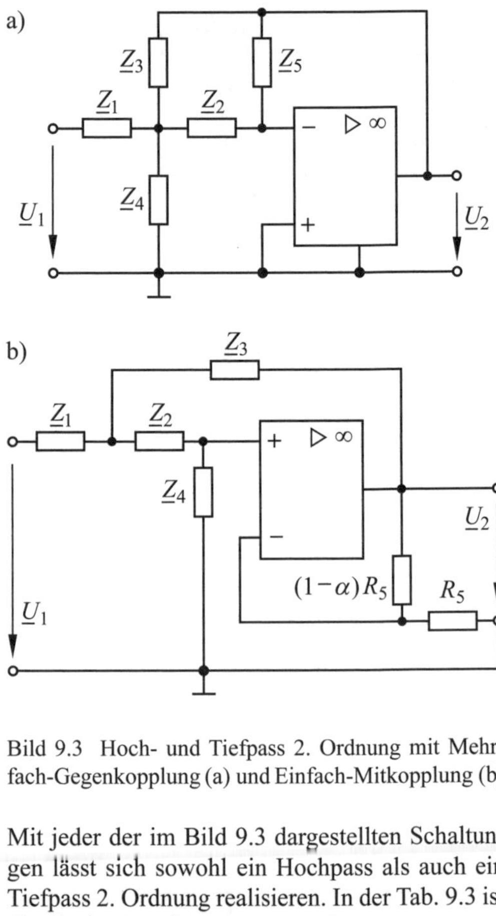

Bild 9.3 Hoch- und Tiefpass 2. Ordnung mit Mehrfach-Gegenkopplung (a) und Einfach-Mitkopplung (b)

Mit jeder der im Bild 9.3 dargestellten Schaltungen lässt sich sowohl ein Hochpass als auch ein Tiefpass 2. Ordnung realisieren. In der Tab. 9.3 ist die Art der Bauelemente angegeben.

Vor der Dimensionierung einer Schaltung nach Bild 9.3 ermitteln wir zweckmäßig den Spannungs-Übertragungsfaktor, wobei wir den Operationsverstärker als ideal annehmen.

Wir beginnen mit der Schaltung mit Mehrfach-Gegenkopplung (Bild 9.3a) und setzen zwei Knoten- und zwei Maschengleichungen an, die

Tabelle 9.3 Art der Bauelemente für die Filterschaltungen nach Bild 9.3

Eintor	Tiefpass 9.3a	Hochpass 9.3a	Tiefpass 9.3b	Hochpass 9.3b
$\underline{Z}_1$	R_1	C_1	R_1	C_1
$\underline{Z}_2$	R_2	C_2	R_2	C_2
$\underline{Z}_3$	R_3	C_3	C_3	R_3
$\underline{Z}_4$	C_4	R_4	C_4	R_4
$\underline{Z}_5$	C_5	R_5		

wir so ineinander einsetzen, dass eine einzige Gleichung für die Spannungen $\underline{U}_1$ und $\underline{U}_2$ übrig bleibt, mit der wir den Spannungs-Übertragungsfaktor berechnen:

$$\underline{T}_u = \frac{\underline{U}_2}{\underline{U}_1} = \frac{-\underline{Y}_1\,\underline{Z}_3}{1+\underline{Y}_5\,\underline{Z}_3+(\underline{Y}_1+\underline{Y}_3+\underline{Y}_4)\,\underline{Z}_2\,\underline{Z}_3\,\underline{Y}_5} \tag{9.23}$$

Durch entsprechendes Vorgehen erhalten wir den Spannungs-Übertragungsfaktor der Schaltung mit Einfach-Mitkopplung (Bild 9.3b):

$$\underline{T}_u = \frac{\underline{U}_2}{\underline{U}_1} = \frac{\alpha\,\underline{Y}_1\,\underline{Z}_3}{1-\alpha+(\underline{Z}_2+\underline{Z}_3)\,\underline{Y}_4+\underline{Y}_1\,\underline{Z}_3(1+\underline{Z}_2\,\underline{Y}_4)} \tag{9.24}$$

Bei der Dimensionierung der Schaltung gehen wir davon aus, dass der Betrag T_0 bzw. T_∞ des Spannungs-Übertragungsfaktors und die Grenzfrequenz f_g gegeben sind. Aus der Tab. 9.3 entnehmen wir für das betreffende Filter die Bauelemente und setzen die komplexen Widerstände bzw. Leitwerte in die Gl. (9.23 bzw. 9.24) ein. Anschließend führen wir einen Koeffizientenvergleich mit der Gl. (9.21 bzw. 9.22) durch und erhalten dadurch die Koeffizienten A_1 und A_2 sowie den Betrag T_0 bzw. T_∞ des Spannungs-Übertragungsfaktors.

Beispiel 9.4

Wir wollen den Zusammenhang zwischen den Widerständen und den Kondensatoren für den Tiefpass 2. Ordnung mit Mehrfach-Gegenkopplung herleiten.

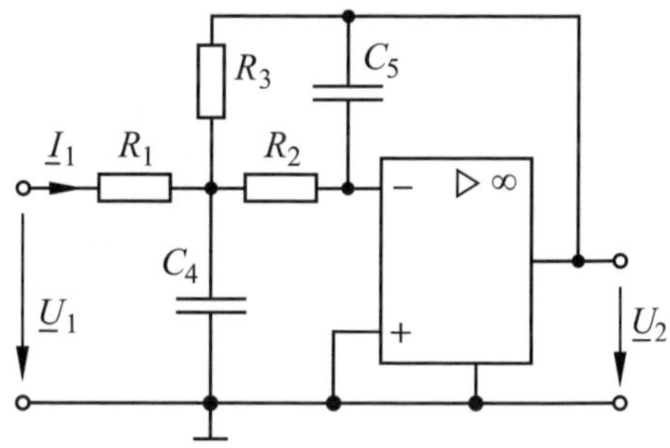

Zunächst setzen wir die komplexen Widerstände und Leitwerte in die Gl. (9.23) ein:

$$\underline{T}_u = \frac{-G_1 R_3}{1-\omega^2 C_4 C_5 R_2 R_3 + \mathrm{j}\omega C_5 (R_2+R_3+G_1 R_2 R_3)}$$

Der Koeffizientenvergleich mit der Gl. (9.21) ergibt:

$$T_0 = -G_1 R_3$$

$$A_1 = \omega_g\, C_5 (R_2 + R_3 + G_1 R_2 R_3)$$

$$A_2 = \omega_g^2\, C_4 C_5 R_2 R_3$$

Bei den übrigen Hoch- und Tiefpässen nach Schaltung 9.3a bzw. 9.3b gehen wir entsprechend vor. Die Ergebnisse sind in der Tab. 9.4 zusammengestellt.

Da nur drei Bestimmungsgleichungen zur Verfügung stehen, können zwei Bauelemente frei gewählt werden. Wir wollen an einem Beispiel zeigen, wie man dabei vorgeht.

Beispiel 9.5

Ein Tiefpass 2. Ordnung soll als BUTTERWORTH-Filter mit $T_0 = 1$ für die Grenzfrequenz 60 Hz realisiert werden. Der Kondensator C_4 = 100 nF ist vorgegeben, der andere Kondensator soll den kleinstmöglichen Wert aus der E6-Reihe erhalten. Wir wollen eine geeignete Schaltung auswählen und die Bauelemente dimensionieren.

Zunächst stellen wir fest, dass nur die Schaltung mit Einfach-Mitkopplung infrage kommt, weil bei der Schaltung mit Mehrfach-Gegenkopplung T_0 negativ ist.

Tabelle 9.4 Bestimmungsgleichungen für die Filterschaltungen nach Bild 9.3

Schaltung	Bestimmungsgleichungen
Tiefpass 9.3a	$T_0 = -G_1 R_3;\ A_1 = \omega_g C_5 (R_2 + R_3 + G_1 R_2 R_3);\ A_2 = \omega_g^2 C_4 C_5 R_2 R_3$
Hochpass 9.3a	$T_\infty = -\frac{C_1}{C_3};\ A_1 = \frac{1}{\omega_g}\left(\frac{1}{C_2 R_5} + \frac{1}{C_3 R_5} + \frac{C_1}{C_2 C_3 R_5}\right);\ A_2 = \frac{1}{\omega_g^2 C_2 C_3 R_4 R_5}$
Tiefpass 9.3b	$T_0 = \alpha;\ A_1 = \omega_g \left[C_4 (R_1 + R_2) + (1-\alpha) C_3 R_1\right];\ A_2 = \omega_g^2 C_3 C_4 R_1 R_2$
Hochpass 9.3b	$T_\infty = \alpha;\ A_1 = \frac{1}{\omega_g}\left(\frac{1-\alpha}{C_1 R_3} + \frac{1}{C_1 R_4} + \frac{1}{C_2 R_4}\right);\ A_2 = \frac{1}{\omega_g^2 C_1 C_2 R_3 R_4}$

Wegen $T_0 = 1$ ist auch $\alpha = 1$. Der Tab. 9.2 entnehmen wir die Werte für die Koeffizienten A_1 und A_2. Damit erhalten wir aus der Tab. 9.3 zwei Bestimmungsgleichungen:

$$A_1 = \omega_g C_4 (R_1 + R_2) = 1{,}4142 = \sqrt{2}$$

$$A_2 = \omega_g^2 C_3 C_4 R_1 R_2 = 1{,}0$$

Wir lösen die erste Gleichung nach R_2 auf und setzen in die zweite Gleichung ein:

$$R_1^2 - \frac{\sqrt{2}}{\omega_g C_4} R_1 + \frac{1}{\omega_g^2 C_3 C_4} = 0$$

Diese quadratische Gleichung hat zwei Lösungen:

$$(R_1)_{1,2} = \frac{\sqrt{2}}{2\,\omega_g C_4} \pm \frac{1}{2\,\omega_g}\sqrt{\frac{2}{C_4^2} - \frac{4}{C_3 C_4}}$$

Beide Lösungen sind reell, wenn der Radikand, also der Ausdruck unter der Wurzel, einen Wert größer null annimmt. Für reelle Lösungen gilt also die Bedingung:

$$\frac{2}{C_4} > \frac{4}{C_3}$$

Die Bedingung für reelle Lösungen ist erfüllt, wenn $C_3 > 200$ nF ist. Wir wählen $C_3 = 220$ nF aus der Reihe E6 und erhalten für die Widerstände die Werte 13,1 kΩ und 24,4 kΩ. Wird für R_1 der eine Wert gewählt, so gilt für R_2 der andere.

Das Betriebsverhalten eines Hochpasses mit einem realen Operationsverstärker kann nicht aus dem Betriebsverhalten des Hochpasses mit einem idealen Operationsverstärker hergeleitet werden, da der Operationsverstärker selbst Tiefpasseigenschaften aufweist. Es ist stets eine Simulation mit einem Netzwerkanalyseprogramm erforderlich.

Beispiel 9.6

Ein Hochpass 2. Ordnung mit Einfach-Mitkopplung besteht aus den Kondensatoren $C = C_1 = C_2 = 100$ nF und den Widerständen $R = R_3 = R_4 = 10$ kΩ. Für $T_\infty = 1$ ist $\alpha = 1$ festgelegt. Wir wollen die Polgüte und die Grenzfrequenz bestimmen. Außerdem wollen wir mit Micro-Cap den Spannungs-Übertragungsfaktor mit einem idealen und einem realen Operationsverstärker auftragen.

Zunächst setzen wir die Gl. (9.20) in die Bestimmungsgleichungen (Tab. 9.4) ein:

$$\frac{2}{\omega_g C R} = \frac{f_g}{Q_P f_P};\quad \frac{1}{(\omega_g C R)^2} = \left(\frac{f_g}{f_P}\right)^2$$

Damit berechnen wir $Q_P = 0{,}5$ und stellen fest, dass der Hochpass 2. Ordnung mit kritischer Dämpfung arbeitet. Dann setzen wir den Koeffizienten $A_1 = 1{,}2872$ aus der Tab. 9.2 in die erste Bestimmungsgleichung ein und berechnen die Grenzfrequenz:

$$\frac{2}{\omega_g C R} = A_1 = 1{,}2872;\quad f_g = 247{,}3\ \text{Hz}$$

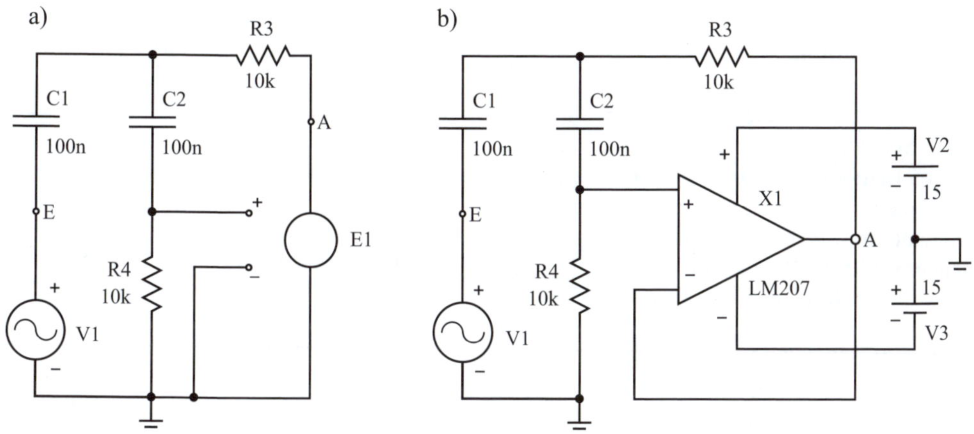

Wir führen mit Micro-Cap eine Sinusanalyse durch und tragen das Maß $a_u = 20 \lg (T_u)$ des Spannungs-Übertragungsfaktors über der Frequenz auf. Beim idealen Operationsverstärker (a) bleibt das Maß a_u für $f > f_g$ auf dem Wert $20 \lg (T_\infty)$. Beim realen Operationsverstärker (b) sinkt a_u bei sehr hohen Frequenzen ab.

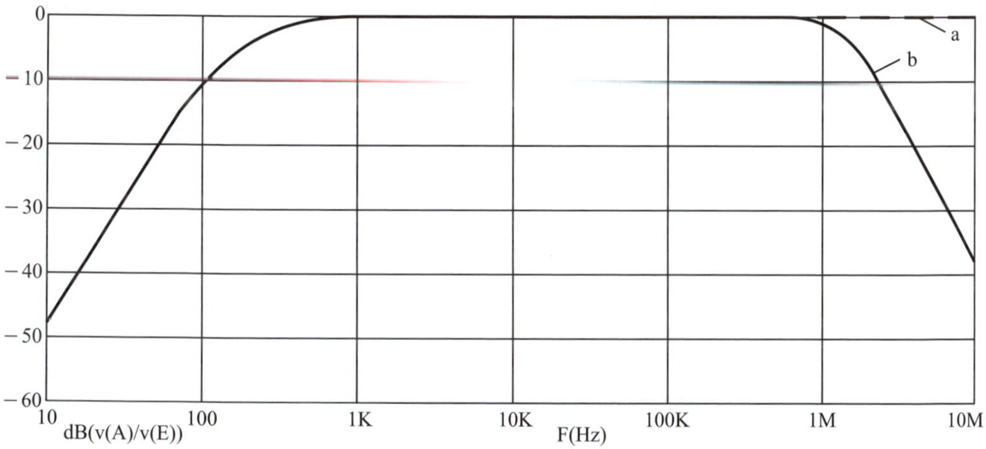

Fragen

- Welche Eigenschaften hat ein Hoch- bzw. Tiefpass 2. Ordnung?
- Was versteht man unter dem Begriff Welligkeit?
- Beschreiben Sie den Amplitudengang eines TSCHEBYSCHEW-Tiefpasses.
- Welche Besonderheiten weist ein Hochpass auf, der einen realen Operationsverstärker enthält?
- Erläutern Sie die Tiefpass-Hochpass-Transformation.
- Welche Polgüte hat ein Tiefpass 2. Ordnung mit kritischer Dämpfung?
- Erläutern Sie den Begriff Gruppenlaufzeit.

10 Reale Bauelemente

10.1 Bauformen

Zweipolige Bauelemente, Transistoren und integrierte Schaltungen werden heute in einer Vielzahl von Bauformen erzeugt, die sich mit wenigen Ausnahmen in die beiden Gruppen **steckbare Bauelemente** *(pluggable device*, **PD***)* und **oberflächenmontierte Bauelemente** *(surface mounted device*, **SMD***)* einordnen lassen.

Steckbare Bauelemente besitzen Anschlussdrähte, die bei der Montage durch Löcher der Leiterplatte gesteckt werden (Bild 10.1a). Der Bauelementekörper befindet sich danach auf der „Vorderseite" der Leiterplatte; die Verbindung der Anschlussdrähte mit Leiterbahnen auf der Leiterplatte erfolgt durch Lötstellen auf der „Rückseite" der Leiterplatte.

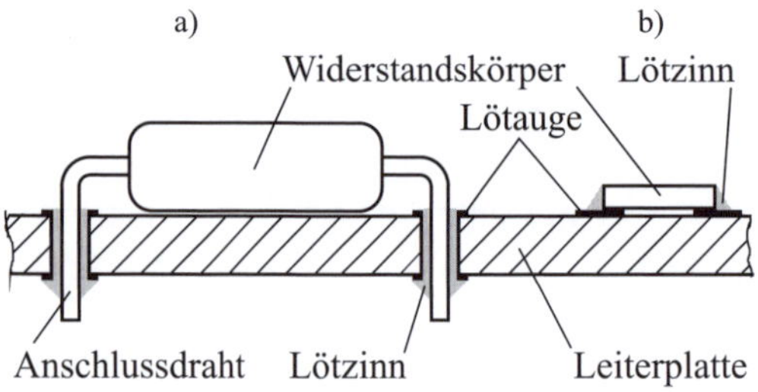

Bild 10.1 Widerstand (0,25 W) in PD-Ausführung (a) und SMD-Ausführung (b) auf einer Leiterplatte

SMD-Bauelemente besitzen keine Anschlussdrähte, die durch Löcher in der Leiterplatte gesteckt werden müssen. Sie haben entweder besonders geformte Anschlussdrähte oder Kontaktflächen, die mit Kontaktflächen an der Oberfläche der Leiterplatte verlötet werden, die sich auf der gleichen Seite wie der Bauelementekörper befinden (Bild 10.1b). Der Platzbedarf von SMD-Bauelementen ist bei gleichen Eigenschaften *kleiner* als jener der steckbaren Bauelemente und sie können auf *beiden Seiten* der Leiterplatte montiert werden. Dadurch sind kleinere Leiterplatten möglich als bei steckbaren Bauelementen. Ferner entfällt das Bohren der Löcher für die Anschlussdrähte der PD-Elemente.

Die Herstellungskosten für eine Schaltung sind deshalb in der Regel geringer, wenn sie mit SMD-Bauelementen statt mit steckbaren Bauelementen aufgebaut wird. Teilweise werden Leiterplatten auch mit beiden Bauelementarten bestückt.

10.2 Widerstand

Ziele: Sie können

- die wichtigsten Bauformen von Widerständen nennen und beschreiben.
- Ursachen für das Abweichen des Bauelements Widerstand vom Verhalten des Grundeintors R angeben.
- eine Wechselstromersatzschaltung für das Bauelement Widerstand skizzieren.
- den Zusammenhang zwischen Bauform eines Widerstands und überwiegendem Störeinfluss darstellen.
- den Begriff Grenzfrequenz des Widerstands erläutern.
- die Wirkung des Skineffekts beschreiben.
- den Begriff thermischer Widerstand und die Bedeutung der Lastminderungskurve erläutern.

Der **Widerstand** *(resistor)* ist ein Bauelement, das die Wirkung des Grundeintors R ergeben soll. Je nach Bauform und Betriebsfrequenz wird dieses Ziel mehr oder minder gut erreicht. Abweichungen entstehen durch die Temperatur- und Frequenzabhängigkeit des Widerstandswertes sowie durch Verschiebungsströme und induktive Spannungen zwischen den Teilen des Bauelements. Bei der Analyse und beim Entwurf von Schaltungen kann man diese Abweichungen mithilfe einer Wider-stands-Ersatzschaltung beschreiben.

10.2.1 Nenndaten

Widerstände werden mit ihrem **Nennwiderstand** *(nominal resistance)* R_N bezeichnet. Dieser Widerstandswert ist, meist in einem Farbcode verschlüsselt (s. Band 1, S. 46), auf dem Bauelement aufgedruckt. Bei der Betriebstemperatur 20° C kann der Gleichstromwiderstand $R_=$ größer oder kleiner als der Nennwiderstand sein. Der zulässige Maximalbetrag der Abweichung wird als *Toleranz* in Prozent vom Nennwert angegeben. Die Toleranz wird im Farbcode verschlüsselt aufgedruckt oder kann dem Datenblatt der **Typenreihe**, der das Bauelement angehört, entnommen werden.

Die Widerstände einer Typenreihe haben dieselbe Bauform und Größe und – bis auf den Nennwiderstand – auch gleiche physikalische Eigenschaften.

Die Nennwiderstände einer Typenreihe sind nach einer der in DIN 41426 genormten Nennwertreihen gestuft (s. Band 1, S. 46).
Jeder Widerstand ist für eine bestimmte **Nennspannung** *(rated voltage)* U_N ausgelegt, die beim Betrieb nicht überschritten werden darf.

Die **Nennleistung** *(rated power)* P_N ist die maximal zulässige Wirkleistung, die am Widerstand auftreten darf, sofern eine höchstzulässige Umgebungstemperatur nicht überschritten wird. Genauere Angaben über die zulässige Wirkleistung können der **Lastminderungskurve** entnommen werden, für die das Bild 10.2 ein Beispiel zeigt.

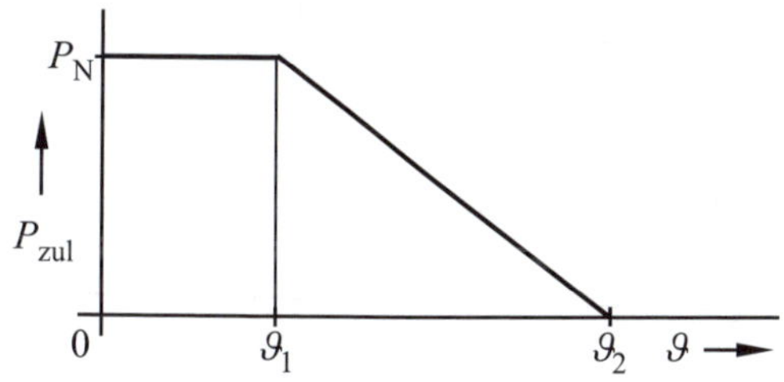

Bild 10.2 Lastminderungskurve eines Widerstandes

Bis zur Umgebungstemperatur $\vartheta_U = \vartheta_1$ ist die zulässige Leistung gleich der Nennleistung. Oberhalb dieser Temperatur nimmt die zulässige Leistung linear mit steigender Umgebungstemperatur ab und erreicht bei $\vartheta_U = \vartheta_2$ den Wert null. Die Temperatur ϑ_2 ist die maximal zulässige Betriebstemperatur ϑ_{Bmax} des Bauelements. Überschreitet die Betriebstemperatur ϑ_B diesen Wert, so kann dies zur Zerstörung des Bauelements führen.

Die Verminderung der zulässigen Leistung bei steigender Temperatur wird verständlich, wenn man den *Energiefluss* am Bauelement betrachtet. Im thermischen Gleichgewichtszustand, der sich nach einer bestimmten Betriebsdauer einstellt, muss die in der Zeit dt zugeführte elektrische Energie $\mathrm{d}W = P\,\mathrm{d}t$ als Wärme an die Umgebung abgegeben werden. Dies geschieht bei den in Frage kommenden Temperaturen vorwiegend durch Wärmeleitung, Wärmeübergang und Konvektion. Der Wärmestrom $\mathrm{d}W/\mathrm{d}t = P$ ist in diesem Fall proportional zur Differenz aus Betriebs- und Umgebungstemperatur sowie abhängig von der Form und vom Material des Bauelements. Diese Abhängigkeit wird durch den **thermischen Widerstand** (*thermal resistance*) beschrieben:

$$R_{th} = \frac{\vartheta_B - \vartheta_U}{P} \qquad [R_{th}] = 1\,\frac{\mathrm{K}}{\mathrm{W}} \tag{10.1}$$

Löst man diese Gleichung nach P auf und setzt für ϑ_B die maximal zulässige Betriebstemperatur ein, so erhält man eine Gleichung für die zulässige Leistung:

$$P_{zul} = \frac{\vartheta_{Bmax} - \vartheta_U}{R_{th}} \tag{10.2}$$

Diese Gleichung beschreibt eine fallende Gerade, deren Abschnitt zwischen ϑ_1 und ϑ_2 im Bild 10.2 ein Teil der Lastminderungskurve ist.

Beispiel 10.1
Einem Widerstand wird bei der Umgebungstemperatur $\vartheta_U = 35\,°\mathrm{C}$ die Leistung $P = 0{,}4$ W zugeführt. Sein thermischer Widerstand ist $R_{th} = 215$ K/W. Wir wollen seine Betriebstemperatur berechnen.
Aus der Gl. (10.1) ergibt sich:

$$\vartheta_B = R_{th}\,P + \vartheta_U = 121\,°\mathrm{C}$$

10.2.2 Temperatureinfluss

Die Temperaturabhängigkeit des Gleichstromwiderstandes $R_=$ ist durch den Temperatureinfluss auf den spezifischen Widerstand des verwendeten

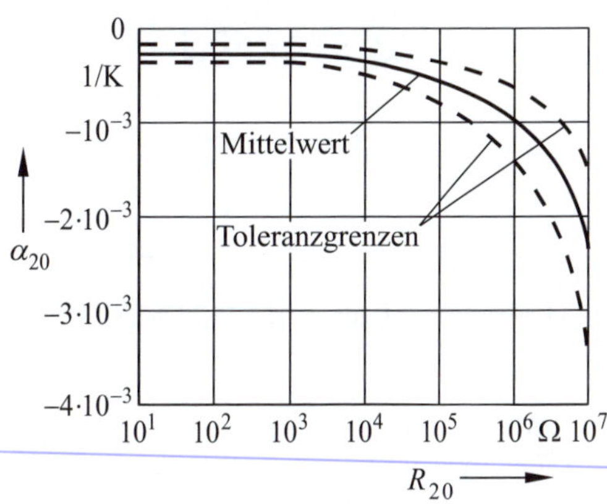

Bild 10.3 Temperaturkoeffizient von Kohleschichtwiderständen

Materials bedingt; sie kann mit Gl. (2.18, Band 1) beschrieben werden:

$$R_{=}(\vartheta) \approx R_{=20}\,[1 + \alpha_{20}(\vartheta - 20\,°\mathrm{C})]$$

Der Temperaturkoeffizient α_{20} wird von den Herstellern nur mit relativ großer Toleranz angegeben. Sein Betrag nimmt innerhalb einer Typenreihe mit dem Nennwert zu (Bild 10.3).

10.2.3 Widerstandsformen

Widerstände werden in verschiedenen Bauformen hergestellt, die sich in eine der folgenden Gruppen einordnen lassen:

Drahtwiderstände besitzen einen Trägerkörper aus Isoliermaterial (z. B. Keramik), auf den ein Metalldraht mit hohem spezifischen Widerstand aufgewickelt ist (Bild 10.4). Sie werden als *steckbare Bauelemente* hergestellt.

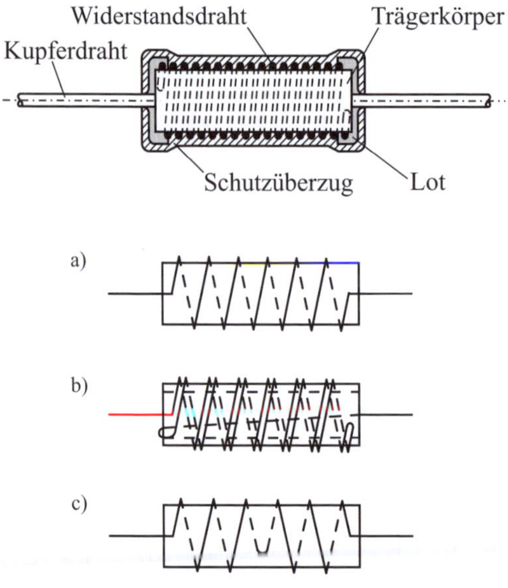

Bild 10.4 Schnittbild eines Drahtwiderstands und Wicklungsarten: a) fortlaufende Wicklung, b) bifilare Wicklung, c) Chaperon-Wicklung

Bei Hochfrequenz macht sich bei *fortlaufend gewickelten* Widerständen (a) die *Induktivität* der Drahtwicklung störend bemerkbar. Durch **bifilare Wicklung** (b) kann die Induktivität weitgehend vermieden werden. Dafür fließen jedoch zwischen den benachbarten Leitern bei Hochfrequenz nicht vernachlässigbare *Verschiebungsströme*. Da zwischen den dicht nebeneinander angeordneten Wicklungsenden die Betriebsspannung liegt, ist die Spannungsfestigkeit bifilar gewickelter Widerstände geringer als die fortlaufend gewickelter.

Bei der **Chaperon-Wicklung** (c) werden mehrere Teilwicklungen mit wechselndem Wicklungssinn aneinander gereiht. Der Begriff ist abgeleitet von *chaperon*, einer ständigen Begleiterin, die als Anstandsdame fungiert.

Dem Schutz gegen mechanische Beschädigung und der Isolation gegen die Umgebung dient ein Überzug z. B. aus Lack oder Zement.
Drahtwiderstände werden mit mittleren bis großen Nennleistungen angeboten. Sie können nur bei niedrigen Betriebsfrequenzen verwendet werden.

Bei **Schichtwiderständen** ist der Trägerkörper aus Isoliermaterial mit einer dünnen Schicht aus Widerstandsmaterial überzogen (Bild 10.5). Die Bezeichnungen **Metallschichtwiderstand** und **Kohleschichtwiderstand** weisen auf das verwendete Widerstandsmaterial hin. Widerstandswerte über 10 kΩ werden in der Regel durch eine *gewendelte* Widerstandsschicht erreicht. Auch Schichtwiderstände sind durch einen isolierenden Überzug geschützt. Sie werden sowohl als *steckbare* als auch als *SMD-Bauelemente* hergestellt.

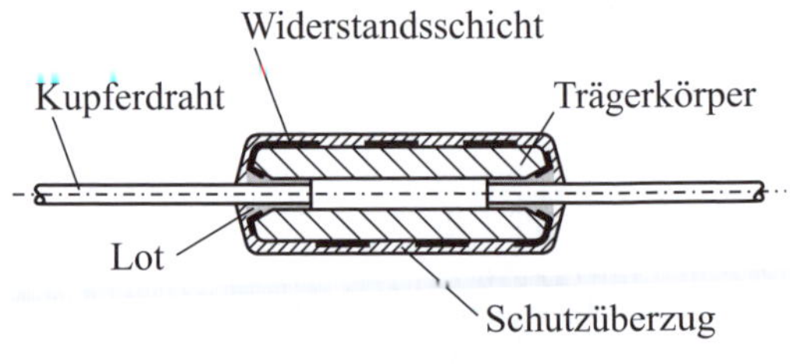

Bild 10.5 Schichtwiderstand mit Widerstandswendel

Schichtwiderstände sind für eine Verwendung bei Hochfrequenz geeignet. Da die Widerstandsschicht wie bei Drahtwiderständen auf der Oberfläche des Trägerkörpers angebracht ist, kann die beim Betrieb entstehende Wärme gut an die Umgebung abgeführt werden, was kleine Abmessungen bei relativ großer Nennleistung ermöglicht.

Massewiderstände bestehen aus einem Gemisch aus pulvrigem Widerstandsmaterial (z. B. Graphit) mit einem Bindemittel, das in die Widerstandsform gepresst wird. Die Anschlussdrähte werden beim Pressvorgang mit dem Widerstand verbunden. Wegen seiner geringen mechanischen Festigkeit ist der Widerstandskörper meist in ein Rohr aus Isolierstoff eingebaut (Bild 10.6). Dabei können die Abmessungen sehr klein gehalten werden. Massewiderstände sind wegen ihres einfachen Aufbaus preiswert. Sie eignen sich gut für Hochfrequenzanwendungen. Bei Widerständen, die in ein Rohr eingebaut sind, wird die Wärme vor allem über die Anschlussdrähte abgeführt; damit sind nur kleine Nennleistungen erreichbar.

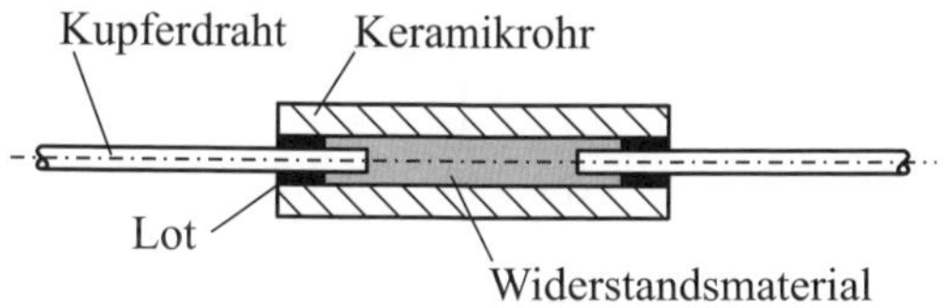

Bild 10.6 Massewiderstand im Keramikrohr

Praxisbezug 10.1
In **integrierten Schaltungen** mit bipolaren Transistoren werden Widerstände durch entsprechend dotierte Halbleiterbereiche realisiert; diese bilden *Massewiderstände.*
In integrierten CMOS-Schaltungen verwendet man Transistoren, die mit fest eingestellter Gate-Source-Spannung U_{GS} betrieben werden, als Widerstände (Bild 10.7). Durch geeignete Ausführung des W/L-Verhältnisses (Breite/Länge des Kanals) des NMOS- und PMOS-Transistors kann die gewünschte Teilspannung U_A eingestellt werden. In der Schaltung a) werden beide Transistoren als MOS-Dioden betrieben; sie ist geeignet, um Teilspannungen von etwa 0,3 … 0,7 U zu erzielen. In der Schaltung b) werden beide Transistoren als nichtlineare Widerstände betrieben; sie ist geeignet, um etwa Teilspannungen < 0,4 U und > 0,6 U zu erreichen. Auch Mischformen der vorgenannten Schaltungen werden verwendet.

Bei **Hybridschaltungen** in **Dickschicht-Technik** werden die Verbindungsleitungen auf die keramische Trägerplatte mit einer leitenden Paste im Siebdruckverfahren aufgedruckt. Bei der Verwendung entsprechender Widerstandspasten können auch Widerstände – in diesem Fall *Schichtwiderstände* – realisiert werden.

Bei der **Dünnfilm-Technik** werden die Verbindungsleitungen – wie bei Leiterplatten – durch Ätzen aus einer leitenden Schicht hergestellt. Widerstände können z. B. durch Aufdampfen einer dünnen CrNi-Schicht und anschließendes Ätzen realisiert werden.
Außer den gedruckten bzw. aufgedampften Widerstandsbahnen finden bei beiden Techniken auch SMD-Widerstände Verwendung, die direkt auf die Anschlussleitungen gelötet werden.

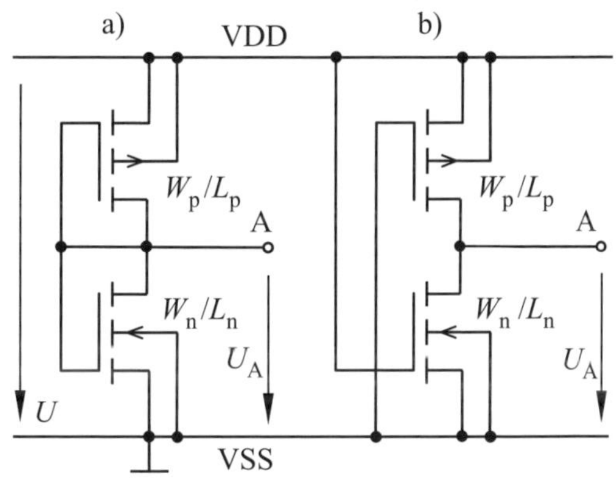

Bild 10.7 Beispiele für Spannungsteiler in CMOS-Technik

SMD-Widerstände werden als **Chipwiderstände** mit Quaderform oder als **MELF-Widerstände** mit Zylinderform angeboten. Die Typenreihen umfassen große Widerstandsbereiche und trotz der kleinen Abmessungen ist die zulässige Verlustleistung groß, z. B. 0,25 W bei 3,2 mm x 1,6 mm x 0,6 mm und 1 W bei 6,3 mm x 3,1 mm x 0,6 mm. ❒

10.2.4 Wechselstrom-Ersatzschaltung

Bei Wechselstrom entstehen *induktive Spannungen* und *Verschiebungsströme* zwischen Teilen des Bauelements. Dies führt zu Abweichungen vom idealen Verhalten des Grundeintors R.
In der Wechselstrom-Ersatzschaltung eines Widerstandes werden diese Abweichungen durch ein Grundeintor L und ein Grundeintor C dargestellt (Bild 10.8).

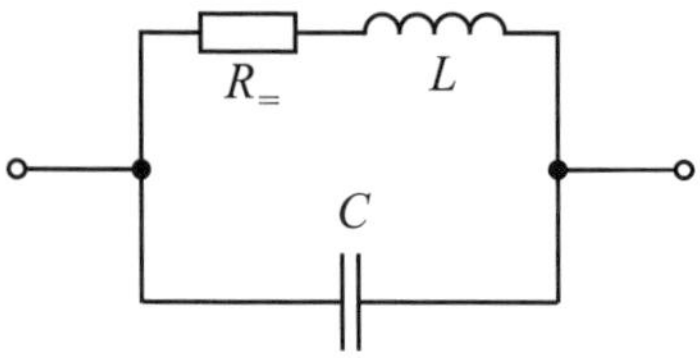

Bild 10.8 Wechselstrom-Ersatzschaltung eines Widerstandes

Je nach Bauform des Widerstandes überwiegt der Einfluss entweder des Verschiebungsstromes oder der induktiven Spannung. In der Regel kann daher eines der beiden Eintore L oder C im Bild 10.8 vernachlässigt und das Betriebsverhalten durch eine vereinfachte Ersatzschaltung beschrieben werden (Bild 10.9).
Bei Widerständen, die für eine Anwendung bei Hochfrequenz (HF) geeignet sind (vor allem SMD- und Massewiderstände), kann die induktive Spannung vernachlässigt werden (Bild 10.9a).

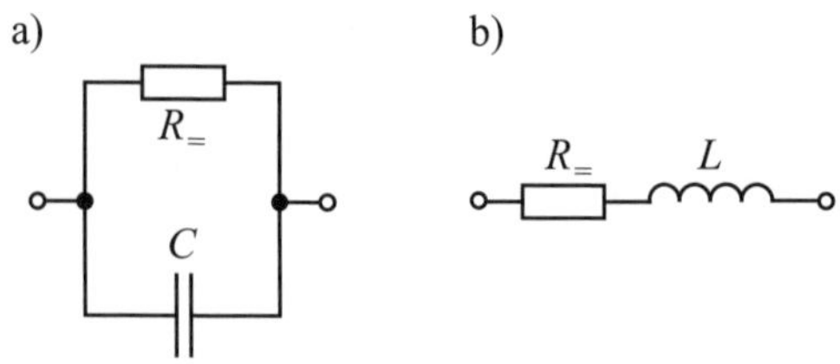

Bild 10.9 Vereinfachte Ersatzschaltung für einen Widerstand bei überwiegendem Einfluss a) des Verschiebungsstromes, b) der induktiven Spannung

Die Kapazität ist vom Nennwert des Widerstandes praktisch unabhängig; sie wird nur durch die Bauform bestimmt und nimmt Werte $C < 2$ pF an. Häufig übersteigt in einer HF-Schaltung die Kapazität zwischen den Zuleitungen zu einem Widerstand dessen Eigenkapazität. Der Einfluss der Kapazität stört umso mehr, je höher der Gleichstromwiderstand des Bauelements ist. Dies kommt in der Gleichung für den auf $R_{=}$ bezogenen Scheinwiderstand zum Ausdruck:

$$\frac{Z}{R_{=}} = \frac{1}{R_{=}\sqrt{\left(\frac{1}{R_{=}}\right)^2 + (\omega C)^2}} = \frac{1}{\sqrt{1 + (2\pi C)^2 \cdot (f R_{=})^2}} \qquad (10.3)$$

Nicht nur die Frequenz f, sondern auch der Gleichstromwiderstand $R_{=}$ treten als Faktoren der Kapazität C auf und bestimmen ihren Einfluss. Die Hersteller von HF-Widerständen beschreiben deshalb die Frequenzabhängigkeit der Scheinwiderstände für die Bauelemente einer Typenreihe durch Darstellung des bezogenen Scheinwiderstandes über dem Produkt $f \cdot R_{=}$ in einem Diagramm (Bild 10.10).

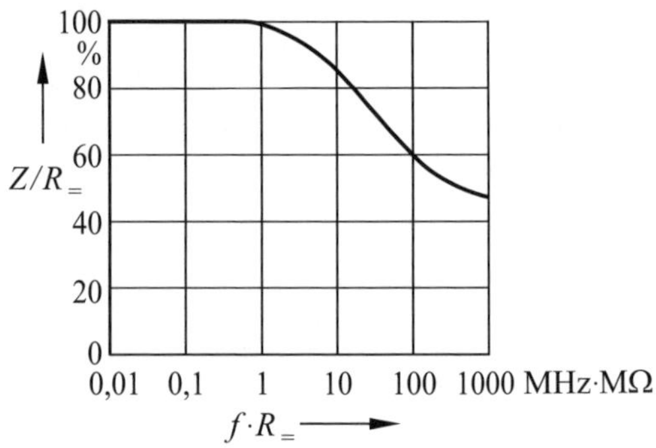

Bild 10.10 Frequenzverhalten einer Typenreihe von HF-Widerständen

Bei *bifilar* gewickelten Drahtwiderständen überwiegt ebenfalls der Einfluss des Verschiebungsstromes. Ihre Kapazität ist wegen der dicht benachbarten Wicklungshälften relativ groß und wächst mit zunehmendem Nennwert und der damit zunehmenden Windungszahl. Für HF-Anwendungen sind sie nicht geeignet. Bei den übrigen Drahtwiderständen und bei gewendelten Schichtwiderständen kann der Verschiebungsstrom meist vernachlässigt werden (Bild 10.9b). Ihre Induktivität wächst mit dem Nennwert des Widerstandes und kann Werte von einigen Mikrohenry erreichen.

Bei der Auswahl von Widerständen für eine bestimmte Schaltung muss darauf geachtet werden, dass im vorgesehenen Betriebsfrequenzbereich der *Wirkwiderstand* der Bauelemente größer ist als der Betrag ihres *Blindwiderstandes*. Bei der **Grenzfrequenz** sind die beiden Widerstandskomponenten bzw. die ihnen entsprechenden Leitwertkomponenten gerade gleich groß. Unterhalb der Grenzfrequenz überwiegt der Wirkanteil. Für die Grenzkreisfrequenz eines Widerstandes, dessen Eigenschaften durch eine der Ersatzschaltungen im Bild 10.9 beschrieben werden, gilt:

$$\omega_g = \frac{1}{R_= \cdot C} \text{ bzw. } \omega_g = \frac{R_=}{L} \tag{10.4}$$

Beispiel 10.2
Für einen 1-kΩ-Widerstand wird die Eigenkapazität auf 2 pF geschätzt. Wir wollen seine Grenzfrequenz näherungsweise bestimmen.

$$\omega_g = \frac{1}{R_= \cdot C} = 0{,}5 \cdot 10^9 \text{ s}^{-1}; \; f_g = 80 \text{ MHz}$$

Bei höheren Frequenzen ist auch der Einfluss der Stromverdrängung (s. Abschn. 1.7.6) zu beachten. Sie führt zu einer von der Leiteroberfläche zur Leitermitte hin abnehmenden Stromdichte. Je höher die Frequenz, desto stärker ist die Abnahme. Schließlich fließt der Strom nur noch in einer dünnen Haut (*skin*) direkt an der Leiteroberfläche.
Durch den **Skineffekt** wird der Widerstand eines Leiters erhöht. Neben der Frequenz sind auch die Leitfähigkeit γ und die Permeabilität μ des Leitermaterials sowie die Form des Leiters für die Stärke des Skineffekts maßgeblich.
Der Skineffekt ist insbesondere bei Massewiderständen zu beachten, bei Schichtwiderständen ist er dagegen vernachlässigbar.

Skineffekt bei linearen Leitern
Nicht nur beim Bauelement Widerstand, sondern auch bei Verbindungsleitungen zwischen den Bauelementen ist der Skineffekt von Bedeutung.

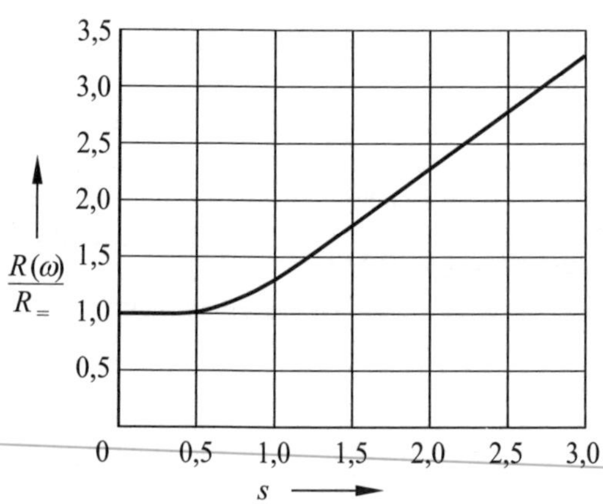

Bild 10.11 Skineffekt bei einem langen, geraden Leiter mit kreisförmigem Querschnitt

Das Bild 10.11 zeigt für einen langen, geraden Leiter mit kreisförmigem Querschnitt (Durchmesser *d*) die Widerstandszunahme über der dimensionslosen Hilfsgröße s:

$$s = \frac{d}{4} \sqrt{\pi \gamma \mu f} \tag{10.5}$$

Für Werte $s > 1$ steigt der Wirkwiderstand näherungsweise linear mit der Hilfsgröße s an:

$$\left. \frac{R(\omega)}{R_=} \right|_{s>1} = s + 0{,}3 \tag{10.6}$$

Beispiel 10.3
Wir wollen für Drähte aus Kupfer bzw. Manganin die Frequenz $f_{1,5}$ berechnen, bei welcher der Wirkwiderstand $R(\omega)$ das 1,5fache des Gleichstromwiderstandes $R_=$ beträgt.

Zunächst setzen wir die mit der Gl. (10.6) berechnete Hilfsgröße s = 1,2 in die Gl. (10.5) ein, die wir nach der Frequenz f auflösen:

$$f = \frac{16\, s^2}{d^2 \pi \gamma \mu}$$

Mit $\mu = \mu_0$ und γ nach Tab. 2.4, Band 1 berechnen wir die Frequenz $f_{1,5}$ für mehrere Drahtdurchmesser *d*.

d	$f_{1,5}$ in MHz	
mm	Kupfer	Manganin
1	0,1	2,5
0,5	0,4	10
0,2	2,6	63
0,1	10,4	250

In der Hochfrequenztechnik führt man Leitungen wegen des Skineffekts nicht mit massivem Kupferdraht, sondern mit **HF-Litze** aus. Bei HF-Litze wird der Leiter aus einem Bündel gegeneinander isolierter dünner Kupferdrähte gebildet, bei denen sich der Skineffekt erst bei sehr viel höheren Frequenzen bemerkbar macht als bei einem massiven einzelnen Draht.

Fragen
- Welche Widerstandsbauformen sind für die Anwendung bei Hochfrequenz geeignet?
- Welchen Einfluss hat die Temperatur auf den Widerstandswert?
- Skizzieren Sie die Wechselstrom-Ersatzschaltung für einen fortlaufend gewickelten Drahtwiderstand.
- Wovon hängt die Kapazität eines HF-Widerstands ab?
- Nennen Sie jeweils einen Richtwert für die Kapazität eines Schichtwiderstands und für die Induktivität eines Drahtwiderstands.
- Wie ist die Grenzfrequenz eines Widerstands definiert?
- Beschreiben Sie die Wirkung des Skineffekts.
- Erläutern Sie den Aufbau und den Vorteil von HF-Litze.

Aufgaben

10.1(1) Welcher Scheinwiderstand ergibt sich nach Bild 10.10 für einen 220-kΩ-Widerstand bei der Frequenz $f = 100$ MHz?

10.2(1) Bestimmen Sie die Grenzfrequenz eines 56-Ω-Drahtwiderstandes, der die Induktivität 10 µH aufweist.

10.3(1) Die Nennleistung eines Widerstandes ist 250 mW. Seiner Lastminderungskurve werden die Werte $\vartheta_1 = 40$ °C und $\vartheta_2 = 180$ °C entnommen (Bild 9.2). Welchen thermischen Widerstand hat das Bauelement? Welche Leistung ist bei der Umgebungstemperatur $\vartheta_U = 80$ °C noch zulässig?

10.4(1) Eine Freileitung aus Kupferdraht mit dem Durchmesser $d = 2$ mm wird mit der Frequenz 142 kHz betrieben. Berechnen Sie die Widerstandszunahme durch den Skineffekt.

10.3 Kondensator

Ziele: Sie können
- die wichtigsten Kondensatorbauformen nennen und beschreiben.
- die in Kondensatoren hauptsächlich verwendeten Dielektrika nennen.
- die Definitionen für die Nennkapazität und für die Nennspannung eines Kondensators angeben.
- eine Gleichstrom-Ersatzschaltung für den Kondensator zeichnen.
- die Begriffe Verlustwinkel und Verlustfaktor eines Kondensators erläutern.
- die Ursachen für die Verluste eines Kondensators an Wechselspannung angeben.
- die Definition der Güte und des Verlustfaktors nennen.
- Kondensator-Ersatzschaltungen für verschiedene Frequenzbereiche angeben.
- die Werte der Eintore einer Kondensator-Ersatzschaltung aus den Herstellerangaben bestimmen.
- die von der Temperatur beeinflussten Eigenschaften eines Kondensators nennen.
- die besonderen Bedingungen für den Betrieb von Elektrolytkondensatoren angeben.

Der **Kondensator** (*capacitor*) ist ein Bauelement, das die Wirkung des Grundeintors C ergeben soll. Dies ist jedoch nur angenähert zu erreichen: Außer der kapazitiven Wirkung tritt an einem Kondensator eine *induktive* Wirkung und die Wirkung von *Widerständen* auf.
Um das Verhalten eines Grundeintors C bei den verschiedenen Betriebsbedingungen möglichst gut anzunähern und um Kondensatoren mit Kapazitätswerten in einem Bereich von pF bis F herstellen zu können, wurden unterschiedliche Bauformen entwickelt, die sich im Aufbau und in den verwendeten Materialien unterscheiden.

Kondensatoren werden in Typenreihen angeboten, in denen die **Nennkapazitäten** (*nominal capacitance*) nach einer der genormten Nennwertreihen gestuft sind. Die Nennkapazität eines Kondensators ist, häufig in einem Farb- oder Buchstabencode verschlüsselt, auf dem Kondensatorkörper aufgedruckt. Der Hersteller garantiert, dass der tatsächliche Kapazitätswert bei Gleichspannung mit einer gewissen Toleranz der Nennkapazität entspricht. Die **Nennspannung** (*nominal voltage*) eines Kondensators ist die höchste Gleichspannung, an welcher der Kondensator bei 40 °C Umgebungstemperatur unbegrenzt lange Zeit betrieben werden darf. Auch die Nennspannung ist auf dem Kondensatorkörper aufgedruckt.

10.3.1 Bauformen

Wickelkondensatoren bestehen aus einem aufgerollten Stapel von vier Folienbändern (Bild 10.12). Zwei der Folien sind aus Metall und dienen als Elektroden. Die beiden anderen Folien bilden das Dielektrikum; sie bestehen bei Papierkondensatoren aus imprägniertem Papier, bei Kunststoffkondensatoren aus einem der in der Tabelle 10.1 genannten Materialien.

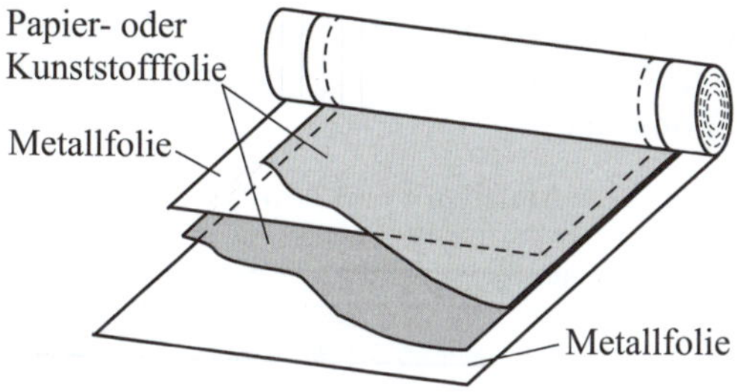

Bild 10.12 Wickelkondensator

Bei **MP-Kondensatoren** (**M**etall-**P**apier) und bei **MK-Kondensatoren** (**M**etall-**K**unststoff) sind die Metallelektroden auf die beiden nicht leitenden Folien aufgedampft. Kondensatoren dieser Bauart sind *selbstheilend*: Bei einem Durchschlag des Dielektrikums infolge zu großer Feldstärke entsteht kein bleibender Kurzschluss, vielmehr verdampfen die Metallbeläge an der Durchschlagstelle und der Kondensator ist weiterhin verwendbar.
Die Verkleinerung der Metallfläche bei einem Durchschlag kann vernachlässigt werden. Auch nach langer Betriebszeit mit vielen Durchschlägen ist kaum eine Kapazitätsminderung feststellbar.

Die Ausführung der Kontakte zwischen den Anschlussdrähten und den Elektroden hat Einfluss auf die Eigeninduktivität und den Zuleitungswiderstand des Kondensators. Kleinstmögliche Werte der Eigeninduktivität (5 ... 50 nH) lassen sich dadurch erreichen, dass die gesamte Stirnseite der aufgewickelten Metallfolie bzw. der Belag jedes Wickels leitend mit dem entsprechenden Anschlussdraht verbunden wird.

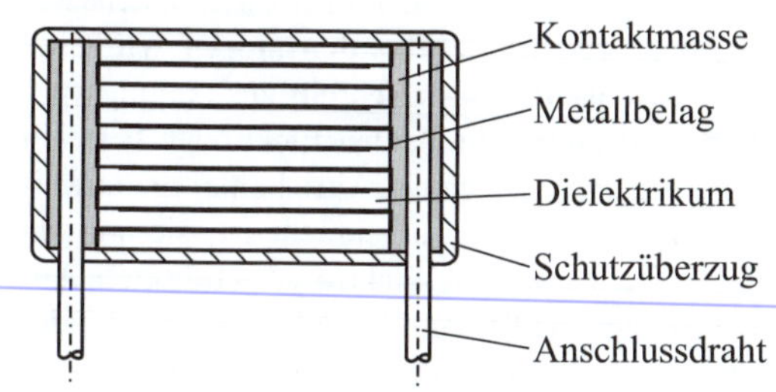

Bild 10.13 MK-Schichtkondensator

So genannte **Schichtkondensatoren** (s. Scheibenkondensator, Band 1) bestehen aus einem Stapel ebener, nicht leitender Scheiben, die als Träger für einen Metallbelag dienen (Bild 10.13). Als Dielektrikum finden Glimmer, Kunststoff oder Keramik Verwendung. Die Eigeninduktivität ist sehr klein, weil die Elektroden nicht aufgewickelt sind. Bei gutem Kontakt zwischen den Anschlussdrähten und den Metallbelägen ist der Zuleitungswiderstand klein.

Keramik-Schichtkondensatoren werden monolithisch hergestellt. Dünne Schichten (1 ... 20 µm) aus der keramischen Grundmasse werden vor dem Brennen metallisiert und aufgestapelt. Durch den anschließenden Brennvorgang entsteht ein kompakter Keramikquader mit kammartig eingesinterten Elektroden, die stirnseitig an die Oberfläche treten; sie werden in einem zweiten Brennvorgang durch einen Metallbelag verbunden. Die so entstandenen Kondensatoren werden als *Chips* oder **Chipkondensatoren** bezeichnet. Trotz kleiner Abmessungen lassen sich hohe Kapazitätswerte erreichen (z. B. 5,7 x 5 x 1,3 mm^3; $C \leq 4{,}7$ µF; 25,5 V). Diese Kondensatoren eignen sich zur Anwendung in Dickschicht- und Dünnfilm-Schaltungen. Die Chips werden aber auch mit Anschlussdrähten versehen und in Kunstharz eingegossen als steckbare Bauelemente angeboten.

Die als Dielektrikum verwendeten *Keramikmassen* haben hohe Permittivitätszahlen; hierdurch lassen sich kleine Kondensatorabmessungen erzielen. Man unterscheidet zwischen **Typ-1-Keramik** (auch: **NDK-Keramik**) mit $\varepsilon_r \leq 200$ und **Typ-2-Keramik** (auch: **HDK-Keramik**) mit $200 < \varepsilon_r < 10^5$. Bei HDK-Keramik wird der hohe Wert der Permittivitätszahl ε_r von Sperrschichten zwischen den halbleitenden Einzelkristallen bewirkt. Kondensatoren aus HDK-Keramik zeigen aus diesem Grund eine erhebliche Spannungsabhängigkeit des Kapazitätswerts (s. Abschn. 2.1.1).

So genannte **Rohrkondensatoren** und **Scheibenkondensatoren** (Zylinder- bzw. Plattenkondensatoren, s. Band 1) werden ebenfalls mit keramischem Dielektrikum hergestellt (Bild 10.14). Nur hiermit lassen sich bei kleinen Abmessungen relativ hohe Kapazitätswerte erzielen.

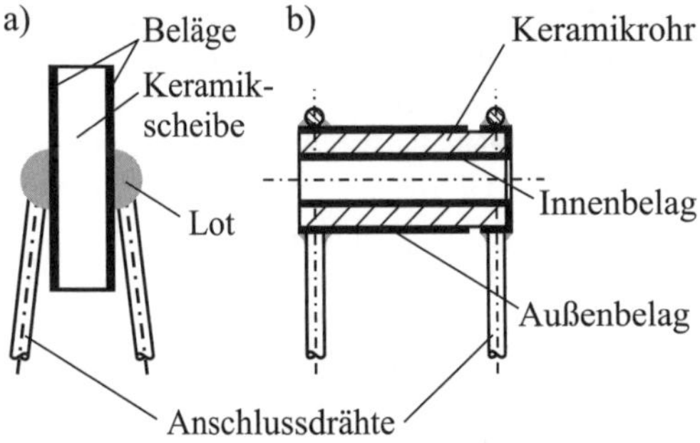

Bild 10.14 Keramikkondensatoren: a) Scheibenkondensator, b) Rohrkondensator

Beim **Elektrolytkondensator** (Elko) wird die Kapazität einer *Metalloxid-Sperrschicht* zwischen einer Metallelektrode als Anode und einem Elektrolyten als Kathode genutzt.

Folien-Elektrolytkondensatoren (Bild 10.15), die ähnlich wie Wickelkondensatoren aufgebaut sind, werden mit einer *Aluminiumfolie* als Anode hergestellt. Zur Vergrößerung der wirksamen Fläche wird die Oberfläche der Anodenfolie meist durch Ätzen *aufgeraut.* Als Träger der Elektrolyt-Kathode und als Abstandshalter zwischen der Anodenfolie und der Kontaktfolie für die Kathode dient *Papier*, das mit dem Elektrolyten getränkt wird.

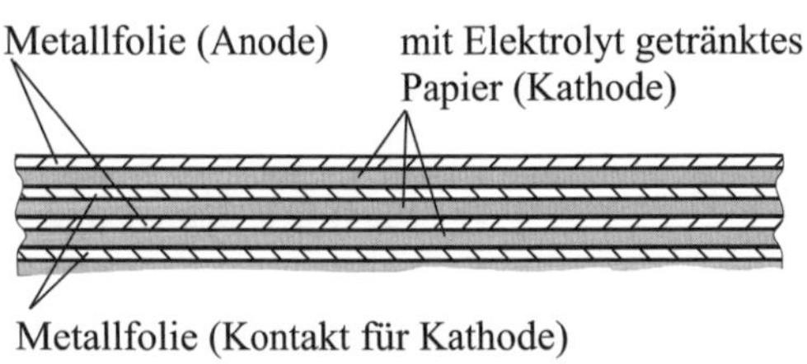

Bild 10.15 Schnitt durch den Wickel eines Folien-Elektrolytkondensators

Tantal- und Niob-Elektrolytkondensatoren werden mit **Sinteranode** hergestellt. Diese Kondensatoren haben einen porösen Anodenkörper, der durch Sintern von Tantal- bzw. Niobpulver entsteht. Die wirksame Elektrodenfläche ist so groß, dass bei gleicher Kapazität noch kleinere Abmessungen als bei Folien-Elektrolytkondensatoren erreicht werden können. Die Kathode wird aus halbleitendem Mangandioxid (fester Elektrolyt) oder aus einem Polymer gebildet.

Die Oxidschicht wird nach der mechanischen Fertigung des Bauelements durch elektrochemische Oxidation hergestellt. Dabei wird der Kondensator eine bestimmte Zeit mit einer positiven Gleichspannung zwischen Anode und Kathode betrieben; diesen Vorgang bezeichnet man als **Formierung**.

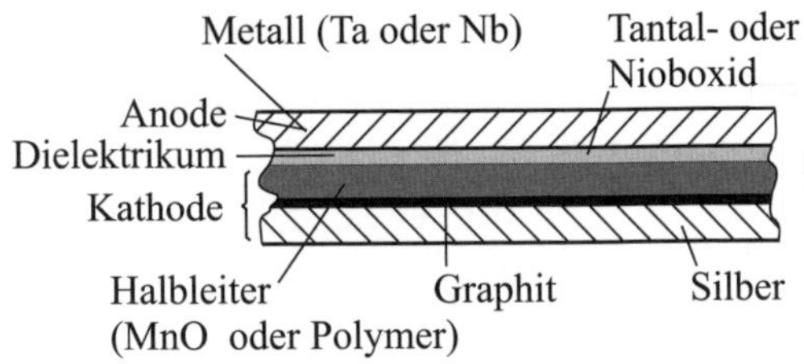

Bild 10.16 Schnitt durch einen Tantalkondensator mit MnO_2-Kathode

Die Oxidschicht hat eine Dicke von weniger als 1 µm; sie bleibt auch bei spannungsloser Lagerung des Elkos über lange Zeit erhalten. Bei Aluminium-Elkos kann sich ihre Dicke jedoch allmählich verringern. Wegen des sehr kleinen Elektrodenabstands und der großen Elektrodenoberfläche sind Elkos mit Kapazitätswerten bis 1 F mit relativ kleinen Abmessungen herstellbar.

Elektrolytkondensatoren dürfen in der Regel nur *gepolt* betrieben werden: Während des Betriebs muss gewährleistet sein, dass das Anodenpotenzial stets höher als das Kathodenpotenzial ist. Die Sonderbauformen für ungepolten Betrieb bestehen aus einer Reihenschaltung von zwei Kondensatoren mit gemeinsamer Kathode. Ihre Abmessungen sind bei gleicher Kapazität größer als die gewöhnlicher Elkos für gepolten Betrieb.

Bei einer *Sonderform* der Elektrolytkondensatoren, den **Doppelschichtkondensatoren**, wird eine sog. **elektrische Doppelschicht** zur Ladungsspeicherung genutzt. Die beiden Elektroden bestehen aus einer dünnen Schicht Aktivkohle, die auf einer Aluminiumfolie aufgebracht ist; sie werden durch einen mit dem Elektrolyt getränkten Abstandshalter aus Papier oder Polymer voneinander getrennt. An der Grenze zwischen der Aktivkohle und dem Elektrolyten bildet sich eine elektrische Doppelschicht aus (Bild 10.17).

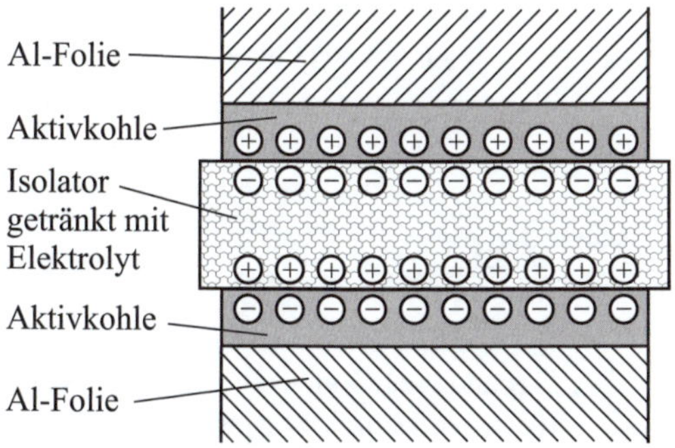

Bild 10.17 Ladungsspeicherung bei einem Doppelschichtkondensator

Da die Fläche der Grenzschicht (≈2000 m^2/g Aktivkohle) sehr groß und der Abstand (2 … 5 nm) zwischen den Ladungen der Doppelschicht sehr klein ist, sind sehr große Kapazitätswerte erreichbar (z. B. 5000 F bei einem Volumen < 1 l). Die Kondensatoren sind *ungepolt*, aber die zulässige Spannung ist klein (≤2,5 V).

10.3.2 Verluste bei Gleichspannungsbetrieb

Ein Kondensator kann eine Ladung nicht über unbegrenzte Zeit speichern. Durch **Leitungsverluste** und **Ionisationsverluste** ergibt sich mit der Zeit eine Minderung der gespeicherten Energie, wenn nicht durch ständige Energiezufuhr der Ladezustand aufrechterhalten wird. Die gespeicherte Energie ist stets kleiner als die insgesamt zugeführte Energie.

Leitungsverluste

Bedingt durch die Leitfähigkeit des Dielektrikums und der übrigen beim Aufbau verwendeten Isolatoren hat ein Kondensator an Gleichspannung einen endlichen Widerstand, der als **Isolationswiderstand** R_{is} des Kondensators bezeichnet wird.

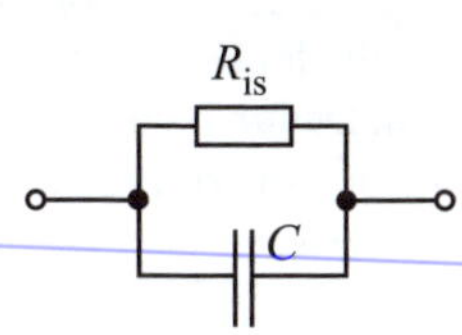

Bild 10.18 Gleichstrom-Ersatzschaltung eines Kondensators

Der Isolationswiderstand bewirkt, dass sich ein auf die Anfangsladung Q_0 aufgeladener Kondensator von selbst entlädt, nachdem er von der Quelle getrennt worden ist. Die Ladung nimmt dabei exponentiell ab:

$$Q = Q_0 \cdot e^{-\frac{t}{\tau}} \tag{10.7}$$

Hierin ist τ die **Entladezeitkonstante**:

$$\tau = R_{is}\, C \tag{10.8}$$

Der Isolationswiderstand wird bei Kondensatoren mit *kleinen* Kapazitätswerten vor allem durch den Widerstand der Umhüllung bestimmt; in den Datenblättern wird ein unterer Grenzwert angegeben. Die Entladezeitkonstante ist innerhalb einer Typenreihe vom Kapazitätswert abhängig.

Bei Kondensatoren mit *größeren* Kapazitätswerten überwiegt der Einfluss des Dielektrikums. Dieser führt dazu, dass der Isolationswiderstand mit zunehmender Kapazität abnimmt. Die Entladezeitkonstante bleibt innerhalb einer Typenreihe konstant; sie wird im Datenblatt angegeben.

Beispiel 10.4

Im Datenblatt einer Typenreihe von Papierkondensatoren sind für 20 °C die Werte genannt:

$C \leq 0{,}04\ \mu F;\ R_{is} \geq 100\ G\Omega$

$C > 0{,}04\ \mu F;\ \tau \geq 4000\ s$

Wir wollen für $C = 0{,}01\ \mu F$ die ungünstigste Entladezeitkonstante τ bestimmen.

Je kleiner τ ist, desto schneller entlädt sich der Kondensator.
Im ungünstigsten Fall ist $R_{is} = 100\ G\Omega$. Damit erhalten wir:

$\tau = 0{,}01\ \mu F \cdot 100\ G\Omega = 1000\ s$

Bei einer *Reihenschaltung von Kondensatoren* an Gleichspannung werden die Teilspannungen sowohl durch die *Kapazitäten* als auch durch die *Isolationswiderstände* bestimmt. Wir wollen dies an der Schaltung 10.19 zeigen, bei der zwei ungeladene Kondensatoren zum Zeitpunkt $t = 0$ an eine lineare Gleichspannungsquelle geschaltet werden.

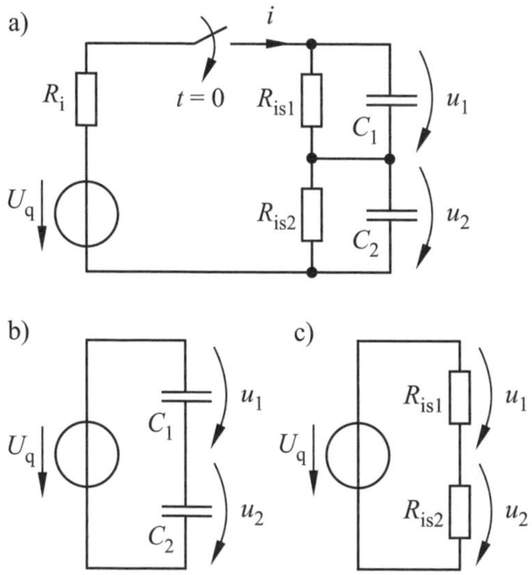

Bild 10.19 Gleichspannungsbetrieb von Kondensatoren: a) vollständige Ersatzschaltung, b) Ersatzschaltung für die Zeit kurz nach dem Einschalten, c) Ersatzschaltung für die Zeit lange nach dem Einschalten

Die genaue Untersuchung dieses Schaltvorgangs wird zweckmäßig mit der LAPLACE-Transformation durchgeführt (s. Abschn. 8.1.3); sie führt für $R_i \ll R_{is1}$ und $R_i \ll R_{is2}$ auf folgendes Ergebnis:

- Kurz nach dem Einschalten werden die Teilspannungen u_1 und u_2 durch die Kapazitäten bestimmt (Bild 10.19 b).
- Im stationären Fall – wenn die Spannungen und die Ströme sich zeitlich nicht mehr ändern – werden die Teilspannungen durch die Isolationswiderstände bestimmt (Bild 10.19c). Dabei fließt der Gleichstrom:

$$i = I = \frac{U_q}{R_{is1} + R_{is2}} \tag{10.9}$$

Beispiel 10.5

Eine Reihenschaltung von zwei Kondensatoren (C_1 = 0,015 μF; R_{is1} = 100 GΩ und C_2 = 0,033 μF; R_{is2} = 100 GΩ) liegt an einer Gleichspannungsquelle (U_q = 12 V; R_i = 1 Ω). Wir wollen die Teilspannungen berechnen.

Der Zustand kurz nach dem Einschalten (eine genaue Untersuchung ergibt t > 1 μs) wird durch die Ersatzschaltung 10.19b beschrieben. Wir berechnen die Spannungen:

$$u_1 = \frac{C_2}{C_1 + C_2} U_q = 8{,}25\ \text{V}$$

$$u_2 = \frac{C_1}{C_1 + C_2} U_q = 3{,}75\ \text{V}$$

Der Zustand lange Zeit nach dem Einschalten ($t > 10^4$ s) wird durch Ersatzschaltung 10.19c beschrieben. Dabei ist:

$$u_1 = U_1 = \frac{R_{is1}}{R_{is1} + R_{is2}} U_q = 6{,}0\ \text{V}$$

$$u_2 = U_2 = \frac{R_{is2}}{R_{is1} + R_{is2}} U_q = 6{,}0\ \text{V}$$

Dieselben Teilspannungen wie oben ergeben sich nur dann, wenn das Verhältnis der Isolationswiderstände gleich dem Kehrwert des Verhältnisses der Kapazitäten ist:

$$\frac{R_{is1}}{R_{is2}} = \frac{C_2}{C_1}$$

Ionisationsverluste

Die Feldstärke im elektrischen Feld zwischen den Elektroden eines Kondensators ist proportional zur Kondensatorspannung. Vergrößert man diese Spannung so weit, dass die *Anfangsfeldstärke* des Isolators zwischen den Elektroden überschritten wird, so kommt es zur *Stoßionisation* und zum Abfließen von Ladung (s. Band 1, Abschn. 8.4.3); das Dielektrikum wird im Bereich des Durchschlags stark erwärmt und zerstört.

An den *Kanten* der Elektroden ist die Feldstärke höher als zwischen den Elektroden. Grenzen die Kanten an Luft, so kann – vor allem durch Stoßionisation – die Zahl der beweglichen Ladungsträger erhöht werden. Dadurch wird der Isolationswiderstand *vermindert*, was zu **Ionisationsverlusten** führt.

Durch *Vergießen* des Kondensators mit Kunstharz bzw. durch Einsetzen in *Isolieröl* werden die Ionisationsverluste erheblich herabgesetzt.

10.3.3 Verluste bei Wechselspannungsbetrieb

Bei Betrieb an Wechselspannung ergeben sich neben den bereits genannten Verlusten weitere Verluste, die durch den OHMschen Widerstand der Zuleitungen und der Elektroden sowie durch den ständigen Wechsel der *Polarisationsrichtung* verursacht werden. Dieser führt zu mechanischen *Schwingungen der Dipole* des Dielektrikums um ihre Ruhelage. Dabei wird elektrische Energie in Wärme umgewandelt; diese Verluste werden **Polarisationsverluste** genannt.

Die Wirkung eines Kondensators an Wechselspannung entspricht umso mehr der Wirkung eines Grundeintors C, je kleiner die Verlustenergie W_v in einer Periode im Vergleich zur maximal gespeicherten Energie W_{max} ist. Mit diesen Größen ist der **Gütefaktor** (kurz: „Güte“) $\underline{Q}$ des Kondensators definiert:

$$Q = 2\pi \frac{W_{max}}{W_v} \tag{10.10}$$

Der Kehrwert der Güte ist der **Verlustfaktor** d:

$$d = \frac{1}{Q} \tag{10.11}$$

Beim Betrieb eines Kondensators an *Sinusspannung* führen die Verluste dazu, dass der Phasenverschiebungswinkel der Spannung gegen den Strom von $-\pi/2$ abweicht. Diese Abweichung wird durch den **Verlustwinkel** δ beschrieben:

$$\delta = \frac{\pi}{2} - |\varphi| \tag{10.12}$$

Der Leitwert $\underline{Y}$ des Kondensators (Bild 10.20) besitzt somit außer dem Blindanteil auch einen Wirkanteil G. Er kann mit dem Verlustwinkel aus dem Blindleitwert B berechnet werden:

$$G = B \tan\delta \tag{10.13}$$

Mit dem Blindleitwert B und der Periodendauer T berechnen wir die maximal im Kondensator gespeicherte Energie:

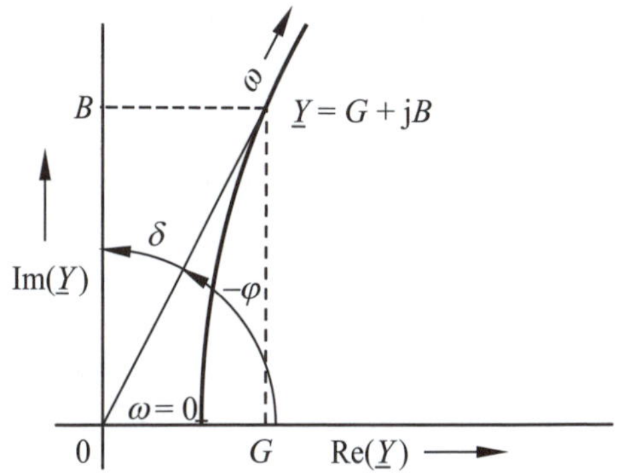

Bild 10.20 Leitwert eines Kondensators

$$W_{max} = \frac{T}{2\pi} B U^2 \tag{10.14}$$

Mit dem Wirkleitwert erhalten wir die Verlustenergie in einer Periode:

$$W_v = T\, G\, U^2 \tag{10.15}$$

Zur Berechnung der Güte Q setzen wir die Gln. (10.14 und 10.15) in die Gl. (10.10) ein:

$$Q = 2\pi \frac{T B U^2}{2\pi T G U^2} = \frac{1}{\tan\delta} \tag{10.16}$$

Da der Verlustwinkel i. Allg. sehr klein ist, gilt:

$$d = \frac{1}{Q} = \tan\delta \approx \delta \tag{10.17}$$

$$\cos\varphi = \sin\delta \approx \delta \tag{10.18}$$

Die Verlustleistung P eines Kondensators kann deshalb mit dem Verlustfaktor d direkt aus der Scheinleistung berechnet werden:

$$P = S \cdot d \tag{10.19}$$

Beispiel 10.6
Ein Kondensator hat bei der Frequenz 1,5 kHz die Güte $Q = 80$. Bei dieser Frequenz fließt an Sinusspannung $U = 100$ V der Strom 1,38 A. Wir wollen die Verlustleistung berechnen. Dazu setzen wir die Scheinleistung 138 VA und die Gl. (10.11) in die Gl. (10.19) ein und erhalten die Leistung $P = 1{,}7$ W.

Der Wert des Verlustfaktors ist bei Kondensatoren *frequenzabhängig.* Im Datenblatt wird dies entweder durch eine Kurve dargestellt (Bild 10.21) oder es werden mehrere Zahlenwerte für den Verlustfaktor mit den zugehörigen Frequenzwerten genannt.

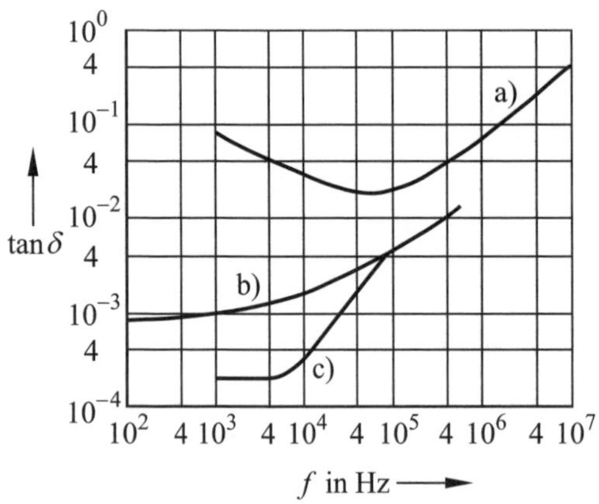

Bild 10.21 Frequenzabhängigkeit des Verlustfaktors: a) Keramikkondensator; b) MKC-Kondensator; c) MKP-Kondensator (Bezeichnungen s. Tab. 10.1)

Der Verlustfaktor ist außerdem von der Temperatur, dem Kapazitätswert und der Betriebsspannung abhängig.
In der Tabelle 10.1 sind einige Dielektrika und die mit ihnen erzielbaren minimalen Verlustfaktoren zusammengestellt.

Tabelle 10.1 Gebräuchliche Dielektrika

Dielektrikum	$\tan\delta_{min}$ bei 20 °C	Kondensatorbezeichnung DIN 41 379
Glimmer	10^{-5}	
Papier	10^{-2}	
Keramik	10^{-1}	
Polystyrol	10^{-4}	MKS, KS
Polypropylen	10^{-4}	MKP, KP
Polycarbonat	10^{-3}	MKC, KC
Celluloseacetat	10^{-2}	MKU
Polyethylenterephthalat	10^{-2}	MKT, KT

10.3.4 Wechselstrom-Ersatzschaltungen

Die Wirkung eines Kondensators bei Wechselspannungsbetrieb kann durch eine Ersatzschaltung (Bild 10.22) beschrieben werden, die parallel zum Grundeintor C einen Leitwert G_P enthält, der die Polarisationsverluste beschreibt. In Reihe dazu liegen die Grundeintore R_S und L, mit denen die Spannungsfälle an den Zuleitungen und Elektroden berücksichtigt werden.

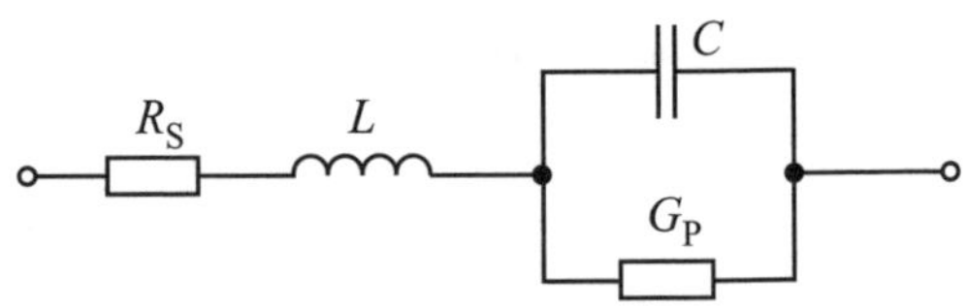

Bild 10.22 Kondensator-Ersatzschaltung

Bei niedrigen Frequenzen können R_S und L vernachlässigt werden; es gilt die vereinfachte Ersatzschaltung 10.23a.
Aus dem Leitwert $\underline{Y} = G + \mathrm{j}\,\omega C$ dieser Schaltung ergibt sich der Verlustfaktor für tiefe Frequenzen, dessen Wert mit zunehmender Frequenz abnimmt:

$$d = \tan\delta = \frac{G_P}{\omega C} \tag{10.20}$$

Bei hohen Frequenzen ist $\omega C \gg G_P$. Man kann G_P vernachlässigen, muss aber stattdessen R_S berücksichtigen. Aus dem Leitwert der Ersatzschaltung für hohe Frequenzen (Bild 10.23) ergibt sich der zugehörige Verlustfaktor, dessen Wert mit zunehmender Frequenz ansteigt:

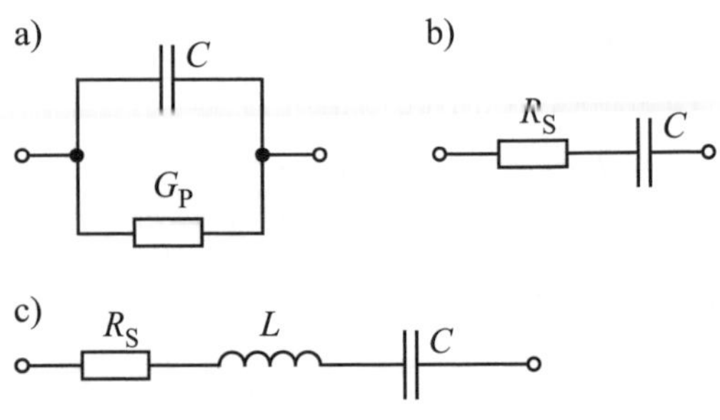

Bild 10.23 Vereinfachte Kondensator-Ersatzschaltungen: a) für tiefe Frequenzen; b) für hohe Frequenzen; c) für sehr hohe Frequenzen

$$d = \tan\delta = \omega C R_S \qquad (10.21)$$

Stellt man den Verlauf des Verlustfaktors über der Frequenz im logarithmischen Maßstab dar, so führt die Gl. (10.20) auf eine unter 45° *fallende* und die Gl. (10.21) auf eine unter 45° *steigende* Gerade. Ein Vergleich mit Bild 10.21 zeigt, dass keine der dort angegebenen Kurven diesen Verlauf aufweist; nur der Verlauf von Kurve c) stimmt ab etwa 10 kHz mit der Gl. (10.21) überein. Ursachen für diese Abweichungen sind die bereits erwähnten Frequenzabhängigkeiten der Polarisationsverluste und der Permittivitätszahl. Eine Kondensator-Ersatzschaltung kann deshalb in der Regel nur für einen schmalen Frequenzbereich angegeben werden.

Beispiel 10.7
Für einen MKC-Kondensator mit C = 22 nF und einem Verlustfaktor entsprechend Bild 10.21 Kurve b) wollen wir eine Ersatzschaltung für Frequenzen um 50 kHz angeben.

Da die Kurve ansteigt, die Frequenz andererseits ziemlich niedrig ist, wählen wir die Ersatzschaltung 10.23b, wofür wir den Widerstand R_S bestimmen wollen. Wir lesen dazu bei 50 kHz den Wert $\tan\delta = 3 \cdot 10^{-3}$ aus Bild 10.21 ab.
Nun berechnen wir R_S mit der Gl. (10.21):

$$R_S = \frac{\tan\delta}{\omega C} = 0{,}43\ \Omega$$

Bei sehr hohen Frequenzen ist die *Eigeninduktivität* eines Kondensators nicht mehr vernachlässigbar; man arbeitet mit der Ersatzschaltung 10.23c.

Die Eigeninduktivität hat zur Folge, dass bei sehr hohen Frequenzen *Resonanz* auftreten kann. Oberhalb der Resonanzfrequenz f_r wirkt der Kondensator nicht mehr kapazitiv, sondern *induktiv*; sein Scheinwiderstand nimmt mit der Frequenz zu.

Beispiel 10.8
Für den 100-nF-Kondensator, dessen Scheinwiderstand im Bild 10.24 als Kurve b) dargestellt ist, wollen wir eine Ersatzschaltung für die Frequenz f = 1 MHz angeben.

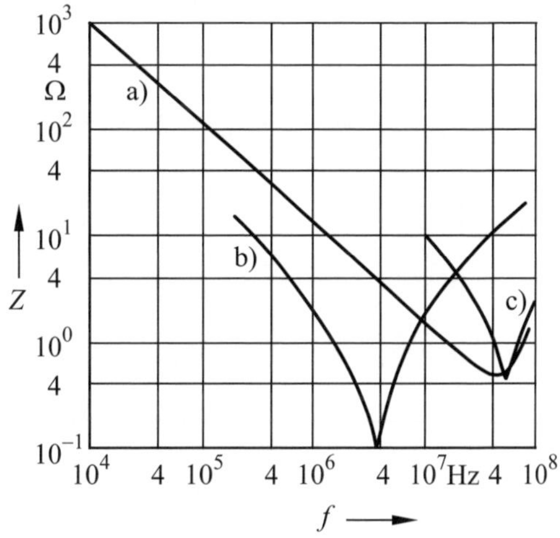

Bild 10.24 Frequenzabhängigkeit des Scheinwiderstandes: a) 22-nF-Keramikkondensator; b) 100-nF-MKC-Kondensator; c) 1,2-nF-MKP-Kondensator

Aus der Kurve lesen wir die Resonanzfrequenz f_r = 4 MHz und für 1 MHz den Scheinwiderstand Z = 2 Ω ab. Da die Resonanzfrequenz relativ nahe an der Frequenz 1 MHz liegt, wählen wir die Ersatzschaltung 10.23c und berechnen aus

$$\underline{Z} = R_S + \mathrm{j}\left(\omega L - \frac{1}{\omega C}\right)$$

die folgenden Werte:

$$\omega_r L - \frac{1}{\omega_r C} = 0\ ;\ L = \frac{1}{\omega_r^2 C} = 15{,}8\ \text{nH}$$

$$R_S = \sqrt{Z^2 - \left(\omega_r L - \frac{1}{\omega_r C}\right)^2} = 1{,}33\ \Omega$$

10.3.5 Temperatureinfluss

Außer dem Verlustfaktor sind auch die übrigen Kenndaten eines Kondensators von der Temperatur abhängig. Für den Kapazitätswert gilt bei den meisten Dielektrika näherungsweise:

$$C(\vartheta) \approx C_{20}\,[1 + \alpha_{20}\,(\vartheta - 20\,°\text{C})] \qquad (10.22)$$

C_{20} ist der Kapazitätswert bei der Bezugstemperatur 20 °C und α_{20} der zugehörige Temperaturkoeffizient mit der Einheit 1/K.

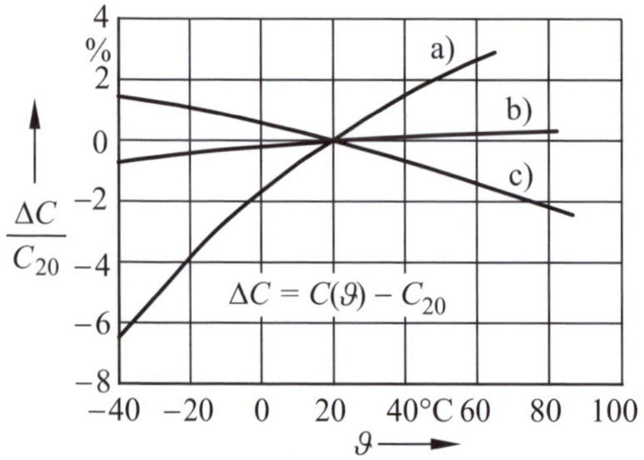

Bild 10.25 Temperaturabhängigkeit des Kapazitätswertes: a) MKL-, b) MKC-, c) MKP-Kondensator

Der Temperaturkoeffizient kann *positiv* sein (z. B. $\alpha_{20} \approx 600 \cdot 10^{-6}\,\mathrm{K}^{-1}$ bei Celluloseacetat), aber er kann auch *negativ* sein (z. B. $\alpha_{20} = -600 \cdot 10^{-6}\,\mathrm{K}^{-1}$ bei Polystyrol).

Bei Keramikkondensatoren kann die Gl. (10.22) nur bei Kondensatoren aus **Typ-1-Keramik** verwendet werden. Diese sind mit garantierten Temperaturkoeffizienten $-2200 \cdot 10^{-6} \ldots 100 \cdot 10^{-6}\,\mathrm{K}^{-1}$ erhältlich. Bei Kondensatoren aus **Typ-2-Keramik** ist der Kapazitätswert nichtlinear von der Temperatur abhängig (Bild 10.26); die Gl. (10.22) kann nicht angewendet werden.

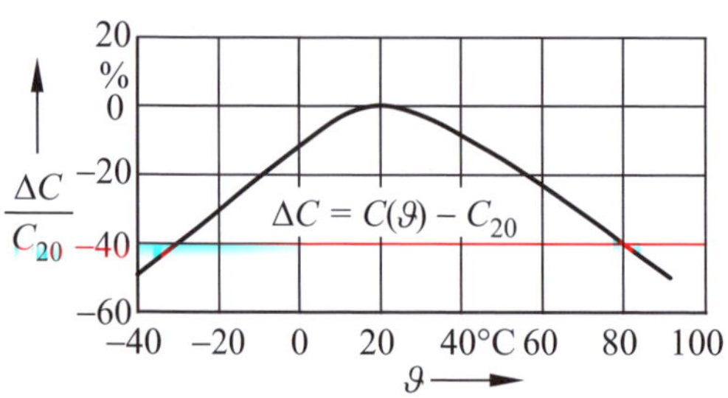

Bild 10.26 Temperaturabhängigkeit des Kapazitätswertes bei einem Kondensator mit Typ-2-Keramik

10.3.6 Eigenschaften von Elektrolytkondensatoren

Elektrolytkondensatoren weisen neben den schon für die anderen Kondensatorbauformen beschriebenen Eigenschaften einige besondere Merkmale auf, die bei ihrer Anwendung berücksichtigt werden müssen. Diese sind in DIN EN 130200 (Tantal-Elektrolytkondensatoren) und DIN EN 130300 (Al-Elektrolytkondensatoren) spezifiziert.

Bedingt durch die *Sperrschicht*, deren Kapazität genutzt wird, ist in der Regel nur *gepolter* Betrieb möglich. Kleine Spannungen mit falscher Polung sind allerdings zugelassen. Bei Al-Elektrolytkondensatoren darf der Scheitelwert dieser Spannung 2 V nicht überschreiten, bei Tantalkondensatoren mit festem Elektrolyten sind Scheitelwerte bis zu 15 % der Nennspannung zulässig. Werden diese *temperaturabhängigen* Werte überschritten, kann der Kondensator explosionsartig zerstört werden.

Bei richtiger Polung und Betrieb an Gleichspannung fließt ein Sperrstrom, hier **Reststrom** (*leakage current*) genannt, der mit zunehmender Temperatur exponentiell ansteigt. Die Größe des Reststroms ist von der Betriebsspannung, vom Kapazitätswert und von der Nennspannung abhängig. So gibt z. B. ein Hersteller von Al-Elektrolytkondensatoren folgende Zahlenwertgleichung für den Reststrom einer Typenreihe an:

$$I_\mathrm{L} \leq 0{,}006\ \mu\mathrm{A} \cdot \frac{C}{\mu\mathrm{F}} \cdot \frac{U}{\mathrm{V}} + 4\ \mu\mathrm{A} \qquad (10.23)$$

Damit ergibt sich z. B. für einen Kondensator 220 µF; 63 V der Reststrom $I_\mathrm{L} \leq 87\ \mu\mathrm{A}$.

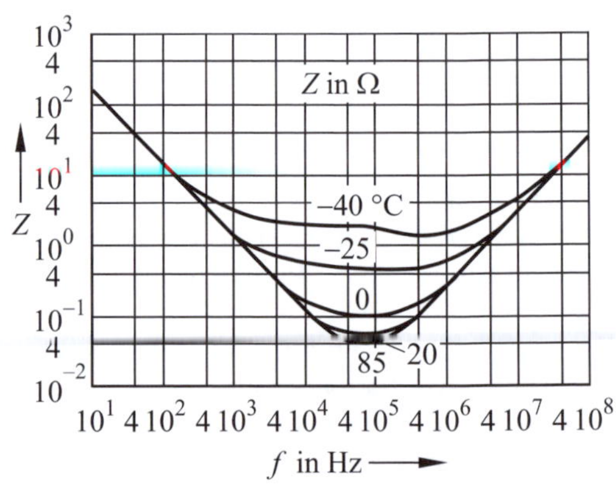

Bild 10.27 Scheinwiderstand eines Al-Elektrolytkondensators 100 µF; 63 V

Besonders *kleine* Restströme werden bei Tantalkondensatoren mit flüssigem Elektrolyten erreicht.

Bei längerer *spannungsloser Lagerung* eines Al-Elektrolytkondensators kann es zu einem teilweisen Abbau der Oxidschicht kommen. Wird ein solcher Kondensator in Betrieb genommen, so findet zunächst eine *Neuformierung* der Oxidschicht statt, die mit einem bis zu 1000-mal größeren Reststrom verbunden sein kann. Erst nach einigen Stunden klingt der Reststrom auf seinen Normalwert ab.

Der Wirkwiderstand eines Elektrolytkondensators ist von der Bauform, der Temperatur, der Nennkapazität und der Nennspannung abhängig und relativ groß (0,1 ... 500 Ω bei 100 Hz und 20 °C). Deshalb wird bereits bei tiefen Frequenzen für die Beschreibung des Wechselstromverhaltens die Ersatzschaltung 10.23c verwendet.

Der Widerstand R_S der Ersatzschaltung wird in den Datenblättern häufig mit **ESR** (***e****quivalent* ***s****eries* ***r****esistance*) und das Eintor L mit **ESL** (*equivalent series inductance*) bezeichnet.

Wird ein Elektrolytkondensator an einer schwingenden Spannung betrieben, so muss darauf geachtet werden, dass der Effektivwert des Wechselstromes und die Verlustleistung die im Datenblatt genannten zulässigen Höchstwerte nicht übersteigen. Bei sinusförmigem Wechselspannungsanteil mit dem Effektivwert $U_\sim$ kann der Effektivwert $I = U_\sim / Z$ des Stromes mit dem *Scheinwiderstand* Z des Kondensators berechnet werden und man erhält die Verlustleistung:

$$P = R_S I^2 = U_\sim^2 \cdot \frac{R_S}{Z^2} \qquad (10.24)$$

Der Scheinwiderstand Z ist temperaturabhängig. Er nimmt wegen der bei niedrigen Temperaturen geringeren Leitfähigkeit des Elektrolyten mit sinkender Temperatur zu (Bild 10.27). Der Anstieg des Scheinwiderstands bei hohen Frequenzen ist auf die Selbstinduktivität zurückzuführen.

Der Verlustfaktor von Elektrolytkondensatoren hat bei mittleren Frequenzen und bei Normaltemperatur Werte größer als 10^{-2}; er kann bei hohen Frequenzen und tiefen Temperaturen auf Werte $\tan\delta > 1$ anwachsen (Bild 10.28).

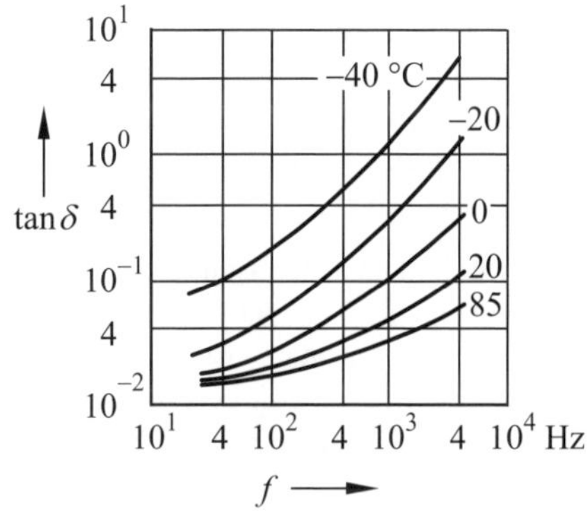

Bild 10.28 Verlustfaktor eines Al-Elektrolytkondensators 100 µF; 63 V

Fragen

- Wie ist ein Wickelkondensator aufgebaut?
- Verschiedene Kondensatorbauformen sind selbstheilend. Was versteht man darunter?
- Welche elektrischen Eigenschaften haben die Keramikmassen, die bei der Herstellung von Kondensatoren verwendet werden?
- Geben Sie die Definitionen der Begriffe Nennkapazität und Nennspannung an.
- Skizzieren Sie die Gleichstrom-Ersatzschaltung eines Kondensators.
- Welcher Zusammenhang besteht zwischen dem Verlustwinkel und dem Phasenverschiebungswinkel des Stromes gegen die Spannung?
- Wie ist die Güte eines Kondensators definiert?
- In welchem Wertebereich kann der Verlustfaktor eines Kondensators liegen?
- Geben Sie die Gleichung zur Berechnung der Verlustleistung mit dem Verlustfaktor an.
- Skizzieren Sie je eine Kondensator-Ersatzschaltung für tiefe und für sehr hohe Frequenzen.
- Geben Sie ein Beispiel für die Verwendung des Temperaturkoeffizienten an.
- Welchen Einfluss hat die Temperatur auf den Kapazitätswert bei Typ-2-Keramikkondensatoren?
- Warum darf ein Elektrolytkondensator nicht mit falscher Polung betrieben werden?
- Erläutern Sie, weshalb nach langer spannungsloser Lagerung eines Elektrolytkondensators der Reststrom bei Inbetriebnahme zunächst sehr groß sein kann.
- Warum steigt der Scheinwiderstand eines Elektrolytkondensators mit sinkender Temperatur?
- In welchem Wertebereich liegen der Wirkwiderstand und der Verlustfaktor eines Elektrolytkondensators?

Aufgaben

10.5(1) Im Datenblatt einer Kondensator-Typenreihe ist die Zeitkonstante $\tau = 5000$ s angegeben. Bestimmen Sie aus dieser Angabe die Werte der Gleichstrom-Ersatzschaltung eines 150-nF-Kondensators dieser Bauart.

10.6(1) Die Entladezeitkonstante eines 5,6-µF-Kondensators ist im Datenblatt mit $\tau = 4500$ s angegeben. Der Kondensator wird auf 60 V aufgeladen und anschließend von der Quelle getrennt. Wie groß ist nach 2 h seine Klemmenspannung?

10.7(1) Ein 680-pF-Schichtkondensator hat bei 1 kHz die Güte 125. Geben Sie die zugehörige Wechselstrom-Ersatzschaltung an.

10.8(2) Der Temperaturkoeffizient eines MKL-Kondensators ist $\alpha_{20} = 800 \cdot 10^{-6}\,\mathrm{K}^{-1}$. Um wie viel Prozent ändert sich der Kapazitätswert bei einer Temperaturerhöhung von −20 °C auf +55 °C?

10.4 Spule

Ziele: Sie können
- eine Spulen-Ersatzschaltung angeben und erläutern.
- die Definitionen für den Verlustwinkel, den Verlustfaktor und die Güte einer Spule nennen.
- die Gleichung für die effektive Permeabilität herleiten.
- die Gleichung für den Induktivitätsfaktor und die Voraussetzungen für seine Anwendung angeben.
- ein Beispiel für die Verwendung des Widerstandsfaktors nennen.
- die Ursachen der Kernverluste nennen.
- die Wirkung der Wirbelströme im Kern beschreiben.
- den Wirbelstromverlustwiderstand mit dem Wirbelstrombeiwert ausdrücken.
- den Rayleigh-Bereich im *B-H*-Diagramm angeben.
- den Zusammenhang zwischen den Hystereseverlusten und dem Hysteresebeiwert nennen.
- den Kernverlustwiderstand und die Induktivität mithilfe der komplexen Permeabilität ausdrücken.
- die Bedeutung der V-Zahl erläutern

Die **Spule** (*coil*) ist ein Bauelement, das die Wirkung des Grundeintors *L* ergeben soll; sie besteht aus einer Drahtwicklung auf einem Spulenkörper aus Isoliermaterial und enthält meist einen Kern aus Eisenblech oder Ferrit.

Das Bild 10.29 zeigt eine Spule mit **Schalenkern** aus Ferrit. Der Kern besteht aus zwei schalenförmigen Hälften, die durch eine federnde Spange oder durch Schrauben (nicht dargestellt) zusammengehalten werden. Längs der Achse kann ein Ferritzylinder eingeschraubt werden, der für den magnetischen Fluss einen Parallelweg bildet. Dieser sog. *magnetische Nebenschluss* dient zur Einstellung der wirksamen Luftspaltlänge.

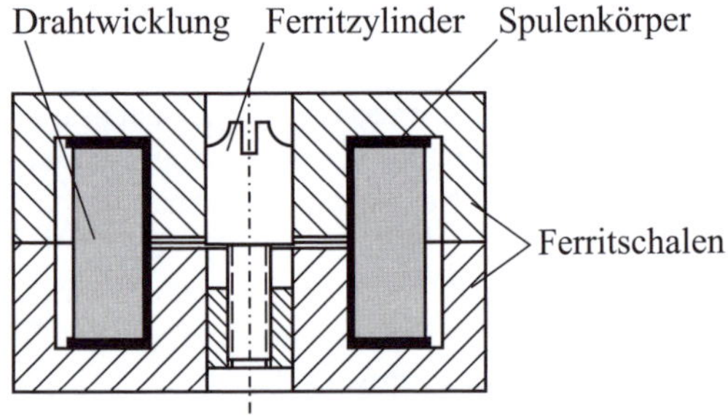

Bild 10.29 Spule mit Schalenkern aus Ferrit und einstellbarem Luftspalt

Bei Spulen für Frequenzen > 100 MHz wird häufig auf einen Kern aus hochpermeablem Material verzichtet. Solche Spulen werden als **Luftspulen** bezeichnet. Sie werden mit und ohne Spulenkörper ausgeführt und bestehen aus einer einlagigen Zylinderspule mit geringer Windungszahl (Bild 10.30) oder aus einer spiralförmigen Leiterbahn auf einem Trägermaterial (Bild 10.31). Letztere Ausführung kann auch in integrierten Schaltungen verwendet werden.

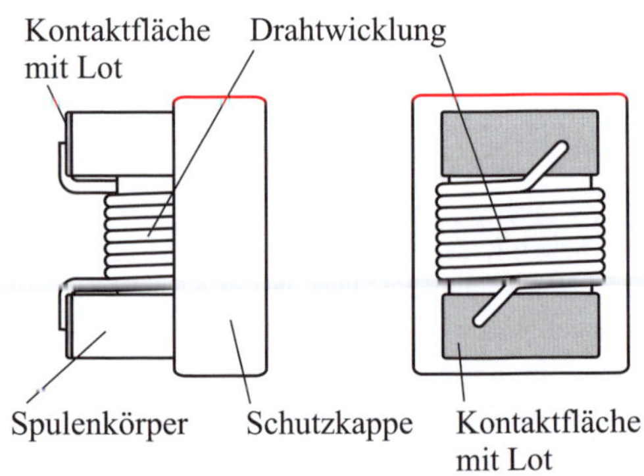

Bild 10.30 Luftspule in SMD-Ausführung (Seiten- und Aufriss)

Um die Verkettung sämtlicher Windungen einer Zylinderspule mit dem Gesamtfluss zu erreichen, werden solche Spulen auch mit einem zylindrischem Ferritkern hergestellt.

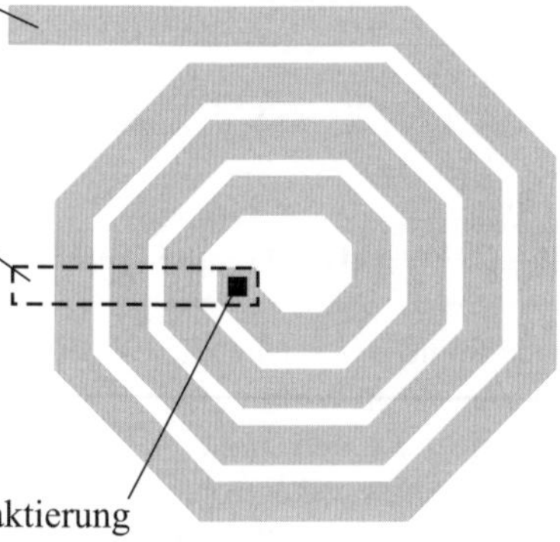

Bild 10.31 Luftspule einer integrierten Schaltung

Bei sehr hohen Frequenzen ergeben auch **Ferritperlen** (*ferrite bead*), die auf den Leiter gefädelt sind, ausreichend große induktive Widerstände.

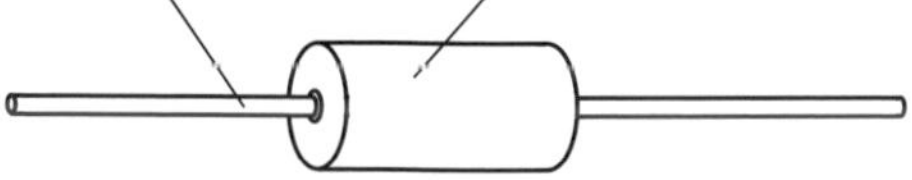

Bild 10.32 Erzeugung einer Induktivität mit einer Ferritperle auf einem Draht

10.4.1 Berechnung der Induktivität

Gleichungen für die Induktivität von Spulen sind im Abschn. 1.6.3 angegeben. Im Folgenden soll die Berechnung der Induktivität von Spulen mit hochpermeablem Schalenkern gezeigt werden, die für einen Betrieb mit sehr kleinem Scheitelwert der Wechselflussdichte bestimmt sind.

In der Nachrichtentechnik beschränkt man den Scheitelwert der Flussdichte auf Werte im mT-Bereich und verwendet *Kerne mit Luftspalt*; in diesem Fall kann die Induktivität der Spule als annähernd konstant angesehen werden. Hystereseschleifen mit $\hat{B}$ < 1 mT lassen sich für niedrige Frequenzen durch Geraden durch den Ursprung annähern, deren Steigung gleich der *Anfangspermeabilität* μ_a ist. Der magnetische Leitwert Λ eines Kerns ohne Luftspalt ist in diesem Bereich:

$$\Lambda = \mu_a \frac{A_{Fe}}{l_{Fe}} \tag{10.25}$$

Bei einem *Kern mit Luftspalt* beschreibt die **effektive Permeabilität** $\mu_e < \mu_a$ die Wirkung des gesamten magnetischen Kreises. Die effektive Permeabilität hängt vom Kernmaterial, von der Kernform sowie von den Abmessungen des Kerns und des Luftspalts ab. Mit ihr kann man den magnetischen Leitwert eines magnetischen Kreises mit Luftspalt vereinfacht berechnen:

$$\Lambda \approx \mu_e \frac{A_{Fe}}{l_{Fe}} \tag{10.26}$$

Für einen Ringkern mit Luftspalt kann μ_e aus dem magnetischen Leitwert des Kerns berechnet werden:

$$\mu_e = \Lambda \frac{l}{A} = \frac{\Phi}{\Theta} \cdot \frac{l}{A} \tag{10.27}$$

Hierin ist $l = l_{Fe} + l_L$ die mittlere Feldlinienlänge.

Wir setzen $\Phi = B\,A$ in die Gl. (10.27) ein und ersetzen die Durchflutung:

$$\Theta = \frac{B}{\mu_0} l_L + \frac{B}{\mu_a} l_{Fe} \tag{10.28}$$

Die effektive Permeabilität eines Ringkerns mit Luftspalt ist somit:

$$\mu_e = \frac{1}{\frac{1}{\mu_0} \cdot \frac{l_L}{l} + \frac{1}{\mu_a} \cdot \frac{l_{Fe}}{l}} \tag{10.29}$$

Bei geringer Luftspaltlänge ist $l \approx l_{Fe}$ und die Gl. (10.29) kann vereinfacht werden:

$$\mu_e = \frac{1}{\frac{l_L}{l_{Fe}} + \frac{\mu_0}{\mu_a}} \cdot \mu_0 \tag{10.30}$$

Bei anderen Kernformen muss μ_e empirisch bestimmt werden; die Gl. (10.30) liefert nur Näherungswerte. Deshalb geben die Hersteller hochpermeabler Kerne empirisch bestimmte **Induktivitätsfaktoren** A_L an, die von der Luftspaltlänge abhängig sind. Mit diesen kann die Induktivität aus der Windungszahl N berechnet werden:

$$L = A_L N^2 \qquad [A_L] = 1\,\text{H} \tag{10.31}$$

Der Induktivitätsfaktor ist bei kleinen Scheitelwerten der Flussdichte wegen Gl. (1.58) gleich dem magnetischen Leitwert des Kerns. Je länger der Luftspalt, desto kleiner ist A_L, aber desto größer darf B sein.
Wegen der Temperaturabhängigkeit der Permeabilität ist auch L temperaturabhängig.

Beispiel 10.9
Eine Spule mit $L = 26$ mH soll für einen Strom mit der Amplitude $\hat{i} = 12$ mA ausgelegt werden. Für den vorgesehenen Kern gelten folgende Herstellerangaben:

$\hat{B} = 10$ mT; $A_{Fe} = 44$ mm^2

l_L in mm	2	1,1	0,6
A_L in nH	40	63	100
$\frac{\mu_e}{\mu_0}$	19,2	30	48

Wir wollen die erforderliche Windungszahl berechnen.
Zunächst bestimmen wir den Scheitelwert $\hat{\Psi}_m$ des Verkettungsflusses und den noch zulässigen Wert $\hat{\Phi}_{zul}$ des Flusses:

$$\hat{\Psi}_m = L\,\hat{i} = 312\ \mu\text{V s}$$

$$\hat{\Phi}_{zul} = \hat{B}_{zul}\,A_{Fe} = 0{,}44\ \mu\text{V s}$$

Hiermit berechnen wir die minimale Windungszahl N_{min}, die erforderlich ist, damit beim Betrieb der Spule die zulässige Flussdichte nicht überschritten wird:

$$N_{min} = \frac{\hat{\Psi}_m}{\hat{\Phi}_{zul}} = 709$$

Um mit dieser oder einer größeren Windungszahl die Induktivität $L = 26$ mH zu erreichen, darf A_L den Wert

$$A_L = \frac{L}{N_{min}^2} = 51{,}7\ \text{nH}$$

nicht überschreiten. Wir wählen deshalb einen Kern mit der Luftspaltlänge 2 mm und dem Induktivitätsfaktor $A_L = 40$ nH. Die erforderliche Windungszahl ist:

$$N = \sqrt{\frac{L}{A_L}} = 806$$

10.4.2 Verlustwinkel und Gütefaktor

Jede Spule weist neben der angestrebten energiespeichernden Wirkung der Induktivität *Verluste* auf, die durch den Drahtwiderstand und durch das Kernmaterial verursacht werden. Die Wirkung einer Spule an Wechselspannung entspricht umso mehr der Wirkung eines Grundeintors L, je kleiner die Verlustenergie W_v in einer Periode im Verhältnis zur maximal gespeicherten Energie W_{max} ist. Mit diesen Größen ist der **Gütefaktor** (kurz: Güte) der Spule definiert:

$$Q = 2\pi\,\frac{W_{max}}{W_v} \qquad \text{(s. Gl. 10.10)}$$

Der *Kehrwert* der Güte ist der **Verlustfaktor** d:

$$d = \frac{1}{Q} \qquad \text{(s. Gl. 10.11)}$$

Die Verluste führen dazu, dass eine Spule bei Betrieb mit Sinusstrom außer dem Blindwiderstand auch einen *Wirkwiderstand* aufweist. *Verschiebungsströme* zwischen den einzelnen Windungen der Drahtwicklung ergeben eine kapazitive Wirkung, die sich der induktiven Wirkung überlagert,

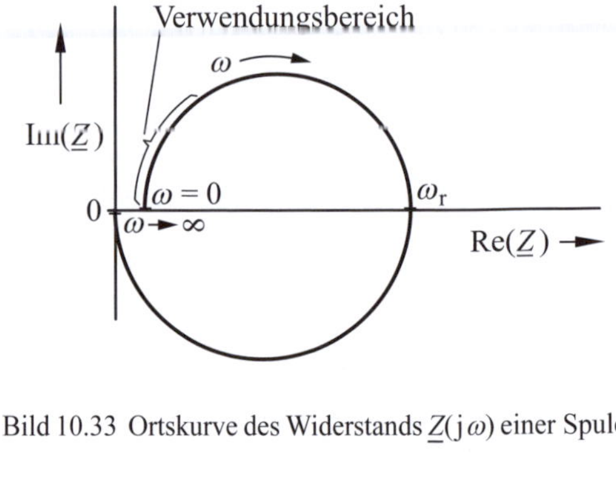

Bild 10.33 Ortskurve des Widerstands $\underline{Z}(j\omega)$ einer Spule

diese schwächt und bei hohen Frequenzen zu Resonanz führt. Oberhalb der Resonanzfrequenz wirkt die Spule kapazitiv (Bild 10.33).

Die Spulen-Ersatzschaltung 10.34 hat entsprechend der Ortskurve (Bild 10.33) einen frequenzabhängigen Widerstand $\underline{Z}$. In der Ersatzschaltung werden die Verluste durch den **Verlustwiderstand** R_v und die Verschiebungsströme durch die **Wicklungskapazität** C_W berücksichtigt.

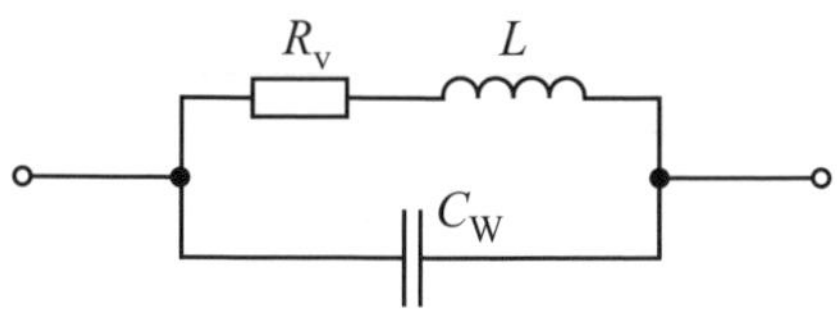

Bild 10.34 Wechselstrom-Ersatzschaltung einer Spule

In der Regel wird eine Spule weit unterhalb ihrer Resonanzfrequenz betrieben; hierbei ist der Einfluss der Verschiebungsströme vernachlässigbar. Der Phasenverschiebungswinkel, der gleich dem Winkel des Widerstandes $\underline{Z}$ ist, weicht nur geringfügig von $\pi/2$ ab (Bild 10.35). Die Abweichung wird durch den **Verlustwinkel** δ beschrieben:

$$\boxed{\delta = \frac{\pi}{2} - |\varphi|} \qquad \text{s. Gl. (10.12)}$$

Die maximal in der Spule gespeicherte Energie ist bei Sinusschwingungen:

$$W_{max} = \frac{X}{\omega} I^2 = \frac{T}{2\pi} X I^2 \qquad (10.32)$$

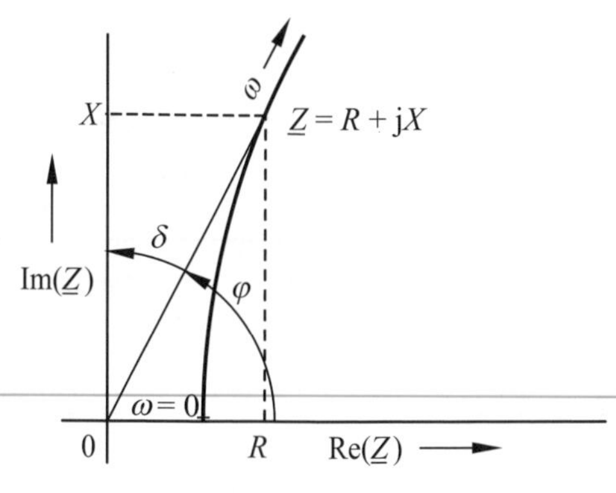

Bild 10.35 Zur Definition des Verlustwinkels

Mit dem Wirkwiderstand berechnen wir die Verlustenergie pro Periode:

$$W_v = T R I^2 \qquad (10.33)$$

Wir setzen dies in die Gl. (10.10) ein und erhalten die Güte der Spule für Sinusschwingungen:

$$Q = 2\pi \frac{T X I^2}{2\pi T R I^2} = \frac{1}{\tan\delta} \qquad (10.34)$$

Da der Verlustwinkel i. Allg. klein ist, gilt für den Verlustfaktor und die Güte:

$$d = \frac{1}{Q} = \tan\delta \approx \delta \qquad \text{(s. Gl. 10.17)}$$

Die Verlustleistung kann mit dem Verlustfaktor direkt aus der Scheinleistung berechnet werden:

$$\boxed{P = S \cdot d} \qquad \text{(s. Gl. 10.19)}$$

Beispiel 10.10

Eine Spule mit L = 10 mH hat bei 50 kHz die Güte 250. Wir wollen für einen Sinusstrom I = 50 mA (50 kHz) die Spannung und die Verlustleistung berechnen.

Der Blindwiderstand der Spule ist:

$$X = \omega L = 3140\ \Omega$$

Mit dem Wirkwiderstand $R = X/Q$ berechnen wir den komplexen Widerstand:

$$\underline{Z} = \frac{X}{Q} + jX = 3140\ \Omega \angle \pi/2 - 4 \cdot 10^{-3}$$

Der Effektivwert der Spannung ist:

$$U = Z I = 157\ \text{V}$$

Die Spannung eilt dem Strom um den Winkel φ vor:

$$\varphi = \frac{\pi}{2} - 4 \cdot 10^{-3} \mathrel{\hat=} 89{,}8°$$

Die Verlustleistung berechnen wir mit dem Verlustfaktor aus der Scheinleistung:

$$P_v = S\,d = \frac{U I}{Q} = 31{,}4\ \text{mW}$$

10.4.3 Kupferverluste

Ein Teil der Verluste einer Spule – bei Luftspulen sind es die gesamten Verluste – wird durch den Drahtwiderstand verursacht. Diese **Kupferverluste** (*copper losses*) P_{Cu} werden in der Spulen-Ersatzschaltung durch den **Kupferverlustwiderstand** R_{Cu} berücksichtigt, der gleich dem Drahtwiderstand ist und einen Teil des Verlustwiderstandes bildet (Bild 10.38). Der Kupferverlustwiderstand ist vom spezifischen Widerstand ρ_{Cu}, von der Querschnittsfläche A_D und von der Länge l_D des Drahtes abhängig:

$$R_{Cu} = \rho_{Cu} \frac{l_D}{A_D} \tag{10.35}$$

Drahtlänge und Drahtquerschnitt werden vom verwendeten Spulenkörper und von der Windungszahl N bestimmt.
Die Drahtlänge kann aus der mittleren Windungslänge l_W des Spulenkörpers berechnet werden:

$$l_D = N\, l_W \tag{10.36}$$

Der Drahtquerschnitt A_D lässt sich aus der Wicklungsfläche A_W des Spulenkörpers berechnen. Dabei muss man berücksichtigen, dass nur *ein Teil* der Wicklungsfläche für das Drahtmaterial zur Verfügung steht; der Rest ist die von der Isolation

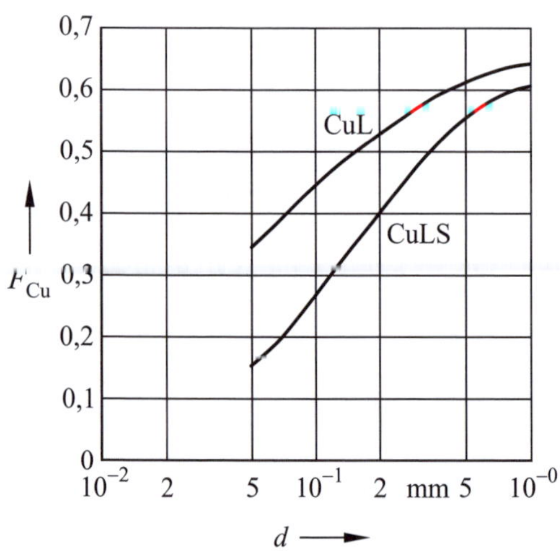

Bild 10.36 Kupferfüllfaktor: Kupferlackdraht (CuL), Kupferlackdraht seidenumsponnen (CuLS)

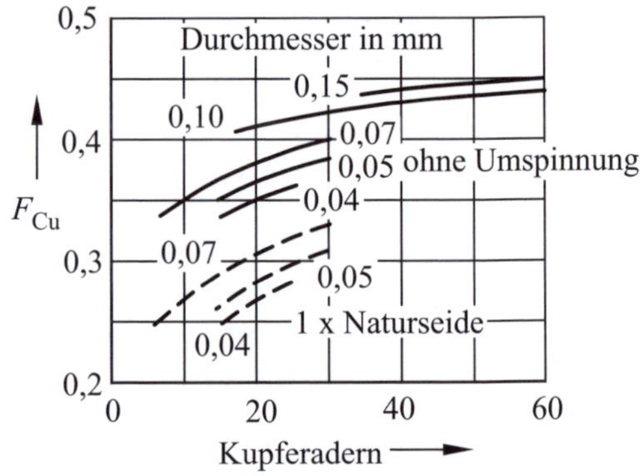

Bild 10.37 Kupferfüllfaktor von HF-Litze (— ohne Umspinnung, --- mit Naturseide umsponnen)

und den unvermeidbaren Zwischenräumen eingenommene Fläche. Dies wird durch den **Kupferfüllfaktor** F_{Cu} berücksichtigt; sein Wert hängt vom verwendeten Draht ab (Bilder 10.36 und 10.37).

$$A_D = F_{Cu} \frac{A_W}{N} \tag{10.37}$$

Setzt man die Drahtlänge und den Drahtquerschnitt in die Gl. (10.35) ein, so zeigt sich, dass der Kupferverlustwiderstand durch die Abmessungen des Spulenkörpers bestimmt wird:

$$R_{Cu} = N^2 \rho_{Cu} \cdot \frac{l_W}{A_W} \cdot \frac{1}{F_{Cu}} \tag{10.38}$$

Der in dieser Gleichung enthaltene, auf *eine* Windung bezogene Widerstand wird **Widerstandsfaktor** A_R des Spulenkörpers genannt:

$$A_R = \rho_{Cu} \cdot \frac{l_W}{A_W} \cdot \frac{1}{F_{Cu}}\,; \; [A_R] = 1\,\Omega \tag{10.39}$$

Der Widerstandsfaktor wird von den Herstellern der Spulenkörper meist für einen Kupferfüllfaktor $F_{Cu} = 0{,}5$ angegeben; für andere Werte muss er umgerechnet werden. Aus dem Widerstandsfaktor und der Windungszahl kann der Kupferverlustwiderstand der Spule berechnet werden:

$$\boxed{R_{Cu} = N^2 A_R} \tag{10.40}$$

Mit zunehmender Frequenz erhöht sich der Kupferverlustwiderstand wegen des Skineffekts.

Bei einer Spule wird das Magnetfeld im Querschnitt eines Leiters auch vom Magnetfeld der übrigen Windungen hervorgerufen. Die Stromverdrängung wird daher in einer Spule schon bei viel niedrigeren Frequenzen wirksam als bei einem geraden linearen Leiter (s. Abschn. 10.2.3). Die Gl. (10.40) gilt deshalb nur für Frequenzen bis zu wenigen kHz.

Da die Stromverdrängung bei Spulen von sehr vielen Parametern abhängt, z. B. von der *Form* der Spule, vom Eisenkern und von der Luftspaltlänge, müssen zu ihrer Berechnung Herstellerangaben herangezogen werden.

Beispiel 10.11
Wir wollen den Kupferverlustwiderstand der Spule ($N = 806$) aus dem Beispiel 10.9 für die Frequenz 400 Hz berechnen. Die Spule soll aus Kupferlackdraht gewickelt werden. Der zum Kern passende Spulenkörper hat folgende Daten:

$A_R = 87\ \mu\Omega$ bei $F_{Cu} = 0{,}5$; $A_W = 16\ \text{mm}^2$

Zunächst muss geprüft werden, ob der Kupferfüllfaktor 0,5 erreicht werden kann. Wir bestimmen mit der Gl. (9.37) den zugehörigen Drahtquerschnitt und aus diesem den Drahtdurchmesser:

$$A_D = F_{Cu}\frac{A_W}{N} = 0{,}00992\ \text{mm}^2$$

$$d = \sqrt{\frac{4A_D}{\pi}} = 0{,}112\ \text{mm}$$

Aus Bild 10.36 ergibt sich für Kupferlackdraht mit 0,11 mm Durchmesser $F_{Cu} \approx 0{,}45$; es kann also nur ein kleinerer Kupferfüllfaktor erreicht werden als zunächst angenommen. Damit ist die Verwendung eines dünneren Drahtes notwendig.

Aus einer Drahttabelle (s. auch Werte im Bild 10.37) entnehmen wir den nächstkleineren genormten Drahtdurchmesser $d = 0{,}1$ mm. Für diesen berechnen wir den Kupferfüllfaktor 0,4; er kann nach Bild 10.36 erreicht werden.

Nun bestimmen wir mit der Gl. (10.39) aus dem angegebenen den für $F_{Cu} = 0{,}4$ gültigen Widerstandsfaktor des Spulenkörpers:

$$A_R\big|_{0,4} = A_R\big|_{0,5}\cdot\frac{0{,}5}{0{,}4} = 109\ \mu\Omega$$

Mit diesem Widerstandsfaktor ergibt sich der Kupferverlustwiderstand:

$$R_{Cu} = N^2 A_R = 70{,}8\ \Omega$$

Bei der niedrigen Frequenz $f < 1$ kHz wird der Kupferverlustwiderstand nur unwesentlich durch die Stromverdrängung erhöht.

10.4.4 Kernverluste

Bei Spulen mit einem Eisen- oder einem Ferritkern ist der Verlustwiderstand R_v größer als der Kupferverlustwiderstand R_{Cu}. Ursachen für diese weiteren Verluste, die nur bei Wechselstrom auftreten, sind *Wirbelströme* im Kern, die *Hysterese* und die *Trägheit der Elementarmagnete*.

Die **Kernverluste** werden auch als **Eisenverluste** (*iron losses*) bezeichnet.

Um die verschiedenen Ursachen für die Verluste deutlich zu machen, wird in der Wechselstrom-Ersatzschaltung der Verlustwiderstand durch eine Reihenschaltung aus dem Kupferverlustwiderstand R_{Cu} und dem **Kernverlustwiderstand** R_{KS} ersetzt.

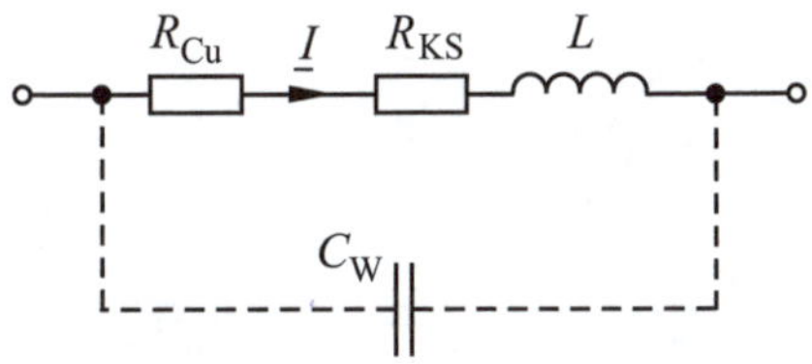

Bild 10.38 Spulen-Ersatzschaltung mit Kernverlustwiderstand

Die Reihenschaltung aus R_{KS} und L kann für jeweils eine bestimmte Frequenz durch eine *Parallelschaltung* ersetzt werden (Bild 10.39). Der Widerstand R_{KP} in der Parallelschaltung wird auch **Eisenverlustwiderstand** R_{Fe} genannt.

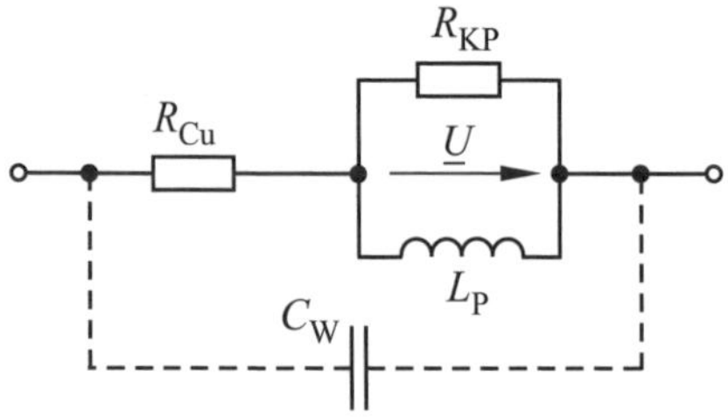

Bild 10.39 Spulen-Ersatzschaltung mit Eisenverlustwiderstand

Bei niedrigen Frequenzen kann die Wicklungskapazität C_W vernachlässigt werden. Der Widerstand der Ersatzschaltung 10.38 ist in diesem Fall:

$$\underline{Z} = R_{Cu} + R_{KS} + j\,\omega L \qquad (10.41)$$

Der Tangens des Verlustwinkels ist die Summe aus dem Tangens des **Kupferverlustwinkels** δ_{Cu} und dem Tangens des **Kernverlustwinkels** δ_K:

$$\tan\delta = \frac{R_v}{\omega L} = \frac{R_{Cu}}{\omega L} + \frac{R_{KS}}{\omega L}$$

$$\tan\delta = \tan\delta_{Cu} + \tan\delta_K \qquad (10.42)$$

Wirbelstromverluste
Wir betrachten eine Spule mit einem massiven Ringkern aus Eisen. Bei Betrieb mit Wechselstrom treten im Kern *Wirbelströme* auf, die der Flussänderung entgegenwirken. Die äußeren Stromlinien (Bild 10.40) umschließen größere Flussanteile als die inneren; dadurch nimmt die Stromdichte der Wirbelströme nach außen hin zu.

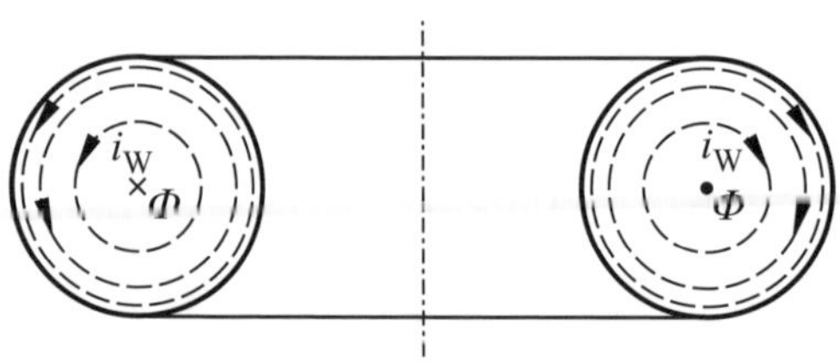

Bild 10.40 Wirbelstromfeld in einem massiven ringförmigen Eisenkern für $d\Phi/dt > 0$

Die von den Wirbelströmen erzeugte Durchflutung ist dagegen im Zentrum des Kerns am stärksten, sie wirkt der Spulendurchflutung entgegen und schwächt das magnetische Feld.

Bei *hohen* Frequenzen ist das Kerninnere praktisch feldfrei, nur in der Randzone des Kerns tritt ein Magnetfeld auf. In dieser Randzone fließen kräftige Wirbelströme.

Durch die Schwächung des Feldes wird die Induktivität der Spule kleiner. Außerdem verursachen die Wirbelströme **Wirbelstromverluste** (*eddy losses*), welche den Kern erwärmen; von der Quelle, an der die Spule betrieben wird, muss eine gleich große Leistung geliefert werden. Beide Einflüsse sind frequenzabhängig; sie treten nur in leitenden Kernen auf. In Ferritkernen gibt es praktisch keine Wirbelstromverluste, weil Ferrite Isolatoren sind. Kerne aus *metallischem Eisen* werden aus Blechen geschichtet (Bild 1.40), die gegeneinander isoliert sind.
In jedem Blechquerschnitt wird nur ein Teilfluss geführt, der mit einem eigenen Wirbelstromfeld verkettet ist. Das Innere der Blechquerschnitte wird erst bei *höheren* Frequenzen feldfrei als der Querschnitt eines massiven Kerns. Um die Wirksamkeit der Aufteilung in Teilquerschnitte zu beschreiben, gibt man eine **Grenzfrequenz der Wirbelströme** f_W an. Bei dieser Frequenz ist die Eindringtiefe der Wirbelströme gleich der halben Blechdicke d. Der Betrag der Wirbelstromdichte hat dabei vom Blechrand zur Blechmitte um den Faktor $1/e = 0{,}368$ abgenommen.

Im Bereich kleiner Scheitelwerte der Flussdichte lautet die Gleichung für die Grenzfrequenz der Wirbelströme:

$$f_W = \frac{4\,\rho}{\pi\,\mu_a\,d^2} \qquad (10.43)$$

Beispiel 10.12
Wir wollen die Grenzfrequenz der Wirbelströme für verschiedene Blechdicken eines Elektroblechs berechnen.

$\mu_a = 1000\,\mu_0$; $\rho_{20} = 0{,}4\,\Omega\,mm^2/m$

Diese Werte setzen wir in die Gl. (10.43) ein und erhalten für einige Werte der Blechdicke:

d in mm	0,5	0,35	0,1	0,05
f_W in kHz	1,6	3,3	40	162

Bei $f > f_W$ sollte ein Blech nicht verwendet werden. Bei $f \ll f_W$ und kleinen Scheitelwerten der Flussdichte können die Wirbelstromverluste durch einen **Wirbelstrom-Verlustwiderstand** R_W, der Teil des Kernverlustwiderstandes ist, berücksichtigt werden:

$$\boxed{R_W = \omega^2\, c_W\, L} \qquad (10.44)$$

Hierin ist c_W der Wirbelstrombeiwert:

$$c_W = \frac{\mu_a}{12\,\rho} \cdot d^2 = \frac{1}{3\,\pi \cdot f_W} \qquad (10.45)$$

Durch Einfügen eines *Luftspalts* vermindert sich der Wirbelstrombeiwert und damit der Wirbelstrom-Verlustwiderstand um den Faktor μ_e/μ_a.

Beispiel 10.13

Für eine Spule mit der Windungszahl $N = 1000$ wird ein Kern aus 0,35 mm dicken Blechen verwendet (Blechdaten s. Beispiel 10.12). Die Abmessungen sind:

$A_{Fe} = 4\ \text{cm}^2;\ l_{Fe} = 120\ \text{mm};\ l_L/l_{Fe} = 0{,}006$

Die Spule soll mit kleinen Scheitelwerten der Flussdichte bei der Frequenz 400 Hz betrieben werden. Wir wollen sowohl die Induktivität als auch den Wirbelstrom-Verlustwiderstand berechnen.

Wir bestimmen zunächst mit der Gl. (10.30) die effektive Permeabilität $\mu_e = 143\ \mu_0$ des Kerns und berechnen dann mit der Gl. (10.26) den magnetischen Leitwert $\Lambda = 600$ nH.

Die Spule hat die Induktivität:

$L = N^2\, \Lambda = 600\ \text{mH}$

Nun bestimmen wir mit der Grenzfrequenz des Blechs den Wirbelstrombeiwert und den Wirbelstrom-Verlustwiderstand des Kerns mit Luftspalt:

$$c_W = \frac{1}{3\,\pi \cdot f_W} \cdot \frac{\mu_e}{\mu_a} = 4{,}6 \cdot 10^{-6}$$

$$R_W = \omega^2\, c_W\, L = 17{,}5\ \Omega$$

Hystereseverluste

In Abschnitt 2.3.4 haben wir die *Hysteresearbeit* berechnet (Gl. 2.43), die bei *einem* Ummagnetisierungszyklus im Kernvolumen V_{Fe} einer Spule auftritt. Beim Betrieb mit Wechselstrom der Frequenz f werden in einer Sekunde f solcher Zyklen durchlaufen. Die dabei auftretende, auf eine Sekunde bezogene Hysteresearbeit nennt man **Hystereseverluste** (*hysteresis losses*) P_H:

$$P_H = f\, W_H = f\, V_{Fe} \oint H \cdot dB \qquad (10.46)$$

Beschränkt man den Scheitelwert der Flussdichte auf sehr kleine Werte, so ergeben sich als Hystereseschleifen so genannte **RAYLEIGH-Schleifen**[1]. Diese können durch zwei spiegelbildliche *Parabeläste* angenähert werden:

$$B = (\mu_a + 2\,\nu \hat{H})H \pm \nu(H^2 - \hat{H}^2) \qquad (10.47)$$

Für den oberen Parabelast (Bild 10.41) gilt das negative, für den unteren das positive Vorzeichen.

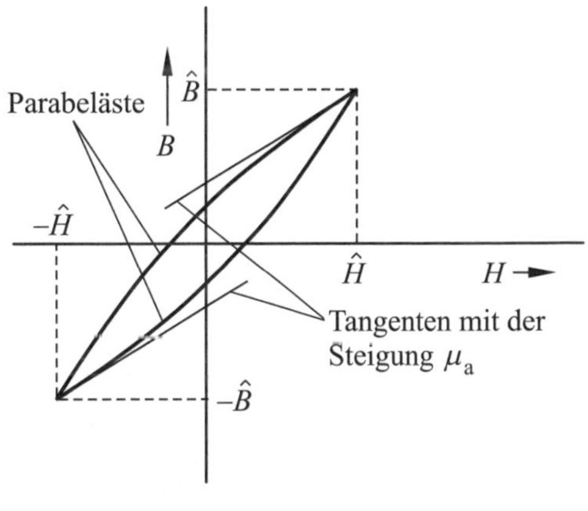

Bild 10.41 RAYLEIGH-Schleife aus zwei Parabelästen

Für eine RAYLEIGH-Schleife hat das Integral in der Gl. (9.46) den Wert:

$$\oint H \cdot dB = \frac{8\nu}{3} \cdot \hat{H}^3 \qquad (10.48)$$

Die in den Gln. (10.47 und 10.48) enthaltene Größe ν (griech. Buchstabe ny) wird **RAYLEIGH-Konstante** genannt; ihre Einheit ist $1\ \text{V s/A}^2$.

---

[1] Sir John William Rayleigh, 1842 – 1919

Mit Gl. (10.48) erhalten wir die Hystereseverluste:

$$P_H = f\, V_{Fe} \cdot \frac{8\nu}{3} \cdot \hat{H}^3 \qquad (10.49)$$

Diese Leistung kann in der Ersatzschaltung 10.38 durch einen **Hysterese-Verlustwiderstand** R_H, der Teil des Kernverlustwiderstandes R_{KS} ist, berücksichtigt werden:

$$P_H = R_H\, I^2 \qquad (10.50)$$

Wir bestimmen R_H, indem wir die Gl. (10.49) in die Gl. (10.50) einsetzen:

$$R_H = \frac{f\, V_{Fe} \cdot 8\nu\, \hat{H}^3}{3\, I^2} \qquad (10.51)$$

Da die Feldstärke $\hat{H} = \sqrt{2}\, I N / l_{Fe}$ durch den Scheitelwert des Stromes bestimmt wird, kann man I aus der Gl. (10.51) eliminieren und durch Erweitern mit μ_a die Induktivität als Faktor einführen:

$$R_H = \omega L\, \frac{8\nu \cdot \sqrt{2}}{3\,\pi\, \mu_a} \cdot \frac{\hat{H}}{\sqrt{2}} \qquad (10.52)$$

Die Kenngrößen ν und μ_a des Materials werden mit den in der Gleichung enthaltenen Zahlenfaktoren zum **Hysteresebeiwert** c_H zusammengefasst:

$$c_H = \frac{8\nu \cdot \sqrt{2}}{3\,\pi\, \mu_a}\,; \quad [c_H] = 1\,\frac{\text{m}}{\text{A}} \qquad (10.53)$$

Der Hysteresebeiwert wird von den Herstellern für Kerne *ohne* Luftspalt angegeben. Enthält der Kern einen Luftspalt, so ist der Hysteresebeiwert um den Faktor $(\mu_e / \mu_a)^2$ zu *verkleinern*; die Hystereseverluste nehmen also durch Einfügen eines Luftspalts ab. Auch bei Werkstoffen, deren Hystereseschleifen keine RAYLEIGH-Schleifen sind, wird ein Hysteresebeiwert angegeben, der aber von $\hat{H}$ bzw. $\hat{B}$ abhängig ist.

Mit dem Hysteresebeiwert kann für einen gegebenen Blindwiderstand ωL der Spule und einen gegebenen Scheitelwert $\hat{H}$ der Feldstärke der Hysterese-Verlustwiderstand berechnet werden:

$$\boxed{R_H = \omega L\, c_H \cdot \frac{\hat{H}}{\sqrt{2}}} \qquad (10.54)$$

Trägheit der Elementarmagnete
Die Magnetisierung eines hochpermeablen Materials ist mit *Wandverschiebungen* der WEISSschen Bezirke und mit *Verdrehungen* der Elementarmagnete verbunden. Diese Verschiebungen und Drehungen können nur mit einer materialabhängigen Geschwindigkeit ablaufen, da sie mit Energieverlusten verbunden sind.

Bei hohen Frequenzen kommt es dadurch zu einer Verkleinerung des Scheitelwerts der Flussdichte und zu einer *Phasenverschiebung* zwischen $\underline{B}$ und $\underline{H}$, die frequenzabhängig ist. Die hierdurch entstehenden Verluste sind besonders bei Ferriten von Bedeutung.

Kernverluste in der Nachrichtentechnik
Die verschiedenen Anteile der Kernverluste sind messtechnisch schwer zu trennen. Für kleine Scheitelwerte der Flussdichte, wie sie in der Nachrichtentechnik üblich sind, beschreibt man die Kernverluste deshalb zusammenfassend mithilfe einer relativen **komplexen Permeabilität** $\underline{\mu}_r$, die für Kerne *ohne Luftspalt* gilt. Die Gleichung für die komplexe Permeabilität ist von der Ersatzschaltung abhängig, für die sie definiert wird. Wir legen die Reihen-Ersatzschaltung zugrunde und beziehen den komplexen Widerstand $R_{KS} + \text{j}\,\omega L$ auf den mit j multiplizierten Blindwiderstand einer fiktiven Induktivität L_0, welche die Spule ohne hochpermeablen Kern hätte:

$$L_0 = N^2\, \mu_0\, \frac{A_{Fe}}{l_{Fe}} \qquad (10.55)$$

Der so gebildete Quotient ist die komplexe Permeabilität:

$$\underline{\mu}_r = \frac{R_{KS} + \text{j}\,\omega L}{\text{j}\,\omega L_0}$$

$$\underline{\mu}_r = \frac{L}{L_0} - \text{j}\,\frac{R_{KS}}{\omega L_0} = \mu_{rL} - \text{j}\,\mu_{rR} \qquad (10.56)$$

Die komplexe Permeabilität wird von den Kernherstellern angegeben. In *isolierenden Ferriten*, in denen keine Wirbelströme auftreten, ist $\underline{\mu}_r$ außer vom Material nur von der Frequenz und von den Scheitelwerten $\hat{H}$ und $\hat{B}$ abhängig. Mit den komplexen Symbolen $\underline{\hat{H}}$ und $\underline{\hat{B}}$ für die gleichfrequent sinusförmig schwingenden magnetischen Feldgrößen gilt in diesem Fall:

$$\underline{\hat{B}} = \underline{\mu}_r \, \mu_0 \underline{\hat{H}} \tag{10.57}$$

In *schlecht isolierenden Ferriten*, in denen schwache Wirbelströme möglich sind, haben auch die Kernabmessungen Einfluss auf $\underline{\mu}_r$.
Bei *Elektroblechen* ist $\underline{\mu}_r$ zusätzlich von der *Blechdicke* abhängig.

Mit dem Realteil der komplexen Permeabilität, der bei niedrigen Frequenzen gleich μ_a / μ_0 ist, kann die Induktivität einer Spule berechnet werden:

$$L = \mu_{rL} \, L_0 \tag{10.58}$$

Der zugehörige Kernverlustwiderstand wird mit dem *Betrag* des Imaginärteils bestimmt:

$$R_{KS} = \mu_{rR} \, \omega L_0 \tag{10.59}$$

Der Tangens des Kernverlustwinkels (s. Gl. 10.42) ist der Quotient aus dem Betrag des Imaginärteils und dem Realteil der komplexen Permeabilität:

$$\tan \delta_K = \frac{\underline{\mu}_{rR}}{\underline{\mu}_{rL}} \tag{10.60}$$

Für einen Kern mit Luftspalt kann entsprechend zur effektiven Permeabilität μ_e eine *effektive komplexe Permeabilität* bestimmt werden. Sowohl der Realteil dieser Größe als auch ihr Imaginärteil sind kleiner als die entsprechenden Komponenten von $\underline{\mu}_r$. Der Tangens des Kernverlustwinkels wird durch den Luftspalt um einen Faktor verkleinert, dessen Wert zwischen μ_e/μ_a und $(\mu_e/\mu_a)^2$ liegt. Die Kernverluste werden also durch einen Luftspalt *verringert.*

Kernverluste in der Energietechnik
In der Energietechnik werden Spulen mit niedrigeren Frequenzen (z. B. 50 Hz), aber mit wesentlich höheren Scheitelwerten der Flussdichte betrieben als in der Nachrichtentechnik. Die Induktivität kann dabei nicht mehr als konstant betrachtet werden; die komplexe Permeabilität ist daher nicht anwendbar. Stattdessen beschreibt man die Kernverluste, die hier **Eisenverluste** genannt werden, mithilfe der **spezifischen Verlustleistung** p_v:

$$p_v = \frac{P_v}{m_{Fe}}; \; [p_v] = 1 \, \frac{\text{W}}{\text{kg}} \tag{10.61}$$

Hierin ist m_{Fe} die Masse des Eisenkerns.

Die genormte Bezeichnung jedes Elektroblechs enthält hinter dem Buchstaben V den Zahlenwert der bei $\hat{B}$ = 1,5 T und f = 50 Hz auftretenden spezifischen Verlustleistung in 1 / 100 W. So hat z. B. das im Band 1 beschriebene Elektroblech V 400-50 A unter den genannten Bedingungen die spezifische Verlustleistung p_v = 4,0 W/kg.
Für eine Spule mit der Kernmasse m_{Fe} können die bei $\hat{B}$ = 1,5 T; f = 50 Hz auftretenden Eisenverluste aus der spezifischen Verlustleistung berechnet werden. Für *andere* Flussdichte- bzw. Frequenzwerte muss auf Herstellerangaben für das Kernmaterial zurückgegriffen werden.

Fragen
- Skizzieren Sie die $\underline{Z}$-Ortskurve einer Spule.
- Geben Sie für einen Punkt der Ortskurve den zugehörigen Verlustwinkel an.
- Wie lautet die Definitionsgleichung für die Güte einer Spule?
- Skizzieren Sie die Reihen-Ersatzschaltung einer Spule.
- Nennen Sie die Ursachen der Kernverluste.
- Wie können die Wirbelstromverluste in Eisenkernen klein gehalten werden?
- Wie ist die Grenzfrequenz der Wirbelströme definiert?
- Erläutern Sie die Begriffe Induktivitätsfaktor und Widerstandsfaktor.
- Wie lautet die Definitionsgleichung für die komplexe Permeabilität?
- Erläutern Sie die Bezeichnung V330-50A eines Elektroblechs.

Aufgaben
10.9(1) Eine Spule mit L = 230 mH hat bei der Frequenz 5 kHz die Güte 480.
Bestimmen Sie den Verlustwiderstand.

10.10(2) Für eine Spule mit L = 50 mH soll der Kern aus dem Beispiel 10.9 verwendet werden; die Windungszahl soll möglichst klein sein.
Welcher Luftspalt ist zu wählen?
Welche Windungszahl ist zu wählen?
Welche maximale Stromamplitude ist zulässig?

Anhang

A1 Beziehungen zwischen Winkelfunktionen

A1.1 Funktionen desselben Winkels

$$\sin^2\alpha + \cos^2\alpha = 1 \qquad \text{(A1.1)}$$

$$\sin\alpha = \cos\left(\alpha - \frac{\pi}{2}\right) \qquad \text{(A1.2)}$$

$$-\sin\alpha = \cos\left(\alpha + \frac{\pi}{2}\right) \qquad \text{(A1.3)}$$

$$\cos\alpha = \sin\left(\alpha + \frac{\pi}{2}\right) \qquad \text{(A1.4)}$$

$$-\cos\alpha = \sin\left(\alpha - \frac{\pi}{2}\right) \qquad \text{(A1.5)}$$

$$\tan\alpha = \frac{\sin\alpha}{\cos\alpha} \qquad \text{(A1.6)}$$

A1.2 Funktionen zweier Winkel

$$\sin(\alpha \pm \beta) = \sin\alpha\cos\beta \pm \cos\alpha\sin\beta \qquad \text{(A1.7)}$$

$$\cos(\alpha \pm \beta) = \cos\alpha\cos\beta \mp \sin\alpha\sin\beta \qquad \text{(A1.8)}$$

$$\tan(\alpha \pm \beta) = \frac{\tan\alpha \pm \tan\beta}{1 \mp \tan\alpha\tan\beta} \qquad \text{(A1.9)}$$

$$\sin\alpha + \sin\beta = 2\sin\frac{\alpha+\beta}{2}\cos\frac{\alpha-\beta}{2} \qquad \text{(A1.10)}$$

$$\sin\alpha - \sin\beta = 2\cos\frac{\alpha+\beta}{2}\sin\frac{\alpha-\beta}{2} \qquad \text{(A1.11)}$$

$$\cos\alpha + \cos\beta = 2\cos\frac{\alpha+\beta}{2}\cos\frac{\alpha-\beta}{2} \qquad \text{(A1.12)}$$

$$\cos\alpha - \cos\beta = -2\sin\frac{\alpha+\beta}{2}\sin\frac{\alpha-\beta}{2} \qquad \text{(A1.13)}$$

$$\tan\alpha \pm \tan\beta = \frac{\sin(\alpha \pm \beta)}{\cos\alpha\cos\beta} \qquad \text{(A1.14)}$$

$$\sin\alpha\sin\beta = \frac{1}{2}\cos(\alpha-\beta) - \frac{1}{2}\cos(\alpha+\beta) \qquad \text{(A1.15)}$$

$$\cos\alpha\cos\beta = \frac{1}{2}\cos(\alpha-\beta) + \frac{1}{2}\cos(\alpha+\beta) \qquad \text{(A1.16)}$$

$$\sin\alpha\cos\beta = \frac{1}{2}\sin(\alpha+\beta) + \frac{1}{2}\sin(\alpha-\beta) \qquad \text{(A1.17)}$$

A1.3 Funktionen von Vielfachen und Teilen eines Winkels

$$\sin 2\alpha = 2\sin\alpha\cos\alpha \qquad \text{(A1.18)}$$

$$\sin\alpha = 2\sin\frac{\alpha}{2}\cos\frac{\alpha}{2} \qquad \text{(A1.19)}$$

$$\sin 3\alpha = 3\sin\alpha - 4\sin^3\alpha \qquad \text{(A1.20)}$$

$$\cos 2\alpha = \cos^2\alpha - \sin^2\alpha \qquad \text{(A1.21)}$$

$$\cos 2\alpha = 2\cos^2\alpha - 1 = 1 - 2\sin^2\alpha \qquad \text{(A1.22)}$$

$$\cos 3\alpha = 4\cos^3\alpha - 3\cos\alpha \qquad \text{(A1.23)}$$

$$\tan 2\alpha = \frac{2\tan\alpha}{1-\tan^2\alpha} \qquad \text{(A1.24)}$$

$$\tan 3\alpha = \frac{3\tan\alpha - \tan^3\alpha}{1-3\tan^2\alpha} \qquad \text{(A1.25)}$$

$$\sin\frac{\alpha}{2} = \sqrt{\frac{1-\cos\alpha}{2}} \qquad \text{(A1.26)}$$

$$\cos\frac{\alpha}{2} = \sqrt{\frac{1+\cos\alpha}{2}} \qquad \text{(A1.27)}$$

$$\tan\frac{\alpha}{2} = \frac{\sin\alpha}{1+\cos\alpha} = \frac{1-\cos\alpha}{\sin\alpha} \qquad \text{(A1.28)}$$

$$\cos\alpha + \sin\alpha = \sqrt{1+\sin 2\alpha} \qquad \text{(A1.29)}$$

$$\cos\alpha - \sin\alpha = \sqrt{1-\sin 2\alpha} \qquad \text{(A1.30)}$$

A1.4 Potenzen von Winkelfunktionen

$$\sin^2\alpha = \frac{1}{2}(1-\cos 2\alpha) \qquad \text{(A1.31)}$$

$$\sin^3\alpha = \frac{1}{4}(3\sin\alpha - \sin 3\alpha) \qquad \text{(A1.32)}$$

$$\cos^2\alpha = \frac{1}{2}(1+\cos 2\alpha) \qquad \text{(A1.33)}$$

$$\cos^3\alpha = \frac{1}{4}(3\cos\alpha + \cos 3\alpha) \qquad \text{(A1.34)}$$

$$\tan^2\alpha = \frac{1}{\cos^2\alpha} - 1 = \frac{1-\cos 2\alpha}{1+\cos 2\alpha} \qquad \text{(A1.35)}$$

A2 Komplexe Rechnung

A2.1 Komplexe Zahlen

Eine **komplexe Zahl** ist die Summe aus einer reellen und einer imaginären Zahl. So ist z. B.:

$$\underline{r} = a + \mathrm{j}\, b \qquad \text{(A2.1)}$$

Eine komplexe Zahl wird durch Unterstreichen gekennzeichnet.
Die imaginäre Zahl j b entsteht durch Multiplikation der reellen Zahl b mit der **imaginären Einheit** j, für welche die quadratische Gleichung $\mathrm{j}^2 = -1$ gilt. Während in der Mathematik für die imaginäre Einheit das Formelzeichen i üblich ist, verwendet man dafür in der Elektrotechnik wegen der Verwechselungsgefahr mit einem zeitabhängigen Strom den Buchstaben j.

Man bezeichnet a als **Realteil** und b als **Imaginärteil** der komplexen Zahl $\underline{r}$. Die Darstellung einer komplexen Zahl nach Gl. (A2.1) bezeichnen wir als **R-Form**: In einem rechtwinkligen Koordinatensystem wird a auf der reellen Achse und b auf der imaginären Achse aufgetragen.

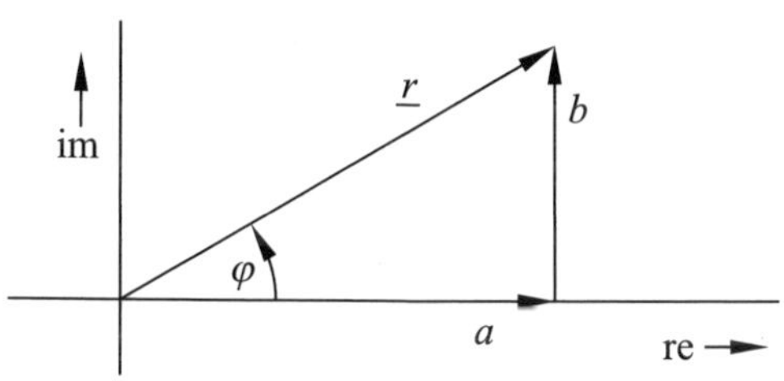

Bild A2.1 Komplexe Zahl $\underline{r}$ in der komplexen Ebene

Die komplexe Zahl $\underline{r}$ kann auch durch ihren Betrag r und ihren Winkel φ mithilfe des Versorzeichens $\underline{/\ \ }$ beschrieben werden:

$$\underline{r} = r \cdot \mathrm{e}^{\mathrm{j}\varphi} = r \,\underline{/\varphi} \qquad \text{(A2.2)}$$

Die Darstellung einer komplexen Zahl mit der Gl. (A2.2) nennen wir **Polarform** oder kurz **P-Form**. Dem Bild A2.1 entnehmen wir:

$$a = r \cos\varphi \qquad \text{(A2.3)}$$

$$b = r \sin\varphi \qquad \text{(A2.4)}$$

Wir setzen dies in die Gl. (A2.1) ein:

$$\underline{r} = r \cdot \mathrm{e}^{\mathrm{j}\varphi} = r \cdot \cos\varphi + \mathrm{j}\, r \cdot \sin\varphi \qquad \text{(A2.5)}$$

Daraus erhalten wir die **Eulersche Gleichung**[1]:

$$\mathrm{e}^{\mathrm{j}\varphi} = \cos\varphi + \mathrm{j}\sin\varphi \qquad \text{(A2.6)}$$

Der Realteil a, der Imaginärteil b und der Betrag r bilden stets ein rechtwinkliges Dreieck. Mit dem Satz des Pythagoras erhalten wir:

$$r = \sqrt{a^2 + b^2} \qquad \text{(A2.7)}$$

Der Betrag $r = |\underline{r}|$ ist stets positiv.
Aus $\tan\varphi = b/a$ berechnen wir den Winkel:

$$\varphi = \arctan \frac{b}{a} \qquad \text{(A2.8)}$$

Der Winkel φ kann positiv oder negativ sein. Bei einem positiven Winkel stimmt der Pfeil des Winkels mit dem mathematisch positiven Drehsinn überein (Bild A2.1); der Pfeil des Winkels ist dabei dem Uhrzeigersinn entgegengesetzt. Bei einem negativen Winkel stimmt die Pfeilrichtung mit dem Uhrzeigersinn überein.
Der Winkel wird im Bereich $-180° \leq \varphi \leq 180°$ angegeben. Dies ist z. B. bei der **Negation**

$$-\underline{r} = -a - \mathrm{j}\, b \qquad \text{(A2.9)}$$

einer komplexen Zahl von Bedeutung. Für $\varphi > 0$ gilt:

$$-\underline{r} = r \,\underline{/\varphi - 180°} \qquad \text{(A2.10)}$$

Entsprechend gilt für $\varphi < 0$:

$$-\underline{r} = r \,\underline{/\varphi + 180°} \qquad \text{(A2.11)}$$

Mit einem Taschenrechner kann z. B. die Koordinatenumwandlung durch Drücken folgender Tasten durchgeführt werden:

| R→P | R-Form → P-Form |
| P→R | P-Form → R-Form |

[1] Leonhard Euler, 1707 – 1783

Die zu $\underline{r}$ konjugiert komplexe Zahl $\underline{r}^*$ hat sowohl beim Winkel als auch beim Imaginärteil entgegengesetztes Vorzeichen:

$$\underline{r}^* = r\,\underline{/-\varphi} = a - \mathrm{j}\,b \tag{A2.12}$$

Mit komplexen Zahlen lassen sich dieselben Rechenoperationen durchführen wie mit reellen Zahlen.

A2.2 Addition und Subtraktion

Die Addition und die Subtraktion von zwei Zahlen $\underline{r}_1 = a_1 + \mathrm{j}\,b_1$ und $\underline{r}_2 = a_2 + \mathrm{j}\,b_2$ führt man zweckmäßig in der R-Form durch. Dabei werden die Realteile und die Imaginärteile getrennt addiert bzw. subtrahiert:

$$\underline{r}_1 + \underline{r}_2 = a_1 + a_2 + \mathrm{j}(b_1 + b_2) \tag{A2.13}$$

$$\underline{r}_1 - \underline{r}_2 = a_1 - a_2 + \mathrm{j}(b_1 - b_2) \tag{A2.14}$$

Entsprechend werden Summen oder Differenzen von drei oder mehr komplexen Zahlen berechnet. Im Sonderfall $\underline{r}_2 = \underline{r}_1^*$ ergibt sich:

$$\underline{r}_1 + \underline{r}_1^* = 2\,a_1 \tag{A2.15}$$

$$\underline{r}_1 - \underline{r}_1^* = \mathrm{j}\,2\,b_1 \tag{A2.16}$$

Die Summe einer komplexen und ihrer konjugiert komplexen Zahl ist das Doppelte des Realteils, die Differenz das mit j multiplizierte Doppelte des Imaginärteils. Damit lässt sich der Realteil einer komplexen Zahl folgendermaßen berechnen:

$$\mathrm{Re}\,\underline{r} = \frac{1}{2}\left(\underline{r} + \underline{r}^*\right) \tag{A2.17}$$

Entsprechend gilt für den Imaginärteil:

$$\mathrm{Im}\,\underline{r} = \frac{1}{2\mathrm{j}}\left(\underline{r} - \underline{r}^*\right) \tag{A2.18}$$

Im Sonderfall $\underline{r}_1 = \mathrm{e}^{\mathrm{j}\varphi}$ und $\underline{r}_2 = \underline{r}_1^* = \mathrm{e}^{-\mathrm{j}\varphi}$ ergeben Addition bzw. Subtraktion:

$$\cos\varphi = \frac{1}{2}\left(\mathrm{e}^{\mathrm{j}\varphi} + \mathrm{e}^{-\mathrm{j}\varphi}\right) \tag{A2.19}$$

$$\sin\varphi = \frac{1}{2\mathrm{j}}\left(\mathrm{e}^{\mathrm{j}\varphi} - \mathrm{e}^{-\mathrm{j}\varphi}\right) \tag{A2.20}$$

A2.3 Multiplikation und Division

Diese Rechenarten führt man zweckmäßig in der P-Form durch. Das Produkt von zwei komplexen Zahlen $\underline{r}_1$ und $\underline{r}_2$ ist:

$$\underline{r}_1\,\underline{r}_2 = r_1 \cdot \mathrm{e}^{\mathrm{j}\varphi_1} \cdot r_2 \cdot \mathrm{e}^{\mathrm{j}\varphi_2} = r_1\,r_2\,\underline{/\varphi_1 + \varphi_2} \tag{A2.21}$$

Wir betrachten nun den Fall $r_2 = 1$, der vor allem bei komplexen Zeigern von Bedeutung ist. In der Wechselstromtechnik bezeichnet man eine komplexe Größe auch als *Zeiger* der Länge r. Der Ausdruck

$$\underline{r}_1 \cdot \mathrm{e}^{\mathrm{j}\varphi_2} = r_1\,\underline{/\varphi_1 + \varphi_2} \tag{A2.22}$$

beschreibt einen Zeiger, der gegenüber $\underline{r}_1$ um den Winkel φ_2 gedreht ist. Deshalb wird ein Ausdruck von der Form $\mathrm{e}^{\mathrm{j}\varphi_2}$ auch **Dreher** genannt. So ist z. B. für $\varphi_2 = \pi/2$:

$$\underline{r}_1 \cdot \mathrm{e}^{\mathrm{j}\frac{\pi}{2}} = \underline{r}_1\left(\cos\frac{\pi}{2} + \mathrm{j}\sin\frac{\pi}{2}\right) = \mathrm{j}\,\underline{r}_1 \tag{A2.23}$$

Eine Multiplikation mit dem Faktor j bewirkt eine Drehung des Zeigers um 90° im mathematisch positiven Sinn. Entsprechend bewirkt eine Multiplikation mit –1 eine Drehung um –180° und eine Multiplikation mit –j eine Drehung um –90°.

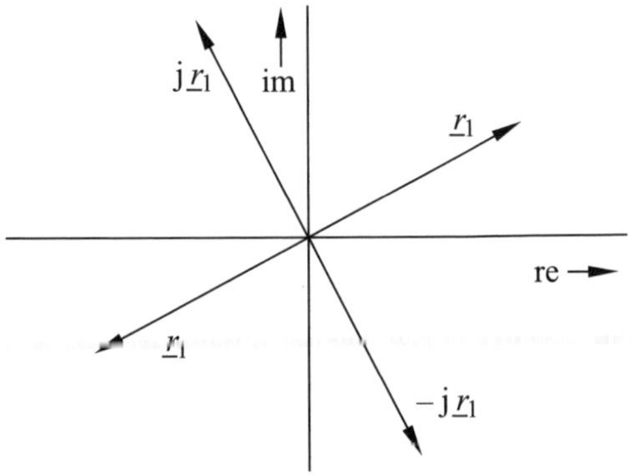

Bild A2.2 Multiplikation eines komplexen Zeigers mit einem Dreher

Das Produkt aus einer komplexen Zahl und ihrer konjugiert komplexen ist reell:

$$\underline{r} \cdot \underline{r}^* = r\,\underline{/\varphi} \cdot r\,\underline{/-\varphi} = r^2 \tag{A2.24}$$

Die Division von zwei komplexen Zahlen ergibt:

$$\frac{\underline{r}_1}{\underline{r}_2} = \frac{r_1}{r_2} \angle \varphi_1 - \varphi_2 \qquad \text{(A2.25)}$$

A2.4 Potenzieren und Radizieren

Beim Potenzieren bzw. Radizieren verwendet man zweckmäßig die P-Form.
Wir betrachten zunächst das Potenzieren, wobei wir den Exponenten der komplexen Zahl mit n bezeichnen. Wenn n eine ganze Zahl ist, erhält man eine einzige Potenz als Ergebnis:

$$\underline{r}^n = (r \cdot e^{j\varphi})^n = r^n \cdot e^{jn\varphi} = r^n \angle n\varphi \qquad \text{(A2.26)}$$

Beim Radizieren ist der Exponent eine gebrochene Zahl, deren Nenner wir im Folgenden mit n bezeichnen. Man erhält beim Radizieren n Wurzeln. Mit $k = 0, 1, 2 \ldots, (n-1)$ ergibt sich:

$$\underline{r}^{\frac{1}{n}} = (r \cdot e^{j\varphi})^{\frac{1}{n}} = \sqrt[n]{r} \angle (\varphi + 2k\pi)/n \qquad \text{(A2.27)}$$

Im Sonderfall $n = 2$ spricht man beim Radizieren von der Bildung der Quadratwurzel; dabei erhält man zwei komplexe Zahlen als Ergebnis:

$$\underline{r}_1 = \sqrt{\underline{r}} = \sqrt{r} \angle \varphi/2 \qquad \text{(A2.28)}$$

$$\underline{r}_2 = \sqrt{\underline{r}} = \sqrt{r} \angle (\varphi/2) + 180° \qquad \text{(A2.29)}$$

Nimmt bei einer Rechenoperation der Winkel einen Wert $\varphi > 180°$ an, so subtrahiert man zweckmäßig von φ den Winkel 360°; entsprechend addiert man zweckmäßig zu einem Winkel $\varphi < -180°$ den Winkel 360°, um beim Ergebnis einen Winkel im Bereich $-180° \leq \varphi \leq 180°$ zu erhalten.

A3 Wichtige Konstanten

AVOGADRO-Konstante	$N_A = 6{,}02214076 \cdot 10^{23}\ \text{mol}^{-1}$
BOLTZMANN-Konstante	$k = 1{,}380649 \cdot 10^{-23}\ \text{J K}^{-1}$
Elektrische Feldkonstante	$\varepsilon_0 = 8{,}8541878 \cdot 10^{-12}\ \text{As(V m)}^{-1}$
Elementarladung	$e = 1{,}6021766 \cdot 10^{-19}\ \text{C}$
Kreiszahl	$\pi = 3{,}141592653589793$
Lichtgeschwindigkeit im Vakuum	$c = 299\,792\,458\ \text{m s}^{-1}$
Magnetische Feldkonstante	$\mu_0 = 4\pi \cdot 10^{-7}\ \text{Vs (A m)}^{-1}$
PLANCKsches Wirkungsquantum	$h = 6{,}62607015 \cdot 10^{-34}\ \text{J s}$
Ruhemasse des Elektrons	$m_e = 9{,}109390 \cdot 10^{-31}\ \text{kg}$
Ruhemasse des Protons	$m_P = 1{,}6726231 \cdot 10^{-27}\ \text{kg}$

A4 Verwendete Formelzeichen

A	Fläche, Querschnitt
A	Übertragungsfaktor
A_{11}, A_{12}	Ketten-
A_{21}, A_{22}	parameter
a	Abstand
a	Größenverhältnis; Pegel
a_k	FOURIER-Koeffizient
B	Blindleitwert
B	magnetische Flussdichte
b	Breite; Bandbreite
b	Dämpfungswinkel
b_k	FOURIER-Koeffizient
C	Kapazität
C_d	differenzielle Kapazität
c	Lichtgeschwindigkeit im Vakuum
D	Dämpfungsfaktor
D	Verschiebungsdichte
D, d	Durchmesser
d	relative Bandbreite
d	Verlustfaktor
E	elektrische Feldstärke
e	Elementarladung

e	Basis des natürlichen Logarithmus
F	Kraft
F	Formfaktor
F	Füllfaktor
F	Netzwerkfunktion: Frequenzgang
F	Übertragungsfunktion; Spektraldichte
f	Frequenz
G	(Wirk-)Leitwert
G_d	differenzieller Leitwert
g	Grundschwingungsgehalt
g	komplexes Dämpfungsmaß
H	magnetische Feldstärke
H_{11}, H_{12}	Hybrid-
H_{21}, H_{22}	parameter
h	Höhe
I, i	elektrische Stromstärke
J	Stromdichte
j	imaginäre Einheit
K, k	allgemein verwendete Konstanten
k	Klirrfaktor
L	Selbstinduktivität
L_{ij}	gegenseitige Induktivität
l	Länge
M	Drehmoment
m	Masse
N	Windungszahl
n	Drehzahl
n	Anzahl
P	(Wirk-)Leistung
p	Dipolmoment
p	Druck
p	bezogene Leistung
p	Polpaarzahl
Q	Blindleistung
Q	Gütefaktor; Polgüte
Q	Ladung
q	bezogener Betriebs-Dämpfungsfaktor
R	(Wirk-)Widerstand
r	Radius
r	normierter (Wirk-)Widerstand
$\underline{S}$	Scheinleistung
$\vec{S}$	POYNTING-Vektor
s	Strecke
s	Schwingungsgehalt
s	Hilfsgröße (Skineffekt)
s	komplexe Variable (LAPLACE-Transf.)
T	Periodendauer; Übertragungsfaktor
t	Zeit; bezogener Übertragungsfaktor
U, u	elektrische Spannung

V	Volumen
V	normierte Verstimmung
v	Geschwindigkeit
v	Leistungsverstärkung
v	Verstimmung
W	(Wirk-)Arbeit; Energie
w	Energiedichte
X	Blindwiderstand
x	normierter Blindwiderstand
x	Veränderliche
Y	Scheinleitwert
Y_{11}, Y_{12}	Leitwert-
Y_{21}, Y_{22}	parameter
y	normierter Leitwert
y	Veränderliche
Z	Scheinwiderstand
Z_W	Wellenwiderstand
Z_{11}, Z_{12}	Widerstands-
Z_{21}, Z_{22}	parameter
z	normierter Widerstand
α (alpha)	Winkel
α	Temperaturkoeffizient (TK)
β (beta)	Winkel
γ (gamma)	Leitfähigkeit
Δ (Delta)	Vorsatz: Änderung einer Größe
δ (delta)	Abklingkonstante
δ	Luftspaltlänge
δ	Verlustwinkel
ε (epsilon)	Permittivität
ε_0	elektrische Feldkonstante
η (eta)	Wirkungsgrad
Θ (Theta)	Durchflutung
ϑ (theta)	Temperatur
ϑ	Dämpfungsgrad
Λ (Lambda)	magnetischer Leitwert
λ (lambda)	Leistungsfaktor
μ (my)	Permeabilität
μ_0	magnetische Feldkonstante
ν (ny)	RAYLEIGH-Konstante
π	Kreiszahl
ρ (rho)	spezifischer Widerstand
τ (tau)	Zeitkonstante
Φ (Phi)	magnetischer Fluss
φ (phi)	Potenzial
Ψ (Psi)	Verkettungsfluss
ψ (psi)	Winkel
Ω (Omega)	normierte Frequenz
ω (omega)	Kreisfrequenz

A5 FOURIER-Koeffizienten

$$y = y_0 + \sum_{k=1}^{\infty} \hat{y}_k \cos(k\omega_1 t + \varphi_k)$$

$$\boxed{y = y_0 + \sum_{k=1}^{\infty} (a_k \cos k\omega_1 t + b_k \sin k\omega_1 t)}$$

$$\hat{y}_k = \sqrt{a_k^2 + b_k^2}\,; \qquad \varphi_k = -\arctan \frac{b_k}{a_k}$$

A5.1 Rechteck

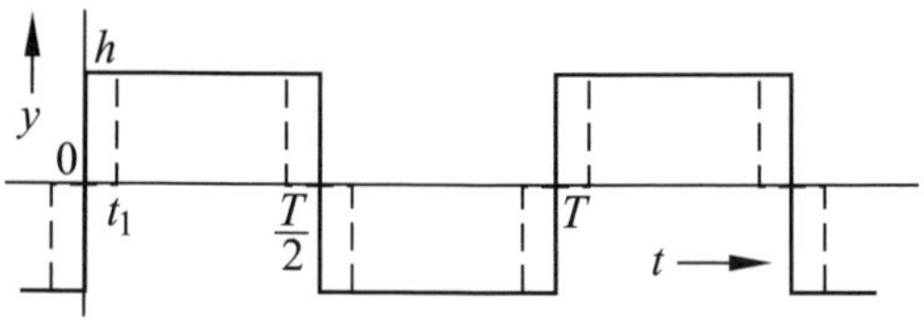

$y_0 = 0;\ a_k = 0$

Ohne Pausen: $b_k = \dfrac{4h}{\pi k}$

Mit Pausen: $b_k = \dfrac{4h}{\pi k} \cos(k\omega_1 t_1)$

In beiden Fällen: $k = 1, 3, 5, \ldots$

A5.2 Gleichschenkliges Dreieck

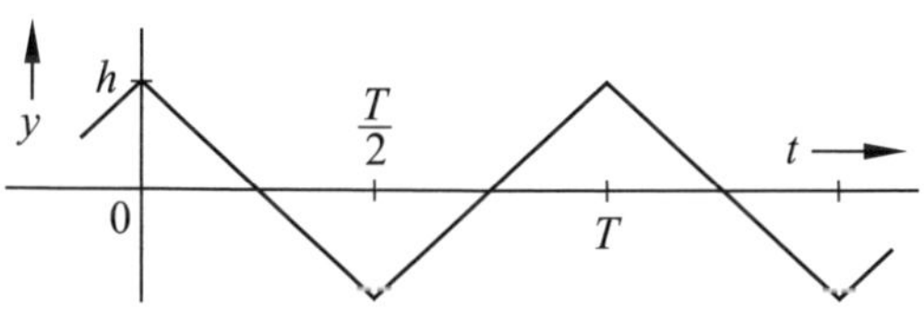

$$y_0 = 0\,;\ a_k = \frac{8h}{\pi^2 k^2}\,;\ b_k = 0$$

$k = 1, 3, 5, \ldots$

A5.3 Sägezahn

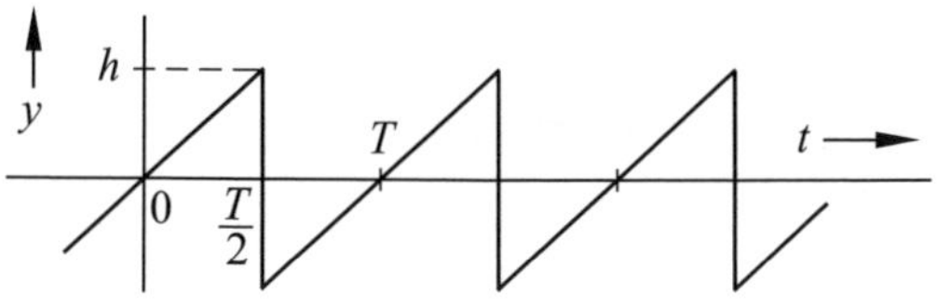

$$y_0 = 0\,;\ a_k = 0\,;\ b_k = \frac{2h}{\pi k} \cdot (-1)^{k+1}$$

$k = 1, 2, 3, \ldots$

A5.4 Sinusbögen (Einpuls-Gleichrichtung)

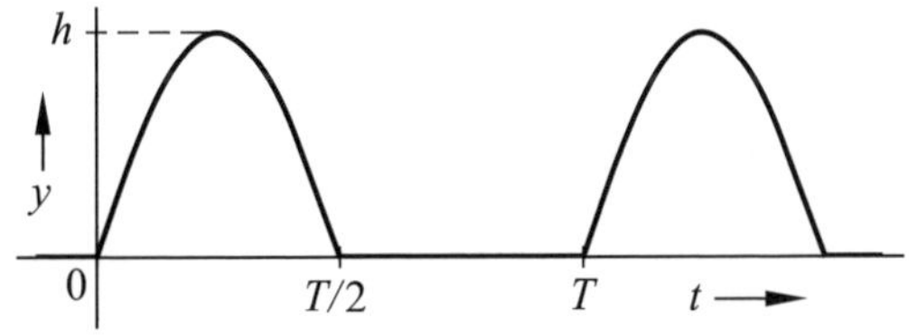

$$y_0 = \frac{h}{\pi}\,;\ a_k = \frac{2h}{\pi(1-k^2)}\,;\ b_1 = \frac{h}{2}$$

$k = 2, 4, 6, \ldots$

A5.5 Sinusbögen (Zweipuls-Gleichrichtung)

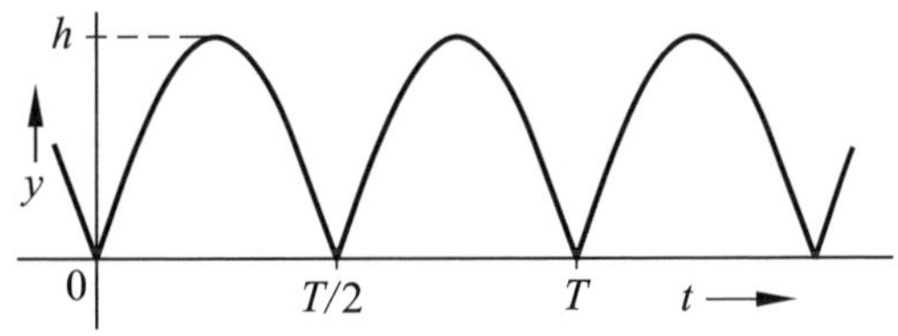

$$y_0 = \frac{2h}{\pi}\,;\ a_k = \frac{4h}{\pi(1-k^2)}\,;\ b_k = 0$$

$k = 2, 4, 6, \ldots$

A5.6 Angeschnittene Sinusbögen (Zweipuls-Gleichrichtung)

Zündwinkel $\alpha = \omega_1 t_1$

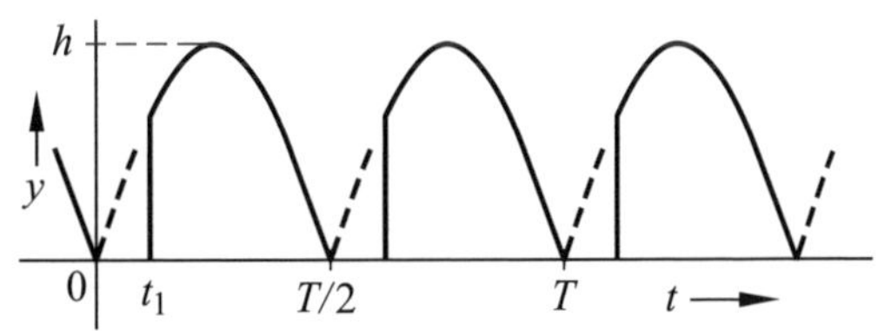

$$y_0 = \frac{2h}{\pi} \cdot \cos^2 \frac{\alpha}{2}$$

$$a_k = \frac{2h \cdot (k \sin\alpha \sin k\alpha + 1 + \cos\alpha \cos k\alpha)}{\pi(1-k^2)}$$

$$b_k = \frac{2h \cdot (\cos\alpha \sin k\alpha - k \sin\alpha \cos k\alpha)}{\pi(1-k^2)}$$

$k = 2, 4, 6, \ldots$

A6 LAPLACE-Transformation

A6.1 Regeln

Nr.	Originalraum: $f(t)$ für $t \geq 0$	Bildraum: $\underline{F}(s)$
1	$f_1(t) + f_2(t)$	$\underline{F}_1(s) + \underline{F}_2(s)$
2	$a \cdot f(t)$	$a \cdot \underline{F}(s)$
3	$f(a \cdot t)$	$\frac{1}{a} \cdot \underline{F}\left(\frac{s}{a}\right)$
4	$\frac{1}{a} \cdot f\left(\frac{t}{a}\right)$	$\underline{F}(a \cdot s)$
5	$f(t-a)$	$e^{-as} \cdot \underline{F}(s)$
6	$e^{-at} \cdot f(t)$	$\underline{F}(s+a)$
7	$\int_0^t f_1(\tau)\, f_2(t-\tau)\, d\tau$	$\underline{F}_1(s) \cdot \underline{F}_2(s)$
8	$f'(t) = \frac{d f(t)}{dt}$	$s \cdot \underline{F}(s) - f(+0)$
9	$\int_0^t f(\tau)\, d\tau$	$\frac{1}{s} \cdot \underline{F}(s)$

A6.2 Funktionen

Nr.	Originalraum: $f(t)$ für $t \geq 0$	Bildraum: $\underline{F}(s)$
10	1	$\frac{1}{s}$
11	t	$\frac{1}{s^2}$
12	$\frac{t^n}{n!}$	$\frac{1}{s^{n+1}}$
13	e^{-at}	$\frac{1}{s+a}$
14	$\frac{1}{a} \cdot (1 - e^{-at})$	$\frac{1}{s(s+a)}$
15	$\sin(at)$	$\frac{a}{s^2+a^2}$
16	$\sinh(at)$	$\frac{a}{s^2-a^2}$
17	$\cos(at)$	$\frac{s}{s^2+a^2}$

Nr.	Originalraum: $f(t)$ für $t \geq 0$	Bildraum: $\underline{F}(s)$
18	$\cosh(a\,t)$	$\frac{s}{s^2-a^2}$
19	$t \cdot e^{-a\,t}$	$\frac{1}{(s+a)^2}$
20	$(1-a\,t) \cdot e^{-a\,t}$	$\frac{s}{(s+a)^2}$
21	$\frac{1}{a^2} \cdot \left[1-(1+a\,t) \cdot e^{-a\,t}\right]$	$\frac{1}{s\,(s+a)^2}$
22	$\frac{t^2}{2} \cdot e^{-a\,t}$	$\frac{1}{(s+a)^3}$
23	$\frac{1}{a^2} \cdot (1-\cos a\,t)$	$\frac{1}{s(s^2+a^2)}$
24	$\frac{1}{a^2} \cdot (\cosh a\,t - 1)$	$\frac{1}{s(s^2-a^2)}$
25	$\frac{1}{a^2} \cdot \left[a\,t - 1 + e^{-a\,t}\right]$	$\frac{1}{s^2\,(s+a)}$
26	$\frac{e^{-a\,t} - e^{-b\,t}}{b-a}$	$\frac{1}{(s+a)\cdot(s+b)}$
27	$\frac{a \cdot e^{-a\,t} - b \cdot e^{-b\,t}}{a-b}$	$\frac{s}{(s+a)\cdot(s+b)}$
28	$\frac{1}{a\,b} + \frac{b \cdot e^{-a\,t} - a \cdot e^{-b\,t}}{a\,b \cdot (a-b)}$	$\frac{1}{s\,(s+a)\,(s+b)}$
29	$\frac{e^{-a\,t} + \left[(a-b)\,t-1\right] \cdot e^{-b\,t}}{(a-b)^2}$	$\frac{1}{(s+a)\,(s+b)^2}$
30	$\frac{\left[a-b(a-b)\,t\right] \cdot e^{-b\,t} - a \cdot e^{-a\,t}}{(a-b)^2}$	$\frac{s}{(s+a)\,(s+b)^2}$
31	$\frac{(b-c) \cdot e^{-a\,t} + (c-a) \cdot e^{-b\,t} + (a-b) \cdot e^{-c\,t}}{(b-a)\,(c-a)\,(b-c)}$	$\frac{1}{(s+a)\,(s+b)\,(s+c)}$
32	$\frac{a(b-c) \cdot e^{-a\,t} + b(c-a) \cdot e^{-b\,t} + c\,(a-b) \cdot e^{-c\,t}}{(b-a)\,(c-b)\,(c-a)}$	$\frac{s}{(s+a)\,(s+b)\,(s+c)}$

Nr.	Originalraum: $f(t)$ für $t \geq 0$	Bildraum: $\underline{F}(s)$
33	$\frac{1}{2\,\omega^3}\cdot(\sin \omega t - \omega t \cdot \cos \omega t)$	$\frac{1}{(s^2+\omega^2)^2}$
34	$\frac{t}{2\,\omega}\cdot \sin \omega t$	$\frac{s}{(s^2+\omega^2)^2}$
35	$\frac{1}{2\,\omega}\cdot(\sin \omega t + \omega t \cdot \cos \omega t)$	$\frac{s^2}{(s^2+\omega^2)^2}$
36	$\sin^2(\omega t)$	$\frac{2\,\omega^2}{s\,(s^2+4\,\omega^2)}$
37	$\cos^2(\omega t)$	$\frac{s^2+2\,\omega^2}{s\,(s^2+4\,\omega^2)}$
38	$\cos(\omega t + \psi)$	$\frac{s \cos \psi - \omega \sin \psi}{s^2+\omega^2}$
39	$\sin(\omega t + \psi)$	$\frac{s \sin \psi + \omega \cos \psi}{s^2+\omega^2}$
40	$\mathrm{e}^{-at}\cdot \cos(\omega t)$	$\frac{s+a}{(s+a)^2+\omega^2}$
41	$\mathrm{e}^{-at}\cdot \sin(\omega t)$	$\frac{\omega}{(s+a)^2+\omega^2}$
42	$\mathrm{e}^{-at}\cdot \cos(\omega t + \psi)$	$\frac{(s+a) \cos \psi - \omega \sin \psi}{(s+a)^2+\omega^2}$
43	$\frac{a \cos \omega t + \omega \sin \omega t - a \cdot \mathrm{e}^{-at}}{a^2+\omega^2}$	$\frac{s}{s^2+\omega^2}\cdot\frac{1}{s+a}$
44	$\frac{a \sin \omega t - \omega \cos \omega t + \omega \cdot \mathrm{e}^{-at}}{a^2+\omega^2}$	$\frac{\omega}{s^2+\omega^2}\cdot\frac{1}{s+a}$
45	$\frac{\cos(\omega t + \psi - \gamma) - \cos(\psi - \gamma)\cdot \mathrm{e}^{-at}}{\sqrt{a^2+\omega^2}}$ $\gamma = \arctan \frac{\omega}{a}$	$\frac{s \cos \psi - \omega \sin \psi}{(s^2+\omega^2)\cdot(s+a)}$

$W = \sqrt{a^2 - b^2} = \mathrm{j}\,\omega_\mathrm{d}$ $\omega_\mathrm{d} = \sqrt{b^2 - a^2}$ $\lambda_{1,2} = -a \pm W = -a \pm \mathrm{j}\,\omega_\mathrm{d}$

$x = b^2 - \omega^2$ $y = 2\,a\,\omega$ $z = \omega\,\sin\varphi - a\cos\varphi$

$\varphi = \arctan\dfrac{x\,\sin\psi - y\,\cos\psi}{y\,\sin\psi + x\,\cos\psi}$ $\beta = \arctan\dfrac{z}{\omega_\mathrm{d}\,\cos\varphi}$

$k = \dfrac{\cos\varphi}{\cos\beta}$ $k_1 = \dfrac{\lambda_2\cos\varphi - \omega\,\sin\varphi}{2\,W}$ $k_2 = \dfrac{\omega\,\sin\varphi - \lambda_1\cos\varphi}{2\,W}$

Nr.	Originalraum: $f(t)$ für $t \geq 0$	Bildraum: $\underline{F}(s)$
46	$a^2 > b^2$: $\dfrac{1}{2\,W}\cdot\left(\mathrm{e}^{\lambda_1 t} - \mathrm{e}^{\lambda_2 t}\right)$	$\dfrac{1}{s^2 + 2\,a\,s + b^2}$
	$a^2 = b^2$: $t\cdot\mathrm{e}^{-a\,t}$	
	$a^2 < b^2$: $\dfrac{1}{\omega_\mathrm{d}}\cdot\mathrm{e}^{-a\,t}\cdot\sin\omega_\mathrm{d}\,t$	
47	$a^2 > b^2$: $\dfrac{1}{2\,W}\cdot\left(\lambda_1\,\mathrm{e}^{\lambda_1 t} - \lambda_2\,\mathrm{e}^{\lambda_2 t}\right)$	$\dfrac{s}{s^2 + 2\,a\,s + b^2}$
	$a^2 = b^2$: $(1 - a\,t)\cdot\mathrm{e}^{-a\,t}$	
	$a^2 < b^2$: $\left(\cos\omega_\mathrm{d}\,t - \dfrac{a}{\omega_\mathrm{d}}\cdot\sin\omega_\mathrm{d}\,t\right)\cdot\mathrm{e}^{-a\,t}$	
48	$a^2 > b^2$: $\dfrac{1}{b^2}\left(1 + \dfrac{\lambda_2}{2\,W}\cdot\mathrm{e}^{\lambda_1 t} - \dfrac{\lambda_1}{2\,W}\cdot\mathrm{e}^{\lambda_2 t}\right)$	$\dfrac{1}{s\,(s^2 + 2\,a\,s + b^2)}$
	$a^2 = b^2$: $\dfrac{1}{a^2}\left[1 - (1 + a\,t)\cdot\mathrm{e}^{-a\,t}\right]$	
	$a^2 < b^2$: $\dfrac{1}{b^2}\left[1 - \left(\cos\omega_\mathrm{d}\,t + \dfrac{a}{\omega_\mathrm{d}}\cdot\sin\omega_\mathrm{d}\,t\right)\cdot\mathrm{e}^{-a\,t}\right]$	
49	$a^2 > b^2$: $\dfrac{\cos(\omega t + \varphi) + k_1\cdot\mathrm{e}^{-\lambda_1 t} + k_2\cdot\mathrm{e}^{-\lambda_2 t}}{\sqrt{x^2 + y^2}}$	$\dfrac{s\,\cos\psi - \omega\,\sin\psi}{(s^2 + \omega^2)\cdot(s^2 + 2\,a\,s + b^2)}$
	$a^2 = b^2$: $\dfrac{\cos(\omega t + \varphi) + (z\,t - \cos\varphi)\cdot\mathrm{e}^{-a\,t}}{\sqrt{x^2 + y^2}}$	
	$a^2 < b^2$: $\dfrac{\cos(\omega t + \varphi) - k\cdot\cos(\omega_\mathrm{d}\,t + \beta)\cdot\mathrm{e}^{-a\,t}}{\sqrt{x^2 + y^2}}$	

A7 Magnetisierungskurven

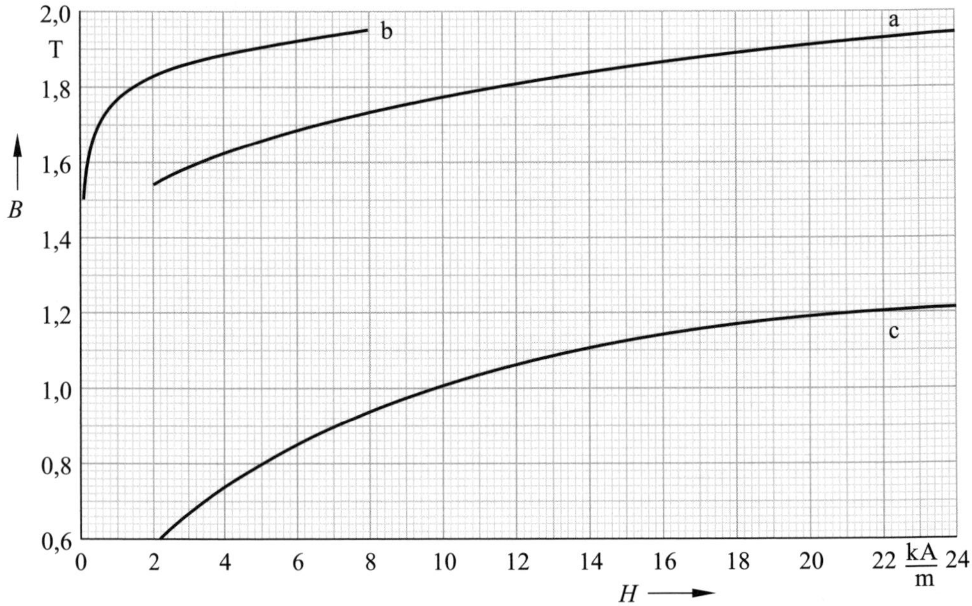

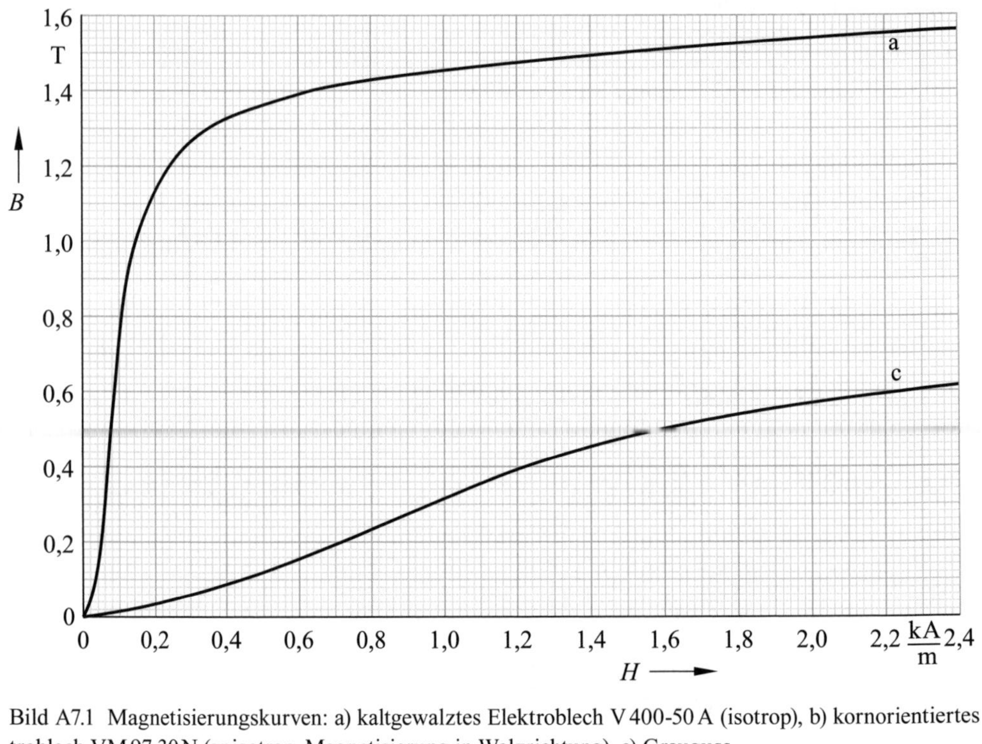

Bild A7.1 Magnetisierungskurven: a) kaltgewalztes Elektroblech V 400-50 A (isotrop), b) kornorientiertes Elektroblech VM 97-30 N (anisotrop, Magnetisierung in Walzrichtung), c) Grauguss

Lösungen der Aufgaben

1.1 $u = 2{,}052\ \text{V}$

1.2 $0 < t < 2$ ms: $i = 0{,}4$ mA (Gl. 1.5)
$2\ \text{ms} < t < 3$ ms: $i = 0$
$3\ \text{ms} < t < 5$ ms: $i = -0{,}6$ mA
$5\ \text{ms} < t < 7$ ms: $i = 0$
$7\ \text{ms} < t < 8$ ms: $i = 0{,}4$ mA

1.3 $u = \dfrac{1}{C}\int i\ \mathrm{d}t = 21{,}3\ \dfrac{\text{kV}}{\text{s}^2}\cdot t^2 - 16{,}15\ \text{V}$

1.4 Mit $D = Q/A$; $C = \varepsilon_\text{r}\,\varepsilon_0\,A/l$ und $Q = C\,U$ ist:

$$J_\text{v} = \frac{\mathrm{d}D}{\mathrm{d}t} = \frac{\varepsilon_\text{r}\varepsilon_0}{l}\cdot\frac{\mathrm{d}u}{\mathrm{d}t} = 4{,}78\ \frac{\text{mA}}{\text{m}^2}$$

$i = i_\text{v} = J_\text{v}\,A = 2{,}87$ mA

1.5

$$\oint \vec{H}\cdot\mathrm{d}\vec{s} = \int_A \vec{J}_\text{v}\cdot\mathrm{d}\vec{A} \;\rightarrow\; H\cdot 2\,\pi\,r = \frac{\mathrm{d}D}{\mathrm{d}t}\cdot\pi\,r^2$$

$$\frac{\mathrm{d}D}{\mathrm{d}t} = \frac{\varepsilon_\text{r}\varepsilon_0}{l}\cdot\frac{\mathrm{d}u}{\mathrm{d}t}$$

$$B(t) = \mu_\text{r}\,\mu_0 H = \frac{\mu_\text{r}\,\mu_0\,\varepsilon_\text{r}\,\varepsilon_0\cdot r}{2\,l}\cdot\frac{\mathrm{d}u}{\mathrm{d}t}$$

$$B(t) = 222{,}5\ \text{pT}\cdot \mathrm{e}^{-\frac{t}{0{,}3\ \text{s}}}$$

1.6 $u = \dfrac{1}{C}\int i\ \mathrm{d}t = 10\ \text{V}\cdot \mathrm{e}^{-\frac{t}{2{,}5\ \text{ms}}} + 5\ \text{V}$

Für $t \rightarrow \infty$ ist $u = U_{q2} = 5$ V

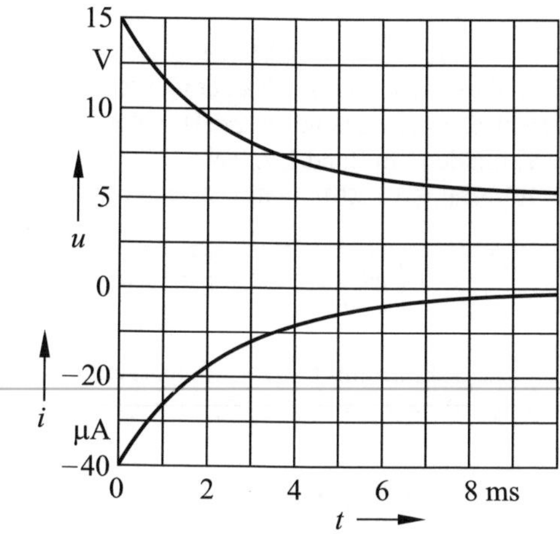

1.7 $u_{12}(t) = B\ \upsilon\ l_{12}(t)$

Bei $t = 0$ ist $l_{12} = 0$; bei $t = t_\text{e}$ ist $l_{12} = a$; $t_\text{e} = 0{,}144$ s

$u_{12}(t) = B\ \upsilon\,(a/t_\text{e})\cdot t = 0{,}0831\ (\text{V/s})\cdot t$

Bei $t = t_\text{e}$ ist $u_{12} = u_{12\text{max}} = 12$ mV

1.8 Für $t < 0$ ist $u_L = 0$
$0 < t < 25$ ms: $u_L = B\ \upsilon\ l\ N = 17{,}3$ V
$25\ \text{ms} < t < 62{,}5$ ms: $u_L = 0$
$62{,}5\ \text{ms} < t < 87{,}5$ ms: $u_L = -17{,}3$ V

1.9 $T = 0{,}1$ s; $\omega = 2\,\pi/T = 20\,\pi\ \text{s}^{-1}$

$\Phi_1 = B\,A\,\cos\omega t = 0{,}15\ \text{mVs}\cdot\cos(20\,\pi\ \text{s}^{-1}\cdot t)$

$\Phi_2 = 0{,}15\ \text{mVs}\cdot\cos(20\,\pi\ \text{s}^{-1}\cdot t + \pi/6)$

$u_{L1} = N_1\,B\,A\cos(\omega t + \pi/2) = 0{,}942\ \text{V}\cos(\omega t + \pi/2)$

Für $t < t_1$ ist $u_{L1} = -554$ mV

$u_{L2} = 2{,}36\ \text{V}\cdot\cos(\omega t + \beta + \pi/2)$; $\beta = \pi/6$

Für $t < t_1$ ist $u_{L2} = -2{,}15$ V

1.10 $u_L = N\,A\,\Delta B/\Delta t = 0{,}212$ V

1.11 $\Phi(t) = \dfrac{\mu_0\,A\cdot N_1}{l}\cdot i_1(t)$

$$U_2 = N_2\,\frac{\mathrm{d}\Phi}{\mathrm{d}t} = 36{,}19\ \text{mV}\cdot \mathrm{e}^{-\frac{t}{0{,}1\ \text{s}}}$$

1.12 $u_L = \Delta\Phi/\Delta t$
$0 < t < 1$ ms: $u_L = 2$ V
$1 < t < 2$ ms: $u_L = 0$
$2 < t < 7$ ms: $u_L = -0{,}5$ V
$7 < t < 8$ ms: $u_L = 0{,}5$ V
$8 < t < 9$ ms: $u_L = 0$

1.13 $H_1 = \dfrac{N_1\,I_1}{\pi\,D} = 212\ \dfrac{\text{A}}{\text{m}}$

$B_1 = 1{,}16$ T (Magnetisierungskurve)

$\int u\ \mathrm{d}t = N_2\,A\cdot\Delta B = 0{,}911$ Vs

1.14
Wegen $\cos\alpha_2 = 0$ ist $\int u\ \mathrm{d}t = -N\,A\,B\cos\alpha_1$

$$B\cos\alpha_1 = -\frac{-12\ \text{mVs}}{N\,A} = 1{,}2\ \text{T}\cdot(+1)$$

Wegen $\cos\alpha_1 = 1$ muss in der Ausgangsposition der Spule ihr Flächenvektor $\vec{A}$ in Richtung des Vektors $\vec{B}$ zeigen. Die Spule befindet sich also vor dem Nordpol des Dauermagneten.

1.15 $\Phi(t) = \int B(t)\, \mathrm{d}A = \int \frac{\mu_0\, i}{2\,\pi\, r}\, \mathrm{d}A\,;\ \mathrm{d}A = h\, \mathrm{d}r$

$h = 0{,}2$ m; $r_\mathrm{i} = 0{,}2$ m; $r_\mathrm{a} = 0{,}4$ m

$$\int_{r_\mathrm{i}}^{r_\mathrm{a}} \frac{1}{r}\, \mathrm{d}r = \ln 2 = 0{,}693\,;\ \Phi(t) = 2{,}77 \cdot 10^{-8}\, \frac{\mathrm{V\,s}}{\mathrm{A}} \cdot i$$

$u_L = \mathrm{d}\Phi/\mathrm{d}t = 370$ V

1.16 $\oint \vec{E} \cdot \mathrm{d}\vec{s} = -\frac{\mathrm{d}\Phi}{\mathrm{d}t}$

Die magnetische Feldstärke im Leiterinneren ist nach Gl. (7.34), Band 1:

$$H = \frac{i \cdot r}{2\,\pi\, r_\mathrm{a}^2}$$

$$\Phi(t) = \int B(t)\, \mathrm{d}A = \int \frac{\mu_0\, i\, r}{2\,\pi\, r_\mathrm{a}^2}\, \mathrm{d}A\,;\ \mathrm{d}A = l\, \mathrm{d}r$$

$$\Phi(t) = \frac{\mu_0\, l\, i}{2\,\pi\, r_\mathrm{a}^2} \int_0^{r_\mathrm{a}} r\, \mathrm{d}r = \frac{\mu_0\, l\, i}{4\,\pi}$$

Wegen der linkssinnigen Verknüpfung des Flusses mit dem Integrationsweg ist:

$$\oint \vec{E} \cdot \mathrm{d}\vec{s} = +\frac{\mathrm{d}\Phi}{\mathrm{d}t} = \frac{\mu_0\, l \cdot 2\, K\, t}{4\,\pi} = 21{,}6\ \mathrm{nV}$$

1.17 Mit der Gl. (1.67) erhalten wir:

$$L_\mathrm{a} \approx N^2\, \frac{\mu\, A}{l} \cdot \frac{1}{\sqrt{1 + \left(\frac{d}{l}\right)^2}} = 5{,}56\ \mathrm{mH}$$

1.18 Die induktive Spannung an den Spulenklemmen hat für $t \geq 0$ den Wert $u = U_\mathrm{q} = 12\ \mathrm{V} = \mathrm{const.}$

$$u_\mathrm{q} = U_\mathrm{q} = L\, \frac{\mathrm{d}i}{\mathrm{d}t}\,;\ \mathrm{d}i = \frac{U_\mathrm{q}}{L}\, \mathrm{d}t$$

$$i = \int \frac{U_\mathrm{q}}{L}\, \mathrm{d}t = \frac{U_\mathrm{q}}{L}\, t + K$$

Aus $i = 0$ für $t = 0$ ergibt sich $K = 0$. Der Strom steigt linear mit der Zeit an:

$$i = \frac{40\ \mathrm{A}}{\mathrm{s}} \cdot t$$

Wegen $I_\mathrm{Grenz} = 5$ A gilt diese Funktion von $t = 0$ bis $t = 125$ ms. Für $t > 125$ ms ist $u = \mathrm{const.} = 5$ A.

1.19 $u_L = L \cdot \mathrm{d}i/\mathrm{d}t$; $u_R = R \cdot i$

$$u_L = -300\ \mathrm{V} \cdot \mathrm{e}^{\frac{-t}{5\ \mathrm{ms}}}\,;\ u_R = 300\ \mathrm{V} \cdot \mathrm{e}^{\frac{-t}{5\ \mathrm{ms}}}$$

Für die Klemmenspannung ergibt sich:

$u = u_L + u_R = 0$

Dies kann nur durch einen Kurzschluss an den Klemmen der Spule realisiert werden.

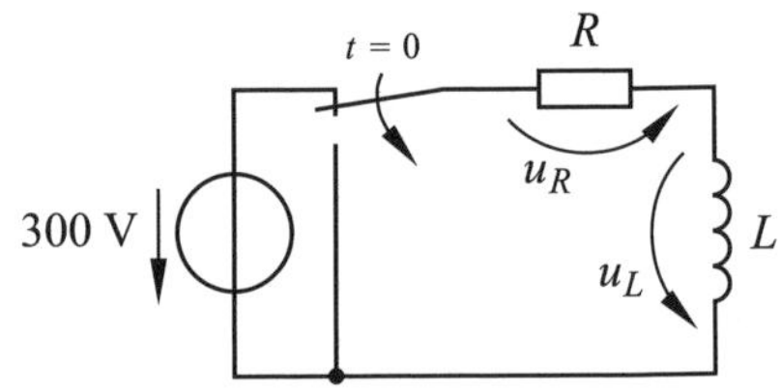

1.20 Aus $L = N \cdot \Phi/I$ und $\Phi = B \cdot A$ folgt:

$$N = \frac{L\, I}{B\, A} = 4100$$

Die notwendige Luftspaltlänge ergibt sich aus:

$\Theta = N \cdot I = H_\mathrm{Fe} \cdot l_\mathrm{Fe} + H_\mathrm{L} \cdot l_\mathrm{L}$

Aus der Magnetisierungskurve lesen wir ab:

$H_\mathrm{Fe} = 0{,}35$ kA/m

$$H_\mathrm{L} = \frac{B}{\mu_0} = 1034\ \frac{\mathrm{kA}}{\mathrm{m}}$$

$$l_\mathrm{L} = \frac{\Theta - H_\mathrm{Fe}\, l_\mathrm{Fe}}{H_\mathrm{L}} = 1{,}87\ \mathrm{mm}$$

Beim Strom $I_1 = 0{,}25$ A ergibt sich ein anderer Wert für die Flussdichte $B = B_1$. Da der Querschnitt des magnetischen Kreises unverändert bleibt, können wir B_1 mit dem im Band 1, Abschn. 7.7.1 beschriebenen Verfahren bestimmen:

$$B^*_\mathrm{Fe} = \frac{\mu_0\, \Theta}{l_\mathrm{L}} = 0{,}69\ \mathrm{T}\,;\ H^*_\mathrm{Fe} = \frac{\Theta}{l_\mathrm{Fe}} = 3{,}2\ \frac{\mathrm{kA}}{\mathrm{m}}$$

Aus dem Schnittpunkt der Luftspaltgeraden erhalten wir $B_1 = B_\mathrm{Fe} = 0{,}67$ T. Damit ergibt sich:

$$L_1 = \frac{N\, B_1\, A}{I} = 10{,}3\ \mathrm{H}$$

1.21 Rechte Masche:

$$R_2\, i_2 + L_2 \frac{\mathrm{d}i_2}{\mathrm{d}t} + L_{12} \frac{\mathrm{d}i_1}{\mathrm{d}t} + L_{23} \frac{\mathrm{d}i_3}{\mathrm{d}t} - R_3\, i_3$$

$$-L_3 \frac{\mathrm{d}i_3}{\mathrm{d}t} + L_{23} \frac{\mathrm{d}i_2}{\mathrm{d}t} + L_{13} \frac{\mathrm{d}i_1}{\mathrm{d}t} = u_{\mathrm{q}2}$$

Äußere Masche:

$$R_1\, i_1 + L_1 \frac{\mathrm{d}i_1}{\mathrm{d}t} + L_{12} \frac{\mathrm{d}i_2}{\mathrm{d}t} + L_{13} \frac{\mathrm{d}i_3}{\mathrm{d}t} - R_3\, i_3 - L_3 \frac{\mathrm{d}i_3}{\mathrm{d}t}$$

$$+ L_{13} \frac{\mathrm{d}i_1}{\mathrm{d}t} + L_{23} \frac{\mathrm{d}i_2}{\mathrm{d}t} = u_{\mathrm{q}2} - u_{\mathrm{q}1}$$

$L_{12} > 0;\ L_{13} < 0;\ L_{23} < 0$

1.22 Wir nehmen gleichsinnige Kopplung an.

$$u_2 = L_{12} \frac{\mathrm{d}i_1}{\mathrm{d}t} = 71{,}1\ \mu\mathrm{H} \cdot \frac{1\ \mathrm{A}}{20\ \mathrm{ms}} = 3{,}56\ \mathrm{mV}$$

$$u_1 = R_1\, i_1 + L_1 \frac{\mathrm{d}i_1}{\mathrm{d}t} + L_{12} \frac{\mathrm{d}i_2}{\mathrm{d}t}$$

Mit $i_2 = 0$ und $L_1 = 4{,}04$ mH (s. Beispiel 1.13) ist:

$$u_1 = 10 \frac{\mathrm{V}}{\mathrm{ms}} \cdot t + 203\ \mathrm{mV}$$

1.23 Wir bestimmen den Flussanteil Φ_{12}, der vom Strom in der Doppelleitung 2 verursacht wird und die Doppelleitung 1 durchsetzt. Mit $H = I/(2\,\pi\, r)$ und $B = \mu_0\, H$ erhalten wir:

$$\Phi = \int B\ \mathrm{d}A;\quad \mathrm{d}A = l\ \mathrm{d}r$$

$$\Phi_{12} = \frac{\mu_0\, l\, I_2}{2\,\pi} \left[\int_b^{b+a_1} \frac{1}{r}\,\mathrm{d}r - \int_{a_2+b}^{a_2+b+a_1} \frac{1}{r}\,\mathrm{d}r \right]$$

$$L_{12} = \frac{\Phi_{12}}{I_2} = 2{,}22\ \mu\mathrm{H}$$

2.1 $C = 20\ \mu\mathrm{F}$

2.2 $\varepsilon_{\mathrm{r}} = 2{,}5;\ w_{\mathrm{el}} = \dfrac{D^2}{2\,\varepsilon} = \dfrac{(Q/A)^2}{2\,\varepsilon_{\mathrm{r}}\varepsilon_0} = 0{,}64\ \dfrac{\mathrm{J}}{\mathrm{m}^3}$

2.3 $W = 30{,}0\ \mu\mathrm{J}$

2.4 $W = 1{,}35\ \mu\mathrm{J}$

2.5 $F = 0{,}5\ \varepsilon_0\, E^2\, A = 17{,}7\ \mathrm{N}$

2.6 $M = p\, E \cdot \sin\varphi = 1{,}75 \cdot 10^{-24}\ \mathrm{N\,m}$

2.7 Negative Dipolladung:

$r_1 = 8\ \mathrm{mm};\quad E_1 = \dfrac{Q_{\mathrm{K}}}{2\,\pi\,\varepsilon_0 \cdot r_1^2}$

Positive Dipolladung:

$r_2 = 8{,}01\ \mathrm{mm};\quad E_2 = \dfrac{Q_{\mathrm{K}}}{2\,\pi\,\varepsilon_0 \cdot r_2^2}$

$F = F_1 - F_2 = Q \cdot (E_1 - E_2) = 35\ \mu\mathrm{N}$

Der Dipol wird von der Kugel angezogen.

2.8 $W_{\mathrm{m}} = \dfrac{B^2\, V}{2\,\mu_0} = 22\ \mathrm{J}$

2.9 $B = 0{,}8\ \mathrm{T}:\ W_{\mathrm{mL}} = 5{,}1\ \mathrm{mJ}:\ W_{\mathrm{mFe}} = 0{,}74\ \mathrm{mJ}$

$B = 1{,}5\ \mathrm{T}:\ W_{\mathrm{mL}} = 17{,}9\ \mathrm{mJ}:\ W_{\mathrm{mFe}} = 4\ \mathrm{mJ}$

2.10 $L_{\mathrm{i}} = \dfrac{2\, W_{\mathrm{m}}}{i^2} = \dfrac{2}{i^2} \cdot \dfrac{\mu}{2} \displaystyle\int_V H^2\, \mathrm{d}V$

$\mathrm{d}V = l \cdot 2\,\pi\, r \cdot \mathrm{d}r$

$$L_{\mathrm{i}} = \frac{\mu}{i^2} \cdot \frac{i^2 \cdot l \cdot 2\,\pi}{4\,\pi^2\,(r_3^2 - r_2^2)^2} \int_{r_2}^{r_3} \left[\frac{r_3^4}{r^2} - 2\, r_3^2 + r^2 \right] r\, \mathrm{d}r$$

$$L_{\mathrm{i}} = \frac{\mu \cdot l}{2\,\pi\,(r_3^2 - r_2^2)^2} \left[r_3^4 \ln\frac{r_3}{r_2} - r_3^4 + r_2^2 r_3^2 + \frac{r_3^4}{4} - \frac{r_2^4}{4} \right]$$

2.11 $A_{\mathrm{L}} = 0{,}8 \cdot 10^{-4}\ \mathrm{m}^2;\ B_{\mathrm{L}} = \sqrt{\dfrac{2\,\mu_0\, F}{A_{\mathrm{L}}}} = 0{,}28\ \mathrm{T}$

2.12 $A_{\mathrm{L}} = 4 \cdot 10^{-4}\ \mathrm{m}^2$

a) $F_{\mathrm{a}} = 20 \cdot 9{,}81\ \mathrm{N};\ B_{\mathrm{a}} = 1{,}11\ \mathrm{T} < B_{\mathrm{L}}$

b) $F_{\mathrm{b}} = 21 \cdot 9{,}81\ \mathrm{N};\ B_{\mathrm{b}} = 1{,}37\ \mathrm{T} > B_{\mathrm{L}}$

$B_{\mathrm{L}} \approx 1{,}12\ \mathrm{T}$

2.13 $A_{\mathrm{L}} = \dfrac{2\,\mu_0\, F}{B_{\mathrm{L}}^2} = 335{,}2\ \mathrm{cm}^2 = A_{\mathrm{a}} + A_{\mathrm{i}}$

$\Phi_{\mathrm{a}} = \Phi_{\mathrm{b}} = B\, A;\ B_{\mathrm{a}} = B_{\mathrm{i}};\ A_{\mathrm{a}} = A_{\mathrm{i}} = A_{\mathrm{L}}/2$

$A_{\mathrm{a}} = \pi\,(r_3^2 - r_2^2)\ ;\ r_3 = 15\ \mathrm{cm}\ ;\ r_2 = 13{,}1\ \mathrm{cm}$

$A_{\mathrm{i}} = \pi\, r_1^2\ ;\ d_1 = 14{,}6\ \mathrm{cm};\ d_2 = 26{,}2\ \mathrm{cm}$

3.1 $T = 4\ \mathrm{ms};\ f = 250\ \mathrm{Hz}$

$u_{\mathrm{pp}} = u_{\max} - u_{\min} = 50\ \mathrm{V};\ \hat{u} = |u_{\min}| = 35\ \mathrm{V}$

3.2 $I = 29\ \mathrm{mA};\ \overline{|i|} = 25{,}95\ \mathrm{mA}$

3.3 Zunächst stellen wir fest, dass die Nulldurchgänge des Stromes bei $t_1 = 2$ ms und $t_2 = 17{,}4$ ms liegen. Mit den gleichen kubischen Spline-Funktionen wie im Beispiel 3.1 berechnen wir:

$$Q_T = \int_{2\,\text{ms}}^{17{,}4\,\text{ms}} i \cdot \mathrm{d}t = 438{,}6\ \text{mA} \cdot \text{ms}$$

Mit $T = 20$ ms berechnen wir den Gleichwert:

$$\bar{i} = \frac{Q_T}{T} = 21{,}93\ \text{mA}$$

3.4 Für $0 \le t \le T/4$ ist $u = \frac{4\,\hat{u}\,t}{T}$; $\overline{|u|} = \frac{\hat{u}}{2}$

$$\int_0^T u^2\,\mathrm{d}t = 4\int_0^{T/4} u^2\,\mathrm{d}t = 4\,\frac{4^2\hat{u}^2}{T^2}\int_0^{T/4} t^2\,\mathrm{d}t = \frac{\hat{u}^2 T}{3}$$

$$U = \frac{\hat{u}}{\sqrt{3}}\ ;\quad \frac{\hat{u}}{U} = 1{,}73\ ;\quad \frac{U}{\overline{|u|}} = 1{,}15$$

3.5 $T = 4$ ms; $f = 250$ Hz; für $t_A = 0$ ist $i_A = -1$ A

Wie im Beispiel 2.1 arbeiten wir mit kubischen Spline-Funktionen und geben für die Zeitwerte 0; 0,5 … 4,0 ms die Stromwerte in A ein:

[−1; −0,45; 0,45; 1,5; 2; 1,5; 0,45; −0,45; −1]

Mit MATLAB berechnen wir das Integral über den Strom für die Zeitspanne 0 … 4 ms und erhalten:

$$Q_T = \int_0^{4\,\text{ms}} i \cdot \mathrm{d}t = 2{,}03\ \text{A} \cdot \text{ms}$$

Mit $T = 4$ ms berechnen wir den Gleichwert:

$$\bar{i} = \frac{Q_\text{T}}{T} = 507{,}5\ \text{mA}$$

Anschließend berechnen wir das Integral über das Quadrat des Stromes für die Zeitspanne 0 … 4 ms:

$$\int_0^{4\,\text{ms}} i^2 \cdot \mathrm{d}t = 5{,}09\ \text{A}^2 \cdot \text{ms}$$

Damit erhalten wir:

$$I = \sqrt{\frac{5{,}1}{4}}\ \text{A} = 1{,}128\ \text{A}\ ;\quad P = R\,I^2 = 10{,}18\ \text{W}$$

3.6 $T = 2{,}5$ ms; $\omega = 2513\ \text{s}^{-1}$

3.7 Eine Sinusspannung mit $\hat{u} = 1000$ V hat den Gleichrichtwert $2 \cdot 1000\ \text{V}/\pi = 637$ V; die gemessene Spannung kann keine Sinusspannung sein.

3.8 $\hat{u} = \sqrt{2}\ U = 21{,}2$ V; $\omega = 314\ \text{s}^{-1}$

1.) $\varphi_u = 49{,}7°$; $t_u = -2{,}76$ ms

2.) $\varphi_u = -92{,}9°$; $t_u = 5{,}16$ ms

$u = 21{,}2\ \text{V} \cdot \cos(\omega t - 40{,}3°)$

3.9 $0 \le t \le T/2$: Sinusschwingung mit $\hat{i} = 5$ A

$T/2 \le t \le T$: $i = 0$

Der Gleichrichtwert des Stromes ist halb so groß wie bei einer Sinusschwingung: $\overline{|i|} = \hat{i}/\pi = 1{,}59$ A. Eine volle Sinusschwingung hätte den Effektivwert:

$$I_\text{sin} = \sqrt{\frac{1}{T}\int_0^T i^2\,\mathrm{d}t} = \frac{\hat{i}}{\sqrt{2}} = 3{,}54\ \text{A}$$

Beim Strom mit nur einer Halbschwingung pro Periode hat das Integral nur die Hälfte des Wertes der vollen Sinusschwingung und es gilt:

$$I = \frac{I_\text{sin}}{\sqrt{2}} = 2{,}5\ \text{A}$$

3.10 a) $\underline{I}_3 = 4{,}65\ \text{A}\,\underline{/-129°}$; b) $\underline{I}_3 = 7{,}98\ \text{A}\,\underline{/153°}$

3.11 $U_{q3} = 64{,}4$ V; $\varphi_{u3} = -127°$

4.1 $\underline{S} = 18{,}6\ \text{VA}\,\underline{/104°} = -4{,}5\ \text{W} + \text{j}\ 18{,}05\ \text{var}$

Wirkleistung $P = 4{,}5$ W (Erzeuger); Blindleistung $Q = 18{,}05$ var; Scheinleistung $S = 18{,}6$ VA

4.2 $\underline{S} = 134{,}16\ \text{kVA}\,\underline{/26{,}6°}$; $\cos\varphi = 0{,}89$

4.3 $\omega = \frac{I}{C\,U} = 2\,\pi f$; $f = 150$ Hz

4.4 Grundeintor R: $R = 1494\ \Omega$; $X = 0$

Grundeintor L: $R = 0$; $X = 1494\ \Omega$

Grundeintor C: $R = 0$; $X = -1494\ \Omega$

4.5 $X = -2{,}12\ \text{k}\Omega$; $Q = -0{,}1885$ var

4.6 $\omega = 2513\ \mathrm{s}^{-1}$; $I = 0{,}928$ A ; $\varphi_i = -120°$

4.7 $U = \dfrac{I}{\omega C} = 1{,}27$ V

$S = 7{,}24 \cdot 10^{-3}$ VA; $P = 0$; $Q = -7{,}24 \cdot 10^{-3}$ var

4.8 $Q_C = -7250$ var ; $C = \dfrac{-Q_C}{\omega U^2} = 436\ \mu\mathrm{F}$

$S = UI = 7250$ VA ; $I = 31{,}5$ A

4.9 $Z_e = R + \mathrm{j}\,\omega L = 16\ \Omega + \mathrm{j}\ 12\ \Omega$

$\underline{Y}_e = \dfrac{1}{\underline{Z}_e} = 50\ \mathrm{mS}\underline{/-36{,}9°}$

$\underline{S} = \underline{U}\,\underline{I}^* = 5\ \mathrm{VA}\underline{/36{,}9°}$

$S = 5$ VA; $P = 4$ W; $\cos\varphi = 0{,}8$; $U = 10$ V

4.10 $X = R / \tan 35° = 97{,}1\ \Omega$

4.11

$Z_L = \dfrac{230\ \mathrm{V}}{4{,}2\ \mathrm{A}} = 54{,}8\ \Omega$; $X_L = \sqrt{Z_L^2 - R_L^2} = 44{,}4\ \Omega$

$Z = \dfrac{230\ \mathrm{V}}{1{,}2\ \mathrm{A}} = 191{,}7\ \Omega$

$R_{vor} = \sqrt{Z^2 - X_L^2} - R_L = 154\ \Omega$; $P = 222$ W

4.12 $I = \dfrac{15\ \mathrm{W}}{125\ \mathrm{V}} = 0{,}12$ A ; $U_R = 125$ V

$U_C = \sqrt{U^2 - U_R^2} = 193$ V ; $C = \dfrac{I}{\omega U_C} = 2\ \mu\mathrm{F}$

4.13 $\varphi = \varphi_u - \varphi_i = 38°$ (induktiv wirkend)

$\underline{Y} = \dfrac{I}{\underline{U}} = 4{,}87\ \mathrm{mS} - \mathrm{j}\ 3{,}8\ \mathrm{mS} = G_P - \mathrm{j}\ \dfrac{1}{\omega L_P}$

$G_P = 4{,}865$ mS; $L_P = 837{,}4$ mH

4.14 $G_E = 1\ \mu$S; $B_E = \omega C_E = 7{,}85\ \mu$S

$\underline{Z}_E = \dfrac{1}{G_E + \mathrm{j}\,B_E} = \dfrac{1}{7{,}92\ \mu\mathrm{S}\ \underline{/83°}}$

$Y_E = 7{,}92\ \mu$S; $Z_E = 126{,}3$ kΩ

4.15 $\underline{Z}_1 = R_1 - \mathrm{j}\ \dfrac{1}{\omega C_2}$; $\underline{Z}_3 = R_4 - \mathrm{j}\ \dfrac{1}{\omega C_3}$

$\underline{U}_1 = \dfrac{R_1 \underline{U}}{\underline{Z}_1} = 69{,}3\ \mathrm{V}\underline{/55°}$

$\underline{U}_4 = \dfrac{R_4 \underline{U}}{\underline{Z}_3} = 110\ \mathrm{V}\underline{/24°}$

$\underline{U}_5 = \underline{U} - \underline{U}_1 - \underline{U}_4 = 102{,}8\ \mathrm{V}\underline{/-101{,}6°}$

4.16 $\dfrac{\underline{U}}{\underline{U}_1} = \dfrac{R_1 + \underline{Z}}{R_1} = 1 + \dfrac{\underline{Z}}{R_1}$

$\underline{Z} = R_1\left(\dfrac{\underline{U}}{\underline{U}_1} - 1\right) = 9\ \mathrm{k}\Omega - \mathrm{j}\ 17{,}32\ \mathrm{k}\Omega$

Reihenschaltung aus $R = 9$ kΩ und $C = 9{,}19$ nF

4.17 $\underline{U}_q = 25\ \mathrm{V}\underline{/0°}$; $\underline{Z}_i = 16{,}21\ \Omega\ \underline{/21{,}8°}$

$\underline{I}_q = 1{,}542\ \mathrm{A}\ \underline{/-21{,}8°}$; $\underline{Y}_i = 61{,}68\ \mathrm{mS}\ \underline{/-21{,}8°}$

4.18 $\underline{U}_{qe} = 29{,}54\ \mathrm{V}\underline{/20°}$; $\underline{Z}_e = 4{,}35\ \mathrm{M}\Omega\underline{/-12°}$

$C_1 = 12{,}5$ pF

4.19 Ersatzstromquellen:

$\underline{I}_{q1} = 0{,}38\ \mathrm{A}\underline{/0°}$; $\underline{Y}_{i1} = 0{,}01$ S

$\underline{I}_{q2} = 0{,}38\ \mathrm{A}\underline{/-150°}$; $\underline{Y}_{i2} = \mathrm{j}\ 0{,}01$ S

$\underline{I}_{qe} = \underline{I}_{q1} + \underline{I}_{q2}$; $\underline{Y}_e = \underline{Y}_{i1} + \underline{Y}_{i2} + \underline{Y}_3$

$\underline{U}_M = \dfrac{\underline{I}_{qe}}{\underline{Y}_e} = 10{,}67\ \mathrm{V}\underline{/-115{,}5°}$

4.20 $\underline{I}_{qe} = 1{,}6\ \mathrm{A}\underline{/-48°}$; $\underline{Y}_{ie} = 0{,}02\ \mathrm{S}\underline{/-37°}$

4.21 $f_r = 536{,}5$ Hz; $I_G = 12$ mA; $I_C = I_L = 74{,}2$ mA
$P_G = 0{,}12$ W; $Q_L = 0{,}742$ var; $Q_C = -0{,}742$ var

4.22 $Q_L = 1{,}257$ var; $Q_C = -1{,}257$ var; $Q = 0$

4.23 $f_r = 150$ Hz; $Z_r = 453{,}33\ \Omega$
Für $f = 200$ Hz ist $Z = 401{,}6\ \Omega$

4.24 $\omega_r = 7540\ \mathrm{s}^{-1}$

$R = \dfrac{U}{I_{max}} = 80\ \Omega$; $U_L = 16$ V

$L = \dfrac{U_L}{\omega_r\, I_{max}} = 16{,}98$ mH ; $C = 1{,}036\ \mu$F

4.25 Tabelle 4.1a: $\omega_r = 251{,}3 \cdot 10^3\ \mathrm{s}^{-1}$

$$50\ \Omega = \frac{L}{R_P\, C}$$

$$50\ \Omega = R_P\,(1 - \omega_r^2\, L C)$$

$L = 0{,}867$ mH; $C = 17{,}34$ nF

4.26

$$\underline{Z} = R_1 + \mathrm{j}\omega L_1 + \frac{G_2 - \mathrm{j}\left(\omega C - \dfrac{1}{\omega L_2}\right)}{G_2^2 + \left(\omega C - \dfrac{1}{\omega L_2}\right)^2}$$

$$\text{Resonanz: } \omega_r L_1 - \frac{\omega_r C - \dfrac{1}{\omega_r L_2}}{G_2^2 + \left(\omega_r C - \dfrac{1}{\omega_r L_2}\right)^2} = 0$$

$f_{r1} = 1{,}19$ kHz; $f_{r2} = 6,$ kHz

4.27 $\underline{Z}_1 = R + \mathrm{j}\omega L;\ \ R = 147{,}1\ \Omega$

$\underline{Y}_2 = \mathrm{j}\ \omega C$; $f = 400$ Hz

$$\underline{Z}_i = \underline{Z}_V = \frac{1}{\underline{Y}_1 + \underline{Y}_2} = 188{,}66\ \Omega\,\underline{/\ 19{,}1^\circ}$$

4.28 $G_3 = 4{,}17$ mS; $C_1 = 1{,}27$ nF

4.29 $S = U I = 94{,}3$ VA; $\cos\varphi_v = P/S = 0{,}509$
Unkompensierte Lampe: $Q_L = P \tan\varphi_v = 81{,}2$ var
Kompensierte Lampe: $Q = P \tan\varphi = 15{,}77$ var
$Q = Q_L + Q_C$; $Q_C = -65{,}4\ \text{var} = -\omega\, C\, U^2$
$C = 3{,}93\ \mu$F; $U_{\text{Nenn}} = 230$ V

4.30 Unkompensierter Verbraucher:

$$S_u = U I_u = \frac{P}{\cos\varphi_u}$$

Kompensierter Verbraucher:

$$S_k = U I_k = \frac{P}{\cos\varphi_k}$$

Verluste im speisenden Netz:

$$P_{iu} = R_i\, I_u^2\ ;\ P_{ik} = R_i\, I_k^2\ ;\ \frac{P_{iu}}{P_{ik}} = \left(\frac{\cos\varphi_k}{\cos\varphi_u}\right)^2$$

$\cos\varphi = 0{,}95: P_{ik} = 0{,}683\ P_{iu} : P_{iu} = 1{,}46\ P_{ik}$
$\cos\varphi = 1{,}0: P_{ik} = 0{,}616\ P_{iu} : P_{iu} = 1{,}62\ P_{ik}$

4.31

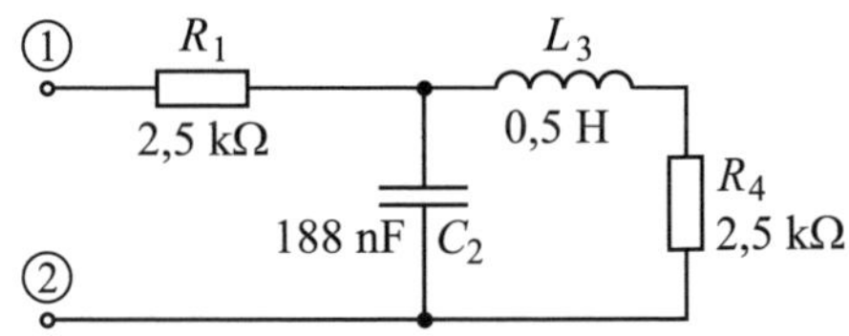

4.32

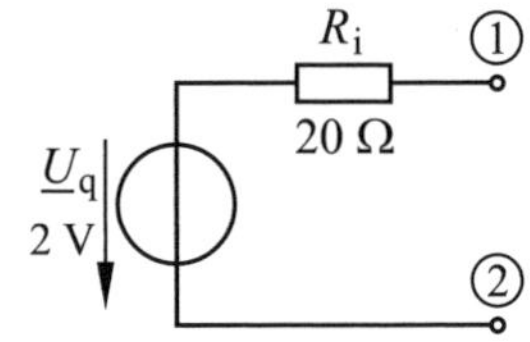

5.1 $\underline{Z}_2 = R_2 + \mathrm{j}\ \omega L$; $\underline{Y}_3 = \mathrm{j}\ \omega C$

$$\underline{Z} = R_1 + \frac{1}{\underline{Y}_2 + \underline{Y}_3} = R_1 + \frac{1}{\dfrac{1}{R_2 + \mathrm{j}\,\omega L} + \mathrm{j}\,\omega C}$$

$$\underline{Z} = R_1 + \frac{R_2 + \mathrm{j}\,\omega L}{1 + \mathrm{j}\,\omega C(R_2 + \mathrm{j}\,\omega L)}$$

$$\underline{Z} = R_1 + \frac{R_2 + \mathrm{j}\,\omega L}{1 - \omega^2 L C + \mathrm{j}\,\omega C R_2} = R + \mathrm{j}\,X$$

$$\underline{Z} = R_1 + \frac{(R_2 + \mathrm{j}\,\omega L)(1 - \omega^2 L C - \mathrm{j}\,\omega C R_2)}{(1 - \omega^2 L C)^2 + (\omega C R_2)^2}$$

$$R = R_1 + \frac{R_2}{(1 - \omega^2 L C)^2 + (\omega C R_2)^2}$$

$$X = \frac{\omega L - \omega^3 L^2 C - \omega C R_2^2}{(1 - \omega^2 L C)^2 + (\omega C R_2)^2}$$

5.2

$\operatorname{Im} \underline{Z}(\mathrm{j}\,\omega) = X(\omega) = 0$

$$L - \frac{C}{G_2^2 + (\omega C)^2} = 0\ ;\ \text{(s. Beispiel 5.1)}$$

$$\omega_r = \frac{1}{C}\sqrt{\frac{C}{L} - G_2^2}$$

$f_r = 642$ Hz

5.3 $f_{\text{bez}} = 994{,}7$ Hz

$$\underline{y}(\mathrm{j}\Omega) = 0{,}2 + \frac{1}{1 + \Omega^2} + \mathrm{j}\Omega\left(0{,}5 - \frac{1}{1 + \Omega^2}\right)$$

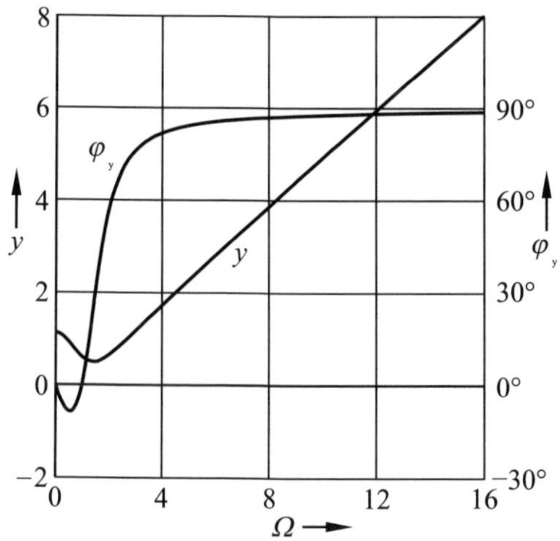

5.4

$$\underline{Z}(\mathrm{j}\omega) = \frac{1}{\frac{1}{R} + \mathrm{j}\left(\omega C - \frac{1}{\omega L}\right)}$$

Ortskurve für veränderliche Frequenz: Kreis mit Radius 500 Ω

Ortskurve für veränderlichen Widerstand: Kreisbogen mit Radius 448 Ω

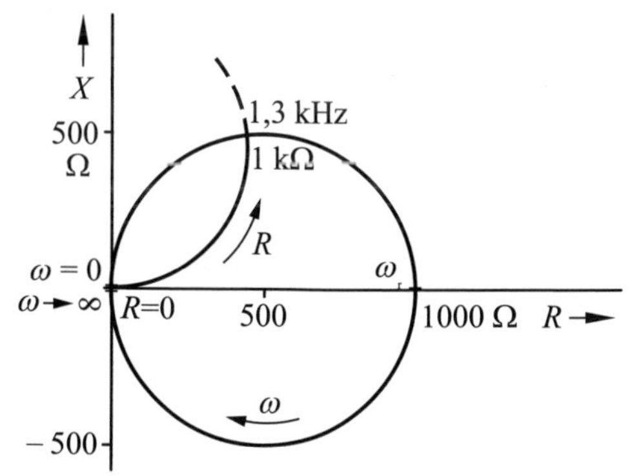

5.5 $a_1 = -54$ dB ≙ −6,2 Np

$a_2 = 87{,}6$ dB an 600 Ω ≙ 10,1 Np an 600 Ω

$a_3 = 46{,}2$ dB ≙ 5,32 Np

5.6 $f_{\mathrm{bez}} = 1{,}59$ MHz ; $\lg \Omega = 2$; $\Omega = 100$

$f = \Omega\, f_{\mathrm{bez}} = 159$ MHz

5.7 $100\ \mathrm{dB} = 20 \cdot \lg \frac{U_2}{U_1}\ \mathrm{dB}$; $U_2 = 10^5 U_1$

5.8

$$u_{\mathrm{V}} = \frac{U_{\mathrm{V}}}{U_{\mathrm{q}}} = \frac{1}{\sqrt{\left(1 + \frac{R_{\mathrm{i}} + R_1}{R_{\mathrm{V}}}\right)^2 + (\omega C_2 R_{\mathrm{i}})^2}}$$

$$\varphi = -\arctan \frac{\omega C_2 R_{\mathrm{i}} R_{\mathrm{V}}}{R_{\mathrm{i}} + R_1 + R_{\mathrm{V}}}$$

5.9 Die Schaltung ist dual zur Schaltung des Beispiels 5.14; wegen $G = G_1 = G_2$ und $L = L_1 = L_2$ gilt:

$$\underline{T}_i = \frac{\underline{I}_2}{\underline{I}_{\mathrm{q}}} = \frac{1}{3 + \mathrm{j}\left(\omega L G - \frac{1}{\omega L G}\right)}$$

Das BODE-Diagramm entspricht dem des Beispiels 5.14.

5.10 Mit dem Übertragungsfaktor aus dem Beispiel 5.14 berechnen wir für $R = R_1 = R_2$ mit der Gl. (5.26):

$$\underline{T}_{\mathrm{B}} = 2\,\underline{T}_u \sqrt{\frac{G_2}{G_1}} = 2\,\underline{T}_u = \frac{2}{3 + \mathrm{j}\left(\omega C R - \frac{1}{\omega C R}\right)}$$

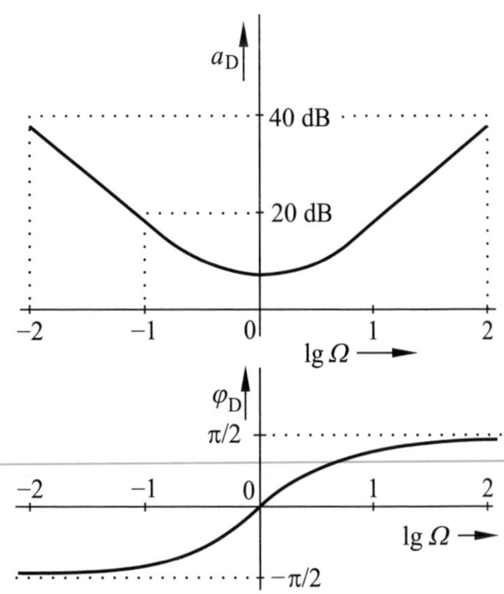

Das Maß a_B des Betriebs-Übertragungsfaktors ist um 3 dB höher als das im Beispiel 5.14 ermittelte Maß a_t. Der Betriebs-Dämpfungsfaktor ist der Kehrwert des Betriebs-Übertragungsfaktors:

$$\underline{D}_B = \frac{1}{\underline{T}_B}\ ;\ a_D = -(a_t + 3\ \text{dB})\ ;\ \varphi_D = -\varphi_t$$

Die Bezugsfrequenz $f_{bez} = 1{,}59$ MHz stimmt mit der im Beispiel 5.14 überein.

5.11 $G_{1D} L_{1D} = G_{VD} L_{2D}$

$$\underline{T}_B(j\omega) = \frac{2\sqrt{\dfrac{G_{iD}}{G_{VD}}}}{1 + \dfrac{G_{iD} + G_{1D}}{G_{VD}} + j\omega L_{2D} G_{iD}}$$

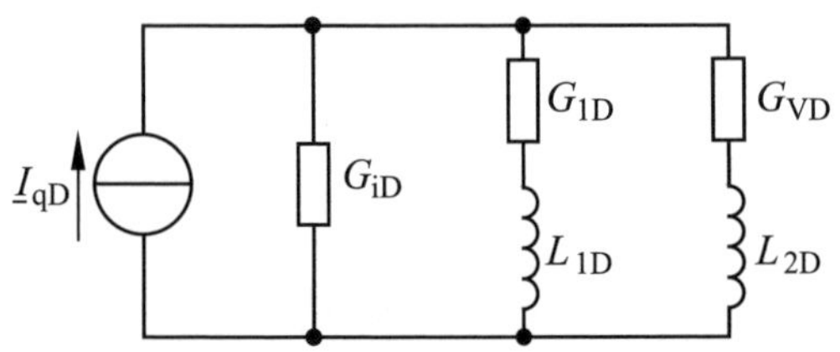

5.12 $\Omega = 0{,}1$; $f = 0{,}1\, f_g = 7{,}4$ Hz; $f_g = 74$ Hz

5.13

$$R = \frac{1}{2\,\pi\, C f_g} = 19{,}89\ \text{k}\Omega$$

5.14 $20 \lg(U_2/U_1) = -10$ dB

$$U_2 = U_1 \cdot 10^{-0{,}5} = 0{,}316 \cdot 15\ \text{V} = 4{,}74\ \text{V}$$

5.15

$$\underline{T}_u = \frac{j\Omega}{1 + j\Omega}\ ;\ T_u = \frac{\Omega}{\sqrt{1+\Omega^2}} = 0{,}447$$

5.16

$$R = \frac{1}{2\,\pi\, C f_g} = 31{,}83\ \text{k}\Omega$$

5.17 Tiefpass 1. Ordnung

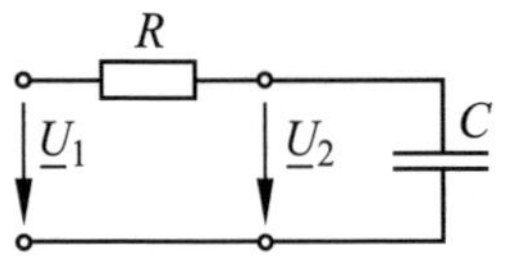

$$\underline{U}_1 = \underline{U}_2\left(1 + j\,\omega\, C R\right)$$

$$U_1 = U_2 \sqrt{1 + (\omega\, C R)^2} = 7{,}28\ \text{V}$$

5.18 $\Omega = 10$; $f = 10\, f_g = 82$ Hz; $f_g = 8{,}2$ Hz

5.19 $B = f_P / Q_P = 20\ \text{Hz} = f_{go} - f_{gu}$

$$f_{go}\, f_{gu} = f_P^2$$

$$f_{gu}^2 + B f_{gu} - f_P^2 = 0$$

$$f_{gu} = 90{,}5\ \text{Hz}\ ;\ f_{go} = 110{,}5\ \text{Hz}$$

5.20 $f_m = f_P = 1{,}59$ MHz

Bei den Grenzfrequenzen ist der Betrag des Spannungs-Übertragungsfaktors um den Faktor $\sqrt{2}$ kleiner als das Maximum T_m. Wir setzen an:

$$3\sqrt{2} = \sqrt{3^2 + \left(\omega\, C R - \frac{1}{\omega\, C R}\right)^2}$$

Mit der Abkürzung $x = \omega\, C R$ erhalten wir:

$$\left(x - \frac{1}{x}\right)^2 = 9$$

Diese Gleichung 4. Grades lösen wir mit einem Mathematik-Programm und erhalten 4 Lösungen, von denen zwei positiv sind:

$$x_1 = 3{,}30277\ ;\ x_2 = 0{,}30277$$

Die übrigen Lösungen sind negativ und deshalb unbrauchbar. Mit $CR = 10^{-7}$ s berechnen wir:

$$f_{go} = 5{,}257\ \text{MHz}\ ;\ f_{gu} = 481{,}9\ \text{kHz}$$

$$B = 4{,}775\ \text{MHz}\ ;\ Q = Q_P = 0{,}333$$

5.21

$$\underline{I}_q = G_i R_V \underline{I}_V + \frac{R_V \underline{I}_V}{j\omega L} + j\omega C R_V \underline{I}_V + \underline{I}_V$$

$$\underline{T}_i = \frac{\underline{I}_V}{\underline{I}_q} = \frac{1}{1 + G_i R_V + j\omega C R_V + \dfrac{R_V}{j\omega L}}$$

$$T_{max} = \frac{1}{1 + G_i R_V}\ ;\ f_m = \frac{1}{2\,\pi\sqrt{LC}} = f_P$$

$$Q = \frac{R_V}{1 + G_i R_V}\sqrt{\frac{C}{L}} = Q_P$$

5.22

$$R_V^2 + R_V\left(2\,R_i - \frac{U_q^2}{P_{max}}\right) + R_i^2 = 0$$

Es wird zweckmäßig $R_V = R_{V1} = 50\ \Omega$ wegen des günstigeren Wirkungsgrades gewählt; beim Widerstand $R_{V2} = 2\ \Omega$ ist der Wirkungsgrad kleiner.

$R = R_V + R_i = 60\ \Omega$; $f_r = 10$ kHz; $b_f = 100$ Hz

$d = 0{,}01$; $C = 2{,}65$ nF; $L = 95{,}5$ mH; $U_{max} = 600$ V

5.23 $G \approx 1/R_i = 0{,}74$ mS

$$f_m = \frac{1}{2\,\pi\,\sqrt{L\,C}}\,;\quad B = \frac{G}{2\,\pi\,C}$$

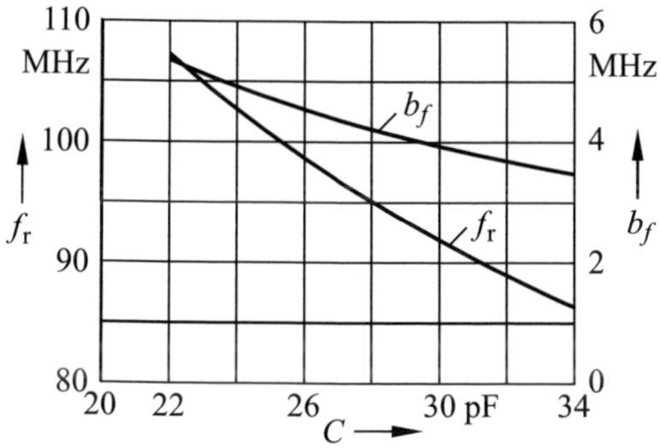

5.24

$$f_{go} = f_m\left(\sqrt{1 + \frac{1}{4\,Q^2}} + \frac{1}{2\,Q}\right) = 1126\ \text{Hz}$$

$$f_{gu} = f_m\left(\sqrt{1 + \frac{1}{4\,Q^2}} - \frac{1}{2\,Q}\right) = 888\ \text{Hz}$$

5.25

$$LC = \frac{1}{(2\,\pi\,f_m)^2} = \frac{1}{\omega_m^2}$$

$$\frac{f_{gu}}{f_m} = \alpha = 0{,}93458 = \sqrt{1 + \frac{1}{4\,Q^2}} - \frac{1}{2\,Q}$$

$$\alpha + \frac{1}{2\,Q} = \sqrt{1 + \frac{1}{4\,Q^2}}$$

$$Q = \frac{\alpha}{1-\alpha^2} = 7{,}38446 = R\sqrt{\frac{C}{L}}$$

$$C = \frac{Q}{R\,\omega_m} = 1{,}4645\ \text{nF}\,;\ L = 151\ \text{nH}$$

5.26

$$\underline{I}_q = G_i R_V \underline{I}_V + \frac{R_V\,\underline{I}_V}{j\omega L + \frac{1}{j\omega C}} + \underline{I}_V$$

$$\underline{T}_i = \frac{\underline{I}_V}{\underline{I}_q} = \frac{1}{1 + G_i R_V + \frac{1}{j\omega L\,G_V + \frac{1}{j\omega C R_V}}}$$

$$T_{max} = \frac{1}{1 + G_i R_V}\,;\quad f_m = \frac{1}{2\,\pi\,\sqrt{LC}} = f_P$$

$$Q = \frac{G_V}{1 + G_i R_V}\sqrt{\frac{L}{C}} = Q_P$$

5.27 $T_{max} = 1$; $f_g = 1{,}59$ kHz

5.28 $R_A = 1{,}061\ \text{k}\Omega$; $R_B = 3{,}183\ \text{k}\Omega$

5.29 $R_1 = 95{,}5\ \text{k}\Omega$; $R_2 = 382\ \text{k}\Omega$; $R_3 = 668\ \Omega$

5.30

$$\underline{T}_u = \frac{\frac{\alpha}{3-\alpha}}{1 + j\,\frac{1}{3-\alpha}\left(\omega CR - \frac{1}{\omega CR}\right)}$$

$$T_{max} = \frac{\alpha}{3-\alpha}\,;\quad f_m = \frac{1}{2\,\pi\,CR} = f_P$$

$$Q = \frac{1}{3-\alpha} = Q_P\,;\quad B = \frac{3-\alpha}{2\,\pi\,CR}$$

$1 \le \alpha < 3$ ($Q > 0$ und $B > 0$)

5.31

$$\underline{T}_u = \frac{\alpha\left(1 - \omega^2 C^2 R^2\right)}{1 + j(4-2\alpha)\,\omega CR - \omega^2 C^2 R^2}$$

$$T_0 = \alpha;\ T_\infty = \alpha;\quad f_m = \frac{1}{2\,\pi\,CR} = f_P$$

$$Q = \frac{1}{4-2\,\alpha} = Q_P\,;\quad B = \frac{4-2\,\alpha}{2\,\pi\,CR}$$

$1 \le \alpha < 2$ ($Q > 0$ und $B > 0$)

6.1 $I = 21{,}65$ A; $R = 32\ \Omega$; $P = 5{,}0$ kW

6.2 $I_\triangle = 6{,}45$ A; $I = 11{,}2$ A;

$P = 7{,}02$ kW; $Q = -3{,}37$ kvar

6.3 $\underline{S}_{\text{M}} = \sqrt{3}\,U I \,\underline{/\varphi_{\text{M}}} = 5{,}33\ \text{kVA}\,\underline{/45{,}6^\circ}$

$P_{\text{M}} = 3{,}73\ \text{kW}$; $Q_{\text{M}} = 3{,}81\ \text{kvar}$

kompensierter Motor: $Q = P_{\text{M}} \tan \varphi = 1{,}23\ \text{kvar}$

Kondensatoren: $Q_C = -2{,}58\ \text{kvar}$

$I_{\curlywedge} = 3{,}74\ \text{A}$; $U_{\curlywedge} = 230\ \text{V}$; $C_{\curlywedge} = 51{,}8\ \mu\text{F}$

$I_{\triangle} = 2{,}16\ \text{A}$; $U_{\triangle} = 400\ \text{V}$; $C_{\triangle} = 17{,}1\ \mu\text{F}$

Wegen $C_{\curlywedge} = 3\,C_{\triangle}$ und $U_{\triangle} = \sqrt{3}\ U_{\curlywedge}$ ist die Dreieckschaltung günstiger.

6.4 $\underline{I}_1 = 12{,}5\ \text{A}\,\underline{/0^\circ}$; $\underline{I}_3 = 9\ \text{A}\,\underline{/74^\circ}$

$\underline{I}_2 = -(\underline{I}_1 + \underline{I}_3) = 17{,}32\ \text{A}\,\underline{/-150^\circ}$

$$\underline{Z}_2 = \frac{\underline{U}_{2\text{N}}}{\underline{I}_2} = \frac{230\ \text{V}\,\underline{/-120^\circ}}{17{,}32\ \text{A}\,\underline{/-150^\circ}} = 13{,}3\ \Omega\,\underline{/30^\circ}$$

6.5 $\underline{I}_1 = 3{,}42\ \text{A}\,\underline{/-10^\circ}$; $\underline{I}_3 = 3{,}42\ \text{A}\,\underline{/170^\circ}$

$\underline{U}_{1\text{K}} = 205{,}2\ \text{V}\underline{/-10^\circ}$; $\underline{U}_{2\text{K}} = 276{,}3\ \text{V}\underline{/-121^\circ}$

$\underline{U}_{3\text{K}} = 218{,}6\ \text{V}\,\underline{/131^\circ}$

6.6 $\underline{U}_{\text{KN}} = 26{,}9\ \text{V}\,\underline{/165^\circ}$

$\underline{U}_{1\text{K}} = 256\ \text{V}\underline{/-1{,}6^\circ}$; $\underline{I}_1 = 11{,}64\ \text{A}\underline{/-1{,}6^\circ}$

$\underline{U}_{2\text{K}} = 224{,}5\ \text{V}\underline{/-113^\circ}$; $\underline{I}_2 = 10{,}2\ \text{A}\ \underline{/-173^\circ}$

$\underline{U}_{3\text{K}} = 211{,}8\ \text{V}\underline{/115^\circ}$; $\underline{I}_3 = 2{,}12\ \text{A}\ \underline{/135^\circ}$

$\underline{S} = 4{,}9\ \text{kVA}\underline{/22^\circ} = 4{,}55\ \text{kW} + \text{j}\ 1{,}83\ \text{kvar}$

6.7 $\underline{I}_1 = 26{,}6\ \text{A}\,\underline{/19^\circ}$

$\underline{I}_2 = 40\ \text{A}\ \underline{/-150^\circ}$; $\underline{I}_3 = 14{,}8\ \text{A}\,\underline{/50^\circ}$

6.8 $\underline{I}_2 = -\underline{U}_{12} \cdot \text{j}\omega C_{\text{b}} = \text{j}\omega C_{\text{b}} \cdot 400\ \text{V}\underline{/-150^\circ}$

$\underline{I}_2 = \omega C_{\text{b}} \cdot 400\ \text{V}\underline{/-60^\circ}$; $\underline{I}_3 = \omega C_{\text{b}} \cdot 400\ \text{V}\underline{/180^\circ}$

$$\underline{U}_{31} = \underline{I}_3 \left(R - \text{j}\,\frac{1}{\omega C_{\text{a}}}\right) = 400\ \text{V}\underline{/150^\circ}$$

Realteil: $-\omega C_{\text{b}} \cdot 400\ \text{V} \cdot R = -346{,}4\ \text{V}$

$C_{\text{b}} = 27{,}6\ \mu\text{F}$

Imaginärteil: $200\ \text{V} = \dfrac{\omega C_{\text{b}} \cdot 400\ \text{V}}{\omega C_{\text{a}}}$

$C_{\text{a}} = 55{,}1\ \mu\text{F}$; $U_R = 346\ \text{V}$; $I = 3{,}46\ \text{A}$

6.9 Wir setzen an: $\underline{U}_{12} = 400\ \text{V}\,\underline{/30^\circ}$

Die drei Außenleiterspannungen bilden ein geschlossenes Zeigerdreieck. Wir berechnen die Winkel mit dem Cosinussatz und erhalten:

$\underline{U}_{23} = 420\ \text{V}\,\underline{/-94{,}9^\circ}$; $\underline{U}_{31} = 380\ \text{V}\,\underline{/144{,}9^\circ}$

Das komplexe Gleichungssystem

$420\ \text{V}\ \underline{/-94{,}9^\circ} = \underline{U}_{\text{m}} + \underline{U}_{\text{g}}$

$380\ \text{V}\ \underline{/144{,}9^\circ} = \underline{U}_{\text{m}}\underline{/-120^\circ} + \underline{U}_{\text{g}}\underline{/120^\circ}$

hat die Lösungen:

$\underline{U}_{\text{m}} = 399{,}7\ \text{V}\underline{/26{,}7^\circ}$; $\underline{U}_{\text{g}} = 23{,}12\ \text{V}\underline{/117{,}5^\circ}$

6.10 $3\,\underline{U}_0 = 230\ \text{V}\,\underline{/0^\circ}$; $\underline{U}_0 = 76{,}7\ \text{V}\underline{/0^\circ}$

Das komplexe Gleichungssystem

$\underline{U}_1 - \underline{U}_0 = 276{,}4\ \text{V}\underline{/-134^\circ} = \underline{U}_{\text{m}} + \underline{U}_{\text{g}}$

$\underline{U}_2 - \underline{U}_0 = 276{,}4\ \text{V}\underline{/134^\circ} = \underline{U}_{\text{m}}\underline{/-120^\circ} + \underline{U}_{\text{g}}\underline{/120^\circ}$

hat die Lösungen:

$\underline{U}_{\text{m}} = 306{,}7\ \text{V}\underline{/-120^\circ}$; $\underline{U}_{\text{g}} = 76{,}7\ \text{V}\underline{/120^\circ}$

7.1 $f_1 = 1/T_1 = 100\ \text{Hz}$; $f_2 = 200\ \text{Hz}$ usw.

$$\hat{u}_k = \sqrt{u_{\text{a}k}^2 + u_{\text{b}k}^2}\ ;\ \varphi_k = -\arctan\frac{u_{\text{b}k}}{u_{\text{a}k}}\ ;\ |\underline{u}_k| = \frac{\hat{u}_k}{2}$$

k	$\hat{u}_k$	φ_k	$\underline{u}_k$
1	4,5 V	0°	$2{,}25\ \text{V}\underline{/0^\circ}$
2	3,67 V	−29°	$1{,}84\ \text{V}\underline{/-29^\circ}$
3	2,4 V	0°	$1{,}2\ \text{V}\underline{/0^\circ}$
4	1,53 V	32°	$0{,}76\ \text{V}\underline{/32^\circ}$
5	0,72 V	146°	$0{,}36\ \text{V}\underline{/146^\circ}$

7.2 Für die Wechselgröße gilt nach Anhang A5:

$$a_k = \frac{8\,h}{\pi^2 k^2}\ ;\ b_k = 0\ ;\ k = 1, 3, 5\ \ldots$$

$h = 0{,}15\ \text{V}$; $U_0 = 0{,}05\ \text{V}$; $\varphi_k = 0^\circ$; $|\underline{u}_k| = \dfrac{\hat{u}_k}{2}$

k	0	1	3	5	7
$\hat{u}_k$ mV	50	122	13,5	4,86	2,48
$\lvert\underline{u}_k\rvert$ mV	50	61	6,75	2,43	1,24

7.3

$$\hat{u}_k = \sqrt{u_{ak}^2 + u_{bk}^2}\ ;\ \varphi_k = -\arctan\frac{u_{bk}}{u_{ak}}$$

$$U = \sqrt{\sum_{k=0}^{6} U_k^2} = 16{,}8\ \text{V}\ ;\ P = \frac{U^2}{R} = 1{,}88\ \text{W}$$

$k_u = 65{,}6\ \%$

k	0	1	2	3	4	5	6
$\hat{u}_k$ V	15	8,06	5,83	3,16	2	1,12	0,3
φ_k	0°	−30°	31°	162°	0°	−153°	−90°
U_k V	15	5,7	4,12	2,23	1,41	0,79	0,21

7.4 Nach der Tabelle im Anhang A5 ist:

$$u_{bk} = \frac{4 \cdot 100\ \text{V}}{\pi k}\ ;\ i_{ak} = \frac{8 \cdot 0{,}2\ \text{A}}{\pi^2 k^2}\ ;\ k = 1, 3, 5 \ldots$$

k	0	1	3	5	7	9
$\ddot{u}_k$ V	0	127,3	42,4	25,5	18,2	14,1
$\hat{i}_k$ mA	200	162	18,0	6,5	3,3	2,0

$$U_k = \frac{\hat{u}_k}{\sqrt{2}}\ ;\ I_k = \frac{\hat{i}_k}{\sqrt{2}}$$

$$U_{0,9} = \sqrt{\sum_{k=1}^{9} U_k^2} = 98{,}3\ \text{V}$$

$$I_{0,9} = \sqrt{\sum_{k=0}^{9} I_k^2} = 230{,}9\ \text{mA}$$

$$S_{0,9} = U_{0,9}\, I_{0,9} = 22{,}7\ \text{VA}$$

$$\varphi_{u1} = -90°\ ;\ \varphi_{i1} = 180°\ ;\ \varphi_1 = \varphi_{u1} - \varphi_{i1} = 90°$$

$$Q_1 = U_1\, I_1 \sin\varphi_1 = 10{,}3\ \text{var};\ D_{0,9} = 20{,}2\ \text{var}$$

$U = 100$ V; $I = 0{,}231$ A (s. Aufgabe 3.4)

$S = 23{,}1$ VA; $P = 0$

$g_u = 0{,}9$; $k_u = 0{,}436$; $k_{u3} = 0{,}3$

7.5 Tabelle im Anhang A5: $h = \hat{u} = 311$ V

k	0	2	4	6	8
$\hat{u}_{ak}$ V	163	−158	8,61	15	−17,1
$\hat{u}_{bk}$ V	–	−59,4	−35,1	16,2	13,5
U_k V	163	119	25,6	15,6	15,4

$$U_{0,8} = \sqrt{U_0^2 + U_2^2 + U_4^2 + U_6^2 + U_8^2} = 205\ \text{V}$$

$$U^2 = \frac{2}{T}\int_{50°}^{180°} \hat{u}^2 \sin^2\omega t\ \text{d}t\ ;\ U = 206\ \text{V}$$

7.6 Die Analyse wird für den Wechselanteil $u_\sim = u - U_0$ durchgeführt ($U_0 = 5$ mV).
Für den Zeitnullpunkt im positiven Scheitelwert ist die Funktion alternierend und gerade; sie enthält daher nur cos-Glieder mit $k = 1, 3, 5 \ldots$
Wegen der Symmetrie der Funktion braucht nur über $T/4$ integriert zu werden:

$$u_{ak} = \frac{8}{T}\int_0^{T/4} u_\sim \cos k\omega_1 t\ \text{d}t$$

Für $0 \le t \le \frac{T}{4}$ ist $u_\sim = \hat{u}_\sim - \frac{4\,\hat{u}_\sim}{T}\,t$

$$u_{ak} = \frac{8\,\hat{u}_\sim}{T}\int_0^{T/4}\left(1 - \frac{4\,t}{T}\right)\cos k\omega_1 t\ \text{d}t$$

Man erhält man das Ergebnis (s. Anhang A5):

$$u_{ak} = \frac{8\,\hat{u}_\sim}{\pi^2 k^2}\ ;\quad k = 1, 3, 5 \ldots$$

7.7 Die Variable $f(t)$ ist eine gerade Funktion. Demnach ist die Spektraldichte $F(\text{j}\,\omega)$ eine gerade Funktion und außerdem reell.

$$\underline{F}(\omega) = \frac{1}{\sqrt{2\pi}}\int_{-t_p/2}^{0}\left(\hat{y} + \frac{2\,\hat{y}\,t}{t_p}\right)\cdot\cos(\omega t)\,\text{d}t + \frac{1}{\sqrt{2\pi}}\int_0^{t_p/2}\left(\hat{y} - \frac{2\,\hat{y}\,t}{t_p}\right)\cdot\cos(\omega t)\,\text{d}t$$

$$\underline{F}(\omega) = \frac{4\,\hat{y}}{\omega^2 t_p \sqrt{2\pi}} \left[1 - \cos\left(\frac{t_p}{2}\omega\right)\right]$$

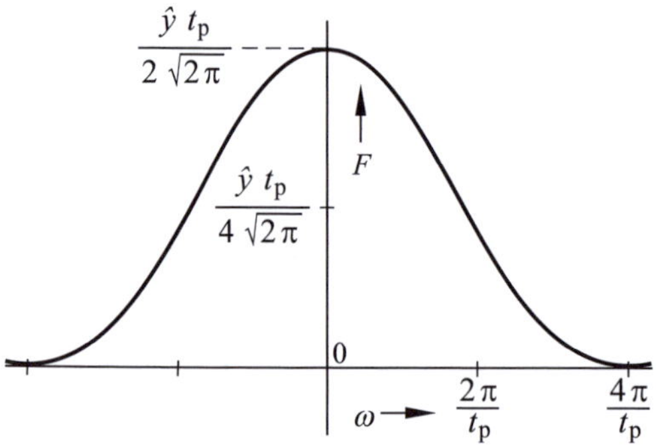

7.8 Der Frequenzgang $\underline{F} = \underline{I}/\underline{U}$ des Übertragungsfaktors ist:

$$\underline{F} = \frac{1}{\sqrt{(R_V + R_W)^2 + (k\,\omega_1 L)^2}} \angle -\arctan \frac{k\,\omega_1 L}{R_V + R_W}$$

Koeffizienten aus der Tabelle im Anhang A5.

k	0	2	4	6	8
ω s^{-1}	0	628	1257	1885	2513
F mS	19,2	2,26	1,13	0,757	0,568
φ_F	–	−83,3°	−86,6°	−87,7°	−88,3°
$\lvert\underline{u}_k\rvert$ V	207	69	13,8	5,92	3,29
φ_{uk}	–	180°	180°	180°	180°
$\lvert\underline{i}_k\rvert$ A	3,97	0,156	0,016	0,004	0,002
φ_{ik}	–	96,7°	93,4°	92,3°	91,7°

$$S_i = \frac{\sqrt{I_2^2 + I_4^2 + I_6^2 + I_8^2}}{\sqrt{I_0^2 + I_2^2 + I_4^2 + I_6^2 + I_8^2}} = 0{,}058$$

Ohne Drosselspule hat der Strom den gleichen Schwingungsgehalt wie die Spannung: $s_u = 0{,}435$

8.1 $U_A = 0$

$$U_E = \frac{720\,\Omega}{1920\,\Omega}\,U_q = 30\text{ V}; \quad \frac{1}{R_E} = \frac{1}{R_1 + R_2} + \frac{1}{R_{vor}}$$

$$R_E = 450\,\Omega\,;\ \tau = 1{,}8\text{ ms}\,;\ u_C = 30\text{ V}\cdot\left(1 - e^{-\frac{t}{\tau}}\right)$$

$$t < 0: u_2 = 20\text{ V};\quad t > 0: u_2 = 20\text{ V}\cdot\left(1 - e^{-\frac{t}{\tau}}\right)$$

8.2 $t < 0$: $i_3 = 0{,}1\text{ A} = \text{const.}$

$t > 0$: $R_E = 300\,\Omega$; $\tau = 0{,}3$ ms

$U_A = 250$ V; $U_E = 100$ V

$$u_C = 100\text{ V} + 150\text{ V}\cdot e^{-\frac{t}{\tau}}$$

$$i_3 = \frac{u_C}{R_3} = 0{,}2\text{ A} + 0{,}3\text{ A}\cdot e^{-\frac{t}{\tau}}$$

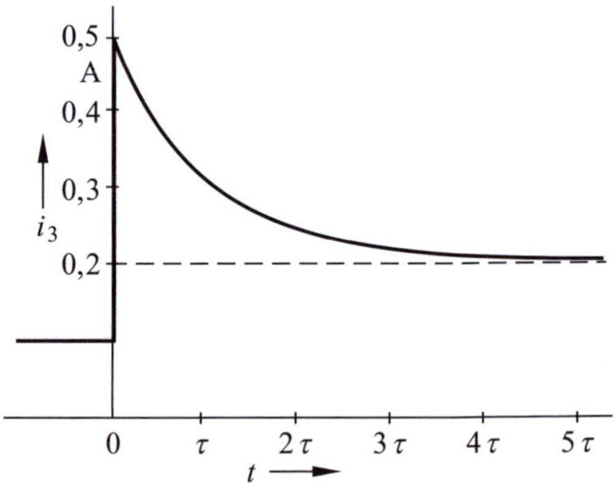

8.3 $t < 0$: $u_2 = 3{,}2\text{ V} = \text{const.}$

$t > 0$: $U_A = 16$ V; $U_E = 0$

$$u_C = 16\text{ V}\cdot e^{-\frac{t}{\tau}}$$

(Bezugssinn für u_C von links nach rechts)

$R_E = 6{,}67$ kΩ; $\tau = 2$ ms; $u_2 = -u_C$

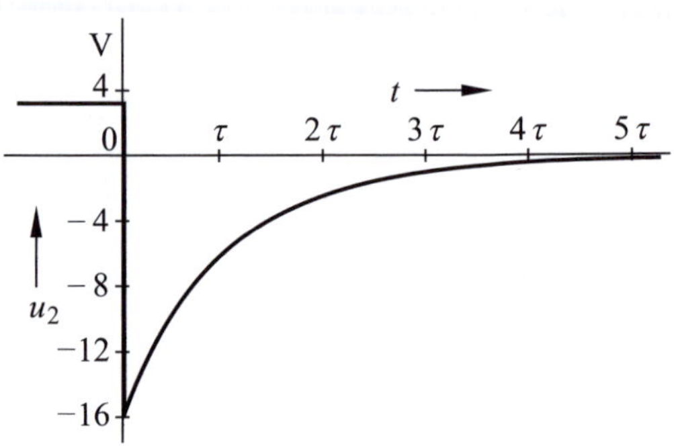

8.4 Zylinderkondensator: C s. Gl. (6.52, Band 1)

Isolationswiderstand: R s. Beispiel 6.2, Band 1

$$C = \frac{2\,\pi\,\varepsilon\,l}{\ln\dfrac{r_\mathrm{a}}{r_\mathrm{i}}};\quad R = \frac{\rho}{2\,\pi\,l}\,\ln\frac{r_\mathrm{a}}{r_\mathrm{i}}$$

Zeitkonstante: $\tau = R\,C = \varepsilon\,\rho = 204$ s

$U_\mathrm{A} = \sqrt{2}\cdot 10$ kV $= 14{,}15$ kV; $U_\mathrm{E} = 0$

$u_C = 50\ \mathrm{V} = U_\mathrm{A}\cdot \mathrm{e}^{-\frac{t}{\tau}}$; $t = \tau\ln 283 = 1150$ s

8.5 $G_\mathrm{E} = 35{,}7$ mS; $\tau = 7{,}14$ ms; $I_\mathrm{A} = 0$; $I_\mathrm{E} = 2{,}86$ A

$$i_L = 2{,}86\ \mathrm{A}\cdot\left(1 - \mathrm{e}^{-\frac{t}{\tau}}\right)$$

$$u_\mathrm{P} = 57{,}1\ \mathrm{V} + 22{,}86\ \mathrm{V}\cdot\left(1 - \mathrm{e}^{-\frac{t}{\tau}}\right)$$

(Bezugssinn von oben nach unten)

$$i = 4{,}29\ \mathrm{A} - 2{,}29\ \mathrm{A}\cdot \mathrm{e}^{-\frac{t}{\tau}}$$

8.6 $L = L_1 + L_2 = 6$ mH; $G_\mathrm{E} = 0{,}25$ S

$I_\mathrm{A} = 1{,}0$ A; $I_\mathrm{E} = 3{,}0$ A; $\tau = 1{,}5$ ms; $t < 0$: $i_L = 1$ A

$$i_L = 3{,}0\ \mathrm{A} - 2{,}0\ \mathrm{A}\cdot \mathrm{e}^{-\frac{t}{\tau}}$$

$i_L = 2{,}6$ A zum Zeitpunkt $t = \tau\cdot\ln 5 = 2{,}4$ ms

8.7 Ersatzstromquelle: $I_\mathrm{qe} = 6$ A; $G_\mathrm{ie} = 0{,}1$ S

$$\underline{U}_C(s) = \frac{\dfrac{I_\mathrm{qe}\,R_L}{L\,C}}{s\,(s^2 + 2\,a\,s + b^2)} + \frac{\dfrac{I_\mathrm{qe}}{C}}{s^2 + 2\,a\,s + b^2}$$

$$2\,a = \frac{R_L\,C + L\,G_\mathrm{ie}}{L\,C} = 67\cdot 10^3\ \mathrm{s}^{-1};\quad b^2 = \frac{R_L\,G_\mathrm{ie} + 1}{L\,C}$$

$b^2 = 35{,}6\cdot 10^6\ \mathrm{s}^{-2}$; $a^2 > b^2$; $W = 33\cdot 10^3\ \mathrm{s}^{-1}$

$\lambda_1 = -533{,}6\ \mathrm{s}^{-1}$; $\lambda_2 = -66{,}7\cdot 10^3\ \mathrm{s}^{-1}$

Rücktransformation: 1. Term T48; 2. Term T46

$u_C(t) = 56{,}25\ \mathrm{V} + 3{,}85\ \mathrm{V}\cdot \mathrm{e}^{\lambda_1 t} - 60{,}1\ \mathrm{V}\cdot \mathrm{e}^{\lambda_2 t}$

8.8 $I_L(s) = s\,I_\mathrm{A}/(s^2 + 2\,a\,s + b^2)$

$$2\,a = \frac{R_L + R_C}{L};\quad b^2 = \frac{1}{L\,C}$$

Aperiodischer Grenzfall: $a^2 = b^2$; $R_C = 744\ \Omega$

8.9 $$\underline{U}_2(s) = \frac{U_\mathrm{q}\,R_2}{L_1}\cdot\frac{1}{s^2 + 2\,a\,s + b^2}$$

$$2\,a = \frac{R_1 + R_2}{L_1} + \frac{R_2}{L_2} = 55{,}6\cdot 10^3\ \mathrm{s}^{-1};\quad b^2 = \frac{R_1\,R_2}{L_1\,L_2}$$

$b^2 = 78{,}1\cdot 10^6\ \mathrm{s}^{-2}$; $a^2 > b^2$; $W = 26{,}4\cdot 10^3\ \mathrm{s}^{-1}$

$\lambda_1 = -1{,}45\cdot 10^3\ \mathrm{s}^{-1}$; $\lambda_2 = -54{,}2\cdot 10^3\ \mathrm{s}^{-1}$

Rücktransformation mit T46

$$\frac{R_2}{2\,W\,L_1} = 0{,}5337;\quad \frac{u_2}{U_\mathrm{q}} = 0{,}5337\cdot\left(\mathrm{e}^{\lambda_1 t} - \mathrm{e}^{\lambda_2 t}\right)$$

8.10 u_2 aus dem Beispiel 8.7 einsetzen in:

$i_2 = C_2\,\mathrm{d}u_2/\mathrm{d}t = C_2\cdot 0{,}898\cdot U_\mathrm{A1}\,(\lambda_1\,\mathrm{e}^{\lambda_1 t} - \lambda_2\,\mathrm{e}^{\lambda_2 t})$

$i_2 = 0$ für $\lambda_1\,\mathrm{e}^{\lambda_1 t} = \lambda_2\,\mathrm{e}^{\lambda_2 t}$; $t = 2{,}08\ \mu$s

8.11
$$\underline{U}_2(s) = \frac{U_\mathrm{q}}{C_2 R_\mathrm{i}}\left[\frac{G_1/C_1}{s\,(s^2 + 2\,a\,s + b^2)} + \frac{1}{s^2 + 2\,a\,s + b^2}\right]$$

$2\,a = 9{,}7\cdot 10^6\ \mathrm{s}^{-1}$; $b^2 = 4{,}04\cdot 10^3\ \mathrm{s}^{-2}$

$\lambda_1 = -0{,}43\cdot 10^{-2}\ \mathrm{s}^{-1}$; $\lambda_2 = -9{,}7\cdot 10^6\ \mathrm{s}^{-1}$

$u_2(t) = 6\ \mathrm{V} - 2{,}25\ \mathrm{V}\cdot \mathrm{e}^{\lambda_1 t} - 3{,}75\ \mathrm{V}\cdot \mathrm{e}^{\lambda_2 t}$

$u_2(t) = 5{,}9$ V für $t = 7470$ s $= 125$ min

8.12 $\tau = 1{,}14$ ms

$$u_C(t) = 50{,}5\ \mathrm{V}\cdot\cos(\omega t + 0{,}098) + 13{,}7\ \mathrm{V}\cdot \mathrm{e}^{-\frac{t}{\tau}}$$

8.13 Günstigster Schaltzeitpunkt: $i_\mathrm{max} = 0{,}9$ A

Ungünstigster Schaltzeitpunkt: $i_\mathrm{max} = 1{,}55$ A

8.14 $\tau = 29{,}6$ ms

$$i_L(t) = 0{,}42\ \mathrm{A}\cdot\cos(\omega t + 0{,}098) - 0{,}2\ \mathrm{A}\cdot \mathrm{e}^{-\frac{t}{\tau}}$$

10.1 $Z = 165\ \mathrm{k\Omega}$

10.2 $f_\mathrm{g} = 891$ kHz

10.3 $R_\mathrm{th} = 560$ K/W; $P_\mathrm{zul} = 179$ mW

10.4 $R(\omega) = 3{,}1\,R_=$

10.5 $R_\mathrm{is} = 33\ \mathrm{G\Omega}$; $C = 150$ nF

10.6 $U = 12{,}1$ V

10.7 Bild 10.23a; $C = 680$ pF; $G_\mathrm{p} = 34$ nS

10.8 C_2 ist um 6,2% größer als C_1.

10.9 $R_\mathrm{V} = R = 15\ \Omega$

10.10 $l_\mathrm{L} = 0{,}6$ mm; $N = 707$; $\hat{i}_\mathrm{zul} = 6{,}22$ mA

Literatur

Baumgärtner, H.; Gärtner, R.: ESD - elektrostatische Entladungen. Oldenbourg, München 1997

Berndt, H.: Elektrostatik. VDE-Verlag, Berlin 2017

Binns, K. J.; Lawrenson, P. J.: Analysis and Computation of Electric and Magnetic Field Problems. Pergamon Press, Oxford 1973

Bode, H. W.: Network Analysis and Feedback Amplifier Design. Van Nostrand, New York 1945

Böhmer, E.; Ehrhardt, D.; Oberschelp, W.: Elemente der angewandten Elektronik. Springer Vieweg, Wiesbaden 2018

Brigham, E. O.: FFT - Schnelle Fourier-Transformation. Oldenbourg, München 1995

Brigham, E. O.: FFT-Anwendungen. Oldenbourg, München 1997

Butz, T.: Fouriertransformation für Fußgänger. Springer Vieweg, Wiesbaden 2011

Clausert, H.; Wiesemann, G. u.a.: Grundgebiete der Elektrotechnik. Zwei Bände. De Gruyter, Berlin 2015

CRC Handbook of Chemistry and Physics. 98th edition. CRC Press, Boca Raton 2017

Dobner, H.-J.; Engelmann, B.: Analysis 1: Grundlagen und Differenzialrechnung. Hanser, München 2007

Dobner, H.-J.; Engelmann, B.: Analysis 2: Integralrechnung und mehrdimensionale Analysis. Hanser, München 2013

Encyclopedia of Applied Physics. 23 volumes. VCH publishers, Inc.

Fischer, R.: Elektrische Maschinen. Hanser, München 2017

Flegel, G.; Birnstiel, K.; Nerreter, W.: Elektrotechnik für Maschinenbau und Mechatronik. Hanser, München 2016

Föllinger, O.: Regelungstechnik. VDE-Verlag Berlin 2016

Flosdorff, R.; Hilgarth, G.: Elektrische Energieverteilung. Springer Vieweg, Wiesbaden 2005

Frohne, H.: Elektrische und magnetische Felder. Teubner, Stuttgart 1994

Gautschi, G.: Piezoelectric Sensorics. Springer, Berlin 2011

Gehrke, W.; Winzker, M.: Digitaltechnik. Springer Vieweg, Wiesbaden 2016

Göpel, W.; Hesse, J.; Zemel, J. N. (edit.): Sensors. 9 volumes. VCH-Verlag Weinheim

Grünigen, D. von: Digitale Signalverarbeitung. Hanser, München 2014

Gustrau, F.: Hochfrequenztechnik. Hanser, München 2013

Gustrau, F.; Kellerbauer, H.: Elektromagnetische Verträglichkeit. Hanser, München 2015

Haase, H.; Garbe, H., Gerth, H.: Grundlagen der Elektrotechnik. Schöneworth, Hannover 2009

Hänsel, H.; Neumann, W.: Physik. 4 Bände. Spektrum, Heidelberg 1996

Hagl, R.: Elektrische Antriebstechnik. Hanser, München 2015

Hamann, C. H.; Vielstich, W.: Elektrochemie. Wiley-VCH, Weinheim 2005

Harriehausen, T.; Schwarzenau, D.: Moeller Grundlagen der Elektrotechnik. Springer Vieweg, Wiesbaden 2013

Hasse, P.; Landers, U.; Wiesinger, J.: Blitzschutz von elektrischen und elektronischen Systemen in baulichen Anlagen. VDE-Verlag Berlin 2007

Hasse, P.; Wiesinger, J.; Zischank, W.: Handbuch für Blitzschutz und Erdung. Pflaum, München 2005

Horowitz, P.; Hill, W.: The Art of Electronics. Cambridge University Press 2015

Kiencke, U.; Eger, R.: Messtechnik. Springer, Berlin 2005

Knies, W.; Schierack, K.: Elektrische Anlagentechnik. Hanser, München 2012

Knorrenschild, M.: Mathematik für Ingenieure. Zwei Bände. Hanser, München 2009, 2014

Kovács, K. P.: Symmetrische Komponenten in Wechselstrommaschinen. Birkhäuser, Basel 1962

Küchler, A.: Hochspannungstechnik. Springer, Berlin 2017

Küpfmüller, K.; Mathis, W.; Reibiger, A.: Theoretische Elektrotechnik. Springer, Berlin 2017

Kurzweil, P.; Schmid, O.: Brennstoffzellentechnik. Springer Vieweg, Wiesbaden 2016

Lautz, G.: Elektromagnetische Felder. Teubner, Stuttgart 1985

Leute, U.: Physik und ihre Anwendungen in Technik und Umwelt. Hanser, München 2004

Lexikon der Physik. 6 Bände. Spektrum, Heidelberg 1998-2000

Lüke, H. D.; Ohm, J.-R.: Signalübertragung. Springer, Berlin 2015

Mann, H.; Schiffelgen, H. u.a.: Einführung in die Regelungstechnik. Hanser, München 2018

Meier, U.; Nerreter, W.: Analoge Schaltungen. Hanser, München 1997

Mertens, K.: Photovoltaik. Hanser, München 2018

Mühl, T.: Einführung in die elektrische Messtechnik. Springer Vieweg, Wiesbaden 2017

Nerreter, W.: Grundlagen der Elektrotechnik. Hanser, München 2011

Nyquist, H.: Regeneration Theory. Bell System Technical Journal 11, 1932, pp. 126 - 147

Philippow, E.: Taschenbuch Elektrotechnik. 6 Bände. Carl Hanser Verlag, München 1976 - 1982

Preuß, W.: Funktionaltransformationen. Fourier-, Laplace- und Z-Transformation. Fachbuchverlag Leipzig 2002

Probst, U.: Leistungselektronik für Bachelors. Hanser, München 2015

Quaschning, V.: Regenerative Energiesysteme. Hanser, München 2015

Reinhold, W.: Elektronische Schaltungstechnik: Grundlagen der Analogelektronik. Hanser, München 2010

Reisch, M.: Halbleiter-Bauelemente. Springer, Berlin 2007

Rennert, I.; Bundschuh, B.: Signale und Systeme. Hanser, München 2013

Riedel, E.; Janiak, C.: Anorganische Chemie. De Gruyter, Berlin 2015

Roppel, C.: Grundlagen der Nachrichtentechnik. Hanser, München 2018

Rybach, J.: Physik für Bachelors. Hanser, München 2013

Scheithauer, R.: Signale und Systeme. Springer Vieweg, Wiesbaden 2005

Schmidt, W.-D.: Sensorschaltungstechnik. Vogel, Würzburg 2007

Schrüfer, E.; Reindl, L.; Zagar, P.: Elektrische Messtechnik. Hanser, München 2018

Schulze, M.: Elektrische Servoantriebe. Hanser, München 2008

Schwab, A. J.; Kürner, W.: Elektromagnetische Verträglichkeit. Springer, Berlin 2010

Seifart, M.: Analoge Schaltungen. Technik, Berlin 2003

Simonyi, K.: Theoretische Elektrotechnik. Wiley-VCH, Weinheim 1993

Stein, U.: Programmieren mit MATLAB. Hanser, München 2017

Stölting, H.-D.; Kallenbach, E.: Handbuch elektrische Kleinantriebe. Hanser, München 2011

Strauß, K.: Kraftwerkstechnik. Springer, Berlin 2016

Stroppe, H.: Physik. Hanser, München 2018

Sze, S. M.: Physics of Semiconductor Devices. John Wiley & Sons, New York 1981

Sze, S. M.: Modern Semiconductor Device Physics. John Wiley & Sons, New York 1998

Tietze, U.; Schenk, C.: Halbleiter-Schaltungstechnik. Springer, Berlin 2016

Tille, T., Schmitt-Landsiedel, D.: Mikroelektronik. Springer, Berlin 2004

Trueb, F.; Rüetschi, P.: Batterien und Akkumulatoren. Springer, Berlin 2013

Urbanski, K.; Woitowitz, R.: Digitaltechnik. Springer, Berlin 2007

Vester, J.: Simulation elektronischer Schaltungen mit MICRO-CAP. Springer Vieweg, Wiesbaden 2010

Viehmann, M.: Operationsverstärker. Hanser, München 2016

Wangenheim, L. von: Aktive Filter und Oszillatoren. Springer, Berlin 2007

Werner, M.: Nachrichtentechnik. Springer Vieweg, Wiesbaden 2017

Wöstenkühler, G.: Grundlagen der Digitaltechnik. Hanser, München 2016

Zickert, G.: Leiterplatten. Hanser, München 2018

Sachwortverzeichnis

Namenverzeichnis